Journal

für

die Baukunst.

In zwanglosen Heften.

Herausgegeben

von

Dr. A. L. Crelle,

Königlich-Preufsischem Geheimen-Ober-Baurathe, Mitgliede der Königlichen Akademie der Wissenschaften zu Berlin, Correspondenten der Königlichen Akademieen der Wissenschaften zu Neapel und Brüssel und Ehrenmitgliede der Hamburger Gesellschaft zur Verbreitung der mathematischen Wissenschaften.

Achter Band.

In vier Heften.

Mit 12 Kupfertafeln.

Berlin,

bei G. Reimer.

1835.

Inhalt des achten Bandes.

Erstes Heft.

1. Zur Vervollkommnung der Wohngebäude in den Städten. . . . . Seite 1
2. Einige Bemerkungen über die Anlage chausséemäfsig gebauter Strafsen durch Strom-Profile. Von dem Königl. Bau-Inspector Herrn *Rimann* zu Wohlau in Schlesien. . . . . — 95

Zweites Heft.

3. Über das Bedecken der Dächer mit Eisenblech. Von dem Kaiserlich-Russischen Bau-Intendanten Herrn *Engel* zu Helsingfors. . . . . . — 105
4. Einige neuere Nachrichten von Eisenbahnen in England. (Aus dem *Mechanics Magazine.*) [Der die Strafse von Liverpool nach Manchester betreffende Theil dieser Nachrichten ist gleichsam als eine Fortsetzung des Aufsatzes No. 14. und 19. im 6ten Bande dieses Journals zu betrachten.] . . . . — 128
5. Flora von Schlesien für das Bauwesen. Von dem Königl. Bau-Inspector Herrn *Rimann* zu Wohlau in Schlesien. . . . . — 137
6. Über die verschiedenen Bedeckungs-Arten der Dächer von Casernen und andern Gebäuden. Von Herrn *Belmas*, Ingenieur-Capitain. Auszug aus dem *Mémorial du génie No. II.*, den Abhang der Dächer und die Bedeckung derselben mit Ziegeln, Schiefer und Metall betreffend. (Aus den *Annales des ponts et chaussées*, Januar und Februar 1833.) Mit einigen Anmerkungen des Herausgebers. (Die Fortsetzung folgt im nächsten Hefte.) — 185

Drittes Heft.

7. Die neuen Küchen in den Militairgebäuden zu Luxemburg, welche mit gröfserem Vortheile benutzt werden, als die abgeschafften Dampfküchen. Von dem Königl. Preufs. Ingenieur-Premier-Lieutenant Hrn. *Beise* zu Luxemburg. (Die Fortsetzung im nächsten Hefte.) . . . . — 201

8. Über die verschiedenen Bedeckungs-Arten der Dächer von Casernen und andern Gebäuden. Von Herrn *Belmas*, Ingenieur-Capitain. (Fortsetzung des Aufsatzes No. 6. im vorigen Hefte.) . . . . Seite 237
9. Nachrichten von der Belgischen Eisenbahn. (Die Fortsetzung im nächsten Hefte.) . . . . — 268

Viertes Heft.

10. Fortsetzung des Aufsatzes No. 7. im vorigen Hefte. Von dem Königl. Preufs. Ingenieur-Premier-Lieutenant Hrn. *Beise* zu Luxemburg. . . — 311
11. Über die verschiedenen Bedeckungs-Arten der Dächer von Casernen und andern Gebäuden. Von Herrn *Belmas*, Ingenieur-Capitain. (Schlufs des Aufsatzes No. 6. im zweiten und No. 8. im vorigen Hefte dieses Bandes.) — 338
12. Nachrichten von der Belgischen Eisenbahn. (Fortsetzung des Aufsatzes No. 9. im vorigen Hefte.) . . . . — 367
13. Vorschlag zur Construction der Oberhäupter von Schiffschleusen mit Drehschützen. Vom Herrn Bau-Conducteur *C. A. Vogt* aus Potsdam. — 412

Journal

für

die Baukunst.

In zwanglosen Heften.

Herausgegeben

von

Dr. A. L. Crelle,

Königlich-Preufsischem Geheimen-Ober-Baurathe, Mitgliede der Königlichen Akademie der Wissenschaften zu Berlin, Correspondenten derjenigen zu Neapel und Ehrenmitgliede der Hamburger Gesellschaft zur Verbreitung der mathematischen Wissenschaften.

Achter Band.

Erstes Heft.

Mit 5 Kupfertafeln. (Taf. I.—V.)

Berlin,

bei G. Reimer.

1834.

1.
Zur Vervollkommnung der Wohngebäude in den Städten.

Die Forderungen, welche man an ein Wohngebäude im Allgemeinen, und an ein städtisches Wohngebäude insbesondere macht, sind folgende:

1) Es soll bequem und wöhnlich sein.

2) Es soll der Gesundheit und dem Wohlbefinden der Bewohner nicht nachtheilig, sondern förderlich sein.

3) Es soll fest, dauerhaft und sicher, besonders gegen Feuer, sein.

4) Es soll möglichst wohlfeil zu bauen und zu erhalten sein.

5) Es soll äufserlich und innerlich schön und ansehnlich sein,

Die erste Forderung, der Bequemlichkeit und Wöhnlichkeit, will, dafs jeder Raum, welcher mittelbar oder unmittelbar zu der Wohnung gehört, die seiner besonderen Bestimmung angemessene Gröfse habe: dafs Thüren, Fenster, Öfen etc., so angeordnet seien, dafs die Möbel pafslich und so gestellt werden können, wie es ihr Zweck und die Bequemlichkeit fordert: dafs diejenigen Räume, welche schicklich nicht von einander entfernt sein dürfen, einander so nahe als möglich, hingegen die nicht zusammengehörigen von einander entfernt liegen: dafs keine, nach Sitte und Gewohnheit, zur Hauswirthschaft gehörige Einrichtung fehle: dafs hinreichende Aus- und Eingänge und Verbindungen der Räume vorhanden, dafs die Wohnzimmer warm, die Speise- und Getränke-Kammern kühl seien, u. s. w.

Zur zweiten Bedingung, der Salubrität, gehört, dafs die inneren Räume des Gebäudes das rechte Maafs von Licht und Luft haben: dafs es keine dumpfige, feuchte Winkel gebe: dafs die Wohnzimmer sonnig und warm, die Schlaf- und Efs-Zimmer im Sommer kühl seien: dafs kein Wohnzimmer, und besonders kein Schlafzimmer, zu klein und niedrig sei: dafs die Zimmer im Winter gleichförmig sich erwärmen lassen, und die Fufsböden nicht kalt seien: dafs die Feuerungen und die Öfen nicht rauchen: dafs es keine schädliche Zugluft im Hause gebe, wohl aber nach Belieben der zur Lüftung der Zimmer nöthige Luftstrom hervorgebracht werden könne, u. s. w.

Zur dritten Forderung, der Festigkeit und Feuersicherheit, gehört, dafs Wände und Böden, das Dach, die Treppen u. s. w., so wie die Fundamente des Hauses, standfest, und jeder Wirkung auf dieselben, die vorkommen kann, gewachsen seien: dafs alle Theile aus dauerhaften, möglichst wenig vergänglichen Stoffen bestehen: dafs das Dach, die Fenster und Thüren, dem Regen und Schnee nicht den mindesten Eingang verstatten: dafs so wenig Theile des Gebäudes als möglich verbrennlich und *wenigstens* die Treppen völlig unverbrennlich seien, damit, wenn das übrige Holzwerk brennt, die Menschen mindestens ihr Leben retten können: dafs die Feuerungen von unvermeidlich verbrennlichen Gegenständen entfernt, oder doch sicher geschieden werden, auch der Rufs in ihnen sich nicht entzünden könne, u. s. w.

Zur Erfüllung der vierten Forderung, der Wohlfeilheit der Erbauung und Erhaltung, gehört, nicht sowohl, dafs man aus wohlfeilen Stoffen und leicht baue, sondern vielmehr, so weit es nur irgend möglich, aus dauerhaften Stoffen, und fest; denn wer nur für den Augenblick spart, auf Kosten der Zukunft, spart gewöhnlich nicht wirklich, sondern borgt gleichsam vielmehr nur bei seinen eigenen Einkünften, gegen unverhältnifsmäfsigen Verlust. Er verfährt eigentlich wucherisch gegen sich selbst, und vielleicht nicht billig gegen seine Nachfolger im Besitze. Lieber weniger bauen und dauerhaft, als viel und vergänglich. Wer aber von gegebenem Umfange bauen mufs, ohne im Besitze der vollen Mittel zum dauerhaften Baue zu sein, führe dennoch seine Aufgabe nicht auf Kosten der Dauer des Werks aus, sondern leihe lieber das Fehlende. Die Zinsen, nebst Tilgungszuschufs, werden immer geringer sein, als der Verlust durch die Unfestigkeit. Die Verminderung der Baukosten allein ist noch keine wirkliche Ersparung: die wirkliche Ersparung wird nur durch das möglich-vortheilhafteste Verhältnifs der Anlage-Kosten zu dem Ertrage, mit Rücksicht auf Erhaltungs-Kosten, erreicht; und zu diesem Verhältnisse gelangt man nicht durch Verminderung der Anlage-Kosten allein, sondern weit mehr auf einem andern Wege, der in vielen Fällen wohl noch zu wenig beachtet wird, nemlich durch die Vortheilhaftigkeit der Anordnung, wodurch sich ungemein viel, ohne Nachtheil für die Festigkeit und Dauer, erlangen läfst. Jemand, der ein Haus, welches ihm einen reinen Ertrag von 1000 Thalern gewähren würde, nach einem unvollkommenen, zu wenig überlegten Entwurfe, für 20000 Thaler baute, könnte vielleicht mit 15000 Thalern, nach einem vortheilhafteren Entwurfe, den nemlichen Ertrag erzielen, oder, wenn er 20000 Thaler anwenden wollte, zu einem Ertrage von 12 oder 15 Hundert Thaler gelangen; und nur Dieser macht eine wirkliche Ersparung, nicht Der, welcher im ersten Falle die 5000 Thaler seinem Hause an der Festigkeit und Dauer abzieht. Es gehört also zu der Erfüllung der vierten Forderung, dafs zunächst *der Entwurf* zum Baue so vortheilhaft als möglich sei; dafs folglich so wenig als möglich unnütze, oder weniger nutzbare Räume in dem Gebäude vorhanden seien: dafs die Räume so vortheilhaft angeordnet werden, als möglich: dafs sie die rechte Gröfse haben, zweckmäfsig vertheilt werden u. s. w., und dann: dafs man die Ersparung nicht auf den Augenblick und nicht auf Kosten der Dauer berechne, sondern vielmehr auch die Erhaltungs- und künftigen Erneuerungs-Kosten in Anschlag bringe.

Zur Erfüllung der fünften Forderung, der Schönheit und Ansehnlichkeit endlich, gehört: dafs die Abmessungen des Gebäudes, innerlich und äufserlich, im Ganzen und im Einzelnen, richtige und angenehme Verhältnisse haben: dafs die äufsere Erscheinung der einzelnen Theile und des Ganzen den Charakter der Festigkeit, Heiterkeit und Zweckmäfsigkeit trage: dafs der Schmuck nicht in zufälligen und fremdartigen Verzierungen bestehe, sondern wesentlich und beziehlich sei, und zur Art und zum Zwecke des Gegenstandes passe: dafs diejenigen Theile, welche wenig nutzbar, und nur mehr unvermeidlich sind, z. B. das Dach, die Schornsteine, Giebel etc., so wenig als möglich vor die Anschauung treten und den Eindruck des nutzbaren Schönen nicht stören: dafs dagegen das Gebäude seine nutzbare Entwickelung und Ausdehnung ganz vor die Augen stelle, u. s. w.

Es ist nun zwar eben so gewifs, als erfreulich, dafs in den Deutschen Städten, wenigstens den besser gebauten, und neueren, seit der Zeit, dafs die Baukunst angefangen hat, nicht mehr um Kirchen und Palläste allein sich zu bekümmern, sondern, ihrer weiter umfassenden Pflicht gemäfs: auch der Gesammtheit des Volkes zu nützen, zwar Vieles geschehen ist, um den Forderungen, die man an die Wohnungen in den Städten machen kann, zu genügen. Ein vorzügliches Beispiel davon liefert Berlin. Nicht blofs das Äufsere, sondern auch selbst mehr oder weniger das Innere der Wohngebäude dieser Stadt, zeichnet sich bekanntlich im hohen Grade vortheilhaft aus, und man darf sagen, dafs diese Stadt, Eins in's Andere gerechnet, unter allen Städten Deutschlands, und vielleicht Europa's, diejenige ist, in welcher auch die Bauart der Häuser am meisten der Vollkommenheit sich nähert, wenn man, wie billig, nicht vergessen will, dafs bei solchen Vergleichungen das Bedürfnifs, nach Sitte und Gewohnheit, so wie die Örtlichkeit, berücksichtigt werden mufs. Dennoch ist nicht zu leugnen, dafs für die Vervollkommnung der Wohnungen noch Manches, selbst recht dringend, zu wünschen übrig bleibt.

Wir wollen Einiges von Demjenigen, was anders zu wünschen sein möchte, wiederum der obigen Gliederung der Betrachtung folgend, aufzählen, und dabei insbesondere auch wieder gerade Berlin, als diejenige Stadt in's Auge fassen, die nicht allein als ein Muster der besser gebauten Städte zu betrachten sein dürfte, sondern in welcher zugleich auch vielleicht die meiste Bereitwilligkeit zur Vervollkommnung angetroffen wird: wie es das Bestreben nach Verbesserungen beweiset, vermöge dessen sie schon manchem anderen Orte voreilte. Es wird kaum zu erinnern oder zu versichern nöthig sein, dafs dabei keinesweges etwa die Absicht vorhanden sei, blofs zu tadeln, oder durch Aufzählung von Mängeln das Gute zu verdunkeln: die vorhin ausgesprochene Anerkennung beweiset schon zu sehr das Gegentheil. Auch beabsichtigen wir nicht, etwa die Behauptung aufzustellen, als gebe es kein Haus in Berlin, welches frei von auffallenden Unvollkommenheiten sei. Wir fassen auch keinen einzigen besonderen Fall in's Auge, sondern wollen nur von Dem sprechen, was im Allgemeinen, in der Gesammtheit und Mehrzahl der Fälle, anders zu wünschen sein möchte; und diese Auseinandersetzung können wir nicht vermeiden, wenn die Vorschläge, welche wir zur Vervollkommnung aufzustellen beabsichtigen, motivirt, deutlicher gemacht und gerechtfertigt werden sollen. Auch wird es an sich schon nicht ganz unnütz sein, die Bauenden und Häuserbesitzer, bei dieser Gelegenheit, auf einige Mängel ihrer Wohngebäude von Neuem aufmerksam zu machen. Dafs mehrere von diesen Unvollkommenheiten schon bekannt sind, und dafs wir, wie man finden wird, in der That meistens nur aussprechen, was zum Theil oft schon bemerkt und mehr oder weniger allgemein anerkannt ist, kommt uns glücklicherweise einigermaſsen zu Hülfe, um das eigene Widerstreben gegen eine, an sich nicht angenehme, jedoch für den weiteren Zweck unvermeidliche Aufzählung von Mängeln zu mindern.

Beim ersten Puncte, der Wöhnlichkeit und Bequemlichkeit, findet man, wenn man gegen die obigen Forderungen, der Reihe nach, die Wirklichkeit hält, daſs zunächst nicht immer die verschiedenen Räume der Wohnungen die angemessene Gröſse haben. Entweder sind, in der Minderzahl der Fälle, die Zimmer, öfter die Nebenräume, als Flure Kammern etc., zu groſs und zu hoch; oder sie sind, und zwar viel häufiger, insbesondere die Wohn- und Schlafzimmer, zu klein und, vorzüglich, zu niedrig. Ziemlich allgemein sind die dritten und vierten Stockwerke zu niedrig: ein bekannter, oft bemerkter Übelstand. Häufig sind, besonders in den älteren Häusern, die unteren Stockwerke zu wenig über die Erde erhöhet, was sie kalt, feucht und dumpfig macht, und auſserdem die Unannehmlichkeit hat, daſs man von der Straſse in die Zimmer sehen kann. Ferner sind die Kellerwohnungen, ihrer Natur nach, sämmtlich sehr unbequem und höchst ungesund. Die Wohnungen im Dache, mit Dachfenstern, sind von geringem Werthe, weil ihre dünnen Wände, und das schräg liegende Dach, der Hitze im Sommer, und der Kälte im Winter zu wenig widerstehen; so auch die abgesonderten Wohnungen in den Höfen, weil die Höfe häufig klein, häſslich, und, nebst den Abzügen des Wassers aus denselben durch die Vorderhäuser nach der Straſse, unreinlich und unangenehm sind. Das wohlthätige Licht und die Wärme der Sonne fehlt vielen Wohnungen, und selbst allen den Vorderhäusern, die gegen Mitternacht liegen, gar sehr; welcher Übelstand freilich zum Theil seinen Grund in der Richtung der Straſsen hat, deren viele fast genau von Morgen nach Abend gezogen sind, so daſs die eine Seite der Straſsen die Mittags-Sonne ganz, die andere im Winter gar keine Sonne hat. Die Vertheilung und Aneinanderreihung der Wohnungsräume findet man häufig nicht angemessen. Häufig liegt, was einander näher sein sollte, zu entfernt, und umgekehrt; oder es fehlt an Ausgängen und Communicationen. Die Räume an sich selbst sind ebenfalls häufig nicht so beschaffen, wie man sie wünschen möchte. Entweder findet man lauter ungefähr gleich groſse Zimmer, wenige Cabinette und andere kleine, bequeme Räume; oder es sind wohl auch einzelne Zimmer dunkel und dumpfig, wie z. B. meistens diejenigen in den Ecken, beim Anschlusse der Flügel an das Vorderhaus. Für die Domestiken ist häufig wenig oder gar nicht gesorgt, und es müssen dieselben nicht selten in dunkeln Kammern, oder auf sogenannten Hängeböden hausen. Die Flure der Häuser sind nicht selten dunkel, und sehr häufig kalt und zugig. In vielen Fällen dient sogar die Durchfahrt zugleich zum Flure, welcher dann meistens unreinlich, kalt, und doppelt unangenehm ist.

Thüren, Fenster und Öfen sind in den Zimmern häufig für die Aufstellung der Möbel wenig günstig angeordnet, und es fehlt nur zu oft an Wandfläche, was freilich zum Theil auch an der geringen Gröſse der Zimmer liegt. Man weiſs, wie häufig zuweilen ein etwas langer Sopha, oder vielleicht ein sogenanntes Flügel-Fortepiano, keinen schicklichen Platz findet. Nicht selten sind auch die Fuſsböden kalt, die Öfen wenig wirksam, und Fenster und Thüren undicht; oder es fehlt den Zimmern, umgekehrt, an Lüftungsmitteln; die Fuſsböden, von tannenen Brettern, sind häufig sehr uneben, und haben weite offene Fugen, u. s. w.

Die wirthlichen Hausfrauen, welche auf ihr Hauswesen selbst sehen, wissen zu sagen, wie manche Unannehmlichkeit, besonders ihnen, die Bauart der Wohnungen verursacht. Die Küchen sind, nur zu häufig, entweder zu eng und klein, oder sehr entfernt von den Zimmern, oder sie rauchen, oder sind unerträglich zugig. Das Wasser muſs, beschwerlicher Weise, auch in die obern Stockwerke hinauf getragen werden. Die Gossen für den Spülicht fehlen häufig, oder sie sind zu eng, und frieren im Winter leicht ein. Speisekammern fehlen entweder neben den Küchen ganz, oder sie sind entweder dumpfig und dunkel, oder zu sonnig und warm. Das Waschen des Linnens darf nicht in den Küchen geschehen, da, wo besondere Waschhäuser vorhanden sind; diese aber, meistens in den Kellern oder auf dem Hofe befindlich, sind entfernt von der Wohnung, feucht und ungesund. Das zur Wäsche so nützliche Regenwasser kann, vom eigenen Dache her, selten benutzt, sondern muſs gekauft werden. Der Dachboden, welcher, da wo ein Hof fehlt, zum Trocknen der Wäsche dienen muſs, ist häufig zu eng dazu, oder sehr unbequem. Noch übler ist es mit den Vorräthen an Brennholz und Torf. Sie müssen entweder in den Kellern aufbewahrt werden, was für die Bewohner der oberen Stockwerke sehr unbequem ist, oder auf dem Dachboden, was öfters nicht allein nicht weniger unbequem ist, sondern auch die Kosten des Holzbedarfs, durch diejenigen des Hinauftragens, bedeutend vergrößsert, zugleich das Haus belastet, und feuergefährlich ist. Das Zerhauen des Holzes muſs fast durchweg unter freiem Himmel, auf dem Hofe, oder gar auf der Straſse geschehen, was im Herbst und Winter diese Arbeit, die nun nothwendig an einem und demselben Tage vollendet werden muſs, erschwert und vertheuert, und, wenn sie auf der Straſse geschieht, der Passage hinderlich und dem Straſsenpflaster nachtheilig ist, u. s. w.

Nach einer so langen Liste von Mängeln und Unvollkommenheiten, schon bei dem ersten Artikel, könnte es freilich beim ersten Anblicke seltsam scheinen, daſs, weiter oben, eine Stadt, welcher sie nachgesagt werden, dennoch für eine der am besten gebauten Städte von Europa erklärt wurde. Allein es ist ja in solchen Dingen Alles relativ. Wenn man von den alten, oder den weniger gut gebauten Städten sprechen wollte, die nicht so durchweg steinerne, nicht so viele geräumige, helle, freundliche, schöne, und in vieler Beziehung nach den Regeln der Kunst gebaute Häuser, nicht so gerade, breite, zum Theil imposante Straſsen haben, wie Berlin: wenn man hier die Mängel und Unvollkommenheiten der Wohngebäude, mit ihren hohen, schweren Giebeln, mit den hölzernen Rinnen zwischen den Dächern, mit den finstern Fluren und Treppen, mit den feuergefährlichen Schornsteinen, mit den kleinen, schmalen Fenstern, mit den unregelmäſsigen, wunderlichen Auſsenseiten, zum Theil mit ihren hölzernen, gebrechlichen Wänden u. s. w., durchgehen wollte: so würde man finden, daſs die hier oben aufgezählten Mängel groſsentheils wahre Kleinigkeiten sind gegen die Mängel und Unvollkommenheiten der Wohngebäude vieler andern Städte. Eben so würde es sich auch, um es im Voraus zu bemerken, in Rücksicht der Erinnerungen, welche folgen, verhalten.

Den zweiten Punct der Salubrität der Wohngebäude berühren gleichzeitig mehrere rücksichtlich der Wöhnlichkeit gemachte Erinnerungen. Der Gesundheit nachtheilig sind die zu kleinen und zu niedrigen, oder nicht hinreichend beleuchteten Zimmer: besonders die zu engen und niedrigen Schlafzimmer und Alcoven; die gegen Mitternacht liegenden, zumal in den unteren Stockwerken, des Sonnenlichtes entbehrenden Wohnzimmer; die Wohnungen in zu wenig über der Erde erhöheten unteren Etagen, mit kalten Fufsböden, auf der blofsen Erde, oder über Balken-Kellern, oder über Durchfahrten, oder nicht abgeschlossenen Fluren; sämmtliche Kellerwohnungen, und meistens die Dachwohnungen, so wie enge, winkelige Wohnungen auf dumpfigen und unreinlichen Höfen; die kalten und zugigen Flure, die zugigen und rauchenden Küchen, für die darin beschäftigten Personen; die kalten, feuchten Waschhäuser, und die dumpfigen Keller; die rauchenden Öfen in den Zimmern, oder solche deren Heerd zu hoch über dem Fufsboden liegt, und die den Boden zu wenig erwärmen; auch indirect die Öfen, welche von Aufsen geheizt werden, weil die Heizung von Innen dem Zimmer das wirksamste Lüftungsmittel gewährt; die undichten Thüren und Fenster u. s. w.

Auch beim dritten Puncte, der Dauerhaftigkeit und Sicherheit, besonders gegen das Feuer,

worin sich die Wohngebäude Berlins gegen die anderer Städte, im Ganzen genommen, so vortheilhaft auszeichnen, findet man dennoch wesentliche Unvollkommenheiten. Seltener zwar sind die Fälle, dafs die Gebäude im Ganzen zu wenig stark und fest gebaut wären, dafs die Mauern und Gebälke zu dünn wären, dafs die Wände in den oberen Stockwerken, ohne senkrecht unterstützt zu sein, auf den Gebälken ständen, dafs die Schornsteine, Heizungen und Essen nicht feuersicher genug wären, dafs die Dächer nicht dicht hielten, dafs die Wohnungen nicht gegen Diebstahl und Einbruch fest genug verwahrt wären, u. s. w.: indessen fehlen solche Fälle nicht ganz. Man findet Gebäude mit sehr dünnen Mauern und Gebälken, oder sonst unfest gebaut, so wie Feuerungen, die sicherer sein sollten, hölzerne Dachfenster und hölzerne Gesimse, die leicht durch Feuer von Aufsen angegriffen werden, und dadurch die Entzündung des Daches befördern können. Die Bedeckung der Dächer mit Bieberschwänzen ist zwar meistens fast vollkommen zu nennen; aber weniger ist für die Kehlen und Rinnen gesorgt. Die Rinnen längs den Dächern, nach der übeln Gewohnheit, sie auf das Dach, einen oder ein Paar Fufs vom untern Rande entfernt, anzubringen, geben oft Gelegenheit, dafs Nässe vom Regen und Schnee in das Haus dringt, und das Holzwerk des Gebäudes zerstört. Im Ganzen sind zwar die Wohnungen dauerhaft, und auch feuersicher gebaut, jedoch nur in so fern, als es nach der Natur der üblichen Baustoffe, besonders mit der nicht geringen Menge des in den

Gebälken und Dächern steckenden, meistens kiefernen und tannenen Holzes, möglich ist. Das Holz, und wäre es selbst eichenes, ist ein vergänglicher Stoff. Das kieferne und tannene Holz besonders ist dem Verstokken und dem Wurmfraſs ausgesetzt, und wo die Näſse darauf abwechselnd wirken kann, wird es schnell zerstört; selbst im Innern der Gebäude kann die sinnreichste Construction es nicht gegen die Vergänglichkeit schützen. Brennt aber einmal ein Dach, oder ein Giebel, so ist es nur zu leicht möglich, selbst bei den besten Lösch-Anstalten, daſs das ganze Haus, bis auf die Mauern verbrennt; wenigstens wird immer der Schaden am inneren Ausbau, und an den Möbeln und Habseligkeiten der Bewohner, nicht unbedeutend sein.

Nur in Einem Puncte: es kann nicht oft und nicht dringend genug wiederholt werden, ist den Wohngebäuden Berlins, gemeinschaftlich mit denen nur zu vieler anderen Städte, leider eine groſse Unvollkommenheit eigen, eine Unvollkommenheit, die nichts Geringeres als eine immerwährende, unmittelbare, dringende Lebensgefahr für die Bewohner zur Folge hat, und in welchem Puncte die Gebäude dieser sonst so schönen Stadt sogar den Wohnungen einiger alten, schlechter gebauten Städte nachstehen, nemlich in Rücksicht der *Treppen.* Es scheint wahrlich ein böser Zauber zu sein, der die Bewohner abhält, den unseligen hölzernen, in so hohem Grade verbrennlichen Treppen zu entsagen, und steinerne, unverbrennliche an ihre Stelle zu setzen. Freilich, sobald nur das Wort steinerne Treppe sich hören läſst, ist man gewohnt, auch schon sogleich an marmorne, oder wenigstens sandsteinerne Prachttreppen in den Pallästen, und an ungeheure Kosten zu denken, vor welchen man zurückschreckt; das aber ist eben der täuschende Zauber, und es ist kaum zu begreifen, wie ein so auffallender, schädlicher und gefährlicher Irrthum auch in einer Stadt einheimisch sein kann, deren Bewohner nicht allein im Allgemeinen einer so ausgezeichneten Aufklärung genieſsen, sondern auch von der Baukunst bessere Einsichten haben, als die vieler andern Städte und Gegenden: in einer Stadt, die vielleicht mehr wohlunterrichtete und practische Architekten in sich faſst, als irgend eine andere, gleich groſse oder gröſsere Stadt. Es ist falsch, daſs eine steinerne Treppe nur von Werkstücken gemacht werden könne: sie kann eben sowohl, und eben so fest, gut und schön, von ganz gewöhnlichen Ziegeln gebaut werden; es sind nicht besonders geschickte Werkleute zum Baue steinerner Treppen nöthig: jeder gewöhnliche Maurer kann sie bauen. Eine steinerne Treppe kostet nicht mehr, als eine hölzerne; und sie belastet nicht das Haus, und macht es nicht kalt, oder fügt ihm sonst einen Schaden zu: sie giebt vielmehr den Mauern eine noch festere Verbindung, und die Treppen-Mauern sind nicht kälter, als die Wand-Mauern u. s. w. Man sehe den ausführlichen, genauen und unwidersprechlichen Beweis von Allem diesen, unter andern, in den beiden Abhandlungen Bd. 1. S. 250. etc. und Bd. 7. S. 1. etc. dieses Journals *). Da also nun nicht das Geringste übrig bleibt, was, weit entfernt, den hölzernen Treppen einen Vorzug vor den steinernen zu geben, auch nur zum Vorwande dienen könnte, bei den hölzernen Treppen zu beharren: da Alles, jede vernünftige Erwägung, so entscheidend für die steinernen Treppen spricht, warum macht man denn fortwährend noch die Treppen von Holz? Warum werden sie sogar noch immer luftiger und verbrennlicher und selbst kostbarer gemacht, indem man ihnen immer mehr Zierden aller Art giebt? Warum läfst man fortwährend, auf eine wahrhaft unverantwortliche Weise, das Leben der Bewohner der oberen Stockwerke in der scheuslichsten Gefahr? Die gegen die Unfälle ihrer Mitbürger wahrlich nicht gleichgültigen, sondern vielmehr, wie allbekannt, durch Mitgefühl, Theilnahme und Hülfsbereitwilligkeit rühmlich sich auszeichnenden Einwohner dieser Stadt vergessen gewifs nicht das Mitleiden, welches sie empfanden bei den entsetzlichen, leider nicht zu seltenen Fällen des jämmerlichen Umkommens von Menschen in den Flammen, oder der Verstümmelung Derer, die ihr Heil in einem Sprunge durch das Fenster, mehrere Etagen hoch, suchen mufsten, aus Schuld der abscheulichen hölzernen Treppe, die, brennend, ihren Dienst versagte, gerade als er am nöthigsten war: sie fühlen tief die Gröfse eines solchen Unglücks. Aber — dennoch bleibt es beim Alten, und es scheint sogar schlimmer zu werden. Und wenn *wirklich* eine steinerne Treppe mehr kostete, als eine hölzerne, was durchaus *nicht* so ist: welcher von den wackern Einwohnern und Hausbesitzern Berlins würde, wenn es z. B. bei dem

*) Aus diesem zweiten Aufsatze, S. 3., sieht man, dafs sogar in Rufsland und Finnland, wo bekanntlich die Cultur in vielen Puncten weit hinter der von Deutschland zurück ist, in keinem steinernen Hause hölzerne Treppen geduldet werden, sondern dafs die Treppen dieser Häuser, wie es vollkommen recht und billig ist, von Stein gemacht werden müssen.

Baue seines Hauses gälte, ein Menschenleben zu retten, das Geld dazu nicht willig und freudig hergeben? Aber die *Treppe?* Nein, diese bleibt von Holz, schon der bloſsen Befürchtung wegen, daſs sie doch mehr kosten könnte. Und man läſst sie sogar *wirklich* mehr kosten, indem man sie auf mancherlei Weise auszuschmücken sucht: aber — sie bleibt von Holz. — Mancher sucht wohl sogar noch Vorwände, um das Gute und Rechte zu hindern, sucht Scheingründe dagegen aufzufinden, und dadurch den verdammlichsten Gegenstand zu vertheidigen und zu beschönigen! Die Treppen von Holz sind einmal Mode, und so bleiben sie von Holz! *So* gewaltig ist die Macht der Gewohnheit, des Vorurtheils, Eigensinnes, und wie die andern verwandten Feinde des Menschengeschlechts heiſsen mögen! — Man entschuldige die gegenwärtigen, vielleicht etwas zu lebhaften Äuſserungen. Sie können ja füglich keinen andern Grund und Anlaſs haben, als den Wunsch, das Gute und Rechte befördern zu helfen, und den Mitbürgern zu dienen und zu nützen. Und nicht durch Unwahrheit, nicht durch Einstimmen in Mode und Gewohnheit, wenn sie schädlich und verdammlich sind, nützt man seinen Mitbürgern, sondern durch freies Aussprechen der Wahrheit, selbst wenn es Jemand erzürnen sollte. —

Bei dem vierten Puncte, des wohlfeilen Baues,

findet man nicht selten, daſs, wie oben angedeutet, die Ersparung an Bau-Kosten nur mehr in der Wahl wohlfeiler Bau-Stoffe, so wie in der Bau-Ausführungs-Art gesucht, nur mehr die Erbauung, weniger die der künftigen Erhaltung, und auch bei jener die Ersparung nur theilweise, und zuweilen den Vortheilen bei dieser zuwider, berücksichtigt wird.

Es giebt, wie schon oben angedeutet, drei verschiedene Mittel, Kosten beim Bauen zu sparen. Das erste ist ein möglichst Nutzen bringendes Project, so daſs was man für eine bestimmte Summe baut, so eingerichtet und angeordnet wird, daſs es den möglich höchsten Ertrag gewähren möge. Das zweite Mittel wirklicher Ersparung ist: fest und stark zu bauen, und aus so dauerhaften Stoffen, wie sie örtlich, ohne unverhältniſsmäſsige Kosten, zu haben sind; denn feste und langdauernde Gebäude sind, wenn man, wie es sein sollte, den wahren Gewinn berücksichtigt, vortheilhafter, als leichte Gebäude, aus wohlfeilen Materialien. (Man sehe die Beweise davon unter andern in der Abhandlung Bd. 4.

S. 146. etc. dieses Journals.) Das dritte Mittel endlich ist die Wahl von Materialien und Constructionen, welche, ohne die Dauer und Festigkeit zu vermindern, wohlfeiler sind, als vielleicht andere, nicht festere und nicht dauerhaftere, nebst einer Ausführungs-Weise, die den Arbeitern und Unternehmern keinen höheren als billigen Gewinn gestattet.

Häufig findet man nur den dritten Punct insbesondere berücksichtigt, weniger den zweiten und ersten; und doch kann davon, wenn man zu wenig auf die Vortheilhaftigkeit des Projects achtet, und zu wenig an die Dauer des Gebäudes in der Folgezeit denkt, auch wohl im Sparen beim Bauen so weit geht, daſs weniger dauerhafte Stoffe, bloſs weil sie wohlfeiler sind, den Vorzug bekommen, und daſs die Bezahlung der Arbeiter so gering zugemessen wird, daſs sie dadurch gezwungen werden, unvollkommene Arbeiten zu liefern, die Folge sein, daſs man, statt zu sparen, vielmehr sehr bald wesentliche Verluste erleidet. Es dürfte also, um wirklich wohlfeil zu bauen, gut und nöthig sein, besonders die Vortheilhaftigkeit des Projects und die Dauerhaftigkeit der Baustoffe und der Constructionen noch mehr zu berücksichtigen, als es häufig geschieht.

Bei den Projecten findet man, daſs häufig die Verschiedenheit der Nutzbarkeit der erbauten Räume zu wenig beachtet, und an der Gröſse der weniger nutzbaren Räume nicht genug gespart wird. Die Flure, Corridore, Verbindungs-Gänge, Durchfahrten, Treppen-Räume, Durchgangs-Zimmer, als Entréen u. dergl., die halb dunkeln Zimmer an den innern Ecken der Flügel und des Haupt-Gebäudes, die wüsten Kammern, die Dächer u. s. w., sind weniger nutzbare Räume, und gleichsam, wenn der Ausdruck erlaubt ist, nur als mehr oder weniger nothwendige Übel zu betrachten, die indessen zum Theil fast eben so viel kosten, als die nutzbaren Räume, die Wohnzimmer, und das wesentliche Zubehör. Gleichwohl findet sich, daſs man hier, wo sich wirklich zuweilen, ohne Nachtheil für Wöhnlichkeit, Salubrität, Schönheit und Festigkeit des Gebäudes sparen läſst, zu wenig an der Gröſse zu sparen gesucht hat. Die Flure, Corridore, Treppen-Räume etc. nehmen oft einen Raum ein, der geringer sein könnte, wenn das Project anders wäre. Besonders entsteht ein Raum-Verlust daraus, daſs man die Gebäude, wie man es häufig findet, zu schmal, oder, nach dem Kunst-Ausdrucke, zu wenig tief baut, wodurch insbesondere die Wohnzimmer zu wenig Tiefe oder Breite, von den Fenstern nach der gegenüberliegenden

Wand, bekommen: ein sehr wesentliches Übel, welches zur Folge hat, dafs die Zimmer dann zu wenig nutzbare Wandfläche haben, so dafs die Möbel nicht bequem gestellt werden können, und dafs also die Zimmer unwöhnlich werden, auch wohl mehr einzelne Zimmer nöthig sind, als im andern Falle zureichen würden. Die geringe Tiefe der Gebäude verursacht ferner lange Corridore, grofse Treppen-Räume und grofse und viele Flure, die häufig selbst einen Verlust an Fronte zur Folge haben, der sehr kostbar und bedeutend ist. Die Entréen und Durchgänge sind ebenfalls wenig nutzbare und fast verlorne Räume, besonders wenn sie zu zwei Wohnungen gemeinschaftlich gehören. Die grofsen Einheiz-Räume sind nicht minder wenig nutzbar, und dabei unangenehm, ja selbst nicht ohne Feuersgefahr. Auch die halb dunkeln Zimmer an den inneren Ecken sind wenig nutzbar. Die Dächer, die oft einen bedeutenden Theil des Raumes einnehmen, den das ganze Gebäude umspannt, sind ebenfalls verhältnifsmäfsig weniger nutzbar, als die Etagen, und obgleich der Dachraum nicht eben so theuer zu überbauen ist, als ein Stockwerk, so kann man doch immer auf Verlust rechnen, wenn das Dach, wie man es häufig findet, entweder unnütz grofs, oder wenigstens nicht so eingerichtet ist, dafs sich darin bessere Wohnungen, als die gewöhnlichen Dachstuben, anbringen lassen. Dergleichen Unvollkommenheiten des Projects, wie man sie häufig findet, haben das Gegentheil von Ersparung zur Folge, nach welcher man doch, und billiger Weise, so sehr verlangt.

Bei den Constructionen, obgleich in diesem Puncte für die Gebäude von Berlin weniger zu wünschen übrig bleibt, als vielleicht in vielen andern Städten, findet man, dafs sie dennoch zuweilen nicht so fest und sicher sind, als sie es für die längere Dauer, und folglich für die wahre Kosten-Ersparung, sein müfsten. Zuweilen sind die Mauern der Wände, wie schon oben bemerkt, und die Gewölbe, zu schwach, für eine lange Dauer; die Gebälke liegen zu weit frei, für die Dicke der Balken, so dafs durch ihr Schwanken das Haus in beständiger Bewegung ist; die Wände im Innern, und auch wohl die äufseren, in aufgesetzten Dach-Etagen, sind von Holz; auch sind zum Theil die Scheidewände, wo sie auf den Gebälken und nicht auf unteren Wänden stehen, nicht gesprengt, so dafs ihre Unterstützung zu wenig fest ist; hölzerne Scheidewände sind aufserdem immer für die Festigkeit steinerner Gebäude unvortheilhaft, weil sie den äufseren Mauern diejenige Verbindung nicht geben, welche ihnen gemauerte Scheidewände gewähren; und äufserlich sind hölzerne Wände, selbst mit Ziegeln verblendet, wenig fest und dauerhaft; denn sie haben wenig Stabilität, und das Holz in unverblendeten Wänden kann bald verfaulen, in verblendeten, unter ungünstigen Umständen, verstocken. Die Schornsteine sind, wie oben bemerkt, nicht immer so gebaut, und die Dächer nicht immer so verbunden, wie es die Festigkeit, und folglich die Dauer des Gebäudes, streng genommen, erfordern würde. Die Kehlen sind nicht immer hinreichend vermieden, oder doch nicht hinreichend verdichtet; und bei den Dach-Rinnen bemerkt man vorzüglich den oben gedachten Übelstand. Alle diese Mängel, die die Festigkeit und Dauer eines Gebäudes vermindern, haben zugleich das Gegentheil von wahrer Ersparung beim Bauen zur Folge.

Bei den Bau-Stoffen findet man ebenfalls, dafs nicht immer die dauerhaftesten, also nicht diejenigen gewählt werden, die in der Wahrheit die wohlfeilsten sind. Die Ziegel sind nicht immer die besten, das Holz ist nicht immer das gesundeste, und an vielen Orten würde Eichenholz, ohne unverhältnifsmäfsige Erhöhung der Kosten, im Wesentlichen bessere Dienste leisten, als fichtenes. Sind auch gleich die Fälle, wo man wissentlich und absichtlich weniger dauerhafte Stoffe verbaut, vielleicht nur selten, so ist doch die Gewohnheit, von vergänglichen Stoffen überhaupt, insbesondere von dem Holze, mehr Gebrauch zu machen, als gerade nöthig wäre, ziemlich allgemein, und damit ist, aufser dem grofsen Übel der Feuergefährlichkeit dieses Stoffes, auch, auf die Folgezeit gerechnet, und selbst sogar im Augenblicke des Verbrauchs, z. B. bei hölzernen Wänden, die öfters theurer sind, als Mauern, geradezu Geld-Verlust verbunden. Man macht zu Vieles, und mehr als nöthig und recht, aus Holz, und bedient sich, zu seinem wahren Schaden an den Kosten des Baues und für die Erhaltung der Gebäude, zu wenig, insbesondere der beiden, keinesweges unverhältnifsmäfsig theuern Bau-Stoffe, die doch in so hohem Grade fest, stark, dauerhaft und zugleich unverbrennlich sind: des Steins und des Eisens. Die Ursache der Fortdauer dieser Unvollkommenheit des Bauwesens ist unstreitig nur darin zu suchen, dafs Alles nur allmälig zur Vollkommenheit fortzuschreiten pflegt; wie es auch nach der Natur der Dinge nicht anders sein kann. In früherer Zeit, nachdem die Hütten sich in Häuser verwandelt hatten, waren diese Häuser, neben den mächtigen Pallästen und Kirchen, aus Holz erbaut, und mit

Schindeln, oder auch wohl mit Stroh bedeckt. Nachdem man allmälig eingesehen hatte, dafs es doch besser, und in der Wahrheit auch *wohlfeiler* sei, die Wände der Häuser von Stein zu machen, als von Holz, und ihre Dächer mit Ziegeln zu bedecken, gelangten die Häuser zu dieser Vervollkommnung, und Niemanden fällt es jetzt mehr ein, zurückzuschreiten, *obgleich* die Mauern und Ziegeldächer, in der ersten Anlage allerdings im Allgemeinen theurer sind, als hölzerne Wände und Strohdächer. Man bemerke dieses wohl: *obgleich* die Mauern *theurer* sind, als hölzerne Wände; es liegt darin der unwidersprechlichste und augenfälligste Beweis, dafs die Höhe der Anlage-Kosten eines Gebäudes nicht allein es ist, was die Bauart bestimmt, und kein Grund, fernere Vervollkommnungen zurückzuweisen und zu hindern. Die höheren Anlage-Kosten der Mauern und Ziegel-Dächer, die zuweilen sogar sehr bedeutend sind, fanden sich: auch die fernere Erhöhung der Anlage-Kosten noch festerer und feuersichrerer Gebäude, die aber keinesweges sehr bedeutend sein dürfte, würde sich finden, sobald nur das Bessere allgemeiner erkannt würde, sobald man nur allgemeiner einsehen wollte, dafs eine Erhöhung der Kosten, der Dauer wegen, keine Erhöhung, sondern eigentlich eine Ersparung ist, eben wie es früher mit den Mauern und Ziegeldächern, statt hölzerner Wände und Strohdächer, der Fall war. Jetzt sind die Wände der Gebäude, wenigstens von aufsen, und die Dachdecken, von Stein; aber im Innern ist noch fast Alles von Holz. Die Construction der Wohnungen steht gleichsam auf einer Mittelstufe der Vervollkommnung. Es scheint aber an der Zeit, endlich einen Schritt weiter zu gehen. In England geschieht es theilweise. Man ahme England auch hierin, wie in so manchem Andern, nach. Die dortigen Fortschritte sind nicht etwa nur Folge des gröfseren Reichthums, sondern dieser ist eher, und wenigstens eben sowohl, Folge jener. Zwischen Beiden findet mindestens eine Wechselwirkung Statt, die nicht blofs in England, sondern auch anderswo hervorgebracht werden kann, sobald nur das Bessere und Vollkommnere zu seinem Rechte gelangt. Man verbanne also möglichst das vergängliche Holz, und setze an seine Stelle, wenn auch nur allmälig, in einzelnen Theilen, dauerhafte und unverbrennliche Steine und Eisen: dann wird man allmälig nicht allein feste, dauerhafte und unverbrennliche, sondern auch wahrhaft wohlfeile Gebäude bekommen, in eben dem Sinne wohlfeiler, wie es, jetzt allgemein anerkannt, sogenannte massive Gebäude, mit Ziegeldächern, gegen die früheren Fachwerks-, oder Lehm-, oder Blockholz-Gebäude, mit Schindel- oder Strohdächern, sind.

Von dem fünften Puncte, der Schönheit und Ansehnlichkeit,

läfst sich nicht mit so fester Begründung sprechen, wie von den vorigen vier Puncten. Seitdem sich der Geschmack in der Baukunst mehr oder weniger von den Vorbildern des classischen Zeitalters der Griechen und Römer entfernt hat, mehr willkürlich geworden ist, und nicht immer aus innerer Nothwendigkeit hervorgegangene Musterbilder mehr annimmt, ist die innere und äufsere Schönheit und Zier, auch der Wohngebäude, fast der Mode anheimgefallen, und deshalb denn auch das, was gerade beliebt ist, nur vorübergehend und vergänglich. Auch scheint bei den Häusern gewöhnlich nur mehr auf den Putz einzelner Theile, auf sogenannte Verzierungen, gesehen zu werden, als auf Schönheit und Harmonie der Formen im Ganzen. Die neueren Städte bieten, wie man weifs, eine wahre Musterkarte von verschiedenen Verzierungs-Gewohnheiten dar. Jedes Paar Jahrzehnte liefert eine neue; und jede hält sich für die beste und vollkommenste, und stellt ihre Vorgängerinnen tief unter sich. Der Verfasser der gegenwärtigen Bemerkungen will indessen mit Niemandem über den Geschmack in der Schönheit der Häuser rechten. Seine individuelle Meinung ist, dafs nur derjenige Baustyl mit den Regeln der Kunst, oder, was dasselbe ist, der Schönheit, bestehen dürfte, der am meisten dem der Griechen und Römer in den Bau-Formen sich nähert. Man nennt ihn jetzt zuweilen den Italienischen, vielleicht den älteren Italienischen Styl. Zu Berlin findet man mehrere treffliche Vorbilder desselben, für das Äufsere der Gebäude; eins der vorzüglichsten gewährt das Königliche Schlofs, und besonders die Seite desselben nach dem Schlofsplatze zu; aufserdem sind viele von den Häusern, die aus der Zeit des Anfanges der zweiten Hälfte des vorigen Jahrhunderts herrühren, in diesem Styl erbauet. Dieser Baustyl, scheint es dem Verfasser, sei dem Äufseren der Wohngebäude zu wünschen. Die Schönheit des Innern der Gebäude dürfte, nach seiner Meinung, vorzüglich durch wirklich architektonische Formen und gut zusammenstimmende Verhältnisse der Maafse der Zimmer und ihrer einzelnen Theile zu erreichen sein. Doch unterwirft er diese seine individuelle Meinung gern gänzlich.

Nachdem wir nun mehrerer Unvollkommenheiten gedacht haben, die man zum Theil noch, mehr oder weniger, auch in den Häusern der neueren Städte, und selbst in Berlin, antrifft, wollen wir einige Vorschläge machen, wie dieselben zu vermeiden sein dürften, und wie die Wohngebäude der Städte weiter dürften vervollkommnet werden können. Da sich solche Vorschläge am leichtesten und besten an einem Beispiele deutlich machen lassen, so ist ein Wohngebäude, und zwar insbesondere auf die Örtlichkeit von Berlin berechnet, entworfen, und auf Taf. I. bis V. in Grundrifs, Durchschnitt und Ansicht vorgestellt worden; auch hat man einzelne Theile der Construction gezeichnet, so weit es zur Verständlichkeit nöthig war. Es ist angenommen, dafs das Haus, wie es meistens der Fall ist, nur von zwei Seiten Licht bekommen könne, dafs aber hinter demselben Raum zum Hofe und zu einem, wenn auch nur kleinen, Garten vorhanden sei. Diesen Entwurf wollen wir nun, und zwar nach der obigen Reihefolge der Erfordernisse, durchgehen, und näher auseinander setzen, wie das, was zu wünschen, zu erreichen gesucht worden ist, und wie es dürfte erreicht werden können. Für den Fall, dafs es nöthig wäre, wird aber ausdrücklich bemerkt, dafs man weit entfernt ist, diesen Entwurf für ein, auch nur der Vollkommenheit sich näherndes, Musterbild auszugeben. Er hat keinen anderen Zweck, als nur eine schwache Andeutung der Art und Weise und der Mittel zu geben, durch welche den zu wünschenden Vervollkommnungen näher zu kommen sein dürfte. Daher versteht es sich auch von selbst, dafs die vorausgesetzte, etwas bedeutende Gröfse des vorgestellten Hauses keine Bedingung ist. Der Entwurf soll nur *beispielsweise* die einzelnen Dinge vor Augen stellen, von welchen die Rede ist. Auf jedem andern, gröfseren oder kleineren, Bauplatze wird sich dieses oder jenes Einzelne daraus zusammenstellen und benutzen lassen.

Wir beginnen mit dem, was

1. Wöhnlichkeit und Bequemlichkeit

betrifft.

Die Zimmer sind, wie die Grundrisse zeigen, so gelegt, daſs sie unter sich und mit den Sälen theils in unmittelbarer Verbindung stehen, theils einander sehr nahe liegen. Das dritte und vierte Stockwerk wird dem zweiten ganz ähnlich vorausgesetzt; dieserhalb sind diese beiden Stockwerke nicht besonders gezeichnet. Es ist angenommen, daſs jedes Stockwerk nur von Einer Familie bewohnt werden soll. In diesem Falle dienen die hinteren Zimmer zu Schlaf-, Kinder- und Domestiken-Stuben, die vorderen Zimmer zu Wohn- und Gesellschafts-Stuben. Jedoch können in jedem Stockwerk auch zwei Familien wohnen. In diesem Falle gehört der Saal zur vorderen Wohnung; die Küche wird, etwa bei *a b* (Taf. I. und II. Fig. 2. und 3.), getheilt, und so auch die Holz- und Speise-Kammern; oder die Speise-Kammer wird zur Holz-Kammer für die hintere Wohnung genommen, und die an die Holz- und Speise-Kammer anstoſsenden Cabinette *P* und *Q* werden zu Speise-Kammern eingerichtet; die Thüren *c* und *d* (Fig. 1. und 2.) werden dann vermauert, und dagegen Thüren vom Gange her geöffnet. Diese Veränderungen können gemacht werden, selbst wenn das Haus schon erbaut ist.

Die hinteren Wohnungen würden, wenn auf die gewöhnliche Weise der Hof unmittelbar hinter dem Hause läge, einen viel geringeren Mieths-Werth bekommen; aber man kann ihre Annehmlichkeit, und mithin ihren Werth, auf folgende Weise, leicht sehr erhöhen. Statt nemlich den Hof, mit den Ställen und Remisen, unmittelbar an das Haus zu bringen, und dann erst den Garten folgen zu lassen, lege man vielmehr, umgekehrt, den Garten unmittelbar an das Haus, trenne ihn von der Durchfahrt durch denselben und von dem Hofe durch eine Mauer, deren Stelle, am Hofe, auch von der Wand der Hintergebäude vertreten werden kann, und lege den Hof hinter den Garten. Dadurch bekommen die hinteren Zimmer die Aussicht auf einen Garten, werden also Garten-Wohnungen, die für viele Miether selbst noch annehmlicher sind, als die vorderen Wohnungen, und die man in den Städten oft theuer bezahlt.

Die Durchfahrt ist von dem Flure abgesondert, wodurch der Zug entfernt, und die Reinlichkeit befördert wird. Da die Höhe der Durchfahrt, von der Erde (ihrem Boden) bis unter die Decke des ersten Stockwerks, 19 bis 20 Fuſs betragen würde, die Durchfahrt aber nur 11 bis 12 Fuſs hoch nöthig ist, so kann, in dieser Höhe, noch eine Decke über die Durchfahrt gelegt werden, und es bleibt dann noch ein Raum von 7 bis 8 Fufs hoch über derselben übrig, zu welchem man durch die Wendeltreppe *r* (Fig. 2.) gelangt. Dieser Raum giebt vorn und hinten noch zwei Stuben für Domestiken, und dazwischen einen Boden, der zu Vorräthen mancherlei Art, z. B. zum verschlossenen Hafer-Boden, oder zu Polter-Kammern, benutzt werden kann.

Wie im unteren Stockwerke, bei *m n* (Fig. 2. und 3.), wird in allen Etagen der vordere vom hinteren Flure geschieden; auch werden die Seiten-Gänge bei *e* und *f* durch Thüren verschlossen, so dafs auf den Fluren nirgends Zug entstehen kann. Wird Ein Stockwerk in zwei Wohnungen getheilt, so hat jede derselben an den Seiten-Gängen ihren eigenen, fest verschlossenen Flur. Unter der Haupttreppe befindet sich ein Ausgang nach hinten.

Durch die Pultform des Daches, welche der Durchschnitt (Taf. V. Fig. 5.) zeigt, erlangt man Zimmer unterm Dache, die völlig eben so gut sind, wie die in den Etagen, und die Dach-Etage ist nun fast ganz eben so bequem und wöhnlich, wie jede andere.

Da, aufser den Vorplätzen und Gängen, im Souterrain 10 vollständige Keller vorhanden sind, so kann zu jeder Wohnung, im Falle jede Etage von zwei Familien bewohnt wird, Ein Keller gegeben werden: wohnen aber in jeder Etage nur Eine Familie, zwei Keller. Oder auch, da die Keller so grofs sind, dafs ein einzelner Keller für Eine Familie völlig hinreicht, so können die vorderen Keller, die dann ihren Eingang durch den Holz-Platz *H* (Fig. 1.) bekommen, besonders vermiethet werden.

An die Zimmer in sämmtlichen Stockwerken stofsen Cabinette, die, wie bekannt, die Wöhnlichkeit und Annehmlichkeit sehr vermehren.

Alle Zimmer an der hinteren und vordern Seite haben vollkommen Licht und Luft. Der Saal ist, obgleich ebenfalls hinreichend, so doch weniger stark beleuchtet, was aber auch sein darf, da ein Saal, in der Regel, nur mehr des Abends gebraucht wird. Eben so darf die Küche, wie sie es ist, weniger hell sein, als die Wohnzimmer. Die Cabinette erhalten, wo sie gegen die Zimmer hin offen sind, durch diese ihr Licht. Solches kann aber auch noch, wenn man will, durch Fenster nach den Seiten-Gängen hin, etwa 6 Fufs über den Fufsboden erhöht, verstärkt werden. Die Holz- und Speise-Kammern erhalten das wenige Licht, dessen sie bedürfen, durch Fenster in den Wänden.

Wenn man will, kann man über den Cabinetten, den Speise-Kammern, so wie über den Seitengängen, 7 bis 8 Fuſs hoch über dem Fuſsboden, noch besondere Decken legen, und darüber Räume zu wirthschaftlichen Zwecken gewinnen. Von diesen Räumen erhalten dann die nach hinten zu ihren Eingang durch die Wendeltreppe, und nach vorn zu läſst sich leicht in den Cabinetten *C* (Fig. 2. und 3.) noch eine ähnliche Wendeltreppe anbringen.

Zu den Abtritten sind die in dem Grundrisse angedeuteten kleinen Kammern bestimmt, in welche Nachtstühle gesetzt werden, die glücklicherweise in Berlin durchweg schon gebräuchlich sind, statt der festen Abtritte, welche allemal den Gebäuden und der Reinlichkeit und Gesundheit zum groſsen Nachtheile gereichen.

Thüren und Fenster in den Zimmern sind so angeordnet, daſs die allgemeiner gebräuchlichen Möbel bequem gestellt werden können. Besonders die ansehnliche Tiefe der Zimmer begünstigt solches sehr. Von der Thür bis zur Mauer hat man überall mindestens $9\frac{1}{2}$ Fuſs Wand, und zum Theil auch noch viel mehr, so daſs also die längsten Möbel, zu welchen Sopha's und Flügel-Fortepiano's gehören, bequem gestellt werden können; denn dieselben sind selten über $7\frac{1}{2}$ Fuſs lang. Macht man gewöhnliche, einzelne Fenster, nach (Fig. 6.), so findet der Spiegel oder Trumeaux zwischen den Fenstern seinen Platz; macht man die breiten, vereinigten Fenster, nach den Grundrissen oder der Ansicht (Fig. 7.), so können zwei Spiegel, zu beiden Seiten der Fenster, und, wenn man will, noch zwei schmale Spiegel, auf den Fenster-Pfeilern, angebracht werden. In die Cabinette insbesondere können Schränke oder auch Sopha's gesetzt werden.

Finstere und rauchende Einheiz-Winkel giebt es nirgend, sondern es ist angenommen, daſs alle Öfen von innen geheizt werden. So ist es nicht allein in Städten am bequemsten, sondern die Heizung von Innen hat auch den groſsen Vorzug, daſs die Zug-Öfen beständig die Luft in den Zimmern erneuern und reinigen, ohne schädliche Zugluft zu verursachen. Die Öfen sollten nie über 4 bis höchstens 5 Fuſs vom Boden hoch sein, und die Heerde derselben, wo mit Holz geheizt wird, sollten ganz nahe über dem Fuſsboden liegen (wie solches feuersicher geschehen kann, wird weiter unten vorkommen); wo mit Torf oder Steinkohlen geheizt wird, liege wenigstens der Boden des

Aschenfalls so tief, als möglich. Die hohen Kachelöfen sind nicht allein häſslich, sondern die überflüssige Höhe der Öfen ist auch ohne Nutzen, und verursacht, so wie jede unnütze Erhöhung des Heerdes über den Fuſsboden, selbst Verlust an Brennmaterial. In die Höhe steigt die Hitze von selbst, und geht dort mehr oder weniger für die Bewohner des Zimmers verloren. Man sollte sie also nicht noch obendrein in die Höhe weisen. Die Züge des Ofens lege man neben einander, aber nicht nach der Höhe hinauf. Wärmehaltende Masse gebe man dem Ofen nicht in der Höhe, sondern unten, allenfalls durch vermehrte Dicke der Wände, wie es geschehen kann, wenn man, wie vorausgesetzt wird, die Wände des Ofens durchbricht, und den Heerd in einen eisernen Kasten einschlieſst, der zuerst schnell die Wärme dem Zimmer, und dann auch den wärmehaltenden Wänden des Ofens mittheilt. Sind die Öfen nicht über 4 bis 5 Fuſs hoch, wie wir annehmen, so wird die platte Decke derselben sehr heiſs werden, und kann dann zu eben den Zwecken benutzt werden, zu welchen gewöhnlich die sogenannten Ofenröhren bestimmt sind. Zur Zierde kann man Figuren und Statuen, bis zur Lebensgröſse, auf die Öfen setzen, welche letztere dann, als Postamente der Statuen, statt zur Verunstaltung, zur Zierde der Zimmer gereichen werden. Die Vorzüge der niedrigen Öfen sind nicht bloſs in der Idee begründet, sondern practisch erwiesen. Im südlichen Deutschland und in Frankreich z. B. findet man sie häufig.

Die Schornstein-Röhren mache man sämmtlich nur 6 bis 8 Zoll im Quadrat weit, und lasse sie, durch Bürsten, von oben reinigen. Es ist durch Erfahrung bewiesen, daſs diese Schornsteine besser sind, als die gewöhnlichen weiten, und daſs sie nie rauchen, und nicht Ruſs ansetzen, welcher brennen könnte. Durch die engen Schornsteine läſst sich auch der Übelstand vorspringender Winkel und Ecken, wie sie die gewöhnlichen groſsen Schornsteine erfordern, ganz vermeiden. Die engen Röhren liegen sämmtlich in den Mauern, und sind in den Etagen nirgend sichtbar, oder hinderlich. Übrigens bekommt jeder Ofen, ohne Ausnahme, eine eigene Röhre, bis zum Dache hinaus, was mit den engen Röhren sehr wohl angeht, nicht aber mit gewöhnlichen, weiten Röhren. Über dem Dache werden die Röhren, mehrere an einander liegend, so hoch aufgeführt, daſs sie noch Einen oder zwei Fuſs über den Forst hervorragen, damit nicht der Wind den Rauch zurücktreiben könne.

Für die Haushaltungs-Bequemlichkeiten ist durch folgende Einrichtungen gesorgt worden.

Die Küchen werden so eingerichtet, daſs darin zugleich das Haus-Linnen gewaschen werden kann. Der Raum *r s* (Fig. 2. und 3.) ist bestimmt, das Wasch- und Spülfaſs aufzustellen. *v́* ist ein Regenwasser-Behälter von Blech (Zink oder Eisen), oder von Stein. *w* ist der Raum zu den Spülicht-Gossen, die ebenfalls von Blech gemacht werden, jede wenigstens 1 Fuſs im Lichten weit. Diese Gossen, aus den verschiedenen Stockwerken, liegen neben einander, die des oberen Stockwerks zunächst am Fenster; sie führen den Spülicht in den Canal *LL*..... (Fig. 1.), der zugleich zur Ableitung des überflüssigen Regenwassers dient. Der Fuſsboden unter dem ganzen Raume *rw* ist, nach *w* zu abhängend, so wie der Umfang desselben, wasserdicht mit Blei oder Zink-Blech beschlagen, und liegt etwa 6 Zoll niedriger, als der Fuſsboden des übrigen Theiles der Küche, welcher gepflastert ist, oder, wenn man will, auch bedielt werden kann, und welcher seinerseits nach *rw* hin etwas abhängt, damit auch das, etwa auſser auf *rw*, ausnahmsweise auf ihn verschüttete Wasser, äuſsersten Falles, dahin abflieſsen könne. Das auf *rw* beim Waschen unvermeidlich fallende Wasser flieſst auf dem blechernen, wasserdichten Boden nach der Gosse hin und in dieselbe. Damit aber der blecherne Boden nicht zu schnell abgenutzt und zertreten werde, sind auf denselben lose, vielfach durchlöcherte, auf Leisten genagelte, hölzerne Tafeln neben einander gelegt. Es entsteht unter denselben, vermöge der Leisten, eine Höhlung zwischen dem bretternen und dem blechernen Boden, zum Abflusse des Wassers, und der bretterne Boden dient nun zum Gebrauche bei der Wäsche, und auch auſserdem. Soll der untere blecherne Boden von Zeit zu Zeit gereinigt werden, so werden die hölzernen Tafeln aufgenommen und hernach wieder hingelegt. So darf in der Küche, durch die Wäsche, selbst in bedeutendem Maaſse, Nässe auf den Boden *rw* verschüttet werden, ohne daſs sie dem Gewölbe der unteren Küche nachtheilig wäre. Sollte man jedoch solches dennoch fürchten, so kann man dem Theile *rw* der Decke der Küche, ohne groſse Kosten, eiserne Balken geben, und darauf eine Decke, platt, von rohen Werkstücken legen. Die Spülicht-Röhren können nie einfrieren, weil sie im Innern des Hauses liegen, und sie sind zu groſs, um sich verstopfen zu können; auf ihre obere Mündung wird, um solches noch mehr zu verhindern, ein kleiner eiserner Rost angebracht. Bloſs die Dachwohnungen haben die Bequemlichkeit des Waschens in den Küchen nicht; sonst alle vier Stockwerke. Die Befürchtung, daſs der Fuſsboden oder die Decke der Küchen durch das darauf beim Waschen des Linnens verschüttete Wasser leiden möchte, wird übrigens noch sehr vermindert, und sogar beinahe ganz gehoben, wenn man sich zum Waschen der, jetzt schon immer allgemeiner in Gebrauch kommenden, hölzernen Waschmaschinen bedienen will, bestehend in einem bedeckten hölzernen, oben etwas engeren Faſs als unterhalb, mit heiſsem Wasser gefüllt, in welches die Wäsche, in einen Beutel gethan, gebracht und durch eine Art von Quirl, an einem Stiele, der durch die Decke des Fasses geht, mittelst einer Handhabe in Bewegung gebracht, gegen einander gerieben, und dadurch gewaschen wird. Diese Waschmaschine macht, ohne der Wäsche zu schaden, das Waschen des Linnens bei weitem leichter und wohlfeiler; denn der Bewegung der Wäsche in dem Fasse geht nur das Einseifen und einmalige Vorwaschen vorher. In der eigenen kleinen Haushaltung des Verfassers dieses Aufsatzes ist bemerkt worden, daſs die Wäsche mit Hülfe der Maschine nur etwas über den dritten Theil an Zeit und Geld kostet, wie auf die gewöhnliche Weise, in offenen Fässern, mit den Händen. Da nun das Faſs der Maschine ganz verschlossen ist, so wird aus der Maschine gar kein Wasser auf den Boden verschüttet, und es bleibt nur dasjenige Verschütten übrig, welches bei dem Vorbereiten, Einseifen und Vorwaschen vorkommen kann, welches aber, bei einiger Vorsicht, so unbedeutend ist, daſs, bei Benutzung der Maschine, unbedenklich allenfalls schon auf jedem gewöhnlichen Küchen-Fuſsboden, ohne Nachtheil für denselben, gewaschen werden kann.

In die Gefäſse *v* wird das Regenwasser vom Dache geleitet. Zuerst flieſst dasselbe in offene Rinnen, die unter dem Rande desselben liegen, nicht, wie gewöhnlich, auf dem Dache, über dem Rande, so daſs also diese Rinnen den Abfluſs des Wassers vom Dache nicht hemmen, und Anlaſs zu Lecken geben können. Die offenen Rinnen, rundum, haben ihr Gefälle nach der Ecke *E* hin (Fig. 2.). Von hier führt eine Röhre, die nahe unter dem Dachrande liegt, das Wasser durch die Mauer, und darauf senkrecht hinunter, durch alle Gefäſse *v*, in den Canal *LL* (Fig. 1.). Auſserdem aber sind auſserhalb, in jeder der vier Ecken des Hofes, Röhren in die offene Rinne eingemündet, die das Regenwasser, welches man nicht in den Küchen brauchen kann oder will, hinunter auf den Hof führen, der, seinerseits nach der Ecke E hin abhängig, mit Granit-Platten, wie man sie jetzt zu den Trottoirs auf den Strafsen nimmt, gepflastert ist, so dafs das Regenwasser vom Hofe nach E hin, in den Canal LL (Fig. 1.), und denselben ausspülend, nach der Strafse abfliefst. Damit aber nur das überflüssige Regenwasser durch die vier Röhren in den vier Ecken herunterfalle, und nicht etwa alles Wasser durch sie den Küchen entzogen werde, haben die offenen Rinnen, unter dem Dachrande, in den vier Ecken, kleine offene Bassins. In dem Boden dieser Bassins sind die senkrechten Ableitungs-Röhren eingemündet, aber so, dafs der Rand der Mündungen Einen oder ein Paar Zoll über den Boden hervorragt, damit das Wasser erst dann, wenn es in den Röhren zu sehr sich gehäuft hat, in die senkrechten Röhren gelangen könne. Alles Wasser, von mäfsig starkem Regen, oder von allmäliger Schnee-Auflösung, gelangt auf diese Weise in die Küchen: sobald aber der Regen zu stark ist, oder der Schnee zu schnell schmilzt, fliefst das Wasser, auf dem gewöhnlichen Wege, durch die Röhren aufserhalb hinunter. Um vermittelst der Röhre im Innern, die durch die Gefäfse v hindurch geht, das Wasser nach Belieben in diese Gefäfse bringen zu können, und auch, um zu verhindern, dafs das Wasser nicht etwa über den Rand der Gefäfse fliefsen könne, lassen sich verschiedentliche Anordnungen machen; z. B. folgende. Die senkrechte Röhre erstrecke sich nicht ununterbrochen fort, sondern habe Absätze. Die nächste Ausmündung der senkrechten Röhre befinde sich dicht über dem Boden des Gefäfses v der Küche im obersten, vierten Stockwerke; dagegen die Einmündung der Fortsetzung der Röhre dicht unter dem Rande des nemlichen Gefäfses; die nächste Ausmündung der Röhre befinde sich dicht über dem Boden des Gefäfses v in der Küche des nächsten, tiefer liegenden, dritten Stockwerkes, ihre nächste Einmündung dagegen dicht unter dem Rande des nemlichen Gefäfses, und so weiter, bis unten zu. Auch befinde sich noch unter jeder Einmündung eines neuen Stückes Röhre, dicht über dem Boden des Gefäfses, ein Hahn, welcher geöffnet und geschlossen werden kann. Alsdann wird das Wasser zunächst in das obere Gefäfs fliefsen, so lange, bis es fast voll ist; sobald der Wasserspiegel dem oberen Rande nahe gekommen ist, wird es durch die Fortsetzung der Röhre weiter, nach dem nächsten unteren Gefäfse fliefsen; dieses wird sich ebenfalls füllen, und das weiter ankommende Wasser wird weiter nach unten abfliefsen, und so fort, bis unten zu. Will man in einer der Küchen so eben kein Wasser haben, so darf man nur den Hahn unter der Einmündung der nach unten sich weiter erstreckenden Röhre, dicht über dem Boden des Gefäfses, öffnen, um sogleich das Wasser fortzuschaffen. Es wird nicht schwer sein, die Anordnung nach Belieben oder Bedürfnifs zu verändern und zu vervollkommnen.

So wie man nach unserm Haus-Projecte das Regen-Wasser vom Dache unmittelbar in die Küchen fliefsen machen kann: so erhält man das Quell-Wasser durch die Pumpen r (Fig. 2. und 3.) unmittelbar oben herauf, ohne es herauftragen lassen zu dürfen. Im Keller befindet sich ein Brunnen bei Z (Fig. 1.), und es sind in denselben gewöhnliche Pumpen von Eisen gestellt (nicht von Blei, weil dasselbe das Wasser verdirbt, und selbst vergiften kann), für jede Küche Eine. Für die unteren Stockwerke bekommen die Pumpen Saugwerke, für die höheren Stockwerke, die über die Saughöhe hinaus liegen, einen sogenannten hohen Satz. Sie ziehen das Wasser entweder aus der eigenen Quelle des Brunnens, oder, durch sogenannte Verlegung, aus einem andern Stadt-Brunnen, oder aus der Stadt-Wasserleitung.

Die Heerde in den Küchen richte man mit bedecktem Feuer ein, so dafs die, Rauch und Zug verursachenden, Rauchfänge nach Belieben verschlossen werden können. Dunstfänge führen den Dampf durch Röhren fort, wenn man nicht übersieht, diese Röhren, um sie zu erwärmen, dicht neben, oder zwischen Feuerröhren zu legen. Die bedeckten Feuer in den Küchen haben in der neuesten Zeit, wegen ihrer grofsen, in die Augen springenden Vortheile für jede Haushaltung, auch in Berlin schon allgemeineren Eingang gefunden, daher sie hier schon näher bekannt sind. Diese Einrichtung der Heerde ist für jede, auch die kleinste, Haushaltung nützlich und benutzbar, und ihre Vorzüge vor den offenen Heerd-Feuern sind bedeutend. Die verdeckten Feuer verhindern nicht allein am sichersten das Rauchen der Küchen, vorausgesetzt, dafs die Schornsteinröhren eng, nicht über 6 bis 8 Zoll weit sind; sondern sie ersparen auch in kleinen Haushaltungen eine Domestiken-Stube und deren Heizung im Winter, weil, wenn der Rauchfang verschlossen ist, die Küche, völlig wie ein Zimmer, gar keinen Zug hat, in der Kälte hinreichend von dem Kochfeuer erwärmt wird, und also ganz füglich zum

Aufenthalts-Orte der Hausmagd dienen kann, was für kleinere Haushaltungen sehr bedeutend ist. Man muſs aber die Rauchfangs-Röhre nicht vermauern, sondern eine eiserne Klappe anbringen lassen, durch welche die Schornstein-Röhre beliebig verschlossen werden kann. Im heiſsen Sommer nemlich, besonders wenn etwa die Küche gegen Mittag liegt, erwärmt das verdeckte Feuer sie zu sehr. Alsdann ist es besser, auf der eisernen Platte des Heerdes und, wie gewöhnlich, bei offenem Feuer kochen zu lassen, dessen Rauch dann durch die Rauchfangs-Röhre Abzug finden muſs. Ist das Kochen beendigt, so wird der Rauchfang mit der Klappe verschlossen. In den übrigen kälteren Jahreszeiten dagegen thut das verdeckte Feuer seine Dienste, und gewährt die oben beschriebenen Vortheile. Die Heerde mit verdecktem Feuer können selbst in jeder vorhandenen Küche, statt der gewöhnlichen Heerde, gesetzt werden, weil die Klappe, zum Verschlusse des Rauchfanges, und die kurze Rauch-Röhre, zur Ableitung des Rauches von dem verdeckten Feuer nach dem Schornsteine, überall leicht sich anbringen läſst. Die Heerde sind auch keinesweges kostbar, sondern erfordern für kleine Haushaltungen nur eine Ausgabe, die keinesweges zu ihrem Nutzen im Miſsverhältnisse steht. Der Heerd mit dem verdecktem Feuer, welchen der Verfasser dieses Aufsatzes kürzlich in seiner Wohnung hat setzen lassen, hat, sammt der eisernen Platte und der Holz-sparenden Einmauerung eines Waschkessels, und verbunden noch mit einem kleinen Back- oder Bratofen, jedoch ohne den Kessel und das Kochgeschirr, und ohne die Klappe zum Verschlusse des Rauchfanges und die zugehörige Rauchröhre, welche vorhanden waren, noch nicht volle 30 Thaler gekostet: eine Ausgabe, die schon allein durch die Ersparung der Domestiken-Stube, abgesehn von der Ersparung an Holz, vielfach ersetzt wird. Auch die transportablen eisernen Kochöfen sind, besonders für kleinere Haushaltungen, vortheilhafter, als die offenen Heerde, vorzüglich auch deshalb, weil der Miether sie, wenn er seine Wohnung verändert, mitnehmen kann. Noch mag auch an diesem Orte eines Ersparungsmittels beim Kochen für kleine, und auch wohl für gröſsere Haushaltungen, gedacht werden, welches zwar so einfach ist, daſs man glauben sollte, Jeder müsse von selbst darauf kommen und es benutzen, welches indessen gleichwohl, wie die Erfahrung zeigt, noch keinesweges allgemein benutzt wird, wie es, ohne alles Hinderniſs, geschehen könnte. Wenn man nemlich bei offenem Feuer, oder, wie gewöhnlich, auf dem Heerde kocht, so setzen meistentheils die Kochenden die Gefäſse, welche die zu kochenden Speisen enthalten, besonders die Töpfe, an oder neben das Feuer. Das Feuer brennt zwischen den Töpfen, und steigt zwischen denselben frei empor. Der Ausdruck „seinen Topf an das Feuer oder zum Feuer setzen" ist fast sprichwörtlich geworden. Nun aber ist es allbekannt, daſs eine Flamme seitwärts bei weitem weniger kräftig wirkt, als nach oben. Nach unten wärmt sie noch weniger. Es ist also sehr natürlich, daſs das Kochfeuer bei weitem besser benutzt werden kann, durch die bloſse einfache Abänderung, daſs man die Töpfe *über* die Flamme setzt, statt neben die Flamme. Der sprichwörtliche Ausdruck sollte heiſsen: den Topf über oder auf das Feuer setzen, nicht an das Feuer. Dieses ist allerdings bekannt genug, und die Bemerkung wird auch gewiſs häufig benutzt, aber doch keinesweges, wie es immer und überall geschehen könnte, *allgemein.* Der Grund, warum es nicht allgemein geschieht, ist wahrscheinlich, weil man meistens glaubt, es sei eine eigene, mehr oder weniger kostbare, oder doch umständliche Einrichtung des Heerdes dazu nöthig. Das aber ist nicht der Fall, sondern Jeder, ohne alle Ausnahme, kann die Anordnung selbst machen, und das ist es, was die gegenwärtige Einschaltung bemerklich machen soll. Es sind nemlich, um die volle Kraft des Kochfeuers zu benutzen, nichts weiter nöthig, als 4 bis 6 gewöhnliche Ziegel, und ein oder zwei Paar eiserne Stangen von etwa 1 Fuſs lang, 1 Zoll breit und $\frac{1}{4}$ Zoll dick: Gegenstände, die, wenn man sie neu kaufen muſs, und die Stangen nicht etwa unter altem Eisen findet, zusammen 10 bis 15 Sgr. kosten können. Hat man dieses Zubehör, so legt man je zwei Ziegel auf einander, und die zwei oder drei Ziegelsätze, etwa 9 bis 10 Zoll von einander entfernt, auf den Heerd, die eisernen Stangen aber quer über die Ziegel. Durch 4 Ziegel und zwei Stangen lassen sich eine, durch 6 Ziegel und 4 Stangen zwei kleine Feuerstuben machen. *Zwischen* die Ziegel zündet man das Feuer an, und *auf* die eisernen Stangen setzt man die Töpfe und Kessel. Die Flamme wirkt nun mit voller Kraft auf den Boden der Geschirre, und die Ziegel halten obenein noch das Feuer zusammen, so daſs beinahe nichts von dessen Wirkung verloren geht. Man kann rechnen, daſs dadurch *wenigstens* die Hälfte des Brennmaterials erspart wird. Der Verfasser darf diese Behauptung wieder aus der Erfahrung machen; denn seit länger als 20 Jahren wird in seiner Haushaltung auf die beschriebene Art beim Kochen verfahren. Diese einfache Anordnung ist übrigens nicht etwa als ein Nothbehelf zu betrachten, sondern sogar besser, als eine auf dem Heerde fest gemauerte, ähnliche Anordnung, weil man sie jeden Augenblick, nach Belieben und nach Bedürfnifs, verändern, erweitern, verengen, versetzen, oder auch wegnehmen und wieder aufsetzen kann. Die bei der Küche beschäftigten Personen ziehen sie allen andern Anordnungen mit Recht vor. — Es wird gerade kein Grund da sein, um Verzeihung zu bitten, dafs von einer so überaus einfachen Sache, die sich so sehr von selbst versteht, hier gedruckt gesprochen wurde. Wäre sie ganz allgemein bekannt und würde allgemein benutzt, so wäre es freilich unrecht, davon weiter zu sprechen. Allein so ist es nicht. Und da nun diese Zeilen möglicherweise Anlafs geben können, dafs diese oder jene Haushaltung darin eine Erparung von vielleicht 10 bis 15 Rthlrn. jährlich für Brennmaterialien beim Kochen findet, so wird das Blättchen Papier, worauf das Gegenwärtige zu lesen, nicht eben unnütz angewendet sein.

Zu den Holz-, Kohlen- und Torf-Vorräthen für das projectirte Haus ist in jedem Stockwerke selbst, nahe an der Küche, ein feuersicherer Raum vorhanden, so dafs das Holz, wenn es gebraucht wird, nicht erst vom Dachboden oder aus dem Keller geholt werden darf. Diese Räume sind völlig feuerfest; denn sie sind ummauert und überwölbt, und haben steinerne Fufsboden. Ihre Thüren sind von Gufseisen. Aber auch nach den Holzkammern hinauf darf das Holz nicht getragen werden. Es ist eine Winde *W* (Fig. 1., 2., 3.) angeordnet, die vom Keller bis in die Dach-Etage reicht, und oben in Bewegung gesetzt wird. Sie besteht aus einer einfachen Welle mit Hemmung, und einem Speichen-Rade. Vermittelst dieser Winde kann das Holz, in einen Korb gepackt, in alle Etagen, mit vielfach geringerem Kraft-Aufwande gebracht werden, als zum Hinauftragen nöthig ist; das Hinauftragen ist nemlich für den Kraft-Aufwand deshalb so überaus unvortheilhaft, weil der Träger stets das eigene Gewicht seines Körpers mit hinauf und herunter bewegen mufs, und diese Kraft-Verschwendung mufs der Bewohner des Stockwerks bezahlen, so dafs ihm durch die Winde eine bedeutende Ausgabe erspart wird. Ferner darf, nach unserm Bau-Entwurfe, das Brennholz weder auf dem Hofe, noch auf der Strafse zerhauen werden. Es wird vom Wagen unmittelbar, in Kloben, in den dazu bestimmten Holzplatz *H* (Fig. 1.), im Keller, geschafft. Dieser Keller kann verschlossen, und das Holz darin, nach Bequemlichkeit, im Trockenen und mit Mufse zerhauen und zerspalten werden. Dadurch werden die Kosten des Holzhauens vermindert, und zugleich wird jede Entwendung verhindert.

Jeder, der die Erfordernisse und die Einrichtung eines Haushaltes kennt, wird bei dem ersten Blick einsehen, wie bedeutend allein die Bequemlichkeiten der beschriebenen Anordnung der Küchen und Holzkammern sind, und wie manche Ausgaben dadurch den Bewohnern der Häuser erspart werden können. Die Kosten dieser Anordnungen sind, wie sich ebenfalls leicht einsehen läfst, nicht beträchtlich, und kommen jedenfalls in keinen Betracht gegen die Vortheile, welche sie zu gewähren vermögen.

In den Nischen der Scheidewände sollen eine Menge von Wandschränken angebracht werden, die, wie bekannt, grofse Bequemlichkeit und Annehmlichkeit gewähren, besonders in den Kammern und Cabinetten.

Zu grofser Annehmlichkeit wird es gereichen, wenn man, wie oben bemerkt, den Garten unmittelbar an das Haus legt, und den äufseren Hof erst hinter demselben folgen läfst. Dadurch werden die Wohnungen ungemein an Heiterkeit gewinnen, und alle Unannehmlichkeit, die der Hof verursachen könnte, wird entfernt werden. Die Wände des inneren Hofes, nach unserm Entwurfe, sollen leicht und freundlich gemalt werden, wodurch die Säle eine angenehmere Aussicht erhalten werden. Jedenfalls würden die Wände des Hofes hell angestrichen werden müssen, damit das Licht auf demselben verstärkt werde. Sein Granitplatten-Boden wird durchaus reinlich und anständig sein. Die Flure und Gänge im Innern des Hauses, so wie die Wände der Haustreppe sollen ebenfalls gemalt werden, wie es, erfreulicher Weise, in der letzten Zeit zu Berlin Gebrauch zu werden anfängt. Die früher oft zu weit gehende Vernachlässigung der Auszierung der Flure machte diese Räume sehr unangenehm.

Die Wände und Decken der Zimmer wird man, nach Belieben, malen oder tapeziren lassen können. Die Tapezirung ist der Malerei in so fern vorzuziehen, dafs sie wärmer hält und auch reinlicher und meistens netter ist. Sie ist auch jetzt nicht mehr theurer, als Malerei, seitdem man eingesehn hat, dafs kein Papier untergeklebt werden darf, sondern daſs die Papiertapeten unmittelbar auf die Mauern befestigt werden können, wie es da, wo das Tapeziren der Wände allgemeiner in Gebrauch ist, immer geschieht. Es ist jedoch **weniger** rathsam, die **Dekken** zu tapeziren, als die Wände. Es ist bei weitem wohlfeiler, und auch schöner, die Decken bloſs **weiſsen** zu lassen. Will man sie verzieren, so lasse man sie leicht auf Kalk **malen**. Die Tapeten auf den **Wänden** dagegen sind eine der wohlfeilsten und besten Bekleidungen derselben. Eine noch schönere Wandbekleidung ist die von Stuck; aber sie ist theurer.

Die Fuſsböden werden in **Berlin** unstreitig, im Verhältnisse zu den andern Theilen der Wohngebäude, noch etwas zu sehr vernachlässigt. Man sollte öfter der Parketböden, oder der verzierten Estriche, sich bedienen, und wir setzen hier dergleichen voraus. Sie sind so überaus viel theurer nicht, als die gewöhnlichen Böden. Auch dürften die im 2. Hefte 7ten Bandes S. 140. etc. beschriebenen Dielen-Fuſsböden schon den gewöhnlichen vorzuziehen sein.

Thüren und Fenster sind ebenfalls häufig unverhältniſsmäſsig schlecht und undauerhaft. Man sollte **nur eichene** Thüren und Fenster machen, die jetzt nur noch wenig mehr kosten, als fichtene; wir nehmen dergleichen an. Auch das Fenster-Glas ist häufig unverhältniſsmäſsig schlecht. Wenigstens nach vorn, und in den unteren Stockwerken, setzen wir Fensterscheiben von **Spiegel**-Glas voraus, welches nicht **sehr** bedeutend theurer ist, als das gewöhnliche Glas.

2. Die Salubrität der Wohnungen

wird nach unserm Entwurfe durch Folgendes befördert werden.

Die Wohn- und Schlafzimmer sind in dem Entwurfe groſs, hoch und hell, ohne jedoch so sehr groſs zu sein, daſs sie kalt, wüst und unwöhnlich wären. Im Winter, wo die Öfen geheizt und dagegen die Fenster und Thüren meistens verschlossen werden müssen, erhalten sie ihren Luftzug durch die **Zug**-Öfen: im Sommer durch das Öffnen der Fenster und der gegenüberstehenden Thüren, wodurch immer ein Luftstrom wird hervorgebracht werden können, weil die Luft in den Gängen und im Hofe immer kühler zu sein pflegt, als auſsen, so daſs ihr Gleichgewicht aufgehoben ist. Für die Lüftung der **Keller** wird gewöhnlich gar nicht gesorgt. Sie kann auf folgende, leicht ausführbare Weise geschehen. In jedem Keller befinden sich, z. B. bei x, x (Fig. 1.), in den Scheide-

Mauern Röhren, gleich den Schornsteinröhren, 6 bis 8 Zoll weit, die bis über das Dach hinaus reichen. Der Boden einer solchen Röhre, der dicht über dem Boden des Kellers liegt, bildet einen kleinen Heerd, zu welchem eine Öffnung führt, die mit einer blechernen Thüre verschlossen werden kann. Will man nun den Keller lüften, so verbrenne man auf dem Heerde der Röhre einiges Holz, oder Torf, oder Späne und anderen Abgang. Dadurch wird ein Zug entstehen, der die schädlichen Dünste, die sich, vermöge ihres gröfseren specifischen Gewichtes, auf den Boden lagern, schnell aus dem Keller abführen wird. Ähnliche Anordnungen kann man, wenn man es nöthig finden sollte, in den kleinen Abtritt-Kammern, so wie in den Küchen- und Speise-Kammern machen. Das Lüftungs-Mittel, vermittelst durch Feuer hervorgebrachten Zuges, wirkt unfehlbar, und ist wenig kostbar. Die engen Röhren sollten stets in den Mauern *in Menge* vorhanden sein. Sie kosten gar nichts: denn die etwaige Erhöhung des Maurer-Arbeitslohns dafür wird durch die Ersparung an Ziegeln compensirt. Wir setzen voraus, dafs in dem entworfenen Hause dergleichen enge Röhren nicht gespart sind, und dafs noch viel mehrere vorhanden sind, als man in der Zeichnung angedeutet findet. Sie haben noch den Nutzen, dafs man sie vorräthig antrifft, wenn man etwa in der Folge hier und da einen Ofen oder Camin setzen will, auf welchen in dem ursprünglichen Entwurfe nicht gerechnet war; desgleichen, dafs man Luftzug hervorbringen kann, überall, wo man seiner, vielleicht zufällig, in der Folge bedarf, z. B. um im Sommer ein Zimmer zu lüften, ohne Thüren und Fenster zu öffnen, und ohne den Zug-Öfen zu heizen, u. s. w.

Finstere Flure, Gänge und Winkel, in welchen sich unbemerkt Unreinigkeiten anhäufen könnten, giebt es nicht; und die Zimmer, so wie die Haupttreppe, haben volles Licht: selbst die Stuben im Dache, welches einer der Vortheile des Pult-Daches ist. Die Säle, Küchen und Speisekammern, welche im Sommer Kühlung nöthig haben, liegen so, dafs sie der Sonnenwärme weniger ausgesetzt sind. Zu Schlafzimmern kann man diejenigen nehmen, welche an der Schattenseite liegen.

Die Unreinigkeiten, welche häufig durch die aufserhalb angebrachten, im Winter einfrierenden Spülicht-Gossen, durch die Brunnen auf den Höfen, durch die schlechte Pflasterung derselben, durch die Rinnsteine in den Durchfahrten u. s. w. entstehen, werden hier vermieden, weil sich die Spülicht-Gossen innerhalb des Hauses befinden, und nicht einfrieren können; weil auf dem Hofe kein Brunnen sein soll; weil der Hof ein völlig ebenes, reinliches, abhängiges Pflaster erhalten, und der Abzugs-Canal bedeckt und groſs genug sein soll, um ihn bequem reinigen zu können.

Der dicken Mauern wegen werden die Wohnungen im Sommer kühl, im Winter warm sein; selbst die Dachwohnungen, die überhaupt denen in den Etagen nur wenig nachstehen.

Der räumliche, helle, innere Hof, und der Anblick des Gartens unmittelbar am Hause, wird die Freundlichkeit und Heiterkeit der Wohnungen vermehren, und, nebst den die Luft verbessernden Bäumen und Gesträuchen des Gartens, ihre Salubrität befördern.

Will man etwa dem Hause, zur Beförderung der Annehmlichkeit und Gesundheit, so wie zur Ersparung an Heizungskosten, eine Luftheizung geben, so läſst sich dieselbe hier, so wie in jedem Hause, in welchem, nach dem Princip des gegenwärtigen, hinter die Zimmer Cabinette gelegt sind, bequem anbringen; und wenn, wie es hier vorausgesetzt ist, zahlreiche enge Röhren in den Mauern sich befinden, selbst, und auch theilweise, nachdem das Haus schon erbaut ist. Die Heiz-Kammern finden passend in den Kellern unter den Cabinetten hinter den Zimmern ihren Platz, und den Wärme-Röhren kann man in den Scheide-Wänden der Zimmer, oder auch in den Cabinetten, ihre Ausmündung geben.

Sehr vortheilhaft wird es sein, die Flure, Gänge und Küchen, und selbst die Zimmer, mit Gas zu beleuchten; was in Berlin erfreulicher Weise überall ohne Schwierigkeit angeht. Die Gas-Beleuchtung ist unstreitig einer der wesentlichen Wöhnlichkeits-Vorzüge und eine der schönsten und zugleich wohlthätigsten Zierden dieser Stadt. Mag es auch noch zweifelhaft sein, ob das Gaslicht direct zur Verbesserung der Luft, wenigstens in den damit beleuchteten verschlossenen Räumen, diene: mag es auch noch unentschieden sein, ob der Umstand, daſs selbst die Cholera in den Städten, welche durchgängig mit Gas erleuchtet sind, wie z. B. Berlin und London, weniger heftig gewüthet hat, als in andern Städten, z. B. in Petersburg, Paris etc., auch dem Gaslichte, oder bloſs andern Ursachen zuzuschreiben sei: so ist doch nicht allein so viel gewiſs, daſs das Gaslicht, schon durch seine Stärke und Intensität, gleich jedem helleren Lichte, erfreulicher, und durch seine Farbe angenehmer, also bei weitem behaglicher und wohlthätiger ist, als Kerzen- und Öllicht; sondern es ist auch gewifs, dafs es, vermöge der Ruhe, Stärke und Unveränderlichkeit der Flamme, für die Erhaltung der Sehkraft aller Derer, die an einer und derselben Stelle, z. B. beim Schreiben, oder anderen, eine bedeutende Anstrengung der Augen erfordernden Arbeit, Abends beschäftigt sein müssen, wesentlich vortheilhaft und wohlthätig ist. Kerzen oder Öllampen kann man nemlich, auf seinem Schreib-Pulte, füglich nur vor sich stellen. Man sieht also unvermeidlich, beim Aufblicken, mehr oder weniger in die starke Flamme selbst, und darauf vielleicht in's Dunkele; auch brennen Kerzen, und selbst Öl-Lampen, abwechselnd dunkel und hell. Alles das greift die Augen bedeutend an, und alles dieses vermeidet das Gaslicht. Bringt man eine Gas-Flamme über seinem Schreibpult an, zur Linken, etwas rückwärts: so sieht man beim Aufblicken die Flamme nicht. Dieselbe brennt weifs, angenehm und völlig unveränderlich immer fort, und beleuchtet das Papier mit einem dem Tageslicht ähnlichen Scheine, der dem Auge wohler thut, als das gelbe, abwechselnd starke und schwache Licht der Kerze oder der Öllampe. Der Verfasser dieses Aufsatzes hat von der Wohlthätigkeit und dem Nutzen des Gaslichts, auch in diesem Puncte, vermöge einer sehr bestimmten, längeren Erfahrung, die klarste und festeste Überzeugung. Er war einer der Ersten, die in Berlin, nach Einrichtung der Strafsen-Beleuchtung mit Gas, in ihre Zimmer dieses Licht leiten liefsen. Er bedient sich desselben, ununterbrochen, nun schon seit 6 Jahren, und hat, ohne Ausnahme, die wohlthätigste Wirkung davon verspürt. Er schreibt die Erhaltung des Restes seiner, durch frühere übermäfsige Arbeits-Anstrengung im Amte fast gänzlich ruinirten Sehkraft, grofsentheils dem Gebrauch einer Gas-Flamme zu, welche, auf die vorhin beschriebene Weise, über seinem Arbeits-Pulte angebracht ist. Er glaubt daher, dafs es vortheilhaft und nützlich sein würde, wenn man nicht blofs die Flure und Läden (wie es in Berlin schon ziemlich allgemein geschieht), sondern noch mehr, selbst die Wohnzimmer in Privat-Häusern mit Gas beleuchtete. Wollte man dem hier entworfenen Hause Gaslicht geben, so könnte es ohne Schwierigkeit geschehen. Die Hauptröhre würde, in dem Keller unter dem Flure, bis nach der Küche zu leiten sein. Hier würde sie, etwa zwischen den Heerden, bis ins Dach emporsteigen, und aus der senkrechten Röhre könnte man leicht durch Zweig-Röhren das Gas in alle Wohnräume bringen.

In einem alten Hause verursacht die Leitung der Röhren immer einige Schwierigkeiten, und auch einige Übelstände, weil man die Zweigröhren an der Decke sieht, in so fern man nicht die Verschalung der Decke aufnehmen will: in neuen Gebäuden dagegen hat die Leitung des Gaslichts gar keine Schwierigkeit. Die senkrechte Röhre macht nirgend, auf dem Flure, oder in der Küche, einen Übelstand, und die wagerechten Zweig-Röhren kann man über die Verschalung der Decke, zwischen dieselbe und den Windelboden, legen. Die Unzugänglichkeit derselben, an solcher Stelle, hat kein Bedenken; denn sie dauern ohne Zweifel sehr lange. An den Gas-Röhren in der Wohnung des Verfassers ist seit 6 Jahren noch nicht die mindeste Reparatur nöthig gewesen.

3. Die Festigkeit, Dauerhaftigkeit und Sicherheit, besonders gegen das Feuer,

lassen sich in dem projectirten Hause stufenweise verstärken, und zwar die drei benannten Eigenschaften und Erfordernisse durch dienliche Mittel fast zugleich und ungefähr in gleichem Maafse. Wenigstens macht keine Maafsregel, die z. B. die Feuersicherheit befördert, das Gebäude weniger fest und dauerhaft. Wir dürfen daher auch nur zunächst die Feuersicherheit insbesondere in's Auge fassen. Den *geringsten* Grad der Feuersicherheit bekommt ein Haus mit steinernen Wänden, wie das projectirte, wenn man ihm, wie gewöhnlich, ein hölzernes Dach, und über den Wohnzimmern, nicht über den Fluren, hölzerne Decken giebt. Aber dieses wäre auch der geringste Grad: denn macht man hölzerne Decken auch noch über den Gängen und Fluren, so ist das Haus schon bedeutend gefährlich für die Bewohner beim Feuer; und giebt man ihm gar hölzerne Treppen, statt steinerner, wie leider nur an zu vielen Orten gewöhnlich: so ist es nicht allein feuerunsicher, sondern lebensgefährlich, und gewissermafsen einem Aufenthalte zu vergleichen, wo an schwachem Faden ein Schwert über dem Haupte hängt.

Es wird also vorausgesetzt, dafs das projectirte Haus jeden Falls gewölbte Decken über den Fluren und Gängen und *unbedingt* steinerne Treppen bekomme. Dafs diese Theile nicht verbrennlich, sondern unentzündlich sind, ist wesentlich und unerläfslich, und zwar gerade dann am meisten, wenn, wie gewöhnlich, die übrigen Decken und das Dach von Holz sind, weil dann mehr und viele Stoffe vorhanden sind, die vom Feuer ergriffen werden können. Eine steinerne Treppe hilft zwar allein schon viel, und sie ist die Hauptsache in einem feuersichern Hause, und wenigstens *eben* so nöthig, als die Feuersicherheit der Schornsteine und Essen; aber ganz nothwendig ist es auch noch, dafs die Decken der Flure und Gänge gewölbt werden, um auf denselben, wenn es in den Zimmern brennt, einerseits nach der Treppe hinaus, andererseits mit den Lösch-Mitteln von der Treppe nach den Zimmern hin unverletzt gelangen zu können. Ein Wohngebäude mit steinerner Treppe und gewölbten Decken über Fluren und Gängen läfst sich, in so fern es nicht etwa den einzelnen Zimmern an Ausgängen nach den Fluren und Corridoren fehlt, schon als recht feuersicher und als beinahe frei von Gefahr für das Leben der Bewohner betrachten. Es kann dann durch den Brand der Zimmer-Decken und des Daches fast nur noch Verlust an Eigenthum entstehen. Ein Haus dagegen mit hölzernen Decken über den Gängen nach der Treppe, und mit hölzernen Treppen, ist (es kann nicht oft genug wiederholt werden) im hohen Grade gefährlich, nicht blofs für das Eigenthum, sondern auch für das Leben der Bewohner, und, in dem unglücklichen Falle, wenn das Feuer die Bewohner des Nachts im Schlaf überfällt und die Treppe zuerst ergreift, um nichts sicherer, als das feuergefährlichste, hölzerne, mit Schindeln bedeckte Haus. Die Gewölbe über den Fluren und Gängen sind übrigens gewöhnlich leicht zu machen, weil diese Räume meistens nur schmal sind, im Vergleiche gegen die Gröfse der Zimmer, so dafs kaum irgend wo Verankerungen der Gewölbe nöthig sind. Deshalb ist denn auch der Unterschied zwischen den Kosten der gewölbten Decken der Flure und Gänge und denen der hölzernen Decken geringer, und die Gewölbe, die nur einen halben Ziegel dick nöthig sind, können, wo das Holz theuer ist, sogar wohlfeiler sein. Auch hier giebt inzwischen das Geld keinen Vorwand, die Sorge für die Sicherheit des Lebens der Menschen zu verabsäumen. Dafs die steinernen Treppen leicht zu machen und nicht theurer sind, als hölzerne, ist schon bemerkt, und an den oben bezeichneten Orten näher und vollständig auseinandergesetzt worden. Es ist also angenommen worden, dafs das projectirte Haus jeden Falls steinerne Treppen und steinerne Decken über den Fluren und Gängen erhalte, wie sie auch gezeichnet sind. Die übrigen Beobachtungen der Feuersicherheit, bei den Schornsteinen etc., sind den gewöhnlichen ähnlich, werden aber hier durch die dicken Wände noch befördert. Die Schornstein-Röhren liegen ganz in diesen Wänden, und werden senkrecht zum Dache hinausgeführt. Die Küchen sind mit Mauern umgeben; die Holzkammern sind ganz feuersicher, weil nicht allein ihre Wände, sondern, wie oben beschrieben, auch ihre Fufsböden und Decken von Stein und die Thüren von Eisen vorausgesetzt werden. Die Öfen, deren Heerde, wie oben bemerkt, am besten ganz nahe über dem Fufsboden liegen, können, wenn die Zimmer-Decken von Holz sind, dadurch feuersicherer gemacht werden, dafs man den Dielen-Fufsboden nicht unter den Ofen hindurchgehen, sondern etwas entfernt davon bleiben läfst. Man schiebt an der Ofenstelle, statt der gewöhnlichen Staken des Windelbodens, etwas stärkere und einen dichten Boden bildende Hölzer in die Pfalze der Balken, trägt auf dieselben einen Lehm-Estrich, bis zur Oberkante der Balken, und legt über diesen entweder ein Pflaster von Fliesen, oder einen Gips-Estrich, so dick als die Dielen, und da, wo die Einheizung ist, $1\frac{1}{2}$, übrigens $\frac{1}{2}$ Fufs vor den Ofen hervortretend. Hierauf kommt ein zweites Pflaster von Ziegeln auf die flache Seite, und, über der Grundfläche des Ofens, von den Kacheln aufsen verblendet und so gelegt, dafs die Ziegel die Fugen des unteren Pflasters decken. Dieses Pflaster kann zum Heerde, oder, wo ein Aschenfall nothwendig ist, zum Boden desselben dienen, so dafs derselbe nur einige Zoll über den Boden erhöhet sein darf.

Verstärken kann man nun weiter die Feuersicherheit des Hauses dadurch, dafs man auch die Küchen überwölbt, und ihnen steinerne Fufsböden giebt, oder, wenn man die Kälte dieser Fufsböden fürchtet, Gips-Estriche, welche wenig kälter sind, als hölzerne Böden. Von der Nässe ist für die Böden und Decken nichts zu fürchten, wenn die Böden abhängig gemacht, und für die zum Waschen und zu den Pumpen und Wasserbehältern bestimmten Theile der Küchen die oben beschriebenen Maafsregeln angeordnet werden.

Eine fernere Verstärkung der Feuersicherheit kann erlangt werden, wenn man, in so fern das Dach von Holz sein soll, das Gespärre von dem Gebälk über den Dachstuben und von den über den Gängen und Kammern liegenden Theilen des Gebälkes des oberen Stockwerks durch einen Lehm-Estrich absondert, auf die Weise, wie es in dem Aufsatze über hölzerne Dachverbände, Band 7. Heft 3. Seite 189. etc. beschrieben ist. Auf diese Beschreibung verweisend, dürfen wir die nähere Angabe des

Details dieser Anordnung, den Umfang des gegenwärtigen Aufsatzes vermindernd, übergehen, indem die Anwendung der dortigen Anordnung auf den hier vorausgesetzten Fall eines Pultdaches keine Schwierigkeit hat.

Vermindern kann man auch noch die Feuergefährlichkeit der Decken über den Zimmern, im Falle sie von Holz sein sollen, dadurch, daſs man die Balken nicht durch die Mauern hindurch gehen läſst, damit, wenn ein Gebälk brennt, das Feuer nur bis zur Mauer gelangen könne, und bei einem Brande jedes Zimmer gleichsam für sich abgeschlossen sei. Dieses geht auch hier überall bequem an. Denn da die Wände stärker sind, als gewöhnlich, so kann Mauerwerk zwischen den Balkenköpfen hindurchgehen, und die Ausdehnung des Gebälkes unterbrechen. Wäre eine Verankerung der Mauern mittelst der Balken nöthig, so dürfte man nur die Köpfe der Balken durch kurze eiserne Schienen verbinden. Aber wegen der Dicke der Mauern wird die Verankerung fast durchweg erspart werden können. Statt die Köpfe der Balken auf Mauerlatten ruhen zu lassen, würde es besser sein, in den Scheide-Wänden, unter jedes Paar gegeneinander stoſsender Balkenköpfe, durchreichende behauene Steine (Sandsteine etwa) zu legen, die zugleich die Balkenköpfe von einander scheiden, und in welche auch Vertiefungen für die Kämme der Balken eingehauen werden können. Dergleichen Steine sind nicht kostbar, und werden für die Festigkeit sehr vortheilhaft sein; denn eine Mauerlatte ist allemal nicht allein an sich sehr unfest und undauerhaft, sondern vermindert auch die Stabilität der Mauer, sobald die obere Mauer theilweise darauf ruhen muſs. Zu bemerken ist noch, daſs es in dem hier projectirten Hause nicht nothwendig ist, die Balken überall nach der Breite des Gebäudes zu legen. Man kann sie vielmehr auch quer über die Zimmer und in diejenige Richtung legen, in welcher sie am kürzesten sind.

Daſs die Gesimse auſserhalb nicht von Holz sein dürfen, ist kaum zu erinnern nöthig. Hölzerne Gesimse an den gewöhnlichen Dächern sind ungemein feuergefährlich; denn sie können, da sie unterhalb des Dach-Gespärres sich befinden, gleichsam den Fuſs desselben bildend, insbesondere die Entzündung des Sparrwerkes befördern. Es wird also vorausgesetzt, daſs das Gesims nach dem Hofe zu, wo es unterhalb des Dachgespärres liegt, in so fern das letztere von Holz gemacht wird, auf gewöhnliche Weise gemauert werde: daſs aber das Dach mit Fetten, nach

Anleitung des Aufsatzes Band 7. Heft 3. No. 12., und so construirt werde, daſs keine Aufschieblinge nöthig sind, sondern daſs vielmehr das Dach völlig eben werde. Das Hauptgesims in der vorderen Fronte, desgleichen, wenn das Haus frei stände, auch an den Seiten, und, im Fall es nothwendig, auch hinten, wird man am besten hohl, entweder von Eisen, oder von gebranntem Thone machen. In beiden Fällen tragen stehende Platten, die in angemessener Entfernung von einander eingemauert werden, die übrigen Tafeln, welche die Form des Gesimses, mit seinen Balkenköpfen und Verzierungen, bilden, wie es in (Taf. IV. Fig. 8.) bei *A* angedeutet ist. Steht das Haus nicht so frei, daſs die Seiten und die Hinter-Fronte gesehen werden, so kann dort ein gemauertes, gegliedertes, oben nur wenig vorstehendes Band, zur Ersparung von Kosten, die Stelle des Gesimses vertreten. Das obere Gesims der Attica wird in allen Fällen rund um von Ziegeln gemauert, und wie gewöhnlich von Eisen getragen. Die Docken der Attica, welche sich in den Ansichten (Taf. II. Fig. 6. und 7.) zeigen, sind nur Mauerblendungen, und es befinden sich dort die Fenster *B* (Taf. V. Fig. 8.) zur Beleuchtung des Dachraumes über der Decke der Dach-Etage. Man sieht, daſs die Pultform des Daches auch den Vortheil gewährt, daſs die Rinnen zur Ableitung des Wassers so angebracht werden können, daſs sie nicht den geringsten Nachtheil mehr für die Festigkeit des Daches, und folglich für die Dauer des Gebäudes, haben, welches bei den gewöhnlichen Dächern, sobald die Rinnen nicht das Gebäude verunstalten sollen, immer mehr oder weniger der Fall ist, man mag sie, nach der hiesigen Gewohnheit, auf das Dach legen, etwas vom unteren Rande entfernt, oder auf andere Weise. Hier sind nur nach dem Hofe zu Rinnen nöthig, und diese, von vollkommen hinreichender Gröſse, können ohne Anstand unter dem äuſsersten Rande des Daches angebracht werden, etwa wie bei *C* (Taf. V. Fig. 8.), wo etwaige Undichtigkeit und Überflieſsen derselben dem Gebäude keinen Nachtheil mehr zufügt. An der vorderen, und überhaupt an den vier äuſseren Seiten des Gebäudes sind durchaus gar keine Rinnen nothwendig: denn wollte man dergleichen machen, so würden sie nur das wenige Wasser aufzunehmen haben, welches auf das Haupt-Gesims und etwa auf die Hälfte der Mauer der Attica niederfällt, und dieses Wasser ist zu unbedeutend, als daſs es nicht, mit den übrigen Regentropfen, frei niederfallen dürfte. Fände man gleichwohl einen Übelstand darin, das Wasser von den Gesimsen frei niederträufeln zu lassen, so darf man nur der Decke des Hauptgesimses einen kleinen Rand geben, der das Wasser aufhält, und dann dem unteren Theile der Decke einigen Abhang nach den senkrechten Röhren hin, die das Wasser hinunter führen.

Durch die beschriebenen Beobachtungen wird ein Wohngebäude, wie das hier vorgestellte, schon recht fest und sicher, auch gegen das Feuer, werden. Aber immer ist seine Festigkeit und Feuersicherheit noch unvollkommen, so lange grofse und starke Hölzer wesentliche, die Umbauung der Wohnräume vollendende, und das Übrige mehr oder weniger zusammenhaltende Theile des Hauses ausmachen, das heifst: so lange Dach und Decke von Holz sind. Vollkommener wird also die Festigkeit und Sicherheit eines Hauses erst dann sein, und man darf sagen: eine gewisse Vollendung wird der Bau der Wohnungen erst dann erhalten, wenn auch die Decke und das Dach, gleich den Wänden, nicht mehr aus vergänglichem Holze, sondern aus Stoffen gemacht werden, die der Zerstörung durch das Feuer, so wie durch die Witterung, eben so wenig mehr ausgesetzt sind, als die steinernen Wände. Solche Stoffe sind Stein und Eisen, und es ist nun, wie so eben gesagt, noch, als zweiter und letzter Schritt zur Vervollkommnung des Baues der Wohngebäude, übrig, auch zu den Decken und Dächern den Stein und das Eisen zu benutzen. Der erste Schritt, der, in weiterer Ausbreitung, der neueren Zeit angehört, war der, die Wände, statt von Holz, von Stein zu machen. Allerdings ist der genannte zweite Schritt schwieriger, als der erste, besonders weil noch wenige Versuche damit vorhergegangen sind, auch bei weitem mehr Erfahrung und Kunst des Architekten dazu gehören, als zu dem ersten; aber deshalb darf die Bemühung darum nicht aufgegeben werden. Wäre der Unterschied der Kosten unentzündlicher Decken und Dächer von denen der hölzernen sehr grofs, so müfste man freilich, wenigstens für die nächste Zukunft, an der Erreichung des Zieles verzweifeln, und dürfte nur auf entferntere Zeiten hoffen. Allein, wie die hier bald folgende, vergleichende Berechnung der Kosten an dem vor uns liegenden Beispiele zeigen wird, verhält es sich nicht so. Der Unterschied der Kosten ist so wenig unverhältnifsmäfsig, dafs sich vielmehr einsehen läfst, selbst Derjenige, der ohne Weiteres, und ehe die Verbesserung allgemeiner geworden ist, seinem Hause jene so sehr zu wünschende Vervollkommnung zu Theil werden läfst, werde eher unmittelbaren Vortheil als Verlust davon haben. Deshalb ist denn auch die Hoffnung, diese so wichtige Vervollkommnung des Häuser-Baues Eingang finden zu sehen, keinesweges ganz eitel. Es ist, wenn anders überhaupt die Cultur ferner fortschreitet, das heifst: wenn die allgemeinere Verbreitung des Wohlseins fortführt, mit Gewifsheit vorauszusehen, dafs auch die Wohnungen der Menschen eine gröfsere Vollkommenheit erreichen werden, weil jedes Gute, Nützliche und Rechte doch am Ende seinen Platz behauptet, wäre es auch erst spät; die Aussicht wird aber näher gerückt, wenn alle Diejenigen, die dem Menschengeschlechte wohl wollen, und die zugleich im Stande sind, sich über Gewohnheit und Vorurtheil zu erheben, und die Wahrheit vom Scheine zu unterscheiden, ihre Bemühungen um die Erreichung ihrer wohlwollenden Absichten und Gesinnungen möglichst vereinigen wollen.

Gehen wir wieder schrittweise in der Betrachtung der der Festigkeit und Sicherheit der Wohngebäude zu wünschenden Vervollkommnungen weiter, so finden wir, dafs vorzugsweise das Dach es ist, welchem die Unentzündlichkeit Noth thut. Das Dach kann noch eher durch Fahrlässigkeit mit Licht und Feuer, oder durch Bosheit, oder durch zufällige, unbemerkte Baufälligkeit der Schornsteinröhren, und dergleichen, entzündet werden, als die Decke, weil seine Räume sich weniger stets unter den Augen der Bewohner befinden, und dagegen häufig mehr von brennbaren Gegenständen eingenommen werden, als die eigentlichen Wohnräume. Auch die Entzündung von aufsen durch den Blitz, so wie durch Flugfeuer, kann eher das Dach als die Gebälke der Etagen treffen. Wenn also auch die Decken noch von Holz sind, so sollte wenigstens das Dach es nicht sein. Man hat nun zwar auch bei diesem die Wahl zwischen Stein und Eisen. Gewölbte Dächer sind nicht unausführbar. Sie sind hie und da längst mit dem besten Erfolge versucht worden. Der Verfasser erinnert sich, unter andern, schon vor 30 Jahren, in Mainz mehrere gewöhnliche Wohnhäuser, unweit des dortigen Doms befindlich, wenn ihn sein Gedächtnifs nicht trügt, von einem Maurermeister Namens Streiter erbauet, gesehen zu haben, deren Dekken, durch drei Etagen, und auch die Dächer von Steinen gewölbt waren, ohne dafs die Mauern bedeutend dicker gewesen wären, als gewöhnlich; die Stabilität der Wände wurde durch eiserne Anker hervorgebracht. Die Dachdecke, von Schiefer, lag unmittelbar auf dem Gewölbe, so dafs sich in Dach und Decken gar kein Holz befand. Ohne

Zweifel existiren diese Gebäude noch jetzt, wie manche andere in verschiedenen Gegenden. Die Möglichkeit, gewölbte Dächer ohne unverhältnifsmäfsige Erhöhung der Kosten zu bauen, ist also durch That und Erfahrung bewiesen. Gleichwohl aber möchte der Verfasser, seiner Ansicht und Überzeugung nach, jetzt in der neueren Zeit, nachdem man von dem Eisen nach gerade häufigeren nützlichen Gebrauch zu machen gewöhnt und geübt worden ist, die gewölbten Dächer nicht mehr vorzugsweise vor den eisernen Dächern empfehlen. Wäre zur Zeit der Erbauung jener Häuser in Mainz der Gebrauch des Eisens so vervielfältigt und allgemein gewesen, als jetzt, so hätte wahrscheinlich der sinnreiche Erbauer derselben sich zu seinen Dächern ebenfalls eher des Eisens als des Steins bedient. Ein, so hoch in der Luft den Stürmen ausgesetztes, auf schwachen Mauern ruhendes Gewölbe hat wenigstens den Schein eines fast ungebührlich kühnen Wagnisses; und wenn man erwägt, dafs die Haltbarkeit hier allein von den eisernen Ankern abhängt, die unbemerkt verrosten können, so ist auch noch etwas mehr als Schein eines Wagnisses vorhanden, und wirkliche Gefahr wenigstens möglich. Aber durch dauernde Gefahren darf eine Vervollkommnung nicht erkauft werden. Man würde in der That nur, während man die eine Gefahr, der Entzündung durch Feuer, entfernte, eine andere, oder doch wenigstens den Schein davon, an die Stelle setzen. Aber auch der Schein der Gefahr darf nicht Statt finden; denn hat er auch nicht sichtbare und fühlbare Nachtheile, so sind ihm doch Nachtheile für das Wohlbehagen der Bewohner eigen, die ebenfalls vermieden werden müssen. Es ist also im Allgemeinen (die Ausnahmen sind freilich zahlreich) nicht zu gewölbten, sondern nur zu eisernen Dächern zu rathen. Diese Dächer haben nicht die geringste Gefahr, sind kaum so schwer, als hölzerne, belasten also das Haus auf keine Weise nachtheilig, sind viel weniger schwierig und mit viel weniger Kunst zu machen, als die gewölbten, und sind, wie die Kosten-Berechnung ergiebt, in der Regel wohlfeiler, wenigstens nicht theurer, als die steinernen. Die 8. und 9. Figur (Taf. IV.) stellen vor, wie das Dach des hier projectirten Hauses aus Eisen zusammengesetzt werden kann. Bei dieser Construction ist vor Allem die Regel beobachtet worden, dafs die Sparren nirgend als Streben wirken, und folglich keinen Seitendruck auf die Mauern ausüben. Sie ruhen unmittelbar auf den Mauern der Dach-Etage, und über den Dachstuben werden sie durch eiserne Tragwände (Fig. 9.) getragen. Auf den Mauern liegen hölzerne, und zwar eichene, Mauerlatten, auf welche die eisernen Sparren sich stützen. Diese Mauerlatten können unbedenklich von Holz sein, weil sie in der Mauer kaum selbst brennen, geschweige das Feuer weiter verbreiten können. Die eisernen Tragwände bestehen aus einzelnen durchbrochenen Tafeln, wie *abcd* (Fig. 9.), und zwar von solcher Gröfse, dafs sie noch bequem gegossen werden können. Sie werden durch Schrauben mit einander verbunden. Auch selbst aus zwei Theilen *aecf* und *ebfd*, die zusammen verklammert und geschraubt werden, kann allenfalls eine Tragwand bestehen. Eben so das Gespärre. Drei bis vier Sparren, mit den Querstücken *p, p, p* ... (Fig. 8. und 9.) in Eins gegossen, machen ebenfalls nicht sehr grofse, durchbrochene, gegossene Tafeln aus, so dafs die Dachfläche von solchen aneinander stofsenden, durchbrochenen, einzelnen Tafeln gebildet wird. Vermittelst der Querstücke *p, p* werden die Tafeln aneinander geschraubt; eben so die bei der Zusammensetzung aneinander stofsenden Sparren, die etwas schwächer sind, als die Sparren in den Tafeln. Da die nothwendige Unterstützung der Sparren über den Dachstuben eine bequeme Gelegenheit giebt, die Decke derselben zu tragen, so ist auch die Decke dieser Stuben, statt von Stein, von Eisen angenommen. Sie wird von eisernen Balken *b, b, b* . . . (Fig. 8. und 9.) gebildet, welche auf den Mauern ruhen, und dazwischen von den Dachträgern getragen werden. Auf diese eisernen Balken kann man einen gewöhnlichen Windelboden legen, und vermittelst desselben die Decke herstellen. Das Dach wird, wie gewöhnlich, mit Dachziegeln (Bieberschwänzen) bedeckt und die Dachlatten können, wie die Mauerlatten, aus gleichen Gründen wie bei diesen, ebenfalls unbedenklich von Holz sein. Doch kann man sie, wenn man will, auch aus ganz dünnen, eisernen Stangen machen. In beiden Fällen ruhen sie blofs auf den Gespärren, und stützen sich auf die kleinen, an die Sparren angegossenen Knaggen oder Vorsprünge *m, m, m* . . . (Fig. 8.); denn sie werden von der Last der Dachziegel hinlänglich angedrückt. Fürchtete man, dafs sie nicht fest genug gehalten werden möchten, so dürfte man nur die Knaggen *m, m* so giefsen lassen, dafs sie die Latten nach oben etwas umfassen. Die Balken über den Dachstuben werden hinreichend stark sein, wenn sie, hochkantig, 8 Quadrat-Zoll, die Sparren, wenn sie, eben so, 5 bis 6 Quadrat-Zoll im Querschnitte haben. Unterhalb werden an die Sparren Biegel gegossen, oder geschraubt, welche die Rinnen *C* (Fig. 8.) tragen. Die eisernen Balken über den Dachstuben dienen zugleich als Anker der Mauern, wie es Fig. 8. zeigt. Man sieht leicht, daſs sich auch ein zweiseitiges oder Satteldach auf ähnliche Weise aus Eisen würde machen lassen. Man muſs in diesem Falle nur nicht vergessen, die Tafeln, oder vielmehr Roste, welche die Dachflächen bilden, auch im Forst zu unterstützen, und sie dort zusammenzuschrauben, damit aller Seitendruck aufgehoben werde. Die Querscheidewände würde man überall benutzen, um darauf, im Dachboden, Bogen und Pfeiler bis unter das Gespärre aufzumauern, und die Dachfläche von Strecke zu Strecke, nach der Länge des Gebäudes gerechnet, dadurch zu unterstützen. Fehlen Scheidewände, die zur Unterstützung dienen könnten, so müſste man Tragwände von Eisen setzen, denen *a b c d* (Fig. 9.) ähnlich, entweder nach der Quere, oder auch nach der Länge des Gebäudes. Wird nun so das Dach eines Hauses von Eisen gemacht, so ist das Haus von oben an völlig unentzündlich, und es bleibt dann nur noch für die Decken zu sorgen übrig.

Die Decken eines Hauses kann man, über allen Stockwerken, eben sowohl von Stein als von Eisen machen, und zwar ebenfalls ohne unverhältniſsmäſsige Erhöhung der Kosten. Wahrscheinlich wird dereinst die Erfahrung lehren, daſs eiserne Decken die besseren sind; allein dieselben sind bis jetzt noch zu selten, als daſs sich die Behauptung ihrer Vorzüge auf Erfahrungen gründen lieſse; sie würde sich bis jetzt nur auf Erwägungen stützen lassen. Steinerne Decken dagegen hat man, wenigstens über unteren Stockwerken, seit Jahrhunderten und vielfältig gemacht, besonders in den älteren Gebäuden. Sie sind also wenigstens nicht ungewöhnlich. Die gewölbten Decken, so wie man sie in alten Gebäuden, Klöstern, Burgen etc., findet, haben indessen für neuere Wohnhäuser so manche Unbequemlichkeiten, daſs sie sich nicht allgemein ohne Weiteres nachahmen lassen. Sie vermehren nemlich sehr bedeutend die nothwendige Höhe des Gebäudes, wegen der Krümme der Bögen; sie erfordern sehr starke Mauern zu Widerlagen, weswegen sie denn auch die Baukosten ungemein erhöhen, und ihr Aussehen von Innen ist nicht so, daſs es für neuere Wohnungen als passend und angenehm zu erachten wäre. Glücklicherweise lassen sich die Übelstände theils heben, theils so weit vermindern, daſs der Nutzen der gewölbten Decken bei weitem das Übergewicht über die Bedenken bekommt, und daſs sie allerdings zu allgemeiner Benutzung empfohlen werden können. Die Gewölbe lassen sich nemlich so flach machen, dafs sie nur eine geringe Vergröfserung der Höhe der Gebäude erfordern. Sie lassen sich so anordnen, dafs die Mauern, von welchen sie getragen werden, kaum stärker nöthig sind, als wenn gewöhnliche Decken von Holz gemacht werden, besonders dann, wenn man die Dienste des Eisens zu Hülfe nimmt, und den Nutzen dieses, auch im Bauwesen so schätzbaren Stoffes, mit dem der Steine vereinigt. Die oben genannten Häuser zu Mainz z. B. beweisen schon die Möglichkeit davon durch die Erfahrung. Endlich läfst sich den Gewölben diejenige Form geben, die auch modernen Zimmern zur Zierde gereichen wird, während zugleich diese Form gerade diejenige ist, die die Festigkeit und Haltbarkeit der Gewölbe am meisten befördert. Die Form der Gewölbe ist es insbesondere, worauf bei ihnen hier Alles ankommt, und wodurch sie sich für jedes Wohngebäude nutzbar machen lassen. Schmale Räume, wie Corridore, und meistens auch Flure, lassen sich unbedenklich mit Tonnengewölben, als den einfachsten und am leichtesten zu mauernden, bedecken, entweder nach der Länge der Räume in Eins fortlaufend, oder auch als Kappen, zwischen Querbogen gespannt. Hier können auch die Gewölbe so flach sein, dafs, da die Kappen nur so dick nöthig sind, als ein Ziegel breit ist, die gesammte Höhe der Decken, von dem Fufse des Bogens an bis zum oberen Gipfel der Kappe, nur wenig oder gar nicht gröfser ausfällt, als die Dicke einer gewöhnlichen, hölzernen Decke. In unserm Projecte sind deshalb über allen schmalen Räumen, namentlich über den Gängen, Fluren, Cabinetten und den einzelnen Abtheilungen der Küchen, Kappengewölbe angenommen. Aber zur Bedeckung gröfserer, und mehr quadratischer Räume sind die Tonnengewölbe nicht geeignet, weil sie, wenn man sie, um den Seitendruck zu vermeiden, sehr rund macht, viel Höhe, und, wenn man sie, um an Höhe zu sparen, flach wölbt, starke Widerlagen, oder doch einen starken Zusammenhalt der Widerlagen durch Eisen, erfordern, auf welchen indessen nicht allein gerechnet werden darf. Da von allen Gewölben die flachen cylindrischen Tonnengewölbe den stärksten Seitendruck ausüben, so sind sie nur in den Kellern und über schmalen Räumen anwendbar, nicht in den Etagen, über den Zimmern, wo aufserdem auch noch ihr Aussehn nicht das angenehmste sein würde. Auch die Kreuzgewölbe, die man am häufigsten in alten Gebäuden, über Wohnräumen findet, drücken noch stark seitwärts auf die Mauern, weshalb man schon, in etwas gröfseren Räumen, Pfeiler in die Mitte zu setzen pflegt, welche die Gewölbe stützen, und ihre Spannung theilen, was aber in neueren Zimmern nicht Statt finden darf. Desgleichen ist das Aussehn auch der Kreuzgewölbe von Innen nicht angenehm. Es giebt dagegen eine Gewölbe-Art, deren Form ungemein angenehm ist, und die weniger Seitendruck auf die Widerlagen ausübt, als irgend eine andere. Es sind die Kugel-Gewölbe, von der Form eines Theiles einer Kugelfläche, von angemessen grofsem Halbmesser, die von den Seitenwänden begrenzt wird. Man erhält namentlich diese Form, wenn man sich vorstellt, eine Kugelfläche werde von den vier senkrechten Ebenen der Wände eines Zimmers geschnitten: was von der Kugelfläche zwischen den vier senkrechten Ebenen liegt, ist das Gewölbe, und es ist leicht zu sehen, dafs dasselbe nach Belieben flach gemacht werden kann. Das Kugelgewölbe, über einen kreisförmigen Raum gesetzt, übt bekanntlich, wenn die Steine sich in ihrer Richtung auf die Unterstützungen stemmen können, so wenig Seitendruck aus, dafs selbst schon die blofse Reibung der Steine auf einander, ohne Mörtelverbindung, die Decke zusammenzuhalten vermag. Über parallelogrammatischen Räumen ist der Seitendruck immer nur erst sehr gering, und jedenfalls geringer, als bei jeder andern Gewölbe-Art. Das Kugelgewölbe ist es also, welches insbesondere zu unentzündlichen Decken über die Zimmerräume der neueren Wohngebäude empfohlen werden kann. Quadratische Räume sind ihm am günstigsten. Denn die Biegung des Gewölbes senkt sich hier an den Ecken nur wenig tiefer hinab, als an den Seiten, und in den Ecken kann das Zimmer am unnachtheiligsten an Höhe verlieren. Die Höhe des Bogens über seinem Fufs an den Seiten aber kann so gering angenommen werden, dafs die Vergröfserung der Etagen-Höhe, welche die gewölbte gegen eine hölzerne Decke erfordert, selbst für gröfsere Räume, nicht sehr bedeutend sein, und selten mehr als Einen Fufs betragen wird. Denn in der Mitte, auf einen beträchtlichen Theil der Ausdehnung, verliert das Zimmer an Höhe gar nichts. Das Aussehen eines Kugelgewölbes von Innen, über einen quadratischen Raum, ist dabei sehr angenehm, und es läfst sich, da die Form selbst schön ist, auf mannigfaltige Weise, auch sehr gefällig für das Auge ausschmücken und verzieren. Weniger günstig sind die Kugelgewölbe Räumen, die vom Quadrat abweichen,

z. B. länglich-parallelogrammatischen Räumen, was die Form der Grundfläche der meisten Zimmer ist. Ein geringer Überschuſs der Länge eines Rechtecks über die Breite macht zwar die unmittelbare Anwendung des Kugelgewölbes noch nicht unausführbar: es entsteht weiter kein Übelstand, als daſs sich die Decke an der schmalen Seite etwas tiefer hinabsenkt, als an den längeren Wänden; indessen wird es doch meistens gut sein, auch diesen Übelstand zu entfernen. Und dies kann sehr leicht dadurch geschehen, daſs man von dem länglichen Rechteck, an der einen, oder an beiden schmalen Seiten desselben, durch gewöhnliche cylinder- oder tonnenförmige Bögen, von der Krümmung des dazwischen zu spannenden Kugelgewölbes so viel abschneidet, daſs genau ein Quadrat übrig bleibt, welches dann mit einem, an zwei Seiten auf den Wänden, an den beiden andern Seiten auf den Bögen ruhenden, und diesen in der Krümme sich anschlieſsenden Kugelgewölbe, überspannt wird. Die Bögen an den Seiten würden zwar, zumal weil sie flach sein sollen, an sich selbst einen bedeutenden Seitendruck auf die Wände ausüben. Allein dieser Seitendruck äuſsert sich hier viel weniger, weil einestheils die, jedenfalls nur wenige Fuſs in das Zimmer hineinspringenden, Bögen zum Theil noch auf den Giebelwänden des Zimmers ruhen, anderntheils die Wände, gegen welche sie sich stemmen, in der Nähe, durch die Giebelwände selbst zusammengehalten werden. Auch spannen sich diese Bögen immer nur über die schmale Seite der Zimmer aus. In den Grundrissen (Fig. 2. und 3.) ist durch punctirte Linien angezeigt, wie nach diesem Systeme steinerne Decken über Zimmern und Sälen mit Kugelgewölben und tonnenförmigen Bögen an den Seiten angeordnet werden können. Die Decken mit den tonnenförmigen Bögen an den Seiten werden sich übrigens ebenfalls leicht angenehm verzieren lassen. Könnte man auf einen Mörtel rechnen, dessen Cohäsion, nachdem er erhärtet ist, derjenigen der Ziegel wenigstens nahe käme, und lieſse sich voraussetzen, daſs der Mörtel überall Zeit genug zu erhärten behalten werde, ehe die Gewölbe der Belastung und Erschütterung ausgesetzt werden, so würden Gewölbe, über den Zimmern eines Wohngebäudes nach dem Systeme des vorliegenden Beispieles angeordnet, über allen Stockwerken auch schon ohne Verankerung mit Eisen als haltbar betrachtet werden dürfen. Da aber im Allgemeinen weder auf einen ungewöhnlich festen Mörtel, noch auf die zu vollständiger Erhärtung desselben nöthige Zeit zu rechnen ist, so ist es zur vollendeten Sicherheit und Entfernung aller Gefahr nothwendig, die Gewölbe über den Stockwerken mit Eisen zu verankern. Der wirksamste Anker für ein Kugelgewölbe ist ein kreisförmiger Ring um den Fuſs des Gewölbes, und es wird angenommen, daſs zunächst jede Kugelkappe von einem solchen ringförmigen Anker umspannt und zusammengehalten werde. Auſserdem sind Anker zur Verstärkung des Widerstandes der Mauern gegen den Druck der übrigen Theile der Kugelgewölbe, in den Ecken der vierseitigen Räume, und besonders der Querbögen, welche die Kugelgewölbe und die übrigen tonnenförmigen Kappen tragen müssen: überhaupt zur Zusammenhaltung der Mauern, nothwendig; zu dem letzten Zwecke pflegt man schon, und mit Recht, die Mauern eines Gebäudes zusammenzuankern, auch wenn bloſs gewöhnliche hölzerne Decken gemacht werden. Die geraden Anker werden hier am besten ganz durchgehen; sie sind durch punctirte Linien in dem Grundrisse (Fig. 2.) angezeigt. Die höheren Stockwerke erhalten ganz gleiche Anker. Einer der durchgehenden Anker, z. B. *ab* oder *cd* (Fig. 2.), liegt jedesmal am Rande der Querbögen über den Zimmern, an der vorderen Wand, die die meiste Spannung auf die Wände ausüben. Die Spannung der Bögen wird hier zwar von den anstoſsenden Bögen, gegen welche sie sich stemmen, aufgehoben; allein zuletzt bleibt doch der Druck auf die Giebelwände; auch darf nicht auf das Gegenstemmen der einzelnen Bögen gegen einander gerechnet werden, sondern der Seitendruck der Bögen muſs, der Cohäsion des Mörtels zur Hülfe, und ihn auf allen Fall vertretend, durch eiserne Anker aufgehoben werden. Da die durchgehenden geraden Anker und auch die ringförmigen Umspannungen der Kugelkappen viel zu lang sind, als daſs sie aus Einem Stücke sein könnten, so müssen alle diese Anker zusammengesetzt werden. Wie solches geschehen kann, zeigen die nach gröſserem Maaſsstabe gezeichneten Figuren 10., 11. *a, b, c* und 12. (Taf. V.), aus welchen zugleich die Anordnung der Anker und die Befestigung der Haltpuncte derselben in den Mauern ohne weitere Erklärung zu ersehen ist. Daſs man das Eisen der Anker durch die bekannten Mittel, ehe es eingelegt wird, gegen das Verrosten zu schützen suchen müsse, ist nicht besonders zu erinnern nöthig. Werden auf diese Weise die oben beschriebenen Gewölbe durch Anker befestigt, so können sie mit Sicherheit über allen Stockwerken eines Hauses von gewöhnlicher Höhe, ohne die Mauern ungewöhnlich zu verstärken, Statt finden, und sie werden allen, in Wohngebäuden, ohne Mifsbrauch seines Zweckes gewöhnlich vorkommenden Belastungen und Erschütterungen, mit voller Sicherheit widerstehen. Es ist freilich wahr, dafs, obgleich die Anker im Trockenen liegen und daher dem Verrosten sehr wenig ausgesetzt sind, dennoch einer oder der andere mit der Zeit durch Oxydation verzehrt werden, desgleichen, dafs ein Anker, an einer brüchigen Stelle, springen kann. Allein der Fall ist nicht wahrscheinlicher, und selbst nicht so wahrscheinlich, als dafs, in andern Fällen, wo die Haltbarkeit eines Gebäudes, oder eines Theiles desselben, z. B. die Festigkeit eines Daches, oder einer Decke, auf der Festigkeit eiserner Stangen allein beruht, oder z. B. bei Kettenbrücken, wo sogar überall das Eisen in der freien Luft sich befindet, dasselbe seine Dienste versage, weil hier, in dem Gebäude, die Anker mehr geschützt sind. Die Gefahr ist hier bei weitem geringer; denn wenn erst der Mörtel in den Mauern und Gewölben erhärtet ist, so ist die Hülfe der Anker nicht mehr nöthig, und bis dahin kann der Rost sie nicht füglich verzehren. Gegen das Zerspringen einzelner Stangen aber darf man sich wenigstens eben so versichert halten, wie in dem oben erwähnten Falle der Kettenbrücken. Auch sind hier in dem äufsersten Falle die ringförmigen Umspannungen der Kugelkappen, und die durchgehenden Anker, jedes für sich allein, schon vollkommen hinreichend zum Schutz in ungewöhnlichen, und bei gehöriger Vorsicht nicht wahrscheinlichen Ereignissen, so dafs in der That nicht mehr Gefahr für die steinernen Decken vorhanden sein wird, als dafs, in hölzernen Decken, etwa ein morscher Balken derselben breche, oder der Windelboden herunterfalle. Eine mehr als scheinbare Gefahr könnte allerdings, wie oben gedacht, Statt finden, wenn man unternehmen wollte, auch das Dach des Hauses zu wölben. Für gewölbte Decken über den Etagen dagegen, zwischen den in sich selbst schon sich zusammenhaltenden Mauern eines Hauses, ist, unter der Beobachtung der beschriebenen Anordnung und Vorsicht, nichts zu fürchten. Da es wieder scheinen könnte, dafs die vielen Anker unverhältnifsmäfsige Summen kosten werden, so verweisen wir wieder zunächst auf die sehr bald folgende Kosten-Berechnung, aus welcher hervorgehen wird, dafs solches keinesweges der Fall ist. Wir wollen auch noch, ehe wir diesen Gegenstand verlassen, noch einer anderen Form von Gewölben erwähnen, die zuweilen nützlich sein könnte. Die Decken in den oben gedachten

Häusern zu Mainz hatten, so viel sich der Verfasser erinnert, ebenfalls diese Form. Sie ist die eines Tonnengewölbes, welches, wenn man so sagen darf, statt gerader Giebel ganze Walme von der nemlichen Krümmung hat. Diese Gewölbe-Form paſst zwar für jede parallelogrammatische Grundfläche der zu bedeckenden Räume ohne Weiteres, selbst wenn der Raum viel länger als breit wäre. Aber man sieht leicht, daſs auch diese Gewölbe jeden Falls einen stärkeren Seitendruck ausüben, als die Kugelgewölbe. Noch ist zu bemerken, daſs in den Zeichnungen (Fig. 2. und 3. Taf. I. und II.) den Thüren in den langen Wänden ihre Stelle für den Fall angewiesen ist, daſs die Decken der Zimmer, auf die gewöhnliche Weise, von Holz gemacht werden. Bedeckt man die Zimmer mit den durch punctirte Linien angezeigten Kugelgewölben, so muſs man die Thüren weiter von der Ringmauer abrücken: so weit, bis ihre Mittellinie mit derjenigen der Scheitel der Kugelkappen zusammentrifft; oder man muſs, wenn die Thüren mehr an ihrem Ort, und zwar in der Mitte der Zimmer bleiben sollen, die Mittellinie der Scheitel der Kugelkappen in die Mitte der Tiefe der Zimmer bringen, und folglich dann, statt Einer cylinderförmigen Kappe an den Ringmauern entlang, deren zwei schmalere an beiden Giebel-Enden der Zimmer machen.

Wir würden nun ferner auch noch von den eisernen Decken über Zimmern und anderen Wohnräumen ausführlich zu sprechen haben. Allein da, wie oben bemerkt, dergleichen Decken noch zu wenig versucht worden sind, und absichtlich nicht bloſse Projecte, sondern vielmehr nur Constructionen unbedingt hier empfohlen werden sollen, die entweder selbst, oder von welchen wenigstens ganz Ähnliches schon durch längere Erfahrung erprobt und bewährt ist: so werden wir uns begnügen, bloſs einige Andeutungen zu geben von der Art, wie sich Decken über Zimmern und Wohnräumen von Eisen machen lassen dürften. Die allgemeine Vorstellung davon wird aus einer bloſsen Beschreibung, auch ohne Zeichnungen, deutlich sein. Die Construction eiserner Decken ist auf mannigfache Weise möglich. Eine der einfachsten und wohlfeilsten ist vielleicht die, welche die Benutzung des Eisens mit der der Steine verbindet, und zwar so, daſs die Steine, wenn auch nicht in dem Maaſse, wie bei den oben beschriebenen Gewölben, so doch immer noch, wenigstens der Masse nach, gleichsam vorwalten. Diese Construction wäre dann gleichsam ein Übergang von den vorhin beschriebenen gewölbten oder steinernen Decken zu den ganz eisernen. Anstatt nemlich, wie bei den beschriebenen Gewölben, das Eisen blofs zur Zusammenhaltung der Gewölbe und der Widerlagen anzuwenden, benutze man es vielmehr bei dieser Construction, auch die Gewölbe tragen zu helfen. Man setze nemlich, da keine senkrechten Stützen, in einem Zimmer, unter die Decke gestellt werden dürfen, 5 bis 6 Fufs auseinander, einige, in der Regel die schmalere Seite des zu bedeckenden Raumes überspannende, gufseiserne Bögen über das Zimmer, ganz den festen Bögen eiserner Brücken (z. B. den Bögen an der Friedrichs-Brücke zu Berlin) ähnlich, nur weniger stark und dick, und überwölbe die zwischen diesen Bögen bleibenden langen, und nur 5 bis 6 Fufs breiten, also schmalen Räume mit flachen Tonnengewölben, und zwar aus kleinen Ziegeln verfertigt, so dafs die Gewölbe nur höchstens 4 Zoll dick werden. Aufserdem würden die eisernen Bögen noch ein- oder zweimal durch quer über laufende, sie mit einander verbindende, und zugleich die Mauern zusammenhaltende eiserne Stangen verankert werden müssen. Über einem Zimmer von 18 Fufs breit und 23 Fufs tief, wie sie in dem vorliegenden Projecte vorkommen, werden drei eiserne Bögen von 18 Fufs Spannung nöthig sein, so dafs das Zimmer durch diese Bögen, der Tiefe nach, in vier gleiche Theile, jeden von $5\frac{3}{4}$ Fufs breit, getheilt wird, welche Theile dann, wie beschrieben, überwölbt werden. Nach der Richtung der Tiefe des Zimmers werden zwei Anker nöthig sein, um die Bögen mit einander zu verbinden, und die Mauern zusammenzuhalten. Diese Anker würden, in dem vorliegenden Projecte, wie bei den Gewölben, quer durch das ganze Haus gehen. Sie sind in (Fig. 2.) durch punctirte Linien vorgestellt, und es können in dieser Figur auch die, parallel mit der vorderen Fronte punctirten drei Anker über den Zimmern, die Bögen bezeichnen, wenn man sich nur durch dieselben die Tiefe des Zimmers in 4 gleiche Theile getheilt vorstellen will. Die eisernen Bögen werden aus Einem Stücke gegossen, können aber auch aus zwei Stücken bestehen, wie bei den Brücken, und die Stücke werden dann im Gipfel mit einander verbunden. Stofsen, wie in dem vorliegenden Projecte, mehrere zu bedeckende Räume an einander, so stemmen sich die eisernen Bögen, in der Wand, unmittelbar gegen einander, und werden dort mit einander zusammengeschraubt. Die untere bogenförmige Rippe kann den fünften oder sechsten Theil ihrer Spannung, das heifst der Breite des Zimmers, zur Höhe oder Wölbung erhalten, die folgende Rippe bildet einen flacheren Bogen, und die obere, welche die Gewölbe-Kappen trägt, ist gerade, und wird, unten mit einem Absatz an jeder Seite, so abgeschrägt gegossen, wie es der untere Fugenschnitt des Gewölbes erfordert. Die Rippen werden durch Querbänder, nach der Richtung des Halbmessers des unteren Bogens, mit einander verbunden; ganz wie bei den Brückenbögen. Eine große Verstärkung kann man den gewölbten Kappen noch dadurch geben, daß man ihre Scheitellinie nicht gerade und wagerecht, sondern ebenfalls etwas gebogen macht, oder, mit andern Worten, so, daß die gewölbte Kappe nicht die Form eines Theiles einer geraden, sondern vielmehr die Form eines Theiles einer zu einem kreisförmigen Ringe gebogenen Cylinderfläche bekommt; denn alsdann stemmen sich die Kappen nicht mehr gegen die Giebelwände des Zimmers und gegen die eisernen Bögen allein, sondern auch zugleich, der Länge nach, auf die Widerlagen der letzteren, und es haben also dann die eisernen Bögen weniger Last zu tragen. Die eisernen Bögen, und die Kappen, wenn man sie auf die eben beschriebene Weise formt, üben zwar einen bedeutenden Seitendruck auf die Seiten-Mauern des Zimmers aus, einem Tonnengewölbe ähnlich: allein diese Mauern werden auch durch die obere gerade Rippe der Bögen selbst, die die Stelle des Ankers vertritt, sogleich wieder zusammengehalten. Zwar liegt dieser Anker nicht ganz an der Stelle, wo er am kräftigsten wirken würde, nemlich an den Fußpuncten der Bögen; allein es ist offenbar schon hinreichend, wenn die Mauern überhaupt nur zusammengehalten werden: es möge gerade in dem Angriffspuncte der Bögen, oder etwas höher geschehen. Wie leicht zu sehen, leiden die Mauern von dieser Art Decken einen bei weitem geringeren Seitendruck, als von Tonnen- oder Kreuz-Gewölben, die weiter keine senkrechte Unterstützung haben, als die Widerlagen selbst, und die also den ganzen zu bedeckenden Raum überspannen. Ein Gewölbe über einem gegebenen Raum äußert um so geringeren Seitendruck auf die Widerlagen, je öfter es zwischen denselben senkrecht unterstützt wird, und dies geschieht hier mehreremale durch die eisernen Bögen. Der Seitendruck reducirt sich hier auf den der dünnen und schmalen, nur 5 bis 6 Fuß spannenden Kappen, und dieser Seitendruck ist unbedeutend, während gleichwohl die Mauern, auch in der Richtung des Seitendruckes der Kappen, noch durch die Anker zusammengehalten werden. Die Mauern sind also auf keine Weise stärker nöthig, als bei hölzernen Decken; und obgleich solches auch bei den Kugel-Gewölben, wie oben auseinandergesetzt, nicht der Fall ist, indem der Widerstand gegen den Seitendruck durch die Verankerung hergestellt wird, so findet doch hier, auch selbst die scheinbare Gefahr des Seitenschubes nicht mehr Statt. Schon deshalb also wäre diese Art von Decken den Gewölben vorzuziehen. Ein zweiter Vorzug derselben aber wäre, daſs sie durchaus keine mehrere Höhe der Wände der Zimmer erfordern würden, als die hölzernen Decken; eher sogar könnte die Höhe noch um etwa 4 Zoll geringer sein. Denn die gegenwärtige Decke ist im Gipfel der Kappen, bis auf die Dielen des oberen Fuſsbodens, nur etwa 7 Zoll dick, während die Balkendecke, mit der Verschalung, 10 bis 12 Zoll dick ist. Die Unterlagen zum oberen Fuſsboden nemlich werden quer über die eisernen Bögen gekämmt, laufen quer über die Kappen, und tragen die Dielen. Der Zwischenraum wird mit Sand ausgefüllt, und einen Windelboden bekommt natürlich die Decke nicht. Die eisernen Bögen aber nehmen dem Zimmer wenig Raum. Bei der ersten Vorstellung wird es zwar scheinen: die nicht ebene, sondern aus kleinen Gewölben zusammengesetzte Decke, mit den unten vorstehenden eisernen Bögen, werde ziemlich unschön sein; allein bei näherer Erwägung wird man finden, daſs es sich eher umgekehrt verhalten wird. Diese Decken werden sich, wenn man will, auf die mannigfaltigste Weise, durch Malerei und selbst plastische Verzierungen ausschmücken und für das Auge sehr angenehm machen lassen. Den vortretenden, leichten, durchbrochenen, eisernen Bögen (die Rippen brauchen höchstens 4 Quadratzoll im Querschnitt zu haben) würde man, sowohl was die Bogenlinie betrifft, die z. B. elliptisch sein kann, als in dem Gitterwerke des Bogens, die mannigfaltigsten Formen und Verzierungen geben können. Man könnte das Eisen färben, firnissen, theilweise vergolden u. s. w. Das Aussehn dieser Decken, die übrigens über jeden, noch so groſsen Raum, ohne Schwierigkeit ausführbar sind, weil gröſsere Räume schon immer auch eine gröſsere Höhe haben müssen, wird also keinesweges unschön sein. Es bleiben ihnen unverändert die oben bemerkten Vortheile vor den gewölbten Decken, und die unten folgende Berechnung wird zeigen, daſs sie wohlfeiler sind. Gegen die hölzernen Decken haben sie den Vorzug der Unentzündlichkeit, und den der Festigkeit und Dauer mit den Gewölben gemein. Will man ja durchaus ebene Dekken haben, so mufs man noch mehr zu der Verbindung ganz von Eisen übergehen. Dergleichen, und überhaupt noch andere Benutzungen des Eisens zur Herstellung unentzündlicher Decken, sind auf mannigfache Weise möglich. Wir übergehen dieselben, aus den früher erwähnten Gründen, so wie weitere Details, und verschieben solches auf einen besonderen, gelegentlich mitzutheilenden Aufsatz. Es werde nur noch ausdrücklich bemerkt, dafs alle *über*künstliche Decken, aus platt gelegten, dünnen Ziegeln, in Gips gesetzt, und dergleichen, nicht zu empfehlen sein dürften. Der Werth solcher Dinge ist immer nur scheinbar, und sie geben dem Architekten keinen Ruhm. Sein wahrer Ruhm ist, sicher und fest und ohne Gefahr für die Menschen zu bauen. Der Herausgeber dieses Journals erklärt sich auf das Bestimmteste weit entfernt von allem Haschen nach Kunststücken, und hält ès vielmehr für unrecht, durch dergleichen auch nur die geringste Gefahr, selbst den Schein davon, für Jemand zu erregen.

Alles, was wir bis jetzt, in diesem dritten Artikel, die Beförderung der Festigkeit, Dauerhaftigkeit und Sicherheit der Wohngebäude, besonders gegen das Feuer, betreffend, auseinandergesetzt haben, bezog sich zwar auf die Verstärkung der Feuersicherheit insbesondere und vorzugsweise; alle Constructionen, die zu diesem Zweck empfohlen wurden, werden aber auch zugleich eben sowohl die Festigkeit und Dauer des Gebäudes vermehren. Gewölbe über den Fluren und Küchen nemlich sind dauerhafter und fester, als Decken aus Holz. Steinerne Treppen sind fester und dauerhafter, als hölzerne. Die empfohlene Absonderung eines hölzernen Dachwerkes von dem Gebäude unterhalb, durch eine unentzündliche Schicht, des Feuers wegen, trägt auch zugleich zum Schutz und zur Festigkeit des Gebäudes selbst bei. Steinerne Unterlagen unter den Balkenköpfen sind fester und dauerhafter, als hölzerne Mauerlatten. Gesimse von Eisen oder gebranntem Thone sind fester und dauerhafter, als hölzerne; und wenn man die auf dem Dache liegenden Rinnen vermeidet, so befördert man die Dauer des Hauses. Ferner ist ein eisernes Dachgerüst offenbar fester und dauerhafter, als ein hölzernes, und endlich sind Decken von Stein, oder von Stein und Eisen, fester und dauerhafter, als Decken aus Balken und Lehm. Alles für die Feuerfestigkeit Empfohlene wird also eben sowohl auch die Standfestigkeit und die Dauer des Gebäudes in gleichem Maafse erhöhen. Es sind nur noch einzelne Dinge in diesem Artikel zu erwähnen übrig, die zu der Feuersicherheit in keiner, oder doch nur in geringer Beziehung stehen, und die gleichwohl die Dauer und Festigkeit angehen.

Dahin gehört z. B. der Abputz der Gebäude von aufsen, das heifst der äufsere Überzug der Mauern: des Aussehns wegen, und zum Schutze gegen die Witterung. In vielen Städten, deren Häuser von Ziegeln, nicht von natürlichen Steinen, gebauet sind, liebt man es nicht, die Ziegel unangestrichen und das Mauerwerk, so wie es ist, sichtbar sein zu lassen. Auch in Berlin nicht. Dieser Geschmack ist aber meistens nicht ganz willkürlich, oder zufällig, sondern hat wohl seinen Grund darin, dafs die Ziegel, deren man sich gewöhnlich zu den Mauern bedient, weil die besseren zu theuer zu stehen kommen, nicht fest genug sind, um auf die Dauer der Witterung zu widerstehen. Der Abputz der Gebäude von aufsen ist also in der That, wenn auch nicht als unvermeidlich, so doch bedingungsweise als nothwendig zu betrachten. Der gewöhnliche Abputz der Gebäude, nemlich der Überzug der Mauern mit Mörtel, hernach mit dieser oder jener Farbe überstrichen, ist aber so wenig dauerhaft, und die öftere Wiederholung, wenigstens des Anstrichs, verursacht bekanntlich den Hausbesitzern eine so bedeutende Ausgabe, dafs ihnen wohl zu wünschen wäre, sie bedienten sich allgemeiner eines dauerhafteren Abputzes, insbesondere für die Fronten der Häuser nach der Strafse zu; auch um die nothwendige Wiederholung des Anstrichs zu vermeiden; wenn auch an der hintern Seite der gewöhnliche Abputz hinreichend sein mag. Einer der besten (wenn nicht von allen der beste) Abputz für äufsere Fronten, ist, nach der Überzeugung des Verfassers, derjenige, welcher sich im 1sten Hefte des 1sten Bandes dieses Journals S. 91. etc. beschrieben findet. Er unterscheidet sich von dem gewöhnlichen blofs dadurch, dafs kleine, 1 bis $1\frac{1}{2}$ Zoll im Durchmesser haltende, unregelmäfsige Stücke natürlichen, festen Gesteins, z. B. Granit, ganz dicht an einander, mit so kleinen Zwischenräumen als möglich, in die gewöhnliche Tünche der Mauer eingedrückt werden. Dieser Abputz ist zwar theurer, als der gewöhnliche, aber seine Dauer ist auch so ausgezeichnet, dafs die, nicht bedeutend, höhere Ausgabe für den Überzug der äufseren Mauern, gegen die Ersparung der immer und oft wiederkehrenden, lästigen Ausgaben für die Wiederholung des Anstrichs, und gegen die Vermeidung der Belästigung der Bewohner der Häuser, durch die Gerüste und den Schmutz bei dieser Gelegenheit, in keinen Betracht kommt. Das im genannten Aufsatze erwähnte Haus in der Friedrichsstraſse zu Berlin, welches daselbst zuerst auf diese Weise abgeputzt wurde, trägt nun diesen Überzug beinahe volle 20 Jahre, und, obgleich es auf der Wetterseite liegt, ist an dem Abputze noch heute auch nicht die geringste Beschädigung sichtbar. Dieser Abputz ist, so viel dem Verfasser bekannt, obgleich allerdings anderwärts Ähnliches versucht wurde, doch, ganz auf diese Weise, zuerst in Berlin zur Ausführung gekommen. Er ist also als eine hiesige Erfindung zu betrachten. Es haben nun zwar seitdem ferner einige Häuser diesen Abputz bekommen; allein er verbreitet sich noch keinesweges allgemein, selbst ungeachtet der Gegenstand einheimisch ist, und der Vortheil vor Augen liegt. Der allgemeinen Benutzung steht aber kaum etwas entgegen; denn schon ist die Verfertigung auch wohlfeiler geworden, und je öfter er gemacht wird, je mehr wird die Wohlfeilheit zunehmen. Man würde daher wohl thun, sich desselben mehr zu bedienen.

Die Dachfenster und Dachluken sind ebenfalls von denjenigen Theilen eines Gebäudes, die sich den Angriffen der Witterung besonders ausgesetzt befinden. Zugleich können sie, wenn ihre Anordnung unvortheilhaft ist, den Gebäuden durch undichte Kehlen, und sonst durch Lecken, bedeutenden Schaden zufügen. Dieser Gegenstand ist aber, wenigstens in Berlin, ziemlich allgemein schon, fast zur Vollkommenheit gebracht. Die Dachfenster, ganz von Blech, lassen kaum etwas weiter zu wünschen übrig, als daſs man sich ihrer nur ganz allgemein, und dann auch eben so in andern Städten, bedienen möge, wo sie noch weniger in Gebrauch sind. Das hier projectirte Haus bedarf der Dachfenster überhaupt wenig, und bloſs nur zur Beleuchtung der Neben-Räume im Dache, nach dem Hofe zu. Und am besten ist es freilich, der Dachfenster so wenig als möglich zu bedürfen, weil man dann wenigstens die Kosten derselben spart.

Ferner kommen für die Dauer und Festigkeit eines Gebäudes noch besonders in Betracht die Fenster. Sie sind nicht allein unmittelbar der Witterung ausgesetzt, sondern können auch, wenn sie undicht sind, mannigfaltige Nachtheile haben. Man hat sich vielfältig bemüht, durch verschiedenartige Pfalze, und andere Mittel, die Fenster dichter zu machen. Allein, so lange die Fenster von Holz sind, werden alle diese Mittel schwerlich jemals ganz ihren Zweck erreichen, weil das Holz quillt, zusammentrocknet und sich wirft, also der Nutzen der ursprünglichen Form theilweise immer wieder verloren gehen kann. Auch werden hölzerne Fenster, welche Form man ihnen auch geben mag, immer schnell vergänglich bleiben. So lange man nicht auch diese Theile des Gebäudes aus einem festeren Stoffe, namentlich aus Eisen macht, wird man keine dauerhafte und bleibend dichte Fenster bekommen. Eiserne Fenster sind übrigens bekanntlich nichts Neues und Unversuchtes mehr, und sie werden schon, besonders in den Fällen, wo die Flügel nicht geöffnet zu werden brauchen, immer allgemeiner; aber man findet immer noch Schwierigkeit in dem Falle beweglicher Flügel. Man kann indessen den Fenstern allerdings eine solche Anordnung geben, dafs der Gufs, auch für die Bedingung der Öffnenbarkeit, keine Schwierigkeit mehr hat. Wir überlassen die Beschreibung und Erörterung dieser Form wieder einer gelegentlichen andern Abhandlung. Wir rechnen in dem projectirten Hause einstweilen nur auf hölzerne Fenster. Eine kleine Bemerkung möge aber bei dieser Gelegenheit noch gemacht werden, die sich auf alle bisherigen hölzernen Fenster bezieht. Es ist nemlich ein Übelstand, dafs die Fensterflügel, und zwar selbst diejenigen, welche sich, wie es mit Recht gewöhnlich ist, nach innen öffnen (von den nach aufsen aufgehenden Flügeln, die hie und da noch im Gebrauch, aber offenbar ganz verwerflich sind, kann nicht die Rede sein), in der offenen Stellung leicht vom Winde hin und her geworfen, und dadurch die Fensterscheiben leicht zertrümmert werden können. Diesem Übelstande ist leicht abzuhelfen, wenn man auf irgend eine Weise Ketteln anbringt, durch welche die Fensterflügel, in der offenen Stellung, festgehalten werden. Diese Ketteln, für jeden untern Fensterflügel einer, jeder mit einer Öse, können entweder an das horizontale, feste Kreuzstück des Fensters, oder unterhalb an das Brustbrett, oder seitwärts an das Fensterfutter befestigt werden. An dem Flügel wird aufserhalb, im ersten Fall oben, im zweiten am Wasserschenkel, im dritten am Seitenstücke des Flügels unterhalb, eine zweite Öse angebracht, in welche der Kettel, wenn er den Flügel festhalten soll, gehakt wird. Ist der Flügel verschlossen, so ruht der Kettel an seinem Orte, und es mufs eine dritte Öse vorhanden sein, um ihn in irgend einer nicht hinderlichen Lage zu erhalten. Der Verfasser hat, seit mehreren Jahren, an den Fenstern seiner Wohnung diese Anordnung machen lassen. Sie hat für jeden Fensterflügel $7\frac{1}{2}$ Sgr., also für jedes Fenster 15 Sgr. gekostet, und er findet aus seiner Ausgabenliste, dafs ihm dadurch gegen die früheren Jahre, ehe die Kettel gemacht waren, jährlich etwa 5 Rthlr. für früher vom Winde zerschlagene Fensterscheiben erspart worden sind. Die gegenwärtige gelegentliche Bemerkung ist zwar wieder so einfach und scheinbar so geringfügig, dafs man versucht werden möchte, die Entschuldigung derselben zu bezweifeln: ungefähr wie oben, bei der Bemerkung wegen des Kochens auf dem gewöhnlichen Heerde über statt neben der Feuerflamme. Aber der Umstand dafs die Fensterketteln durchaus nicht allgemein, sondern im Gegentheil höchst selten angetroffen werden, und dafs Manchem dadurch ebenfalls jährlich mehr oder weniger erspart werden könnte, scheint vielmehr die Entschuldigung im Voraus zu verbürgen.

Zur Vervollkommnung einiger andern Theile des Gebäudes, zugleich auf die Vermehrung der Dauer derselben sich beziehend, z. B. der Thüren, Fufsböden, Öfen etc., sind schon oben im Vorbeigehen einige Bemerkungen und Vorschläge gemacht worden, auf die also in dem gegenwärtigen Artikel Bezug genommen werden kann.

4. Wohlfeilheit und *wahre* Geld-Ersparung beim Bauen darf man, wie schon oben angedeutet, nicht unbedingt und allein in der Verminderung der ersten Ausgaben bei der Aufstellung eines Gebäudes suchen: es kommt vielmehr darauf an, ob die Nutzbarkeit, Haltbarkeit und Dauer, und überhaupt der Werth eines Gebäudes, durch wohlfeiles Bauen nicht etwa verhältnifsmäfsig mehr verliere, als man an den Anlage-Kosten erspart. Verminderte sich z. B. die Dauer und Nutzbarkeit, also der Werth eines Hauses, auch nur bis auf die Hälfte, während man an den Bau-Kosten 20 oder 25 Procent spart, so wäre dies offenbar schon nicht Ersparung, sondern vielmehr Verlust und Verschwendung. Wir wollen, um diese Erwägung an unserm Beispiele näher zu sehen und zu entwickeln, zunächst erst die oben angekündigte vergleichende, summarische Berechnung der Bau-Kosten des projectirten Hauses folgen lassen, nach den verschiedenen Constructionsweisen, nemlich: mit hölzernem Dache und hölzernen Decken, mit eisernem Dachwerke, mit gewölbten Decken, und mit eisernen Decken, welche Berechnung auch oben nöthig war, und vorausgesetzt werden mufste, um nachzuweisen, dafs die vorgeschlagenen Vervollkommnungen keine unverhältnifsmäfsigen Kosten verursachen. Wir werden dann ferner berechnen, wie die gewöhnliche Bauart mit

hölzernen Treppen und hölzernen Decken, selbst über den Gängen und Fluren, gegen steinerne Treppen und unentzündliche Decken, wenigstens über den dieselben mit den Zimmern verbindenden Räumen, zu stehen kommt. Ferner, wie viel an den Kosten abgeht, wenn man die Mauern so viel schwächt als möglich, und zugleich die sonst nicht gewöhnlichen, hier oben beschriebenen Bequemlichkeiten für das Hauswesen wegläfst. Endlich werden wir noch den Fall erwägen, wenn man das Haus überhaupt so wohlfeil als nur möglich baut. Eine Übersicht der verschiedenen Kosten-Ermittelungen wird die Zusammenstellung derselben geben.

I. Kosten des Hauses mit hölzernem Dach und hölzernen Decken über den Zimmern.

A. Bis auf die Decken und das Dachgerüst.

		Rthlr.	Sgr.
1.	490 Sch.-R. Erde aus den Kellern und Fundamenten zu graben und wegzuschaffen, zu 1 Rthlr. 15 Sgr., .	735 Rthlr.	— Sgr.
2.	97 Sch.-R. Fundament-Mauerwerk von Kalksteinen, zu 20 Rthlr., und zwar mit Material gerechnet, eben wie es bei allen folgenden Artikeln der Fall ist, ...	1940 -	— -
3.	232 Sch.-R. Keller-Mauern von Ziegeln, zu 22 Rthlr. 10 Sgr., . . .	5181 -	10 -
4.	290 Sch.-R. Wand-Mauern im ersten Stockwerke, zu 22 Rthlr. 20 Sgr.,	6573 -	10 -
5.	324 Sch.-R. Wand-Mauern im zweiten Stockwerke, zu 23 Rthlr., .	7452 -	— -
6.	271 Sch.-R. Wand-Mauern im dritten Stockwerke, zu 23 Rthr. 10 Sgr.,	6323 -	10 -
7.	234 Sch.-R. Wand-Mauern im vierten Stockwerke, zu 23 Rthlr. 20 Sgr.,	5538 -	— -
8.	260 Sch.-R. Wand-Mauerwerk im Dache, zu 24 Rthlr., ...	6240 -	— -
	Bis hierher	39983 Rthlr.	— Sgr.

	Rthlr.	Sgr.
Bis hierher	39983 Rthlr.	— Sgr.
9. 19 Sch.-R. Pfeiler und Zwischenbögen in den Kellern, zu 26 Rthlr.,	494 -	— -
10. 32 Sch.-R. Zwischenbögen in den vier Stockwerken, im Durchschnitte zu 27 Rthlr., ...	864 -	— -
11. 14 Sch.-R. Schornsteine über dem Dache, zu 27 Rthlr., ...	378 -	— -
12. 45 Quadr.-R. Kappengewölbe in den Kellern, zu 25 Rthlr., ...	1125 -	— -
13. 86 Quadr.-R. Kappengewölbe über den Dachstuben und den Gängen, Fluren und Küchen der vier Stockwerke, im Durchschnitte zu 26 Rthlr.,	2236 -	— -
14. 1000 Fuſs Gewölbe-Anker, zu 12 Sgr.,	400 -	— -
15. 540 Quadr.-Fuſs Granit-Platten-Pflaster auf dem Hofe, zu 12 Sgr., .	216 -	— -
16. 1126 Quadr.-R. Mauer-Putz innerhalb, zu 2 Rthlr. 5 Sgr., ...	2431 -	20 -
17. 97 Quadr.-R. Gewölbe-Putz, zu 2 Rthlr. 10 Sgr., ...	226 -	10 -
18. 57 Quadr.-R. musivischer Putz der vorderen Fronte, zu 36 Rthlr., . .	2052 -	— -
19. 57 Quadr.-R. gewöhnlicher Putz der hintern Fronte, zu 5 Rthlr., . .	285 -	— -
20. 140 Quadr.-R. Putz der beiden Seiten-Fronten, zu 3 Rthlr., . . .	420 -	— -
21. 590 Fuſs Bandgesims, zu 15 Sgr.,	295 -	— -
22. 236 Fuſs Attika-Gesims, zu 1 Rthlr.,	236 -	— -
23. 123 Fuſs Hauptgesims von gebranntem Thone, zu 5 Rthlr., ...	615 -	— -
24. 120 Treppenstufen von Werksteinen in der Wendel-Treppe, zu 1 Rthlr. 15 Sgr.,	180 -	— -
25. 960 Fuſs hölzernen Treppenstufenbelag, zu 5 Sgr., ...	160 -	— -
Bis hierher	62557 Rthlr.	— Sgr.

		Rthlr.		Sgr.
	Bis hierher	52597	Rthlr.	— Sgr.
26.	1575 Quadr.-Fuſs Klotz-Pflaster in der Durchfahrt, zu 12 Sgr., . . .	630	-	— -
27.	333 Quadr.-R. Dielen-Fuſsboden in allen Etagen, zu 15 Rthlr., . . .	4995	-	— -
28.	101 Quadr.-R. Kronendach, mit Ziegeln, Latten und Nägeln gerechnet, zu 13 Rthlr., ...	1313	-	— -
29.	16 Dachfenster von Blech, zu 15 Rthl.,	240	-	— -
30.	1164 Quadr.-Fuſs Blech auf der Attika, zu 10 Sgr., ...	388	-	— -
31.	260 Quadr.-Fuſs Blei in den Hohlkehlen, zu 15 Sgr., ...	130	-	— -
32.	9 Keller-Fenster, zu 18 Rthlr., .	162	-	— -
33.	28 Fenster vorn, im Durchschnitte zu 60 Rthlr., ...	1680	-	— -
34.	28 Fenster hinten, im Durchschnitte zu 50 Rthlr., ...	1400	-	— -
35.	12 Fenster in der Attika, zu 10 Rthl.,	120	-	— -
36.	47 Fenster nach dem innern Hofe, zu 25 Rthlr., ...	1175	-	— -
37.	2 Eingangsthüren vorn, zu 80 Rthlr., mit Fenstern, ...	160	-	— -
38.	2 Eingangsthüren hinten, zu 35 Rthl., mit Fenstern, ...	110	-	— -
39.	1 Thüre nach dem innern Hofe, .	30	-	— -
40.	118 eichene Stubenthüren, mit Gerüsten, zu 25 Rthlr., ...	2950	-	— -
41.	45 einfache Thüren ohne Gerüste, zu 10 Rthlr., ...	450	-	— -
42.	80 Wandschränke, zu 10 Rthlr., .	800	-	— -
43.	58 Öfen, zu 40 Rthlr., ...	2320	-	— -
44.	380 Fuſs Dachrinnen, zu 15 Sgr.,	190	-	— -
45.	Für die Heerde u. Gossen in 6 Küchen, durchschnittlich 80 Rthl. für jede Küche,	480	-	— -
	Bis hierher	72320	Rthlr.	— Sgr.

	Bis hierher	72320 Rthlr.	Sgr.	
46.	6 Wasser-Gefäſse in den Küchen, durchschnittlich zu 30 Rthlr., . . .	180 -	— -	
47.	Für den Brunnen, nebst Pumpen, durch 5 Stockwerke, ...	700 -	— -	
48.	Eine Windemaschine zum Aufwinden des Brennholzes etc.	150 -	— -	
49.	Für Aufsicht, Gerüste, Ausmalen der Flure und Treppen, Verschläge derselben und Verschiedenes . . .	5000 -	— -	78350 Rthlr.

B. Die hölzernen Decken über den Zimmern und übrigen Cabinetten der vier Stockwerke, und über der Dach-Etage, würden kosten:

50.	212 Quadr.-Ruth. halben Windelboden zu $3\frac{1}{2}$ Rthlr., Verschalung zu $6\frac{1}{2}$ Rthlr., Decken-Putz zu $4\frac{1}{2}$ Rthlr. und Gebälk zu 11 Rthlr., zusammen zu $25\frac{1}{2}$ Rthlr., ...	5406 Rthlr.	
51.	460 Lager von Sandsteinen, statt der Mauerlatten, in den Scheidewänden, zu $1\frac{1}{2}$ Rthlr.,	690 -	
52.	1150 Fuſs übrige Mauerlatten, zu 3 Sgr.,	115 -	
53.	1000 Fuſs Balken-Anker, zu 12 Sgr., .	400 -	6611 -

C. Das hölzerne Dachgerüst würde kosten:

54.	5200 Fuſs Sparren, zu 6 Sgr., ...	1040 Rthlr.	
55.	1302 Fuſs Sparrenträger, zu 10 Sgr., .	434 -	1474 -
	Zusammen		86435 Rthlr.

II. Gewölbe über den Zimmern und übrigen Cabinetten in den vier Etagen, statt der Balken-Decken, würden kosten:

56.	90 Sch.-R. Bögen, im Durchschnitte zu 27 Rthl.,	2430 Rthlr.
57.	140 Quadr.-R. Kugelkappen, zu 26 Rthlr.,	3640 -
58.	180 Quadr.-R. Gewölbe-Putz, zu $2\frac{1}{3}$ Rthlr.,	420 -
	Bis hierher	6490 Rthlr.

Bis hierher 6490 Rthlr.

59. 57 Sch.-R. Ausfüllung auf die Gewölbe,
zu 4 Rthlr., ... 228 -

60. 9600 Fuſs Anker und Ringe, zu 1 Quadr.-
Zoll Querschnitt, von geschmiedetem Eisen,
zu 12 Sgr., ... 3840 -

61. 102 Sch.-R. Erhöhung der Mauern, um
1 Fuſs in jeder Etage, zu $23\frac{1}{2}$ Rthlr., . . 2397 -

12955 Rthlr.

Davon gehen ab die Kosten der hölzernen
Decken nach den Sätzen von I. *B.*,
nemlich:

62. 170 Quadr.-R. halben Windel-
boden, Putz und Gebälk, zu
$25\frac{1}{2}$ Rthlr., ... 4335 Rthlr.

63. 460 Lager von Sandstein unter
den Balken-Köpfen, zu $1\frac{1}{2}$ Rthlr., 690 -

64. 750 F. Balken-Anker, zu 12 Sgr., 300 -

5325 -

Also mehr . . . . 7630 Rthlr.

III. Decken mit eisernen Bögen und gewölbten Kappen über den Zimmern der 4 Etagen, statt Balken-Decken, würden kosten:

65. 1614 Centner Guſseisen zu 2521 laufende
Fuſs eiserne Bögen, mit Querrippen und La-
gern, zu 4 Rthlr., ... 6456 Rthlr.

66. 900 Fuſs Quer-Anker von geschmiede-
tem Eisen, zu 12 Sgr., ... 1080 -

67. 170 Quadr.-R. dünnes Kappen-Gewölbe,
zu 22 Rthlr., ... 3740 -

68. 180 Quadr.-R. Gewölbe-Putz, zu $2\frac{1}{3}$ Rthlr., 420 -

69. 42 Sch.-R. Ausfüllung auf die Gewölbe,
zu 4 Rthlr., ... 168 -

Eine Erhöhung der Mauer ist hier nicht nöthig.

11864 Rthlr.

	11864 Rthlr.	
Davon gehen wieder ab die Kosten der hölzernen Decken nach No. 62., 63. und 64.	5325 -	
Also mehr		6539 Rthlr.

IV. **Das eiserne Dachgerüst, nebst dem eisernen Gebälk über den Dachstuben, würde kosten:**

70. 108 eiserne Balken über den Stuben, von 29 Fuſs lang und 8 Quadr.-Zoll im Querschnitte, ...	928 Ctr.		
71. 344 laufende Fuſs Hängewerk, zu 9 Fuſs hoch, zu 140 Pfd., .	438 -		
72. 344 laufende Fuſs Hängewerk, zu $4\frac{1}{2}$ Fuſs hoch, zu 100 Pfd., .	313 -		
73. 87 laufende Fuſs Hängewerk über dem Dachboden	87 -		
74. 93 Quadr.-R. Gespärre, zu 12 Ctr.,	1116 -		
	2882 Ctr.		
Guſseisen, zu 4 Rthlr., ...		11528 Rthlr.	
75. 42 Quadr.-R. Windelboden, nebst Decken-Putz, zu 8 Rthlr., ...		432 -	
		11960 Rthlr.	
Davon gehen ab die Kosten des hölzernen Dachgerüstes nach I. *C.* mit	1474 Rthlr.		
und für 42 Quadr.-R. Gebälk und Verschalung, zu 25 Rthlr.,	1050 -		
		2524 -	
Also mehr			9436 -

V. **Hölzerne statt steinerner Treppen, und Balkendecken statt Gewölbe über den Fluren, Gängen, Küchen und Cabinetten, würden kosten:**

76. 96 Quadr.-R. Balkendecken, mit Windelboden und Putz, zu $25\frac{1}{2}$ Rthlr., ...	2448 Rthlr.

	Bis hierher	2448 Rthlr.	
77. 130 Treppenstufen der Haupttreppe, zu 6 Rthlr., ...		780 Rthlr.	
78. 400 Fuſs Balken-Anker, zu 12 Sgr., .		160 -	
			3388 Rthlr.
Die steinernen Treppen und Decken kosten:			
79. Für 76 Quadr.-R. Gewölbe (Satz 13.), nach Ausschluſs der Treppen-Kappen, zu 26 Rthlr.,		1976 -	
80. Für 32 Sch.-R. Zwischen-Bögen (Satz 10.), zu 27 Rthlr., ...		864 -	
81. Für 1000 Fuſs Gewölbe-Anker (Satz 14.), zu 12 Sgr., ...		400 -	
82. Für 13 Sch.-R. Mauerwerk zur Haupttreppe, zu 23 Rthlr., ...	299 Rthlr.		
83. Für 10 Quadr.-R. Gewölbe-Kappen zur Treppe, zu 26 Rthlr.,	260 -		
84. Für 960 Fuſs Treppen-Stufen-Belag (Satz 25.), zu 5 Sgr., .	160 -		
85. Für 24 Quadr.-R. Putz der Treppen-Mauern und Gewölbe, zu $2\frac{1}{6}$ Rthlr.	52 -		
		771 -	
			4011 -
Also die hölzernen Treppen und Decken **weniger** .			623 Rthlr.

VI. **Wenn man noch das Mauerwerk so schwach macht, als möglich, das Haus wie gewöhnlich abputzt, und den aufsergewöhnlichen Bequemlichkeiten in den Zimmern, Küchen und Holzkammern entsagt, so können erspart werden:**

86. Für 172 Sch.-R. Mauerwerk, zu 23 Rthlr. im Durchschnitt, ...	3956 Rthlr.
87. Für 57 Quadr.-R. Abputz der vorderen Seite, zu 20 Rthlr.,	1140 -
Bis hierher	5096 Rthlr.

Bis hierher	5096 Rthlr.		
88. Für 80 Wandschränke, zu 10 Rthlr. (Satz 42.), ...	800 -	5896 Rthlr.	
89. Für 6 Wasser-Gefäfse in den Küchen, zu 30 Rthlr. (Satz 46.),	180 Rthlr.		
90. Für den Brunnen nebst Pumpen (Satz 47.)	700 -		
91. Für die Windemaschine zum Aufwinden des Holzes etc. (Satz 48.)	150 -	1030 -	
Zusammen			6926 Rthlr.

VII. Wenn man das Haus überhaupt so wohlfeil als möglich baut, nemlich von Fachwerk, aufserhalb mit Ziegeln, $\frac{1}{2}$ Ziegel dick, verblendet, und überall so leicht, als es angeht, nur blofs um den nemlichen Raum zu überbauen, so würden, nach einer Berechnung, die wir, um den Raum zu sparen, nicht hersetzen, an Kosten nothwendig sein . . . . 62021 -

Die Zusammenstellung der Resultate dieser Berechnungen und Angaben ist nun folgende:

1. Wenn das hier als Beispiel aufgestellte Haus dauerhaft, fest, sicher und bequem gebaut wird, nemlich mit starken massiven Mauern, vorn musivisch geputzt, durchweg mit gewölbten Decken, mit eisernen Dachgerüsten und mit steinernen Treppen, so, dafs daran nichts Brennbares und eher Vergängliches übrig bleibt, als etwa Thüren, Fenster und Fufsboden; ferner mit allen oben beschriebenen häuslichen Bequemlichkeiten in den Zimmern, Küchen und Holzkammern, namentlich mit Wandschränken, Pumpen und Wassergefäfsen in den Küchen und einer Windemaschine, so wird dasselbe kosten:

die Summe von I., nemlich . . . 86435 Rthlr.
von II., nemlich . . . 7630 -
und von IV., nemlich . . . 9436 -
zusammen . . . . 103501 Rthlr.;
etwa $19\frac{3}{4}$ pro Cent mehr als No. 4.

2. Wenn die gewölbten Decken in den Zimmern auf eiserne Bögen gesetzt werden, übrigens aber das Haus ganz wie vorhin beschrieben gebaut wird, so wird es kosten:

die Summe von I., nemlich . . . 86435 Rthlr.
von III., nemlich . . . 6539 -
und von IV., nemlich . . . 9436 -
folglich . . . . 102410 -
etwa 1 pro Cent weniger als No. 1. und $18\frac{1}{2}$ pro Cent mehr als No. 4.

3. Wenn die Decken über den Zimmern und den damit verbundenen Kammern von Holz gemacht werden, alles Übrige aber das Nemliche, also auch das Dachgerüst von Eisen, bleibt, so werden die Kosten sein:

die Summe von I., nemlich . . . 86435 Rthlr.
und von IV., nemlich . . . 9436 -
folglich . . . . 95871 -
etwa $7\frac{1}{2}$ pro Cent weniger als No. 1. und 11 pro Cent mehr als No. 4.

4. Wenn ferner statt des eisernen Daches ein hölzernes gemacht wird, das Übrige aber bleibt, wie in (3.), so wird das Haus kosten, nach I. . . . . 86435 -
also etwa $16\frac{1}{2}$ pro Cent weniger als No. 1.

5. Wenn man dem Hause zwar noch starke massive Mauern giebt, vorn musivisch abgeputzt, desgleichen den Wohnungen die beschriebenen besonderen Bequemlichkeiten, die Treppen und Decken aber durchweg von Holz macht, wie es gewöhnlich geschieht, so werden die Kosten betragen:

nach I. . . . . 86435 Rthlr.
wovon nach V. abgehen . . . 623 -
folglich . . . . 85812 Rthlr.;
etwa 17 pro Cent weniger als No. 1. und $\frac{3}{4}$ pro Cent weniger als No. 4.

6. Wenn man ferner die Mauern so weit verschwächt als möglich, deshalb die Wandschränke wegläßt, und, statt des musivischen Abputzes, das Haus außen nur auf die gewöhnliche Weise abputzt, so gehen ab
von I., nemlich von . . . . 86435 Rthlr.,
nach V. . . . . 623 Rthlr.
und nach Satz 86., 87. u. 88. (VI.) 5896 -
zusammen . . . . 6519 -
folglich betragen die Kosten . . . . 79916 -
also etwa $22\frac{1}{2}$ pro Cent weniger als No. 1. und $7\frac{2}{3}$ pro Cent weniger als No. 4.

7. Wenn man auch noch die Wassergefäße in den Küchen, den Brunnen und die Windemaschine wegläßt, so gehen von der vorigen Summe nach VI. noch 1030 Rthlr. ab, und es bleiben an Kosten . . . . 78886 -
etwa $23\frac{1}{2}$ pro Cent weniger als No. 1. und $8\frac{2}{3}$ pro Cent weniger als No. 4.

8. Wenn man endlich das Haus nach VII. so wohlfeil baut, als nur möglich, und äußersten Falls in einer Stadt dürfte gestattet werden, nemlich von Fachwerk, außerhalb einen halben Ziegel dick mit Ziegeln verblendet, mit Balkenkellern, hölzernen Treppen und Böden, jedoch mit Ziegeldach, mit kiefernen Thüren und Fenstern, gewöhnlichen Dielen-Fußböden, und ohne alle ungewöhnlichen, zur häuslichen Bequemlichkeit dienenden Anordnungen, so werden die Kosten betragen . . . . 62021 -
also etwa 40 pro Cent weniger als No. 1. und $28\frac{1}{2}$ pro Cent weniger als No. 4.

Durch Vergleichung dieser Resultate findet man nun zunächst, dafs durch die allerleichteste Bauart von Fachwerk No. 8., und durch Weglassung aller besonderen wöhnlichen Bequemlichkeiten, gegen die festeste, bequemste und dauerhafteste Construction No. 1. doch nur 40 pro Cent, oder gegen die gleich feste und dauerhafte Bauart No. 2. nur etwa 39 pro Cent, und gegen die Bauart No. 4., die etwas mehr fest und bequem ist, als die gewöhnliche, und welche erst die wirklich nothwendige Feuersicherheit gewährt, nur $28\frac{1}{2}$ pro Cent an den Baukosten gespart werden; oder umgekehrt: dafs sich durch eine Zulage von etwa 66 pro Cent zu den Kosten des allerleichtesten, vergänglichsten Hauses das allerfesteste und dauerhafteste, und durch eine Zulage von etwa $39\frac{1}{2}$ pro Cent ein Haus erlangen läfst, welches schon fester und sicherer ist, als die gewöhnlichen. Nun wird aber die Dauer des allerfestesten Hauses gegen die des leichtesten nicht etwa 66 pro Cent, sondern vielleicht 1000 pro Cent, und die des festeren Hauses nicht 28 pro Cent, sondern wenigstens 300 pro Cent mehr betragen; denn eigentlich ist die Dauer des Hauses mit Mauern Gewölben und eisernem Dachgerüst als unbegrenzt zu betrachten, und das blofs feste, feuersichere Haus, wenn auch noch mit hölzernem Dache, kann doch wenigstens einige Jahrhunderte stehen, während die Dauer des leichten Hauses von Fachwerk schwerlich auf 100 Jahre anzuschlagen ist. Ferner wird ein fest gebautes Gebäude nur wenige und seltene Reparaturen erfordern, während das leichte Haus beständig wird hergestellt oder nachgebessert werden müssen. Sodann wird, nach Ablauf der Dauer, von dem leichten Hause wenig bei der Erneuerung Benutzbares übrig sein, von dem festen Hause dagegen immer noch sehr viel. Schon blofs aus dem Gesichts-Puncte der Geld-Ersparung wird daher das leichte Haus, von Fachwerk, auf keine Weise rathsam sein. Nur die Noth und der gänzliche Mangel, nicht allein an Mitteln, sondern auch an Credit, wird daher, abgesehn von allen andern Rücksichten, einen Bauherrn bewegen können, das leichte Haus zu wählen. Er ist dann in dem traurigen Falle der Noth überhaupt, deren gröfsestes Übel es ist, dafs sie so schwer aus sich selbst sich zu helfen vermag. Wo aber auch nur noch Credit, auf das Haus selbst begründet, zu finden ist, und wäre es auch selbst zu hohen Zinsen, wird es stets noch eine wahre und bedeutende Ersparung sein, fester zu bauen, und dagegen eine wahre und unmäfsige Verschwendung für die Folge, die leichte Bauart. Die beständigen Reparaturen allein werden vielleicht schon mehr kosten, als die Zinsen für die Zulage zum festeren Bau, und wenn die kurze Zeitdauer des Werkes abgelaufen ist, mufs das Anlage-Capital fast ganz von Neuem herbeigeschafft werden. Aber die Ersparung an Anlage-Capital ist es, sobald ein Gebäude nicht ganz einzeln und aufser Gemeinschaft mit andern dasteht, nie allein, was die Wahl der Bauart bestimmt. Wer in Städten ein zu leichtes, nicht hinreichend feuersicheres Haus bauen wollte, würde nicht allein sich selbst, sondern zugleich seinen Nachbarn schaden, und deshalb dürfen die Gesetze eine solche Bauart nicht gestatten. Ein Haus von Fachwerk ist in den besser gebauten Städten als ein Bauwerk zu betrachten, welches nicht allein für den eigenen Besitzer, sondern auch für die Nachbarn, Nachtheile und Gefahren hat. Daher kann die wohlfeilste Bauart No. 8. eigentlich gar nicht in Betracht kommen, und mufs von der Vergleichung ganz ausgeschlossen bleiben.

Wir haben uns daher zunächst nur zu den Constructionen No. 4., 5., 6. und 7. zu wenden, die den gewöhnlichen in den besser gebauten Städten nahe kommen, und müssen erwägen, welche von diesen als die vortheilhafteste zu betrachten sei. Wir wollen von der Bauart No. 4. ausgehen, welche, in so fern das Dach und die Zimmer-Decken von Holz sein sollen, in der vorhergehenden Abhandlung insbesondere empfohlen wurde.

Die nächste Abänderung derselben würde sein, dafs man, nach No. 5., die Treppen und die Decken über Gängen und Fluren von Holz macht. Diese Abänderung ist diejenige, welche die Bauart No. 4. am meisten der gewöhnlichen nahe bringt; denn die hölzernen Treppen und die hölzernen Decken über Gängen und Fluren sind, leider! noch sehr allgemein üblich. Aber diese Abänderung ist auch gerade diejenige, welche, nach Allem, was oben gezeigt wurde, schon an sich selbst von allen am wenigsten rathsam sein dürfte. Hier zeigt sich nun noch, dafs sie unter allen auch diejenige ist, welche die geringste, und wenn überhaupt eine Ersparung, so doch nur einen in gar keinen Betracht kommenden Geld-Gewinn bei der ersten Anlage gewährt. Eine Ersparung von etwa $\frac{3}{4}$ pro Cent, oder $22\frac{1}{2}$ Silbergroschen auf 100 Rthlr., ist in der That etwas so Unwesentliches, dafs wohl kein Bauherr, der seinen wahren Vortheil beobachtet, deshalb seinem Hause auch nur einen möglichen Nachtheil zufügen wird. Hier aber wäre der Nachtheil für die

$\frac{3}{4}$ pro Cent sehr grofs. Denn durch die hölzernen Treppen und Decken, statt steinerner, wird das Haus für die Bewohner der oberen Etagen lebensgefährlich. Und schwerlich wird es doch wohl einen Bauherrn geben, der, um auf hundert Thaler $22\frac{1}{2}$ Silbergroschen zu sparen, Menchenleben in Gefahr bringen möchte. Der Erbauer kann aufserdem auf jeden Fall sich versichert halten, dafs er seine $22\frac{1}{2}$ Sgr. reichlich ersetzt bekommen werde. Denn die Miethe steht in demselben Verhältnisse, wie das Anlage-Capital, und welcher Miether würde zu 100 Rthlr. Miethe nicht von Herzen gern noch $22\frac{1}{2}$ Sgr. zulegen, um ruhig schlafen zu können, und der Gefahr zu entgehen, nicht bei einem entstandenen Feuer zum Fenster hinaus springen zu müssen?! Von *dieser* Abänderung kann also wohl nicht die Rede sein, und sie kann auch selbst nicht in Absicht der Kosten in Betracht kommen. Wer in einem steinernen Hause hölzerne Treppen und hölzerne Zugänge zu demselben machen läfst, handelt eben sowohl gegen sein eigenes Interesse, als gegen das Interesse Anderer, und also vollkommen unrecht. Wir wollen noch darauf aufmerksam machen, dafs, wie die Berechnung ergiebt, die steinerne Treppe für sich gar nicht mehr, sondern vielmehr weniger kostet, als die hölzerne. Die hölzerne Treppe kostet, nach Satz 77., geringe und lange nicht so hoch berechnet, als sich die Kosten für eine gegenwärtige Modetreppe belaufen würden, 780 Rthlr., die steinerne Treppe dagegen, nach Satz 82.—85., nur 771 Rthlr.

Die zweite Abweichung würde die sein, dafs man, nach No. 6., die Dicke der Mauern bis auf das geringste Erfordernifs verminderte, was dann auch zur Folge haben würde, dafs die Wandschränke in den Scheidewänden wegfallen müssen. Diese Veränderung, verbunden mit derjenigen der Bauart der Treppen und ihrer Zugänge, hat allerdings die namhafte Ersparung von $7\frac{2}{3}$ pro Cent zur Folge; gleichwohl aber gewifs auch noch gröfsere Nachtheile, sowohl für die Dauer und Festigkeit des Hauses, als für die Wohnlichkeit und Annehmlichkeit desselben. Zuerst nemlich, in Rücksicht auf die Dauer und Festigkeit, ist zu erwägen, dafs es nicht die ruhende, senkrechte Belastung allein ist, welcher ein Wohngebäude zu widerstehen hat, sondern auch die unaufhörlichen Erschütterungen von innen und aufsen. Innen kann die Erschütterung durch die Bewegung der Möbel und anderer Lasten, noch mehr aber durch die Bewegung einer Versammlung von Menschen in einem Zimmer, z. B. beim Tanze, sehr bedeutend sein. Die Erschütterung von aufsen, durch die Wagen auf der Strafse, besonders durch schwere Wagen, Artillerie und dergleichen, ist ebenfalls nicht unbedeutend, besonders ihrer fast ununterbrochenen Dauer wegen. Sie ist in Berlin, wegen des schwammig-sandigen Bodens, sehr merklich. Es ist bekannt, dafs das Fahren der Wagen auf den Strafsen in den oberen Etagen sichtbare, hörbare und fühlbare Erschütterungen hervorbringt, z. B. das Schwanken des Wassers in den Gläsern, das Zusammenklirren derselben u. s. w., ja dafs man sogar, auf einem Stuhle sitzend, die Erschütterung fühlen kann. Nun beweiset zwar die Erfahrung, dafs ungeachtet alles dessen die Mauern schwächer sein können, als in unserer Zeichnung, z. B. die Scheidewände, durch 3 und 4 Etagen, nur 1 Ziegel stark, und dafs alle jene Erschütterungen deshalb ein Haus noch nicht umstürzen. Aber es ist wohl offenbar, dafs die Mauern, wenn sie schwach sind, durch die Erschütterungen nothwendig auf die Dauer leiden müssen. Wenn man erwägt, dafs der beste Mörtel den Fugen kaum die Hälfte der Cohäsion der Ziegel giebt, der gewöhnliche Mörtel vielleicht kaum Ein Viertheil, und dafs schon die äufsere Erschütterung dem Mörtel nicht die Zeit vergönnt, zu erhärten: so läfst sich begreifen, dafs die Mauern eines Hauses bei weitem nicht etwa als eine feste Masse, sondern mehr oder weniger nur als ein Haufen aufgepackter, oder doch nur wenig zusammenhängender, Ziegel anzusehen sind, und das zwar um so mehr, je schwächer sie sind; denn je kleiner eine Masse ist: in um so stärkere Bewegung wird eine und dieselbe Erschütterung sie zu bringen vermögen. Es ist also gewifs, dafs, wenigstens nach und nach, die wenige Cohäsion der Fugen schwacher Mauern, insbesondere also der dünnen Scheidewände, durch die anhaltenden Erschütterungen mehr oder weniger aufgelöset werden mufs, und dafs dann diese Mauern mehr oder weniger in einen Zustand kommen werden, als wären sie ohne Mörtel aufgeführt. Dann aber können die Scheidewände die Ringmauern wenig mehr verbinden, und das Haus wird offenbar sehr unfest. Alles dieses ist zwar nicht, oder doch nur wenig sichtbar, und das Haus stürzt deshalb nicht zusammen; aber die Unfestigkeit ist gleichwohl vorhanden, und äufsert ihre nachtheiligen Folgen unfehlbar in späterer Zeit. Das einzige Mittel gegen die Wirkung der Erschütterungen ist nun, die Mauern dicker zu machen, und deshalb haben wir sie so gezeichnet, und rathen dazu aus voller Überzeugung, als zu einer verhältnifsmäfsig sehr nützlichen, und nicht Verschwendung zur Folge habenden, sondern, auf die Dauer gesehen, wahre und grofse Ersparung gewährenden Beobachtung. Aber die Dauer ist es auch nicht allein, was für die dickeren Mauern spricht, sondern auch die Wöhnlichkeit und Annehmlichkeit des Hauses. Das Mauerwerk hat nemlich die Eigenschaft, die Wärme nur langsam aufzunehmen, und sie nur langsam wieder fahren zu lassen. Es wird eine längere Zeit vergehen, ehe dicke Mauern von der Hitze des Sommers durchdrungen werden, als schwache, und wiederum eine längere Zeit, ehe die Kälte des Winters hindurch gelangt; das Letztere wird sogar fast gar nicht geschehen, wenn die Zimmer geheizt werden. Wohnungen mit dicken Mauern werden also im Sommer kühl, im Winter leichter heizbar sein; was auch bekannt ist. Sie werden die starken Unterschiede der Temperatur, in welchen die Haupt-Unannehmlichkeit nördlicher Climate liegt, in den Wohnungen vermindern, und schnelle Veränderungen der Temperatur weniger fühlbar machen. Die stärkeren Mauern gewähren also zugleich eine bedeutende Erhöhung der Annehmlichkeit einer Wohnung. Man weifs, dafs Wohnungen unter dem Dach, und nicht viel anders in hölzernen Häusern, mit dünnen Wänden, im Sommer der Hitze und im Winter der Kälte wegen fast unerträglich sind. Diese Unannehmlichkeit nimmt ab mit der Zunahme der Dicke der Wände, und ist in einem massiven Hause, mit dicken Mauern, nur noch wenig fühlbar. Auch noch ferner haben die dickeren Scheidewände wesentliche Vortheile. Es können nemlich, wie die Zeichnung nachweiset, in dieselben alle Schornsteine und Zugröhren versteckt werden, und es kommt in dem Hause kein einziger Schornstein oder ein Vorgelege in den Etagen zum Vorschein. Diese Vermeidung unwillkommener Ecken und Winkel, und der garstigen, rufsigen Vorgelege, ist ebenfalls kein geringer Gewinn. Auch zu der zweiten Abänderung der Bauart No. 4. ist also keinesweges zu rathen; denn der Verlust an Dauer und Annehmlichkeit der Wohnungen steht mit der Ersparung an den Anlage-Kosten zuverlässig in keinem günstigen Verhältnisse.

Noch weniger würde zu rathen sein, die vorige Abänderung, blofs um noch 1 pro Cent mehr zu ersparen, mit der Weglassung der bequemen Einrichtungen der Küchen, der Holzkammern und des Brunnens zu verbinden. Wer würde wiederum zu 100 Rthlr. Miethe nicht sehr gern noch 1 Rthlr. zulegen, wenn er seine Küche bequem gebrauchen, darin waschen lassen, das Regenwasser auffangen, das Brunnenwasser, statt es heraufragen lassen zu müssen, in der Küche selbst pumpen, das Holz, statt dafs es mehrere Treppen hoch heraufgetragen werden mufs, aufwinden lassen kann. Er wird ja wahrlich durch alles dies nicht blofs den Einen Thaler, sondern wohl 10 Rthlr. jährlich ersparen.

Es ist daher zu keiner der Abweichungen No. 5., 6. und 7., sondern, und zwar aus guten Gründen, nur zu der Construction No. 4. zu rathen.

Von dieser Bauart No. 4., mit starken massiven Mauern, vorn musivisch geputzt, mit steinernen Treppen und gewölbten Zugängen zu denselben, und mit den besondern häuslichen Bequemlichkeiten in den Küchen und Holzräumen, mit Wandschränken u. s. w., läfst sich sagen, dafs sie eigentlich nur die gewöhnliche ist, aber mit Veränderungen, die theils unbedingt nothwendig sind und verlangt werden können, wie namentlich die steinernen Treppen und gewölbten Flure und Gänge, oder die auch sonst schon nicht ganz unberücksichtigt zu bleiben pflegen, wie z. B. der dauerhaftere Abputz von aufsen, die stärkeren Mauern, das Klotz-Pflaster in der Durchfahrt, das Plattenpflaster auf dem Hofe u. s. w., oder die doch so nahe liegen, dafs Zweifel über ihre Nützlichkeit kaum möglich sind, wie z. B. die Einrichtung der Küchen, der Holzkammern u. s. w. Mit dieser Bauart ist aber nun noch nicht der gröfsere, und gleichsam der letzte Schritt zur Vervollkommnung der Bauart städtischer Wohngebäude gethan. Dach und Decken eines Hauses von der Bauart No. 4. können noch von innen, durch Zufall, Verwahrlosung oder Frevel, von aufsen durch Flugfeuer, oder durch den Blitz, entzündet werden; oder es kann das Holzwerk im Dach und in den Decken mehr oder weniger schnell, durch die Nässe, durch den Wurm, durch den Schwamm, und am Ende durch die Zeit zerstört werden. Brennt ein solches Haus aus (und immer ist dem Feuer, wenn es einmal um sich gegriffen hat, wegen der dicken Hölzer, schwer Einhalt zu thun), so ist der Schaden stets grofs, nicht allein für die Bewohner, sondern auch für den Eigenthümer; denn die mit Kalkmörtel aufgeführten Mauern leiden durch die Glut jedenfalls bedeutend, und wenn sie auch nicht abgetragen werden müssen, findet sich doch ihre Festigkeit in dem Maafse vermindert, dafs das mit nicht unbedeutenden Kosten hergestellte Haus nur noch eine viel geringere fernere Dauer haben kann, als es ohne den Brand gehabt haben würde. Wird das Holzwerk, statt plötzlich, durch das Feuer, durch Nässe, Schwamm oder Würmer allmälig zerstört, so entsteht die Unannehmlichkeit fortwährender, und am Ende bald diejenige einer kostbaren Haupt-Reparatur; was alles eben so unangenehm für die Bewohner als nachtheilig für den Besitzer ist. Die Bauart No. 4. ist also immer noch sehr unvollkommen. Ein Wohngebäude wird immer nur dann erst gröfsere Vollkommenheit erreichen, wenn man alle gröfseren und dickeren Hölzer daraus entfernt, und ihm steinerne oder eiserne Decken und ein eisernes Dachgerüst giebt. Dann ist kein Ausbrennen, keine bedeutende, das Ganze zerstörende Verletzung durch Nässe, Schwamm und Würmer, mehr möglich. Das Ganze wenigstens steht dann fast unverwüstlich da. Die Berechnung zeigt nun, dafs die gröfseren Kosten dieser fast unverwüstlichen Bauart keinesweges unverhältnifsmäfsig hoch sind. Man erspart durch die unvollkommene Bauart No. 4. gegen die vollkommene, feste No. 1. oder 2. nur $15\frac{1}{2}$ bis $16\frac{1}{4}$ pro Cent, und umgekehrt ist zu den Kosten von No. 4., wenn wenigstens das Dach von Eisen gemacht wird, nur eine Zulage von 11 pro Cent, und wenn Alles von Stein und Eisen gemacht wird, nur eine Zulage von $18\frac{1}{2}$ bis $19\frac{3}{4}$ pro Cent nöthig. Die Dauer aber wird nicht blofs um diese pro Cente, sondern wohl um ein Paar hundert pro Cent gröfser sein. Die Zinsen der mehreren Kosten werden reichlich durch die Verminderung der Reparatur-Kosten, durch die Ersparung der Aufsammlung der künftigen Erneuerungskosten, durch Ersparung der Feuersicherungs-Kosten, und durch den vielfach höheren Werth des Hauses selbst, aufgewogen werden. In der That ist, was die Dauer betrifft, an einem Hause von der Bauart No. 1. oder 2. fast Nichts vorhanden, was einigermafsen als nahe vergänglich anzusehen wäre. Sind anders, was immer vorausgesetzt wird, die Materialien dauerhaft, so währen Mauern, die, wie hier, gegen die Witterung geschützt sind, Jahrhunderte; das dicke Gufseisen hat eine nicht geringere Dauer. Der einzige Haupttheil des Gebäudes, der der Zerstörung noch am meisten ausgesetzt sein würde, wäre hier die Dachdecke. Aber gut gebrannte Dachziegel dauern ebenfalls Jahrhunderte, und gerade dann am besten, wenn sie, wie vorausgesetzt wird, nicht mit Kalkmörtel verstrichen werden. Wir haben mit Vorbedacht nicht die Bedeckung des Daches mit Metall empfohlen. Dasselbe dürfte in der That nur dann an seiner rechten Stelle sein, wenn das Dach flach sein soll, oder mufs; in welchem Fall allerdings Dachziegel nicht passend sind. Im Allgemeinen sind die Metalle, die sich zu einer Dachdecke anwenden lassen, nemlich Zink, Kupfer, Blei und Eisen, der Witterung frei ausgesetzt, bei weitem vergänglicher, als gut gebrannte Dachziegel, und aller Anstrich des Metalles ist für dasselbe, in solcher Lage, nur ein unzulängliches, wiederholt Kosten verursachendes Schutzmittel, abgesehen davon, dafs die Metalldächer überhaupt schon theurer sind, als Ziegeldächer. Auch sind sie, wegen der nothwendigen Verschalung mit Brettern, bei weitem feuergefährlicher, als Ziegeldächer. Es wäre ein ziemlich zweckloser Luxus, ein Dach, welches so viel Abhang hat, dafs Ziegel haltbar sind, mit Metall bedecken zu wollen. Weit mehr Nutzen wird schon blofs ein Theil der Zulage zu den Kosten der Dächer haben, wenn man ihn dazu anwendet, die Dachziegel fester und dauerhafter verfertigen zu lassen, als gewöhnlich. Man lasse sie aus rein geschlemmtem passenden Thone machen, stark pressen, langsam trocknen, in richtigem Maafse brennen, auf dem Dache die Fugen zusammenschleifen, nicht Kalkmörtel dazwischen oder auf die Ziegel bringen, oder höchstens die Köpfe Anfangs verstreichen, damit das Dach, bis dahin, dafs sich die Fugen mit Staub gefüllt haben, dicht halte, bezahle eine solche Dachdecke allenfalls doppelt so hoch, als gewöhnlich, so wird man immer noch, selbst an den Anlagekosten, gegen die eines Metalldaches gespart haben, dafür aber eine Dachdecke erhalten, die Jahrhunderte dauert, und keine Reparatur weiter erfordert. Aufser dem Dach ist kein Hauptttheil des Gebäudes weiter der nahen Zerstörung ausgesetzt. Nur Nebentheile, wie Dachluken, Rinnen und Fenster, werden nach einer Reihe von Jahren erneuert werden müssen. Allein die Luken und Rinnen sind, wenigstens in dem hier projectirten Hause, wenig bedeutend, und Fenster von eichenem Holze dauern schon eine geraume Zeit. Macht man sie von Eisen, so werden sie den andern Theilen des Hauses an Dauer gleich kommen. Thüren und Fufsböden, und alles Übrige, ist fast nur derjenigen Vergänglichkeit ausgesetzt, welche eine Folge der Abnutzung ist. Das Gebäude selbst wird also in der That eine Dauer haben, die fast als ungemessen betrachtet werden kann. Nimmt man nun dazu die Annehmlichkeit und den Vortheil, ein Haus zu besitzen und zu bewohnen, welches weder die Casse des Besitzers, noch die Ruhe der Bewohner durch beständige Reparaturen stört: den Vorzug eines Hauses, welches auf mehrere Jahrhunderte hinaus ein fast unvergängliches Capital repräsentirt, ähnlich dem Acker auf dem Erdboden, und also wahren eisernen Reichthum darstellt, und erwägt ferner, dafs, um alle diese Vorzüge zu erlangen, keine bedeutende, am wenigsten eine unverhältnifsmäfsige, und äufsersten Falles noch, wegen der sicheren Hypothek, leichter durch Anleihe herbeizuschaffende Zulage zu denjenigen Kosten nöthig ist, die für ein, der Zerstörung durch Feuer und Witterung so sehr unterworfenes Bauwerk jeden Falls ausgegeben werden müfsten: so kann wohl kein Zweifel sein, dafs die feste Bauart den Vorzug hat, und zum wahren Vortheile des Eigenthümers gereicht, der auch überall erreicht werden kann, wenn nur der Eigenthümer seinen wahren Vortheil erkennen und ihn wahrnehmen will.

Da nun, wie aus dem Obigen hervorgeht, eine verhätnifsmäfsige Ersparung an den Anlagekosten niemals durch solche Veränderungen der Construction zu erlangen ist, welche irgend eine Verminderung der Dauer des Werkes zur Folge haben, vielmehr jede solche Verminderung der Anlage-Kosten nicht als Ersparung, sondern vielmehr als Verlust betrachtet werden mufs: so bleiben nur noch die andern, Eingangs erwähnten Mittel, Ersparung an den Anlage-Kosten zu erzielen, übrig, nemlich die Vortheilhaftigkeit des Projectes, und diejenige Art der Ausführung, die, ohne der Dauer Nachtheil zu bringen, dem Bauherrn so viel Ersparnifs gewährt, als möglich.

Die Vortheilhaftigkeit des Projectes wird, aufser durch eine dauerhafte Construction, dadurch erreicht werden, dafs man von den überbauten Räumen einen so grofsen Theil als möglich völlig nutzbar zu machen, die Nutzbarkeit selbst aber so sehr zu erhöhen sucht, als es angeht. Beides ist in dem als Beispiel vorliegenden Entwurfe zu beobachten gesucht worden. Im Allgemeinen sind namentlich Folgendes einige der Beobachtungen, welche bei möglichster Benutzung des Raumes in Betracht kommen.

Den Fluren und Gängen, welche als die am wenigsten nutzbare Räume eines Wohngebäudes zu betrachten sind, theile man so wenig Ausdehnung als möglich, auch möglichst nur solche Räume zu, die sich weniger zu den eigentlichen Wohnräumen schicken würden. Man lege sie deshalb möglichst an die hinteren und inneren Seiten der Gebäude, wie hier, entweder um einen inneren Hof, oder, in Eckhäusern, in die Ecken, oder ordne sie doch überall so an, dafs sie möglichst viele Zimmer zugleich verbinden. Man mache niemals nach einzelnen Zimmern besondere Gänge, vermeide alle Corridore in der Mitte der Breite, sobald sie sogenannte Lichtflure nöthig haben, welche eine wesentliche Raumverschwendung sind, und opfere überhaupt jeden Raum, der nicht zu einem Flure ganz nothwendig ist, demselben nicht auf, sondern gebe ihm eine nützlichere Bestimmung. Jedoch ist es ganz nothwendig, dafs Flure und Gänge niemals finster sind, sondern wenigstens hinreichend vom Tageslichte erleuchtet werden. Die Küchen lege man ebenfalls nur an die hinteren Seiten der Wohngebäude, oder an innere Höfe, weil sie der Aussicht nach der Strafse nicht allein nicht bedürfen, sondern diese Lage auch sogar für sie unzweckmäfsig sein würde, indem sie dadurch meistens von den Höfen abgeschnitten werden. Kammern, oder Cabinette, welche neben Zimmern so sehr nützlich sind, lege man möglichst nicht an die Fronte, damit diese allein den Zimmern verbleibe, sondern, etwa wie in unserm Projecte, hinter die Zimmer, durch welche sie immer noch so viel Licht bekommen können, als ihnen nöthig ist. Diejenigen Räume, welche nur wenig Licht gebrauchen, wie Vorraths- und Geräthe-Kammern, Abtritts-Kammern u. dergl., so wie diejenigen, welche des Lichtes ganz entbehren können, wie z. B. die Holz-Kammern, lege man in die Wiederkehren der Gebäude, oder sonst, wie z. B. in unserm Project, an Stellen, wohin am schwierigsten Licht sich bringen läfst, dergleichen nur zu leicht vorkommen. Wohnräume, die etwa nur mehr des Abends gebraucht werden, und also weniger des Tageslichtes bedürfen, wie z. B. Gesellschaftssäle, lege man ebenfalls an die hintere Seite oder nach dem Hofe zu, damit den Wohnzimmern das volle Licht verbleibe. Die Beleuchtung der Wohnungen durch Fenster macht bekanntlich in Städten oft grofse Schwierigkeiten, und man kann also durch eine angemessene Verwendung der vorhandenen Fronten, die das volle Sonnenlicht haben, so wie durch Verweisung derjenigen Räume, die des Sonnenlichtes weniger bedürfen, an Stellen, wohin es sich schwer schaffen läfst, sehr viel zur vortheilhaften Benutzung der zu überbauenden Räume beitragen. — Wohn- und Schlafzimmer und Säle müssen hoch sein; allein es giebt mehrere andere Nebenräume, die nicht der nemlichen Höhe bedürfen, nemlich alle diejenigen, die nicht eigentlich bewohnt werden, und für die es fast hinreichend ist, wenn man darin gerade nur aufrecht stehen kann. Nun ist 13, 14 bis 15 Fuſs gerade die rechte Höhe für die eigentlichen Wohnräume; weniger macht sie schon unangenehm, und unter 10 Fuſs Höhe sogar ungesund; mehr macht sie kalt und wüst. Jene Höhe aber gestattet zugleich gerade noch, in der Mitte eine Decke einzuschieben, so daſs zwei Räume über einander von 6, $6\frac{1}{2}$ bis 7 Fuſs hoch entstehen. Giebt man daher den Stockwerken die rechte Höhe von 13 bis 15 Fuſs, so gewinnt man, auſser schönen und gesunden Zimmern, noch den Vortheil, daſs sich, wie auch schon weiter oben gedacht worden, der Nutzen eines Theiles der überbauten Grundfläche, durch eingeschobene Decken, gradezu verdoppeln läſst, ohne daſs man das Hauptgebälk einer und derselben Etage auf verschiedene Höhen zu legen braucht, was wegen der alsdann nöthigen Stufen, um aus einem Gemach in das andere zu kommen, immer bedeutende Unannehmlichkeiten hat. Zum Zugange der Räume über den eingeschobenen Decken können, gehörig angeordnet, die Haupt- und Nebentreppen selbst dienen. Die entstehenden niedrigen Räume aber lassen sich zu mancherlei Zwecken benutzen, z. B. zu Holz-, Torf- und Steinkohlen-Kammern, zu Vorraths-Kammern aller Art, zu Haferböden, zu Trocknenböden für Wäsche, zu Geräthe- und Polter-Kammern, zu Abtritts-Kammern, zu Neben-Küchen und Speise-Kammern, zu Waaren-Magazinen für Kaufleute, als welche sie sogar an solche Personen, die nicht im Hause wohnen, sich vermiethen lassen; diejenigen, welche mit dem Haupt-Gebälke der Etagen in gleicher Höhe liegen, zu den Verbindungen der Zimmer mit den Fluren und Corridoren, selbst zu Cabinetten, kleinen Bibliotheken, zu Garderoben, und vielem andern. Auch über Durchfahrten wird sich meistens, wie oben bei unserm Projecte, noch ein Zwischenboden einschieben lassen, weil die Einfahrts-Thore durch das Souterrain reichen müssen, und der Boden der Durchfahrt der Erde gleich sein muſs, so daſs die Durchfahrt, ohne den eingeschobenen Boden, eine unnöthige Höhe bekommen würde. — Dem Dache gebe man *die Pultform,* mit der senkrechten Wand nach der Straſse. Man wird dadurch die Nutzbarkeit des Dachraumes ungemein vergröſsern. Man wird, wie es an dem vorliegenden Beispiele zu sehen, Zimmer im Dache bekommen, die nicht etwa kaum bewohnbar, wie gewöhnliche Dachstuben, sondern völlig eben so gut sind, wie die in den Etagen. Man wird beinah eine ganze Etage gewinnen. — Ein groſser Vortheil für das Verhältniſs des Ertrages eines Wohngebäudes zu den Anlage-Kosten liegt auch in der Vergröſserung der Zahl der Stockwerke über einander, weil für Ein Stockwerk mehr, keine neue Baustelle, kein neues Dach und kein neues Fundament nöthig ist. Man kann zwar nicht sagen, daſs Ein Stockwerk mehr nur *seine*, schwächeren, Umfangsmauern und den innern Ausbau mehr koste, indem die untern Mauern verstärkt werden müssen; vielmehr kostet Ein höheres Stockwerk, nächst dem inneren Ausbau, so viel Mauerwerk mehr, als es würde erhalten müssen, wenn es nicht über die vorigen Stockwerke, sondern unter dieselben gesetzt würde, und die Verstärkung der Kellermauern und Fundamente, um ½ Ziegel, noch obendrein. Gleichwohl ist der Gewinn an Dach und Fundament noch immer bedeutend, und nur erst bei einer sehr groſsen, practisch nicht mehr vorkommenden Zahl der Stockwerke, würde Ein Stockwerk mehr, so viel kosten, als ein eigenes Haus; besonders der zweiten Baustelle wegen. Allerdings werfen die oberen Stockwerke weniger Ertrag ab, als die unteren; allein ein sehr stark abnehmendes Maaſs des Ertrages ist nicht dem Gegenstande angemessen, und findet auch wirklich in Städten, wo höhere Häuser gewöhnlich sind, z. B. in Leipzig, Dresden, Wien, Paris etc., nicht Statt. Wenn nur die Treppen bequem und, vorzüglich, feuersicher sind (besonders hier ist die Feuersicherheit der Treppen wichtig), und wenn nur die obern Etagen an innerer Höhe den tiefer liegenden gleich sind oder doch nahe kommen, und Heizstoffe und Wasser bequem hinaufgeschafft werden können, wie in unserm Projecte (auch dies ist hier vorzüglich wichtig): so hat in der That eine Wohnung 3 bis 4 Treppen hoch fast noch denselben Werth, wie eine Wohnung par terre, und 1 Treppe hoch; denn die einzige wahre Unbequemlichkeit, des höheren Treppensteigens, wird, wenigstens theilweise, wieder durch die Annehmlichkeit aufgewogen, daſs Treppe und Flur um so weniger zum Durchgange dienen, je höher die Etage liegt. Die Zahl der Stockwerke über einander hat allerdings sehr bald ihre Grenze, und über sechs Stockwerke hoch (die Dach-Etage mit gerechnet) zu bauen, dürfte nicht rathsam sein; allein bis zu dieser Zahl kann man, unter sonst günstigen Umständen, unbedenklich gehen. Freilich sind sehr hohe Häuser, in Städten mit krummen und schmalen Straſsen, wie z. B. Wien und Paris, ungesund, und folglich ein groſses Übel, welches durch keinen Geld- oder andern Gewinn vergütigt wird. Dagegen in Städten mit breiten und geraden Straſsen, wie z. B. Berlin, die von den Winden gereinigt werden, und auch den hohen Häusern noch Sonnenlicht genug gewähren, hat die Höhe der Häuser für die Gesundheit und das Wohlsein der Bewohner durchaus keinen wesentlichen Nachtheil, so wenig wie für ihre Sicherheit gegen Feuer, wenn nur die Häuser feuerfest gebaut werden, auch keine Gefahr selbst in Fällen ansteckender Krankheiten, wenn nur für die gänzliche Absonderung der Wohnungen von einander im Hause, und für die Lüftbarkeit derselben, wie es sich gehört, gesorgt ist; denn die schädlichen Ausdünstungen steigen in der Regel nicht in die Höhe, sondern fallen eher zu Boden. In solchen Städten hat daher die Höhe der Häuser nur Vortheile, und zwar sehr bedeutende. Denn daſs Ein Stockwerk mehr viel weniger kostet, als ein zweites Haus, ist keinesweges der Gewinn allein, sondern der Miethswerth der Wohnungen, und folglich der Werth der Häuser selbst, und der Baustellen, steigt ebenfalls, je kleiner die Ausdehnung der Stadt in der Grundfläche ist, je näher die Häuser zusammenrücken. Dem Verkehre, dem Handel und Gewerbe ist die groſse Fläche groſser Städte gar nicht zuträglich, sondern, umgekehrt, die möglichste Annäherung der Gewerbtreibenden an einander. Der Nicht-Gewerbtreibende wird immer noch in andern, entferntern Theilen der Stadt Wohnungen finden, wie er sie wünscht; und wenn nur mit der Höhe der Häuser Maaſs und Ziel gehalten wird, etwa das obengenannte Maaſs, oder vielmehr, besser, ein Maaſs, das nach der Breite der Straſsen sich richtet, etwa 3 Etagen für 30, 4 Etagen für 45, 5 Etagen für 60, 6 Etagen für 75 Fuſs und darüber breite Straſsen: so ist die Höhe der Häuser nur nützlich, nicht schädlich. Für die älteren Theile von Berlin kann man freilich annehmen, daſs die Häuser schon das Maximum ihrer Höhe erreicht haben, ja selbst zum Theil schon zu hoch steigen, weil dort die Straſsen nur schmal und meistens krumm sind. Aber dem Kerne der Friedrichstadt würden höhere Häuser, bis zu 5 und 6 Etagen, durchaus angemessen und nützlich sein, vorausgesetzt, daſs die Häuser unbedingt feuersicher und bequemer gebaut werden. Die Vergröſserung der Stadt nach Auſsen würde dadurch gleichwohl keinesweges aufgehalten werden; denn die nemlichen Personen, welche jetzt ihre Wohnungen dorthin verlegen können, würden es auch ferner thun, und der ihnen unumgänglich nöthige kleine Verkehr würde ihnen dahin folgen. Der gröſsere Handel und Gewerbebetrieb aber würde gewinnen.

Als ein unschädliches, vielmehr nützliches Mittel, und zwar als ein Hauptmittel, beim Baue zu sparen, ist daher auch noch die Vermehrung der Zahl der Etagen anzusehen, immer vorausgesetzt, dafs man nicht leicht und feuerunsicher, sondern vielmehr dauerhaft, fest und vollkommen sicher baue.

Die vorhergehenden Regeln für die Zusammenstellung der Räume eines Gebäudes waren einige von denjenigen, durch welche sich dieselben möglichst ertragsfähig machen lassen. Die inneren Anordnungen werden die Nutzbarkeit derselben vollenden. Zu diesen Anordnungen sind oben, in dem Beispiele, Andeutungen enthalten. Es wird dazu die Sorge für die verschiedenen häuslichen Bequemlichkeiten gehören, z. B. die oben beschriebene Einrichtung der Küchen, der Kammern zu den Heizvorräthen, der Mittel, bequem zu dem Regen- und Quellwasser zu gelangen, die Benutzung der Wände zu Schränken, die Tiefe der Zimmer, die Anordnung der Thüren, um bequem die Möbel stellen zu können, u. s. w.

Durch die Beobachtung der Regeln zusammengenommen, für die Zusammenstellung und bequeme Einrichtung der Wohnungsräume, wird man zu wahrer Kosten-Ersparung gelangen, mehr als durch Abzüge an den Ausgaben, die vielmehr, wenn sie der Dauer und Festigkeit nachtheilig sind, nur für den Augenblick eine scheinbare Ersparung gewähren, in der That aber eigentlich Verschwendung sind.

Das zweite Mittel, Erparungen an den Baukosten zu machen, ist: auf irgend eine Art einen Bau so auszuführen, dafs den Werkleuten nur ihr verdienter *Lohn*, nicht aufserdem noch unverdienter *Gewinn* zu Theil werde. Verdienter *Lohn* ist jeder Erwerb durch verhältnifsmäfsige körperliche oder geistige Anstrengung, oder durch eine solche Anwendung von Capitalien oder intellectuellem Vermögen zu nennen, welcher zugleich der Gesellschaft nutzt. Jeder andere Erwerb, ohne verhältnifsmäfsige Arbeit, oder durch eine Anwendung von Gütern oder Kenntnissen, der der Gesellschaft nicht nutzt, sondern vielleicht sogar schadet, ist nur unverdienter *Gewinn*, keinesweges Verdienst zu nennen. Den verdienten Lohn soll man Niemandem zu schmälern suchen, selbst im eigenen Interesse nicht; denn sonst zwingt man ihn zur nachtheiligen Verminderung der Preiswürdigkeit seiner Leistungen. Den unverdienten Gewinn dagegen soll man überall abzuwehren suchen, als eine Feindseligkeit gegen die Gesellschaft, die ihr, aus blofsem Eigennutz, nur Schaden, nicht Nutzen zu bringen trachtet. Also auch beim Bauen soll man den Arbeitern ja nicht ihren verdienten Lohn verkümmern, was hier, selbst für das eigene Interesse, noch nachtheiliger ist, als in vielen andern Fällen; dagegen soll man jedem Zwischentreiben, welches viel zu empfangen und davon den Arbeitern so wenig als möglich zukommen zu lassen trachtet, zu entgehen suchen.

Eine der nachtheiligsten Bau-Ausführungs-Methoden, die fast gleich sehr gegen die beiden vorigen Regeln verstöfst, ist häufig die Ausbietung und Verdingung des Werkes an den Mindestfordernden, besonders im Ganzen, und, wie es bei dem Bauen der Privatleute gewöhnlich der Fall ist, ohne Aufsicht uninteressirter, sachverständiger Personen. Die Licitanten überbieten sich, wo viel Concurrenz ist, sehr bald bis unter die Summe hinunter, für welche sie das Übernommene zu leisten im Stande sind, und nun ziehen sie den Arbeitern so viel ab, dafs dieselben gezwungen werden, schlechte Arbeiten zu machen, und liefern Baustoffe, die nicht preiswürdig und haltbar sind. Der Mindestfordernde ist also dann gerade der schlechteste Unternehmer gewesen, und man hat, für ein Paar pro Cent Ersparung, ein Haus bekommen, welches vielleicht 50 Procent weniger werth ist. Vielfältig wird die Schlechtigkeit der Arbeit, übertüncht, wie sie neu sich darstellt, gar nicht sichtbar sein; wenigstens wird der Privatmann, wenn er nicht Bauverständiger ist, sie nicht gewahr werden. Sind aber auch die Mängel sichtbar, und man macht dafür dem Unternehmer, etwa nach vorhergegangenem Processe, Abzüge, so wird dadurch gleichwohl das Haus nicht besser, und selbst Nachbesserungen bringen äufsersten Falles nur ein geflicktes Werk hervor. Die Arbeiter sind gedrückt worden, und der Unternehmer, der einmal auf dem Wege war, Treu' und Glauben zu verletzen, wird nicht ermangelt haben, sich noch mehr als die Bezahlung seiner Mühe und Arbeit zurückzubehalten, und bis zum unverdienten Gewinn hinunter zu steigen.

Will, oder mufs, seiner individuellen Verhältnisse wegen, ein Bauherr (wir sprechen immer nur von dem Bauen der Privatleute, nicht von dem aus öffentlichen Cassen) den Bau seines Hauses im Ganzen verdingen, und es findet sich ein sachverständiger und sicherer Mann, von welchem mit Gewifsheit anzunehmen, dafs er sich mit einem billigen Ertrage seiner Mühe, Kenntnisse und Capitalien begnügen, und Vortheile, die dem andern Theile schaden, als Betrug, nicht sich erlauben werde, so wird der Bauherr schon weit besser thun, diesem Manne das Werk, für seine auf Treu' und Glauben angenommene Forderung, zu übertragen, und selbst Andere, die weniger fordern, zurückzuweisen, in der Überzeugung, daſs jener Mann das Mögliche angeboten habe, und daſs jede weitere Verminderung der Bezahlung dem Werke nur zum Nachtheile gereichen könne und müsse, der dann in der Regel weit mehr beträgt, als die Ersparung. Allein eines Theils wird dieser Fall selten sein, vielleicht weniger deshalb, weil sich nicht Bauverständige und vermögende Leute fänden, die Zutrauen verdienten, als weil der Bauherr, besonders wenn die Geldsumme etwas hoch steigt, sich schwer entschlieſsen wird, dieselbe auf Treu' und Glauben zu bewilligen: auch kann sich der Unternehmer, ohne Vorsatz einer Bevortheilung, in seiner Forderung, entweder zu seinem, oder zu des Bauherrn Nachtheile, geirrt haben, und dann wird im ersten Falle die Güte des Baues immer in Gefahr kommen, im andern Falle wird die Ehrlichkeit schwerlich so weit gehen, daſs der unerwartete Mehr-Ertrag des Erwerbes aus eigener Bewegung herausgegeben würde; andern Theils aber ist auch selbst dann, wenn Alles mit vollkommener Ehrlichkeit und ohne Irrthum vor sich geht, diese Art der Ausführung wenigstens nicht die wohlfeilste; denn der Unternehmer muſs sich, billiger und nothwendiger Weise, nicht bloſs für seine Mühe und die Anwendung seiner Kenntnisse, sondern auch für das übernommene Risico, einen Gewinn berechnen, und diesen letzteren Theil des Gewinnes kann der Bauherr füglich, bei einer andern Ausführungs-Art, für sich behalten. Man kann annehmen, daſs bei gröſseren Werken ein Gewinn von 5 pro Cent das Geringste ist, worauf der redlichste Unternehmer Anspruch machen darf; für kleine Baue ist diese Vergütigung nicht einmal zureichend, und es kann leicht bis zu 10 pro Cent der billige Satz steigen. Eine solche Zulage ist aber nicht unbedeutend; und wenigstens einen groſsen Theil davon kann füglich der Bauherr ersparen.

Eine andere Ausführungs-Art ist: die Bedingungen und Leistungen eines General-Unternehmers sehr ausführlich und genau zu bestimmen, z. B. nicht allein durch Zeichnungen und Beschreibungen sehr genau vorzuschreiben, wie die Constructionen und Arbeiten verfertigt werden sollen, von welcher Beschaffenheit die Baustoffe sein sollen, u. s. w., sondern auch, wo die letzten erkauft werden sollen, wie lange der

Unternehmer für das ganze Werk und für einzelne Theile desselben einzustehen habe; zugleich aber nur die wirklichen und geringsten Preise guter Materialien und Arbeiten anzusetzen, ohne Rücksicht auf einen Gewinn bei den Preisen für den Unternehmer, statt dessen man dann demselben eine nach pro Centen, etwa nach den obigen Sätzen, angeschlagene Vergütigung für seine Mühe und für sein Risico auswirft. Diese Ausführungs-Art kommt nur mehr oder weniger mit der vorigen überein. Auch bei ihr ist ein durchaus vertrauenswürdiger Unternehmer nothwendig, und sie unterscheidet sich von der vorigen nur darin, dafs weniger auf Treu' und Glauben gegeben wird. Übrigens ist sie eben so wenig für den Bauherrn die wohlfeilste.

Der Bauherr kann ferner seinen Bau in einzelnen Theilen verdingen, und bezahlen: die Maurer-Arbeiten einem Maurermeister, die Zimmer-Arbeiten einem Zimmermeister u. s. w.; Ziegel, Kalk, Holz etc. kann er selbst kaufen. Diese Bau-Ausführungs-Art, welche bei Privatleuten die gewöhnlichste zu sein pflegt, hat, in so fern der Bauherr nicht etwa mindestfordernde, sondern nur glaubhafte und geschickte Arbeiter vorzugsweise annimmt, manche Vortheile, aber gleichwohl auch manche Nachtheile. Er wird allerdings einerseits die Vergütigung, welche er dem Haupt-Unternehmer bei den beiden vorigen Arten bewilligen mufste, für sich ersparen, auch diejenigen Materialien, die nicht nothwendig die Unternehmer selbst kaufen müssen, wie z. B. das Holz zu den Tischler-Arbeiten, das Eisen zu den Schlosser-Arbeiten u. s. w., so wohlfeil als möglich zu kaufen im Stande sein; er kann sogar, mit geringerer Gefahr für die Güte der Gegenstände, die Materialien licitiren lassen, und von den Mindestfordernden kaufen. Anderer Seits aber läuft er aber doch Gefahr, im Fall er etwa nicht wirklich Bauverständiger ist (was in allen Fällen einen grofsen Unterschied macht), etwa nicht preiswürdige Baustoffe zu verwenden; denn die Güte der Stoffe sicher zu erkennen, ist eine der schwierigsten Aufgaben, selbst für den Baumeister: und dann können auch leicht Schwierigkeiten bei dem Zusammenwirken der einzelnen Unternehmer entstehen; die Interessen und Neigungen können leicht collidiren, die einzelnen Unternehmer können, anstatt einander in die Hände zu arbeiten, vielmehr einander entgegenwirken, oder wenigstens aufhalten; was der Nicht-Bauverständige schwer vorauszusehen und zu hindern vermag. Den Schaden aber, der daraus entsteht, mufs am Ende immer der Bauherr bezahlen. Folglich ist auch diese Ausführungs-Art nur mehr scheinbar ökonomisch, und kann leicht, statt Ersparungen, vielmehr bedeutende Verluste mit sich bringen.

Es ist auch eine noch weiter gehende Vereinzelung der Gegenstände möglich, die in der That öfters beliebt wird. Allein die vorhin erwähnten Nachtheile nehmen mit der weitern Vereinzelung schnell zu, und wenn diese gar etwa so weit geht, daſs man, anstatt in Verding, in Tagelohn arbeiten läſst, so ist der Nachtheil augenfällig.

Wir wollen nun anzeigen, wie, nach unserer Überzeugung und Erfahrung, ein Privatmann, immer vorausgesetzt, daſs er nicht selbst wirklicher Bauverständiger ist, am vortheilhaftesten und mit möglichster, für das Werk nicht nachtheiliger Geld-Ersparung, seine Baulichkeiten dürfte ausführen lassen können. Wegen der wiederholten Beifügung, daſs der Bauherr nicht bauverständig vorausgesetzt werde, ist zunächst zu erinnern, daſs zwar freilich meistens jeder Bauherr sich selbst mehr oder weniger für bauverständig hält: allein es ergeht in diesem Puncte der Baukunst ungefähr so, wie der Arzneikunst. Auch für seinen eigenen Arzt hält man sich häufig. Aber meistens haben beide Einbildungen ähnliche Folgen. Der Selbst-Arzt bringt sich nur zu oft um seine Gesundheit und sein Leben, der Selbst-Architekt um sein Geld.

Zuerst ist nun zu bemerken, daſs es vor allen Dingen nothwendig ist, daſs der Bauherr sich einen detaillirten Plan (Zeichnung und Anschlag, wie man es nennt) von einem wirklichen Architekten machen lasse. Nichts ist in der Regel den Bauherren verderblicher, als wenn sie sogar so sehr für Baumeister sich halten, daſs sie glauben, selbst den besten Plan entwerfen zu können. Der Bauherr mag dem Baumeister, noch so genau und in's Einzelne gehend, sein Begehren anzeigen, und seine Wünsche beschreiben, und es ist nöthig, daſs er es thue: er mag noch so genau und speciell ihm angeben, wo er die einzelnen Räume haben wolle, wie sie gegeneinander liegen sollen, wie groſs, hell, luftig, fest u. s. w. sie sein sollen: er mag, mit Einem Worte, noch so ausführlich seine Aufgabe ihm stellen: dies wird und muſs der Baumeister sogar begehren; auch mag ihm der Bauherr Einwendungen gegen seine Plane machen, und ihn dieselben so lange abändern lassen, bis er alle seine Begehren befriedigt findet; aber die endliche, kunstgemäſse Lösung der Aufgabe muſs dem Baumeister allein verbleiben, und daran darf der Bauherr, vertrauend dem Architekten, und miſstrauend seinen eigenen vermeintlichen Kunst-Kenntnissen, nichts ändern, wenn er nicht seinen eigenen Schaden hervorbringen will. Auch ist es ganz besonders, und nur zu nothwendig, Alles *vorher*, ehe man zu bauen anfängt, recht genau und sorgfältig zu überlegen, damit Abänderungen während der Ausführung möglichst unterbleiben. Zwar werden dergleichen selten ganz vermieden werden können, schon deswegen, weil es dem Nicht-Bauverständigen schwer fallen wird, selbst aus den besten Zeichnungen und den genauesten Beschreibungen und Erörterungen, vorher einen vollständigen und deutlichen Begriff sich davon zu machen, wie das Bauwerk bei und nach der Ausführung aussehen werde. Kommen aber ja Abänderungen vor, so mache sie wiederum der Bauherr wenigstens nicht selbst, sondern trage sie ebenfalls dem Baumeister auf; dann wird wenigstens der Schaden geringer sein. Da bedeutende Abänderungen, z. B. Veränderungen in der Zusammenstellung der Wohnräume, sehr nachtheilig und kostbar sein können, so ist es, wenn das Bauwerk einige Ausdehnung hat, und ein wenig verwickelt ist, immer sehr zu rathen, dasjenige Mittel nicht unbenutzt zu lassen, welches am wirksamsten geeignet zu sein pflegt, Abänderungen vorzubeugen, wenigstens eine vollständige vorherige Vorstellung von dem Werke zu gewähren, nemlich ein Modell von Holz, Thon oder dergleichen. Diese Vorkehrung ist *nicht* kostbar; denn das Modell braucht kein kleines Kunstwerk zu sein, sondern hat nur den Zweck, eine nähere körperliche Vorstellung von seinem Gegenstande zu geben, und die Kosten eines solchen Modells werden meistens in keinen Vergleich kommen gegen die Verluste und Nachtheile, die es zu hindern vermag.

Nun ist ferner zu erinnern, daſs der Baumeister, an welchen wir den Bauherrn sich zu wenden empfehlen (ausdrücklich sei es gesagt) weder ein Werkmeister (Maurermeister, Zimmermeister etc.) noch ein Bau-Unternehmer sein darf: am wenigsten, in so fern dem einen oder dem andern zugleich hernach die Ausführung ganz oder theilweise übertragen werden soll; sondern vielmehr ein Baumeister, der zugleich weder Gewerkmeister, noch Unternehmer ist. Der Meister eines einzelnen Bau-Handwerks nemlich, wird immer entweder sein Gewerbe vorzugsweise zu berücksichtigen sich angezogen finden, oder er wird auch die andern weniger practisch kennen; und der Bau-Unternehmer wird, wenigstens neben dem Interesse des

Bauherrn, auch noch sein eigenes haben. Meister einzelner Gewerke, so wie auch Unternehmer, können zwar ohne Zweifel zugleich wirkliche Baumeister sein: auch können diese Männer fern von der Absicht sein, das Interesse des Bauherrn zu gefährden; gleichwohl aber üben sie die Baukunst doch weniger frei und unabhängig aus, als der bloſse Baumeister, und es ist also jeden Falls gut, daſs der Bauherr solche Personen zu seinem Beistande wähle, deren Interesse in keinem Punkte dem seinigen entgegenstrebt, sondern vielmehr demselben völlig parallel ist. Dieses Letztere ist eben der Fall bei dem Baumeister, der nicht zugleich Gewerkmeister oder Unternehmer ist. Sein Zweck kann nur, seinem eigenen Interesse gemäſs, sein, dem Bauherrn ein gutes und dauerhaftes, ganz seinen Bedürfnissen und Wünschen entsprechendes Gebäude zu liefern, und es ihm so wohlfeil als möglich herzustellen; denn von dem Bauherrn hat er seine Kundschaft und seinen Erwerb zu hoffen, nicht von den Werkmeistern und Unternehmern. Man findet jetzt schon immer häufiger unabhängige und geprüfte Privat-Architekten, die es sich zu ihrem Geschäfte gewählt haben, den Bauenden mit ihren Kenntnissen und Erfahrungen zu nützen, und die also dazu stets bereit sind. Wir glauben, daſs die Bauenden nicht besser thun können, als an solche Männer, oder auch, nach ihrer Wahl, an andere Baumeister im Dienste des Staats, sich zu wenden. Man argwöhne hier nicht etwa, daſs der Verfasser dieses Aufsatzes, der selbst 30 Jahre lang Baumeister war, bei dem gegenwärtigen Rathe sein eigenes Interesse, oder wenigstens das der Architekten, insbesondere im Auge habe. Was das Erste betrifft, so hat er schon seit 5 Jahren dem practischen Bauwesen, seiner Gesundheits-Umstände wegen, gänzlich entsagt, und Vorliebe für sein ehemaliges Geschäft pflegt man ihm nicht nachzusagen.

Nachdem nun der Bauende einem Baumeister die Ausarbeitung des Planes zu seinem Vorhaben übertragen hat, übertrage er ihm auch (und zwar wiederum ausdrücklich gesagt) dem nemlichen Architekten, ja nicht einem andern, die Ausführung, und zwar keinesweges als Unternehmer, sondern nur die Aufsicht darüber. Der Baumeister, und zwar dieser am besten, und er nur allein, ist im Stande, zu sorgen, daſs der Bau gut, fest, und so wohlfeil, als es ohne Schaden für die Dauer möglich ist, ausgeführt werde, und daſs er es thue, ist sein eigenes Interesse. Er wird, nach den Umständen, die besten Mittel anzugeben und zu ergreifen wissen, durch welche alle jene Zwecke sich erreichen lassen, und dafs er sie angebe und ergreife, ist wiederum sein Interesse. Allgemeine Normen zu dem weiteren Ausführungs-Verfahren lassen sich nicht wohl angeben, weil sie zu sehr von den örtlichen Verhältnissen und Umständen abhängen. In der Regel wird es am rathsamsten sein, die Materialien, als Steine, Ziegel, Kalk, Holz etc., aus der ersten Hand, und möglichst ohne Zwischenhändler, zu kaufen, wobei, wie bei dem Übrigen, der Architekt dem Bauherrn technischer Beistand und Rathgeber sein mufs. Einen nicht unbedeutenden Vortheil würde es (hier im Vorbeigehen bemerkt) den Bauenden gewähren, wenn die fabrikartige Verfertigung derjenigen Theile der Gebäude, die ein bestimmtes Maafs haben, noch allgemeiner auf alle solche Theile sich ausdehnte, was, besonders in den gröfsern Städten, wohl möglich wäre. So wie man jetzt z. B. Mauer- und Dachziegel, Nägel, zum Theil auch Öfen und blecherne Dachfenster, im Voraus fabrikmäfsig verfertigt: so wäre es gut, wenn das Gleiche auch mit den Thüren, Fenstern und den Beschlägen, den Gesimsen etc. geschähe. Diese Gegenstände würden dann fertig zu haben sein; es würde mancher Aufenthalt vermieden werden; sie würden wohlfeiler sein; man würde die Wahl haben, und der Dauer mehr versichert sein. Wo diese Dinge fertig zu haben sind, wird man also besser thun, sie zu kaufen, als sie besonders zu bestellen. — Niemals befasse sich der Baumeister mit Geldzahlungen. Nur der Bauherr selbst, oder, vorkommenden Falles, eine andere von ihm beauftragte Person, sei der Cassirer und Rendant, niemals der Architekt. Die Arbeiten werden am besten theilweise verdungen werden, nemlich die Maurer-, Zimmer-, Tischler-Arbeiten etc., jede besonders, an geschickte und zuverlässige Werkmeister. Nur in seltenen Fällen wird eine Licitirung rathsam, oder auch nur nöthig sein. Wäre es aber, so ist sie jetzt allerdings möglich; denn der Baumeister ist, durch vermehrte Aufmerksamkeit, wohl im Stande, den damit möglicher Weise verbundenen Nachtheilen vorzubeugen. Er wird beurtheilen, ob Gebote unter ihre letzte Grenze hinunter sinken, und diese unbedingt ausschliefsen. Unter Beistand des Architekten feilsche der Bauherr selbst, oder sein Bevollmächtigter, um den Preis der Lieferungen und Arbeiten; aber die Contracte darüber, unter seiner Vollziehung, zu schliefsen, überlasse er vertrauend dem Baumeister; denn nur dieser weifs am besten, worauf es dabei ankommt. Gegenseitige Hinderungen und Aufenthalt der Liefernden und Arbeiter wird ebenfalls der Baumeister zu entfernen wissen, und er ist dem Bauherrn dafür verantwortlich. Der Bau wird nun seinen geregelten Gang gehen, und zu einem erwünschten Ziele gelangen. Dafs es geschehe, dafür bürgt, noch aufser der Ehre des Architekten, immer wieder sein eigenes Interesse. Die wohlverdiente Belohnung, welche der Bauherr dem Architekten zahlt, und welche ihr bestimmtes, vorherzusehendes Maafs hat, wird durch den Nutzen der Dienste desselben vielfältig wieder eingebracht werden. Aufser den Kosten des Bauplanes, den der Bauherr auch bei jeder andern Ausführungs-Art zu bezahlen hat, wird in der Regel die Vergütigung der Mühe des Architekten für die Besorgung der Ausführung im Durchschnitte nicht über 2 pro Cent der Kosten betragen, bei kleinen Bauen, wie Reparaturen und dergl., mehr, bei grofsen und theuern Bauen weniger. Der Bauherr erspart also, gegen die Ausführungs-Art durch Unternehmer, selbst unter den für die letztere Art günstigsten Umständen, schon sichtbar noch immer namhaft, im Ganzen aber gewifs noch weit mehr, als sich gerade zu berechnen läfst, weil der Bau dauerhaft und tüchtig ausfallen wird, und im Einzelnen noch mehrere Ersparungen sich machen lassen werden, die bei jeder andern Ausführungs-Art verloren gehen. Denn diese Ausführungs-Art versetzt den Bauherrn beinah in den Fall, als wenn er selbst Baumeister wäre. Der Unterschied ist nur, dafs er sich die ihm nicht beiwohnenden künstlerischen und practischen Einsichten für ein Paar pro Cent erkauft. Gröfser ist der Unterschied nicht; denn der Baumeister hat hier das nemliche Interesse wie der Bauherr, was bei keiner andern Ausführungs-Art in demselben Maafse der Fall ist. Auch noch das allbekannte Übel, diese wahre Plage aller Bauenden, die zuweilen beinah ihren Ruin zur Folge haben kann: dafs nur zu oft ein Bau am Ende *weit* mehr kostet, als man im Voraus berechnet hatte, wird bei der empfohlenen Entwurfs- und Ausführungs-Art am sichersten und besten verhindert werden. Es steht nur bei dem Bauherrn, den Architekten dafür *verantwortlich* zu machen, dafs die von ihm voraus berechnete Summe zureiche. Dafs dieser sie etwa dann, aus Besorgnifs, und um sicher zu gehen, gar zu hoch anschlagen werde, ist eben nicht zu fürchten, weil ihm daran liegen mufs, mit dem Baue beauftragt zu werden; auch bleibt auf alle Fälle die Aushülfe übrig, über die Kosten-Berechnung noch einen zweiten und dritten Baumeister zu Rathe zu ziehen. Der Baumeister ist übrigens *ohne allen Zweifel*, gerade bei dem Baue von Gebäuden über der Erde, und insbesondere bei neuen Gebäuden (bei andern Bauwerken, z. B. im Wasser, ist es weniger möglich) *im Stande*, die Verantwortlichkeit, nicht allein für die Zulänglichkeit der von ihm voraus berechneten Summe, sondern auch sogar dafür, daſs sie nicht zu sehr, z. B. nicht über 5, höchstens 10 pro Cent, von den wirklichen Kosten abweichen werde, zu übernehmen. Finden sich nach der Erfahrung gröſsere Abweichungen, so liegt die Schuld nicht an der Kunst und Wissenschaft des Architekten, sondern immer an andern, ungehörigen Umständen, die entfernt werden können.

So läſst sich nach unserm Ermessen bei dem Baue von Gebäuden, durch Plan und Ausführungs-Methode am wirksamsten diejenige Ökonomie und Ersparung erzielen, die, ohne Nachtheil für die Dauer und den Werth des Werkes, möglich ist, und die also jeder Bauherr mit Recht wünschen darf.

5. Über die Schönheit und Ansehnlichkeit der Gebäude von innen und auſsen

wäre noch gar Vieles zu sagen; aber wir enthalten uns weiterer Details, und bleiben bei den oben in diesem Puncte gemachten Andeutungen stehen, aus den eben daselbst angeführten Gründen. Es werde nur bloſs noch bemerkt, daſs alle die Rathschläge, welche in dieser Abhandlung zur Vervollkommnung der Wohngebäude, in Absicht der Festigkeit, Dauer, Feuersicherheit, Bequemlichkeit, Wöhnlichkeit, und zur Erzielung wahrer Ökonomie bei der Erbauung und künftigen Erhaltung, gegeben worden sind, durchaus nirgends der Vermehrung der Schönheit und Ansehnlichkeit von innen und auſsen entgegen, sondern auch dieser nur förderlich sein werden. Groſse, hohe, tiefe und gewölbte Zimmer und Säle, und steinerne Treppen, werden sich eben so schön, und schöner formen und schmücken lassen, als gewöhnliche Zimmer und hölzerne Treppen; die Vermeidung der Vorsprünge, der Vorgelege und Schornstein-Röhren wird der Schönheit und der Ausschmückung des Innern nicht hinderlich, sondern förderlich sein; eben so die Sorge für die vollständige Zulassung des Tageslichtes in die Wohnräume, die Vermeidung zu groſser Flure u. s. w. Und was das Äuſsere betrifft, welches, im Puncte der

Schönheit und Zier der Gebäude, öfters als die Hauptsache betrachtet zu werden pflegt: so kann wohl schwerlich ein Zweifel sein, dafs insbesondere die Wegschaffung des Anblicks des Daches, durch die Pultform desselben, und zugleich die dadurch enstehende, so ansehnliche Erhöhung der Fronte, als desjenigen, was sich aufsen vom Gebäude darstellt, nicht anders als der äufseren Erscheinung desselben und der Ausschmückung dieser Aufsenseite nur in hohem Grade vortheilhaft sein könne. In der That: wäre man nicht zu sehr, und von Jugend auf, an den Anblick der plumpen, häfslichen Dächer auf den Häusern gewöhnt, so würde man finden müssen, dafs der Anblick eines Hauses, dessen unterer Theil, so weit er senkrecht steht, 30 oder 40 Fufs hoch, auf das sorgfältigste geschmückt und geziert ist, während der obere, 20 bis 25 Fufs hohe Theil nichts als eine einförmige, abhängende, kahle, schwarzgraue, bemooste, in jedem Betracht häfsliche, öde und wüste Fläche präsentirt, vielleicht noch mit hölzernen häfslichen Dachluken besetzt, und, um den Übelstand voll zu machen, mit rauchgeschwärzten, einzeln, unregelmäfsig vortretenden Schornsteinröhren gekrönt, wahrlich einen so argen Widerspruch in sich selbst zur Schau stellt, dafs eine starke Einbildungskraft oder lange Gewohnheit dazu gehört, um so etwas schön zu finden. Die äufsere Erscheinung eines solchen Hauses mit dem Anzuge einer Person vergleichend, würde man sagen müssen, der Anzug bestehe unten, etwa bis zur Brust hinauf, aus schönen Stoffen, sorgfältig geformt und geschmückt, der übrige, obere Theil dagegen aus plump übergeworfenem Sacktuch, oder Lumpen. Ohne allen Zweifel würde also auch die Aufsenseite der städtischen Gebäude ganz ungemein gewinnen, wenn man, auf die oben angezeigte Weise, die Dächer dem Blick entzöge. Wenn man sich eine gerade, lange, 60 bis 80 Fufs breite Strafse, wie z. B. Berlin deren so viele hat, vorstellen will, von 50, 60 bis 70 Fufs hohen Häuser-Fronten begrenzt, die in angenehmen architektonischen Formen emporsteigen, und von unten bis oben harmonisch geschmückt und verziert sind, ohne dafs etwas so Fremdartiges, Plumpes, Widerwärtiges, wie ein Dach, den Anblick stört: so wird man gestehen müssen, dafs dieser Anblick in der That *grofs und imposant* und einer prächtigen Stadt würdig sein dürfte, während man jetzt alle Einbildungskraft zu Hülfe nehmen mufs, um wenigstens in Gedanken die Dächer fortzuschaffen, oder um, beinahe wie einer Theater-Decoration, das zu glauben, was die

Verzierung des unteren senkrechten Theiles der Fronte sagen will, was aber durch das Dach jeden Augenblick nur zu sehr Lügen gestraft wird. Wie das Princip, das Dach (zugleich zum großen wesentlichen Vortheile des Innern des Gebäudes) durch die Pultform dem Anblicke von außen zu entziehen, und der Fronte, zugleich mit der Reinheit der Form, Größe und Pracht zu geben, und wie dasselbe weiter durch Zier und Schmuck zu benutzen sei, überlassen wir den Architekten, die reinen Geschmack in ihrer Kunst besitzen, und die dann hier gewiß ein weites Feld für ihre Kunst eröffnet finden werden. Die Frontenzeichnungen Fig. 6. und 7. giebt der Verfasser nur für schwache und unvollkommene, noch sehr der Verbesserung und Vervollkommnung fähige Versuche aus, um so mehr, da es ihm, der nicht mehr selbst im Stande ist, zu zeichnen, nicht hat gelingen wollen, die Zeichnung ganz so zu bekommen, wie sie nach seiner Meinung sein sollte. Eben so überlassen wir jenen Architekten den Schmuck des Innern, für welchen wir uns, selbst bei unserm Beispiele, näherer Angaben durch Zeichnungen enthalten.

Zum Schlusse werde aber noch wiederholt erinnert, daß wir den nemlichen Grad von Unvollkommenheit und Verbesserungs-Fähigkeit, den wir so eben den Frontenzeichnungen zugeschrieben haben, auch noch, gern und willig, von dem ganzen, hier bloß als Beispiel aufgestellten, und in den zu dieser Abhandlung gehörigen Zeichnungen dargestellten Projecte zugeben wollen, während wir aber gleichwohl behaupten, daß die in der Abhandlung durch Worte beschriebenen Regeln und Vervollkommnungsmittel der Bau-Art der Wohngebäude stehen bleiben. Wir geben das ganze Beispiel, wie schon gedacht, nicht als ein Muster auch nur für den gewählten einzelnen Fall, nicht als eine auch nur einigermaßen vollkommene Ausführung der in der Abhandlung ausgesprochenen und durch Beweise begründeten Regeln; sondern nur als ein Mittel, die Ausführung der Regeln *im Einzelnen* zu versinnlichen. Das Beispiel soll nichts weiter sein, und zu nichts weiter dienen, als, wenn man einen mathematischen Vergleich erlauben will, das, was in der Mathematik ein Beispiel zu sein und zu bezwecken pflegt. Es ist dort ohne allen Einfluß auf den Satz, und dient nur, ihn zu erläutern und zu versinnlichen. Wenn man ein Zahlen-Beispiel zu einem algebraischen

Satze giebt, so kann es sein, daſs es nicht das dienlichste ist, und daſs viel bessere Beispiele möglich sind. Aber der Satz bleibt deswegen unangefochten. Wir geben es also zu, daſs auf unserem Bauplatze noch ein bei weitem besseres, zweckmäſsigeres und schöneres Haus gebaut werden könne, als wir gezeichnet haben; aber wir behaupten, daſs, wenn es wirklich gut ist, die in der Beschreibung enthaltenen Regeln dabei beobachtet sein müssen. Es schien nöthig, uns, was das Beispiel betrifft, so ausdrücklich, wie geschehen, deshalb zu verwahren, damit man nicht, wenn man beim Anblicke dieses Beispieles zu finden glaubt, daſs es hier und da, oder auch im Ganzen, besser sein könnte, sogleich den Tadel auf die *Regeln selbst* voreilig ausdehnen, sie verwerfen und so der guten Sache schaden möge. Man möge, wenn Ursache dazu vorhanden sein sollte, das Beispiel, so viel man wolle, tadeln; aber die in der Beschreibung enthaltenen Regeln und Vervollkommnungsmittel der Bau-Art der Wohngebäude werden sich durch Gründe dagegen geschützt finden. Man wird finden, daſs diese Regeln nicht verworfen werden können, und es bleibt Jedem überlassen, sie, je geschickter, je besser, zu beobachten und zusammenzustellen. Auch wird man finden, daſs die Beobachtung der Regeln und Mittel nicht etwa auf das Beispiel beschränkt ist, sondern daſs sie theils ohne Ausnahme, in allen Fällen, theils wenigstens in vielen Fällen anwendbar sind. Man wird namentlich z. B.

überall steinerne Treppen statt der hölzernen machen, und die Zugänge zu denselben feuersicher construiren können.

Man wird, wenn man will, und in den meisten Fällen ohne Schwierigkeit, auch alle übrigen Decken wölben oder von Eisen machen können.

Man wird das Dachgerüst, wenn man will, überall von Eisen statt von Holz machen können.

Man wird bei der innern Zusammenstellung der Zimmer und Wohnräume, nach den Umständen, mehr oder weniger die obigen Andeutungen beobachten, den Zimmern meistens eine bedeutendere Tiefe und bequemere Wandfläche für die Möbel, so wie überall zureichende Höhe geben, meistens die Kammern in den Fonds derselben legen, den Raum bei Fluren und Corridoren möglichst sparen, die Beleuchtung durch das Tageslicht angemessen vertheilen können u. s. w.

Man wird meistens überall das Dach durch die Pultform dem Anblicke von außen entziehen, dadurch diesen Anblick schöner und ansehnlicher, zugleich aber den innern Raum des Daches nutzbarer machen können.

Man wird meistens überall den Küchen und den Kammern für die Heizstoffe die beschriebene bequemere häusliche Einrichtung geben können.

Man wird überall die Scheidewände so anordnen können, dafs sich die Schornsteinröhren darin verbergen lassen, und dafs die Einheiz-Kamine und Vorgelege nirgends hinderlich fallen,

und so weiter.

Zur Beobachtung dieser, zu einer noch wünschenswerthen Vervollkommnung der Wohngebäude führenden Regeln, die Bauenden, in ihrem eigenen Interesse, zu ermuntern, war der Zweck der gegenwärtigen Abhandlung.

Berlin, im September 1833.

2.

Einige Bemerkungen über die Anlage chausséemäfsig gebauter Strafsen durch Strom-Profile.

(Von dem Königl. Bau-Inspector Herrn *Rimann* zu Wohlau in Schlesien.)

Die haltbare Anordnung chausséemäfsig gebauter Wege durch die Inundations-Profile der Flüsse, wenn die Vorfluth dadurch nicht beschränkt werden soll, gehört zu den schwierigsten Aufgaben des Strafsenbaues. Weder langjährige Erfahrung, noch die genaueste Terrain-Kenntnifs und Prüfung der Strom-Verhältnisse, schützen gegen Fehler bei solchen Anlagen, deren Einflufs dann auf die späteren Wirkungen des Stroms nicht vorherzusehen ist.

Der im Jahre 1823 durch den Leubusser Eichenwald gebaute Theil der Wohlau-Striegauer Strafse, vom Dorfe Prauke, auf dem rechten Oder-Ufer, bis zur Oder-Fähre, bei dem jenseits liegenden Dorfe Maltsch, dessen Unterhaltung, seit der Vollendung des Baues, von mir amtlich besorgt worden ist, hat mir Gelegenheit gegeben, solche Schwierigkeiten zu beobachten, und mir zu Erfahrungen hiebei verholfen, deren Mittheilung vielleicht von einigem Interesse sein dürfte.

Die genannte Strafse ist für die anliegende Gegend sehr wichtig, und hat viel Passage, weil sie nicht allein, durch die von Freiburg über Striegau nach Maltsch gehende Kohlenstrafse, einen Theil des rechten Oder-Ufers mit dem Gebirge verbindet, sondern auch mit der an letzterm Orte befindlichen Salz-, Eisen- und Steinkohlen-Niederlage und andern Waaren-Depots viel Verkehr statt findet. Gleichwohl war sie den gröfsten Theil des Jahres hindurch fast unfahrbar. Der schwarze, lehmige Boden, aus dem das ganze Terrain besteht, trocknet, nachdem er im Winter, oder vom Juni-Wasser durchnäfst worden, mehrere Monate hindurch nicht aus, und die Passage wurde auch noch durch zwei, die Strafsenlinie innerhalb des Strom-Profils durchschneidende, Niederungen, Kloben (Klobenlache) und Grenzlache genannt, häufig gefahrvoll.

Dies bewog die Königliche Regierung zu Breslau, die Ausführung eines chausséemäfsig gebauten Weges durch den Leubusser Eichenwald im Jahre 1823 zu veranstalten, um dadurch die Beschwernisse für das Publicum zu heben.

Die Entfernung von Prauke bis zum hohen Oder-Damme beträgt 456,4 Ruthen, von da bis zur Oder 460 Ruthen, und die ganze Länge der in dem genannten Jahre gebauten Strafse 896,4 Ruthen, wovon zum eigentlichen Strom-Profile zwar nur die 460 Ruthen, die bei einem bedeutend hohen Wasserstande 3 bis 5 Fufs hoch unter Wasser gesetzt oder überströmt werden, zu rechnen sind, der übrige Theil jedoch, zwischen dem Dorfe Prauke bis zum Oder-Damm, ebenfalls in Verbindung mit dem Strome steht, und daher nicht ganz von der Überschwemmung verschont bleibt.

Der Kosten-Veranschlagung dieses Wegebaues wurde eine Vermessung und ein Nivellement der bisherigen Strafsen-Linie vorausgeschickt, und diese ergab, dafs, wenn man die Höhe der Krone des Oder-Dammes durch Null bezeichnet, der Kloben 9 Fufs, die Grenzlache 8 Fufs und das übrige Terrain 3 bis 7 Fufs unter Null liegt.

Die kleinern Unebenheiten liefsen sich für den Strafsenkörper allerdings durch Ab- und Auftrag so reguliren, dafs durch den Bau der Strafse das Flufsgebiet nicht sonderlich verengt werden durfte: doch erheischten die beiden Niederungen eine sorgfältige Rücksicht. Der Kloben, als die erste, ist, mehr als ein blofser Ausbruch, wahrscheinlich ein ehemaliges Strombette (*alveus derelictus*) der Oder, welches sich ungefähr 300 Ruthen oberhalb der Strafse vom gegenwärtigen Strombette trennt, durch den ganzen Eichwald, auf 800 Ruthen lang, in ungleicher Breite und Tiefe sich schlängelnd fortzieht und bei Leubus wieder mit dem Strome vereinigt. Bei hohen Fluthen bewegt sich durch diese Schlucht ein bedeutender Theil der gesammten Wassermasse. Weniger Rücksicht hat die Grenzlache nöthig, die nur ein Arm des Klobens ist, und ihrer natürlichen Bildung nach nur diejenigen Gewässer aufnimmt, die, nach einer vorübergegangenen Wasserfluth, sich auf einer so grofsen Fläche häufen und stehen bleiben.

Das Bau-Project wurde von dem damals noch lebenden Ober-Wege-Bau-Inspector Heller, von dem mehrere gelungene Strafsenbauten vorhanden sind, entworfen und, nach erhaltener Genehmigung, auch ausgeführt. Es zerfiel in zwei Theile.

Der erste umfafste die Regulirung und Besserung der Strafse an sich. Die zeitherige, 30 Fufs breite, mit hohen alten Linden bepflanzte, und in ziemlich geraden Richtungen fortlaufende Strafsen-Richtung wurde beibehalten; doch erhielt die Fahrbahn eine merkliche Veränderung durch Auf- und Abträge. Das Planum wurde nur 18 Zoll erhöht, und nicht von Gräben, sondern nur von sanften Ausflächungen eingeschlossen, um einerseits die nöthige Wölbung zu erreichen, andrerseits den Lauf des Wassers nicht durch einen Damm zu hemmen. Die Linden waren da, wo sie zu dicht standen, gelichtet worden, um dem, mit einer 6 Zoll hohen, mit Lehm vermischten Kiesdecke überzogenen Plano die nöthige Luft und Sonne zur Austrocknung zu verschaffen. Eine tiefe, zum Überlaufe des Wassers besonders geeignete Strecke, von ungefähr 15 Ruthen lang, wurde in der Höhe des Terrains gepflastert, und auf beiden Seiten durch Faschinenlagen gedeckt.

Die Kosten dieser Verbesserung betrugen durchschnittlich auf die Ruthe Strafse 2 Rthlr.

Der zweite Theil des Bau-Projects betraf den Bau zweier Brücken. Die erste, über den Kloben, wurde 53 Fufs in der Durchflufsöffnung weit gebaut, hatte zwei einfache Joche, mit 16 Fufs langen Pfählen, 9 Fufs hohe und 2 Fufs starke Stirnmauern, welche gegen die Strafsenlinie rechtwinkelig aufgeführt wurden, und $4\frac{1}{2}$ Fufs lange Flügel. Eisböcke wurden vor die Brücke nicht gesetzt; auch wurden die Stirnmauern nicht auf Pfahlroste gestellt. Die zweite, oder Grenzlachen-Brücke wurde 36 Fufs in der Durchflufsöffnung weit gebaut, mit Einem einfachen Joche; im Übrigen hatte sie eben die Construction, wie die Kloben-Brücke. Die Baukosten betrugen für beide Brücken, ohne das Bauholz zu rechnen, 8 Rthlr. auf den Fufs Länge, und mit Einschlufs des Bauholzes, 12 Rthlr. auf den Fufs.

Die Ausführung des Baues geschah im September und October, und es war also eben nicht zu erwarten, dafs, ungeachtet der Solidität, womit man zu Werke ging, die Fahrbahn alsbald die nöthige Festigkeit erlangen würde, indem die mit dem herannahenden Winter zu erwartende Witterung der Austrocknung ungünstig war. Gleichwohl gewährte dieser Strafsenbau schon bald nach seiner Vollendung grofse Vortheile, und die Frequenz der Passage nahm so bedeutend zu, dafs schon im ersten Jahre die Oder-Fähr-Pacht um das Doppelte erhöht werden konnte.

Wir wollen nun sehen, welchen Erfolg dieser Strafsenbau weiter gehabt hat.

Das Jahr 1824 ging ohne einen hohen Wasserstand, der die Strafse überschwemmt hätte, vorüber. Die Fahrbahn erreichte aber noch nicht die nöthige Festigkeit; daher erneuerten sich wieder die Klagen des Publicums wegen beschwerlicher Passage; doch war eine mäfsige Ausgabe hinreichend, das Planum wiederum in Stand zu setzen, und durch Zustechen der tiefen Gleise und Erhöhung der gesunkenen Stellen die nothwendige Verbesserung zu erlangen.

Im Jahre 1825, in welchem ebenfalls kein hoher Wasserstand eintrat, sank die Strafse, da eine fortdauernde Instandhaltung durch Planeurs hier nicht angeordnet werden konnte, theilweise in ihren frühern übeln Zustand zurück, und die von mir, auf Erfordern der vorgesetzten Behörde, aufgestellten Reparatur-Anschläge betrugen über 200 Rthlr., konnten jedoch nicht sogleich ausgeführt werden.

Bei dem ganz besonders hohen und anhaltenden Wasserstande im Mai 1826, welcher in der ganzen Gegend so vielen Schaden anrichtete, wurde die Strafse stark angegriffen und beschädigt: am meisten litt jedoch die Klobenbrücke. Sie wurde auf beiden Seiten umwaschen; beide massive Stirnmauern wurden eingeworfen, Pfähle aus der Mitte der Pfahlreihen herausgehoben, und der Strom erweiterte die Durchflufsöffnung von 53 auf 80 Fufs. Bald nach dem Ablaufe des Wassers zeigte sich eine bedeutende Vertiefung **unter** der Brücke. Das Bette des Klobens selbst hatte sich oberhalb der Brücke sehr erweitert, und beide Ufer lagen im Abbruch; dagegen bildete sich dicht unterhalb der Brücke eine starke Anschwemmung und Verengung des Wasserlaufs.

Die Herstellung der Brücke geschah auf folgende Weise. Sie wurde von 53 auf 80 Fufs verlängert; statt der massiven Stirnmauern wurden hölzerne Brückenköpfe, mit Ankerpfählen und 15 Fufs langen Flügeln, gebaut. Die einfachen Joche wurden in doppelte verwandelt, und den sämmtlichen 53 neu einzurammenden Pfählen, statt 16 Fufs 24 Fufs Länge gegeben. Ferner wurden die Flügel der Brücke auf beiden Seiten mit starken Faschinen-Packwerken verstärkt, und vor den drei Doppeljochen eben so viele Eisbrecher aufgestellt.

Die Strafse wurde durchgängig planirt, die ausgerissenen Löcher wurden zugefüllt, und eine 3 Zoll hohe Kiesschüttung darauf gebracht, durch welche bei dem nachfolgenden, anhaltend trockenen Sommer, eine recht feste Fahrbahn entstand.

Im 1827 erfolgte kein hoher Wasserstand. Ungeachtet einer sehr starken Passage blieb die Fahrbahn fest, und bedurfte keiner Reparatur.

Das Jahr 1828 war Hinsichts des Wasserstandes dem vergangenen gleich; doch erforderte die starke Passage eine durchgängige Ausbesserung der Strafse, die mit ungefähr 100 Rthlrn. bewerkstelligt wurde.

Der hohe Wasserstand am 14. Juni 1829 verursachte abermals nicht unbedeutende Beschädigungen. Bei der Kloben-Brücke wurden die Brükkenköpfe, die sich fest gehalten hatten, unterspült; die Anfahrten versanken, und das Strombette unter der Brücke hatte bedeutend an Vertiefung zugenommen. Wiewohl dieses andeutete, dafs die Durchflufsöffnung noch zu enge war, so mufste ich mich doch begnügen, auf die Herstellung der Anfahrten anzutragen, und nachdem ich hierzu die Genehmigung erhalten hatte, die ausgespülten Brückenköpfe möglichst tief mit Faschinen auspacken, festrammen, die Verröhnung stark mit Letten verstampfen, und sodann von Neuem die Anfahrten ausschütten und überpflastern zu lassen.

Den 25sten Mai 1830 ruinirte der hohe Wasserstand des Stroms von Neuem die Kloben-Brücke, indem der eine Kopf derselben wieder gänzlich unterspült, und, trotz aller Vorkehrungen, die Anfahrt auf einer Seite zerstört wurde, und eine Hemmung der Passage entstand. Die Alluvion, dicht unterhalb der Brücke hatte so zugenommen, dafs während der Sperrung derselben die Passage ohne Hülfe einer Nothbrücke im Gange erhalten werden konnte.

Die Verbesserung des Schadens erfolgte durch Verlängerung der Brücke von 80 auf 110 Fufs, und Anordnung eines vierten Doppeljoches, mit Berücksichtigung dessen, was theils früher beobachtet worden, theils von so vielen theuren Erfahrungen geboten wurde.

Nachdem die Kloben-Brücke auf diese Weise auf mehr als das Doppelte ihrer ursprünglichen Länge erweitert worden war, hoffte man solche vor allen fernern Angriffen des Stroms geborgen zu sehen. Allein diese Hoffnung ging nicht in Erfüllung.

Am 18ten September 1831 überschwemmte ein hohes Herbstwasser alles zum Stromgebiete gehörige Terrain, mithin auch die Maltscher Strafse, beschädigte dieselbe durchgängig stark, unterwusch an der Kloben-Brücke abermals beide Brückenköpfe, und zerstörte beide Anfahrten. In Folge dessen erweiterte man nun die Brücke von 110 auf 136 Fufs Länge, und deckte die neuen Anfahrten zu beiden Seiten vollständig durch Faschinen-Packwerke. Auch wurde eine Wegestrecke, von 30 Ruthen lang, welche in den vorigen Jahren durch den Übergang des Wassers am meisten gelitten hatte, in ihrer ganzen Breite gepflastert, und mit starken Bordsteinen eingefafst.

Bis jetzt scheint es, dafs die, fast um das Dreifache ihrer anfänglichen Länge erweiterte, mit fünf Doppeljochen und fünf vorstehenden Eisböcken versehene Kloben-Brücke der Vorfluth fernerhin den nöthigen Raum gewähren werde. Doch befürchte ich noch, dafs die wegen der Vertiefung des Flufsbettes jetzt nur noch 5 bis 6 Fufs in der Erde steckenden Pfähle ihre Standfestigkeit verlieren werden. Um diesem vorzubeugen, sind die Doppel-Joche äufserlich mit 1½zölligen eichenen Brettern bekleidet, oder eingekastet worden, damit die Pfähle dadurch mehr Zusammenhang und Haltbarkeit bekommen.

Während die Kloben-Brücke, in den Jahren 1826, 29, 30 und 31, die beschriebenen Zerstörungen erlitt, erhielt sich die Grenzlachen-Brücke stets fest und dauerhaft; nur wurde daselbst ebenfalls eine merklich zunehmende Vertiefung unter der Brücke wahrgenommen. Endlich aber traf auch diese Brücke ein ähnliches Loos; denn bei dem diesjährigen Frühjahrs-

Wasser stürzte die eine Stirnmauer zusammen, an deren Stelle nun ein Brückenkopf von Holz mit Strebepfählen angebracht worden ist. Wahrscheinlich wird im nächstfolgenden Jahr auch die zweite Stirnmauer nachgeben.

Die Resultate, welche sich aus diesem Falle ergeben haben, will ich nun in gedrängter Kürze zusammenstellen, und der Beurtheilung der Baumeister unterwerfen.

Die bei dem Bau der chausséemäfsigen Strafse von Preucke nach Maltsch beobachtete Methode wird nur alsdann nicht als unzweckmäfsig zu verwerfen sein, wenn zu fortdauernder Instandhaltung alljährlich wenigstens 5 pro Cent der ersten Anlage-Kosten verwendet werden können.

Gepflasterte Strafsen, wenn sie nicht mit dem Terrain in gleicher Höhe liegen, sind bei jeder Überströmung Beschädigungen ausgesetzt; sie bedürfen nach dem Ablaufe des Wassers allemal mehr oder weniger Reparaturen, oder wenigstens neuen Pflastersand. Die Mac-Adamsche Manier würde nach meinem Dafürhalten bei solchen Strafsen von vorzüglichem Nutzen sein, in so fern der Strafsenkörper mit grofsen Bordsteinen eingeschlossen, oder an beiden Seiten durch Faschinen-Packwerke gedeckt werden kann *). In Gebirgsgegenden hat hie und da die Natur

*) Man packt die Steinbahn einer Chaussée entweder aus ungleich grofsen zerschlagenen Steinstücken zusammen, in welchem Falle die gröfsern Stücke unten, mit der platten Seite auf den Boden, und nach oben zu allmälig, schichtweise, kleinere Stücke gelegt werden, oder auch aus lauter ungefähr gleich grofsen Steinstücken, welche zweite Art aber nur selten besser, und daher auch weniger üblich ist, als die erste. Nach der zweiten Art verfährt ausschliefslich Mac Adam in England, und die nach ihm sogenannten Mac-Adamschen Chausséen unterscheiden sich von den allgemein üblichen des Continentes durch nichts weiter. Auf dem Continent sind die Chaussée-Steinbahnen lange vor Mac Adam, sowohl auf die eine, als auf die andere Art verfertigt worden, und obgleich die erste Art, und mit Recht, gewöhnlicher ist, findet man doch auch ebenfalls ältere Chausséen nach der zweiten Art. Selbst schon vor 2000 Jahren bauten die Römer sie, wie Überbleibsel von Römischen Heerstrafsen, z. B. am Rheine, beweisen. Auch in den Preufsischen Landen sind in neuerer Zeit, und schon vor Mac Adam, Chaussée-Steinbahnen, nicht blofs nach der ersten, sondern auch nach der zweiten Art verfertigt worden. In England war bis auf Mac Adam die Verfertigung der Steinbahnen von nicht mehr als der nothwendigen Dicke, weder auf die erste noch auf die zweite Art allgemein üblich (bekannt läfst sich schwerlich sagen). Mac Adam führte die regelmäfsig gepackten und auf die nothwendige Dicke beschränkten Chaussée-Steinbahnen in sei-

Mac-Adamsche Wege durch Flufsgebiete gebaut, die die reifsendsten Fluthen der Berggewässer nicht zu zerstören vermögen. Solche Wege selbst in Gegenden auszuführen, wo das Material dazu nicht ganz in der Nähe vorhanden ist, würde dennoch durch einen nicht unverhältnifsmäfsigen Kosten-Aufwand, oder durch gemeinsame Anstrengung der Fuhrkräfte eines Kreises immer noch möglich sein, wenn die Entfernung der Steine nur nicht zu grofs ist, und etwa über $1\frac{1}{2}$ Meilen beträgt *). Für die Kosten, welche der Prauke-Maltscher Weg bis jetzt verursacht hat, hätte wohl eine Mac-Adamsche Strafse vom hohen Oder-Damme bis zum Strome gebaut werden können. Grofse, von den Behörden anerkannte Anstrengungen sind von einzelnen und von Kreis-Communen in den letzten Jahren für die Verbesserung der Landstrafsen in Schlesien gemacht worden, und es ist nur noch zu wünschen, dafs da, wo sich solche Strafsen dem Strome nähern, und nach Ablauf des Wassers entweder die Passage höchst gefahrvoll ist **), oder fortdauernde vergebliche Herstellungs-Kosten angewendet werden müssen, eine für den Überfall des Wassers dauerhafte Bau-Methode ermittelt werde.

An einigen Orten sind Versuche gemacht worden, Strafsen auf frische weidene Faschinen zu betten, deren Spitzen auf beiden Seiten vorragen, also ausschlagen, und mit der Zeit verwurzeln. Dieses Verfahren ist aber, wegen der Kostbarkeit des Materials, sehr theuer, und der Erfolg innerhalb der Strom-Profile sehr zweifelhaft; denn die Zerstörung der

---

nem Vaterlande ein, und erwarb sich dadurch um die Verbesserung der Strafsen dieses Landes ein namhaftes Verdienst. Er wählte für seine Steinbahnen die oben beschriebene zweite Art der Construction.

Dafs man nun, unter diesen Umständen, in England die angemessener verfertigten Chaussée-Steinbahnen nach Demjenigen, der sie dort einführte, Mac-Adamsche Steinbahnen nennt, ist natürlich, und billig, und gerecht. Aber in Deutschland, und überhaupt auf dem Continent, wo sie lange vor Mac-Adam üblich waren, sie ebenfalls so zu benennen: dazu ist nicht der mindeste Grund vorhanden.

Anm. d. Herausg.

*) Bei der in den Jahren 1823 bis 1828 durch Kreishülfe chausséemäfsig gebauten Land- und Poststrafse zwischen Herrnstadt und Glogau, im Guhrauer Kreise, hat sämmtlicher Kies $\frac{1}{2}$ bis 1 Meile weit transportirt werden müssen.

Anm. d. Verf.

**) In der Nähe der privilegirten Oder-Fähren bei Dieban, Steinau, Köben u. s. w. ist solches der Fall.

Anm. d. Verf.

Strafse ist schon zu befürchten, ehe noch der Strafsenkörper die gehörige Festigkeit erreicht hat; auch würde der Weidicht-Auswuchs an den Strafsen-Ufern sehr kurz gehalten werden müssen, wenn die Vorfluth nicht beschränkt werden soll.

Der Bau der **Brücken** in Strom-Profilen erfordert, wenn sie fest und dauerhaft sein sollen, ganz besondre Vorsicht, zumal wenn man nur gerade die nothwendigste Durchflufsöffnung zu überbauen beschränkt ist. Massive Stirnmauern und Flügel müssen vollständige Pfahlroste erhalten, und Brückenköpfe und Joche allemal parallel mit der Richtung des Stroms (Stromstrich) liegen. Einfache Joche werden, meines Bedünkens, in solchen Fällen nie Statt finden dürfen, und die Doppeljoche müssen vollständig bekleidet oder eingekastet werden. Vor jedem Doppeljoche mufs ein Pfahl übereck eingerammt werden, damit die Bekleidung dem Stofse des Wassers eine scharfe Kante entgegensetze. Die Bekleidung mit Brettern scheint mir bei allen Brücken, welche vom Eisgange zu leiden haben, von grofsem Nutzen zu sein, und wesentlich zur Standfestigkeit beizutragen. Man findet in Schlesien, sowohl über die Oder als über andere Flüsse, noch Brücken genug, deren Joche nicht mit Brettern bekleidet sind. Die Pfähle erhalten durch die Bekleidung mehr Verbindung, und weder Holzstücke, noch Eisschollen können sich dazwischen schieben, und sie beschädigen, ausbrechen, oder ausheben. Der Strom gleitet in einer geschlossenen Bahn zwischen den Jochen hindurch, und die Pfähle sind nicht mehr so sehr der Abwechselung der Nässe und Trockenheit ausgesetzt, und dauern länger.

Als Regel könnte man ferner noch annehmen, dafs die Brücken über den höchsten Wasserstand gebaut, und die Flügel der Brückenköpfe von gleicher Höhe und von der Ausdehnung sein müssen, dafs sie die Anfahrten in der ganzen Strafsenbreite erfassen. So weit die Anfahrten reichen, müssen sie von beiden Seiten durch Faschinen-Packwerke gedeckt und die Dossirungen stark berauhwehrt sein.

Hat die Brücke die gröfste Breite des Wasserlaufs, den sie überbaut, zur Länge bekommen, so ist die spätere Vertiefung des Flufsbettes unter derselben nicht zu erwarten. Sollte sie jedoch wider Erwarten dennoch erfolgen, und sollten die Pfähle nicht mehr tief und fest genug stehen, und ein Wirbeln des Wassers bemerklich werden, welches befürchten macht, die Pfähle möchten ausgespült werden, so wird eine Faschinenlage, quer durch den Flufs, dicht unterhalb der Brücke, welche die Höhe der frühern Sole nicht übersteigt, dieses Wirbeln des Wassers hemmen, und das Flufsbette wiederum so weit erhöhen, als es sich vertieft hatte. Nächst diesem müssen die Pfähle, welche lose geworden sind, unten Beipfähle erhalten, und oben durch starke Zug-Anker an die Balken befestigt werden.

Wohlau, den 29sten October 1833.

Im Verlage von G. **Reimer** in Berlin sind folgende Werke erschienen:

Eytelwein, F. A., Anleitung zur Ermittelung der Dauer und Unterhaltungskosten der Gebäude und zur Bestimmung der Bau-Ablösungs-Kapitalien und jährlichen Renten. Zum Gebrauche für Baumeister, Kameralisten, Oeconomie-Commissarien etc. 14 Ggr. oder 17½ Sgr.

Eytelwein, J. A., Handbuch der Statik fester Körper. Mit vorzüglicher Rücksicht auf ihre Anwendung in der Architektur. 3 Bände mit 22 Kupfertafeln. 2te Aufl. 7½ Thlr.

Lehmus, D. C. L., Grundlehren der höhern Mathematik und der mechanischen Wissenschaften. Als Leitfaden zu seinen Vorlesungen bearbeitet. Mit einer Figurentafel. 1 Thlr. 18 Ggr. oder 1 Thlr. 22½ Sgr.

Derselbe, Lehrbuch der reinen und angewandten Mathematik in 3 Bänden. 1ster Band: Arithmetik, Algebra, Geometrie, Trigonometrie und die Grundzüge des Feldmessens. Mit 3 Kupfern. 1$\frac{7}{12}$ Thlr. 2ter Band: einige Erweiterungen zum ersten Bande und die Lehre von den Kegelschnitten. Mit 2 Kupfern. ⅔ Thlr. 3ter Band: die statischen und mechanischen Wissenschaften. Mit 4 Kupfern. 1⅓ Thlr.

Gilly, D., Praktische Anleitung zur Anwendung des Nivellirens oder Wasserwägens in den bei der Landeskultur vorkommenden Fällen. 3te unveränderte Auflage. Mit 4 illuminirten Kupfertafeln ⅚ Thlr.

Aufgaben-Systeme und Sammlungen aus der ebenen Geometrie zu einem selbstständigen Unterricht in der Analysis, geordnet und durch Gesetze vorbereitet von H. v. **Holleben** und P. **Gerwien**, Lieutenants im 21sten und 22sten Infanterie-Regiment und Lehrer im Königl. Preufs. Kadetten-Corps. Erster Theil: Geometrische Analysis. Auch unter dem Titel: Geometrische Analysis. Erster Band: Anleitungen und Gesetze. Mit 19 Steintafeln. 1 Thlr. 8 Ggr. oder 1 Thlr. 10 Sgr. Zweiter Band: Aufgaben. Mit 42 Steintafeln. 3 Thlr. 8 Gr. oder 3 Thlr. 10 Sgr.

Lacroix, S. F., Handbuch der Differential- und Integral-Rechnung. Nach der 4ten verbesserten und vermehrten Original-Ausgabe (1828) aus dem Französischen übersetzt und mit einigen Anmerkungen versehen von Dr. Fr. **Baumann**. 3 Bde. 2 Thlr. 12 Ggr. oder 2 Thlr. 15 Sgr.

Wolf, F., theoretisch-practische Zahlenlehre. 2te verbesserte Auflage. gr. 8. 23½ Bogen. 1⅙ Thlr.

Derselbe, Lehrbuch der Geometrie. 1ster Theil: Elementargeometrie, Trigonometrie, Theilungslehre. 1⅙ Thlr.

Minding, Dr. F., Anfangsgründe der höhern Arithmetik. ⅚ Thlr.

Götz, Dr. J., Die Rechnenkunst. 2te vermehrte Auflage. ¾ Thlr.

Derselbe, Die analytische und ebene Trigonometrie und Polygonometrie. 2⅓ Thlr.

Grunert, J. A., Sphäroïdische Trigonometrie. 3⅓ Thlr.

Dietlein, J. E. W., Grundzüge der Vorlesungen über Strafsen- Brücken- Schleusen- Canal- Strom- Deich- und Hafen-Bau, gehalten in der Königl. Bau-Akademie zu Berlin in den Jahren 1824 bis 1831. Mit einigen Anmerkungen und Zusätzen von A. L. **Crelle**. Mit 14 Kupfertafeln. gr. 4. 5⅔ Thlr.

Zahn, W., Ornamente aller klassischen Kunst-Epochen, nach den Originalen in ihren eigenthümlichen Farben dargestellt. 1stes und 3tes Heft. à 2¼ Thlr.

Lauber, L. M., Versuch einer rein wissenschaftlichen Darstellung der Mathematik durch strenge Begründung desselben in ihren Prinzipien und Elementen. Erster Theil. Die allgemeinen Prinzipien der Gröfsenlehre nebst den Elementen der Zahlenlehre. ⅔ Rthlr.

Inhaltsverzeichniſs des ersten Hefts achten Bandes.

1. Zur Vervollkommnung der Wohngebäude in den Städten. . . Seite 1
2. Einige Bemerkungen über die Anlage chaussémäſsig gebauter Straſsen durch Strom-Profile. Von dem Königl. Bau-Inspecter Herrn *Rimann* zu Wohlau in Schlesien. . . . . — 95

Berlin, gedruckt bei G. Reimer.

Journal

für

die Baukunst.

In zwanglosen Heften.

Herausgegeben

von

Dr. A. L. Crelle,

Königlich-Preufsischem Geheimen-Ober-Baurathe, Mitgliede der Königlichen Akademie der Wissenschaften zu Berlin, Correspondenten der Königlichen Akademieen der Wissenschaften zu Neapel und Brüssel und Ehrenmitgliede der Hamburger Gesellschaft zur Verbreitung der mathematischen Wissenschaften.

Achter Band.

Zweites Heft.

Mit 3 Kupfertafeln (Taf. VI. — VIII.).

Berlin,

bei G. Reimer.

1834

3.

Über das Bedecken der Dächer mit Eisenblech.

(Von dem Kaiserlich-Russischen Bau-Intendanten Herrn *Engel* zu Helsingfors.)*)

1.

Von den verschiedenen Materialien, die zum Bedecken der Dächer der Gebäude gebraucht werden, hat im Norden das Eisenblech fast ausschliefslich den Vorzug erhalten, indem sowohl die nordischen Länder dieses Metal in hinreichender Menge und von vorzüglicher Güte besitzen, als auch, weil die Dächer von Eisenblech sehr dauerhaft sind, sehr gut aussehen, flach sein können, wohlfeiler als Kupfer-Dächer sind, und mit dem Eisenbleche alle Schwierigkeiten jeder vorkommenden Dachform, anders wie beim Kupfer, sich überwinden lassen. Die Eisenblech-Bedachungen haben daher in Rufsland, und besonders in St. Petersburg und Moscau, die Ziegeldächer gänzlich verdrängt. Man findet jetzt die letztern nur noch in den Ostsee-Provinzen und in einigen Küsten-Städten Finnlands; und auch dort, mit Ausnahme der Stadt Wiborg, die noch viele Gebäude, aus älterer Zeit, mit Dachpfannen bedeckt, besitzt, sind sie schon selten; denn in ganz Finnland findet sich nicht Eine Ziegelei, welche Dachziegel verfertigte; die vorhandenen Dachziegel kommen aus Holland und Schweden, meistens als Ballast, oder werden von daher verschrieben; allein die schlechte Beschaffenheit derselben: die häufigen Reparaturen, welche Ziegeldächer fast jährlich erfordern, indem sie den climatischen Einwirkungen nur schlecht widerstehen: wie nicht minder die schlecht in die Augen fallende, hohe Form, welche Ziegeldächer haben

*) Der verdiente und hochachtbare Verfasser hat auf die Bitte des Herausgebers dieses Journals die Gefälligkeit gehabt, die gegenwärtige Abhandlung, welche insbesondere die ausführliche Beschreibung des Verfahrens enthält, dessen man sich in Rufsland bei dem Bedecken der Dächer mit Eisenblech bedient, besonders für das Journal aufzusetzen und demselben zukommen zu lassen; wofür der Herausgeber sich beehrt, Ihm hierdurch öffentlich den verbindlichsten Dank zu sagen.

Der Herausg.

müssen, wenn sie einigermaſsen dauerhaft sein sollen, machen, daſs sie immer mehr und mehr verschwinden. Auch in Schweden sind Eisendächer gebräuchlich: zwar nicht in dem Umfange, wie in Ruſsland; jedoch vermindern sich auch hier die Ziegeldächer jährlich.

2.

Das Eisenblech, welches in Ruſsland fabricirt, und zum Bedecken der Dächer gebraucht wird, ist gewalzt und von verschiedener Gröſse, von einer bis zwei Quadrat-Arschinen groſs; die erste Sorte ist 28 Zoll Engl. Maaſs ($27\frac{1}{4}$ Zoll Preuſs.) lang und breit, die andere hat 56 Zoll in der Länge und 28 Zoll in der Breite; es wird nach dem Gewichte, nemlich nach Pud, von 40 Pfunden (etwa 35 Pfd. Preuſs.), verkauft. Die Eisenbleche werden auf den Hüttenwerken sehr genau sortirt, und mehrfache genaue Abwägungs-Versuche haben gezeigt, daſs man sehr selten auf 150 Platten, 1 Pfd. Gewichts-Unterschied findet. Auf den Russischen Hüttenwerken werden Bleche, bis zu dem Gewicht von 1 Pud das Blech, fabricirt. Am gewöhnlichsten bedient man sich zur Bedeckung der Dächer der zwei-arschinigen Platten, von 12 bis 15 Pfd. ($10\frac{1}{2}$ bis 13 Pfd. Preuſs.) schwer, deren drei auf ein Pud gehen; die leichtern werden für zu schwach gehalten. Eine solche Blechplatte von 2 Quadrat-Arschinen, deckt $8\frac{2}{3}$ Quadrat-Fuſs Dachfläche, weil 4 Zoll in der Länge und Breite, bei dem Decken, von den Falzen weggenommen werden. Die ein-arschinigen Bleche wiegen halb so viel, als die zwei-arschinigen, weil sie gewöhnlich von derselben Dicke, und überhaupt mit ihnen von gleicher Qualität sind. Bei dem Decken verlieren sie, wie die Erstern, ebenfalls 4 Zoll in der Länge und in der Breite durch die Falzung, so, daſs sie nur 4 Quadrat-Fuſs Dachfläche bedecken *). Es ist daher immer vortheilhafter, zwei-arschinige Blechplatten, als ein-arschinige zu den Dächern zu nehmen, weil, durch Ersparung eines Querfalzes, 96 Quad.-Zoll oder $\frac{2}{3}$ Quad.-Fuſs mehr Dachfläche damit bedeckt werden. Ein Pud, oder 3 zwei-arschinige Eisenbleche bedecken daher 3 mal $8\frac{2}{3}$ oder 26 Quad.-Fuſs, während ein-arschinige Bleche, 6 Stück auf das Pud, nur 6 mal 4 oder 24 Quad.-Fuſs bedecken können. Eine Dachfläche, wozu 26 Pud ein-

*) Hiernach ist das Fuſsmaaſs, von welchem der Text spricht, wahrscheinlich das Englische. Der Englische Fuſs ist um etwa $\frac{1}{3}$ Zoll kürzer, als der Preuſsische.
Anm. d. Herausg.

arschinige Bleche erfordert werden, läſst sich also mit 24 Pud zwei-arschiniger bedecken, so, daſs der 12te Theil der Kosten des Eisens gewonnen wird. Der Quad.-Fuſs Dachfläche wiegt, die Falzen mit eingerechnet, bei ein-arschinigen Blechen $\frac{40}{24} = 1\frac{3}{4}$ Pfd., oder 1 Pfd. 24 Loth, bei zwei-arschinigen nur $\frac{40}{26} = 1\frac{7}{13}$ Pfd., oder 1 Pfd. $17\frac{3}{13}$ Loth. (Der Quad.-Fuſs Preuſs. also im ersten Falle 1 Pfd. $17\frac{1}{2}$ Lth., im zweiten 1 Pfd. $11\frac{1}{2}$ Lth. Preuſs.)

3.

Die Dachbleche, welche man in Schweden fabricirt, sind nur 1 Elle, oder 24 Zoll lang, und 18 Zoll, Schwedisch Maaſs, breit, decken also, nach Abzug der Falzen, wie vorhin, nur $1\frac{17}{18}$ Quad.-Fuſs, oder: 18 Bleche bedecken 35 Quad.-Fuſs Dachfläche; sie sind ebenfalls gewalzt, aber nicht sorgfältig sortirt, sondern man erhält sie von 75 bis 85 und 86 Stück auf das Schiff-Pfd. von 400 Pfd. Schwedisch; sie wiegen daher das Stück $4\frac{12}{17}$ bis $5\frac{1}{3}$ Pfd., im Durchschnitt 5 Pfd., wenn man 80 Bleche auf das Schiff-Pfd. rechnet; der Quad.-Fuſs Dachfläche, die Falzen mit eingerechnet, wiegt $\frac{18.5}{35} = 2$ Pfd. $18\frac{2}{7}$ Lth. (der Quad.-F. Preuſs. 2 Pfd. 7 Lth. Preuſs.). Ein Dach, mit kleinen Schwedischen Eisenblechen bedeckt, wird daher viel theurer, als wenn man dasselbe mit groſsen, Russischen Eisentafeln bedeckt; denn eine Dachfläche, die mit 24 Pud oder 960 Pfd. zwei-arschinigen Eisentafeln kann bedeckt werden, erfordert 1603 Pfd., oder 4 Schiff.-Pfd. und 3 Pfd., Schwedische Dachbleche.

4.

Die Bleche, welche zu Dächern gebraucht werden sollen, dürfen nicht hart oder kaltbrüchig, sondern müssen weich und leicht biegsam sein, weil die kaltbrüchigen Bleche bei dem Falzen und Zusammenfügen zu leicht brechen und feine Risse in den Biegungen bekommen, die auf keinerlei Weise sich verbessern lassen, und durch welche der Wind nachher Regenwasser unter das Dach treibt. Im Rufe der vorzüglichsten Güte und Brauchbarkeit, stehen die Eisenbleche von der Fabrik des Herrn Jacowleff, der ein Comptoir und Niederlage in St. Petersburg, seine Hüttenwerke aber in Sibirien hat, von wo die Bleche zu Wasser nach St. Petersburg gebracht werden. Die Preise der Eisenbleche sind nicht immer dieselben, sondern verändern sich nach den Conjuncturen; nach den Quantitäten, die auf den Hüttenwerken fabricirt werden; nach der größsern oder geringern Nachfrage und Consumtion, und nach den Vorräthen, die sich auf dem Platze finden. Im vorigen Jahre (1833) kostete das Pud (35 Pfd. Preufs.) Dachbleche in St. Petersburg 10 Rubel B. O. und das Schiff-Pfd. in Stockholm 40 bis 45 Rixd. Bco., was gegenwärtig 72 bis 78 Rubel beträgt.

5.

Dächern, die mit Eisen bedeckt werden sollen, giebt man gewöhnlich den fünften oder sechsten Theil der Breite oder Tiefe des Gebäudes zur Höhe, wenn keine besondern Umstände es anders verlangen. Steht das Gebäude frei, und sollen die grade aufstehenden Giebel sich etwa als Frontons darstellen, so richtet sich die Höhe und Neigung des Daches nach der Höhe der Frontons, und diese nach der Säulen-Ordnung, zu welcher sie gehören. Dasselbe gilt auch, wenn ein Fronton an einer der langen Fronten sein soll; die Neigung desselben bestimmt alsdann die des Daches.

6.

Obwohl man in der Regel Metall-Dächern eine Unterlage von Brettern giebt, so werden doch die Eisendächer in Rufsland nur auf Latten gelegt, die 2 Zoll dick und gegen 4 Zoll breit sind; die beträchtliche Dicke von 2 Zoll erhalten die Latten deshalb, damit sie sich, weil die Sparren gewöhnlich 2 Arschinen, oder 4 Fufs 8 Zoll (etwa $4\frac{1}{2}$ F. Preufs.), ja, nicht selten bis 6 Fufs (etwa 5 F. 10 Zoll Preufs.) von einander gestellt werden, nicht biegen. Die Latten werden 12 bis 13 Zoll ($11\frac{2}{3}$ bis $12\frac{2}{3}$ F. Preufs.), von Oberkante zu Oberkante von einander entfernt, über die Sparren genagelt, je nachdem ein- oder zwei-arschinige Bleche auf das Dach gelegt werden sollen; und zwar so, dafs jedesmal eine Latte unter die horizontalen Falze, so wie unter die Stöfse zweier Dachplatten zu liegen kommt, und dafs die ein-arschinigen Bleche, in der Mitte, von Einer Latte, die zwei-arschinigen aber von 3 Latten unterstützt, oder getragen werden. Diese Unterlage von Latten ist vollkommen hinreichend, um auf den Dächern mit Sicherheit, und auch ganz ohne sie zu beschädigen, gehen zu können, nemlich, ohne dafs sich die Bleche davon einbiegen und Vertiefungen bekommen. Nur unterhalb, (Taf. VI. Fig 1.) wird ein Brett *ab* gelegt, welches etwa 2 Zoll über das Gesims hervor tritt, wie (Fig. 2. und 3.) zeigt; die Dachsparren müssen daher so eingerichtet sein, dafs ihre untere Verlängerung bis zur

Vorderkante des Gesimses reicht, damit man Gelegenheit habe, das Brett darauf zu befestigen. Die Vorderkante des Brettes wird gewöhnlich so vollkantig gelassen, wie das Brett es ist (Fig. 2. und 3.); indessen schmiegt man öfters auch die untere Kante desselben nach (Fig. 4. und 5.) ab, indem die winkelrechte Kante des Brettes leicht für ein Glied des Gesimses genommen werden könnte, wenn sie nicht mit der Farbe des Daches überstrichen und unscheinbar gemacht würde.

Die kleinen Schwedischen Dachbleche werden gewöhnlich auf eine Verschalung von 1½zölligen Brettern gelegt; jedoch ist kein Zweifel, dafs man nicht auch kleine Bleche auf Latten legen könnte; da indessen die kleinen Bleche mit ihrer langen Seite nicht aufwärts, sondern in die Quere auf das Dach gelegt werden, so würden die Latten nur 7 Zoll von Ober- zu Oberkante entfernt können genagelt werden.

7.

Die Lagerung der Eisenbleche auf Latten, statt auf Brettern, ist nicht nur an und für sich Kosten-ersparend, sondern gewährt auch noch den Vortheil, dafs man innen fast die ganze Dachbedeckung übersehen, und fehlerhafte Arbeit, so wie jedes möglicher Weise entstehende Leck leicht entdecken kann, was durch eine Bretter-Verschalung nicht angeht, wo das Leck sich auf einer andern Stelle zeigen kann, als wo es sich wirklich befindet; denn ist die Verschalung einigermafsen dicht gelegt, so kann das, durch eine fehlerhafte Stelle eindringende Wasser, über mehrere Bretter hinfliefsen, ehe es durch eine Fuge dringt und sichtbar wird, wodurch man also bei dem Aufsuchen des Fehlers irre geleitet wird. Aber noch ein anderer, vielleicht noch wesentlicherer Nutzen der Latten, statt der Bretter, unter den Eisendächern, bestehet darin, dafs, wenn die innere Seite der Dachbedeckung, bei Temperatur-Veränderungen, mit Feuchtigkeit beschlägt, dieselbe von einem gelatteten Dache leichter und schneller verdunsten oder wegtrocknen kann, als von einem mit Bretter verschalten Dache. Dieses innere Beschlagen ist nicht blofs den Eisen-, sondern allen Metalldächern eigen; es erfolgt immer, wenn zwischen der Temperatur der äufsern Luft und der innern, im Bodenraume, ein wesentlicher Unterschied entsteht, und wenn ein solcher, wie im Winter geschehen kann, plötzlich eintritt. Hält die Kälte dann längere Zeit an, und läfst die Decke der obern Etage eines Hauses viel Wärme hindurch und unter das Dach gelangen, so entsteht ein schneeartiger Überzug an der innern Dachfläche, wie an den Fensterscheiben, der oft einen viertel Zoll dick werden kann: folgt dann hierauf plötzlich gelindes Wetter, so fällt die Schneemasse, bei den gelatteten Dächern, fast überall auf einmal herunter, und der an der innern Dachseite zurückbleibende feuchte Überzug verdunstet, oder trocknet sehr bald ab. Bei den verschalten Metalldächern dagegen wird die Bedachung nicht so leicht von dem Eisbeschlage befreit; hier muſs derselbe erst gänzlich aufthauen und zu Wasser werden, ehe er sich, durch die Bretterfugen, entfernen kann. Da aber die obere Seite der Bretter davon ebenfalls ganz durchnäſst wird, und die Luft nur durch die Blechpfalzen und Bretterfugen einen geringen Zutritt zwischen die Verschalung und die Metall-Bedeckung hat, der Luftzug dazwischen also nur sehr schwach sein kann: so wird natürlich die Metallbedeckung dadurch viel länger naſs und feucht erhalten; welches ihr dann mit der Zeit nothwendig nachtheiliger werden, und sie zum frühern Verderben führen muſs, als eine auf Latten liegende Metallbedachung. Es versteht sich von selbst, daſs jene Erscheinung sich nicht in allen Gegenden gleich stark zeigen kann, und daſs sie in den nördlichen auffallender und häufiger als in mehr südlich gelegenen sein wird; selbst nicht an einerlei Ort, und zu einer und derselben Zeit wird sie gleich stark sein, weil in einem Gebäude mit hellem und luftigem Dachbodenraume, in welchem die Temperatur der Luft sich leicht und schnell mit der äuſsern Luft in's Gleichgewicht setzen kann, und wo die Decke des Hauses dem Dachraume wenig Wärme zugehen läſst, der Beschlag geringer und unmerklicher sein wird, als da, wo diese Umstände weniger günstig sind. Eisenbedachungen müssen übrigens gegen die schädlichen Folgen des Beschlagens, welches anderen Metallbedachungen weniger nachtheilig und verderblich ist, sorgfältig geschützt werden. Der auf den Dachboden herabfallende Schnee, wenn die Anhäufung des Beschlags stark geworden ist, verdunstet dann auf dem staubigen Fuſs-Boden gewöhnlich sehr schnell, so, daſs in kurzer Zeit keine Spur mehr davon zurückbleibt, und er nicht Zeit behält, in den Boden einzudringen.

8.

Nachdem das Dach mit Latten, oder mit Brettern beschlagen ist, werden die Eisenbleche zum Falzen vorbereitet, d. h. diejenige Seite derselben, welche die untere werden soll, wird mit Ölfirniſs, aus Lein- oder Hanföl bereitet, überstrichen; darauf werden die Tafeln, zum Trocknen, bei Seite gelegt. Der Firniſsanstrich hat den Zweck, das Ansetzen des Rostes zu verhindern, der sonst durch den, im vorigen Paragraph erwähnten Beschlag, unvermeidlich entstehen würde.

Nach völliger Trocknung des Firniſs-Anstriches werden die Bleche gefalzt; und zwar zuerst auf denjenigen Kanten, welche die horizontalen Falze oder Stöſse geben sollen, welches bei den zwei-arschinigen Blechen die schmalen, bei den Schwedischen aber die langen Seitenkanten sind. Es geschieht, indem man die Blechplatte auf einen Tisch legt, dessen vordere, lange Seite wenigstens aus einer 3zölligen Bohle oder Planke bestehen muſs, wenn auch der übrige Theil desselben nur aus Brettern zusammengesetzt ist; längs der Vorderkante des Tisches ist, auf derselben, eine 6 bis 8 Fuſs lange, 3 Zoll breite, $\frac{1}{2}$ Zoll dicke, glatte und geradkantige eiserne Schiene befestigt; der Arbeiter schiebt mit der linken Hand die Blech-Tafel so weit über die mit Eisen beschlagene Kante des Tisches hinaus, als der Falz, oder die Umbiegung, breit werden soll: gewöhnlich etwa $1\frac{1}{3}$ Zoll; dieser vorgeschobene Theil des Bleches wird mit einem Hammer, oder Schlägel, von hartem Holze, zuerst senkrecht an der Tischkante hinunter geschlagen, und dann wird die Tafel umgekehrt und die aufgebogene Kante so weit niedergedrückt, daſs sie beinahe die Fläche der Blechplatte berührt. Fig. 6. stellt die Umbiegung in natürlicher Gröſse vor. Eben wie die erste Seitenkante wird auch die gegenüberstehende umgebogen, nur nach der entgegengesetzten Seite; nach dem Profile (Fig. 7.).

Damit die Blechtafel immer richtig und mit der Vorderkante der Eisenschiene parallel geführt werden könne, bringt man auf dem Tisch, rechtwinklig gegen die Eisenschiene, eine Leiste an, gegen welche die Tafel beim Vorschieben gelegt wird, und wodurch die Umbiegungen der Falzen immer parallel und rechtwinklig mit den andern Seiten ausfallen.

9.

Sind eine Anzahl Bleche auf diese Art vorbereitet, so vereinigt der Arbeiter mehrere Bleche zu einer einzigen Tafel (das Wort Tafel soll fortan immer mehrere zusammengefügte Eisenbleche bezeichnen), z. B. von den zwei-arschinigen 2, von den Eine Arschine groſsen 4, und von den kleinen, Schwedischen 6 Stück, welches in der Art geschieht, daſs immer die entgegengesetzten Falzen zweier Platten (Fig. 6. und 8.) in einander gehakt und darauf die Falzen fest zusammen geschlagen werden. Erst nachdem so die Platten gruppirt und Tafeln daraus gebildet worden, lassen sich die Umbiegungen, an den langen Seiten, zu den verticalen und aufrecht stehenden Falzen ausführen. Bei diesen Falzen bleiben die aufgebogenen Kanten rechtwinklig stehen, wie es (Fig. 9.) zeigt; der eine der beiden Ränder wird aber, an jeder Tafel, doppelt so breit als der andere gemacht (Fig. 9. und 10.), damit, bei der nachherigen Zusammenfügung der Tafeln auf dem Dache, der breite Rand der einen, immer über den schmalen Rand (Fig. 10. und 11.) der benachbarten Tafel greifen kann. Die Umbiegung dieser Ränder darf aber an den Tafeln nicht völlig bis an die Enden reichen, sondern mufs 5 bis 6 Zoll von denselben entfernt bleiben, wie es (Fig. 12.) zeigt; damit die verschiedenen Tafeln nachher auf dem Dache leicht können vereinigt werden; erst nach der Vereinigung lassen sich die Ränder auch an diesen Stellen aufbiegen. Alle bisher beschriebenen Arbeiten werden entweder in einem besondern Schuppen, Schauer, oder Remise zu ebener Erde, oder sonst in einem geräumigen Zimmer oder Saal des Gebäudes verrichtet, und erst wenn sie beendet sind, beginnt das Bedecken des Daches.

10.

Das Bedecken des Daches nimmt nun damit seinen Anfang, dafs man zuerst die sogenannten Fufsbleche, (Fig. 1. *c*, *d*), an der untern Kante des Daches, lagert. Sie bestehen aus 7 bis 8 Zoll breiten Blechstreifen, die so weit über die untere Brettkante vorgeschoben werden, als die Dachtraufe über das Gesims hinausreichen soll; sie werden auf das Brett mit Nägeln befestigt, und haben die Bestimmung, die Dachbleche, ohne Nägel, an der untern Dachkante festzuhalten. Die Anbringung dieser Bleche kann auf zweierlei Art geschehen: entweder, nach Fig. 2., so, dafs sie auf die Bretter gelegt, oder dafs sie, nach Fig. 5., unter den Brettern angenagelt werden, nachdem die untere Kante der Bretter abgeschmiegt worden ist. Die letzte Art hat den Vortheil, dafs die untere Brettkante ganz bedeckt wird, und kein Holzwerk des Daches sichtbar bleibt, wie es bei der andern Art der Fall ist.

11.

Schon aus dem Vorgehenden, und aus der Bemerkung in Art. 6., dafs die Dachsparren bis zur Vorderkante des Gesimses reichen müssen, und dafs über das Gesims ein Brett zum Anbringen der Fufsbleche gelegt werden mufs, folgt, dafs man bei den Eisendächern die Dachrinne nicht hinter den Rinnleisten des Gesimses verbergen kann, sondern, dafs, ohne alle Künstelei, auf die einfachste, natürlichste und auch dauerhafteste Weise, die Dachrinne auf das Dach gelegt werden mufs, weil ihr überhaupt nur dann ein hinreichendes Gefälle kann gegeben werden, damit sie das vom Dache herabfliefsende, sich in ihr sammelnde Wasser, ohne Aufenthalt, mit einer dem Zuflusse entsprechenden Geschwindigkeit, abzuleiten vermöge. Das Gefälle der Dachrinne wird dadurch hervorgebracht, dafs man das Ende, am Ausflusse, ganz der Vorderkante des Dach-Vorsprungs nähert, während das andere höher auf das Dach hinauf geschoben wird, wie es *efgh*, Fig. 1. zeigt. Daraus, dafs man mit dem letztern Ende nicht gern mehr als 2 Fufs von der vordern Dachkante sich entfernt, und dafs jede Strecke 30 bis 40 Fufs lang kann gemacht werden, ergiebt sich, bei sehr langen Gebäuden, die Anzahl der Ausgufspuncte und der nöthigen Fallröhren.

Durch die so angeordneten Dachrinnen kann nun freilich nicht dasjenige Regenwasser abgeleitet werden, welches auf den vor der Dachrinne liegenden Theil der Dachfläche fällt; allein es entstehen dadurch keine Ungelegenheiten; denn es ist nur ungefähr derselbe Fall, wie bei dem horizontalen Gesimse jedes Frontons, oder wie, wenn über dem Hauptgesimse ein Parapet sich erhebt: in beiden Fällen wird das auf den Gesims-Vorsprung fallende Wasser ebenfalls nicht besonders abgeleitet, sondern fliefst ohne weiteres vorn über die Gesimskante hinab.

Ehe die Dachrinne auf das Dach kann gelegt werden, mufs erst der Theil über dem Gesimse bedeckt werden, weil dieser Dachstreifen überall wenigstens 9 bis 10 Zoll unter die Dachrinne hinaufreichen mufs, wie es in Fig. 1. von *ai* bis *e* zu sehen ist; die punctirten Linien deuten das Gefälle der Dachrinne an; dabei ist nur noch zu merken, dafs die Verbindungs-Falzen der einzelnen Bleche platt niedergeschlagen werden, und dafs dieselben einen Zoll über die Vorderkante des Fufsbleches greifen müssen, wie Fig. 2. und 5. zeigt. Die Kante wird hier, so wie die Bleche oberhalb auf den Latten festgenagelt werden, fest zusammen geschlagen.

12.

Ist der Streifen der Vorbleche am Fuſse des Daches fest gelegt, so werden die verschiedenen Abhänge der Dachrinne darauf abgeschnürt, und die kleinen, aus Blech verfertigten Ausgüsse (Fig. 13., 14. und 15.), an den Ecken und in den Winkeln *h*, *f*, *i* und *a*, (Fig. 1.), oder wo es sonst nöthig sein kann, angebracht. Sie kommen unter die Dachrinnen zu liegen, und dienen, das Wasser aus den Rinnen besser in die Fallröhren zu leiten, weil sonst, bei dem geringen Abhange des Daches, ein Theil des Wassers leicht an der untern Seite des Fuſsbleches zurück, und an dem Gesims herunter flieſsen könnte.

Die Zusammensetzung der Bleche zu den Dachrinnen geschieht, wie bei den übrigen Tafeln, nach Art. 9.; die Rinnen selbst aber werden auf zweierlei Art gemacht. Entweder wird die Vorderkante derselben, nach Fig. 3., rund, oder, nach Fig. 4., rechtwinklig, um 4 Zoll in die Höhe gebogen, und es wird an der obern Kante ein kleiner Saum nach auſsen umgeschlagen, der diese Kante verstärkt. Die andere Seite der Tafeln, der Rinnenkante gegenüber, erhält eine gewöhnliche, einfache Umbiegung, nach der Oberfläche hin, in welche die folgenden Dachbleche eingreifen und sich so mit der Dachrinne vereinigen; wie es Fig. 3. und 4. zeigen. Die runde Form scheint den Vorzug zu haben, weil keine scharfe Einbiegung vorkommt; doch habe ich auch bei der andern, die leichter auszuführen ist, keine Nachtheile bemerkt, wenn nur das Eisenblech weich und leicht biegsam ist, wie es das Dach-Eisen immer sein muſs, wenn es tauglich sein soll.

Da es zu beschwerlich sein würde, die Dachrinne in der Werkstatt in ihrer ganzen Länge zusammen zu setzen, und sie so auf das Dach zu bringen, so wird sie nur Tafeln- oder Gruppenweise gebildet, und es werden die einzelnen Theile erst auf dem Dache an einander gefügt; wobei eben so verfahren wird, wie in Art. 9. beschrieben ist, und wie Fig. 12. zeigt. Das Aufbringen der Rinne, und der gegenüberstehenden langen Kante der Tafeln, darf auch hier nicht völlig bis an die äuſsersten Enden geschehen, weil sonst die Vereinigung der einzelnen Tafeln fast unmöglich sein würde. Die Fugen, in welche die Dachrinnen an den Ecken, oder in den Winkeln zusammenstoſsen, werden wie alle andere Querfugen zusammengefalzt und platt niedergeschlagen. Bei den Querfalzen muſs solches immer nach derjenigen Seite hin geschehen, an welcher das Wasser in der Rinne abfliefst, weil sonst die Falzen das Wasser auffangen und den schnellen und gleichförmigen Abflufs desselben hindern würden.

13.

Da die Vorbleche, wie aus den Figuren erhellet, weit unter die Dachrinne hinaufreichen müssen, damit das Regenwasser, bei starkem Winde, nicht unter die Rinne und unter das Dach getrieben werde, so fehlt es an Gelegenheit, der Dachrinne an ihrer vordern Kante die erforderliche Haltung gegen Wind und Stürme zu geben. Um diese feste Haltung zu gewinnen, bringt man Rinnhaken an, die aus doppelt zusammengeschlagenen, $1\frac{1}{2}$ Zoll breiten Blechstreifen gemacht, etwa 6 Zoll unter die Rinne festgenagelt, und an dem vordern Rande hinauf und über die Oberkante umgebogen werden. Diese Rinnhaken werden an den Enden der Rinne, und dazwischen, 3 bis 4 Fufs von einander entfernt, angebracht. An der hintern Kante wird die Rinne durch ihre Verbindung mit dem übrigen Dachblechen festgehalten, indem in jeden stehenden Falz, gleich dicht hinter der Rinne, ein Heftblech eingelegt wird, von dessen Beschaffenheit unten die Rede sein wird.

14.

Wenn eine Dachrinne an einen geraden Giebel ausläuft, so wird das Ende so hoch als ihre Vorderkante aufgebogen; in der Vorderkante aber wird, zum Ausflusse des Wassers, eine 6 Zoll breite, halbzirkelförmige Öffnung ausgeschnitten. Stofsen zwei Rinnen an der Ecke eines Walms, oder bei einer Hohlkehle, im Winkel zusammen, so wird die Ausflufs-Öffnung auf der Ecke und im Winkel ausgeschnitten, aber immer so angeordnet, dafs beide Rinnen über der Öffnung Zusammenhang behalten, und sich gegenseitig unterstützen und verstärken, und so, dafs die Ausbiegung ihrer Enden verhindert wird, wenn etwa im Winter grofse Schneemassen sich darauf anhäufen. Hat ferner das Dach Hohlkehlen, so müssen die untere Bleche mit der Dachrinne zugleich gelegt und mit derselben vereinigt werden. Die Querfalzen in der Hohlkehle müssen platt niedergedrückt werden und die Umbiegungen zu den Seitenfalzen sich nach der Oberfläche der Hohlkehle niederlegen, damit die Seitenbleche der Dachfläche, nach Fig. 6., in einander greifen können.

15.

In dem Vorgehenden sind zwar die verschiedenen Arbeiten in der Ordnung beschrieben, wie sie auf einander folgen müssen; es ist aber keinesweges nöthig, daſs jede einzelne Arbeit zuerst um das ganze Gebäude herum ausgeführt werde, ehe die folgende beginnt. Mit den Fuſs- und Vorblechen kann solches zwar geschehen, indem sie ihre eigene Befestigung haben; bei den Dachrinnen und der Hohlkehle ist es aber nicht so, weil diese ihre feste Lage erst auf dem Dache, durch die Heftbleche der angrenzenden Dachbleche, bekommen. Wenn also z. B. nach Fig. 1. die Dachrinne *g h k* und ein Theil der Hohlkehle *h l* gelegt ist, so fängt man schon an, die benachbarten Tafeln *m*, *n*, *o*, *p*, *q*, *r*, *s*, aufzulegen, nachdem dieselben vorher, nach dem Gefälle der Dachrinne, unterhalb abgeschrägt und so zugeschnitten worden sind, daſs die untere Umbiegung und Vereinigung mit der Rinne und Hohlkehle erfolgen kann. Nachdem man vorher erwogen und bestimmt hat, wo mit dem Decken angefangen werden soll, richtet man sich so ein, daſs die Blech-Arbeit ohne Unterbrechung, nach der Länge des Daches und nach oben, fortgehen kann, und so, daſs nach den Anfängen *m* und *p* eine ganze Blechlänge, bis zum ersten horizontalen Falze *t*, *l*, *u*, ausreicht, wo dann die untersten Bleche der Tafeln sich nach der Neigung der Dachrinne verkürzen. Hierauf wird unterhalb, an jeder Ecke, ein kleiner Ausschnitt Fig. 16. gemacht; so tief hinein, als es die untere Falzumbiegung Fig. 17. erfordert.

Nachdem die Tafeln *m v* und *p w* auf die Latten gelegt und unterhalb mit der Dachrinne vereinigt sind, werden zu beiden Seiten derselben die nöthigen Heftbleche auf die Latten genagelt, die sich dann dicht an die aufstehehenden Seitenränder anschlieſsen und, nach Fig. 22. (Taf. VII.), bis *a*, etwa 4 Zoll hoch hinauf reichen, worauf die nächsten Tafeln *n* und *o* daneben gelegt, mit der Dachrinne verbunden, und an den Seiten wieder mit den nöthigen Heftblechen versichert werden. So wird mit dem Decken oder Auflegen der Tafeln weiter fortgefahren.

16.

Die Heftbleche zur Befestigung und Verbindung der Blechtafeln mit dem Dachwerke bestehen aus 6 bis 7 Zoll langen, $1\frac{1}{2}$ bis 2 Zoll breiten Blechstreifen, die, nach Fig. 22. *a b c*, in einem rechten Winkel gebogen werden, und woran der kurze Schenkel *b c* auf die Latten genagelt wird, während der lange *b a* zwischen die Ränder zweier neben einander liegender Tafeln hindurch gehet. Um beide Tafeln mit einander zu verbinden, wird der oberste Theil *a d* über den Rand *d e*, nach Fig. 23., hinunter gebogen, und hierauf der Rand *fg*, Fig. 23., mit dem Heftbleche über den schmalen Rand *g h* der andern Tafel übergeschlagen, wodurch dann die ganze Umbiegung, mit dem Heftbleche, die Gestalt Fig. 24. bekommt. Diese Zusammenfügung der stehenden Falzen, nach Fig. 11. und 24., geschiehet vorläufig jedoch nur da, wo die Heftbleche sich befinden, d. h. für eine Tafellänge von 2 zwei-arschinigen Blechen, an 3 Stellen: unten: gleich hinter der Dachrinne: und 3 bis 4 Fuſs von einander entfernt, wie es, nach der Lattentheilung, angemessen erachtet wird. Erst nachdem auf diese Weise das ganze Dach mit den Eisentafeln belegt, und die Tafeln alle befestigt worden sind, wird zur Bildung und Vollendung der stehenden Falzen, die von unten nach oben hinlaufen, geschritten, und es werden dieselben nach ihrer ganzen Länge fest zusammen geschlagen. Der First und die Walmkanten werden eben so wie die stehenden Falze umgebogen und behandelt; jedoch lassen jene Falzbiegungen sich nur dadurch bewerkstelligen, daſs die stehenden Falzen zu beiden Seiten des Firstes und an dem Walmgrate, 5 bis 6 Zoll lang, zuvor platt nieder geschlagen werden; wie es Fig. 1. und 18. zeigen.

17.

Zum guten Aussehen eines Eisendaches gehört, daſs alle Falzen sich rechtwinklig durchkreuzen: daſs sie parallel und rechtwinklig mit dem First und der Fluchtlinie des Hauses laufen: daſs sie nach beiden Richtungen gerade Linien bilden: und daſs die stehenden Falzen, so wie die des Firstes und der Walmkanten, überall gleich hoch und gleich dick geschlagen sind; was auch von den Dachrinnen, Hohlkehlen und allen andern Arbeiten gilt, die bei einem Eisendache vorkommen können. Wo die stehenden Falzen bei den Dachrinnen ihren Anfang nehmen, wird die Endkante, nach Fig. 17., seitwärts umgeschlagen, damit kein Wasser, durch diese Kante, zwischen die Falzbleche eindringen könne. Ein Eisendach, an welchem alle Arbeiten recht genau ausgeführt sind, gewährt dann auch, bei der Gröſse, Schönheit, Glätte und dem Glanze der Russischen Eisenbleche, einen überaus angenehmen Anblick, bei welchem man nur bedauert, daſs das Blech nicht ohne A n s t r i c h bleiben darf.

18.

Sind Schornsteine auf dem Dache, so müssen dieselben unten herum, über der Dachfläche, mit einer falzartigen Vertiefung Fig. 30. aufgemauert werden, in welche man die Dachbleche aufbiegt, und dann alles gehörig verputzt. In Finnland und Schweden bekleidet man die Schornsteine, auf Eisendächern, ganz und gar mit Eisenblech, um gegen jede Beschädigung bei denselben sicher zu sein.

Stehet das Gebäude, welches ein Eisendach bekommen soll, neben einem andern, dessen Giebel darüber hinausreicht, so werden die Eisenbleche der daranstofsenden Tafeln unmittelbar, rechtwinklig an den Giebel, 4 bis 5 Zoll breit, aufgebogen und mit Nägeln befestigt (Fig. 25.). Reicht die Breite der Bleche dazu nicht hin, so wird ein besonderer Blechstreifen, nach Fig. 26., hinzugefügt und, nach Fig. 27., an die Giebelmauer aufgebogen und festgenagelt. Erhebt sich dagegen, umgekehrt, das Gebäude über das daran stofsende Nachbarhaus, so wird die Giebelkante entweder nach Fig. 28. behandelt, oder man verfährt, wenn solches nicht angeht, und die Bleche etwa verbreitet werden müssen, wie vorhin, nach Fig. 26. und 29.; worauf dann der an der Giebelseite herabgebogene Blechrand mit Nägeln befestigt wird. Man verhindert durch diesen Beschlag der Giebelkante, dafs der Schlagregen, der gegen den Giebel anfällt, nicht zwischen den Putz und die Ziegelmauer dringen und den Putz zerstören könne, und dafs kein Wasser zwischen den Giebelmauern einzudringen vermöge.

19.

Noch haben wir des Falles zu gedenken, wenn etwa ein Giebel als Fronton behandelt werden soll, oder sonst ein Fronton an dem Gebäude sich befindet. In diesen beiden Fällen läfst man entweder die Belattung, oder die Brettverschalung, einige Zoll über das Fronton-Gesims, Fig. 20., hervorreichen, und schrägt sie nach oben etwas ab; oder man legt, nach Fig. 19., auf das Gesims ein Brett, dessen Vorderkante ebenfalls abgeschrägt, dessen Hinterkante aber in die Latten oder Bretter eingelassen und daran festgenagelt wird; welches Verfahrens ich mich fast ausschliefslich bediene, da es den Enden der Latten oder Bretter eine gemeinsame Verbindung giebt, und verhindert, dafs sie sich werfen. Die vorstehende Dachkante wird beim Bedecken mit Eisenblech eben so mit einem Fufsbleche, u. s. w. behandelt, wie im Art. 10. beschrieben, und wie es die Figuren 19. und 20. zeigen.

Mufs das horizontale Gesims eines Frontons, wenn es etwa blofs aus Mauerziegeln bestehet, durch eine Eisenbedeckung gegen Verwittrung geschützt werden, so legt man, bei dem Aufmauern des Gesimses und Frontons, kleine Hölzer *a b* Fig. 21. ein, deren obere Kanten nach dem Gefälle des Wasserschlags abgeschrägt sind, auf welche dann eine Brettbedeckung befestigt und auf diese die Eisenbedeckung gebracht wird.

20.

Dachfenster, zur Beleuchtung des Dachraums, werden gewöhnlich halbrund gemacht, nach Fig. 30., und mit Brettern beschalt. Bei der Bedeckung derselben, sie mag mit grofsen oder kleinen Blechen geschehen, ist nur immer darauf zu sehen, dafs auf die Biegung unterhalb, wo sich das Dachfenster mit der Dachfläche vereinigt, keine Fuge oder Falz trifft. Man läfst die Bleche *a*, *b*, *c*, *d*, (Fig. 31.), indem man sie nach dem Dachfenster-Gerüste biegt, so hoch als sie ausreichen, auf dasselbe hinauf gehen; die grofsen, zwei-arschinigen Bleche reichen oft bis zur Mitte hinauf; kleinere Bleche dagegen ungefähr bis *e f g h*. Was sich von der Dachfensterform nicht vollständig nachbilden läfst, ist die halbrunde Endung *i k l*, die gegen das Dach ausläuft, und die sich gewöhnlich nach *i m l* formt; was aber auch gleichgültig ist. An der Vorderkante läfst man die Dachbleche 4 Zoll über das Holzwerk vortreten, und, damit alles Holzwerk bedeckt und dem Regen und Schnee das Eindringen verwehrt werde, bringt man, nach Fig. 33., unterhalb der Dachkante einen Blechstreifen an die Brettverschalung an, der mit den Dachblechen an der vordern Kante zusammenstöfst, und von denselben mit einer kleinen Umbiegung übergriffen und festgehalten wird. Die Dachbleche vor den Dachfenstern werden an der Schwelle, oder dem Unterstücke derselben, aufgebogen, und daselbst mit nahe aneinander eingeschlagenen Nägeln befestigt, auch nachher noch sorgfältig verkittet. Alle Falzen, die bei der Bedeckung eines Dachfensters vorkommen, werden platt niedergeschlagen. Dafs in der Darstellung der Ansicht des Dachfensters von oben, (Fig. 31. *a*), die Länge desselben kürzer gezeichnet worden ist, als sie nach der Seitenansicht Fig. 32. sein sollte, geschah blofs, um Raum zu gewinnen; wodurch die Verständlichkeit aber nichts verlor.

21.

Jedes Dach mufs leicht zugänglich sein, um bei Reparaturen und Besichtigungen, bei Feuersgefahr, Schornsteinbränden, und beim Reinigen der Schornsteine, bequemer, als durch ein Dachfenster, zur Stelle gelangen zu können. Zu dem Ende wird in jedem Eisendache eine besondere Öffnung, mit einer Luke, Brandluke genannt, angebracht; man ordnet diese Luke gern dem Firste des Daches nahe an, weil dort, bei Regenwetter, nur wenig Wasser auf sie zuströmen kann, und setzt mit ihr eine, besonders dazu bestimmte, leicht aus Brettern verfertigte Treppe in Verbindung, damit eine beständige, immer zu Dienste stehende Passage vorhanden sei. Fig. 34. zeigt die Luke geöffnet, Fig. 35. geschlossen, Fig. 36. und 37. ihre Construction im Längen- und Querdurchschnitte, und Fig. 38. das Längenprofil der Öffnung, wenn die Luke herausgenommen ist. Die Luke bestehet aus Brettern, mit zwei eingeschobenen Leisten und einem Handgriffe, um sie ausheben und einlegen zu können. Ihre obere Seite ist mit Blech überzogen, welches, nach Fig. 37., vorn 3 bis 4 Zoll über die Blechbedachung reicht; an beiden Seiten ist das Blech, in Form umgekehrter, kleiner Rinnen *a*, *b* Fig. 36. aufgebogen, die über die Seitenränder der Öffnung greifen; oberhalb schiebt sich die Luke 3 Zoll tief unter die Eisen-Platten, die, nach Fig. 37. und 38., so angeordnet werden, dafs solches mit Leichtigkeit geschehen kann. Da die Luke mit dem Dache in gleicher Ebene liegt, so sind unterhalb (Fig. 36., 37. und 38.) zwei Leiten *c*, *d* unter die Latten befestigt, die sowohl die Latten-Enden unterstützen, als einen Falz bilden, auf welchem die Luke fest aufliegen kann. Wie man die Bleche zu allem diesen zu biegen und zu falzen habe, ist aus den Zeichnungen zu sehen.

22.

Da das Eisen dem Rosten unterworfen ist, so mufs ein Dach von Eisenblech, sobald es vollendet ist, mit gut zubereiteter Ölfarbe mehrmals überstrichen werden, um das Rosten des Eisens zu verhindern. Man färbt den Anstrich gewöhnlich roth, schwarz oder grün. Der rothe Anstrich besteht aus gut gekochtem Hanf- oder Leinölfirnifs, mit rother Erde gerieben; soll der Anstrich schwarz sein, so wird der Firnifs mit Kienrufs und feingeriebener Bleiglätte gemischt, welches einen guten Anstrich giebt; zum grünen Anstrich wird guter Grünspan genommen, welche Farbe zwar die theuerste, aber auch die dauerhafteste ist, und ein freundliches Aussehen gewährt. Jeder Anstrich mufs dreimal wiederholt werden, damit er einige Jahre der Einwirkung der Witterung widerstehen könne. Da die Farbenstoffe in das feste Eisen nicht tief vorzudringen vermögen, und auf eine sehr glatte Oberfläche aufgetragen werden, so muſs der Anstrich der Eisen-Dächer alle 3 bis 4 Jahre erneuert werden, um immer gegen den Rost schützend zu bleiben; jedoch ist bei grün angestrichenen Dächern die Wiederholung des Anstrichs erst nach 6 bis 7 Jahren nothwendig, wenn der erste gut ausgeführt war; und jeder folgende Anstrich verlängert die Zeit des Zwischenraums bis zur nächsten Wiederholung desselben.

23.

In Ruſsland macht das Geschäft des Dachdeckens mit Eisen ein eigenes Handwerk aus; die Arbeiter, die sich damit beschäftigen, werden Kro'velschick, oder Dachdecker genannt; auch in Schweden haben sie eine eigene Benennung; dort nennt man sie Plåtslagare *) (Plattenschläger). Durch den allgemeinen Gebrauch der Eisendächer haben die Russischen Dachdecker eine besondere Fertigkeit in dieser Arbeit erlangt, und sie können, wenn sie wollen, die Dächer in groſser Vollendung darstellen. Ihr Handwerkszeug bestehet in dem Art. 8. beschriebenen Tische, auf dessen Vorderkante eine Eisenschiene befestiget sein muſs: in einigen Hämmern von Eisen und von hartem Holze: einer groſsen Blechscheere, die an einem Tisch angebracht: ist einer Kneipzange, und einem Dorn, um Löcher durch das Blech zu schlagen, wo es mit Nägeln soll befestigt werden.

Das Decken der Dächer mit Eisenblech wird theils nach dem Gewichte, theils nach Quadrat-Faden bezahlt. Der Quadrat-Faden von 9 Quad.-Arschinen, oder 49 Englischen Quad.-Fuſsen ($48\frac{1}{3}$ Quad.-Fuſs Preuſs.) kostet $1\frac{1}{2}$ bis $1\frac{3}{4}$ Rubel. Bei den Schwedischen Dachblechen wird das Schiffspfund zu decken mit 6 bis 7 Rubel bezahlt, wobei gewöhnlich das Anstreichen des Daches, exclusive der Farbe, mit einbegriffen ist. Sehr gewöhnlich ist es aber, daſs der Dachdecker auch die Lieferung und Zubereitung der Farbe mit übernimmt, wofür man in den Anschlägen, drei Mal gestrichen, für roth und schwarz, 2 Rubel, und für grün, 3 Rubel für den Quad.-Faden von 49 Quad.-Fuſsen berechnet. Da aber

*) Der Laut der Buchstaben *å*, fällt zwischen *a* und *o*, und das Zeichen darüber muſs durch eine Null ausgedrückt werden.
Anm. d. Verf.

alle Arbeiten auf Entreprise ausgethan werden, und die Entrepreneurs mit ihren Geboten oft sehr bedeutend unter die Anschlags-Summe gehen, so kostet die Arbeit in der Ausführung gewöhnlich weniger, als die Anschlags-Sätze besagen.

24.

Da die Eisendächer nur durch einen guten Anstrich von Ölfarbe erhalten und gegen das Verrosten geschützt werden können, so hängt ihre Dauer hauptsächlich von der Aufmerksamkeit ab, die man ihrer Unterhaltung widmet; daher sich auch keine sicheren Erfahrungsätze aufstellen lassen, wie lange sie dauern können. Wird ihnen aber gehörige Aufmerksamkeit zu Theil, so daſs ihnen nirgends der Rost mit seinem zerstörenden Zahne beikommen kann: so müssen sie von groſser Dauer sein können, da auſserdem die Temperatur Zustände der Luft, mit ihren möglichen Veränderungen, keinen weitern besondern Einfluſs darauf auszuüben scheinen. Ich kann mich keines Falles erinnern, der mir, bei der vielfachen Anwendung dieser Bedachungsart seit einigen 20 Jahren, Veranlassung gegeben hätte, den Einfluſs der Temperatur als nachtheilig für die Eisenbedachungen zu erkennen, und glaube also, daſs die Ausdehnung und Zusammenziehung, bei dem verschiedenen Temperatur-Wechsel, bei diesen Dächern nicht bedeutend sein kann: ein Umstand, der dem Eisenbleche sehr zur Empfehlung gereicht.

25.

Erwägt man nun näher, sowohl das beschriebene Verfahren bei dem Legen, als das Verhalten dieser Dächer, so bemerkt man bald, daſs die übliche Behandlung noch einige Unvollkommenheiten hat, die die möglichste Dauer abkürzen können. Wie Art. 8. bemerkt, überziehet man zwar die untere Seite der Eisenbleche mit einem Firnisse; da er aber keine Farbe hat, so ist schwer zu erkennen, in welchem Maaſse gut oder schlecht der Anstrich ausgeführt ist, und welchen Grad von Sicherheit die untere Seite der Dachbedeckung dadurch erhalten oder nicht erhalten hat. Ein Anstrich mit einer guten Bleiweiſs-Ölfarbe, welche Körper besitzt, würde unstreitig, wenn auch etwas theurer, viel besser sein; denn dann lieſse sich die Güte, Dicke und Gleichförmigkeit des Anstrichs vollkommen beurtheilen, und in der Folge, auf dem weiſsen Grunde, leicht entdecken, wo sich etwa Neigung zum Rosten einstellt, die sich dann durch einen neuen Anstrich, an solchen Stellen, jedesmal würde hemmen lassen; was jetzt nicht der Fall ist.

Da ferner der obere Anstrich erst dann erfolgt, wenn die ganze Bedachung vollendet ist, und die einzelnen Bleche nur auf einer Seite gefirnifst sind; so bleibt jedesmal die eine Seite der um- und aufgebogenen Falzen ohne den gegen den Rost schützenden Anstrich. Sollten die Falzen nun wirklich auch so festgeschlagen worden sein, dafs kein Wasser in dieselben dringen kann, so überziehet doch die abwechselnde Temperatur der Luft, Kälte und Wärme, die innern Seiten der Falzen mit Feuchtigkeit, die dann eine Anregung zum Rosten giebt, und die Bedachung recht eigentlich in ihrem Innern angreift. Dafs dem so sei, und dafs dieser Niederschlag sich so häufen könne, dafs er mit dem veranlafsten Rost aus den Fugen fliefst, siehet man deutlich daran, dafs, einige Jahre nach jedem neuen Anstriche, derselbe längs den Falzen mit orangenfarbenen Streifen überzogen wird, die sich oft über die ganzen Bleche ausbreiten. Gewöhnlich wird diese Erscheinung als ein Zeichen angesehen, dafs das Dach von neuem müsse angestrichen werden, was denn auch wohl so sein kann. Auch werden die gelben Flecke und Streifen dadurch vom Dache wieder vertilgt; der Feind wird aber dadurch nicht entfernt: er arbeitet ungestört in seinem Verstecke fort, und macht sein Dasein nach einigen Jahren wieder, wie zuvor, bemerklich. Hieraus ergiebt sich dann, dafs auch die obere Seite der Bleche, an den Kanten herum, etwa 6 Zoll breit, nothwendig ebenfalls müsse überstrichen werden, ehe die Falzen gebogen und die Bleche zusammengefügt werden.

26.

Aus der obigen Beschreibung ergiebt sich, dafs die Dachdeckung mit Eisenblech sehr einfach und bei weitem nicht so mühsam und umständlich ist, als das Decken der Dächer mit Zink, da sich alles kalt behandeln läfst, und auch keine besonderen Instrumente und Handwerkzeuge zur Bildung der verschiedenen Falzen (sie sind in den Zeichnungen alle in natürlicher Gröfse dargestellt) erfordert werden. Jeder Klempner oder Kupferschmidt, oder sonstiger Arbeiter von einigem Geschicke, kann daher diese Arbeit überall leicht ausführen und sich damit vertraut machen; denn die Falzungen und Zusammenfügungen der einzelnen Bleche sind ganz einfach, und bei einigen Versuchen läfst sich bald herausfühlen, wie, und mit welcher Kraft, die Hammer-Schläge geführt werden müssen, und wie das Blech behandelt sein will. Bei dem ersten Umbiegen der Kanten an den Blechplatten bedient man sich eines hölzernen Hammers oder Schlägels; bei dem völligen Zusammenschlagen und Umlegen der Falzen aber, zweier eiserner Hämmer, von etwa 5 und 10 Pfund schwer: den schweren Hammer jedoch meist nur zum Gegenhalten, beim Zusammenschlagen der stehenden Falzen.

Vergleichungsweise mit dem Übrigen macht die Bildung der stehenden Falzen den künstlichsten Theil der Arbeiten bei dem Decken mit Eisenblech aus. Soll, zum Beispiel, der breite Rand (Fig. 9.) über den schmalen der benachbarten Tafel gebogen werden: so werden mit dem Hammer sehr kräftige Schläge, statt seitwärts, fast senkrecht auf die obere Kante des breiten Randes geführt, und zwar immer auf einer Strecke von 12 bis 18 Zoll den Falz entlang, je nachdem, vom Anfangspuncte ab, die Umbiegung vollendet wird; wobei der Arbeiter den Falz mit dem großen Hammer richtet, und ihn deshalb mit der linken Hand immer gegen den Falz führt, bis derselbe fest zusammengeschlagen ist. Bei der Biegung und Zusammenpressung der Falzen, vermittelst des Hammers, kann im Allgemeinen nur noch gesagt werden, daſs die Hammerschläge, im Verhältniſs zu der Biegsamkeit des Bleches, so abgemessen werden müssen, daſs die Bleche in den scharfen Biegungen der Falzen nicht brechen, oder Risse bekommen.

27.

In Hinsicht der Falzen will ich noch einige Bemerkungen hinzufügen, welche auch vielleicht die Eisendächer nicht allein angehen, sondern, wie es mir wahrscheinlich ist, bei allen Metalldächern, die nicht durch Löthung verbunden sind, zu beachten sein dürften; indem sie sowohl Schaden verhüten können, als einige Umstände erklären, die jetzt nicht für das gehalten und erkannt werden, was sie wirklich sind.

Geübte Dachdecker kommen nemlich oft, in Folge ihrer erlangten Übung, auf den unglücklichen Gedanken, dieselbe dadurch an den Tag zulegen, daſs sie die Falzen der Bleche schmaler biegen, als sie sein müssen, (wir haben sie ihres bestimmten Maaſses wegen in natürlicher Gröſse dargestellt), wodurch dann zwar etwas an Blech gespart, auf der andern Seite aber dem Dache und dem Bauherrn Nachtheil und Schaden zugefügt wird, indem durch diese Ersparung einiger Quadratfuſse Eisenblech, ein beständig Wasser durchlassendes Dach entstehen kann. Wir müssen daher

Jeden gegen diese gefährliche und verführerische Geschicklichkeit der Dachdecker angelegentlich warnen. Es kommt in der That bei der Zusammenfügung der einzelnen Metallbleche, auf einem Metalldache, nicht unbedingt darauf an, den kleinsten Metall-Aufwand zu erzielen; sondern die Umstände, welche berücksichtigt werden müssen, setzen vielmehr jener Ersparung gewisse Grenzen, die nicht, ohne die unangenehmsten Folgen, überschritten werden dürfen.

Vielfältige Erfahrungen haben mich auf das vollkommenste überzeugt, dafs die vielfache Zusammenbiegung der Eisenbleche, und wahrscheinlich auch aller anderen Metallbleche, den Falzen die Eigenschaft der Capillarität giebt, und sie in den Stand setzt, das Wasser in sich, wie in Haarröhrchen, in die Höhe zu ziehen und so in den Dachraum zu leiten, sobald die Annäherung der einzelnen Metallstreifen in ein solches Verhältnifs gekommen ist, dafs die anziehende Kraft der gegenüberliegenden Flächen ihre Wirkung auf das Wasser äufsern kann. Der Druck der Luft (der Wind) unterstützt und vermehrt die Wirkung der Anziehungskraft, theils unmittelbar, durch seine mechanische Pressung, theils mittelbar, dadurch, dafs er das schnelle Abfliefsen des Wassers vom Dache einigermafsen hindert, und dasselbe in gröfserer Menge vor den Fugen der horizontalen, platt niedergeschlagenen Falzen aufhält, und so zum Einsaugen einer gröfsern Wassermenge Anlafs giebt. Nicht aber bei den platt niedergeschlagenen Falzen allein zeigt sich diese Erscheinung, sondern auch bei den senkrecht stehenden, und zwar öfters in den nemlichen Verhältnissen; wodurch dann aufser allen Zweifel gesetzt wird, dafs nicht der Druck der Luft allein das Wasser durch die Falzen treiben kann, wenn sie nicht fest genug geschlagen sind, wie man es allenfalls bei den liegenden Falzen vermuthen könnte: sondern dafs der Erfolg auch der Capillarität zugeschrieben werden mufs, die das Wasser aufwärts ziehet, sobald die Verhältnisse bei dem Schlagen der Falzen sich günstig dazu gestaltet haben.

Wenn nun schon bei gewöhnlichen Falzen, von der Breite und Höhe, wie sie in unsern Zeichnungen vorgestellt sind, dieselben Umstände sich gestalten können; so ist leicht begreiflich, dafs bei schmalern Falzen das Übel noch ärger werden kann und mufs, indem sich breite Falzen auch noch leichter festschlagen lassen, als schmale, und das Wasser darin einen längern Weg zu durchlaufen hat, als in den kurzen Windungen der schmalen Falzen; weshalb es denn auch schon seltener durch die breiten Falzen dringt, die ferner dadurch, daſs man ihnen, durch nochmaliges Festschlagen, das für das Eindringen des Wassers günstige Verhältniſs der Zwischenräume nimmt, noch verbessert werden können, während der Fehler bei zu schmalen Falzen fast immer unverbesserlich bleibt, und beständiges Kitten und Nachhelfen erfordert, welches eben so kostspielig als verdrieſslich ist.

28.

Das Reinhalten der Eisendächer von Kalk und Ziegelschutt, der etwa von benachbarten, sich höher erhebenden Gebäuden, oder von schadhaften Schornsteinen darauf fallen kann, ist ebenfalls ein Gegenstand, der bei den Eisendächern, wie bei jedem Metall-Dache, nicht auſser Acht gelassen, oder als gleichgültig betrachtet werden darf. Denn da solche Körper, an der Stelle, wo sie liegen, die Feuchtigkeit länger als auf der übrigen Dachfläche an sich halten, und die Luft darauf zu wirken verhindern, so unterhalten sie eine beständige Temperatur-Verschiedenheit, welche eine immerwährende, ungleiche Bewegung von Ausdehnung und Zusammenziehung der einzelnen Theile der Metallplatte, im Umkreise des darauf liegenden Körpers, zur Folge hat; wodurch bei den Eisendächern zuerst der Farbenstrich vernichtet und darauf das Blech selbst angegriffen und dann unbemerkt vom Roste durchfressen wird.

29.

Die Russischen, zwei-arschinigen Eisenbleche geben eine sehr leichte Bedachung, weil sie an und für sich leicht sind, nur auf Latten liegen, und ein sehr weites Dachgespärre gestatten. Wenn die Sparren 30 Fuſs (etwa 29 Fuſs Preuſs.) lang und 5 Fuſs von einander entfernt sind, so beträgt das Gewicht von 30.5 = 150 Quad.-Eisenblech nur 203 Pfd., die Lattung 567 Pfd., und hierzu noch einige 30 Nägel, 3 Pf.; folglich beträgt das ganze Gewicht, welches Ein Sparrn zu tragen hat, nicht mehr als 773 Pfd.: bei 6füſsiger Sparrn-Weite 928 Pfd.: bei 4füſsiger Entfernung der Sparrn von einander aber nur 619 Pfd. (resp. 642, 780 und 541 Pfd. Preuſs.). Es läſst diese Bedachung daher sehr leichte Dachverbindungen zu; und wenn die Sparrn etwas stark sind, ist nur ein sehr einfaches Dachgerüst nöthig; selbst auf sehr breiten Gebäuden, wodurch denn die Masse des zu einem Dache erforderlichen Holzwerks, sowohl als Baumaterial, wie auch als Brennstoff, bei einem möglichen Brande, im Vergleich gegen andere Dachbedeckungen, sich auf das Minimum bringen läfst. Mir scheint es, im Vorbeigehen bemerkt, dafs man im Allgemeinen bei Dächern den Zweck vortheilhafter und besser erreicht, wenn man den Sparrn, so viel als möglich selbst, die zum Tragen der Bedachung erforderliche Stärke giebt, als wenn man dieselben aus schwachen Hölzern macht, und ihnen dann die nöthige Tragbarkeit durch eine Menge kleiner Verbandstücke und künstlicher Verbindungen von Stützen, Streben und Bändern, zu verschaffen sucht, die immer nur das Ansehen von Verlegenheit und Unsicherheit haben, und sich kleinlich und raumbeschränkend ausnehmen, während, im ersten Falle, grofse freie Bodenräume, mit soliden, Zuversicht einflöfsenden Dachverbindungen entstehen.

Helsingfors im März 1834.

4.
Einige neuere Nachrichten von Eisenbahnen in England.

(Aus dem *Mechanics Magazine.*)

[Der die Strafse von Liverpool nach Manchester betreffende Theil dieser Nachrichten ist gleichsam als eine Fortsetzung des Aufsatzes No. 14. und 19. im 6ten Bande dieses Journals zu betrachten.]

---

1. Strafse von Liverpool nach Manchester.

($7\frac{1}{2}$ Preufs. Meilen lang.)

[Aus den vorbereitenden Anfragen und Verhandlungen wegen der Eisenbahn von London nach Birmingham.]

1. Ehe die Eisenbahn von Liverpool nach Manchester gebaut war, fuhren zwischen diesen beiden Städten täglich 22 gewöhnliche und 7 aufsergewöhnliche Diligencen, welche zusammen im Durchschnitt 688 Reisende fortschafften. Jetzt, auf der Eisenbahn, reisen täglich 1270 Personen, (die Durchschnittszahl von 700 000 Personen in 18 Monaten).

2. Die Eisenbahn ist keinen Tag aufser Dienst gewesen.

3. In 18 Monaten ist nur ein einziger Unfall vorgekommen.

4. Die Person bezahlte sonst im Wagen 3 Rthlr. 10 Sgr. (10 Sh.) und draufsen 1 Rthlr. 20 Sgr. Auf der Eisenbahn bezahlt man, im Wagen 1 Rthlr. 20 Sgr., aufsen 1 Rthlr. 5 Sgr.

5. Die Diligence brauchte sonst 4 Stunden Zeit: jetzt, auf der Eisenbahn, $1\frac{3}{4}$ Stunden (also durchläuft sie etwas über 4 Pr. Meilen in der Stunde; vorher, auf der Chaussée, nicht ganz 2 Meilen in der Stunde, d. H.).

6. Eine einzige alte Diligence ist jetzt nur noch im Gange. Sie macht die Fahrten auf einzelnen Theilen des Weges.

7. Die Eisenbahn-Diligencen sind bequemer, sicherer und wohlfeiler, als die anderen.

8. Die Zahl der Reisenden im Winter verhält sich, auf der Eisenbahn, zu der im Sommer, wie 22 zu 17 oder 18.

9. Ein ganzes Regiment Truppen ist auf der Eisenbahn innerhalb 2 Stunden von Manschester nach Liverpool geschafft worden.

10. Privat-Kutschen werden, auf der Eisenbahn, auf Bahn-Karren transportirt.

11. Die Eisenbahn ist auch im Dunkeln fahrbar.

12. Die Waaren-Fracht beträgt 5 Sgr. für den Ctr. (10 Sh. die Tonne). Auf den Canälen betrug sie $7\frac{1}{2}$ Sgr. Die Canäle haben aber jetzt ihren Frachtpreis um 30 Procent herabgesetzt.

13. Waaren werden auf der Eisenbahn in 2 Stunden von Liverpool nach Manchester, und umgekehrt, transportirt; auf dem Canale brauchen sie 20 Stunden.

14. Die zu Manchester gelieferten Waaren werden an dem nemlichen Tage in Liverpool empfangen. Auf dem Canale sind 3 Tage nöthig.

15. Flüssigkeiten sind beim Transport auf der Eisenbahn nicht der Beraubung ausgesetzt, wie zu Wasser.

16. Die Ersparnisse, welche die Eisenbahn den Fabricanten in der Umgegend von Manchester gewährt, betragen bei dem Einen Artikel Baumwolle jährlich etwa 133 000 Rthlr. Einzelne Häuser haben 3300 Rthlr. an Transportkosten gewonnen.

17. Es wird von der Eisenbahn eine Steuer zum Vortheile des Armen-Fonds in den Kirchspielen, die die Strafse durchschneidet, erhoben. Diese Summe bringt 20 bis 27000 Rthlr. jährlich, etwa den 5ten Theil der gesammten Armensteuer dieser Kirchspiele, ein.

18. Kohlengruben und Fabriken, die den Armen Beschäftigung geben, etabliren sich in der Nähe der Eisenbahn.

19. 10 Gallonen (etwa 30 Quart) Milch werden für 1 Schilling 15 Engl. Meilen weit transportirt (12 Quart für 1 Silbergroschen die Preufs. Meile).

20. Längs der Eisenbahn sind Gärten angelegt worden.

21. Die Anwohner werden nicht im Geringsten vom Rauche der Dampfwagen belästigt. Dagegen haben sie den Vortheil, dafs sie ihre Reisen für etwa 4 Silbergroschen die Preufs. Meile machen, und die Meile in $\frac{1}{4}$ Stunde zurücklegen können.

22. Die Ländereien in der Nähe der Eisenbahn sind jetzt schon sehr theuer. Ihr Preis ist schon wenigstens doppelt so hoch, als derjenige, welchen die Gesellschaft dafür bezahlt hat. Baustellen werden 3 mal so hoch bezahlt, als zur Zeit des Baues der Eisenbahn. Brachland ist an-

gebaut worden und wirft einen beträchtlichen Ertrag ab. Die Grund-Eigenthümer, welche sich der Anlage der Eisenbahn widersetzten, sind jetzt ihre eifrigsten Vertheidiger.

Rechnung, so den Directoren abgelegt werden.

Zweites Halbjahr 1831.

Zwischen Manchester und Liverpool
sind transportirt worden . . . . . 52 224 Tonnen.
Auf einzelne Theile dieser Entfernung . 2 347 - -

Zusammen 54 571 Tonnen (1 075 545 Ctr.).
Zwischen Liverpool und der Strafse nach
Bolton . . . . 10 917 Tonnen (215 064 Ctr.).
Steinkohlen von Huyton, Elthonhead,
Haydock, mit den Fuhrwerken der
Compagnie, ... 7198
Steinkohlen von Huyton, mit Boltoner Fuhrwerk 1198

8 396 Tonnen (165 478 Ctr.).
Eingeschriebene Passagiere . . . . 256 321.
Fahrten von 30 Meilen ($6\frac{1}{2}$ Pr. M.)
mit Passagieren 2944
mit Gütern 2298
mit Kohlen 30, von 15 Meilen, also auf 30 M.
reducirt 150

Zusammen 5392 Fahrten.

Einnahme.

Passagier-Gelder . . . . 58 348 Pf. 10 Sh.
Frachtgeld von Waaren 30764 Pf. 17 Sh. 8 P.
- - von Kohlen 695 - 14 - 4 - .
31 460 - 12 -

Zusammen 89 809 Pf. 2 Sh. (598 727 Rthl.)

Ausgabe.

	Pf.	Sh.	P.
Verwaltungs-Bureaux	902 Pf.	3 Sh.	10 P.
Für Kohlen	60 -	15 -	5 -
Kleine Neben-Ausgaben . . .	110 -	— -	5 -
Fuhrwerke	60 -	17 -	8 -
Erhaltung der Strafse	6599 -	12 -	6 -
Direction	297 -	19 -	— -
Passagier-Bureaux	589 -	5 -	9 -
Dampfwagen	12203 -	5 -	6 -
Öffentliche Anzeigen	59 -	3 -	4 -
Zinsen	2737 -	7 -	3 -
Renten	900 -	5 -	3 -
Für Reisen	156 -	7 -	3 -
Den Ingenieurs	625 -	— -	— -
Frachtkosten	10450 -	12 -	8 -
Steuern und Tarife	2763 -	5 -	1 -
Fuhrwerke der Reisenden . . .	269 -	4 -	7 -
Stehende Dampfmaschinen . . .	6709 -	8 -	11 -
Bahnwagen	979 -	19 -	8 -
Transportkosten	768 -	8 -	2 -
Aufsicht auf die Strafse	1490 -	14 -	1 -
Rechtspflege	98 -	9 -	10 -
Zufällige Ausgaben	175 -	13 -	6 -
Zusammen	49025 Pf.	18 Sh.	5 P. (326 839 Rthl.)
Bleibt reiner Gewinn	40783 Pf.	3 Sh.	7 P. (271 888 Rthl.)

[Im halben Jahre. Dieses würde also, wenn das andere halbe Jahr eben so hoch angeschlagen werden kann, über eine halbe Million Thaler reinen Gewinn jährlich betragen. D. H.]

Die Zahl der auf der Strafse in Tagelohn beschäftigten Arbeiter war 633.

Die Zahl der Fest-Angestellten . . . . 73.

Die Frequenz war im Zunehmen. Im ersten Trimester von 1832 wurde der 15te Theil an Fracht mehr transportirt und an Geld mehr eingenommen, als im vorhergegangenen.

Der von der Compagnie auf der Eisenbahn angefangene Handel mit Kohlen hat im Jahre 1832, während 6 Monate, 3615 Tonnen nach Manchester geliefert.

Von der Eröffnung des Weges, am 16. October 1830, an, bis zum Ende des Decembers 1831, war die Cassenrechnung folgende:

	Pf.	Sh.	P.	Pf.	Sh.	P.
Gewinn im Jahre 1830 .	14432 Pf.	19 Sh.	5 P.			
In der ersten Hälfte von 1831	30314 -	9 -	10 -			
In der zweiten Hälfte von 1831	40783 -	4 -	7 -	85530 Pf.	12 Sh.	10 P.
An Dividenden sind vertheilt:						
Im Jahre 1830 auf 6375 Actien zu 100 Pf. (zu 2 pro Cent)	12750 Pf.	— Sh.	— P.			
Im ersten Halbjahre 1831 auf 6375 Actien zu 100 Pf. und resp. 25 Pf. (etwa 5 pro Cent) . . .	31556 -	5 -	— -			
Im zweiten Halbjahre 1831 auf 7968 Actien von 100 Pf. (etwa $4\frac{1}{2}$ pro Cent)	35589 -	7 -	6 -	80156 -	12 -	6 -
Bleibt in Casse				5365 Pf.	— Sh.	4 P,

Die oben berechnete Einnahme und Ausgabe in der zweiten Hälfte des Jahres 1831 zerfällt wie folgt:

Ausgaben.	Auf jeden Reisenden. Sh.	P.	Auf jede Tonne Waare. Sh.	P.	Auf jede Tonne Kohlen. Sh.	P.	Auf jede Tonne von Bolton. Sh.	P.	Betrag für die Reisenden. Pf.	Sh.	P.	Betrag für die Tonne. Pf.	Sh.	P.	Betrag für Kohlen. Pf.	Sh.	P.	Betrag von Bolton. Pf.	Sh.	P.	Summe. Pf.	Sh.	P.
Waaren. An Fracht, Gehalte, Auf- und Abladen, stehende Maschinen	. .		4	$6\frac{1}{2}$	. .		—	4	. . . .			12442	8	2	. . .			183	4	—	12625	12	2
Reisende. Fracht, Gehalte, Reparaturen, und $\frac{3}{8}$ Penny auf die Person für Omnibus . . .	—	7	. .		. .		. .		7455	1	1	. . . .			. . .			. . .			7455	1	1
Kohlen, desgleichen . . .	. .		. .		—	2	. .		. . . .			. . . .			97	1	5	. . .			97	1	5
Dampfwagen; auf jede Reise von 30 M., mit Inbegriff der Reparatur der Maschinen, der Gehalte, Coaks etc. . . .	—	$6\frac{1}{4}$	1	11	—	11	. .		6664	13	6	5199	7	6	339	7	6	. . .			12203	5	6
Verschiedene Ausgaben, im Verhältnifs zu der Einnahme für Waaren und Reisenden vertheilt, und nach der Zahl der Tonnen und Meilen, sowohl zwischen Liverpool und Manchester, als nach Bolton. Die Ausgaben beziehen sich auf Erhaltung und Beaufsichtigung der Strafse, auf die Bureaux etc.	—	$6\frac{1}{4}$	1	$1\frac{1}{2}$	—	1	—	9	6722	5	—	3072	8	2	39	12	9	409	14	9	10244	—	8
Tarif und Taxen. Zinsen der Fonds-Verleiher, nach den verschiedenen Artikeln vertheilt,	—	$4\frac{1}{2}$	—	$4\frac{1}{4}$	—	$—\frac{3}{4}$	-	$3\frac{1}{2}$	5088	1	6	1127	4	—	29	14	7	15	17	6	6400	17	7
Gesammte Ausgaben	2	$-\frac{1}{4}$	8	—	1	$3\frac{1}{4}$	1	$4\frac{1}{2}$	25030	4	1	21841	4	10	505	16	3	748	16	3	49025	18	5
Reiner Gewinn .	2	$6\frac{1}{4}$	2	$7\frac{1}{2}$	—	$4\frac{1}{4}$	1	$9\frac{3}{4}$	32418	8	11	7181	11	10	189	18	1	993	4	9	40783	3	7
Brutto-Einnahme .	4	$6\frac{1}{2}$	10	$7\frac{1}{2}$	1	8	3	$2\frac{1}{4}$	58348	10	—	29022	16	8	695	14	4	1742	1	—	89809	2	—

[Nach dieser Berechnung kostet also auf der Eisenbahn von Liverpool nach Manchester der Transport auf 1 Preufsische Meile:

Einem Reisenden	6 Silbergroschen,
der Centner Waaren	8 Silberpfennige,
der Centner Kohlen etwa	4 Silberpfennige.

Das Anlage-Capital wirft nahe an 10 pro Cent jährliche Zinsen ab. D. H.]

2. Projectirte Eisenbahn von London nach Birmingham.

Dieselbe wird über Kilburn, Tring, Wolverton, Weedon, Kilsby, Coventry und Berkswell gehen.

Sie wird $112\frac{1}{2}$ Engl. Meile (24 Pr. M.) lang, etwa 1 Pr. M. länger als die Landstrafse und etwa $1\frac{1}{2}$ Pr. Meile länger sein, als die gerade Linie.

Das stärkste Gefälle wird 1 auf $333\frac{1}{3}$ sein.

Die Eisenbahn wird 10 unterirdische Stellen (*tunnels*) und mehr Brücken erhalten, als vergleichsweise irgend eine andere, bis jetzt vorhandene Eisenbahn.

Der längste Tunnel wird 534 Ruthen, der kürzeste 85 Ruthen lang sein.

Die Baukosten sind auf $2\frac{1}{2}$ Mill. Pf. St. ($16\frac{2}{3}$ Mill. Thaler) berechnet, was auf die Pr. Meile etwa 700 000 Rthl. ausmacht.

Es werden 356 730 Pr. Quadr.-Ruthen Terrain zur Strafse nöthig sein, 7 Ruthen 2 Fufs in die Breite. Das Terrain ist geschätzt auf 1 644 500 Rthl. (der Morgen also im Durchschnitt auf etwa 800 Rthlr.).

Die Aushöhlungen oder Abträge werden 2 104 240 Sch.-Ruth. betragen.

Die Aufschüttungen, oder Aufträge, etwa den 10ten Theil weniger.

Der Reisende wird 2 Pence auf die Engl. Meile ($7\frac{3}{4}$ Silbergr. auf die Preufs. Meile) bezahlen. Man rechnet davon auf 1 646 112 Rthlr. Ertrag.

Die Strafsen-Linie wird den Parks und umschlossenen Grundstücken ausweichen.

[Aus diesen Andeutungen geht hervor, dafs man wieder, eben wie zwischen Liverpool und Manchester, der geraden Linie, also einem vielleicht nicht einmal bedeutenden Gewinne an Länge, die ungeheuersten Opfer bringen wird. Vergleicht man die obigen Angaben mit denen von der Strafse zwischen Liverpool und Manchester (Bd. 6. S. 267 bis 275), so zeigt sich, dafs die Eisenbahn von London nach Birmingham noch theurer sein wird, als die Liverpooler. Und zwar scheint die Theurung wieder vorzüglich daher zu kommen, dafs man mit der Strafsenlinie nicht nach dem Terrain sich richten, das heifst (ohne, wie sich von selbst versteht, das Gefälle zu verstärken), nicht den Thälern folgen, sondern mit der möglichst geraden Linie über Berg und Thal, oder vielmehr über die Thäler hinweg, und durch die Berge hindurch, gehen will. Auf der Liverpooler Strafse, die insbesondere eben dadurch so theuer geworden ist, kommen auf die Preufsische Meile im Durchschnitt etwa 60 bis 70 000 Sch.-R. Ausgrabungen, hier gar nahe an 90 000 Sch.-R. Auf der Liverpooler Strafse haben die Damm-Arbeiten etwa $1\frac{1}{3}$ Mill. Thaler gekostet. Hier werden sie, im Verhältnifs der Erdmassen gerechnet, über 6 Mill. Thaler kosten, also über Ein Drittheil des Ganzen. Man scheint daher auch in England noch immer unbedingt der geraden Linie unterthänig zu sein, und den Gewinn allein aus dem geometrischen Satze, dafs die gerade Linie die kürzeste ist von einem Punct zum andern, erzwingen zu wollen, anstatt, practisch, Alles zu erwägen und zu berechnen, was bei einer Strafse zu erwägen und zu berechnen vorkommen kann. Dieser Mifsgriff kostet aber Millionen, und es ist angelegentlich zu wünschen, dafs man in Ländern, wo weniger Geld im Umlauf und der Verkehr schwächer ist, als in England, z. B. in Deutschland, besser rechnen und umsichtiger anordnen möge; denn sonst könnte der ganze Nutzen der Eisenbahnen leicht unerreicht bleiben. D. H.]

Übersicht der Gefälle und der Länge der einzelnen Theile der Eisenbahn zwischen London und Birmingham.

Die angenommene Horizontal-Linie liegt 50 Fuſs unter dem Abgangs-Punct in London.

Orte.	Entfernung von London. Engl. Meilen	Höhe über der Horizontal-Linie. Fuſs.	Gefälle.	Anmerkungen.
London .	. .	50		
	6	118	1 auf 500	In der 3ten Meile befindet sich der erste Tunnel.
	15	238	1 auf 400	In der 14ten Meile ist wieder ein Tunnel.
	17	230	1 auf 1429	
	23	293	1 auf 500	Ferner in der 20sten M.
Tring . .	31	418	1 auf 345	Und in der 31sten Meile.
	38	315	1 auf 370	
	43	295	1 auf 1429	
	46	274	1 auf 770	In der 40sten Meile ist ein Tunnel.
	48	285	1 auf 1000	
	51	260	1 auf 1111	
	54	260	horizontal	
	60	355	1 auf $333\frac{1}{3}$	
	63	315	1 auf 400	In der 68sten u. 72sten M. befinden sich 3 Tunnel.
Veedon .	72	330	1 auf 2500	
Kilsby .	78	338	1 auf 5000	Zwischen Veedon und Kilsby ist Ein Tunnel.
	83	318	1 auf 385	
	89	263	1 auf 666	
Coventry	92	267	1 auf 10000	
Berkswell	99	375	1 auf $333\frac{1}{3}$	Gegen die 99ste Meile ist der letzte Tunnel.
	102	328	1 auf 3333	
	111	365	1 auf 1250	
Birmingham	$112\frac{1}{2}$	365	horizontal	

5.

Flora von Schlesien für das Bauwesen.

(Von dem Königl. Bau-Inspector Herrn *Rimann* zu Wohlau in Schlesien.)

Freunden der Baukunst widme ich die nachstehende kurze Beschreibung derjenigen Materialien, welche die Flora von Schlesien für das Bauwesen, in der ausgedehntern Bedeutung des Wortes, liefert.

Mit Recht müssen dahin nicht allein alle Hölzer, welche die verschiedenen Gewerke *), die fast ausschliefslich für das Bauwesen arbeiten, verbrauchen, sondern überhaupt alle Pflanzen gezählt werden, welche in dieser Beziehung eine Anwendung finden, und also die Kenntnifs oder Beurtheilung des Baumeisters erfordern.

Mithin gehören hierher auch alle Productionen des Pflanzenreichs, welche zur Befestigung der Dämme und Ufer, an Flüssen und Strömen, zur Bezeichnung der Kunststrafsen, und zu lebendigen Zäunen oder Bewehrungen gebraucht werden. Der letzte Gegenstand hat neuerdings die Aufmerksamkeit der Regierungen, wegen Schonung der immer mehr abnehmenden starken Bauhölzer, welche zeither zu holzfressenden Bretterzäunen verschwendet wurden, zu andern Zwecken aber unentbehrlicher sind, auf sich gezogen, so, dafs von dem Baumeister verlangt werden kann, dafs er die nöthige Kenntnifs auch derjenigen Strauchgewächse besitze, welche zu lebendigen Zäunen tauglich sind.

Das Linnéesche System wird noch in den meisten neuern botanischen Werken des In- und Auslandes befolgt. Auch Oken hält es für angemessen. Ich habe daher keinen Anstand genommen, die Beschreibung der, für das Bauwesen, in Schlesien wild wachsenden Pflanzen in der Ordnung mitzutheilen, welche ihnen das, 22 Klassen der phaneroganischen Gewächse annehmende Linnéesche System angewiesen hat.

---

*) Man findet sie angegeben in *Fr. Triests* Handbuch zur Berechnung der Baukosten, 4°. Berlin 1826.

I. Classe. MONANDRIA.

Von dieser Classe sind keine Pflanzen für das Bauwesen vorhanden.

II. Classe. DIANDRIA.

1. Ordnung. *Monogynia.*

a) Die Esche. *Fraxinus excelsior Lin. The common Ash-Tree. Le frêne commun.*

Der Eschbaum, oder die gemeine Esche, ist in einigen Landstrichen selten, in andern häufiger, doch nur einzeln anzutreffen. In mehreren Laubholzwaldungen Ober-Schlesiens soll sie in großer Anzahl vorhanden sein, und zu Brennholz geschlagen werden. Auf die Cultivirung dieses nützlichen Baumes, der auch einen schönen Straßenbaum abgeben würde, wird wenig Rücksicht genommen.

Die Esche blüht im April, gedeiht auf leichtem, gutem und etwas feuchtem Boden; sie erreicht in 60 bis 70 Jahren eine ansehnliche Höhe und Stärke, und liefert ein hartes Holz, von weißer Farbe. Das ältere Eschenholz hat schöne Flammen; eben so die Wurzeln, welche zu eingelegten Arbeiten, weil es dem Olivenholze gleich kommt und die Farbe noch besser hält, verarbeitet werden. Überhaupt liefert dieser Baum ein vortreffliches Tischler- und Stellmacher-Holz, was einfach angewendet und wegen seiner Reinheit, ohne Knorren und Astlöcher, sehr geschätzt wird. Beiläufig bemerkt, hält sich auf diesem Baume, eben wie auf dem Hollunder (*Sambucus*), die bekannte spanische Fliege (*Meloe vesicatorius Lin.*) auf.

Das Gewicht ist 0,725 bis 0,845 (das Gewicht des distillirten Wassers = 1 gesetzt).

b) *Die Rainweide, der Hartriegel.* (*Ligustrum vulgare Lin.*) *Common Privet. Fresillon.*

Der Hartriegel, oder gemeine Liguster, wächst häufig in Laubholzwaldungen, Gebüschen und Hecken. Er hat einen strauchartigen, 5 bis 6 Fuſs hohen Wuchs; an manchen Orten ist er baumartig, 12 bis 16 Fuſs hoch, und hat eine aschfarbene Rinde.

Die weißen Blumen bilden traubenartige Büschel an den Enden der Zweige, und blühen im Juni und Juli.

Der Hartriegel eignet sich zu lebendigen Zäunen, zu welchen er durch Stecklinge gepflanzt werden kann. Das weisse, sehr feste Holz nimmt man zu Drechsler-Arbeiten, und die biegsamen Zweige, so wie die dünnen Wurzeln, zu Korbmacher-Arbeiten

Es giebt noch einige Varietäten des Ligusters, nemlich *Lig. vulgare italicum* und *Lig. vulgare latifolium*, die man jedoch nur in Gärten antrifft.

III. Classe. TRIANDRIA.

1. Ordnung. *Monogynia.*

a) Die Wasser-Schwert-Linie. *Iris pseudo-Acorus Lin.*

Diese wild-wachsende Gattung der *Iris*, die gemeinhin auch Schwertel genannt wird, wächst in Teichen, Gräben und Sümpfen, hat schwertförmige Blätter, die denen des Calmus ähnlich sind, und eine gelbe Blume. Sie blüht im Mai und Juni, erreicht eine Höhe von 3 bis 4 Fuſs und wird, wie der Calmus, da wo sie häufig vorhanden ist, und mit solchem untermischt angetroffen wird, zur Dachbedeckung der Landgebäude angewendet; doch dauern diese Dächer nicht länger als 12 Jahr.

b) Die Teichbinse. *Scirpus lacustris Lin.*

Sie ist die längste unter den verschiedenen Binsen-Arten, wächst in Teichen, Flüssen und Sümpfen häufig, und wird 4 bis 7 Fuſs hoch. Sie blüht in Juni und Juli. Die Stengel sind rund und inwendig locker, markigt und von verschiedener Dicke. Sie wird ebenfalls zur Dachbedeckung angewendet, und findet sich häufig, unter dem Rohre und den Rohrkolben, in den Wohlauer Amts-Teichen; daher sie mit dem Rohre zugleich auf die Vorwerks-Gebäude aufgedeckt wird.

c) Die Meerbinse. *Scirpus maritimus Lin.*

Sie wächst, wie die vorige, häufig in Teichen und Sümpfen; doch erreicht sie nicht jene Höhe, und wird nur 3 bis 4 Fuſs hoch. Sie blüht im Juni und Juli. Die Blätter sind dreischneidig und ihre Anwendung zur Dachbedeckung ist der der Teichbinse ganz gleich.

2. Ordnung. *Digynia.*

d) Das Rohr. *Arundo phragmites Lin.*

Dieses für das Bauwesen sehr nützliche Gewächs, welches in Schlesien sehr häufig und, von verschiedener Länge und Stärke, an den Ufern der

Flüsse und Gräben, in Sümpfen und Niedrigungen, in Teichen und Brüchen, ja selbst in Gärten angetroffen wird, ist zu genau bekannt, als daſs hier eine Beschreibung desselben nöthig wäre, welche ich übrigens schon im VII[ten] Bande dieses Journals II. Heft Seite 124. gegeben habe. Das Rohr blüht im Juli und August. Man rechnet den jährlichen Ertrag eines mit 6 bis 8 Fuſs hohem Rohre dicht bestandenen Morgen Landes auf 8 Rthlr.; auch wohl noch höher.

Das Rohr gehört zu den Gräsern (*Gramina*), und wird auch Rohrschilf, Rieth, oder Schilf genannt.

Nach dem Verblühen, im Monat August, werden die Stengel nach und nach gelb und hart, und die Blätter fallen ab. Die beste Zeit des Abmähens ist im Monat December, nach eingetretenem Froste. Es wird, wie andere Schilfgewächse, in Bürden (Schoben) gebunden. Der Preis eines Schockes solcher Bürden, mit denen man $\frac{3}{4}$ Quad.-Ruthen Dachfläche, bei 16 bis 17zölliger Lattung, bedecken kann, ist nicht allein davon abhängig, ob die Bürden rein aus Rohr bestehen, oder mit den vorher beschriebenen Sumpfgewächsen vermischt sind: sondern richtet sich auch nach dem Marktpreise des Roggen-Strohs, weil, bei niedrigem Preise des letztern, solches von vielen Landwirthen zur Dachbedeckung vorgezogen wird. Für ein Bündel geschälten Rohres, zum Berohren der Decken und Wände, was zu einer Quadrat-Ruthe ziemlich hinreicht, bezahlt man 10 Sgr.

In einem vortrefflichen Aufsatze über Lehmschindeldächer, der in No. 73. Jahrgang 1833. der in Prag erscheinenden Ökonomischen Neuigkeiten und Verhandlungen *) zu finden ist, und in diese Zeitschrift aufgenommen zu werden verdiente, hat der nicht genannte, aber hochgeachtete Verfasser (ein Gutsbesitzer bei Rybnick in Schlesien) seine Erfahrungen über diese Dächer sehr gründlich und einsichtsvoll aus einander gesetzt. Er sagt darin: „Auf unglaublich bessere Haltbarkeit und Dauer „wäre bei einem Lehmschindeldache zu rechnen, wenn sich das Rohr, „Geröhrig, Schilf (*Arundo phragmites Lin.*), wie das Stroh, am Kopf-„Ende umbiegen und mit Lehm gegen Feuersgefahr anstreichen lieſse, „obwohl es, seiner Steifigkeit und Lockerheit wegen, in viel gröſserer „Menge angewandt werden müſste. Wenigstens 6 bis 7 Jahre würde ein

---

*) Ökonomische Zeitungen und Verhandlungen. Prag, bei *J. G. Calve*, gedruckt bei *C. W. Medau* in Leitmeritz.

„solches Dach länger aushalten; allein die gewöhnliche Schoben-Verfertigung dabei ist schon viel beschwerlicher, als die von Stroh, und von „einer Anwendung des Rohrs zu Lehmschindeln ist bis jetzt noch nichts „bekannt geworden, dürfte auch wohl, auf gleiche Weise, ganz unausführ„bar sein, weil sie nur auf die höchst zeitraubende, mühsame und kostbare „Art bewirkt werden könnte, daſs einzelne Rohrbündel an den Stock „der Lehmschindeln sehr sorgfältig festgebunden, dann über den Stock „verstutzt, und, des gröbern Materials wegen, auch mit einer gröſsern „Menge Lehm verstrichen würden; welches alles, wie leicht einzusehen, „nicht allein die Arbeit bedeutend erschweren und vertheuern würde, „sondern überhaupt auch die Last des Daches vermehren müſste.

Meine Erfahrungen stimmen mit dieser Ansicht durchaus überein; doch wäre zu wünschen, daſs Versuche gemacht würden: ob nicht das Rohrgras, wenn es in der Nähe häufig und von erforderlicher Länge vorhanden ist, und der in Schlesien so gemeine Teichkolben, zu Lehmschindeln angewendet werden könnten. Beide Pflanzen würden sich, wie das Roggen-Stroh, leicht biegen lassen, und die erwähnten Übelstände nicht haben.

e) Das Rohrgras. *Calamagrostis Roth.*

Das Rohrgras darf mit dem Rohre selbst, nicht verwechselt werden, indem es sich in vielen eigenthümlichen Kennzeichen der Pflanzen von ihm unterscheidet, übrigens nicht so häufig vorhanden ist; es würde aber, da es sehr lang ist, ebenfalls ein Bedachungs-Material abgeben. Gewöhnlich findet man es als Unterwuchs unter Laubhölzern, und unter den vorherbeschriebenen Sumpfgewächsen; im letztern Falle wird es auch zur Dachbedeckung gebraucht. Vom Rohrgrase giebt es verschiedene Arten, nemlich:

1) Das Lanzetliche Rohrgras. *Calamagrostis lanceolata Roth.* Es blüht im Juli und August, wird 4 bis 5 Fuſs hoch, und wächst in Gebüschen, an Gräben und Fluſsufern.

2) Das Hallersche Rohrgras. *Calamagrostis Halleriana Gaud.* Es blüht im Juli und August, wird 2 bis 4 Fuſs hoch, und wächst in Berggegenden, an sumpfigen und quellreichen Stellen.

3) Das Land-Rohrgras. *Calamagrostis Epigaeos Lin.* Es blüht im Juli und August, wird 3 bis 5 Fuſs hoch, wächst in sandigen Gebüschen, auf Sandbänken der Flüsse, auf Sandhügeln und in Weidichtwerdern, unter dem Weidicht.

4) Das Wald-Rohrgras. *Calamagrostis sylvatica Lin.* Es blüht im Juni und Juli, wird 3 bis 4 Fuſs hoch, und wächst in trocknen, steinigten Wäldern, besonders im Gebirge.

f) Die Quecke. *Agropyrum repens Lin.*

Gehört ebenfalls zu den Gräsern, und wächst, in ungeheurer Menge, auf Äckern, Triften und in Gebüschen. Die Wurzel, welche officinell ist, verunreinigt den Acker, und wird gewöhnlich, nach dem Auseggen, auf den Feldern verbrannt. Die Quecke wird zur Verfertigung der Firsten, auf den mit Schoben gedeckten Landgebäuden, angewendet. Man rechnet auf 10 Fuſs Länge eines Hauses, ein zweispänniges Fuder Quecken.

g) Der Roggen, das Korn. *Secale cereale Lin.*

Diese zu den Gräsern gehörige Pflanze stammt wahrscheinlich aus dem südwestlichen Theile Asiens; jetzt ist sie das bedeutendste Culturgewächs und das wichtigste Nahrungsmittel im mittlern und nördlichen Europa. Ihre Anwendung im Bauwesen, zur Bedachung der Landgebäude, und als Bindungsmaterial der Lehmwände und Windeldecken, ist wichtig. Hier leistet der Roggen die ersprieſslichsten Dienste: mehr als andere Stroharten, und sein Nutzen wird dadurch noch vergröſsert, daſs der Landmann ihn selbst erzieht. Die Dächer von Roggen-Stroh sind, wenn sie 14 Zoll dick bedeckt werden, unter den Schobendächern die wasserdichtesten, und dauern an 30 Jahre. Sie würden für landwirthschaftliche Gebäude vorzugsweise empfohlen werden müssen, stände ihre groſse Feuergefährlichkeit mit der fortschreitenden Cultur nicht in directem Widerspruche. Das Korn blüht gewöhnlich Anfangs Juni, und wird 3 bis 5 Fuſs lang.

Zu Lehmschindeldächern ist, nach den bisherigen Erfahrungen, nur das Roggen-Stroh brauchbar.

IV. Classe. TETRANDRIA.

Der rothe Hornstrauch, Hartriegel. *Cornus sanguinea Lin.*

Der Hartriegel wächst überall in frischem, guten Boden, an den Rändern der Wiesen und Brüche, als Strauch, ziemlich schnell und stark auf. Der Hauptstamm erreicht öfters ein baumartiges Ansehen, mit gradem Wuchse; doch erreicht er niemals eine bedeutende Dicke. Er blüht im Mai und Juni. Sein Holz ist äußerst hart, und wird von den Büchsenschäftern zu Ladestöcken, so wie zu mehreren kleinen Werkzeugen gebraucht. Die Zweige sind zäh und biegsam, und werden zu Binden beim Wasserbau, zu kleinen Reifen vom Böttcher, zu Stöcken und Tabacks-Pfeifenröhren angewendet.

Die Lonicere. *Lonicera Lin.*

Man unterscheidet davon zwei, bei uns einheimisch zu nennende Arten, nemlich:

α) Das wohlriechende Geisblatt oder die deutsche Lonicere. *Lonicera peryclimeneum Lin.* Sie wächst häufig wild, in Laubholzwäldern, Vorhölzern und Hecken, wo sie sich an den nahe stehenden Sträuchern und Bäumen 8 bis 15 Fuſs hoch hinaufwindet.

Sie blüht im Mai und Juni; auch wohl noch später. Die Blumen sind weiſs, auſserhalb purpurroth, mit feinen Härchen besetzt, und wohlriechend.

Die Lonicere eignet sich zu Lauben und zur Bekleidung der Gebäude. Das Holz ist weiſs und hart, und wird, wegen seiner Zähigkeit, von den Büchsenschäftern und Jägern zu Ladestöcken gesucht.

β) Die Geisblatt-Lonicere. *Lonicera caprifolium Lin.* Dieser bekannte und sehr beliebte Schlingstrauch, der in Italien und im südlichen Deutschland häufig wild wächst, wird bei uns in Gärten gezogen; doch trifft man ihn auch schon wild an.

Die Blumen sind roth, von angenehmen Geruche, und blühen im Juni.

Dieser Gattung der Lonicere, die überhaupt mehr als 20 Arten zählt, bedient man sich vorzüglich zu Lauben und zur Bekleidung der Gebäude. Das Holz ist jedoch wenig zu brauchen.

V. Classe. PENTANDRIA.

1. Ordnung. Monogynia.

a) Die hartholzige Heckenkirsche. *Lonicera hylosteum. Lin.*

Der Heckenkirschbaum wächst in fruchtbaren Laubholzungen, als Unterholz, wo er zu einem mitttelmäſsigen Strauche gedeiht. Er blüht im Mai und ist zu lebendigen Zäunen zu brauchen. Das Holz ist von sehr geringer Stärke, aber weiſs und knochenhart, und wird zu Stöcken angewendet.

b) Der purgirende Wegdorn, oder Kreuzdorn. *Rhamnus cathartica Lin.*

Man findet ihn in Hecken und Feldbüschen, auch am Rande der Bäche und Wiesen, als einen stachelichten Strauch; öfters erscheint er wie ein Pflaumenbaum, besonders in sandigem, aber frischen Boden. Er blüht im Mai und Juni. Aus den reif gewordenen Beeren wird Saftgrün für Maler gemacht. Das Holz ist fest und von einer schönen, spielenden, hellgrauen Farbe, weshalb es, wenn man es von einiger Stärke erlangen kann, zu eingelegten- und Drechsler-Arbeiten gesucht wird. Der Kreuzdorn kann auch zu lebendigen Zäunen gebraucht werden.

c) Der glatte Wegdorn, Pulverholz. *Rhamnus frangula Lin.*

Er wird gröſser, als der vorige, liebt feuchte, schattenreiche Stellen, und wird, so wie der Kreuzdorn, mit Nutzen, zu lebendigen Zäunen angewendet. Er blüht im Mai und Juni.

d) Der Pfefferriesel, Spindelbaum. *Evonymus europaeus Lin.*

Man findet diesen hübschen Strauch gewöhnlich auf gutem Boden, wo er zuweilen bis 18 Fuſs hoch wird, und ein baumartiges Ansehen erlangt. Er blüht in Mai und Juni, zeichnet sich durch seine rothen, fleischigen Beeren, und durch die gelbe Farbe seines Holzes aus. Letzteres ist feinadrig, fest, und wird zu allerhand sauberer Drechsler- und Tischler-Arbeit benutzt. Die Kohlen seines Holzes dienen zum Zeichnen.

e) Der Epheu. *Hedera helix Lin.*

Sein Stengel klimmt und wurzelt an Bäumen, Mauern und Felswänden. Er blüht im September und October. Aus dem schwammigen Holze desselben drechselt man Becher. Zu Lauben und Gartenanlagen wird diese Pflanze häufig gesucht.

2. Ordnung. *Digynia.*

f) Die Ulme oder Rüster. *Ulmus Lin.*

In Schlesien sind von diesem Baume drei Arten vorhanden, die jedoch wenig verschieden sind, nemlich: die Feld-Rüster (*ulmus campestris Lin.*), die Kork-Rüster (*ulmus suberosa Ehrh.*), und die langstielige Rüster (*ulmus effusa Lin.*). In andern Gegenden unterscheidet man die glatte von der rauhen Ulme.

Die Ulme wächst häufig in Laubholzwaldungen, an Hecken und auf Hütungen, und liebt einen leichten, mit etwas Damm-Erde gemischten, nicht zu magern Boden. Sie blüht im April. Man cultivirt sie nicht; sie wird in Laubholzwaldungen, die nach 18 Jahren abgetrieben werden, als Schlagholz benutzt. In diesem Alter liefert sie vortreffliches Stellmacher-Holz. Nach Verlauf von 80 bis 100 Jahren hat die Rüster ein hartes und festes Holz, welches zu allen Maschinen-Stücken, Stellmacher- und Drechsler-Arbeiten und zum Schiffbau vollkommen tauglich ist. Man verfertigt aus ihm die besten Felgen und Wagengestelle, sehr dauerhafte Wasserröhren, Kanonen-Lavetten, und selbst Gewehrschäfte, die jedoch etwas schwer sind. Die Tischler schätzen das Holz der Rüster wegen der schönen Adern und Masern. Als Brennholz ist es vorzüglich gut, doch schwer zu spalten; seine Kohlen sind selbst den eichenen vorzuziehen.

3. Ordnung. *Trigynia.*

g) Der Schneeball. *Viburnum opulus Lin.*

Er wächst nicht selten wild, in Laubholzwaldungen, auf festem lettigen Boden, und wird zur Zierde in die Gärten verpflanzt und auf mancherlei Weise veredelt. Er blüht im Juni. Das Holz ist hart und wird zu Drechsler-Arbeiten gebraucht.

h) Der schwarze Hollunder. *Sambucus nigra Lin.*

Diese Art des Hollunders ist ungemein häufig und in allen Dorfgärten anzutreffen. Er blüht im Mai und Juni. Die weißsen Blüthen und blauschwarzen Beeren dienen, wegen ihrer schweißstreibenden Kraft, als gewisses Hausmittel, und sind officinell. Er wächst oft in dichten Hecken, an den Gebäuden, und ist solchen alsdann durch die Feuchtigkeit, welche er verursacht, nachtheilig; möchte also hie und da etwas vermindert werden. Das Holz vom Stamm-Ende wird zu feinen Drechsler-Arbeiten benutzt.

5. Ordnung. *Pentagynia.*

Der gemeine Flachs, der Lein. *Linum usitatissimum Lin.*

Das südliche Europa wird als das Heimathland dieser so nützlichen, bekannten Pflanze angegeben; jetzt wird sie in Schlesien überall, doch mit sehr verschiedenem Erfolge angebaut. Der beste Flachs wird im Trebnitzer und einem geringen Theile des Oelsner Kreises erzielt; fast von eben der Länge und Güte erlangt man ihn im Glogauer Kreise, bei Quaritz, im Liegnitzer Kreise bei Mertschütz, und in einem großen Theile des Frankensteiner und Münsterberger Kreises. Auch im Jauerschen, Schweidnitzer, Strehlener, Neisser, Neustädter und Leobschützer Kreise wird viel und schöner Flachs erbaut.

Er verlangt einen tragbaren, milden, lehmigen und fleifsig cultivirten Boden, und gedeiht in magern und sandigen Gegenden nicht.

Die blaue Blume des Leins blüht im Juli und August, und schon in dem letztern Monate, oder im September, wird der Flachs gerauft. Der aus den Saamenkapseln geklopfte Saamen heifst Lein, oder Leinsaamen. Nach ökonomischen Grundsätzen säet man den Lein, und erndtet hiervon den Flachs. Der letzere hat im Bauwesen keine sonderliche Bedeutung; doch bedienen sich die Seiler des Flachses, in Gegenden, wo der Hanf mangelt, zu Seilen und Stricken, wobei er jedoch den Nutzen nicht leistet, als der ihm an Zähigkeit und Dauer der Fasern weit vorzuziehende Hanf.

Dagegen ist das aus dem Leinsaamen geprefste Leinöl im Bauwesen von der gröfsten Wichtigkeit. Es wird allgemein, nachdem es zu Firnifs gekocht ist, zum Anstrich einzelner Theile eines Gebäudes, ja selbst der Dächer und äufsern Wände, gebraucht, und leistet für das gefällige Aussehen dieser Gegenstände, und zur Conservation derselben, die besten Dienste.

VI. Classe. HEXANDRIA.

1. Ordnung. *Monogynia.*

a) Der Kalmus. *Acorus calamus Lin.*

Dieses in Schlesien weit verbreitete Schilfgewächs wächst überall in Sümpfen, Gräben, und an feuchten Orten, wo sich seine Wurzeln weit umher im Schlamme ausbreiten. Die Wurzel ist dick, fleischig-schwammig. Sie ist wohlschmeckend, magenstärkend, und daher officinell. Der Kalmus blüht im Juni und Juli. Die schilfartigen Blätter kommen unmittelbar aus der Wurzel, und werden bis 4 Fufs lang; durch dieselben vermehrt sich diese Pflanze ungemein, und kann durch ein Stück Wurzel sehr leicht auf andre Plätze versetzt werden. Der Kalmus wird gewöhnlich, da, wo er in grofser Menge steht, im Spätherbst abgehauen, in Schoben gebunden, deren 8 auf eine Bürde gehen, und zur Deckung der Landgebäude angewendet. Die damit zu bedeckenden Dächer werden 16 bis 18 Zoll weit gelattet, und die Schoben stufenweise, mit dem Stamm-Ende nach unten, durch Strohseile an die Latten befestigt. Ein solches Kalmus-Dach dauert ungefähr 22 Jahr.

b) Der Essigdorn, die Berberize. *Berberis vulgaris Lin.*

Dieser in Laubholzwaldungen vorkommende Strauch giebt gute lebendige Hecken, und nimmt fast mit jedem Boden vorlieb. Er läſst sich durch Saamen, Ableger und Schöſslinge leicht vermehren. Er blüht im Mai und Juni. Die Blüthen sind gelb, und werden von den Bienen stark gesucht; die Rinde ist officinell, und wird zum Färben des Saffians gebraucht; auch giebt sie, auf Holz, eine schöne gelbe Beize. Sein Holz dient zu eingelegter Tischler-Arbeit; die Drechsler verarbeiten es ebenfalls.

VII. Classe. HEPTANDRIA.

Der wilde Kastanienbaum, Roſs-Kastanie. *Aesculus Hippocastanum Lin.*

Dieser schöne und ansehnliche Blüthenbaum stammt aus dem Orient, ist jedoch schon seit langer Zeit in Schlesien einheimisch. Er wird in Baumschulen stark cultivirt, und zu Alleen in Gärten und auf Landstraſsen verpflanzt. Hier verlangt er zu seinem Gedeihen einen frischen, nicht zu magern Boden, und erreicht in 40 bis 50 Jahren eine ansehnliche Höhe und Stärke. Er blüht im Mai und Juni. Sein Holz ist hart und zähe, und kann zu Tischler-Arbeiten sehr gut gebraucht werden. Da ganze Wälder von Roſs-Kastanien nicht vorhanden sind, so wird auch der Baum nicht häufig angewendet; die herrliche Blüthe desselben wird stark von den Bienen gesucht.

VIII. Classe. OCTANDRIA.

1. Ordnung. *Monogynia.*

Der Ahorn oder Ehrenbaum. *Acer pseudo-platanus Lin. Sycamore Maple. Erable blanc de montagne.*

Man unterscheidet von dem Platanen-Ahorn noch den spitzblättrigen Ahorn (*Acer plantanoides Lin.*). Beide Arten finden sich nicht selten wild wachsend, in Laubholzwaldungen, insbesondere in den Berggegenden. Sehr häufig wird der Ahorn, wegen seines schönen Aussehens, in Baumschulen gezogen, und es werden Alleen, in Gärten und Strafsen, damit bepflanzt. Geschlossene Holzungen giebt es nicht; doch ist man hier und da auf seine Cultivirung bedacht, da er zu den vorzüglichsten Strafsenbäumen gehört, und eine Höhe von 40 Fuſs erreicht. Er blüht im Mai.

Im Bauwesen benutzt ihn der Tischler zum Auslegen und Fourniren der Möbel; das weiſse, gefleckte Holz nimmt eine schöne Politur an. Die Drechsler verarbeiten es zu Rollen und Schrauben; auch werden schöne Gewehrschäfte davon gemacht. Nicht minder machen die Instrumentenmacher und Böttcher von diesem Holze guten Gebrauch.

IX. Classe. ERMEANDRIA.

Von dieser Classe werden keine Pflanzen im Bauwesen benutzt.

X. Classe. DECANDRIA.

Auch diese Classe enthält keine Pflanzen, die im Bauwesen Anwendung finden.

XI. Classe. DODECANDRIA.

7. Ordnung. *Dodecagynia.*

Der Hauswurz, die Dachwurzel. *Sempervivum tectorum Lin.*

Man findet sie oft auf Stadtmauern und Dächern, insbesondere auf alten Schoben-Dächern, über die sie sich weit verbreitet und das Eindringen der Nässe in dieselben verhütet, oder erschwert, weshalb man sie auch dort nicht vertilgt, sondern vielmehr als ein Erhaltungsmittel betrachtet.

Die Seitentriebe des Wurzelstocks bilden rosen- oder ranunkelartig geformte kleinere und gröſsere Blattköpfe.

Die Dachwurzel blüht im Juli und August, rosenpurpurfarbig.

Sie pflanzt sich leicht fort, wächst auf sehr geringem Boden, und ist zur Bedeckung der aus Feld- oder Bruchsteinen gemauerten Bewährungen der Dorfkirchhöfe und der Gärten mit Nutzen zu gebrauchen.

XII. Classe. ICOSANDRIA.

1. Ordnung. *Monogynia.*

a) Der Schleedorn. *Prunus spinosa Lin.*

So vielfach dieser Strauch im häuslichen Leben benutzt wird: so kann er doch im Bauwesen nur zu lebendigen Zäunen gebraucht werden. Das Holz desselben ist sehr hart, aber von geringer Stärke. Er blüht im Mai und Juni.

b) Die Vogelkirsche. *Prunus avium Lin.*

Sie wächst zum starken Baume, und liefert ein gutes Tischlerholz. Zu lebendigen Zäunen ist sie ebenfalls zu gebrauchen. Die stark riechenden weifsen Blumen brechen schon in der Mitte des Mais auf, und geben dem Baume ein schönes Ansehen. Die Frucht besteht in Beeren, die erst grün, dann gelb, und bei der Reife roth sind, und welche die Vögel begierig fressen, und wobei sie die Kerne, zur Fortpflanzung des Baumes, wegtragen.

c) Die Traubenkirsche, Ahlkirsche. *Prunus padus Lin.*

Sie blüht im ersten Frühlinge, wächst auf nassem Boden, und das Holz derselben wird zu Flintenschäften und Tischler-Arbeiten verbraucht.

d) Die saure Kirsche. *Prunus cerasus Lin.*

Dieser nützliche Baum ist in den letzten dreifsig Jahren in Schlesien mit grofsem Fleifse cultivirt worden, und man findet eine Menge Communications- oder Feldwege damit bepflanzt. Er nimmt mit dem schlechtesten Boden vorlieb, und Böden, die keinen Grashalm erzeugten, sind neuerdings, mit Erfolg, mit sauren Kirschen bepflanzt worden. Das ältere Holz ist fest, und kann zu Tischler-Arbeiten gut angewendet werden. Die saure Kirsche blüht im April und Mai.

e) Die Krichel. *Prunus insititia Lin.*

Wiewohl dieser Baum durch Veredlung sehr schöne Fruchtformen liefert, so ist man doch eher auf seine Ausrottung bedacht; daher er immer seltner wird. Es blüht im April und Mai. Das Holz ist ziemlich hart und kann zu Tischler-Arbeiten sehr gut benutzt werden.

f) Der gemeine Pflaumenbaum. *Prunus domesticus Lin.*

Er wächst fast in jedem Boden, und wird daher aller Orten angetroffen, wo er sich, auch ohne alle Cultur, gewöhnlich durch Wurzel-Auslaufer fortpflanzt und dann versetzt wird. Er liefert ein ziemlich hartes Holz, welches eine feine Politur annimmt, und in Schlesien häufig von Kunsttischlern zu feinen Arbeiten, oder zum Fourniren der Möbel, benutzt wird. Er blüht im April und Mai. Auch zur Bezeichnung der Wege ist der Pflaumenbaum häufig angewendet worden, und selbst zu den neueren Kunststrafsen; doch ist er immer ein schlechter Strafsenbaum, weil er keine sonderliche Höhe erreicht, und häufig, wenn die jungen Bäume nicht recht sorgfältig in Baumschulen gezogen sind, ein verkrüppeltes Ansehen hat.

2. Ordnung. *Di-Pentagynia.*

g) Der wilde oder gemeine Birnbaum. *Pyrus communis Lin.*

Von diesem stammen die efsbaren Birnensorten, die nur durch den Anbau veränderte Fruchtformen sind. Er wächst in einzelnen Stämmen häufig in Laubholzwäldern, in Gärten, und auf Grenzrainen; auch wohl noch hie und da auf Feldern, wo er, nach den Grundsätzen der neuern Landwirthschaft, ausgerottet wird. Er blüht im Mai. Die Alten cultivirten einzelne auf den Feldern zerstreut stehende wilde Birnbäume, weil sie solche zur Erquickung der Feldarbeiter, und zur Abkühlung und Abwendung der Drehkrankheit der Schafe, bei grofser Sommerhitze, für unentbehrlich hielten.

Der wilde Birnbaum, auch Holzbirnbaum genannt, hat einen sehr langsamen Wuchs, und erreicht eine bedeutende Höhe und Stärke, und ein hohes Alter, wenn ihm Lage und Boden günstig sind, wozu eine lehmig-sandige Erde und ein freier Stand gehört, in welchem er jedoch öfters zur Beute der Sturmwinde wird.

Das Holz desselben hat eine röthliche Farbe, und wird von Drechslern und Kunsttischlern, welche es zum Fourniren der Möbel anwenden, sehr geschätzt. In der Härte und Zähigkeit giebt es dem Holze des Hornbaums nichts nach, und die davon verfertigten Schrauben, zu Öl- und andern Pressen, sollen alle übrigen an Dauer übertreffen. Die Blätter nehmen im Herbst, vor dem Abfallen, eine rothe Farbe an, welches in den Baum-Parthieen einen angenehmen Constrast macht.

Es ist zu bedauern, dafs dieser, wegen der Güte seines Holzes und seines geniefsbaren Obstes, so nützliche Baum, nicht mehr cultivirt, und nicht zu Bepflanzung der Dorfanger und Landstrafsen, nach §. 93. der „Anweisung zu Anlegung der Kunststrafsen, Berlin 1814," angewendet wird.

h) Der wilde oder gemeine Apfelbaum. *Pyrus malus Lin.*

Die Veredlung desselben hat unsre geniefsbaren Aepfelsorten gegeben. Das Holz des wilden Apfelbaums ist sehr fest, und nimmt eine vorzüglich schöne Politur an. Es hat eine gelbliche, wellenförmig gemaserte Farbe, und wird in der neuesten Zeit zum Fourniren der Möbel gebraucht. Der Baum blüht im Mai.

i) Die Eber-Esche. *Pyrus ancuparia Lin.*

Ein in Schlesien sehr beliebter Baum, der auf leichtem, milden, mit Damm-Erde vermischten Boden gut fortkommt, und zu den schönsten Strafsenbäumen gehört. In der Technik wird er noch zu Essig und andern Nutzungen gebraucht. Die Eber-Esche blüht im Mai, wächst langsam, und erreicht keine bedeutende Höhe, hat aber ein sehr gutes Aussehen; was im Herbst durch die rothen Beeren noch vermehrt wird. Sie wächst sehr häufig in Hecken und Laubholzwaldungen, bedarf aber, wenn sie an Landstrafsen versetzt wird, zu ihrem Gedeihen mancher Pflege. Am Stock erzeugen sich Wurzeltriebe, oder Räuber, die das Wachthum des Baumes verhindern; auch ist die Eber-Esche sehr dem Raupenfrafse unterworfen. Man findet in hiesiger Gegend Stämme, die 30 Fufs hoch sind, und 14 Zoll im Durchmesser haben.

k) Die weidenblättrige Spier-Staude. *Spiraea salicifolia Lin.*

Sie wächst in feuchten Waldungen und an Bächen, besonders in den Gebirsgskreisen, hat gelbbraune Aeste, und wird häufig zur Zierde der Gärten und zu lebendigen Zäunen angepflanzt. Sie blüht im Mai und Juni.

l) Der Dornen-Mispel, Weifsdorn, Mehlbeerenbaum. *Mespilus oxyacantha Lin.*

Man trifft ihn in allen Laubholzwäldern wild an, wo er sich, bald in der Gestalt eines Strauches, bald eines mäfsigen Baumes, zeigt. Er blüht im Mai, verlangt einen guten, fruchtbaren Boden, und lebt den Schatten unter hohen Bäumen, Eichen, Buchen u. s. w., wo er oft den gröfsten Theil des Unterholzes ausmacht. Bei seinem langsamen Wachsthume muſs er ein hohes Alter erreichen, ehe das Holz eine namhafte Stärke erlangt. Dann aber hat es eine auſserordentliche Festigkeit und Dauer, und wird zu Kämmen in Mühlrädern, zu Drillingen, Dreschflegelkloben, Hämmern und Axthelmen verarbeitet.

Vorzüglich ist der Weiſsdorn zu lebendigen Zäunen nützlich, zu welchem Zweck er sicher empfohlen werden kann, indem er hier allen Forderungen entspricht, und der Zaun in wenigen Jahren fast undurchdringlich fest wird. Bei Anlegung solcher Zäune pflanzt man hier, 2 Fuſs vom alten Bretterzaune entfernt, und innerhalb desselben den Weiſsdorn, und hält ihn, 4 Fuſs hoch und 2 Fuſs breit, unter der Scheere. Nach Verlauf von 4 Jahren kann der Bretter-Zaun weggenommen werden, und der lebendige Zaun vertritt seine Stelle.

XIII. Classe. POLYANDRIA.

Die Linde. *Tilia Lin.*

Sie blüht im Juli. Von den in Schlesien vorkommenden Arten dieses Baumes, die jedoch wenig verschieden und schwer zu unterscheiden sind, bemerken wir: *a*) die Winter-Linde, Kleinblättrige Linde. *Tilia parvifolia.* *b*) Die Sommer-Linde, Groſsblättrige Linde. *Tilia vulgaris.* *c*) Die weiche Linde. *Tilia pauciflora.* Diesem herrlichen, in sandigem Boden wachsenden Baume, der in der Ökonomie zur Bienenzucht so wichtig ist, kann auch eine vortheilhafte Benutzung beim Bauwesen nicht abgesprochen werden. Wiewohl es hier keine geschlossene Waldungen von Linden, wie in Litthauen und Ruſsland, giebt, so trifft man doch überall Linden, in magern und fetten Gegenden, in Gärten, Höfen, an den Landstraſsen und in Laubholzwaldungen, sehr häufig an. Die Linde wird erst in 100 Jahren ein vollkommener Baum, und giebt in der Höhe und Stärke, die sie erreicht, der Eiche und Buche nichts nach. Das Holz ist jedoch weich. Die aus den starken Stämmen geschnittenen Nutzhölzer werden von den Bildhauern zu Schnitzwerk, und von den Maschinenbauern zu Modellen und kleinen Maschinen gebraucht. Die Tischler schätzen die Lindenbretter sehr, und verarbeiten sie zu Möbel; die Orgelbauer machen davon Windladen. Auf der Linde, Buche und dem Apfelbaume, lebt die Raupe des Lindenbohrer (*Pha-*

laena Aesculi Lin.). Sie bohrt sich in den Stamm ein, und verwandelt sich darin. Findet man Löcher in Linden-Brettern, so sind sie diesem Insecte zuzuschreiben.

Das Gewicht des Lindenholzes ist 0,604.

Die XIV. Classe, DIDYNAMIA: die XV. Classe, TETRADYNAMIA und die XVI. Classe, MONADELPHIA, enthalten keine in Schlesien wildwachsenden Pflanzen, welche im Bauwesen gebraucht werden.

XVII. Classe. DIADELPHIA.

3. Ordnung. *Polyandria.*

Die Acazie. *Robina pseudo-Acacia Lin.*

Die gemeine Robinie, oder unächte, aus Nord-Amerika stammende Acazie, wird bei uns allgemein Acazie genannt. Die ächte, nur zwischen den Wendekreisen heimathliche Acazie, findet man, als exotisches Gewächs, hie und da in Treibhäusern. Die unächte, von der hier die Rede, ist in Schlesien, durch fleifsigen Anbau in Gärten und Gebüschen, ganz einheimisch geworden und fast verwildert. Sie gedeiht auf leichtem, sandigen Boden, wie auf fruchtbarem Gartenlande, und vermehrt sich durch ihren schotenartigen Saamen, ohne Beihülfe. Sie wird als Strauch oder als Baum gezogen, wächst schneller, als jede andere Holzart, und erreicht in 20 Jahren eine Höhe von 40 Fufs und eine Dicke von 12 Zoll im Durchmesser des Stamm-Endes.

Die Acazie treibt langsamer, und später, als alle übrigen Bäume. Wenn die ganze Natur ihre Frühlingspracht schon entwickelt hat, entkeimen erst ihre Blätter; doch sieht man schon im Mai ihre weifsen, wohlriechenden, traubenartigen Blüthen, und ihr Laub entfällt im Herbst erst, wenn bereits die meisten Laubhölzer entblättert dastehen.

Durch das Pfropfen zieht man noch die rothblühende (*Robinia hispida*), die gelbblühende, und die Robinie mit klebrigen Zweigen (*Robinia viscosa*).

Diese Arten tragen zur Verschönerung der Baum-Parthieen in Gärten ungemein viel bei, und erfreuen das Auge durch ihre wohlriechenden, weifsen, rothen und gelben Blüthen.

Nur die weifsblühende Acazie ist jedoch in Schlesien einheimisch zu nennen, und erreicht eine bedeutende Höhe und Dicke, und ein Alter von mehr als 50 Jahren. Das specifische Gewicht des Holzes ist mir nicht bekannt; doch gehört es zu den leichtesten und weichsten. Es ist starkem Zusammentrocknen, Aufreifsen und Werfen unterworfen, und findet daher im Bauwesen wenig Anwendung. Auch als Brennholz hat es wenig Werth.

Die Acazie läfst sich an Spalieren leicht ziehen, und zur Bekleidung einer Wand von 20 Fufs Höhe und Breite ist ein einzelner Baum hinreichend. So zieht man sie, vielleicht zum Nachtheile der Gebäude, nicht selten an der Aufsenseite der Häuser in kleinen Provinzial-Städten. Zur Bepflanzung der Landstrafsen, wenn sie hoch genug versetzt wird, zu lebendigen Zäunen, die unter der Scheere gehalten werden müssen, und bei Lattenverzäunungen, die man leicht und schnell in dichte Laubwände verwandelt wissen will, ist die Acazie mit Nutzen zu gebrauchen.

Die XVIII. Classe, POLYADELPHIA: die XIX. Classe, SYNGENESIA, und die XX. Classe, GYNANDRIA, enthalten in Schlesien keine Gewächse für das Bauwesen.

XXI. Classe. RONOECIA.

2. Ordnung.

a) Die Erle oder Else. *Betula alnus Lin.* *Common alder-Tree.*

Man unterscheidet die Roth-Erle, die klebrige Erle (*alnus glutinosa Wild.*), und die Grau-Erle (*alnus incana Wild.*).

Sie kommt in Schlesien häufig vor; doch nicht auf Bergen und an trockenen Stellen, sondern nur in Niedrungen, an den Ufern der Bäche und Teiche, in Brüchen und Sümpfen. Es giebt ausgedehnte Erlenwaldungen (Erlenbrüche), vorzüglich im Trachenberger, Guhrauer und Glogauer Kreise, und an den Ufern der Neifse, Malapane, Weide und anderer Flüsse. Gewöhnlich werden die Erlenholzungen alle 18 oder 20 Jahre abgetrieben, und schlagen dann aus dem Stocke wieder aus, wie die Birke. Dieser Baum erreicht, mit schnellem Wachthume, eine bedeutende Höhe; doch findet man nur selten Stämme von 60 Fufs Höhe und 20 Zoll Durchmesser, deren Alter jedoch nicht über 50 Jahr anzunehmen ist.

Das Erlenholz ist ziemlich hart, im Wasser fast unvergänglich, bei abwechselnder Nässe und Trockenheit aber dem schnellen Verderben oder Verstocken unterworfen; auch wird es vom Bohrkäfer häufig angegriffen.

Wegen dieser Eigenschaften dient es am besten zu Grundbauen, Pfahlrosten, Wasserröhren, Brunnenkränzen, und zu allen Gegenständen im Bauwesen, die einer fortdauernden Nässe ausgesetzt sind. Den Brunnen-Einfassungen von Erlenholz macht man jedoch den Vorwurf, daſs das Wasser davon einen unangenehmen Geschmack annimmt. Man bedient sich seiner mit Nutzen auch zum Ausbohlen und zu den Decken der Ställe, wo es sich viel dauerhafter zeigt, als das kieferne und fichtene Holz. In Garnison-Pferde-Ställen hat man neuerdings das Erlenholz zum Auspflastern der Fuſsböden genommen. Man theilt die 3 Fuſs langen Kloben in 4 Theile, zu 9 Zoll lang, und setzt damit den Fuſsboden aus, welcher gut gerammt werden muſs. So haltbar dieses Pflaster auch gewissermaſsen ist, so wird es doch nicht mehr gemacht, weil es in kurzer Zeit nachtheilig glatt wird, so, daſs die Pferde darauf ausgleiten, fallen, und lahm werden. Zur Ausfutterung der Eiskeller leistet das erlene Holz ebenfalls gute Dienste. Fast die meisten Tischler-Arbeiten werden aus dem röthlich aussehenden Erlenholze gemacht. Die Stellmacher verarbeiten es zu Schlittenkufen und zu andern Wagen-Arbeiten. Auch bedienen sich seiner die Drechsler. Die Rinde, gleich nach dem Fällen des Baums, wird von Färbern und Hutmachern benutzt.

Dieser höchst nützliche Baum, der auch ein gutes Brennholz liefert, bedarf nur einer geringen Cultivirung, indem er sich fast selbst fortpflanzt. Unsre geregelte Forstverwaltung verbürgt uns eine allgemeine und sorgfältige Erhaltung desselben.

b) Der Haselstrauch. *Corylus avelana Lin.*

Dieser bekannte, nutzbare Strauch wächst überall, in gutem und leichtem Boden, und gewöhnlich in Laubholzwaldungen, als Unterholz, wo er alle 15 Jahr abgetrieben wird. Sein Holz ist hart und zähe, und wird vorzüglich von den Böttchern zu Faſsbändern gebraucht. Auch liefert er Reiſskohlen zum Zeichnen. Er blüht im März.

c) Die Weiſsbuche oder Hornbaum. *Carpinus betulus Lin.*
The horn beam-Tree. La charmilla.

Dieser herrliche Baum, der fälschlich den Namen Weiſsbuche führt, ist von der sogenannten Rothbuche, in den eigenthümlichen Unterscheidungszeichen der Pflanzen: den Blüthen, Schuppen, Staubgefäfsen und Staubbeuteln, so bestimmt verschieden, dafs er eine eigene, für sich bestehende Gattung bildet. Selbst die Form der Blätter und Frucht verstatten keine Beziehung oder Ähnlichkeit mit der Buche, die man irrthümlich für eine Abart hält.

Der Hornbaum blüht im Mai, verlangt zu seinem Gedeihen einen frischen, milden und lehmigen Boden, der eher zu fest als zu locker sein darf, und je fruchtbarer, um so besser ist. Auf hohen Gebirgen wächst der Hornbaum nicht, und eben so wenig in feuchten Gründen.

Er wächst langsam, erreicht eine bedeutende Höhe, von 60 bis 70 Fufs, eine Dicke von 3 Fufs, und seine Vollkommenheit in 150 Jahren.

Der Hornbaum liefert das beste Brennholz, welches vortreffliche Kohlen giebt und eine Festigkeit und Härte erlangt, die fast die aller übrigen Hölzer übertrifft, der des Ebenholzes fast gleich kommt, und die herrlichste Politur annimmt. Es taugt daher zu allen Gegenständen, die eine besondre Härte und Zähigkeit erfordern, wie sie selbst das Eichenholz nicht gewährt. Beim Maschinenbau wird das Holz vorzugsweise zu Schrauben, Rollen, Scheiben und Kloben gebraucht. Im gemeinen Leben nimmt man es zu Axthelmen, Dreschflegeln, Schlegelköpfen, Keilen, Rollplatten u. s. w. Die Drechsler und Stellmacher bedienen sich seiner am meisten.

Sein Gewicht ist 0,755 bis 0,805.

d) Die Buche, Rothbuche. *Fagus sylvatica Lin. Thee beesh Tree. Le hêtre, le fau, le fouteau.*

Die Buche, welche in Schlesien den Namen Rothbuche führt, kommt häufiger und allgemeiner vor, als der Hornbaum. Man findet geschlossene Buchenwälder von grofser Ausdehnung: am Annaberge, im Grofs-Strehlitzer Kreise, bei Moschwitz und Heinrichau, im Frankensteiner Kreise, im Trebnitzer, Wartenberger und Trachenberger Kreise, in der Nähe der Weistritz und anderer Flüsse. Die Buche blüht im April und Mai. Sie liebt einen milden Mittelboden, in frischer und kühler Lage. Das Holz ist röthlich; daher der Name Rothbuche. Es ist hart, nimmt aber keine sonderliche Politur an. Die Buche wächst auf Bergen und in Thälern, erreicht in 120 Jahren ihre Vollkommenheit, und dient vorzüglich zu Stellmacher-Arbeiten, Maschinen- und Mühlenbauen.

Die Radfelgen werden, so wie die Kämme und Hebedaumen in den Mühlen und Stampfwerken, aus Buchenholz gemacht. Sehr viele Zinsmüller haben in ihren Kaufbriefen die Verschreibung: jährlich von ihrem Zinsherrn eine Buche zu Schirrholz zu empfangen.

Die Buche liefert besseres Brennholz, als die Eiche, und die besten Kohlen; doch taugt das Holz, so hart es ist, zu Gegenständen, wo es abwechselnde Nässe und Trockenheit auszustehen hat, gar nicht, indem es leicht fault und vom Wurm ergriffen wird.

Sein Gewicht ist 0,600 bis 0,854.

d) Die Eiche. *Quercus Lin.*

Von den 76 verschiedenen Arten dieses über den ganzen Erdball verbreiteten Baumes, worunter mehrere hier in Conservations-Häusern erhalten werden *), besitzt Schlesien die Steineiche (*Quercus robur Lin.*), und die gemeine Eiche oder Masteiche (*Quercus pendunculata Lin.*). Die erstere hat härteres Holz, als die letztere, und wirft die welken Blätter im Winter nicht ab, sondern behält sie bis zum Frühlinge, wo sie durch neue verdrängt werden; im übrigen sind sie wenig verschieden.

Die Eiche blüht im April und Mai. Man findet sie, mit Ausnahme der Gebirgsgegenden und der Sandschellen, überall verbreitet, doch vorzugsweise in der Nähe der Flüsse: der Oder, Neisse, Bartsch, Ohlau und Weistritz, wo sie geschlossene, zusammenhängende Waldungen bildet. Die ausgedehntesten Eichenwälder sind die bei Grofs-Stein, Peisterwitz und Leubus an der Oder.

Wegen der Härte und Dauerhaftigkeit seines Holzes hat dieser Baum im Bauwesen grofsen Werth. Es sind an ihm folgende Eigenschaften zu bemerken.

1. Die Eiche wächst sehr langsam, wird erst nach Verlauf von 200 Jahren zum vollkommnen Baume, und erreicht ein Alter von mehr als 1000 Jahren; aber, schon ehe sie 300 Jahr alt ist, wird sie, mit seltner Ausnahme, am Stamm-Ende kernfaul, und endlich ganz hohl. Dieser Fehler bleibt ihr selbst dann eigen, wenn sie jünger, vollkommen gesund, und im ganzen Stamme verarbeitet wird. Das Holz fault von Innen heraus, und

*) S. Fr. Gottl. Dietrichs Lexicon der Gärtnerei und Botanik. Theil 8. p. 6.

dauert nicht so lange, als wenn es getrennt verbraucht wird. Hieraus ist beim Gebrauche des eichenen Holzes die Regel entstanden, dafs es getrennt werden mufs, wenn es längere Dauer haben soll; doch entsteht daraus wiederum der Nachtheil, dafs es sich dann leichter wirft; daher das Trennen auch sehr bald seine Grenzen hat. Werden freistehende Säulen aus eichenem Holze gemacht, so wird ihre Dauer vermehrt, wenn man den Kern ausbohrt.

2. Sie liebt tragbaren, frischen, und feuchten Boden, und gedeiht auf sandigem, steinigen Lande und auf hohen Bergen nicht. Die Stein-Eiche läfst sich eher eine rauhere und höhere Gegend gefallen, und man wird auch zuweilen auf den sandigsten Stellen durch eine Stein-Eiche überrascht; doch wird sie immer ein unvollkommnes und verkümmertes Aussehen haben.

Erfordern es die Umstände, dafs Eichenwaldungen durch tiefe Gräben entwässert werden müssen: so werden die Eichen wipfeldürr, und ihr Wachsthum ist zu Ende.

3. Das eichene Holz dauert in abwechselnder Nässe und Trockenheit länger, als jede andere Holz-Art; daher man es zu Brücken- und Wasserbauen vorzugsweise benutzt. Wird es in fortdauernde Nässe gebracht, so ist es fast unvergänglich.

4. Das eichene Holz wird im Wasser schwärzlich, und oft, in der Länge der Zeit, so schwarz, wie Ebenholz, ohne an Härte zu verlieren; dann brauchen es die Tischler zu eingelegten Verzierungen der Möbel.

In neuen, mit eichenen Kasten verschränkten Brunnen, färbt sich das reinste Quellwasser, im ersten Jahre, grau, oder bläulich, und sieht trübe und faulich aus. Man wird daher geneigt zu glauben, dafs man einen reinen Wasserquell nicht gefunden habe, wird aber hierüber eines Andern belehrt, da das Vieh das Wasser gern trinkt. Ein Jahr ist zur Auslaugung eines solchen Brunnenkastens nothwendig: dann wird das Wasser ausgeschöpft, worauf reines Quellwasser zum Vorschein kommt.

Die Kennzeichen: ob ein stehender eichener Stamm vollkommen gesundes Holz geben werde, sind folgende. Der Stamm mufs nicht wipfeldürr oder zopftrocken sein; die Rinde mufs sich nicht von selbst ablösen; ferner müssen im Sommer nicht hie und da gelbe Blätter zu sehen und beim Anklopfen mit umgekehrter Axt mufs kein dumpfer Schall wahrzunehmen sein; auch müssen die Wurzeln beim Aufgraben frisch und gesund und nicht modrig aussehen. Das Gegentheil davon beweist, dafs der Baum krank, kernfaul oder hohl, wurmfressig oder anbrüchig ist. Eben so verrathen erhabene Adern auf der Oberfläche die sogenannte Eiskluft, und Beulen oder Rosen am Stamm-Ende sind Zeichen, dafs abgefaulte Äste überwachsen sind.

Es wird zwar behauptet, dafs das im Sommer gehauene und geschälte eichene Holz nicht so dauerhaft sei, als das im Winter gefällte; doch ist diese Behauptung irrig, indem die Erfahrung lehrt, dafs das erstere dem letztern an Härte und Festigkeit nicht nachsteht und eben die Dauer gewährt. Es ist aber jedenfalls nothwendig, gleich nach dem Fällen, in der Saftzeit, die Rinde, welche in der Lederfabrication von so grofsem Nutzen ist, abzulösen; sonst behält das Holz immer den Nachtheil, dafs es leicht aufreifst, oder nach dem Schneiden sich wirft, und der Splint sich nicht glatt hobeln läfst, sondern rauhere Fasern zeigt, als das im Winter abgetriebene eichene Holz. Eichene Bohlen: sie mögen aus im Sommer oder im Winter gefällten Holze geschnitten sein, sind dem Aufreifsen unterworfen, wenn sie vor dem Gebrauche zu sehr der Sommerhitze, oder der freien Einwirkung der Luft ausgesetzt werden. Sie müssen daher immer in Schuppen, oder an andern schattigen Plätzen, ausgetrocknet werden.

In Gegenden, wo ehedem das eichene Holz in grofsem Überflusse vorhanden war, trifft man noch einzelne, ganz aus eichenem Holze erbaute Wohn- und Wirthschafts-Gebäude an, welche sehr lange gedauert haben, ungeachtet das Holz zu Balken und Sparren, überhaupt zum Dachverbande, zu schwer ist, und besondere Vorsichtsmaafsregeln bei der Anwendung bedarf. Daher baut man auch nicht mehr die Gebäude ganz aus eichenem Holze.

Man bedient sich des eichenen Holzes vorzugsweise auf folgende Weise.

Beim Landbau: zu den Schwellen hölzerner Gebäude, zu Dielen-Unterlagern, zu Friesen der Dielen, zu Thürzargen, zu Wangen und Stufen der Freitreppen, auch wohl zu Treppen im Innern der Gebäude; zu Krippen, Wassertrögen und zur Ausbohlung der Viehställe. Krippen von zweizölligen eichenen Bohlen dauern, wenn mit Branntweinschlempe gefuttert wird, nicht länger als 7 bis 8 Jahr; sonst 20 Jahr. Ferner zu Bohlentennen der Scheunen, zu Kippsäulen der Zäune: überhaupt zu allen

Gegenständen, welche abwechselnde Nässe und Trockenheit erleiden müssen, oder eine besondere Festigkeit und Härte erfordern.

Beim Brückenbau wird das eichene Holz, wo es in der Nähe zu haben ist, zum ganzen Bau genommen; wo es seltner und theurer ist, sucht man wenigstens die Pfähle von diesem Holze zu machen.

Beim Wasserbau bedient man sich fast ausschliefslich des eichenen Holzes. Das kieferne Holz wird nur zu denjenigen Theilen gebraucht, welche wegen trockener Lage die Anwendung desselben noch am ehesten gestatten. Spundwände werden gewöhnlich aus kiefernem Mittelbauholze gemacht. Die Thore an steinernen Schiffschleusen, so wie die Griffwerke der Schleusen, die Fach-, Sohl- und Fudelbäume an sämmtlichen Wasserwerken, die Grundrinnen, Markpfähle, Wasserkegel u. dgl. werden unbedingt aus eichenem Holze gemacht.

Beim Maschinen-Bau nimmt man es zu den Wasserrads-Wellen. Die Dauer einer Wasserrads-Welle von fichtenem oder kiefernem Holze ist auf 10, von eichenem Holze auf 20 Jahre anzunehmen. Zu den Angewellen, Armen und Pfosten der Kamm- und Wasserräder. Die Dauer eines Wasserrads ist 10 höchstens 15 Jahre; aufserdem bedarf solches noch jährlicher Reparaturen an den Schaufeln und Futterbrettern. Zu Tragebänken, Getriebscheiben und Büchsen: zu Stampfströgen und Pressen. Bei den Bockwindmühlen wird der Ständer, der ganze Bockstuhl und die Welle aus eichenem Holze gemacht. Zu einem gehenden Werke mufs ganz ausgetrocknetes Holz genommen werden, auch zu denjenigen Theilen, welche von der bewegenden Kraft am meisten angegriffen werden, oder die den meisten Widerstand zu leisten haben, mithin gröfsere Härte und Festigkeit erfordern, eichenes Holz.

Beim Schiffbau braucht man das eichene Holz zum vollständigen Bau der gröfsern Fahrzeuge, mit Ausnahme des Mastbaums; bei Booten, Fischerkähnen, oder kleinern Fahrzeugen werden höchstens die Prangen aus eichenem, das übrige wird aus kiefernem Holze gemacht.

Die Tischler verarbeiten jetzt sehr wenig eichenes Holz, indem nicht wie ehedem alle Möbel davon gemacht werden.

Auch die Stellmacher vermeiden den Gebrauch desselben, wegen seiner Schwere, wenn irgend noch andere taugliche Schirrhölzer zu erlangen sind.

Dagegen wird es von den Böttchern um so begieriger gesucht, und zu allen gröfseren Brau- und Brennerei-Gefäfsen, Malz und Kühlstöcken, überhaupt zu allen grofsen Bottichen, Zubern, Tonnen, Wannen u. s. w. verarbeitet. Der Boden der grofsen Bottiche wird stets aus kiefernem Holze gemacht. Nach der Regel mufs solcher allemal, nach seiner ganzen Stärke, in die Dauben (Taufeln) eingelassen werden. Man prüft den schlecht gewordenen Zustand eines freistehenden Bottichs leicht, wenn man, von unten, mit der Hand zu entdecken sucht, ob der Boden, in der Verbindung mit den Dauben, verfault ist. Gewöhnlich findet sich die verfaulte Stelle da, wo der Bottich hingeneigt ist, oder an dem tiefsten Puncte desselben. Kann das Gefäfs nicht dadurch hergestellt werden, dafs man einige neue Dauben einsetzt, so wird der Bottich gestürzt; das heifst: die Dauben werden umgewendet, so, dafs der untere Theil nach oben kommt. Stark angefaulte Dauben müssen durch neue ersetzt werden, alle aber müssen einen neuen Falz bekommen. Ist der Boden, da, wo er in die Dauben eingelassen, ebenfalls angefault, so mufs er neu abgerichtet werden, wodurch dann das Volumen des Gefäfses etwas vermindert wird; doch können auf diese Weise sehr schlecht gewordene Bottiche wieder in brauchbaren Zustand versetzt werden.

Der nachtheiligste Feind der Eiche ist die Raupe der Aprileule (*Phalaena Noctua Apriliana*). Sie findet sich im Monat April ein, ist aschgrau und braunscheckig, und frifst das junge Frühlingslaub so rein ab, dafs ganze Eichenwälder wieder in den winterlichen Zustand zurücktreten. Im Juli schlagen die Bäume zwar wieder aus; doch werden sie immer in ihrem Wachsthume gestört.

Auch die Raupe des Eichenschmetterlings (*papilio quercus Plebei rural*), von brauner Farbe, hält sich auf der Eiche auf.

Eben so giebt es mehrere Käfer-Arten, die dem Eichenholze nachtheilig sind. Durch den bekannten Juliuskäfer (*Scarabaeus Fullo Lin.*), der braun und mit weifsen Flecken gleichsam marmorirt ist, werden die Eichen, in den Jahren, wo er häufig vorhanden, ganz abgefressen. Häufig bemerkt man Bohrlöcher an Eichenstämmen, oder in den daraus getrennten Schnitthölzern, welche bis zu 3 Linien im Durchmesser haben. Man schreibt sie dem Gerber (*Cerambix coriarius Lin.*) zu, der sich in der Rinde dieses Baumes verwandelt, und dessen Larve sich dann tief einfressen soll. Er gehört zu den Bockkäfern; sein Kopf und Brustschild sind schwarz und seine ganze Oberfläche ist narbig oder lederartig. Bisweiweilen sieht man noch diesen Käfer auf der Rinde der Eichen kriechen. Noch ist des holzfressenden Wanzenkäfers (*Cantharis navalis Lin.*) zu gedenken. Dies ist der Käfer, dessen Larve, oder Wurm, dem Eichenholze auf den Schiffswerften so großsen Schaden zufügt. Er ist nicht viel größer als eine Stubenfliege, aber seine Larve ist einen Zoll lang, ganz weich und nicht viel dicker als ein Bindfaden. Die Wurmlöcher haben die Stärke einer Taubenfeder, und gehen von aufsen quer in den Stamm: bis in den Kern. So wie die Larve größer wird, werden auch die Löcher immer weiter; das Wurmmehl läſst sie hinter sich, zur Wärme im Winter; im Frühling aber verzehrt sie das Wurmmehl, um einen freien Ausgang zu haben. Sie verwandelt sich im Holze und kriecht als Käfer aus. Nicht selten wird man die Bohrlöcher in eichenen Bohlen gewahr.

Das Eichenholz ist unter den inländischen Hölzern das schwerste; doch verschieden schwer am Stamme oder Zopf-Ende: frisch, oder trokken. Das specifische Gewicht wechselt zwischen 0,618 und 1,200, oder zwischen 40 und 79 Pfund der Cubic-Fuſs.

Eine Vergleichung des Gewichts der gewöhnlichsten Bauhölzer und der Bruchsteine ist folgende.

Nach Eytelwein und Gmelin ist das specifische Gewicht

der Pappel . . .	0,383	bis	0,537,
der Kiefer . . .	0,400	-	0,570,
der Birke . . .	0,580	-	0,702,
der Ulme . . .	0,600	-	0,742,
der Buche . . .	0,600	-	0,854,
der Esche . . .	0,725	-	0,845,
des Hornbaums .	0,755	-	0,805,
der Eiche . . .	0,618	-	1,200.

Das Gewicht der gewöhnlichsten Bauhölzer liegt mithin zwischen 0,388 und 1,200, oder zwischen 25 und 79 Pfd. Preuſsisch. Das Gewicht der Bruchsteine ist:

Sandstein . .	1,933	bis	2,980,
Basalt . . .	2,014	-	3,310,
Kalkstein . .	2,073	-	2,860,
Porphyr . .	2,395	-	2,793,

Jaspis . . .	2.564	bis	2,600,
Marmor . .	2,722	-	2,851,
Granit . . .	2,529	-	3,289,
Thonschiefer .	2,670	-	3,510.

Das Gewicht der gewöhnlichsten Bruchsteine fällt mithin zwischen 1,933 und 3,500, oder zwischen 127 und 178 Pfd. Preufs.

Zur Berechnung der Ladung von Bau-Fuhren theile ich hier noch einige Data aus meinen Erfahrungen mit.

1. Beschlagene eichene Hölzer.

Eine 18 F. lange, 2 Z. starke Bohle, 12 Z. breit, hat 3 C.-F., wiegt 180 bis 200 Pfd.
- 18 - - $2\frac{1}{2}$ - - - - - - - $3\frac{3}{4}$ - - 225 - 250 -
- 18 - - 3 - - - - - - - $4\frac{1}{2}$ - - 270 - 300 -
- 18 - - 4 - - - - - - - 6 - - 360 - 400 -
Ein 18 F. langes, 4 Zoll starkes Dielenlager hat . . 2 C.-F., wiegt 120 bis 132 Pfd.
Ein 18 F. langes, 5 Zoll starkes Holz hat . . . . . 3 C.-F., wiegt 180 bis 200 Pfd.
- 18 - - 6 - - - . . . . . $4\frac{1}{2}$ - - 270 - 300 -

2. Unbeschlagene eichene Hölzer.

18 F. lang, 14 Z. im Durchmesser stark, hat $19\frac{1}{4}$ C.-F., wiegt 1155 bis 1270 Pfd.
18 - - 16 - - - - - - 26 - - 1560 - 1700 -
18 - - 18 - - - - - - $32\frac{1}{4}$ - - 1935 - 2100 -
18 - - 20 - - - - - - $39\frac{1}{2}$ - - 2350 - 2580 -
18 - - 22 - - - - - - $48\frac{3}{4}$ - - 2820 - 3140 -
18 - - 22 - - - - - - $57\frac{1}{2}$ - - 3450 - 3800 -

Auf eine zweispännige, gedungene Bau-Fuhre kann man 12 bis 18 Centner, mithin durchschnittlich 15 Centner, oder 1650 Pfd.: auf eine vierspännige 18 bis 28 Centner, durchschnittlich 23 Centner, oder 2530 Pfd.: auf eine sechsspännige 28 bis 36 Centner, durchschnittlich 32 Centner, oder 3520 Pfd. Preufs. rechnen; woraus sich die Ladungen von eichenen Bauhölzern finden lassen.

Eine Klafter eichenes Schnitt-Holz, von 108 Cub.-Fufs, wird höchstens zu 72 Cub.-Fufs Holz und 38 bis 40 Centner angenommen.

Bei Werths-Ausmittlungen rechnet man in Schlesien 3 zweispännige Fuhren 2 vierspännigen gleich.

Der Preis des eichenen Holzes ist sehr verschieden, und steigt von $2\frac{1}{2}$ bis 6 Sgr. der Cub.-Fufs.

e) Die Birke. *Betula alba Lin. Common white Birch-Tree. Le bouleau.*

Die **Trauerbirke** (*betula pendula Lin.*) und die **kleinblättrige Birke** (*betula microphylla Lin.*) sind bloſse Abarten der bei uns durchaus einheimischen Birke. Dieser schöne Baum, dessen zartes Grün zuerst den Frühling schmückt, wird überall in Laubholzwaldungen, auf Bergen und in Thälern, angetroffen. An vielen Orten hat man, an der Stelle der abgeholzten Kiefern oder Fichtenwaldungen, Birken cultivirt, weil sie schon in 20 Jahren wieder haubar sind, und nach so kurzer Zeit schon gutes Brennholz liefern. In mehreren Kreisen, z. B. im **Trebnitzer**, findet man ausgedehnte Birkenwaldungen. Die Birke blüht im April und Mai. Sie gedeiht auf ganz unfruchtbarem, sandigen Boden, auf Bergrücken und Felsen, und pflanzt sich sehr leicht durch Besaamung fort. Auch gehört sie zunden lebendigen Hölzern, die aus dem Stocke treiben und ohne Ausrodung nicht vertilgt werden können.

Sie wächst schnell, erreicht in 40 Jahren ihre Vollkommenheit und eine Höhe von höchstens 40 Fuſs. Gewöhnlich wird sie jedoch viel niedriger gefunden.

Das Holz ist zähe und mittelmäſsig hart, und giebt ein vortreffliches Brenn- und Kohlenholz.

Im Bauwesen benutzen insbesondere die Tischler das Birkenholz, wenn es gelb und braun geflasert ist. Die Gutsbesitzer lieben, die Möbel in ihren Zimmern von diesem auf ihrem eigenen Grunde wachsenden Baume zu haben.

In englischen Gärten macht man Bänke aus unbearbeitetem Birken-Astholz, welches wegen der weiſsen Farbe gut gegen das dunkle Grün der Baum-Parthien absticht.

Die Stellmacher bedienen sich des Birkenholzes zu Deichseln, Rungen, Leiterbäumen, Radfelgen, und zu vielen Arten von Schirrarbeiten.

Im Mühlenbau wird es häufig zu den Stöcken der Drehlinge, zu Keilen und Hebebäumen gebraucht. Die Böttcher machen daraus Bänder und Reifenstäbe; auch wird es zu Zaunruthen und Besen-Reiſsig viel gebraucht.

In Italien ist dieser schöne Baum nicht einheimisch; dort dient er zur Zierde der Gärten.

Auf der Birke lebt die Raupe des **Grünflügels** (*Phalaena Geometr. Papilionaria*); auch der **Birkenkäfer** (*Bubrestis virialis*). Der letztere ist von roth-kupferglänzender Farbe.

Das Gewicht des Birkenholzes ist 0,580 bis 0,702.

So wie die birkenartigen Gewächse (*betulinosae*), zu welchen die Birke gehört, einen besondern Abschnitt der 21. Classe des Linnéeschen Systems bilden: so folgt ihnen ein anderer Abschnitt: die Zapfenbäume (*Caniferae*), welche in mehrern neuern Handbüchern der Baukunst unter dem Namen „Nadelhölzer (*arbores aequifoliae*)" aufgeführt sind, nemlich:

f) Die Kiefer, Föhre. *Pinus sylvestris Lin. The wild Pine or scotch fir. Le pin sauvage, le pin d'Ecollo.*

Die Kiefer ist in ganz Deutschland sehr gemein. Sie wächst auf dürrem, sandigen und kiesigen Erdreich: in den kältesten, wie in den wärmern Provinzen der Preufsischen Monarchie, und ist die Hauptholzart unserer Waldungen. In Schlesien bestehen vorzugsweise die Forsten im niedrigen Theile dieser Provinz, im Lübener, Liegnitzer, Sprottauer, Saganer, Grünberger, Beuthener, Oelsner, Wartenberger, Ohlauer, Trebnitzer, Miltscher und Wohlauer Kreise, aus Kiefern; wogegen sie in den Oberschlesischen Kreisen und in den Gebirgsgegenden mehrentheils Fichten und Tannen enthalten. Im hohen Gebirge findet man die Kiefer nicht. Sie blüht, wie die Tanne und Fichte, im Mai.

Die Kiefer erreicht ein Alter von 300 Jahren, eine Dicke von 3 Fufs, und eine Höhe von 80 Fufs. In den Trachenberger und Trebnitzer Forsten findet man noch Kiefern, deren nutzbarer Stamm 300 Cub.-Fufs Bauholz enthält. Solche Stämme werden im gemeinen Leben Hamburger Balken genannt. Sie werden immer seltner, so wie überhaupt die starken Bauhölzer in Schlesien sehr abgenommen haben.

Das Wachsthum der Kiefer wird nicht allein von der ihm zusagenden Beschaffenheit des Bodens, sondern auch von dem enggeschlossenen Stande der Gehege befördert. Sind die Umstände günstig gewesen, und ist das Wachsthum nicht durch Hagelschlag, Raupenfras, oder durchs Weiden des Viehes aufgehalten oder verhindert worden: so kann man annehmen, dafs der Baum folgendermafsen zunimmt:

In 30 Jahren ist er 25 bis 30 Fufs lang, 4 Zoll im mittlern Durchmesser stark, oder Reis-Lattstange.

In 40 Jahren ist er 35 bis 40 Fufs lang, 6 Zoll im Mittel stark, und Schalholz, oder sehr starke Lattstange.

In 50 Jahren ist er 45 bis 50 Fuſs lang, 9 Zoll im Mittel stark, und Sparren- oder klein Bauholz; nutzbar 36 Fuſs lang.

In 70 Jahren ist er 55 bis 60 Fuſs lang, 11 Zoll im Mittel stark, und Riegel- oder Mittel-Holz; nutzbar 45 Fuſs lang.

In 80 bis 100 Jahren ist er 60 bis 70 Fuſs lang, 13 Zoll im Mittel stark, und Balken- oder ordinair-starkes Bauholz; nutzbar 45 bis 50 Fuſs lang.

Stärkeres Bauholz und Sägeblöcke, die 15 Zoll und mehr im Durchmesser haben, müssen mindestens 100 Jahr alt sein.

Stehen die jungen Kiefern weitläufig, so breiten sie sich sehr in die Äste aus, und erwachsen nicht zu langen und schlanken Stämmen. Wenn sie sich aber im sechsjährigen Alter mit den Zweigen erreichen können, so geht ihr Wachsthum am besten vor sich. Unter diesen Umständen bilden sie hinreichende Wurzeln zu ihrem festen Stande und zur Anziehung der Nahrungskräfte, und die untern Zweige sterben in der Folge von selbst ab. Theoretisch ist zwar längst bewiesen, daſs auf dem Berge nicht mehr Bäume wachsen können, als auf seiner, auf den Horizont reducirten, Fläche. Practisch habe ich jedoch, bei Gelegenheit einiger Forsteintheilungen im hohen Gebirge, das Gegentheil erfahren. Bei vollkommen gleichem Holzbestande gab die Bergfläche mehr Klaftern, als die Ebene. Vielleicht liegt der Grund davon darin, daſs bei dem Aufwachsen der dicht stehenden jungen Kiefern auf Bergflächen, weniger Bäume der Luft und Sonne entzogen werden, und daher auch wenigere ersticken, als auf ebener Fläche. Die Holzungen bleiben daher auf Bergen dichter, wachsen schlanker, höher, und enthalten mehr Stämme. Diese kann die Berg-Fläche auch ernähren, weil sie gröſser ist, mehr Fläche zur Ausbreitung der Wurzeln und, bei gleicher Beschaffenheit des Bodens, mehr Nahrungsstoff darbietet, als die Ebene.

Stehen im Allgemeinen die jungen Kiefern sehr dicht, so können nicht alle gehörige Wurzel fassen; die schwächern bleiben zurück, und werden von den stärkern erstickt.

Die Güte des kiefernen Holzes ist von der Beschaffenheit des Bodens, auf welchem es wächst, abhängig. Das auf einem trockenen, mit etwas Lehm vermischten, Sande wachsende kieferne Holz ist das gesündeste. Dasjenige, welches früher vom Raupenfras heimgesucht wurde, giebt, wenn auch nicht ganz verdorben, niemals ein gesundes, lange dauerndes Holz. Man vermifst daran allen Kern und Harz, oder Kiehn; weshalb es in kurzer Zeit in Fäulnifs übergeht. Kiefern, welche auf feuchtem, schwarzen Grunde, unter Buchen und andern Laubholze wachsen, haben oft ein schönes, gesundes Aussehen, und liefern starke Baumstämme: aber gleich in den ersten Jahren nach dem Verbrauche erzeugt sich auf ihnen der Hausschwamm (*merulius vastator*), und das vorzeitige Verstocken oder Morschwerden solcher Hölzer ist die sichere Folge.

Über die rechte Fällzeit des kiefernen Holzes ist viel gestritten worden, und es giebt noch alte Zimmermeister, die zweifelhaft sind, ob das Fällen im Sommer nicht von entschiedenem Nachtheile für die Dauer des Holzes sei. Alle Erfahrungen stimmen jedoch darin überein, dafs das kieferne und fichtene Bauholz nur alsdann zu angemessener Dauer geeignet ist, wenn es in vollkommen ausgetrocknetem Zustande verbraucht wird. Die belebende Kraft aller Pflanzen ist im Frühling am stärksten; sie nimmt nach und nach, gegen den Herbst zu, ab: bis im October gänzlicher Stillstand derselben eintritt. Dieser Stillstand der Saftbewegung ist für die Fällzeit der angemessenste Zeitpunct, weil dann die Austrocknung am leichtesten und sichersten erfolgen kann. Die wenigen in dem in der Wadelzeit gefällten Stamme noch befindlichen Säfte werden während des Winters durch das Hirnholz am Stamm- und Zopf-Ende langsam verdunsten, und die unzähligen Saftröhren sich allmählig zusammenziehen und vertrocknen. Nach Ablauf der Wintermonate müssen die Bauhölzer von der Rinde befreit, beblecht, bewaldrechtet, oder vollständig beschlagen werden. Die noch im Holze enthaltene Feuchtigkeit verschwindet dann durch die Einwirkung der wärmern Luft und der Sonnenstrahlen, welche die gänzliche Austrocknung vollenden. Die Zimmerleute in Schlesien nennen „Beblechen," wenn von einem Stamme die Rinde nur geringen Theils mit dem Beile abgehauen wird. Man hält das Beblechen für hinreichend zur Verdunstung der Säfte und zur Verhütung der Verstockung und des Blauwerdens der Hölzer, und zieht es dem Bewaldrechten, das ist: dem Beschlagen aus dem gröbsten, vor; weil bei letzterm offenbar doppelte Arbeit für den Zimmermann entsteht.

Das Fällen des Holzes im Sommer, also während der Saftbewegung, verursacht eine plötzliche Unterbrechung im Treiben der Säfte; eine Fermentation derselben, wenn die Hölzer nicht sogleich beschlagen werden, oder wenn dies geschieht, zu schnelles Vertrocknen, und zu heftiges Zusammenziehen der Saftröhren, vermöge der heifsen Sommerwitterung, mufs die unausbleibliche Folge davon sein; und beides hat den nachtheiligsten Einflufs auf die Dauer des Holzes. Im ersten Falle wird solches weich und blau, und der Bohrkäfer beginnt bald seine Operationen: im andern Falle wird eine accurate Zimmer-Arbeit nicht zu Tage gefördert werden können. Die von dem im Sommer gefällten Holze gezimmerten Wände und Dachstühle trocknen so stark zusammen, dafs sie in kurzer Zeit locker und wacklig dastehen und sich zu einer langen Dauer und Haltbarkeit nicht eignen.

Brandschäden im Sommer, auf dem Lande, machen es häufig nothwendig, Hölzer während der Saftbewegung abzustämmen, und, ohne Rücksicht auf ihre Austrocknung, schnell zu verbauen. Die auf solche Weise errichteten Gebäude werden in kurzer Zeit die Mängel zeigen, die das unausgetrocknet verbrauchte Bauholz zu Wege bringt.

Kiefer- und Fichtenwälder werden oft die Beute des Raupen-Frafses, der für diese Bäume weit nachtheiliger ist, als für andere. Die gefährlichste Raupe ist die des Fichtenvogels (*Phalaena bombyx pini Lin.*). Sie ist haarig, braungrau und am Halse blau gefleckt. Sie frifst die Nadeln des Baumes vollständig ab, und es kommen dieselben nicht wieder; was ein Zeichen des Absterbens ist. Die abgefressenen Bäume müssen ohne Rücksicht auf die Zeit abgetrieben und abgerindet werden, und sind dann, aus den oben angegebenen Gründen, zu dauerhaften Bauhölzern nicht tauglich. Von den zu ihrer Vertilgung vorgeschlagenen, immer noch nicht ausreichenden Mitteln, scheint das beste zu sein, die Schmetterlinge, welche im August auskriechen und gewöhnlich am Stamm-Ende des Baumes sitzen, durch Kinder sorgfältig fangen und tödten zu lassen.

Weniger verheerend für diese Nadelhölzer ist die Raupe des Fichtenspinners (*Phalaena bombyx processionea* oder *pityocampa*). Diese Raupe wohnt, in trichterförmigen Gespinnsten, auf den Gipfeln der Nadelhölzer, und geht nur des Morgens und Abends auf die Wanderung aus, und zwar in grofsen Zügen hinter einander; woher ihr Namen entstanden sein mag. In solcher Procession soll sie auch in's Grab wandern. Sie verläfst die Waldungen und läuft, in Zügen, über Mauern und andre Gegenstände hin, bis die Anführerin eine zur Verwandlung bequeme Stelle findet, wo sie sich in die Erde bohrt; alle übrige folgen ihr in die Erde nach.

Sie frifst die Nadeln, welche zwar wieder wachsen, jedoch geräth der Baum in einen kranken Zustand, welcher sich dadurch zu erkennen giebt, dafs das Wachsthum gelähmt ist und nun weit langsamer erfolgt, das Holz aber nie den Grad der Härte und die harzige Fettigkeit erlangt, wie das eines andern Baumes, der diese Störung nicht erlitten hat. Ein Theil des mit Kiefern bestandenen Schutz-Districts Klein-Kreidel, in der Forstverwaltung Schöneiche, hat z. B. in frühern Jahren durch die Verwüstungen dieses Insects gelitten, wovon äufserlich jetzt nichts mehr sichtbar ist: aber die daraus entnommenen Bauhölzer haben keinen Kiehn, (Harz) und taugen, bei aller Vorsicht, zu Verbandstücken, die der Witterung ausgesetzt sind, wie äufsere Wände, nicht. Bei mehrern Gebäuden, hat die Erfahrung gelehrt, dafs die Schwellen und Säulen schon nach Verlauf der ersten zehn Jahre anfangen zu faulen.

Der verschiedenen Raupen und Insecten, welche sonst noch auf den Nadelhölzern leben, werde ich bei der Fichte erwähnen, weil sie dieser und der Tanne den meisten Schaden zufügen, der Kiefer aber in der Regel weniger schädlich sind. Die Kenntnifs dieser Insecten ist mit der der Bauhölzer genau verbunden, und daher für den Baumeister nicht ohne Interesse: um so mehr, da die Kiefer, Fichte und Tanne diejenigen Pflanzen sind, welche, z. B. in Schlesien und den angrenzenden Gegenden, hauptsächlich als Bauhölzer dienen.

Mit einer gründlichen Auseinandersetzung über den Nutzen und die Anwendung der Kiefer hat Triest, in seinen Grundsätzen zur Anfertigung richtiger Bau-Anschläge, Theil I. §. 157. bis 165., die Baukunst bereichert, und es kann diese Auseinandersetzung auch in Schlesien zur Belehrung dienen.

Das Gewicht eines Cubic-Fufses kiefernen Holzes ist 0,640 bis 0,725, oder 42 bis 47 Pfd. Preufs. Der cubische Inhalt aller Arten unbeschlagener und beschlagener Bauhölzer, nach Dimensionen, wie sie nur immer vorkommen können, ist in den Hartigschen Cubic-Tabellen berechnet, mit deren Hülfe es leicht ist, die Gewichte und Ladungen für alle Fälle zu finden.

Bemerkenswerth ist, dafs der cubische Inhalt und das Gewicht eines Sparrens, Riegels und Balkens, wie solche Seite 28. angegeben sind, sich wie 1.2.3 verhalten; dafs ein Riegel von 45 Fufs lang, 12 Zoll im Mittel stark, ein Sägeblock von 20 Fufs lang, 17 Zoll stark, und zwei Riegel einer

Klafter Scheitholz an Inhalt gleich sind; letztere rechnet man zu 72 Cub.-Fuſs Holz, und 30 Centner schwer.

g) Die Fichte. *Pinus abies Lin. The common Fir or Pitch-Tree. Pine on Pesse.*

Die Fichte bildet in Schlesien die ausgedehntesten Waldungen, namentlich im Pleſsner, Toster, Groſs-Strehlitzer, Oppelner, Rosenberger und Lublinitzer Kreise; doch sind solche sehr mit Tannen untermischt, und bedeutende Forst-Parcellen bestehen ganz aus Tannen. Auch fehlt es darin an Kiefern nicht. Die Holzungen der Gebirgs-Gegenden enthalten nur Fichten und Tannen. Das ganze Glatzer Gebirge, der Zobtenberg, die Sudeten, sind, bis zu 4000 Pariser Fuſs Höhe über der Meeresfläche, mit diesen Nadelhölzern bedeckt. Höher wächst das Knieholz oder die Krummholz-Fichte (*Pinus pumilio Lin.*), die nur 5 bis 6 Fuſs hoch wird, und wohl nur eine Abart dieser Gattung sein mag.

Die Fichte kommt fast in jedem Boden fort, und wächst in trocknem, steinigen, kiesigen Erdreich, wenn es mit etwas Lehm oder Damm-Erde gemischt ist, eben so gut, als in fetten Erd-Arten. Sie verträgt nasse Gründe eher, als die Kiefer. Im schwarzen, lockern Boden wächst sie zwar schneller; aber das Holz soll nicht so gut sein. Die Wurzeln gehen nicht tief in die Erde, sondern breiten sich dicht unter der Erdfläche aus; daher werden die Fichten leicht vom Sturmwinde umgeworfen, vorzüglich wenn sie nicht gedeckt stehen.

Die Fichte wird mehrere hundert Jahre alt, erreicht eben die Stärke, und eine gröſsere Höhe, als die Kiefer, vor der sie sich noch durch einen gleichern und schnellern Wuchs auszeichnet, weshalb die Mastbäume auf Schiffen gewöhnlich aus Fichten gemacht werden. Von der Tanne oder Edelfichte unterscheidet sie sich in den Nadeln, Ästen, und in der Rinde. Erstere sind bei der Fichte spitzig, hellgrün, schmal, und stehen einzeln, rund um die Zweige: bei der Tanne stehen sie kammförmig, in doppelten Reihen, sind länger, flacher, gleich breit auf der Oberfläche, dunkelgrün, glänzend, und haben unten zwei weiſse oder blasgraue und drei grüne Streifen. Die Äste sind bei der Fichte hängender: bei der Tanne stehen sie in horizontaler, fast aufwärts gehender Richtung. Die Rinde der Fichte ist röthlich: die der Tanne weiſslich. Doch sind alle diese Kennzeichen oft fast unmerklich, und die Fichte variirt, nach dem Standorte und dem

Alter, mit weifser Rinde, gröfsern herabhängenden Zweigen, und der Farbe und Feinheit der Nadeln.

Das Holz der Fichte ist weniger kienig oder harzig, als das der Kiefer; doch wird aus ihm das **Pech** gemacht; auch sollen die Ameisen aus dem Harze desselben den sogenannten **Weihrauch** bereiten. Die **Kohlen** des Fichten- und Tannenholzes werden in Oberschlesien ganz allgemein in den Hüttenwerken gebraucht.

Als Bauholz wird das Fichtenholz eben so benutzt, wie das kieferne. Es spaltet leichter, wie das letztere; daher die meisten Schindeln zur Dachbedeckung daraus gemacht werden. Die Böttcher geben demselben ebenfalls den Vorzug vor dem kiefernen, und verfertigen fast überall ihre kleinern Arbeiten daraus.

Die Fichten- und Tannenwaldungen werden häufig von Raupen heimgesucht, die die Nadeln abfressen und die Bäume oftmals ganz vernichten. Aufser von den oben bei der Kiefer genannten Raupen sind die Waldungen verheert worden: von dem **Fichtennachtfalter, Föhrenspanner** (*Phalaena geometra primaria*); dem **Fichtenmesser, Kiehnenbaumspanner** (*Phalaena geometra fascinaria*); der **Föhreneule** (*Phalaena noctua piniperda* oder *piniaria*); dem **Fichtenschwärmer** (*Sphinx pinastri*). Alle diese Nachtschmetterlinge trifft man auf diesen Nadelhölzern an.

Eben so lebt auf den jungen Zweigen, die er ganz aushöhlt, der **Fichten- oder Gipfelverderber** (*Dermesthes piniperda*). Dieser kleine Käfer richtet oft unsäglichen Schaden durch Zerstörung ganzer Wälder an.

Auch die **Fichten-Blattwespe** (*Tenthredo pini Lin.*) hält sich auf der Fichte auf, und verwandelt sich in der Rinde derselben. Ein Gleiches will man von der **Riesenwespe** (*Sirex gigas Lin.*) bemerkt haben, weil man sie nur in Fichtenwaldungen antrifft.

Zur Vertilgung dieser für das Bauholz so schädlichen Insecten giebt es wenige und nur unzureichende Mittel. Das Herausschaffen und schleunige Abrinden der abgefressenen Hölzer, weil dadurch sowohl die daran klebenden Raupen-Eier, als die in der Rinde befindlichen Käfer zerstört werden, ist eins dieser Mittel. Kann die Rinde nicht verbrannt oder weggeschafft werden, so beschüttet man sie mit Erde, oder vergräbt sie. Aufserdem sind nachtheilige Witterung, Sturm und Platzregen, welche die Raupen zu Boden schlagen: ferner einige Vögel-Arten, welche sich von den Larven und Schmetterlingen ernähren, und die Vermehrung der Schlupfwespen (*Ichneumons*) und Raupentödter (*Sphex*), zur 5ten Ordnung der Insecten (*Hymenoptera*) gehörig, die Mittel, durch welche die Natur den angegriffenen Nadelholzwäldern zu Hülfe kommt.

Das Gewicht des Fichtenholzes ist 0,40 bis 0,546: also geringer, als das der Kiefer; daher fichtene Bauhölzer leichter zu transportiren sind.

h) Die Tanne. *Pinus picea Lin. The silver fir-Tree. Le sapin à feuilles d'If.*

Sie hat in ihrer Natur, in ihrem Wachsthume, und in allen ihren Eigenschaften sehr viel ähnliches mit der Fichte, wird mit derselben oft verwechselt, und erreicht mit ihr gleiches Alter, Höhe, und Stärke. Ihr Aussehn ist schöner und zierlicher, als das der letzern; daher man sie auch in Englischen Gärten zieht.

Das Holz ist weifser, leichter und biegsamer, als das fichtene; daher die tannenen Dielen vorzüglich gut sind. Auch zu Schachteln, Siebrändern und zu musicalischen Instrumenten wird das Holz vorzugsweise vor dem fichtenen benutzt. Der gemeine deutsche Terpentin wird aus dem Tannenholze gewonnen, und die Zapfen liefern das bekannte Terpentinöl.

Das Gewicht des Tannenholzes beträgt 0,420 oder 27 Pfd. Preufs.

i) Der Lerchenbaum. *Pinus laryx Lin. The common Larch-Tree. La Larche.*

Er wächst in flachem Lande, wie im hohen Gebirge, verträgt fast jeden Boden, hat einen schnellen, schlanken Wuchs, und wird, wegen seines zierlichen Anstandes und seiner zarten Nadeln, auch zur Verschönerung der Gärten benutzt.

Unsre fleifsige Forst-Cultur ist überall auf seine Vermehrung bedacht; daher man ihn sehr häufig, jedoch nur in geringer Quantität antrifft *). Zusammenhängende Lerchenbaum-Waldungen giebt es auf dem Mährischen Gebirge, und im Österreichischen Antheile von Schlesien. Im diesseitigen Antheile sind die Kunzendorfer Berge, bei Neustadt, mit Lerchenbäumen bestanden. Es hat dort, in grofser Zahl, Stämme bis zu 80 Fufs hoch und 2 Fufs dick gegeben. Jetzt sind diese Holzungen

*) Die Mittheilung einer sehr zweckmäfsig befundenen Saamen-Darre der Zapfenbäume behalte ich mir vor, in einem der folgenden Hefte des Journals mitzutheilen.
Anm. d. Verf.

sehr gelichtet. Dagegen enthält das Glatzer Gebirge, in mehrern Districten, viel Lerchenbäume.

Dieser Baum wirft im Winter seine Nadeln ab, wird noch fast höher, und eben so stark wie die Kiefer, erreicht aber früher seine Vollkommenheit. Er blüht im April und Mai. Das Holz ist leichter, aber dennoch zäher und dauerhafter, als das kieferne, und erhält sich in abwechselnder Nässe und Trockenheit länger, als dieses; daher es zu Wasserrinnen gesucht wird, und selbst zum Wasserbau mit Nutzen zu brauchen ist. Wegen des geraden Wuchses und der bedeutenden Länge eignet sich das Lerchenholz vorzüglich zum Bauholze.

k) Die Weimuthskiefer. *Pinus strobus Lin. The Lord Weymouths Pine. Pin blanc de Canada.*

Dieser schöne Baum stammt aus Nordamerika, wo er an 200 Fuſs Höhe erreichen soll. Durch fleiſsige Forst-Cultur ist man in Schlesien schon so weit damit gekommen, wie im Harz. Es sind Saamenbäume vorhanden, durch welche für die zunehmende Vermehrung und Verbreitung der Weimuthskiefer gesorgt ist; daher man sie auch bei uns schon als einheimisch betrachten kann.

Die Weimuthskiefer verträgt unser Clima gut, kommt fast in jedem Boden, selbst auf feinem unfruchtbaren Sande, fort, und empfiehlt sich, theils wegen ihres zierlichen und schnellen Wuchses, theils wegen des nutzbaren Holzes, welches zum Brennholze sehr tauglich sein soll. Sie blüht im Mai und Juni. Seit ihrer ersten Anpflanzung in Schlesien ist kaum ein halbes Jahrhundert verflossen; daher man noch keine alten und starken Stämme antreffen kann; auch sind zusammenhängende Holzungen von diesem Baume noch nicht vorhanden, und es bleibt der Zukunft vorbehalten, die Vorzüge dieses Holzes im Bauwesen näher auszuweisen.

l) Der Rohrkolben, Teichkolben. *Typha Lin.*

Dieses, in Schlesien überall verbreitete, in Gräben und Sümpfen, vorzüglich in Teichen und stillstehenden Gewässern wachsende, sehr nützliche Schilf-Gewächs hat zwei Gattungen, nemlich den breitblättrigen Rohrkolben (*Typha latifolia Lin.*), und den schmalblättrigen Rohrkolben (*Typha angustifolia Lin.*). Sie unterscheiden sich äuſserlich blos dadurch, daſs alle Theile der ersten Gattung gröſser sind. Die breitblättrige *Typha* erreicht eine Höhe von 5 bis 8 Fuſs: die schmalblättrige wird nur 3 bis 5 Fuſs hoch. Die Blätter der erstern sind lineal und eben, und laufen sehr allmählig spitz zu: bei der letztern sind sie fast flach zu nennen. Eigenthümlich ist dieser Pflanze ein auf einem runden holzigen Blüthenstengel befindlicher walzenartiger Saamenkolben von brauner Farbe. Der Rohrkolben blüht im Juni und Juli. In den groſsen Fischweihern des Militsch-Trachenberger, Neumarkter und Wohlauer Kreises wächst diese Pflanze in groſser Menge, und wird mit Nutzen zur Dachbedeckung angewendet. Häufig ist sie in diesen Teichen nur das alleinige Gewächs; oft aber steht sie auch mit dem Rohre und mit Teichbinsen, oder mit Kalmus untermischt. Gewöhnlich mäht man sie nach eingetretenem Froste.

Der Rohrkolben wird auf 16- bis 17zöllige Lattung gedeckt, und giebt eine 15jährige, gute Dachbedeckung. Auf dem Amte Wohlau kostet ein Bürden Schoben, womit sich ungefähr $\frac{3}{4}$ Quadratruthe gut bedecken läſst, $3\frac{1}{4}$ Rthlr.

Der Rohrkolben würde nach meinem Dafürhalten sich auch zur Verfertigung der Lehmschindeldächer eignen; doch fehlt es hierüber an Erfahrungen.

8. Ordnung. *Polyandria.*

Der welsche Nuſsbaum. *Juglans alba Lin. White Walnut Tree.*

Der weiſse Wallnuſsbaum, der in Schlesien der welsche- oder auch blos Nuſsbaum genannt wird, will dort noch nicht ganz einheimisch werden, ungeachtet man ihn in Gärten, besonders in denen der Vorstädte, häufig antrifft, und er sich, ohne alle Vorsorge, durch Wurzeln und Saamen selbst fortpflanzt.

Dieser schöne Baum stammt aus Nord-Amerika, und erreicht bei uns eine ansehnliche Höhe und Stärke. Das junge Bäumchen ist zärtlich und wird oft die Beute kalter Winter; zu einer Gröſse von 10 bis 16 Fuſs herangewachsen, leidet es weniger vom Froste; doch muſs es durch Hecken oder Gebäude gegen Norden oder Nordost-Luft geschützt sein.

Der Nuſsbaum blüht im Mai, und seine gelbe Steinfrucht reift im October. Die Blätter sind, wenn man sie reibt, wohlriechend. Das Holz ist braun und gelb gestreift, von ziemlicher Härte, nimmt eine gute Politur an, und wird von den Tischlern und Instrumentenmachern, die es zum Fourniren der Möbel anwenden, sehr geschätzt.

XXII. Classe. DIOECIA.

1. Ordnung, mit zwei Staubgefäfsen.

a) Die Weide. *Salix Lin.*

In Dietrichs Lexicon der Gärtnerei und Botanik sind 116 Arten dieses über den ganzen Erdball verbreiteten Baumes, von welchen in Schlesien 26 Arten einheimisch sind, beschrieben.

Die Nützlichkeit der Weide im Bauwesen ist unzweifelhaft, wenn sie auch, wegen der mindern Härte und Festigkeit ihres Holzes, wegen ihres oft nur strauchartigen Wuchses, und wegen ihrer übrigen natürlichen Beschaffenheit, nicht zu gleichen Anwendungen sich eignet, wie andere, gröfsere Höhe und längeres Alter erreichende Bauhölzer. Eytelwein hat das Verdienst, durch seine „Practische Anweisung zur Construction der Faschinenwerke" zuerst ihren Nutzen beim Wasserbau näher gezeigt zu haben. Um Strömen einen geregelten Lauf vorzuschreiben, sie auf die Normalbreite einzuschränken, ihre Ufer gegen den Abbruch zu schützen, Sandbänke zu befestigen und Anlandungen (Alluvionen) zu befördern, kann die Weide als Hauptmaterial betrachtet werden. Aber auch im Landbau ist sie nicht ganz ohne Nutzen. Die weidenen Ruthen-Zäune sind die besten. Zu lebendigen Bewehrungen leistet sie ebenfalls gute Dienste. Die meiste Anwendung davon machen jedoch die Böttcher und Korbmacher, denen die weidenen Ruthen zu Reifstäben, Bändern und Bandstöcken, und zu gewöhnlichem Flechtwerke unentbehrlich sind.

Die meisten Arten der Weide lieben mehr einen feuchten oder frischen, als trocknen Boden, und gedeihen an den Ufern der Teiche und Gräben am besten. Nur einige Arten kommen auf dürrem Sande und auf hohen, steinigen Bergen fort. Übrigens wächst die Weide auf jedem Boden, und pflanzt sich ungemein leicht durch Stecklinge, durch Besaamung und durch Wurzel-Ausschlag fort. Sie erreicht eine Höhe von 40 Fufs und ein Alter von mehr als 50 Jahren; doch gewährt sie, als Strauch, oder in der Kindheit ihres Alters, den meisten Nutzen. Gewöhnlich wird sie schon im 30sten Jahre kernfaul, zuletzt aber hohl, und fault innerhalb so aus, dafs sie fast nur in der Rinde fort vegetirt. Ihr Holz ist weich, wird aber doch in den Gegenden, die arm an Brennmaterial sind, als Brennholz sehr geschätzt. Ehedem wurden an den Landstrafsen entlang Kopfweiden gepflanzt; von dieser Gewohnheit ist man jedoch abgegangen, und nimmt jetzt Obstbäume, oder auch Ebereschen, Linden, Ahorn und Lombardische, oder Canadische Pappeln dazu. Die einjährigen weidenen Ruthen dienen zu Faschinenbändern, die sechsjährigen zu Reiferstäben. Man treibt gut bestandene Weidichtwerder alle sechs Jahre ab, und bringt so den jährlichen Ertrag durchschnittlich auf 3 Rthlr. für den Morgen.

Die verschiedenen Arten der Weide werden nach 9 besondern Abtheilungen geordnet. Die in Schlesien vorhandenen sind folgende:

1. Abtheilung. Bruchweiden. (*Fragiles.*)

1. Die Lorbeerweide, *Salix pentandra Lin.* Die Blätter sind ganz oval, und haben einen balsamischen Geruch. Man findet sie nur als Strauch.

2. Die Knackweide, Bruchweide, *Salix fragilis Lin.* Sie ist die gewöhnlichste, und wird zum hohen Baume, dessen Äste sich weit verbreiten. Ehedem war sie der gewöhnliche Strafsenbaum; doch traf man sie nur geköpft an. Die Blätter sind lanzettenförmig.

3. Russels-Weide, *Salix russeliana Smith.* Die Blätter sind ebenfalls lanzettlich; aber langspitzig, gesägt und unten seegrün. Übrigens unterscheidet sich diese Art nur wenig von der vorigen.

4. Die weifse Weide, *Salix alba Lin.* Sie zeichnet sich durch die silberweifsen Blätter aus, liebt besonders feuchte Standorte, und hat öfters dottergelbe Zweige. Die Rinde derselben wird als ein Surrogat der China gebraucht.

2. Abtheilung. Mandelweiden. (*Amygdolinae.*)

5. Die mandelblättrige Weide, *Salix Amygdolina Lin.* Die Zweige werden von den Korbmachern besonders gesucht, und sind von olivenbrauner Farbe. Die Blätter sind lanzettenförmig elliptisch.

6. Die sanddornblättrige Weide, *Salix hippophaefolia Thuil.* Sie wächst an Gräben und Flufsufern, und unterscheidet sich durch langgespitzte, fein gezähnte Blätter.

3. Abtheilung. Reifweiden. (*Pruinosae*).

7. Die lorbeerblättrige Weide, *Salix daphnoides Villars.* Sie wächst häufig an der Oppa; auch in der Paschecke bei Oppeln. Die Zweige sind dick, olivenbraun, und oft mit blauem Reife überzogen.

4. Abtheilung. Purpurweiden. (*Purpurea.*)

8. Die Purpurweide, *Salix purpurea Lin.* Sie wächst nur an sehr feuchten Orten. Die Zweige sind bald olivengrün, bald purpurroth.

9. Die rothe Weide, *Salix rubra Hudson.* Die Zweige sind hellrother, als bei der vorigen; auch finden noch einige andere Verschiedenheiten Statt.

5. Abtheilung. Korbweiden. (*Viminales.*)

10. Die Korb- oder Bandweide, *Salix viminalis Lin.* Ein Strauch mit langen, hellgelben oder olivengelben Ästen. Die Form der Blätter ist zwar lanzettlich; doch sind solche sehr schmal und langspitzig.

11. Die afterblättrige Weide, *Salix stipularis Smith.* Sie wird gröfser, als die vorige, hat auch gröfsere Blätter, im übrigen aber mit jener viel Ähnlichkeit.

12. Die langspitzige Weide, *Salix acuminata Smith.* Treibt dickere Triebe, und ist durch breitere Blätter von der vorigen zu unterscheiden.

6. Abtheilung. Saalweiden. (*Capreae.*)

13. Die Uferweide, *Salix incana Schrank.* Sie wächst nur in tiefen Flufsthälern und an den Ufern der Flüsse, vorzüglich im Teschenschen.

14. Die aschgraue Weide, *Salix cinerea Lin.* Ist ein gemeiner Strauch, der an feuchten Orten wächst, und an der grauen Farbe aller Theile kenntlich ist.

15. Die Saalweide, Sohlweide, *Salix caprea Lin.* Sie wächst zum Baume, und überaus häufig, selbst auf trocknen Plätzen, in Sand- und Heidegegenden, in Birken- und Kieferholzungen. Mit der Rinde dieser Weiden-Art wird das Dänische Leder gegerbt; es soll davon den eigenthümlichen Geruch erhalten. Die jungen Äste sind immer sammetartig bekleidet, und die Blätter sind eiförmig, mit zurückgekrümmter Spitze.

16. Die geöhrte Weide, Salbeyweide, *Salix aurita Lin.* Die Blätter sind verkehrt eiförmig, und gegen die Spitze zu breiter, als in der Mitte; überdies wellig, gesägt und runzelig.

17. Die Moorweide, *Salix Starkiana Wild* Ein Strauch mit langen, zähen Ästen. Die Blätter sind wie die der vorigen, doch ausgefressen gesägt, und unterhalb graugrün.

18. Die Schlesische Weide, *Salix silesiaca Wild.* Ein Strauch mit krummen und verworrenen Ästen, der besonders an höhern Standorten, auf den Sudeten, im Riesengrunde, und bei der Schlesischen Baude: um den Zacken-Fall, auf der Eule und an der hohen Mense anzutreffen ist. Die jungen Blätter, gegen das Licht gehalten, schimmern röthlich.

19. Die spontonblättrige Weide, *Salix hastata Lin.* Ein niedriger Strauch, der ebenfalls auf dem Hochgebirge wächst und sich nur wenig von dem vorigen unterscheidet.

20. Die Weigels-Weide, *Salix arbuscula Lin.* Sie wächst ebenfalls in den Gebirgsgegenden und ist von der vorigen wenig verschieden.

7. Abtheilung. Silberweiden. (*Argenteae.*)

21. Die kriechende Weide, *Salix repens Lin.* Dieser kleine, kaum drei Fuſs hohe Strauch ist durch ganz Schlesien verbreitet. Der Hauptstamm kriecht unter der Erde. Die Blätter sind unterhalb weiſsgrau.

22. Die zweideutige Weide, *Salix ambigua Lin.* Ist von der vorigen wenig verschieden. Die Blätter sind unterhalb runzelig und aderig.

23. Die Finnmarkische Weide, *Salix Finnmarchica Wild.* Sie wächst, wie die vorigen beiden, auf sumpfigen oder Moorwiesen, in Brüchen und Heide-Gegenden, und unterscheidet sich durch die Form der Blätter.

24. Die heidelblättrige Weide, *Salix myrtilloides Lin.* Die graublaugrüne Farbe der Blätter macht sie leicht kenntlich; sie ist ihr Unterscheidungs-Zeichen von den andern Silberweiden. Die Zweige sind oft lebhaft roth, oder purpurfarben. Sie wächst nur in Sümpfen und moorigen Wiesen.

8. Abtheilung. Alpenweiden. (*Frigidae.*)

25. Die Schlamm-Weide, *Salix limosa Wahl.* Dieser Strauch, mit vielen Ästen, wächst im Hochgebirge, und hat ganzrandige, nicht gezahnte Blätter.

9. Abtheilung. Gletscherweiden. (*Glaciales.*)

26. Die krautartige Weide, *Salix herbacea Lin.* Dieser zwergartige Strauch, von 2 Fuſs Höhe, wächst in den Felsritzen des Hochgebirges, auf der Iserwiese und am Petersteine. Der Stock ist rothbraun, und die Blätter sind kreisförmig, oder oval, aber netzartig und auf beiden Seiten glänzend.

Von diesen Weiden-Arten blüht im März No. 7., im März und April No. 10., 14. und 15., im April No. 5., 6., 8., 9., 11., 12., 17., im April und Mai No. 2., 3., 4., 13., 16., 21., 22. und im Mai und Juni No. 1., 18., 19., 20., 23., 24., 25. und 26.

5. Ordnung. *Octandria.*

Der gemeine Hanf. *Cannabis sativa Lin.*

Diese nützliche Pflanze, deren Mutterland Persien ist, wird überall, doch in geringerer Menge als der Flachs, in Schlesien angebaut. Den besten Hanf erzielt man in den Gegenden am Fuſse des Gebirges, im Neiſser und Leobschützer Kreise, und in der Nähe von Ratibor.

Er fordert zu seinem Gedeihen einen guten, milden und fleiſsig bestellten Boden und verträgt sandiges, mageres Erdreich nicht. Seine Blüthe erscheint im Juni.

Gute Seiler-Arbeiten werden nur aus Hanf gemacht, weil er stärkere und zähere Fasern hat, wie der Flachs, und daher auch der Witterung und abwechselnder Nässe und Trockenheit länger widersteht.

Schläuche zu Feuerspritzen dauern nur, wenn sie von Hanf gemacht sind.

Die Unentbehrlichkeit der Seiler-Arbeiten bei allen Arten von Bauen, vorzüglich bei Brücken und Wasserbauen, nothigt den Baumeister, sich genaue Kenntniſs von der Güte derselben und von dem Unterschiede des Flachses und Hanfes zu verschaffen. Oft wird schlechter Flachs, mit Hanf gemengt, verarbeitet, und zuweilen geschieht es, daſs man starke Taue aus grobem Flachse (Werg) macht, und mit Hanf überstrickt. Dergleichen Seiler-Arbeiten sind aber von sehr kurzer Dauer, und müssen daher sorgfältig vermieden werden.

7. Ordnung, mit acht Staubgefäfsen.

b) Die Pappel. *Populus Lin.*

Von den verschiedenen Arten der Pappeln, deren Nutzen im Bauwesen zu wenig beachtet wird, sind in Schlesien jetzt 6 einheimisch; nemlich:

1. Die weifse Pappel, Silber-Pappel. *Populus alba Lin. Abele-Tree. Le peuplier blanc.*

Die Rinde dieses Baumes ist weifslich grau, und er gehört zu den schönsten Strafsenbäumen; daher man ihn auch in englischen Gärten zur Verschönerung der Baum-Parthieen pflanzt. Er blüht im März und April, erreicht in 30 Jahren seine Vollkommenheit, und eine bedeutende Höhe und Stärke. Die Silberpappel ist weit verbreitet, und erzeugt sich überall, ohne Cultur, in Laubholz- und auch in Nadelholz-Waldungen, wo man sie mitten unter alten Kiefern antrifft. Hier gewährt sie den grofsen Nutzen, dafs sie, wenn sie häufig vorkommt, eben so, wie andere Laubhölzer, den Verheerungen der Kiefer-Raupen Hindernisse und Schwierigkeiten in den Weg legt. Doch rottet man sie in den Oberschlesischen Forsten aus, weil sie nützlichern Hölzern den Raum wegnimmt, ja solche sogar durch ihre vielen Wurzel-Ausläufer verdrängt. Gleich wohl wird die Silberpappel in denjenigen Gegenden, wo die Nadelhölzer selten und theuer sind, und wo sie in gehöriger Länge und Stärke in den Laubholzwaldungen vorhanden ist, zum Bau kleiner Landgebäude verwendet. Man findet vollständige Dachgespärre von Pappelholz, wozu es sich am besten eignet. Man macht dann die Schwellen von eichenem, die Säulen, Balken und Rahme von kiefernem Holze: alle übrigen Verbandstücke aber von Pappelholz.

2. Die Zitterpappel, Espe oder Aspe. *Populus tremula Lin. The Trembling Poplar-Tree. Le peuplier tremblant.*

Ihre Rinde ist aschgrau, glatt, und im Alter rissig. Die Blätter sind kleiner, als die der Silberpappel, und selbst bei ruhiger Luft in steter Bewegung. Die Aspe wächst überall, selbst im unfruchtbarsten Sande; doch sind hier ihre Blätter kleiner. Sie sind kreisförmig, haben eine Spitze, und ihr dünner Stiel verursacht das Zittern bei der leisesten Luftbewegung. Sie blüht im März und April.

Man findet sie überall; in den Laubholzwaldungen fehlt sie niemals, und macht oft die Mehrzahl der Bäume aus; auch giebt es kleine Holzungen, die ganz aus Aspen bestehen. Sie erreicht nicht die Höhe, jedoch eben die Stärke, wie die Silberpappel. Sie vermehrt sich, durch Besaamung und Wurzel-Ausläufer, noch stärker, als die weifse und schwarze Pappel, und wird als Strafsenbaum nicht geliebt, weil sie dem anstofsenden Lande nachtheilig ist. Desto besser ist das aspene Holz zum Stakholz der Lehmwände und Windeldecken, zu Buhnenpfählen und zu Schindeln und Dachspähnen, weil es leicht spaltet. Mit solchen Schindeln findet man nicht selten Thürme und Landkirchen bedeckt. Die in Grünspan gesottenen Spähne haben eine angenehme Farbe, und dauern länger. Übrigens ist das Holz weich und schlecht, und wird nur in holzarmen Gegenden zum Ziegelbrennen und Brodbacken gebraucht. In Oberschlesien, wo Überflufs an bessern Holzarten ist, achtet man das aspene Holz gar nicht.

Backtröge, Mulden, Löffel, und andre aus dem ganzen Stück verfertigte Holzarbeiten werden aus dieser Pappel gemacht, und selbst die Drechsler machen von ihrem Holze häufige Anwendung.

Das Hochwild sucht und benagt das aspene Holz und ist seinem Aufkommen nachtheilig.

Auf der Aspe lebt die grünliche Raupe des Pappelvogels (*papilio populi Lin.*), von der das Laub oft ganz abgefressen wird.

3. Die schwarze Pappel. *Populus nigra Lin.* *The black Poplar-Tree.* *Le peuplier noir.*

Die äufsere Rinde dieses Baumes ist aschgrau. Die Blätter haben ein dunkleres Grün, als die der andern Pappelarten, und fast die Form eines Dreiecks: unten gerundet, oben mit einer starken Spitze.

Die Schwarz-Pappel, auch Deutsche Pappel genannt, findet man an den Ufern der Flüsse, und an feuchten Orten. Sie bedarf mehr eines milden Bodens, als die vorher beschriebenen Arten.

Sie vermehrt sich ebenfalls sehr durch Stecklinge und Wurzel-Ausschlag, und erreicht eine bedeutende Höhe und Stärke. Sie blüht im April.

Das Holz wird viel zu Bildhauer- und Drechsler-Arbeiten, zu Mulden, Schaufeln u. s. w. gebraucht, und findet fast die nemliche Anwendung, wie das aspene. Die harzigen Knospen werden von den Bienen sehr gesucht. Das schön geflaserte Wurzelholz wird zum Auslegen verschiedener Tischler-Arbeiten benutzt.

5. Die graue Pappel. *Populus nivea Wild. Great white Poplar-Tree. Le peuplier blanc à feuilles d'Erable.*

Sie stammt aus dem südlichen Europa und dem Oriente, wird von vielen für die Silberpappel gehalten, unterscheidet sich aber wesentlich von ihr durch einen schnellern und höhern Wuchs.

In Deutschlands Gärten ist sie allgemein bekannt, und durch den häufigen Anbau hie und da fast verwildert. Sie gedeiht auf einem feuchten, nahrhaften Boden, und verträgt unsere Winter gut.

5. Die Canadische Pappel. *Populus manilifera Lin. Canadian Poplar-Tree. Le peuplier de Canda.*

Sie ist aus Nordamerika in unsre Gegend verpflanzt, und jetzt allenthalben vorhanden. In mildem, lockern, etwas feuchten Boden wächst sie rasch und schnell zu einem herrlichen Baume, mit trefflicher Krone, empor, dessen Holz dem der andern Gattungen der Pappel ganz ähnlich ist. Die Kunststrafse von Breslau nach Berlin ist, bis Lissa, mit Canadischen Pappeln bepflanzt, die in 15 Jahren eine Höhe von 30 Fufs erreicht haben.

6. Die Italienische, Lombardische oder pyramidenartige Pappel. *Populus dilatata Lin. Lombardy Poplar-Tree. Le peuplier de Lombardie.*

Dieser schöne Baum zeichnet sich durch seine aufwärts stehenden Zweige und pyramidalische Form sehr aus. Doch lieben ihn viele Landwirthe als Strafsenbaum nicht mehr, weil mehrere Raupenarten ihn häufig besuchen, sich unglaublich darauf vermehren und dann weiter verbreiten. Er erreicht in dreifsig Jahren eine Höhe von 60 Fufs, und beinahe 2 Fufs Dicke.

Das Holz der Lombardischen Pappel ist zwar von Natur weich; aber im ausgetrockneten Zustande ist es ziemlich hart, und kann dann zu mancherlei Tischler-, Drechsler- und Zimmer-Arbeiten gebraucht werden. Seine Anwendung erstreckt sich jedoch nur auf trockene Räume, indem es die Abwechselung der Nässe und Trockenheit nicht verträgt.

12. Ordnung, mit verwachsenen Staubgefäfsen.

c) Der Eibenbaum, Taxus. *Taxus baccata Lin.*

Er ist sehr selten, und kommt theils als Strauch, theils als Baum vor; doch ist er, wildwachsend, einheimisch in Schlesien, und es wird auf seine Cultivirung keine Rücksicht genommen, aufser dafs man in den meisten Zier-Gärten einige Exemplare davon findet. Man trifft ihn auf dem Spitzberge bei Probsthein, in der Nähe von Falkenberg und Silberberg, und an andern Orten. Das Laub gleicht dem der Tanne. Das Holz ist rothbraun, ungemein fest, zu allen feinen Arbeiten tauglich, und dem Buchsbaumholz an Werth gleich.

Er blüht im Mai und Juni.

Zum Schlusse dieses Aufsatzes will ich noch einiger in Schlesien einheimischen Pflanzen erwähnen, welche man in einigen Forsthandbüchern unter den Holzarten aufgeführt findet, und die also hier vermifst werden könnten. Im Bauwesen haben diese Pflanzen zwar keine Bedeutung, zum Theil aber eine desto gröfsere in der Technik. Auch finden sie Anwendung in Gärten, oder bei der Bepflanzung öffentlicher Promenaden, und viele Baumeister werden sie kennen. Es sind folgende:

1. Der Türkische Hollunder, *Syringa vulgaris Lin.* (II. Classe). Dieser hohe Strauch blüht im April und Mai, an Hecken und Zäunen, mit blauen, violet-rothen und weifsen, wohlriechenden Blumen. In Gärten wird eine kleinere Art mit lanzettlichen Blättern, *S. persica Lin.* gezogen.

2. Der Bocks-Dorn, *Lycium barbarum Lin.* (IV. Classe), blüht im Juni und September, und wächst an Hecken und Zäunen und in Lustgebüschen. Um Lauben in kurzer Zeit zu beschatten, ist diese Pflanze zu empfehlen.

3. Die Corneliuskirsche, *Cornus Mascula* (IV. Classe), war ehemals in allen Ziergärten, vorzüglich in der Nähe von Breslau, zu finden, wo sie zu Alleen, die unter der Scheere gehalten wurden, gleich der Buche, angepflanzt wurde. Jetzt steht sie nicht mehr in solchem Ansehen. Sie blüht schon im März. Die rothe Frucht ist wenig geniefsbar. Das Holz ist hart, und wird zu Drechsler-Arbeiten gebraucht.

4. Der Nachtschatten, *Solanum Dulcamare Lin.* (V. Classe). Er blüht im Juni und August. Er ist ein rankenartiges Gewächs, welches hoch empor klettert. Die Beeren sind glänzend roth, die Blätter lanzettlich. Ehedem hielt man ihn zur Befestigung der Dämme für vorzüglich nützlich, weil er, durch seine ungemein tiefen und weitragenden Wurzeln, solche gegen das Wasser schützen sollte.

5. Die Heide, *Erica Lin.* (VIII. Classe). Dieser niedrige Strauch ist in Schlesien weit verbreitet, und auf Wiesen, Bergen und in Wäldern anzutreffen. In Ermangelung bessern Holzes dient er zum Brennen.

6. Die Rose, *Rosa Lin.* (XII. Classe). Von den wildwachsenden Rosenarten, die man in Laubgebüschen, auf Grenzrainen und an Hecken und Zäunen antrifft, sind folgende bemerkenswerth:

a) Die Hagebutte, *Rosa canina Lin.*, blüht roth: im Mai und Juni.

b) Die zottige Rose, *Rosa villosa Lin.*, mit kleinern aber röthern Blumen.

c) Die Weinrose, *Rosa rubiginosa Lin.*, blüht im Juli und August: ebenfalls roth. Die Blätter riechen nach Obst, oder Wein.

d) Die Zwergrose, *Rosa gallica Lin.*, blüht im Juni und Juli, roth purpurfarben, und ist sehr gemein.

e) Die weifse Rose, *Rosa Kluckii B.*, blüht mit weifsen Blumen, im Juni und Juli.

7. Der Ginster, *Genista Lin.* (XVII. Classe). Von diesem gelb blühenden Strauche sind in Schlesien mehrere Arten vorhanden. Der Färberginster, *G. tinctoria*, dient zum Gelbfärben, und liefert, mit Alaun und Kreide bereitet, das Schüttgelb.

8. Der Wachholderstrauch, *Juniperus communis Lin.* (XXII. Classe). Dieser im Mai und Juni blühende Strauch wächst sehr häufig auf Hütungen und in Kieferwäldern, erreicht 2 bis 6 Fufs Höhe, und ist wegen seiner Beeren bekannt. Das Holz ist hart, dient zu Drechsler-Arbeiten, und brennt mit Wohlgeruch.

Wohlau, den 1. April 1834.

6.
Über die verschiedenen Bedeckungs-Arten der Dächer von Casernen und andern Gebäuden.

(Von Herrn *Belmas,* Ingenieur-Capitain.)

Auszug aus dem *Mémorial du génie* No. II., den Abhang der Dächer und die Bedeckung derselben mit Ziegeln, Schiefer und Metall betreffend.

(Aus den *Annales des ponts et chaussées*, Januar und Februar 1833.)

Mit einigen Anmerkungen des Herausgebers.

[Das gegenwärtige Journal enthält schon mehrere einzelne Aufsätze über den für das Bauwesen so interessanten Gegenstand der Dachbedeckungen, meistens von inländischen Baumeistern. Wir wollen nun hier sehen, was ein fremder Baumeister darüber sagt. Der gegenwärtige, in den von der *École des ponts et chaussées*, also von einer Staats-Behörde, herausgegebenen *Annales des ponts et chaussées* befindliche Aufsatz, von einem sichtbar ungemein unterrichteten, denkenden und sehr erfahrenen Baumeister verfaſst, enthält eine fast vollständige Abhandlung der verschiedenen Dachbedeckungs-Arten, und in derselben treffliche, ausführliche, und practische Bemerkungen über diesen Gegenstand. Besonders vollständig ist der Gebrauch des Zinks abgehandelt. Der Aufsatz hat uns deshalb so interessant und wichtig geschienen, daſs wir ihn ganz mittheilen. Der Herausgeber dieses Journals hat sich erlaubt, einige Bemerkungen beizufügen.

Da die gewöhnliche Art: die Bemerkungen zu einer Abhandlung mit kleinerer Schrift unter den Text zu setzen, besonders in dem Falle, wenn sie nicht immer ganz kurz sind, sondern mit unter mehr sich ausdehnen, für den Leser unbequem zu sein pflegt, und auch dem Drucke ein schlechtes Ansehn giebt: so hat der Herausgeber die Anmerkungen in den Text setzen lassen. Um sie aber gehörig abzusondern, sind sie, auf die Weise, wie die gegenwärtige Vorbemerkung, in eckige Klammern [ ] geschlossen, und jede einzelne Anmerkung ist an ihrem Schlusse mit D. H. bezeichnet worden. Bloſse Reductionen von Maaſs, Gewicht und Geld sind in runde Klammern geschlossen. Alles, was nicht auf diese Weise abgesondert ist, ist der wörtlich übertragene Text. D. H.]

I. Abhang der Dächer.

Einfluſs desselben auf die Kosten der Bedeckung des Daches. Das Dach eines Gebäudes besteht aus dem Dachgerüste, welches ihm seine Form giebt, und gewöhnlich aus Holz gezimmert wird, und aus der Bedeckung, die die äuſsere Fläche desselben überzieht. Beide haben auf die Kosten Einfluſs. Der Abhang des Daches hat wieder auf beide Einfluſs; denn die Fläche der Decke, welche, auf einer horizontalen Terrasse, der zu bedeckenden Fläche gleich ist, nimmt schnell mit dem Abhange zu; beträgt der Abhang 45 Grad, so ist sie schon ungefähr $1\frac{1}{2}$ mal, und bei 60 Grad Abhang schon doppelt so groſs, als die horizontale Grundfläche. Die Masse des Holzes im Dachgerüste nimmt ebenfalls mit dem Abhange zu, wegen der Länge und gröſseren Zahl der nöthigen Stücke, und wegen des gröſseren Widerstandes, den das Dach den Stürmen entgegensetzen muſs.

Es ist also wesentlich nothwendig, einige Regeln für den nothdigen Abhang der Dächer zu haben. Dieselben sind schon von Rondelet, in seinem *Art de bâtir*, und von *Quatremère de Quincy*, in dem Wörterbuche der Baukunst, unter dem Artikel „Dach" abgehandelt worden. Diese beiden Schriftsteller haben aus den Terrassen in Ägypten, und den schon steiler werdenden Giebeln in Griechenland und Italien, ein Maaſs abgeleitet, um danach den Abhang der Dächer dem Clima, der Regenmasse, und dem kürzern oder längern Verweilen des Schnees, in jedem Lande angemessen, nach der geographischen Breite zu bestimmen. Sie haben angenommen, daſs in der heiſsen Zone die Dächer terrassenartig sein können, und daſs man nur erst vom Wendekreise ab anfangen dürfe, den Dächern einen Abhang zu geben. Sie setzen diesen Abhang, unter den Wendekreisen, für Hohlziegel, der geographischen Breite gleich, also 23 Grad und 28 Min.; ferner legen sie noch 3 Grad für flache Ziegel mit Rändern, wie die Römischen, hinzu: sechs Grad für Schiefer, und acht Grad für gewöhnliche platte Ziegel.

Diese Regel mag unter gewissen örtlichen Verhältnissen richtig sein; aber im Allgemeinen ist sie, so sinnreich sie auch scheinen mag, nicht statthaft, weil man in einer und derselben Gegend Dächer von sehr verschiedenem Abhange, so wie auch zugleich Terrassen findet.

[Die Regel ist offenbar in den Zahlenverhältnissen völlig willkürlich; und paſst auf das, was die Erfahrung lehrt, auf welcher sie allein beruhen könnte, durchaus nicht. Auch muſs sich der Abhang der Dächer, auſser nach der Bedeckungs-Art, auch nach dem Clima richten, nemlich nach der Nässe und der stürmischen Beschaffenheit desselben; dieses Clima aber richtet sich bekanntlich bei weitem nicht nach der geographischen Breite allein, sondern auch nach der Höhe des Terrains über dem Meere, nach der Nähe und der Lage der Berge und des Meeres, nach der Menge oder dem Mangel der Wälder, nach der Kälte, Wärme und Nässe des Bodens, und nach vielen andern örtlichen Umständen. Unter einem und demselben Grade der Breite kann einem Dache, in günstiger Lage, für eine bestimmte Bedeckungs-Art, 30 Grad Abhang genügen, während es auf hohen Bergen, oder in der Nähe des Meeres, oder unter andern örtlichen Verhältnissen, die das Clima rauh und ungünstig machen, mit derselben Bedeckungs-Art, 45 Grad Abhang und darüber nöthig hat. D. H.]

In Ruſsland haben die mit Blech bedeckten Dächer nur 18 bis 21 Grad Abhang; nemlich, ein zweiseitiges Dach hat nur den fünften oder sechsten Theil der Breite des Gebäudes zur Höhe. Eben so verhält es sich mit den mit Hohlziegeln bedeckten Dächern in Tyrol, wo es nicht an Schnee fehlt. Dagegen haben in Flandern und Belgien die mit Schiefer und platten Dachziegeln bedeckten Dächer beinahe 60 Grad Abhang. In Paris ist derselbe Abhang, so wie auch wieder 45 Grad Abhang, gebräuchlich, für die nemliche Bedachungs-Art; dagegen sind die mit Hohlziegeln bedeckten Dächer der Markt- und Schlachthäuser nur 18 bis 21 Grad gegen den Horizont geneigt, und die mit Blei bedeckten Terrassen der neuen Gallerie im Palais royal, so wie die Dächer einer Menge von Privathäusern, die mit Kupfer, Zink oder Erdpech-Estrich (*bitume*) bedeckt sind, haben gerade nur so viel Abhang, als streng nöthig ist, das Wasser abflieſsen zu machen.

[Daſs auf diese Weise die mit platten Ziegeln (Bieberschwänzen) bedeckten Dächer steiler sind, als die mit Hohlziegeln (einer Art sogenannter Mönche und Nonnen) bedeckten, kommt in Paris wohl daher, dafs dort die Bieberschwänze meistens schlecht, und insbesondere viel zu kurz sind. Aufserdem können die Bieberschwanz-Dächer überall flacher sein, als die Hohlziegel-Dächer; denn die platten Ziegel geben ein bei weitem dichteres und festeres Dach, wenn sie nur eben und sorgfältig geformt und gut gebrannt sind. D. H.]

Aus der oben ausgedrückten Regel würde noch folgen, dafs die Hohlziegel nicht über den 45sten Grad der Breite hinaus anwendbar wären, weil der stärkste Abhang, den sie gestatten, wenn sie nicht abgleiten sollen, 26 Grad, oder Ein Viertheil der Breite des Gebäudes ist, so, dafs sie in verschiedenen Gegenden, wo sie wirklich gebräuchlich sind, z. B. in England, Deutschland und Rufsland, nicht anwendbar sein würden. Ferner: dafs der Abhang eines mit Hohlziegeln bedeckten Daches, unter 25 Grad Breite, nach dieser Regel, nur 1 Grad 32 Min. würde sein müssen, was nicht angeht, weil bei diesem Abhange die Ziegel, vermöge ihrer Dicke, einen Fall nach oben bekommen würden. Man würde also vielmehr unter dem Wendekreise allerdings den Hohlziegel-Dächern noch einen Abhang geben müssen; und dann würde die Grenze, über welche hinaus sie nicht mehr anwendbar wären, noch weiter vorgerückt. Übrigens sieht man nicht, warum gerade die Hohlziegel den Maafsstab für den Abhang der Dächer geben sollen, da sie durch andere bessere Ziegel-Arten und durch Metalltafeln ersetzt werden können, die noch weniger Abhang bedürfen.

[Die Regel ist wohl zu auffallend unrichtig und willkürlich, als dafs sie einer weitern Widerlegung bedürfte. D. H.]

Der den Dächern zu gebende Abhang scheint weniger von der geographischen Breite, als von der Art der Bedeckung und von der landüblichen Architektur abzuhängen.

[Man kann sagen, dafs der Abhang der Dächer von der Bedeckungs-Art und dem Clima (nicht der geographischen Breite insbesondere) zugleich abhänge. Aber von der landüblichen Architektur hängt derselbe wohl nur in so fern ab, als diese Architektur nicht, wie es freilich häufig der Fall, verwerflich ist.

Das Original sagt hier noch, dafs wegen Mangel an Raum die Bemerkungen des Verfassers über den Ursprung des verschiedenen Abhanges der Dächer in Ägypten, Griechenland, Italien und Frankreich haben wegbleiben müssen. D. H.]

Es lassen sich für die Grenzen des Abhanges der Dächer, für die verschiedenen Bedeckungs-Materialien, wie folgt, einige Regeln aufstellen.

Der Schiefer ist, seiner Natur nach, weich und schwammig; er verschluckt viel Wasser, welches ihn bald auflöset, wenn es nicht schnell abfliefsen kann. Unter starken Abhängen dagegen trocknet der Schiefer, nachdem er vom Regen benetzt worden ist, schnell, und erhärtet, wie die meisten Steine, an der Luft. Die Dauer der Schieferdächer hängt daher sehr von dem Abhange ab. Auch aus diesem Grunde macht man daher wohl, besonders in Flandern und Belgien, wo der Schiefer aus den nahen Brüchen von Fumay, die sehr vielen und guten Schiefer liefern, fast allgemein gebräuchlich ist, die Dächer ungewöhnlich hoch. Jedoch ist jener Grund nicht die Ursache davon allein. Die Schiefer-Dächer haben viele Fugen, und das Dach mufs stärker abhängen, damit der Regen nicht durch den Wind aufwärts getrieben werde, und die Latten und das Holzwerk nicht verfaulen. Man hat bemerkt, dafs in der nassen Jahreszeit, besonders wenn feiner Regen fällt, die Schiefertafeln auf flachen Dächern unten fast eben so nafs sind, als oben. In der That steigt das wenige Wasser eher, nach dem Gesetze der Haarröhrchen, in die Höhe, als dafs es abfliefst, indem sein geringes Gewicht nicht die Adhäsion an der von der Feuchtigkeit der Luft schon nassen, doppelten Fläche der Bedeckung überwinden kann. Ähnliches erfolgt, wenn der Schnee zu schmelzen anfängt. Dieses Schmelzen ist auf Schieferdächern mehr bemerklich, als auf Ziegeldächern, und noch mehr auf Glasdächern. Im Allgemeinen steigt das Wasser und die Feuchtigkeit um so leichter in die Höhe, je härter und fester die Oberfläche der Tafeln ist, mit welchen man die Dächer bedeckt: einen um so stärkern Abhang mufs man also auch dem Dache geben, und um so mehr mufs man die Tafeln einander überdecken lassen.

Dieses Überdecken scheint abnehmen zu dürfen, je mehr der Abhang des Daches das Abfliefsen des Wassers befördert. Allein es ist zu bemerken, dafs die Schiefertafeln, da sie keine eigentlich deckenden Fugen haben, sondern blofs eine an die andere stofsen, um das Durchsickern des Wassers durch die steigenden Fugen zu verhindern, sämmtlich an zwei Drittheilen ihrer ganzen Länge einander überdecken müssen, so, dafs nur Ein Drittheil der Tafeln zu Tage liegt, damit die stehenden Fugen jeder Reihe Tafeln immer durch die Tafeln der nächst untern vollständig verschlossen werden. Diese Regel gilt für alle Dachdecken aus platten

Tafeln, die keine übergreifenden Fugen haben, und es folgt daraus, wie unvortheilhaft sie sind, indem sie auf der ganzen Dachfläche dreifach über einander liegen müssen, was die Kosten und das Gewicht des Daches sehr vermehrt.

Endlich widersteht der Schiefer auf einem steilen Dache besser den Stürmen, welche, wenn sie horizontal oder aufwärts wehen, durch den Abhang des Daches gebrochen oder zerlegt werden, und mit einem Theile ihrer Wirkung in die Fugen der Schiefertafeln dringen, sie heben, und nun die Nägel, mit welchen die Tafeln befestigt sind, drehen, oder losreifsen. Diese Wirkung der Stürme ist eine der stärksten Zerstörungs-Ursachen der Schieferdächer, und selbst der steilste Abhang des Daches würde sie nicht ganz unschädlich machen können, wenn man nicht mit der gröfsten Sorgfalt darauf sähe, dafs die Schiefertafeln genau auf einander schliefsen, und nirgend dem Winde eine Öffnung zum Eingriff darbieten. Das Dachgerüst mufs deshalb auch sehr genau und eben gezimmert sein; kein äufseres Verbandstück darf krumm sein; die Latten und Schalbretter müssen sehr gerade und eben sein, und sehr fest genagelt werden; die Schiefertafeln aber müssen alle ganz gleich dick sein, und wenn sie es nicht sind, mufs man sie sortiren, und jede Art besonders legen; denn dünne Tafeln, neben dicke gelegt, würden dem Winde Öffnungen geben, und Lücken machen, die den Bruch der Tafeln nach sich ziehen würden, wenn der Dachdecker, der Ausbesserung wegen, darauf tritt. Ohne diese verschiedenen Vorsichtsmafsregeln kann ein starker Wind in wenigen Augenblicken grofse Beschädigungen anrichten, und ganze Flächen des Daches abdecken.

[Die Wirkung der starken Stürme in Flandern und Belgien ist auch wohl hauptsächlich die Ursache, warum man dort die Dächer so steil macht: mehr, als die Eigenschaft des Schiefers, das Wasser einzusaugen. In hiesiger Gegend bedient man sich des Schiefers sogar gerade dann, wenn man die Dächer flacher machen will, als man glaubt, dafs es mit Ziegeln angehe, und diese flachen Schieferdächer sind recht dicht und dauerhaft. D. H.]

Mehrere Architekten sind der Meinung, dafs der geringste Abhang, welchen man zweiseitigen Schieferdächern in einem regnichten Clima, wie das von Paris, geben könne, der sei, welcher dem dritten Theile der Breite des Gebäudes zur Höhe des Daches entspricht, also

$33\frac{1}{3}$ Grad. Meistens indessen nimmt man 45 Grad an. Das Dach über dem Schiffe der Kirche St. Geneviève, welches mit Schiefer bedeckt ist, hat mindestens $26\frac{1}{2}$ Grad Abhang, oder den vierten Theil der Tiefe zur Höhe. Aber, anstatt bloſse Latten, in Zwischenräumen, auf die Sparren zu nageln, hat man das Dach, unter dem Schiefer, mit Brettern beschalt, die sich überdecken, wodurch das Dachgerüst besser geschützt worden ist. Von Mansarden-Dächern hat der obere Theil öfters nur 22 Grad Abhang, aber die geringe Haltbarkeit dieser Dächer, im Vergleiche gegen die gewöhnlichen, beweiset auch ihre Fehlerhaftigkeit; nur in gewissen Fällen, wenn man Dachwohnungen haben will, können sie in Betracht kommen; man opfert aber dann dem Gewinne etwas von der Dauer der Dachdecke und des Dachgerüstes.

[Die Dachwohnungen sind aber gewöhnlich so schlecht und unwöhnlich, daſs sich davon wenig Gewinn erzielen läſst. Deshalb sind die Mansarden-Dächer in hiesiger Gegend, und zwar mit groſsem Rechte, längst fast ganz auſser Gebrauch gekommen. D. H.]

Alle diese Bemerkungen über Schieferdächer finden auch auf platte Ziegel (Bieberschwänze) Anwendung. Die Ziegel saugen zwar weniger Wasser ein, als der Schiefer: sie sind dauerhafter, verwandeln sich wenig an der Luft, und erfordern also weniger Abhang des Daches; allein, da die platten Ziegel, in Folge ihrer Verfertigungsart, oft windschief, hohl oder rund sind, so legen sie sich weniger genau auf einander, als die Schiefertafeln, gestatten deshalb den Winden mehr Angriffstellen, und erfordern deshalb mehr Abhang des Daches. Die geringste Neigung eines Ziegeldaches ist 27 Grad.

[Dieses würde etwas weniger sein, als der vierte Theil der Tiefe des Gebäudes zur Höhe eines zweiseitigen oder Sattel-Daches. Allerdings möchte dies wohl für Bieberschwänze die geringste Höhe des Daches sein; allein die unförmliche Beschaffenheit der Dachziegel ist bloſs eine Folge unvollkommener Fabrication, und läſst sich, ohne zu groſse Schwierigkeit, vermeiden. Hier zu Lande hat man sehr gute platte Dachziegel; in Paris freilich sind sie, wie oben bemerkt, meistens schlecht. D. H.]

Die hohlen Ziegel (sogenannten Mönche und Nonnen) erfordern viel weniger Abhang des Daches, als die platten Ziegel und Schiefer, weil das Wasser, welches sich in den Rinnen sammelt, die die Ziegel bilden, mehr Kraft hat, abzufließen, als das auf den platten Ziegeln ausgebreitete Wasser. Man giebt ihnen auch nur wenig Überdeckung, weil die stehenden Fugen durch die darüber gedeckten Ziegel gut verschlossen werden. Es ist hinreichend, wenn die Ziegel 4 Zoll über einander greifen; und da dieses Maaſs von der an verschiedenen Orten verschiedenen Länge der Ziegel unabhängig ist, so ist es auch die Länge des frei liegenden Theiles der Ziegel. Dieses berücksichtigen die Dachdecker nicht immer, sondern lassen, wie bei den platten Ziegeln und Schiefern, die hohlen Ziegel immer zum dritten Theile frei liegen, ohne auf den Grund davon zu sehen. Der Abhang der mit hohlen Ziegeln zu bedeckenden Dächer kann sehr gering sein, besonders dann, wenn man die Fugen der Ziegel mit Mörtel verstreicht, um das Wasser vom Zurücktreten abzuhalten. Gewöhnlich giebt man diesen Dächern nur 18 bis 21 Grad Abhang, oder, was dasselbe ist, einem Satteldache den fünften oder sechsten Theil der Breite des Gebäudes zur Höhe. Der stärkste Abhang für diese Ziegel, über welchen hinaus sie abgleiten würden, ist $26\frac{1}{2}$ Grad, oder der vierte Theil der Breite zur Höhe.

[Daſs hohle Ziegel ein dichteres Dach geben sollten, als die platten, und daſs ein geringerer Abhang ihnen genügen sollte, ist in Deutschland den Erfahrungen entgegen. Die hohlen Ziegel lassen nothwendig Fugen an den Ecken, jedesmal da, wo ihrer vier zusammenstoſsen; auſserdem aber werden sie leichter vom Winde, wenn auch nicht abgeworfen, so doch gerüttelt, weil der Wind auf der unebenen Fläche mehr Angriffstellen findet, als auf der ebneren Fläche platter Ziegel. Sobald aber die Dachziegel gerüttelt worden sind, hilft auch der Mörtel in den Fugen nichts mehr zur Verdichtung. Auch selbst, wenn man die Dächer sehr steil macht, was allerdings angeht, weil die Ziegel, an ihren sogenannten Nasen, auf den Latten hängen, und so nicht abgleiten, sind sie dennoch nicht besser, weil sie dann wieder um so leichter vom Winde bewegt werden, indem sie weniger fest aufruhen. Man findet die hohlen Ziegel in Deutschland nur noch auf sehr alten Gebäuden, und deren Dächer meistens sehr steil sind, hat sie aber in neuerer Zeit, mit Recht, ganz aufgegeben. D. H.]

Endlich hat auch die Breite der Gebäude auf den dem Dache nothwendigen Abhang bei dieser Ziegel-Art Einfluſs; denn ist sie sehr beträchtlich, und der Abhang sehr gering, so kann das Wasser, welches, in den Rinnen der Ziegel fliefsend, unten bei starkem Regen sich anhäuft, überströmen, und durch die Dachdecke dringen.

Den Metalldecken, bestehend aus zusammengelötheten, oder sonst in dem Maafse vereinigten, grofsen Metall-Tafeln, dafs der Wind keine Angriffsstellen findet und das Wasser nicht durch die Fugen zu dringen vermag, kann man einen sehr geringen Abhang geben, und sie selbst zu Platformen benutzen; wie es auch häufig geschieht.

Der Abhang der Dächer im Allgemeinen hat, wie wir bemerkten, nicht blofs auf die zu bedeckende Fläche, im Verhältnisse zur horizontalen Projection derselben, sondern auch auf die dem Dachgerüste nothwendige Widerstandsfähigkeit, und folglich auf den Cubik-Inhalt des Gehölzes in denselben, nach dem Maafse des Gewichtes des Deck-Materials, Einflufs, so, dafs also diese oder jene Art des Deckmaterials, obgleich an sich nicht schwerer, doch am Ende, wegen des nothwendigen stärkern Abhanges, lastender sein kann, als ein schwereres Deckmaterial, welches einen geringern Abhang gestattet. Eine Dachfläche kann als ein Boden betrachtet werden, der, wenn er horizontal läge, im Allgemeinen nichts weiter als sein und der Decke Gewicht zu tragen haben würde. Unter der schrägen Dachfläche treten an die Stelle der Balken, Sparren, die, wie sie auch zusammengesetzt sein mögen, immer auf zwei Streben hinauskommen, welche durch ein Verbandstück zusammengehalten werden, und ihr Widerstand mufs, wie der der Balken, nach dem Gewichte abgemessen werden, welches sie zu tragen haben.

[Man mufs es so viel als möglich zu vermeiden suchen, die Sparren als Streben wirken zu lassen, vielmehr sie möglichst so unterstützen, dafs sie, nebst der darauf ausgebreiteten Dachdecke, nur aufruhen, und nur senkrecht drücken, nicht einen Seitenschub verursachen. Man sehe die Abhandlung No. 12. im 3. Hefte 7. Bandes dieses Journals. D. H.]

Auf diese Weise zerlegt sich das senkrecht wirkende Gewicht der Dachdecke, an dem Orte, wo es aufruht, in zwei Kräfte, deren eine senkrecht auf die Sparren wirkt, und sie einbiegen würde, wenn ihre Tragfähigkeit zu gering wäre, während die Richtung der andern die der Sparren selbst ist, und welche, vermöge einer neuen Zerlegung, ihren Fufs gegen die Mauern drücken würde, wenn nicht die Balken die Sparren zusammenhielten.

[Die auf die Sparren senkrecht gerichtete Wirkung des Gewichts der Dachdecke bringt ebenfalls einen Seitenschub hervor. Der gesammte Seitenschub verhält sich bekanntlich zu dem Gewichte, welches ihn hervorbringt, wie die Cotangente des Neigungswinkels der Dachfläche gegen den Horizont, zum Halbmesser sich verhält. D. H.]

Diese verschiedenen Kräfte können durch Sinus und Cosinus des Neigungswinkels des Daches und durch das Gewicht der Dachdecke ausgedrückt werden, welche letztere sich zunächst aus dem Cubik-Inhalte der Sparren, Fetten und Latten, und dann aus dem Gewichte des Deckmaterials berechnen läfst. Dieses beträgt bei Schiefer 17 bis 20, bei platten Ziegeln 85 bis 90, und bei hohlen Ziegeln 75 bis 80 Kilogr.

[Vielleicht auf Einen Quadrat-Meter gerechnet. Dies würde etwa $3\frac{3}{4}$ Pfd. für Schiefer, 18 Pfd. für flache Ziegel, und 15 Pfd. für hohle Ziegel auf den Quadrat-Fufs ausmachen. Das Gewicht einer guten Bieberschwanz-Decke z. B. möchte aber wohl so viel nicht betragen. D. H.]

Zu diesem Gewichte mufs man noch das einer gewissen Lage Schnee hinzurechnen, welches so viel betragen kann, als das einer Wasserschicht von $\frac{1}{15}$ (wahrscheinlich $\frac{1}{10}$ Meter, also gegen 4 Zoll, d. H.) Dicke. Auch würde es leicht sein, auf etwaige ungleiche Vertheilung der Belastung des Daches, je nach seiner Lage gegen Mittag oder Mitternacht, Rücksicht zu nehmen.

Endlich kann die Wirkung der Stürme aus Beobachtungen der Höhe gefunden werden, auf welche in einem Manometer, von der Gestalt eines umgekehrten Hebers, dessen horizontaler Arm dem Winde entgegen gehalten wird, der Druck des Windes das Wasser im andern Arme in die Höhe treibt. Auf diese Weise hat man z. B. zu Paris berechnet, dafs bei dem entsetzlichen Orcane im Jahre 1802, welcher einige der stärksten Bäume im Garten der Tuilerien entwurzelte, die Geschwindigkeit des Sturmes 29,3 Meter (93 Fufs) in der Secunde, und der Druck desselben auf einen Quadrat-Meter senkrechter Fläche 100 Kilogr. (etwa 21 Pfd. auf den Quadr.-Fufs) betrug; diesem Drucke ungefähr hatte auch Eine Person zu widerstehen. Die Dächer erfuhren von diesem Drucke erstlich den auf ihre Ebene senkrechten Theil, welcher sie, vereinigt mit dem Gewichte der Decke, einzubiegen trachtete, und zweitens den Druck in der Richtung der Dachfläche, von unten nach oben, welcher die Schiefer und Ziegel aufzuheben strebte, welches ihm auch nur allzuwohl gelang.

Nimmt man dieses Resultat als Maximum an, so ließe sich daraus, verbunden mit der Angabe des Gewichtes der Dachdecke, das ganze Gewicht finden, welches das Dachgerüst zu tragen hat, und dann daraus weiter die Dicke, welche man den verschiedenen Verbindungsstücken des Gerüstes geben muß, damit es den darauf wirkenden Kräften widerstehe. Dieser Dicke müßte man eine Zulage hinzufügen, für unvorhergesehene Fälle, und für etwaige schwache Stellen der Hölzer.

So schlußgerecht dieses Verfahren indessen auch sein mag: so dürften doch die Resultate, die es gewähren würde, *allzu theoretisch* sein, um in der Ausübung Vertrauen zu erwecken. Wir haben daher statt dessen uns begnügen zu müssen geglaubt, für die verschiedenen Arten der Dachbedeckung die Dicke der Hölzer in wirklich vorhandenen Dachrüstungen auszumessen, und zwar in solchen, die uns am leichtesten und besten gebaut schienen. Auch haben wir möglichst gleich breite Gebäude ausgewählt, um zu leichter vergleichbaren Resultaten zu gelangen.

Durch eine große Menge solcher Ausmessungen haben wir gefunden, daß der Cubik-Inhalt des Holzes in einer Dachrüstung, auf den Quadrat-Meter bedeckter horizontaler Grundfläche des Gebäudes, wie folgt angenommen werden kann:

Für ein Schiefer-Dach von 60 Grad Abhang	0,106 C. M.	(49 C. F. auf die Q. R.)
Für ein Schiefer-Dach von 45 Grad Abhang	0,080 - -	(37 C. F. auf die Q. R.)
Für ein Bieberschwanz-Dach von 45 Grad Abhang	0,090 - -	(42 C. F. auf die Q. R.)
Für ein mit hohlen Ziegeln, unverstrichen, bedecktes Dach von 18 bis 21 Grad Abhang	0,058 bis 0,064 C. M.	(27 bis 29 C. F. auf die Q. R.)
Für ein verschaltes und in Mörtel gelegtes Hohlziegel-Dach von 18 bis 21 Grad Abhang	0,067 bis 0,072 - -	(31 bis 34 C. F. auf die Q. R).

Für ein auf Fliesen-Pflaster, nach Marseiller Art, in Mörtel gelegtes Hohlziegel-Dach von 18 bis 21 Grad Abhang . . . . 0,091 C. M. (42 C. F. auf die Q. R.)

Hierin ist der Cubik-Inhalt der Schwellen oder Balken nicht mitbegriffen, weil diese Hölzer mehr zu dem Dachboden gehören, weshalb auch ihre Maafse sehr verschieden sind: je nach dem Gewichte, welches der Boden zu tragen hat, und nach den Unterstützungen desselben. Zuweilen sind auch die Balken gar nicht vorhanden.

Diese Resultate zeigen, dafs die Hohlziegeldecke, obgleich an sich selbst schwer, dennoch diejenige ist, die zum Dachgerüste am wenigsten Holz erfordert, in Rücksicht des geringen, für dieselbe zureichenden Abhanges. Und da ferner bei diesem Abhange die Dachfläche zur Grundfläche des Gebäudes sich nur wie 106 zu 100 verhält, so ist sie auch eine von denen, welche am wenigsten kostet. Denselben Vortheil erlangt man durch andere Ziegel und durch Metalldecken; woraus folgt, dafs man, selbst in unsern Climaten, die gar zu grofse Höhe der Dächer durch eine gute Wahl der Deckmaterialien vermindern, und mit dem vierten oder fünften Theile der Breite des Gebäudes zur Höhe von Satteldächern ausreichen kann, an welche Verhältnisse die Bauwerke der Griechen und Römer uns gewöhnt haben, und die nicht ohne Übelstand bei der Beobachtung der uns von den Alten überlieferten architektonischen Regeln überschritten werden dürfen.

Die hohen Dächer gewähren freilich auch Dachwohnungen; aber dieselben sind immer kostbarer, als ein aufgesetztes Stockwerk mit niedrigem Dache. Auch sind dergleichen Wohnungen weniger gesund. Besonders in den Casernen sind sie für die Soldaten höchst unbequem. Im Sommer vergeht man darin vor Hitze, im Winter vor Kälte. Die Wände und Decken der Wohnungen müssen, um dieselben einigermafsen zu verbessern, mit Brettern bekleidet werden; was aber wieder die Kosten noch vermehrt. Auch bleiben in den meisten Militair-Gebäuden die Dachräume unbenutzt.

In Paris sind die hohen Dächer aus einer eigenthümlichen Ursache beliebt. Es ist nemlich durch Polizei-Verordnungen nur die Höhe der Häuser bis zum Gesimse beschränkt, und so gewinnt der Hausbesitzer noch alle Wohnungen, die er, darüber hinaus, im Dache baut.

[Es wäre doch wohl noch zweifelhaft, selbst bei städtischen Wohngebäuden, ob die flachen Dächer in nördlichen Climaten, unbedingt den gewöhnlichen, von 30 bis 45 Grad Abhang gegen den Horizont, vorzuziehen sein möchten. Hat ein Dach nur den vierten oder fünften Theil der Breite des Gebäudes zur Höhe, so mufs es, man mag es mit Metall, Schiefer oder Ziegeln bedecken, mit Brettern verschalt werden, und dadurch wird die Feuersgefahr bedeutend vergröfsert. Bei Metall-, und besonders bei Schiefer-Decken, ist diese vorzüglich grofs. Bei den gewöhnlichen Ziegel-Dächern, nemlich Bieberschwanz-Dächern, ist dagegen keine Verschalung nothwendig. Dafs Wohnungen im Dache, die keine andern Wände haben, als das Gespärre, ungesund und wenig werth sind, ist vollkommen wahr, und die Gesundheits-Polizei sollte sie gar nicht dulden, wiewohl sie nicht immer gerade mehr kosten möchten, als eine aufgesetzte Etage. Allein die Dachräume sind sonst auch in den Städten zu mancherlei Zwecken nutzbar, besonders zu Trocknen-Böden und zur Aufbewahrung von mancherlei Dingen. Bei Landgebäuden sind sie zur Aufbewahrung von Rauchfutter noch nützlicher. Dafs endlich die hohen Dächer ungemein häfslich sind, ist wieder vollkommen wahr; allein dieser Übelstand läfst sich in den Städten leicht, und sehr zweckmäfsig vermeiden, wenn man den Dächern ihren Abhang nicht auch nach der Strafse, sondern nur nach dem Hofe giebt. Dadurch gewinnt das Ansehn der Gebäude noch mehr, als durch Erniedrigung der Dächer. (Man sehe die Abhandlung No. 1. im 8ten Bande dieses Journals.) Im Allgemeinen kann man sagen, dafs die Dächer mit 45 Grad Abhang, in den Städten, allerdings zu steil sind. Für platte Dachziegel ist dieser starke Abhang auch nicht nothwendig; und da die Bestimmung eines zweiseitigen Daches zu Wohnungen durchaus verwerflich ist, so ist die gröfsere Höhe auch zu der übrigen, angemessenen Benutzung des Daches wenigstens nicht nöthig. Es würde durchweg besser sein, die Ziegeldächer nur so hoch zu machen, als es *ohne Bretter-Verschalung* angeht, und bei platten Ziegeln ist es völlig hinreichend, wenn Satteldächer, auf diese Weise, statt der Hälfte, nur den dritten Theil der Tiefe zur Höhe bekommen. D. H.]

II. Ziegel- und Schiefer-Dächer.

[Das Original bemerkt hier, dafs, wegen Mangels an Raum, eine Äufserung des Verfassers über die Dachziegel der Alten habe wegbleiben müssen, und daſs man darüber „*Etudes relatives à l'art des constructions*" von Bruyère nachsehen möge. D. H.]

Neuere Dachziegel. Die Hohlziegel (Mönche und Nonnen), nach einem Kreisbogen geformt, und die platten Ziegel mit Haken, [eine Art Dachpfannen, d. H.], machen, nebst dem Schiefer, das üblichste Deckmaterial in Frankreich aus. Die Hohlziegel sind besonders in der Provence, in Languedoc, und an der Grenze der Alpen und Pyrenäen gebräuchlich. Aber da man sie auch zu Paris und Verdun findet, so könnte man sich ihrer auch überall im übrigen Lande bedienen.

Die neueren Dachziegel, obgleich viel weniger gut, als die der Römer, sind immer noch sehr dauerhaft. Man findet sie zu Paris auf den meisten alten Dächern; sie wurden in den Ziegeleien von Passy verfertigt, die vor 150 bis 200 Jahren auf dem Terrain der jetzigen Champs élisées standen. Man erkennt sie an der Farbe und an der Gröſse, welche letztere beträchtlicher ist, als die der jetzigen Ziegel. Damit ein Ziegel dauerhaft sei, muſs er aus reiner Masse bestehen; oft enthalten aber die Ziegel Stückchen Kalkstein, welcher beim Brennen zu Kalk wird, dann sich an der Luft löscht, und die Ziegel zersprengt. Andere verschlucken zu sehr die Nässe, springen dann im Froste, wie mürbe Steine, und werden vom Moose und anderer Vegetation angegriffen.

Die Burgunder Dachziegel sind vortrefflich, und es sind kaum noch andere als die Marseiller ihnen zu vergleichen. Sie erhärten an der Luft, und sind nach 20 Jahren besser, als neue. Im Allgemeinen müssen die Dachziegel, wenn sie gut sein sollen, stark gebrannt, und gewissermaſsen verglaset sein. Es scheint, daſs unter dieser Bedingung die Wahl und Bereitung der Ziegelerde es ist, was den Ziegeln der Römer eine so lange Dauer verschaffte.

Die platten Ziegel sind entweder von groſser, oder von kleiner Form. Man bedient sich zu Paris nur der gröſseren. Sie sind 11 Zoll lang, 9 Zoll breit und ½ Zoll dick. An einem Ende haben sie einen Haken, vermittelst dessen sie auf eichene Latten gehängt werden, die auf die Sparren festgenagelt sind. Die Latten sollen, von einer Oberkante zur andern, nur um den dritten Theil der Länge der Ziegel von einander entfernt sein, damit auch nur ein Drittheil der Länge der Ziegel frei liege. Diesem Deckmaterial ist vorzuwerfen, daſs es sehr steile Dächer erfordert, und sehr schwer ist: daſs es oft Unfälle veranlaſst, weil die Ziegel nur an schwachen Haken hängen, die leicht abbrechen, so, dafs die Ziegel leicht herunterfallen können, und endlich: dafs das Dach, weil die Ziegel nicht gut auf einander schliefsen, nicht dicht hält, so, dafs man sich, in Gegenden, wo sie gebräuchlich sind, z. B. zu Béfort, Besançon, sehr darüber zu beklagen hat, dafs Schnee und Regen durch die Fugen der Ziegel dringen und die Gebäude beschädigen.

[Man sieht hieraus deutlich, woran es liegt, dafs die platten Ziegel in Frankreich den gebogenen nachgesetzt werden. Sie sind nemlich zu kurz, zu breit und zu dick. Machte man sie, statt 11 Zoll lang, 9 Zoll breit und $\frac{1}{2}$ Zoll dick, wie hier zu Lande, 15 bis 16 Zoll lang, 6 Zoll breit, und möglichst dünn: so würden sie ein eben so leichtes und dichtes Dach geben, wie hier. Von allen im Texte gerügten Mängeln der platten Ziegel ist in Berlin, und in einem grofsen Theile von Deutschland, wo man sich derselben ausschliefslich bedient, nichts bekannt. Im Gegentheile wird dieses Dachbedeckungs-Material als eines der vollkommensten befunden, dafs sich wünschen läfst. Es ist hier wieder ein Beispiel, wie eine gute Sache leicht durch unrichtige Anwendung und Benutzung mangelhaft und schlecht werden kann. D. H.]

Die Hohlziegel (Taf. VIII. Fig. 1.) sind, wie die platten Ziegel, in verschiedenen Gegenden, von verschiedener Gröfse. Sie werden reihenweise auf eine gefugte Verschalung (*plancher jointif*) gelegt, und überdekken einander um 4 Zoll. Die unteren Reihen bilden fortlaufende Rinnen oder Canäle. Um sie zu lagern, unterstopft man sie rechts und links mit Stein- oder Ziegelbrocken. Die unteren Reihen müssen ungefähr $1\frac{1}{2}$ Zoll weit von einander entfernt sein. Die Zwischenräume werden mit ganz gleichen, aber umgekehrt gelegten, Ziegeln bedeckt, nemlich so, dafs der Rücken der oberen Reihen in die Höhe gekehrt ist. Die oberen Ziegel überdecken einander auf gleiche Weise, wie die unteren. Zu Lyon nennen die Arbeiter die unteren Ziegel, welche die Rinnen bilden, *chanés* (Rinnenziegel), die obern *chapeaux* (Deckziegel); wenn die Ziegel gelegt sind, so bilden die obern Ziegel Rücken, welche das Wasser in die Rinnziegel leiten. Am Fufse des Daches müssen die Ziegel in Mörtel oder Gips gelegt werden, damit sie nicht ausgleiten, sondern vielmehr die obern Ziegel zurückhalten. Zuweilen werden auch sämmtliche Ziegel in Mörtel gelegt; welches dann das Dach sehr fest macht.

In Perpignan und im ganzen Roussillon ist es gebräuchlich, je die dritte Reihe Dachziegel in Mörtel zu legen. Auf diese Weise erhält die Dachbedeckung eine Art von Bindern, die ihre Festigkeit sehr vermehren, ohne das Dachgerüst so stark zu belasten, als wenn die ganze Decke gemauert wäre. Diese Binder umfassen gleichsam die übrigen Ziegel, so, daſs der Wind weniger Beschädigungen anzurichten vermag. Auch treten die Dachdecker auf die Bindungen, wenn sie das Dach besteigen, und beschädigen es auf diese Weise weniger.

Zu Paris sind die Hohlziegel, auf den Markt- und Schlachthäusern, 0,35 Meter ($13\frac{1}{2}$ Zoll) lang, und der Quadrat-Meter wiegt 74 Kilogr. (der Quadrat-Fuſs 15 Pfd.). In der Provence sind sie 0,47 Meter (18 Zoll) lang, und liegen 0,25 Met. ($9\frac{1}{2}$ Z.) von Mitte zu Mitte entfernt. Der Quadrat-Meter wiegt 46 Kilogr.: mit der Unterfutterung 54 Kilogr., und in Mörtel gelegt, 84 Kilogr. (der Quadrat-Fuſs resp. 9, 11 und 17 Pfund).

[Man sieht leicht, daſs, der Verschalung wegen, diese Art Dachdecke feuergefährlicher ist, als die hierlandes gewöhnliche, mit platten Ziegeln. Auch kann der Wind eher die krummen Ziegel angreifen, als die ebenen. Da die Ziegel keinen Haken haben, sondern bloſs auf der Verschalung ruhen, so sind sie nur auf flachen Dächern anwendbar; aber wahrscheinlich wird auch die Verschalung darunter nicht lange dauerhaft sein. D. H.]

(Die Fortsetzung folgt im nächsten Hefte.)

Im Verlage von G. Reimer in Berlin sind folgende Werke erschienen:

Eytelwein, F. A., Anleitung zur Ermittelung der Dauer und Unterhaltungskosten der Gebäude und zur Bestimmung der Bau-Ablösungs-Kapitalien und jährlichen Renten. Zum Gebrauche für Baumeister, Kameralisten, Oeconomie-Commissarien etc. 14 Ggr. oder $17\frac{1}{2}$ Sgr.

Eytelwein, J. A., Handbuch der Statik fester Körper. Mit vorzüglicher Rücksicht auf ihre Anwendung in der Architektur. 3 Bände mit 22 Kupfertafeln. 2te Aufl. $7\frac{1}{2}$ Thlr.

Lehmus, D. C. L., Grundlehren der höhern Mathematik und der mechanischen Wissenschaften. Als Leitfaden zu seinen Vorlesungen bearbeitet. Mit einer Figurentafel. 1 Thlr. 18 Ggr. oder 1 Thlr. $22\frac{1}{2}$ Sgr.

Derselbe, Lehrbuch der reinen und angewandten Mathematik in 3 Bänden. 1ster Band: Arithmetik, Algebra, Geometrie, Trigonometrie und die Grundzüge des Feldmessens. Mit 3 Kupfern. $1\frac{7}{12}$ Thlr. 2ter Band: einige Erweiterungen zum ersten Bande und die Lehre von den Kegelschnitten. Mit 2 Kupfern. $\frac{2}{3}$ Thlr. 3ter Band: die statischen und mechanischen Wissenschaften. Mit 4 Kupfern. $1\frac{1}{3}$ Thlr.

Gilly, D., Praktische Anleitung zur Anwendung des Nivellirens oder Wasserwägens in den bei der Landeskultur vorkommenden Fällen. 3te unveränderte Auflage. Mit 4 illuminirten Kupfertafeln $\frac{5}{6}$ Thlr.

Aufgaben-Systeme und Sammlungen aus der ebenen Geometrie zu einem selbstständigen Unterricht in der Analysis, geordnet und durch Gesetze vorbereitet von H. v. Holleben und P. Gerwien, Lieutenants im 21sten und 22sten Infanterie-Regiment und Lehrer im Königl. Preufs. Kadetten-Corps. Erster Theil: Geometrische Analysis. Auch unter dem Titel: Geometrische Analysis. Erster Band: Anleitungen und Gesetze. Mit 19 Steintafeln. 1 Thlr. 8 Ggr. oder 1 Thlr. 10 Sgr. Zweiter Band: Aufgaben. Mit 42 Steintafeln. 3 Thlr. 8 Gr. oder 3 Thlr. 10 Sgr.

Lacroix, S. F., Handbuch der Differential- und Integral-Rechnung. Nach der 4ten verbesserten und vermehrten Original-Ausgabe (1828) aus dem Französischen übersetzt und mit einigen Anmerkungen versehen von Dr. Fr. Baumann. 3 Bde. 2 Thlr. 12 Ggr. oder 2 Thlr. 15 Sgr.

Dessen Einleitung in die Differential- und Integral-Rechnung. Aus dem Franz. übersetzt und mit erklärenden Zusätzen versehen von *F. Funck*. Nach der 2ten durchgesehenen und verbesserten Original-Ausgabe. Mit 1 Kupfer. $\frac{3}{4}$ Thlr.

Wolf, F., theoretisch practische Zahlenlehre. 2te verbesserte Auflage. gr. 8. $23\frac{1}{2}$ Bogen. $1\frac{1}{6}$ Thlr.

Derselbe, Lehrbuch der Geometrie. 1ster Theil: Elementargeometrie, Trigonometrie, Theilungslehre. $1\frac{1}{6}$ Thlr.

Minding, Dr. F., Anfangsgründe der höhern Arithmetik. $\frac{5}{6}$ Thlr.

Götz, Dr. J., Die Rechnenkunst. 2te vermehrte Auflage. $\frac{3}{4}$ Thlr.

Derselbe, Die analytische und ebene Trigonometrie und Polygonometrie. $2\frac{1}{3}$ Thlr.

Grunert, J. A., Sphäroïdische Trigonometrie. $3\frac{1}{3}$ Thlr.

Dietlein, J. E. W., Grundzüge der Vorlesungen über Strafsen- Brücken- Schleusen- Canal- Strom- Deich- und Hafen-Bau, gehalten in der Königl. Bau-Akademie zu Berlin in den Jahren 1824 bis 1831. Mit einigen Anmerkungen und Zusätzen von A. L. Crelle. Mit 14 Kupfertafeln. gr. 4. $5\frac{2}{3}$ Thlr.

Zahn, W., Ornamente aller klassischen Kunst-Epochen, nach den Originalen in ihren eigenthümlichen Farben dargestellt. 1stes und 3tes Heft. à $2\frac{1}{2}$ Thlr.

Lauber, L. M., Versuch einer rein wissenschaftlichen Darstellung der Mathematik durch strenge Begründung desselben in ihren Prinzipien und Elementen. Erster Theil. Die allgemeinen Prinzipien der Gröfsenlehre nebst den Elementen der Zahlenlehre. $\frac{2}{3}$ Rthlr.

Inhaltsverzeichnifs des zweiten Hefts achten Bandes.

3. Über das Bedecken der Dächer mit Eisenblech. Von dem Kaiserlich-Russischen Bau-Intendanten Herrn *Engel* zu Helsingfors. . . . . . Seite 105

4. Einige neuere Nachrichten von Eisenbahnen in England. (Aus dem *Mechanics Magazine.*) [Der die Strafse von Liverpool nach Manchester betreffende Theil dieser Nachrichten ist gleichsam als eine Fortsetzung des Aufsatzes No. 14. und 19. im 6ten Bande dieses Journals zu betrachten.] . . . . — 128

5. Flora von Schlesien für das Bauwesen. Von dem Königl. Bau-Inspector Herrn *Rimann* zu Wohlau in Schlesien. . . . . — 137

6. Über die verschiedenen Bedeckungs-Arten der Dächer von Casernen und andern Gebäuden. Von Herrn *Belmas,* Ingenieur-Capitain. Auszug aus dem *Mémorial du génie No. II.*, den Abhang der Dächer und die Bedeckung derselben mit Ziegeln, Schiefer und Metall betreffend. (Aus den *Annales des ponts et chaussées,* Januar und Februar 1833) Mit einigen Anmerkungen des Herausgebers. (Die Fortsetzung folgt im nächsten Hefte.) — 185

Berlin, gedruckt bei G. Reimer.

Journal
für
die Baukunst.

In zwanglosen Heften.

Herausgegeben

von

Dr. A. L. Crelle,
Königlich-Preufsischem Geheimen-Ober-Baurathe, Mitgliede der Königlichen Akademie der Wissenschaften zu Berlin, Correspondenten der Königlichen Akademieen der Wissenschaften zu Neapel und Brüssel und Ehrenmitgliede der Hamburger Gesellschaft zur Verbreitung der mathematischen Wissenschaften.

Achter Band.

Drittes Heft.

Mit 2 Kupfertafeln (Taf. IX. — X.).

Berlin,
bei G. Reimer.

1835

7.

Die neuen Küchen in den Militairgebäuden zu Luxemburg, welche mit gröfserem Vortheile benutzt werden, als die abgeschafften Dampfküchen.

(Von dem Königl. Preufs. Ingenieur-Premier-Lieutenant Herrn *Beise* zu Luxemburg.)

Einleitung.

In unserer Zeit, wo alle Zweige der Technik eine zum Theil aufserordentliche Vollkommenheit erlangt haben, ist es sehr schwer, mit irgend etwas Neuem aufzutreten, ohne dabei das vorhandene Alte zu benutzen, oder auch nur zu verbessern; aber zuweilen führt ein unwesentlich scheinender, jedoch sehr wichtiger Umstand, der Wahrheit da entgegen, wo man sie am wenigsten gesucht hätte. Z. B. Eine alte bekannte Feuerung wird auf die gröfste Wirkung dadurch gebracht, dafs man vielleicht einige Zuglöcher oder Züge mehr in derselben anbringt, oder einige Steine daraus entfernt u. s. w. Das ist eine Kleinigkeit, die nicht der Mühe werth zu achten; aber sie liefert ein grofses Resultat, und eben weil sie so klein war, hatte man sie übersehen.

Schon seit mehreren Jahren hat man das Bedürfnifs gefühlt, in solchen Anstalten, wo viele Menschen gespeiset werden, die Küchen zu centralisiren. Von diesem Gedanken geleitet, hat man verschiedene Einrichtungen getroffen, um den beabsichtigten Zweck zu erreichen. Anfänglich baute man mehrere kleinere Küchen in demselben Locale. Bald aber sah man ein, dafs dazu noch viele Aufsicht und ein gröfserer Aufwand von Kräften und Kosten erforderlich sei, als bei gröfseren Küchen. Auf diese Weise entstanden Compagnie-Küchen, Zwei-Compagnie-Küchen, Bataillons-Küchen. Zuletzt, nachdem die Kraft und Wirksamkeit der Dampfapparate immer mehr bekannt wurden, führte man auch Dampfküchen ein, wo eine grofse Anzahl Menschen essen sollte.

Die besten von diesen getroffenen Einrichtungen gewähren den Vortheil, dafs man die Speisen auf die wohlfeilste Weise zubereiten kann, ohne zu viel Brennstoff zu verwenden. Der Einkauf der efsbaren Gegenstände gewährt in grofsen Massen bedeutenden Gewinn, welcher wieder zur Verbesserung der Speisen verwendet werden kann. Endlich wird die Aufsicht und die Bearbeitung der Speisen dadurch erleichtert, und man erlangt dadurch die gröfste Reinlichkeit; folglich einen bessern Gesundheitszustand für die Consumenten.

Wenden wir dieses auf die Militairküchen an, so finden wir, dafs die Mannschaft und ihre Zimmer bedeutend dadurch gewonnen haben. Früher bereitete jedes Zimmer, oder jede Corporalschaft, die eigenen Speisen. Dadurch kamen aber Dampf, Rauch, Nässe und Unsauberkeit in die Wohnstuben, und die Soldaten hatten viel gröfsere Mühe damit. Dann konnten sie auch nicht so wohlfeil einkaufen, als im Grofsen, und waren folglich schlechter genährt.

In der neuern Zeit glaubte man die gröfsten Vortheile aus den Dampfküchen zu ziehen; aber die Erfahrung hat erwiesen, und beweiset es noch täglich, dafs diese Küchen zwar Ökonomie des Brennstoffes, aber keine Bequemlichkeit für die Speisenbereitung: dafs sie zwar Reinlichkeit, aber weniger schmackhafte und nicht so gesunde Speisen geben. Die Ökonomie des Brennstoffes wird aber gröfstentheils durch die kostspielige Anschaffung der Apparate, vorzüglich aber durch die sehr hohen jährlichen Reparaturkosten, wieder verschwinden.

Da es nun durch Erfahrung erwiesen worden ist, dafs die Dampfküchen in Hinsicht der Ökonomie von gewöhnlichen Küchen erreicht, oder übertroffen werden können, und dafs die letztern wohlfeiler sind, während sie fast gar keine Reparaturen erfordern: so ist es wohl gewifs, dafs sie vor den Dampfküchen den Vorzug verdienen.

In Coblenz wurde der Verfasser dieses Aufsatzes zur Errichtung eines Kochofens und mehrerer andern Öfen im Garnison-Lazarethe und in den Casernen, commandirt. Der Kochofen des Lazareths wurde später durch Versuche und Erfahrung so bewährt gefunden, dafs man einen solchen in Luxemburg, Bonn, und auch neuerdings an andern Orten eingeführt hat und, bei derselben Behandlung, dieselben Vortheile daraus zieht. In Luxemburg, nachdem die Dampfküchen für die vermehrte Besatzung nicht mehr ausreichten, wurde derselbe wieder commandirt, für die Forts Bourbon, Wallis und Neipperg, Küchen zu projectiren und auszuführen. Dasselbe geschah, als die Dampfküchen gänzlich abgeschaft werden mufsten. Der Erfolg hat den besten Erwartungen vollkommen entsprochen.

Die Erwägung, dafs ein reeller Nutzen aus der weitern Verbreitung dieser factisch bewährten Küchen hervorgehen möchte, hat ihn veranlafst, dasjenige mitzutheilen, was sich als das beste erwiesen hat.

§. 1. Einrichtung dieser Küchen.

Als die Festung Luxemburg in den Jahren 1826 bis 1831 wieder hergestellt wurde, fand man daselbst keine grofsen Militairküchen; sondern in jeder Stube war ein Kamin vorhanden, worin die Soldaten sich die Speisen bereiteten. Dies war nun nicht allein eine grofse Holzverschwendung, sondern die bewohnten Räume wurden dadurch auch schmutzig, schwarz geraucht, und ungesund. Man beeilte sich daher, für die Besatzung neue Dampfküchen zu erbauen, welche im Jahre 1827 vollendet und in Gebrauch genommen wurden. Die dazu erforderlichen Gebäude erhielten zugleich grofse Speisesäle, worin Ein Bataillon essen konnte; und welche noch jetzt zu gleichem Zwecke benutzt werden. Durch die Dampfküchen, deren drei errichtet wurden, und wovon die Apparate circa 5000 Rthlr. kosteten, wurde nun die bis dahin nöthig gewesene Holzmenge auf das Minimum zurückgeführt, so, dafs jährlich mindestens 3000 Rthlr. erspart wurden. Aber nach drei Jahren erforderten diese Dampfküchen eine Reparatur von jährlich wenigstens 600 Rthlr. und viele Soldaten konnten das Essen nicht vertragen, während alle es schlechter fanden, als das in gewöhnlichen Kochkesseln bereitete. Dies letztere hatte den Grund darin, dafs viele Speisen zwar durch die Dämpfe erweicht, aber nicht wirklich gar gekocht wurden, wodurch ein unverdaulicher Brei entstand. Überdies schmecken Erbsen, Bohnen, Kartoffeln, Graupen, Reis, Kohl, Rüben u. s. w., die in den Dampfküchen bereitet werden, immer ganz gleich, so, dafs die Soldaten gar keine Abwechselung der Speisen empfinden, und ihr Widerwille gegen solche Kochvorrichtung ganz natürlich erregt wird. Wegen dieser fortwährenden Klagen und Reparaturen war man der Dampfküchen zuletzt gänzlich überdrüssig geworden; liefs sie jedoch noch immer fort bestehen, weil sie ein Mal vorhanden waren, und viel Geld gekostet hatten, dabei aber wirkliche Ökonomie des Brennstoffes gewährten. Dazu kam noch der Glaube, dafs sie, bei einer verstärkten Garnison in Kriegeszeiten, noch viel günstigere Resultate liefern würden.

Nachdem endlich im Jahre 1830 die Garnison bedeutend verstärkt worden war, fand man erst bestätigt, was schon im Jahre 1828 vorausgesagt worden war, nemlich: dafs man 24 Stunden ununterbrochen kochen müsse, um in einer Dampfküche für 1200 bis 1500 Mann das Mittagsessen zu bereiten, wenn nicht der Dampfkessel bedeutend vergröfsert, und unmittelbar aus demselben für jedes Kochgefäfs eine besondere Röhre angebracht wird. Der fortwährende Gebrauch, bei Tag und Nacht, verdarb aber zuletzt den Apparat dieser Küchen so sehr, dafs ihre Reparatur eben so viel oder mehr gekostet haben würde, als eine gänzliche Umgestaltung derselben. Die Kochbütten waren verfault, weil man sie aus Tannenholz verfertigt hatte; das Kupfer und Messing war durch vieles Verzinnen und Reiben durchlöchert; die Dampfröhren hielten die Dämpfe nicht mehr, und die Dampfkessel waren so dünn gebrannt, dafs fast täglich einer davon Risse bekam, woraus die Dämpfe entwichen.

§. 2.

Alle diese Umstände vereinigt, nöthigten endlich die höhern Behörden, die Maschinen der Dampfküchen abnehmen und andere Küchen an deren Stelle setzen zu lassen, welche letzten weniger kosteten, als die Reparatur der ersten. Eine Commission aller Waffengattungen wurde deshalb eingesetzt, um zu ermitteln, welche Art von Küchen statt der Dampfküchen gebraucht werden sollten. Dies wäre vielleicht selbst nicht nöthig gewesen; denn die 51 Kochversuche in den neu errichteten Küchen, auf den umliegenden detachirten Forts, hatten hinreichend dargethan, dafs die von der Genie-Direction vorher construirten Küchen in den Forts **Bourbon**, **Wallis** und **Neipperg**, die vortheilhaftesten Resultate gegeben hatten. Es mufste indessen der Form genügt werden, um wo möglich später allen Klagen vorzubeugen.

Die Commission hatte nun diejenigen Feuerungen angegeben, welche sie für die besten hielt, und es waren die nöthigen Kostenanschläge und Zeichnungen zur Veränderung der Dampfküchen gefertigt worden. Als es aber zur Ausführung kommen sollte, fand es sich, dafs diese Küchen nicht gut in der Praxis Anwendung finden konnten. Dieses hatte zur Folge, dafs nochmals eine detaillirte Zeichnung für Kessel und Öfen entworfen werden mufste, wobei jedoch die Beschränkung eintrat, dafs für jegliche Compagnie von 200 bis 250 Mann ein Kochkessel und ein Warmwasserkessel auf eigenem Feuer errichtet werden sollte, wobei man gerne, nach den von der Erfahrung gelehrten Principien, zwei viereckige Kessel für ein einzelnes Feuer, und für 200 bis 250 Mann jeden, mit einem gemeinschaftlichen Warmwasserkessel construirt hätte. Dies wäre um so eher möglich gewesen, da die Kessel aus starkem gewalzten Eisenbleche, als die dauerhaftesten und der Gesundheit am zuträglichsten, jede beliebige Form und Dicke erhalten können, was sich mit Gufseisen schwer oder gar nicht erreichen läfst. In einer Küche wurden nun zwar diese erwähnten Blechkessel verfertigt, aber aus zu starkem Eisenbleche (nemlich im Boden 4 Linien dick, und die Seitenwände 3 Linien, während sie stark genug gewesen wären, wenn der Boden 2 Linien, die Seiten aber 1 bis $1\frac{1}{2}$ Linie Dicke erhalten hätten). Da nun auf diese Art die Kessel theuerer wurden, als gegossene, so liefs man deren aus Gufseisen verfertigen, wodurch wieder der bedeutende Nachtheil entstanden ist, dafs man längere Zeit in den Ofen feuern mufs, ehe die Speisen kochen. Die blechernen Kessel kochen, ungeachtet ihrer grofsen Dicke, viel schneller, und erfordern weniger Brennstoff, weil dieser zum gröfsten Theile verbraucht werden mufs, bis zum Zeitpunct des Siedens. Hernach legt man nur noch wenige Stücke nach und nach ein, um die Speisen im Kochen zu erhalten. Das Resultat dieser Küchen aber ist, unter den eben erwähnten Umständen, so günstig ausgefallen, dafs sie selbst weniger Brennstoff erfordern, als die Dampfküchen, und folglich jährlich 137,93 Klafter Holz erspart werden, welche die jährliche Summe von 896,54 Rthlr. betragen.

Überdies ist die Construction dieser Küchen so einfach, dafs es schwerlich einfachere geben kann, und ihre Dauerhaftigkeit ist so grofs, dafs sie beinahe niemals irgend eine Reparatur erfordern, wenn sie, wie es immer geschehen sollte, äufserlich mit Blech bekleidet werden, wovon der Quadr.-Fufs 2 Pfund wiegt.

Man gebraucht täglich für 100 Mann circa 2 Cubikfufs Eichen- oder Buchenholz, oder nur wenig mehr. Es ist dies zwar immer noch nicht das Resultat, welches die beiden Kochöfen in den Garnisonlazarethen zu Coblenz und Luxemburg liefern, nemlich, mit $2\frac{1}{2}$ Cubikfufs Buchenholz täglich, das Frühstück, Mittags- und Abendessen für 200 bis 250 zu bereiten; aber dies liegt in dem Umstande, dafs die Kranken nicht so viel essen, als die gesunden Soldaten, und dafs folglich die Kochgefäfse nicht so grofs sind, als in Casernenküchen. Ferner kann der Lazareth-Inspector seine Köche unter strengerer Aufsicht halten, als dies in gröfsern Küchen möglich ist.

§. 3. Beschreibung einer Küche für 2 Compagnieen, oder für 400 bis 500 Mann.

Jede dieser Küchen besteht aus folgenden Theilen:

1) den beiden Kochkesseln;
2) den beiden Wasserkesseln und, wenn viereckige Kessel eingemauert werden, aus 2 Kochkesseln und 1 Wasserkessel;
3) dem Feuerkasten;
4) dem Gehäuse, worin die beiden Kessel hängen;
5) dem Schornstein;
6) dem Confoire, worauf gebraten und Fett ausgelassen wird;
7) dem Dampfabzuge und dem dazu gehörigen Rauchmantel, welche letztere nur zum Ableiten der Speisedämpfe und des wenigen Kohlendampfes dienen, der von dem Confoire herrührt.

Wir werden diese Theile nach und nach einzeln beschreiben, und zugleich zeigen, welches ihre vornehmsten Eigenschaften sein müssen.

§. 4.

1) Die Kochkessel Taf. IX. von runder Gestalt.

Die besten dieser Kessel sind aus starkem Eisenbleche verfertigt, im Boden 2 Linien und die Seitenwände nur 1 bis $1\frac{1}{2}$ Linien stark. Ihr Boden ist rund, nach unten gesenkt, damit die letzten Speisen leicht herausgeschöpft werden können; jedoch darf die Senkung nicht mehr als 2 bis 3 Zoll betragen, weil sonst der Kessel, folglich auch der Ofen, zu hoch wird. Diese Kessel lassen sich leicht aus dem Ofen herausnehmen, um sie gehörig zu reinigen, nachdem die Speisen darin bereitet worden sind, was zur Reinlichkeit und zur Gesundheit der Speisen nicht wenig beiträgt. Die innern Flächen dieser Kessel müssen aber abgeschliffen werden, um sie durch ein gelindes Reiben mit Asche ganz glänzend zu erhalten. Werden sie gegossen, so wird der Boden wohl selten weniger als $\frac{1}{2}$ Zoll und die Seitenwände $\frac{1}{3}$ Zoll stark sein. Selbst wenn man sie dünner haben könnte, würde dies nicht gut sein, weil sie dann leicht zerspringen, was bei blechernen Kesseln niemals vorkommt.

An jedem Kessel ist oben ein Rand von 1½ bis 2 Zoll breit angebracht, welcher dazu dient, ihn in sein Gehäuse einzuhängen. Die Ziegel *v*, *v*, *v*, Fig. 3. unterstützen ihn außerdem unter dem Boden, um den Rand nicht zu sehr zu beschweren, der ohne diese Unterstützung nicht allein das Gewicht des Kessels, sondern auch der darin befindlichen Speisen zu tragen haben würde. Es dürfen jedoch dieser Ziegel nur wenige sein, weil sie sonst die Wirksamkeit des Kesselbodens vermindern, die doch im ganzen Kessel die gröfseste ist. Drei bis vier sind hinreichend. Die Ringe *a a*, Fig. 2., 7. und 9., dienen dazu, ihn aus dem Ofen herauszunehmen, wenn er selbst, oder die Züge *o*, *p*, *q*, *r*, *s*, und der Schornstein *t*, Fig. 1. und 2., gereinigt werden sollen. Er enthält, wenn er bis auf 2 bis 3 Zoll vom Rande voll ist, 350 bis 380 Preufsische Quart.

§. 5. Viereckige Kochkessel Taf. X.

Ein Cubikfufs Wasser enthält 27 Preufsische Quart. Für 250 Mann wird daher ein Kessel von 3½ Fufs Länge, 2⅓ Fufs Breite, 2¼ Fufs Tiefe, hinreichend sein. Eine Küche für 500 Mann erhält daher 2 solche Kessel, in demselben Ofen. Eine kleinere Compagnie-Küche, für 250 Mann, nach denselben Principien eingerichtet, wird deshalb 2 Kessel, jeder 2½ Fufs lang, 1½ Fufs breit, 2¼ Fufs tief, erhalten. Der dazu erforderliche Wasserkessel wird aber kleiner als der Taf. X. gezeichnete sein, nemlich nur 2 Fufs lang, 1½ Fufs breit, 1 Fufs bis 1½ Fufs tief. Die Detachementsküche für 50 bis 150 Mann würde nur einen Kessel von 2½ Fufs lang, 1½ Fufs breit, und 2¼ Fufs tief brauchen, wozu ein noch kleinerer Wasserkessel hinreichend ist. Sie kann nach Taf. IX. eingerichtet werden, nur, dafs der Kessel viereckig ist, während er daselbst rund erscheint. (Ein so kleiner Kessel, nebst seinem Wasserkessel, bedarf aber nur eines 5zölligen Schornsteins.)

Bei derselben Speisemenge ist es vortheilhafter, dieselbe in zwei Kessel zu vertheilen, wenn sie nur einigermafsen bedeutender ist, als für 300 Mann, weil das Feuer zwischen die Kesselwände gebracht werden kann, wodurch mehr Wärmestoff an denselben und am Boden abgesetzt wird, als wenn es blofs unter dem Boden eines Kessels brennt; vorausgesezt, dafs die Züge und Zugöffnungen in den Öfen von der aus Theorie und Erfahrung bekannten Weite erbauet worden sind. Es ist nemlich bekannt, dafs jeder metallische Körper von gegebener Dicke, bei bestimmter Hitze, und in bekannter Zeit, nur eine gewisse Menge Wärmestoff in sich aufnehmen und andern Körpern mittheilen kann. Deshalb würde es überflüssig sein, die Züge zu weit zu machen; noch schädlicher aber wäre es, wenn man, wie gewöhnlich, nur einen Zug anbringen wollte; denn in der Richtung des Zuges wird eine bedeutende Menge, aber nicht aller Wärmestoff abgesetzt, und neben demselben fast gar keiner, was am besten dadurch erwiesen wird, dafs die Flüssigkeit da zuerst kocht, wo der Zug in die Höhe steigt. Sind aber mehr, z. B. vier Zugöffnungen um den Kessel vorhanden, so kocht er gleichzeitig rund um. Die 4 Ecken eines viereckigen Kessels sind daher die zweckmäfsigsten Orte für die 4 Züge.

Nicht mehr als zwei Kessel einem Feuer von gegebener Stärke auszusetzen, ist deshalb anzurathen, weil

a) das Feuer auf mehrere Gefäfse nicht gleich kräftig einwirken kann, da es immer im umgekehrten Verhältnisse des Quadrates der Entfernung wirkt;

b) weil zu wenigen Speisen grofse Öfen erforderlich sein würden, indem die vielen Zwischenräume den Ofen unnöthig vergröfsern, und theurer machen, als man beim ersten Anblick zu glauben geneigt ist.

Unter allen Umständen sind aber die runden Kessel die schlechtesten, weil sie verhältnifsmäfsig grofse Öfen erfordern, und wenig cubischen Inhalt haben, aufserdem aber zur Anlage guter Rauchzüge am wenigsten geeignet sind. Diese runden Kessel scheinen ihre fast allgemeine Anwendung nur dem Umstande zu verdanken, dafs sie leichter zu giefsen sind, und dafs man sie früher, in den Öfen, wie es leider zu oft geschah, fest einmauerte. Bei einer solchen Einrichtung ist es aber nicht möglich, den Kessel aus dem Ofen herauszunehmen, ohne diesen zu zerstören. Schliefslich bemerke ich noch über die viereckigen Kessel, dafs man sie als Waschkessel, Braukessel, Destillirblasen, in Seifensiedereien, wie solches jetzt schon in Luxemburg geschieht, mit Vortheil benutzen kann.

§. 6.

2. Der Wasserkessel ist hinreichend stark, wenn er ganz aus $1\frac{1}{2}$ bis 2 Linien dickem Eisenbleche verfertigt wird, indem ihn die Flamme entweder gar nicht, oder nur bei sehr starkem Feuer, wenig kräftig erreicht. Er ist übrigens gerade so eingerichtet, wie der Kochkessel, nur dafs er weniger Durchmesser, und etwa nur 180 Quart Inhalt hat,

wenn er bis auf 2 bis 3 Zoll vom Rande gefüllt ist. Sein Rand ist also 2½ bis 3 Zoll breit, und er wird durch die Ziegel *v, v*, unter seinem Boden, gestützt; Taf. IX. Dieser Kessel sowohl, als die Kochkessel, hängen mit ihren Rändern auf der Gufsplatte *AG*, Fig. 2., mit welcher der ganze Ofen überdeckt ist, und die zur gröfsern Dauer desselben so wesentlich beiträgt, dafs beinahe gar keine Reparaturen nöthig werden.

Man hat diese Kessel auch giefsen lassen; aber sie nehmen, vermöge ihrer dickern Wände, weniger Wärmestoff auf, als die blechernen, und sind deshalb nicht so vertheilhaft für die Ökonomie.

§. 7.

3. Der Feuerkasten besteht aus dem Roste *u*, Fig 2. und 3., unter welchem ein 6 Zoll hoher und 12 Zoll vorne, 20 Zoll in der Mitte breiter Aschenfall befindlich ist. Seine Stäbe sind, von der gezeichneten Gestalt und Dicke, zuerst in Holz modellirt und dann aus Eisen gegossen worden, so, dafs jeder derselben einzeln herausgenommen werden kann, wenn er verbrannt ist. Die gegossenen Roste verbrennen überdies nicht so leicht, als die geschmiedeten. Derselbe liegt nur 10 Zoll vom tiefsten Puncte des Kesselbodens entfernt, um das Feuer und die Kohlenhitze so nahe als möglich an die darüber enthaltene Flüssigkeit zu bringen. Denn der Vortheil aller künstlichen Feuerkasten unter dem Kessel ist nur scheinbar. Es ist und wird immer besser bleiben, den Theil des Spielraumes um den Kessel herum, in welchem die Flamme und die Kohlenhitze wirken sollen, als zum Feuerkasten gehörig zu betrachten, und deshalb die Zuglöcher *o, o, p, p*, Fig. 1., so hoch als möglich neben dem Kessel anzuordnen.

Wenn mit Holz gefeuert wird, so sind diejenigen Roste die besten, welche, oben ¼ Zoll, unten aber ½ Zoll von einander entfernte Stäbe haben, wie Taf. IX. Fig. 3. und 5., oder Taf. X. Fig. 4. und 5., weil sie sich nicht leicht verstopfen, keine Kohlen durchfallen lassen, und immer freien Zug haben. Für Steinkohlenfeuer, was bei diesen Kesseln eben so anwendbar ist, wie die Holzfeuerung, mufs der Rost oben ½ Zoll unten 1 Zoll entfernte Stäbe haben, weil die Steinkohlen beim Verbrennungsprozesse ihr Volumen vermehren, und eine schlackige Masse sich bildet, welche den Rost verstopft, und jeden Luftzug versperrt, so, dafs man genöthigt ist, mit einem Schüreisen die Zwischenräume der Roststäbe öfter frei zu machen.

§. 8.

Nach der Erfahrung, bei den hiesigen Kochversuchen, kocht in den besten Öfen eine Masse von 360 Quart in 30 Minuten, wenn $\frac{3}{8}$ der ganzen Holz- oder Kohlenmasse zugleich eingelegt werden. Die übrigen $\frac{5}{8}$ werden zum Ankochen der beigemengten Gemüse und zum Garkochen des gesammten Essens, Erhitzung des Spühlwassers u. s. w., nach und nach eingelegt. Der Feuerheerd muſs $= \frac{3}{8} \times 4 = \frac{12}{8} = 1\frac{1}{2}$ Cubikfuſs groſs sein, wenn mit 4 Cubikfuſs Holz ausgereicht werden soll. Dies ist 2592 Cubikzoll Preuſsisch; wozu noch, wegen der lockern Lage des Holzes zum vortheilhaftesten Verbrennen desselben, die Hälfte hinzugerechnet werden muſs. Giebt $2592 + 1296 = 3888$ Cubikzoll. Der Feuerkasten Taf. IX. Fig. 2. und 3., wie auch jener Taf. X. Fig. 2., haben aber eine solche Gröſse, und sind deshalb hinreichend. Denn in Taf. IX. hat die Einfeuerungsöffnung 10 bis 12 Zoll Breite; die Roststäbe sind 2 Fuſs 6 Zoll lang, die Weite des Feuerraumes, da wo sie am gröſsten, ist 20 Zoll, und die Höhe bis zum vordern Theile des Kesselbodens 12 Zoll. Dies giebt circa $\frac{12+20 \times 26 \times 12}{2} + \frac{10 \times 10 \times 3{,}14 \times 10}{2} = 16 \times 26 \times 12 + 500 \times 3{,}14 = 4992 + 1570$ $= 6562$ Cubikzoll. Da aber die Ofenmündung selbst nicht voll gelegt, sondern der Brennstoff immer mehr in den runden Theil des Feuerheerdes, oder nach der Mitte des Kessels zu gebracht wird, so können nur circa 3888 Cubikzoll als wirklich benutzter Raum angenommen werden.

Haben dagegen die Kessel, mit ihren Öfen, die Taf. X. gezeichnete, also die bessere Gestalt, so reicht man mit 3 Cubikfuſs für 250 Mann und mit 6 Cubikfuſs für 500 Mann täglich aus; also bedarf man $\frac{3}{8} \times 3 = 9 = 1\frac{1}{8}$ Cubikfuſs $= 1944$ Cubikzoll, und, wegen lockerer Lage des Holzes, $1944 + 972 = 2916$ Cubikzoll, für die Gröſse des Feuerkastens bei einem Kessel. Die Weite der Einfeuerungsöffnung ist hier 10 Zoll, die Länge der Roststäbe 24 Zoll; die wirkliche Zugfläche daher 216 Quadratzoll. Hieraus findet man, durch Division, $\frac{2816}{216} = 13$ Zoll für die Höhe des eingelegten Brennstoffes. Davon kommen Taf. X. Fig. 2. nur 6 Zoll auf die Höhe, wo der Kesselboden befindlich ist; folglich muſs zwischen den Kesselwänden noch 7 Zoll hoch Brennstoff eingelegt werden. Für 2 Kessel muſs der Feuerkasten ein wenig gröſser werden. Dies ist der Grund, warum die beiden viereckigen, auf den Ecken abgerundeten Kessel vorne 10 Zoll auseinander gerückt werden, wodurch die Gestalt des Ofens bestimmt wird. Denn legte man den Rost tiefer, oder rückte man die Kessel vorne näher zusammen, so würde das Feuer zu tief liegen, und nur die Schlaghitze der Flamme, nicht aber, was doch Hauptsache ist, die strahlende Glühhitze der Kohlen, und die Hitze der nach und nach mit frei gewordenem Wärmestoffe erfüllten Wände des Feuerkastens, würde benutzt werden. Für diesen Umstand sprachen mehrere wichtige Erfahrungen. Man glaubte anfänglich, die Ellipsoidenform für die Feuerheerde sei die beste, wenn oben an dem hohlen, aufrecht stehenden Ellipsoid eine enge Öffnung befindlich wäre, die allein der Stichflamme erlaubte, den Boden der Kochgefäſse zu treffen. Nach diesen Principien wurden mehrere Kochkessel und Dampfkessel zu Coblenz und Luxemburg erbauet; aber man ist durch folgende Erfahrungen davon zurückgekommen. Im Garnisonlazareth wurde ein Kochofen für 250 Kranke erbauet, mit hohem, aufrecht stehenden Ellipsoid. Das Feuer lag sehr tief, und hatte einen scharfen Zug. Der tägliche Holzbedarf war 6 Cubikfuſs guten Buchenholzes. Darauf wurde die Entfernung des Rostes von den Kochgefäſsen nur 12 Zoll, statt 30 Zoll, zuvor gemacht; indem man die Einfeuerungsöffnung 20 Zoll höher legte, und den Rost in der gröſsten Weite der Ellipse anbrachte. Jetzt bedurfte man nur 4 Cubikfuſs täglich. Da aber das Zugsystem noch groſse Veränderungen erleiden konnte, um die Hitze mehr um die Kochgefäſse herum zu concentriren, wurden auch diese wesentliche Verbesserungen vorgenommen, und der Holzbedarf auf $2\frac{1}{2}$ Cubikfuſs täglich, für Morgen, Mittag und Abend, gebracht. Auf den detaschirten Forts Bourbon, Wallis und Neipperg zu Luxemburg hatte man zuerst Ellipsen von 16 Zoll Höhe als Feuerkasten unter die Kessel gesetzt, und man bedurfte für 150 Mann täglich 4 Cubikfuſs Holz circa. Die Ellipsen wurden abgeschafft, und der Feuerheerd um 10 Zoll höher gelegt, und der Bedarf für 100 Mann war nur noch $2\frac{1}{2}$ Cubikfuſs bei den einfachen Kesseln, und nur 2 Cubikfuſs bei den doppelten Kesseln, wo das Feuer zwischen beiden brannte. Die Einfeuerungsöffnung, wird nur 10 bis 12 Zoll breit und 10 bis 14 Zoll hoch gemacht, damit nicht zu viel strahlender Wärmestoff durch dieselbe verloren gehe, und auch nicht mehr Brennstoff eingelegt werden könne, als eben nöthig ist, weil dies nur zur Verschwendung führt. Der Aschenfall muſs so hoch sein, daſs hinreichende kalte Luft eindringen könne; demungeachtet muſs die feine, in demselben befindliche Asche täglich herausgenommen werden, weil, wenn dies versäumt wird, der Luftzug gehemmt werden kann. In Gegenden, wo die Holz-Asche theuer ist, erhält man durch dieselbe noch einen kleinen Gewinn, wofür neuer Brennstoff angeschafft wird.

Legt man, bei 10 bis 12 Zoll Rostbreite, 7 bis 10 Stäbe in denselben, die oben $\frac{1}{4}$, unten aber $\frac{1}{2}$ Zoll von einander entfernt liegen, wie Taf. IX. Fig. 3. und 5. oder Taf. X. Fig. 4. und 5., so erhält man 42 bis 60 Quadratzoll wirkliche Zugfläche. Da nun das gewöhnliche eichene und buchene Brennholz der Cubikfuſs circa 30 Pfd. wiegt, so wiegen $1\frac{1}{8}$ Cubikfuſs, für den Ofen Taf. X., 34 Pfd., und $1\frac{1}{2}$ Cubikfuſs, für den Ofen Taf. IX., 45 Pfd., welche gleichzeitig in den Ofen gelegt werden. Aber auf das Pfund Holz ist, bei vollkommener Verbrennung, circa 150 Cubikfuſs kalte Luft erforderlich, folglich für 34 Pfd. 5170 Cubikfuſs und für 45 Pfd. 6750, welche in 30 Minuten durch den Ofen gehen müssen: giebt 172 bis 225 Cubikfuſs auf die Minute, oder 3 bis 4 Cubikfuſs auf die Secunde: thut 5184 bis 6912 Cubikzoll. Hierin mit 42 bis 60 Quadratzoll Zugfläche dividirt, giebt 124 bis 110 Zoll, oder $10\frac{1}{3}$ bis $9\frac{1}{6}$ Fuſs Geschwindigkeit, mit welcher die unverbrannte Luft in den Ofen durch den Rost strömt, wodurch auch das Rauschen derselben beim Verbrennen entsteht. Wir werden weiter unten sehen, daſs der Schornstein ein inniges Verhältniſs zu dieser Zugfläche des Rostes haben muſs, wenn anders die vollkommenste Verbrennung erreicht werden soll.

§. 9.

Soll mit Steinkohlen gefeuert werden, so braucht der Rost und der Feuerkasten nicht so groſs zu sein, weil solche, bei demselben Gewichte, ein geringeres Volumen einnehmen, und auſserdem 1 Pfd. Steinkohlen so viel leistet, als 2 Pfd. Holz. Die halbe vorhin berechnete Cubikmasse ist daher hinreichend für die Gröſse des Feuerheerdes, und statt der 4 und 3 Cubikfuſs Holz zum Kochen für 250 Mann täglich, können respective 45 bis 60 Pfd. Steinkohlen angenommen werden. Übrigens ist bei dieser Feuerungsweise nicht auſser Acht zu lassen, daſs die Steinkohlen so nahe als möglich unter dem Kesselboden, und, bei 2 Kesseln, zwischen beiden liegen müssen, damit sie ihre Glühhitze abgeben können; denn die Wirkung ihrer Flamme ist weit geringer, als die des Holzes.

§. 10.

Was die Zugfläche betrifft, so ist diese zwar zwischen den Roststäben, wegen ihrer gröſsern Entfernung von einander, bedeutender, und die kalte Luft strömt langsamer ein; aber die zerspringenden Kohlen füllen bald die Zwischenräume, und die Zuströmung der Luft wird bald wieder auf die oben berechnete Geschwindigkeit zurückgeführt.

§. 11.

In dieser Art kann man die Zugfläche des Rostes, die Gröfse des Feuerraumes und die Brennstoffmenge berechnen, wenn die Zeit, in und während welcher eine bestimmte Flüssigkeit, von bekannter Masse, kochen, verdampfen u. s. w. soll, gegeben ist, wobei aber jederzeit auf die Natur des Brennstoffes und dessen Heitzkraft Rücksicht genommen werden mufs. Denn es ist ein grofser Unterschied, ob man mit Buchen- oder Tannenholz u. s. w., Steinkohlen oder Braunkohlen, Torf oder Lohkuchen u. s. w. feuert. Es giebt aber schon so viele vergleichende Erfahrungen über das Verhältnifs der Heitzkraft aller dieser Stoffe, und es werden deren täglich noch immer mehr gemacht, dafs man nicht leicht in Verlegenheit gerathen kann, die Öfen nach der Natur des Brennstoffes zu construiren.

§. 12.

4. Das Gehäuse, in welches die Kessel so eingehangen werden, dafs sie mit Bequemlichkeit eingesetzt und wieder herausgenommen werden können. Taf. IX.

Dieses wird aus Ziegeln, Lehmpatzen, gewöhnlichen Bruchsteinen, welche von der Hitze nicht zerspringen, Tufsteinen, oder selbst aus Lehm erbauet, und äufserlich, zur Vermeidung aller künftigen Reparaturen, mit starkem Eisenblech übergezogen, wovon der Quadratfufs 2 Pfd. wiegt. Man legt es gegen die Brandmauer einer Küche, oder richtet es auch so ein, dafs es aus einer Küche in die andere transportirt werden kann, ohne es zu zerstören. In diesem Falle werden die Blechwände mit eisernen Rippen verstärkt; unterhalb, in der Höhe *IK*, werden eiserne Stäbe eingelegt, über welchen ein blechener oder gufseiserner Boden liegt. Da eine so grofse Masse aber nicht mehr von Menschen getragen werden kann, so müssen die Walzen oder eisernen Räder *w*, *w*, *w*, Fig. I., Taf. IX., die auch in Taf. X. angebracht werden können, die ganze Ofenmasse tragen, die dadurch in einen Wagen verwandelt worden ist. Vermittelst dieser Walzen oder Räder wird dann der Ofen fortbewegt. Die Thüren der Küchen müssen nun aber so breit sein, dafs es möglich ist, den Ofen durchzufahren. Ist blofs ein runder oder viereckiger Kochkessel *m* und Wasserkessel *n* vorhanden, also der Ofen nur halb so breit, als er gezeichnet ist, so sind die gewöhnlichen Thüren, von 4 bis 5 Fuſs breit, weit genug. Der Schornstein muſs dann so erbauet werden, daſs sein unterer Theil genau gegen den Rauchzug des Ofens, hinter dem Wasserkessel, paſst, wenn man den Ofen dahin führt. Die Umstände werden übrigens jedes Mal entscheiden, ob man bewegliche oder unbewegliche Öfen erbauen soll. Den obern Theil des Ofengehäuses deckt die guſseiserne Platte AG, Fig. 2. und 4., welche man Fig. 11. im Grundrisse von oben sieht, wenn keine Kessel im Ofen befindlich sind. mm und nn bezeichnen die hohlen Räume, in welche die Kessel eingehangen werden. Ein in Luxemburg eingerichteter Ofen, mit solcher Platte, besteht nun schon über 7 Jahre, und hat in dieser Zeit keine Reparatur erfordert, auſser am Feuerkasten, dessen Wände von Zeit zu Zeit durch einige Ziegel erneuert werden muſsten, weil sie von der Hitze zerstört wurden. Die Roststäbe aus Guſseisen haben noch keinen Schaden gelitten, während in andern Küchen die geschmiedeten Stäbe alle 2 Jahre verbrannt sind. Die Anfangs gröſsern Kosten, welche die obere Platte verursachte, sind, im Verhältniſs gegen andere Vorrichtungen, längst gedeckt; denn die sehr bedeutende Brennstoff-Ersparung, welche darin statt findet, hat in den 7 Jahren schon den ganzen Ofen mehrfach bezahlt. Dieser Umstand ist bei groſsen Anstalten wohl zu berücksichtigen, wo die ersten Kosten oft sehr bedeutend ausfallen, wo aber die spätere Erfahrung zeigt, wie viel man dadurch gewonnen habe, daſs nun gar keine Reparaturen vorkommen, und die Ersparung an Brennstoff als Zinsen des ausgelegten Capitals betrachtet werden kann, welche so bedeutend sind, daſs selbst in wenigen Jahren dieses Capital selbst wieder gewonnen wird.

Unten ruht der Kessel m, wie schon früher erwähnt wurde, auf den Ziegeln v, v, von 4 Zoll Höhe, die in der Sohle des Gehäuses, neben dem Feuerkasten eingemauert sind. Diese Ziegel können, der gröſsern Dauer wegen, auch durch guſseiserne Prismen ersetzt werden, welche nicht zerspringen oder zerstoſsen werden, und dem Kesselboden, als gute Wärmeleiter, mehr Hitze zuführen, als die schlecht leitenden Ziegel. Man sehe Taf. IX. Fig. 2. Rund um den untern Theil dieses Kessels ist 4 Zoll Spielraum gelassen (der bei kleinen Kesseln 3 Zoll, bei den gröſsten aber 6 Zoll betragen kann), welcher erlaubt, daſs der Kessel bis zur Höhe GF ganz im Feuer, und zwar, wegen der Vertheilung der obern Zuglöcher, nach allen Richtungen mit gleicher Intensität gebadet wird. In dieser Höhe ist der hohle Raum durch 2 Zoll dicke Ziegel, oder besser, 1 Zoll starke Gufseisenplatten, wie solche durch *oo*, *qq*, *pp*, Fig. 10., bezeichnet sind, zugedeckt. Zwischen dieser Decke und den Kesselwänden darf aber gar kein Spielraum bleiben, sondern dieselben müssen so einpassen, dafs man den Kessel eben herausheben könne, wenn der Ofen nachgesehen und gereinigt, oder reparirt werden soll, u. s. w. Die gufseiserne Decke ist aber deshalb vorzuziehen, weil die gemauerte beim Reinigen oder Ausheben des Kessels leicht zerstört wird, oder die Ziegel und andere Steine mit der Zeit von der Hitze leiden und zerspringen, folglich Reparaturen verursachen. Sind die gufseisernen Deckplatten so in concentrischen Ringen gegossen, wie Fig. 10., *oo*, *qq*, *pp*, so zerspringen sie nicht, weil sie Raum genug haben, sich auszudehnen. Sie müssen aber gut in der Mauermasse befestigt werden, damit sie beim Ausheben des Kessels nicht herausgerissen werden können.

§. 13.

In der Zudeckung *oo*, *pp*, *qq*, Fig. 1. und 10., oder zwischen den aufgelegten Gufsplatten, bleiben vorne die 8 Zoll weiten Züge *oo*, und hinten die nur 3 bis 4 Zoll weiten Züge *pp*, aus welchen die Flamme, nebst den entwickelten Gasen, in die über 6 Zoll im Quadrat weiten Züge *xx*, Fig. 2., geleitet wird. (Bei kleinern Kesseln werden die Züge *oo*, 5 bis 6 Zoll lang, und die hintern *pp* nur $2\frac{1}{2}$ bis 3 Zoll lang: bei den gröfsten Kesseln aber werden sie wohl nie über 16 Zoll lang bei *oo*, und 8 Zoll bei *pp* nöthig sein.) Da man jeden Kessel, vom kleinsten Kochkessel, bis zur gröfsten Siedepfanne, aus dem Ofen herausnehmen kann, entweder durch Menschenhände, oder durch einen über der Mitte desselben angebrachten Haken, in der Decke des Gebäudes, vermittelst Flaschenzüge: so werden einige wenige Versuche hinreichen, die Weite der Zuglöcher *oo*, *pp* practisch zu bestimmen; denn diejenige Weite der Züge ist die beste, welche dieselbe Flüssigkeitsmasse in der kürzesten Zeit, und allenthalben gleich stark, zum Kochen bringt. Die Züge *oo* nehmen nun die gröfste Rauchmasse auf, und führen sie bis zu den Zügen *pp*, über die Räume *qq* hinweg. Hier strömt die stärkste Flamme in die Höhe, weil sie durch *pp* einen viel nähern Weg zum Schornsteine hat, als durch *oo*, und verbrennt den durch *oo* aufgestiegenen Rauch. Dies, und der Umstand, dafs die Flamme den Kesselboden und die Seitenwände desselben allenthalben gleich stark berührt, ist der Grund der bedeutenden Brennstoff-Ersparung in diesen Kochöfen, weil die Rauchverbrennung noch eine grofse Hitze entwickelt, die sonst verloren gehen würde. Der Rauch der Züge *oo*, *pp* geht ferner, vereinigt, bis zu dem 12 Zoll weiten Durchzuge *qq*, Fig. 1., 2., und verbreitet sich um den Wasserkessel *n*, welcher rund umher 3 bis 4 Zoll Spielraum hat. Die kleinsten Kessel müssen etwa 2½ Zoll, die gröfsten nicht mehr als 5 bis 6 Zoll Spielraum haben, wenn die Wirkung des Feuers vollkommen sein soll. Hierdurch wird das Wasser in denselben hinreichend erwärmt, und der Zug des Feuers ist lebhaft und kräftig.

§. 14.

Von dem Wasserkessel aus mufs der Rauch durch die ebenfalls 12 Zoll weite Öffnung *s*, Fig. 1., 2., zu dem 7zölligen Schornstein *t* gehen (für die kleinsten Öfen mufs der Schornstein 5 Zoll, für die gröfsten höchstens 18 Zoll im Durchmesser sein), welcher über den Dachgipfel in die Höhe geführt wird, und mit keinem andern Schornsteine zusammen geführt werden darf, wenn er seine volle Wirkung thun soll. Unter der Platte *AG* Fig. 2., 4. und 11., ist noch eine 2 bis 3zöllige Decke von Ziegeln oder Tufstein gelegt, um das Entweichen der Hitze nach oben zu verhüten. *Z*, in Fig. 2., ist ein hohler Raum, welcher zum Holztrocknen benutzt werden kann; man gewinnt durch denselben an Mauermasse, welche weniger zu verfertigen ist, und der Ofen verliert keine Hitze, weil der Raum zu weit von dem eigentlichen Focus entfernt ist. Vor jeder der beiden Einfeuerungsöffnungen des Ofens ist eine 6 Zoll betragende Vertiefung, von etwa 2 Fufs im Quadrat, durch welche das Einfeuern erleichtert wird, und worin man das nöthige Brennholz legt, damit es dort ein wenig trockene und gleich bei der Hand sei. Zwischen diesen beiden Vertiefungen, welche man Fig. 11. sieht, befindet sich ein Auftritt *L*, von Hausteinen, welcher auch zu beiden Seiten des Ofens, bei *L*, *L*, angebracht ist, auf welchen sich die Köche stellen, um bequemer die Speisen zu rühren, Wasser zu schöpfen u. s. w. Der Schornstein *t*, von welchem noch ausführlicher die Rede sein wird, ist mit dem Schieber *y*, Fig. 2., versehen, um den Zug des Feuers damit zu mäfsigen, wenn die Speisen im Kochen sind, und nur noch wenige Stückchen Holz nachgelegt werden müssen, um sie völlig geniefsbar zu machen. Es sind zwar häufig über die Nützlichkeit dieses Schiebers Zweifel erhoben worden, weil man behauptet, die Köche würden keinen Gebrauch davon machen; aber dieselben machen in allen Küchen Gebrauch von demselben, aufser wenn Kochversuche angestellt werden, weil sie wohl wissen, dafs man dadurch Holz ersparen könne. Eine gedruckte oder geschriebene Küchenordnung würde sie übrigens, bei gehöriger Aufsicht, auch gegen ihren Willen dazu nöthigen.

§. 15.

Fig. 4. zeigt die vordere Ansicht des ganzen Ofens, welcher mit Blech bekleidet, und oben, wie schon gesagt, mit der Platte *AG* zugedeckt wird, in welche die Kessel *m* und *n*, Fig. 1., 2., 11., eingehangen werden, und über welche sie mit ihren $1\frac{1}{2}$ bis 2zölligen Rändern vorstehen, auf denen die Ringe *aa*, Fig. 6. und 7., und *bb*, Fig. 8. und 9., befestigt sind. Die Platte *AG* darf unter keiner Bedingung wegbleiben; sie dient zur Dauer des Ofens und zur Reinlichkeit desselben; denn ein Kranz von Hausteinen, Ziegeln und andern Materialien, wird durch den fortwährenden Gebrauch des Ofens immerfort beschädigt, wodurch nicht allein Kosten entstehen, sondern auch das Ansehen des zerrissenen Ofens unangenehm gemacht wird. Ein Überzug von Salzsäcken, Vertrassung und andere Vorrichtungen werden nie von Dauer sein; vielmehr lehrt die Erfahrung, dafs sie immerfort reparirt werden müssen. Der Mörtel zum Bau dieses Gehäuses besteht zur Hälfte aus gelöschtem Kalke, zur Hälfte aus aufgeweichtem Lehme, etwas Kälberhaaren und Gerberlohe, oder auch dicker Milch, oder Essig. Diese Masse brennt so fest, und öfter fester, als die Steine selbst.

Nach dieser Beschreibung wird es nun leicht sein, den Ofen Taf. IX. zu erbauen, er mag viereckige oder runde Kessel haben. Jeder Kessel steht nemlich über den Ziegeln *v*, Fig. 3., und das Gehäuse wird rund umher, unten 8 Zoll stark, in 4 Zoll Entfernung vom Kessel aufgeführt, bis zu der Decke *oo*, *qq*, *pp*, Fig. 1. und 10. Über derselben werden die Umfassungswände, wie auch rund um den Wasserkessel, nur 6 Zoll stark. Diese Dicken sind hinreichend, den Wärmestoff im Gehäuse festzuhalten, und den Kesseln wieder zuzuführen. Dadurch, dafs man die Kessel (welche dieserhalb auch keine Dornen erhalten dürfen, die sie fast noch überall haben) jederzeit aus dem Ofen herausheben kann, ist man nicht dem Nachtheile ausgesetzt, dafs die Maurer etwas daran verderben oder nach dem eigenen Gutachten verfahren können, wie man solches aus Erfahrung weifs. Denn wenn man den Kessel herausbebt, sieht man gleich jeden begangenen Fehler. Alle Stopfer und Reinigungsbüchsen können wegfallen (Dampfkessel können öfter nachgesehen werden), und der Schornsteinfeger ist gezwungen, alles gehörig zu reinigen, weil man ihn controlliren kann.

Die Rahmen *dh*, Fig. 4., worin die Thüren der Einfeuerungsöffnung und des Aschenfalles hangen, werden gleich zu Anfange des Baues mit den Ankern *kk* gehörig eingemauert, damit sie fest stehen, und nicht locker werden; oder man verniethet diese Rahmen mit dem Bekleidungsbleche des Ofens. Es würde unnütz sein, alle Theile der Thüren zu beschreiben, weil sie hinreichend bekannt sind, und aus dem bloſsen Anblicke der Zweck jedes einzelnen Theiles erhellet.

§. 16.

Das Gehäuse der Kessel Taf. X. hat mit dem eben beschriebenen die gröſste Ähnlichkeit. Es ist mit Blech bekleidet. Die viereckige Form der Kessel, und der Umstand, daſs nur ein Feuer für beide Kessel angezündet wird, bildet den gröſsern Unterschied. Hierdurch wird auch eine andere Vertheilung der Zuglöcher nöthig, durch welche die brennenden Gase in die obern Züge *ll*, *hh*, *ff* geleitet werden. Es sind hier nemlich 5 Züge. *dd*, jeder 7 Zoll lang, 4 Zoll breit; *ee* jeder 3 Zoll lang, 4 Zoll breit, und endlich der einzelne Zug *p*, welcher nur 3 Zoll im Gevierte weit ist. Das Feuer geht hier wieder, rund um die Kessel und unter den Boden derselben hindurch, in die Höhe, dringt, mit den gröſsten Rauchmassen, durch die Züge *dd*, Fig. 1. am vordern Theile, und geht dann gröſstentheils bis zu den Zügen *ee*, welche, durch die daselbst intensivere Flamme, den aus *dd* kommenden Rauch verbrennen. Ein Theil des Rauches geht auch zwischen den Kesseln bei *g* hindurch. Endlich vereinigt sich aller Rauch bei *p*, wo er wieder durch die dort befindliche 3 Zoll weite Öffnung *p* verbrannt wird, weil daselbst die Hitze und die Stichflamme am stärksten ist. Die Züge müssen aber die angegebenen Dimensionen haben, weil sonst nicht die vollkommenste Wirkung erfolgt. Übrigens ist es ein leichtes, die Züge durch einige Versuche, nachdem der Ofen fertig ist, ganz zweckmäſsig für jede gegebene Kesselgröſse anzulegen, und ihnen die beste Weite zu geben, indem man die Kessel herausnimmt, und nun die Züge verengt und erweitert, bis man es dahin bringt, daſs die Flüssigkeit allenthalben gleich stark und in der kürzesten Zeit kocht; denn in der zweckmäſsigen Weite aller Zugöffnungen liegt ein unvorzüglicher Grund der Ökonomie des Brennstoffes. In Fig. 7. sieht man, Taf. X., die sieben Gufseisenplatten zur Bildung der Decke und der obern Züge um die Kessel, nemlich *l l*, *p' p*, *h h* und *f f*. In *p' p* befindet sich die 3 Zoll im Quadrat weite Öffnung *p*. Für die Öffnungen oder Zuglöcher *d d*, *e e*, in Fig. 1., sind die Platten so gelegt worden, dafs sie die erforderlichen Zwischenräume lassen, wodurch weniger Gufseisen nöthig ist. Die Fig. 7. und Fig. 6., welche die obere Ansicht des Ofens darstellt, nachdem die Kessel ausgehoben worden sind, sind nach halbem Maafsstabe gezeichnet, weil sie in dieser Gröfse hinreichende Deutlichkeit gewähren; dagegen sind Fig. 3., 4. und 5. in vergröfsertem Maafsstabe dargestellt, um ihre Details erkennbarer zu machen. Die gufseiserne Platte *AB*, Fig. 2. wird in Taf. X. und *AG* Taf. IX. mit Schrauben an die Blechbekleidung des Ofens befestigt, damit sie stets an ihrer Stelle liegen bleibe. Der Schornstein, welcher hier eine gröfsere Rauchmasse gleichzeitig abführen mufs, erhält 8 Zoll Weite. Das Gehäuse der Kessel kann hier ebenfalls so eingerichtet werden, dafs man es auf Blockrädern fortbewegen könne, wie schon oben erwähnt wurde. Bei Fig. 8. Taf. IX. ist zu bemerken, dafs sie eine Skizze ohne besondern Maafsstab ist.

Die Seitenwände sind hier am obern Theile des Kessels nur 4 Zoll, am untern 6 Zoll stark gemacht; dieses ist geschehen, um das Ganze beweglicher und wohlfeiler zu machen. Soll der Ofen aber immer auf einer Stelle stehen bleiben, so können sie unten 8 Zoll, oben 6 Zoll stark werden, wie Taf. IX.

§. 17.

5. Der für diese Kochöfen zweckmäfsigste Schornstein.

Wir haben unter No. 3., bei der Beschreibung des Feuerkastens, gesehen, wie grofs die Geschwindigkeit der in den Schornstein strömenden Luft ist, und können daraus auf die Weite des Schornsteins schliefsen, so wie auf die Geschwindigkeit des aufsteigenden Rauches. Die im Ofen zersetzte Luft wird aber durch die Wärme ausgedehnt und nimmt ein gröfseres Volumen ein, als im Zustande der Atmosphäre. Daraus folgt, dafs die obere Mündung des Schornsteins so weit sein müfste, dafs alle ausgedehnte Luft, vereinigt mit den Dämpfen des Brennstoffes, ausströmen könnte, wenn sie eben so schnell aus- als einströmen sollte. Diese Geschwindigkeit findet zwar bei vielen unserer jetzigen Feuerungs-

Anlagen nicht ein Mal statt; aber sie ist, aus den nachfolgenden Gründen, für die vollkommnere Verbrennung noch nicht hinreichend. Weil ferner eine hinreichende Geschwindigkeit nicht vorkommen kann, wenn irgend eine Gegenströmung kalter Luft im Schornsteine statt findet, welche die heifse Luft abkühlt, so folgt als Grundsatz: **Jeder Schornstein darf nur von dem Feuer *eines* Kesselofens den Rauch bis über den Dachgipfel leiten, und man mufs durch denselben weder kalte noch warme Luft strömen lassen, die nicht durch den Ofen selbst geht.** Wenn zuweilen mehrere, in einen einzigen Schornstein geleitete, Feuerzüge gute Wirkung thun, so ist dies ein Beweis, dafs die zufällige Localität sehr günstig iet, und dafs isolirte Schornsteine für jeden einzelnen Ofen noch gröfsere Wirkungen hervorbringen würden.

§. 18.

Da die Oberfläche unserer Erde als das Flufsbette der atmosphärischen Luft betrachtet werden kann, worin Strömungen, Gegenströmungen, Wirbel, Strudel und Luftsturze vorkommen, so mufs der obere Theil des Schornsteins so angelegt werden, dafs die Luft in ihrem unregelmäfsigen Zuge nicht stärker sei, als die Kraft, oder die Geschwindigkeit des Rauches. Ein Schornstein mufs daher stets über dem höchsten Puncte des Gebäudes emporragen, oder, wenn das Gebäude, worin sich die Küche befindet, neben andern hohen Gebäuden liegt, so mufs der Schornstein dieser Küche, durch irgend ein Mittel, höher gelegt werden, als die hohen, neben liegenden Dächer u. s. w. Denn auf jedem Dachgipfel findet eine Überströmung statt. Hiervon kann man sich an jeder Strafsen-Ecke und hinter jeder Erdbrustwehr überzeugen.

Wenn nun der Schornstein diesen Luftwirbeln mit seiner obern Mündung entzogen ist, so kommt es darauf an, den Rauchzug gegen die herrschenden Winde zu sichern. Da aber der Wind, bei einer Geschwindigkeit von $1\frac{1}{2}$ Fufs in der Secunde, kaum wahrgenommen wird, dagegen bei mäfsigem Sturme 32 Fufs erreicht, so mufs der Rauch, wenn er nicht in den Schornstein zurückgedrängt werden soll, eine Geschwindigkeit haben, die dieser gleich kommt, oder nicht viel geringer ist, Die Geschwindigkeit von 9 und 10 Fufs der in den Ofen einströmenden Luft mufs daher dreifach vergröfsert werden, wenn sie zum obern Ende des Schornsteins passen soll.

§. 19.

Nach den Versuchen **Gay-Lussac's, Daltons, Munkes** u. s. w. dehnt sich die Luft bei jedem Wärmegrade Réaumur um 0,046875 ihres Volumens aus. Die Temperatur des Rauches ist aber, selbst im Sommer, am obern Ende des Schornsteins, selbst bei guten Feuerungen, um 40° höher, als die der äufseren atmosphärischen Luft. (Die Sonne mit ihren Strahlen hat daher auch keine Wirkung auf die Zugkraft des Feuers wie man dies so häufig in unsern Gebäuden findet, welche bei Sonnenschein von Rauch erfüllt sind, und folglich zur Holzverschwendung Anlafs geben. Denn wo es raucht, gebraucht man zu einem gewünschten Zwecke zu viel Brennstoff.) Das Volumen der in den Ofen einströmenden Luft sei $= 1$, so ist dasselbe, bei der Ausströmung aus dem obern Theile des Schornsteins, $1 + 40 \times 0{,}046875 = 1{,}1875$. Da sich aber die Dichtigkeiten derselben Räume Gase wie ihre Gewichte zu einander verhalten, und die Dichtigkeit des Rauches um 0,1875 geringer ist, als die der äufsern atmosphärischen Luft, so wird sich dieser Rauch mit einer diesem Unterschiede proportionirten Geschwindigkeit in die Höhe bewegen, weil seine Drucksäule um so viel leichter oder geringer ist.

§. 20.

Die Höhe der Gebäude, worin diese Küchen erbauet worden sind, beträgt 50 Fufs. Nun kann man schliefsen, $1{,}1875 : 1 = 50 : 42{,}91$ Fufs; oder der Unterschied zwischen dem vom Feuer durch Ausdehnung verminderten Gewichte der innern, zersetzten Luft und der äufsern Atmosphäre ist 7,09 Fufs als Drucksäule zu setzen, welches in unserer nördlichen Breite, nach dem Secundenpendel berechnet, eine Endgeschwindigkeit von $\sqrt{(15{,}625 \times 7{,}09 \times 4)} = 29$ Fufs giebt. Diese Geschwindigkeit wird aber noch dadurch vermehrt, dafs die unten 7 und 8 Zoll im Durchmesser haltenden runden Schornsteine oben nur 6 und 7 Zoll Weite behalten, weil die Geschwindigkeit des Rauches bei demselben Drucke und derselben ausströmenden Masse, bei verringerter Ausflufsöffnung, zunehmen müssen. Dies ist auch der Grund, warum diese Feuerungen nie rauchen, stets guten Zug haben und keinen lockern Rufs, viel weniger aber Glanzrufs ansetzen.

§. 21.

Man sieht hieraus, dafs die Zugöffnungen *d d*, *e e*, Taf. X. Fig. 1., oder *o o*, *p p*, Taf. IX. Fig. 1. und 10. grofs genug wären, wenn sie zusammen so viel Fläche enthielten, als die obere Mündung des Schornsteins. Da aber die unter den Kesseln entwickelte Hitze viel gröſser ist, als die Wärme des Rauches bei seiner Ausströmung aus dem obern Theile des Schornsteins, indem ein groſser Theil der durch das Feuer frei gewordenen Wärme, während der Bewegung des Rauches durch die Züge des Ofens und den untern Theil des Schornsteines, latent und von den Seitenwänden des Ofens, der Kessel und des Schornsteins verschluckt wird; so muſs auch die Ausdehnung der Gase, in dem Augenblicke, wo sie in die Zuglöcher treten, viele Male gröſser sein, als in dem Augenblicke, wo dieselben Gase zur obern Mündung des Schornsteins entweichen. Diese Züge müssen daher die angegebenen Dimensionen erhalten, wenn der Verbrennungsprozeſs mit dem günstigsten Resultate für die Menge der frei gewordenen Wärme vor sich gehen soll. Bei zu engen Zugöffnungen würde auſserdem der Warmwasserkessel *n*, Taf. IX. nicht Hitze genug erhalten, und der Ruſs und die Asche müſsten bald die horizontalen Züge, und selbst den Schornstein verstopfen. Aus diesen Gründen muſs auch der Schornstein da, wo er mit dem hohlen Raume hinter dem Wasserkessel zusammentrifft, die in Taf. IX. und X. gezeichnete bedeutende Weite erhalten. Überhaupt hat man bei Backöfen, Kochöfen und Stubenöfen die Erfahrung gemacht, daſs alle Rauchzüge in der Nähe des Feuers bedeutend weiter sein müssen, als da, wo sie der Atmosphäre nahe treten; wodurch die obige Lehre vollkommen bestätigt wird, so, daſs man in Zukunft genöthigt sein wird, alle Feuerungen nach derselben anzulegen, wenn man die möglichsten Vortheile aus dem Brennstoffe ziehen und bei den pyrotechnischen Operationen Zeit gewinnen will.

§. 22.

Nun sollte man zwar glauben: je mehr man den Schornstein am obern Ende verengte, je gröſser müſste die Geschwindigkeit des aufsteigenden Rauches sein. Dies hat aber seine Grenzen, weil die einander näher rückenden Wände auch mehr Wärme einsaugen und dadurch den Rauch verdichten, und weil die atmosphärische Luft der dünnen Rauchsäule noch augenblicklich mehr Wärme entziehen kann, so, daſs dieser Rauch niedergeschlagen, und so schwer wird, daſs er wie ein Stopfer in dem obern Theile des Schornsteins wirkt. Man wird dies bestätigt finden, wenn man den Rauch, aus dem Schornsteine eines guten Kesselofens aufsteigend, näher betrachtet. Anfangs verläſst er die Schornsteinmündung mit groſser

Geschwindigkeit, und ist fast durchsichtig oder unsichtbar: in der Höhe von einigen Fuſsen über der Mündung aber verliert er seine schnelle Bewegung, und bildet eine kleine Wolke, welche zuletzt gar nicht mehr steigt und sich nach und nach mit der atmosphärischen Luft vereinigt, und in derselben so vertheilt wird, daſs man nichts mehr von ihr sieht.

Aus den vorhergehenden, mit der Erfahrung übereinstimmenden Berechnungen sieht man nun, was von dem Glauben jener Theoretiker, Practiker und Baumeister zu halten sei, welche meinen: ein Kochofen, Stubenofen, oder jede andere Feuerungsanlage bringe die gröſste Wirkung hervor, wenn der Rauch so lange in selbigen aufgehalten werde, bis er beim Eintritte in den Schornstein ganz kalt ankommt. Der einzige Erfolg, welchen man daraus zieht, ist der viele Rauch, welcher in die Zimmer u. s. w. dringt, die Holzverschwendung und die Feuersgefahr, welche aus dem niedergeschlagenen Glanzruſs entsteht. Diese Theorie ist sehr zweckmäſsig zur Erzeugung des Kienruſses, welcher aus niedergeschlagenem Rauche entsteht; zu weiter aber nichts. Es kommt darauf an, alle freie Wärme aus einer gegebenen Brennstoffmenge zu entwickeln, und so lange zu benutzen, als dadurch keine Störung im Verbrennungsprozesse entsteht: nicht aber auf ein künstliches und möglichstes Festhalten des entwickelten Wärmestoffes. Aus diesen Gründen wirkt auch ein guter Zug, und ein gutes Zuglöchersystem um einen Kessel, mehr, als mehrere Züge, welche der Wärme-Entwickelung Hindernisse entgegen stellen, dadurch, daſs sie den Rauch so lange im Ofen festhalten, bis er alle freie Wärme verloren hat.

§. 23.

Dagegen bleibt es eine unumstöſsliche Wahrheit, daſs eine horizontale Fläche 7 Mal mehr Wärme einsaugt, als eine derselben Hitze ausgesetzte verticale Fläche, und daſs man die Kesselböden, auf Kosten der Kesseltiefe, mit Vortheil vergröſsert. Dampfkessel z. B. werden dann die gröſste Wirkung haben, wenn man das Feuer in breiten und nicht zu hohen Zügen, d u r c h, und nicht u m selbige wegleitet, nachdem ihr Boden die gröſste Hitze aufgefangen hat. Nur muſs das Reinigen und Nachsehen derselben dadurch nicht erschwert, und überhaupt der nöthige Raum für den Regulator und die in demselben entwickelten Dämpfe gelassen werden. Wie dies zu verstehen sei, zeigen die beiden Skizzen Fig. 10. und 11. Taf. X. Es ist nemlich *A* der Dampfkessel, d u r c h welchen die

Züge *h* gehen. Damit aber die Flamme gezwungen sei, durch die Züge *h* zu gehen, wird der hohle Raum unter dem Kesselboden, in der Höhe *BC*, durch eine Platte *d*, *a*, *a*, *b*, Fig. 10. zugedeckt, in welcher die Züge *ff*, *gg*, gelassen sind, durch welche das Feuer vorne in die Züge *hh*, hinten aber durch die viel kleinere Züge *gg*, gleich nach dem Raume *b*, und von da in den Schornstein *t* tritt. Dafs auch hier ein Verbrennen des Rauches durch die Wechselwirkung der Züge *gg*, *hh* vorkommen müsse, ist einleuchtend. Bei *l* wird das Feuer neben den Dampfkessel gelegt.

§. 24. Ursachen, warum die Küchenschornsteine rauchen.

a) Wenn die Schornsteine unten offen sind und die Luft der Küche so kühl ist, dafs der Rauch gleich erkaltet und deshalb nicht steigen kann. Ein Küchenfeuer sollte daher stets in einem geschlossenen Ofen brennen.

b) Wenn die Schornsteine zwar unten geschlossen, aber zu weit sind.

c) Wenn mehrere Schornsteine aus verschiedenen Küchen sich in einen einzigen vereinigen.

d) Wenn der Schornstein nicht aus dem höchsten Puncte des Daches hervorragt, oder wenn er von andern, höher liegenden Gebäuden umgeben ist.

e) Wenn die Sonnenstrahlen mit zu grofser Kraft auf die obere Öffnung des Schornsteins drücken und die Küche dabei eine kühle Lage (gegen Norden) hat.

f) Wenn veränderliches Wetter, Wind und Regen in der Atmosphäre herrschen, und die Schornsteine zu weit sind, folglich dem Rauche nicht Geschwindigkeit genug mittheilen, um aufzusteigen.

g) Wenn alle Fenster, Thüren u. s. w. so dicht schliefsen, dafs sich in der Küche die Luft, die durch das Verbrennen an Volumen verliert, nicht erneuern kann, und dafs folglich der Schornstein selbst die zum Kochen nöthige Luft durch den Ofen in die Küche leiten mufs.

Wo man nun die Ursachen kennt, wird man aus denselben auch leicht die Abhülfe finden.

Ist der Schornstein enge, und der Masse des Feuers im Ofen proportionirt angelegt, und dabei mit seiner obern Ausmündung der Einwirkung hoher Gegenstände entzogen, so ist es nur nöthig, denselben gegen Windstöfse und gegen den ad *g* genannten Umstand zu sichern.

§. 25.

Eine einfache Vorrichtung, den Schornstein einer Küche, die in einem ungünstigen Locale befindlich ist, gegen Windstöfse zu sichern, nachdem derselbe nach den hier entwickelten Grundsätzen erbauet worden ist, siehet man Taf. X. Fig. 12. Es ist nemlich *f* ein Rohr von starkem Eisenblech, 1 Fufs tief in den obern Theil des Schornsteins *g* eingesetzt, welches dieselbe Weite haben mufs, als der Schornstein im Lichten. Auf diesem Rohr sitzt ein viereckiger Kasten *h*, welcher auf jeder Seite 1 Zoll über das Rohr *f* vorsteht, und dessen verticale Wände runde Öffnungen von 6 bis 8 Zoll Weite haben. Vor diesen Öffnungen befinden sich die Klappen *a*, *b*, *c*, von Gufseisen oder Eisenblech, die durch eiserne Stangen *dd* in gehörige Entfernung vom Kasten *h* und dessen verticalen Wänden gehalten werden. Die Klappen *a*, *b*, *c* bewegen sich in Charnieren, und sind mit Schraubenmuttern *ee* an die Stangen *dd* befestigt.

Stöfst nun der Wind von *x* her, so schliefst sich die Klappe *a*, und *b* öffnet sich, um so mehr, so, dafs der Rauch gegen *y* hin ausströmt. Eben so ist es auf den drei andern Seiten des Schornsteins, dergestalt, dafs nie alle Öffnungen zugleich geschlossen sein können, und der Rauch immer einen Ausgang findet. Eine solche Vorrichtung ist aber immer sorgfältig mit Ölfarbe anzustreichen, damit die Witterung, und die dadurch erzeugte Oxydation des Eisens, sie nicht zerstören.

Um die Küche gegen den ad 7 berührten Übelstand zu schützen, ist ein Ventilator in der Thüre oder dem Fenster, oder eine kleine Öffnung in der Wand, hinreichend.

§. 26.

Die engen, runden Schornsteine werden leicht um hölzerne Cylinder aufgeführt, um welche man das Steinmaterial mauert, und die man nach und nach, an den daran befindlichen Handhaben, in die Höhe zieht. Hierdurch vermeidet man zugleich, dafs irgend etwas in den fertigen Theil des Schornsteins falle. Man sehe die Fig. 13. Taf. X. gezeichnete Walze *h*, um welche der Schornstein *g* aufgeführt wird. Gebraucht man die Vorsicht, rund um den Cylinder oder die Walze *h*, einen Mörtel zu legen, etwa $\frac{1}{2}$ Zoll dick, welcher aus eingelöschtem Kalke, wenigem feinen Sande, etwas Holzasche und einen guten Theil Kochsalz besteht, so erhält man durch das Umdrehen des Cylinders, vermittelst der Handhabe *i*, eine ganz glatte Oberfläche der Rauchröhre, welche keinen Rufs annimmt, und den Zug des Rauches befördert, weil dessen Adhäsion an die Wände durch die Glätte vermindert wird.

§. 27.

6. Das Confoire oder der Bratofen, worauf Fett u. s. w. ausgelassen wird, darf an einem solchen Ofen nicht fehlen. Man sieht es Taf. IX. zwischen den beiden runden Kochkesseln eingemauert, und Taf. X. ist es an der rechten Seite des Ofens angebracht. Es ist weiter nichts als eine 4eckige Öffnung, welche 4 Zoll tief in das Gemäuer versenkt, und etwa 9 bis 10 Zoll im Quadrat weit ist. In diese Öffnung werden, auf 4 Zoll Tiefe, die gegossenen Roststäbe gelegt, von der Gestalt, wie Taf. X. Fig. 4. und 5., nur dafs sie schwächer sind, weil hier wenige Kohlen hinreichen, um den Zweck zu erreichen, und so die Stäbe nicht leicht verbrennen. Jedes dieser Confoires erhält ein eigenes 3zölliges Rauchrohr, welches dazu dient, den Kohlendampf abzuleiten, wenn eine Pfanne zum Braten auf die obere Öffnung gestellt wird. Dieses Rohr ist Taf. IX. Fig. 1. mit y bezeichnet. Ein Bratofen, welcher mit demselben Feuer, welches die Kessel zum Kochen bringt, die nöthige Hitze erhalten soll, ist lange nicht so gut, als die hier angebrachten Confoirs, weil man entweder nicht Hitze genug zum Braten erhält, oder viel Holz verbrennen mufs, um eine hinreichende Menge Wärme zu entwickeln. Die hier gezeichneten Confoirs erreichen ihren Zweck durch einige wenige Kohlen, welche man aus dem Ofen nimmt, wenn sie in Überflufs darin vorhanden sind.

28.

7. Der Rauchfang, welcher eigentlich nur den Wasserdunst von den Speisen aus der Küche ableitet, und den Kohlendampf von den Confoirs aufnimmt, kann mit einem Rauchfangmantel versehen sein, oder auch nur aus einer Öffnung bestehen, welche, in der Höhe der Decke, den Dampf aufnimmt und der freien Luft über dem Dache zuführt. Der Mantel, wo einer erbaut wird, kann, da hier niemals ein grofses offenes Feuer brennt, aus Brettern bestehen, welche auf beiden Seiten berohrt und geputzt werden. Auch den 12 bis 16 Zoll weiten Dampfabzug M, Fig. 11. Taf. IX. und Fig. 1. Taf. X. kann man, aus denselben Gründen, aus ganz leichtem Material erbauen. Er wird daher die Gebäude nicht so sehr beschweren, wie die gewöhnlichen Rauchfänge, welche sonst gleichsam

Häuser im Hause bilden. In den meisten Fällen wird ein hölzerner, hohler Cylinder, oder ein hohles viereckiges hölzernes Prisma, in eine, Scheidewand oder Brandmauer eingesetzt, ein Cylinder aus gebranntem Thone, oder irgend einer dauerhaften Masse, diesen Dampfabzug bilden können, ohne dabei die geringste Gefahr zu verursachen. In steinernen Häusern wird man jedoch die Dampfzüge immer aus Steinen, und nur den Mantel derselben aus Brettern erbauen. Ist die Scheidewand oder Brandmauer nicht stark genug, um darin den ganzen Dampfabzug, von der oben angegebenen Weite, zu verbergen, so kann man denselben auch auf Kragsteine setzen, welche in dieser Mauer befestigt sind, wie Fig. 14. Taf. X. Es ist nemlich *d* der Kochofen, *b* der Rauchfang, *c* das Dampfabzugsrohr, 16 Zoll weit, *a* der Kragstein, worauf der Dampfabzug ruht, in der Brandmauer *f* befestigt, *e* der Schornstein des Ofens, und endlich *g* das Rauchrohr des Confoirs.

§. 29.

Die Rauchmäntel haben ihr Gutes, aber auch ihre bedeutenden Nachtheile. Will man Rauchmäntel haben, so werden sie am besten so eingerichtet, wie es Taf. X. Fig. 8. zeigt, nemlich so, daſs *cf*, oder das Holz, worauf der Mantel ruht, weit genug über den Ofen weggreift, um alle Dämpfe und den Rauch des Confoirrohres aufzufangen, daſs aber seine lothrechte Entfernung *ch* von der Decke nicht mehr als etwa 9 Zoll bis 1 Fuſs beträgt. Denn die tief herabreichenden Mäntel haben den Nachtheil, daſs der Dampf, welcher ein Mal denselben entwichen ist, nicht wieder in sie hineindringen kann, weil er sich immer in der Nähe der Decke hält. Die ganz flachen Rauchfänge dagegen nehmen einen groſsen Theil dieses Dampfes wieder auf, vorausgesetzt, daſs der Schlott *e* weit genug, und gegen die Windstöſse gesichert, also bis zum Dachgipfel hinausgeführt ist. Die Küchen in Luxemburg haben keine Mäntel, sondern nur Dampfabzüge, in der Höhe der Decke; der Kochofen im Garnison-Lazarethe daselbst, hat ebenfalls keine. An andern Orten hat man schon die ganz flachen Rauchmäntel erbauet, und befindet sich wohl dabei, weil dadurch die schwarzen Wände der Küchen verschwinden, und die Hausgeräthe in den neben den Küchen liegenden Zimmern nicht mehr so verderben, als ehemals.

§. 30. Besondere Bemerkungen über diese Einrichtung der Kesselöfen.

1. Gute Schornsteine geben, schon mit mittelmäfsigen Öfen, ein gutes Resultat, während die besten Öfen, mit schlechten Schornsteinen, gar keine Wirkung thun. Gute Öfen und Schornsteine vereinigt, geben das vollkommenste Resultat.

§. 31.

2. Taf. IX., Fig. 12., sieht man, in welcher Art einzelne runde Kessel, ohne Wasserkessel, in ihre Öfen eingesetzt sind. Die Einrichtung ist nemlich ganz dieselbe, wie Fig 1., 2. und 3.; nur fehlt der Wasserkessel, mit seinem Gehäuse. *oo* sind vordere Züge, 6 bis 8 Zoll weit; *pp* hintere Züge, 3 bis 4 Zoll weit, welche den Rauch der vordern verbrennen, und ihn sogleich in den Schornstein *t* leiten. Mehrere solche Kessel sind als Braukessel, Seifensiederkessel, Backwasserkessel, Wasserkessel u. s. w. in Luxemburg erbauet worden.

§. 32.

3. Fig. 13. zeigt, wie zwei runde Kessel *m, m,* mit ihrem Wasserkessel *n*, über demselben Feuer, in ein Gehäuse eingehangen werden müssen. *oo* sind vordere Züge, 8 bis 9 Zoll weit, *pp* hintere Züge, 3 bis 4 Zoll weit, *q* ist ein Zug 12 Zoll weit, welcher den heifsen Rauch dem Wasserkessel zuführt, von wo er in einen solchen Schornstein tritt, wie ihn Fig. 1. und 2. Taf. X. angiebt.

§. 33.

4. Fig. 9. Taf. X. zeigt einen viereckigen Kessel, in sein Gehäuse eingehangen, wenn es keinen Wasserkessel enthält. Derselbe ist zu allen den Zwecken, die unter der vorigen Nummer (2.) erwähnt worden, viel brauchbarer, als ein runder. Ein Seifensieder zu Luxemburg besitzt einen solchen Kessel, und die Holzconsumtion ist auf weniger als die Hälfte des frühern Bedarfs vermindert worden. Es ist aber immer vortheilhaft, den Kessel so einzumauern, dafs das Feuer an dessen längster Seite brennt, wie in Fig. 9., weil es dann einen längern Weg bis zum Schornsteine zu durchlaufen hat, und mehr Wärmestoff am Boden und den Wänden des Kessels absetzt. Der erwähnte Seifensiederkessel

ist 2 Meter lang, 1 Meter breit und $\frac{1}{2}$ Meter tief, und kocht jedes Mal in $\frac{3}{4}$ Stunden. Die Kosten der Öfen sind hierbei geringer, weil die Brandmauer eine der Kesselwände bilden hilft.

§. 34.

5. Behandlung dieser Öfen zur Ökonomie des Brennstoffes.

Des Morgens um 6 Uhr (früher, in den Dampfküchen, 1830 und 1831, Nachmittags um 4 Uhr, für den folgenden Tag) wird mit $\frac{3}{6}$ des Holzes Feuer unter die Kessel gemacht, das Fleisch zum Kochen gebracht, und es werden diejenigen Gemüse in den andern Kessel gethan, welche am längsten kochen müssen: als Graupen, Erbsen und grüne Gemüse. In $2\frac{1}{2}$ höchstens 3 Stunden ist das Fleisch gahr; es wird herausgenommen, und nachdem die Knochen herausgezogen worden, abgewogen und vertheilt. Die Gemüse und die Fleichsuppe werden auf beide Kessel vertheilt, das Suppenkraut wird beigethan, und so viel Wasser zugeschöpft, als erforderlich ist, um die nöthige Quartzahl zu erlangen. Um 10 Uhr ist das Essen gahr und kann in den Kesseln aufbewahrt werden, bis die Mannschaft zum Essen kommt.

Wenn das Fleisch kocht, kann man den Schieber im Schornsteine, bis auf eine geringe Zugfläche, schliefsen, und es bis dahin, wo es geniefsbar ist, kochen lassen, ohne zu viel Holz nachzulegen. Ist das Gemüse, mit der Suppe, auf zwei Kessel vertheilt, so legt man wieder $\frac{1}{6}$ des Holzes in den Ofen, bis es kocht; und dann wird das Übrige nach und nach eingelegt, bis alle Speisen völlig efsbar sind.

Sobald das Essen aus den Kesseln genommen ist, werden die Kessel *m, m*, Taf. IX., oder *a, b*, Taf. X., aus dem Ofen herausgehoben, gereinigt, wieder eingesetzt, mit kaltem reinen Wasser gefüllt, und mit ihren Deckeln zugedeckt. Auf diese Weise erhält man des Morgens schon warmes Wasser zum Kochen. Der Schieber mufs aber während der Nacht fest geschlossen sein, wie auch alle Thüren und Zugklappen des Ofens, um die Wärme im Mauerwerke zurückzuhalten. Bei einem solchen Verfahren bleiben die Kessel immer vollkommen rein, und die Oxydation verdirbt sie weniger, als die unbeweglich eingemauerten, welche nie gründlich gereinigt werden können.

§. 35.

6. Kostenanschlag.

Tit. I. Dem Maurer.

a) 2000 Ziegelsteine, 6 Mauertage, 3 Handlangertage, Mörtel u. s. w.	30 Rthlr.		
b) Schornstein- und Dampf-Abzug, bis auf 50 Fuſs Höhe, ...	50 -		
Summa	80 Rthlr.		

Tit. II. Dem Schlosser.

a) 200 Pfd. Blech, den Ofen äuſserlich zu überziehen à 5 Sgr.	33 Rthlr.	10 Sgr.	
b) 800 Pfd. Guſseisen zu der oberen Deckplatte und der inneren Zudeckung bei den Zuglöchern, à 1 Sgr. 6 Pf.	40 -	— -	
c) 500 Pfd. Blech zu 2 Kochkesseln und 1 Wasserkessel (oder 2 Wasserkesseln) à 5 Sgr.	83 -	10 -	
d) Die Schieber und Roststäbe wiegen zusammen 80 Pfd. zu 1 Sgr. 3 Pf.	3 -	10 -	
e) Zwei Thüren und Rahmen zusammen	4 -	— -	
Summa	164 Rthlr.	— Sgr.	

Tit. III. Dem Schreiner.

a) Deckel auf die Kessel, dauerhaft gearbeitet, von trockenem Holze.	3 Rthlr.
Summa	3 Rthlr.

Der ganze Ofen für 500 Mann kostet daher 247 bis 260 Rthlr. und pro Mann ½ Rthlr. Man vergleiche damit die Kosten der Dampfküchen und anderer, wirklich ökonomischer Einrichtungen.

§. 36.

7. In Luxemburg werden gegenwärtig mehrere Küchen so, wie hier beschrieben, eingerichtet, und alle übrigen sollen, so wie sie nach und nach reparaturbedürftig werden, dieselbe Einrichtung erhalten, weil sie alle andern in Wirksamkeit und Dauer übertreffen.

§. 37.

8. Es ist §. 2. gesagt worden, dafs man jährlich 806,54 Rthlr. weniger für Brennstoff bedürfe, als in andern Küchen, für dieselbe Anzahl der Mannschaft. Dies geht aus den folgenden Berechnungen hervor. Eine gewöhnliche Zwei-Compagnieküche, für 300 Mann, bekommt täglich im Durchschnitte, nach ihrem Etatsatze, $18\frac{1}{2}$ Portionen zu $14\frac{7}{10}$ Stücke, also 271,95 Stücke, und jährlich $271,95 \times 365 = 99261,75$ Stücke weiches Holz; wovon nur $\frac{2}{3}$ gegeben wird, wenn man Buchen- und Eichenholz für die Küchen verabfolgt; also 66174,50 Stücke, wovon 2160 Stücke auf die Klafter zu 108 Cubikfufs gerechnet werden; dies macht jährlich 30,63 Klaftern. In einer Küche zu Luxemburg, wo früher Dampfkessel standen, sind 3 Öfen, jeder für 500 Mann, in einer andern eben so viel, und in einer dritten zwei Öfen, jeder für 500 Mann, zusammen 8 Öfen zu 500 Mann, oder für 4000 Mann erbauet worden. Für diese müfste man aber $13\frac{1}{3}$ Küchen, jede für 300 Mann, erbauen, um denselben Zweck zu erreichen, wofür jährlich $13,33 \times 30,63 = 408,30$ Klaftern Holz geliefert werden müfsten. Für die 8 Öfen werden dagegen, wenn für die volle Mannschaft gekocht wird, gegenwärtig nur täglich höchstens 80 Cubikfufs gegeben, oder jährlich 29200 Cubikfufs, oder 270,37 Klaftern. Also werden jährlich gegen den Etat erspart: 137,93 Klaftern. Der Durchschnittspreis einer Klafter Holz kann in Luxemburg zu $6\frac{1}{2}$ Rthlr. Preufsisch gerechnet werden; folglich werden, blofs durch die drei in Stelle der Dampfküchen eingeführten neuen Küchen, jährlich etwa 896,54 Rthlr. erspart. In einer Festung, wo nach und nach für 12000 Mann solche Küchen eingeführt würden, könnte man jährlich gegen den Etat 413,79 Klaftern Holz ersparen, was bei einer Verproviantirung wohl zu berücksichtigen sein möchte, indem das Holz viel Raum erfordert, und nicht immer vollkommen gegen Verbrennnung durch Bomben gesichert werden kann: ein Umstand, der noch mehr in Betrachtung zu ziehen ist, als selbst die Kosten des Holzankaufes.

Nach der ad *b* angeführten Kostenberechnung eines Ofens für 500 Mann, kostet derselbe 260 Rthlr; die 8 neu erbauten Öfen, ohne andere Veränderungen im Locale, kosten daher 2080 Rthlr. Diese, zu 5 pro Cent berechnet, geben jährlich 104 Rthlr. Zinsen. Zieht man diese Zinsen von den ersparten 896,54 Rthlr. ab, so bleiben 792,54 übrig, und die Kosten der Erbauung der Öfen sind in 3 Jahren völlig gedeckt.

§. 38.

9. Um die Weite der Schornsteine für einzelne Kochöfen oder Stubenöfen zu bestimmen, wurden im Garnison-Lazarethe zu Luxemburg folgende Versuche angestellt.

Der dortige, oben erwähnte (§. 2.) Kochofen hat gegenwärtig, in Folge vergleichender Versuche, nur einen 6zölligen Schornstein erhalten:

a) Ein 4zölliger Schornstein für den Kochofen, worin für 250 Kranke gekocht wird, leitete nicht Rauch genug ab: das Feuer brannte mit dunkelrother Flamme, und man bedurfte 4½ Cubikfufs Holz zum Bereiten der Speisen für den ganzen Tag.

b) Ein 5zölliger Schornstein wirkte schon besser; aber man hatte nach und nach 3¼ Cubikfufs Holz nöthig, um dieselbe Speisemenge zu bereiten.

c) Der 6zöllige Schornstein gab die volle Wirkung; nemlich: man bereitete mit 2½ bis 2¾ Cubikfufs das Essen für den ganzen Tag.

d) Ein 7zölliger Schornstein leistete dasselbe, wenn der Schieber in demselben sorgfältig beobachtet wurde, um keinen zu starken Zug zu haben.

e) Der 8zöllige Schornstein erforderte schon wieder 3½ Cubikfufs zu demselben Zwecke, obgleich auch er guten Zug hatte.

f) Der 9 und 10zöllige Schornstein verlangten beide über 4 Cubikfufs Buchenholz.

Hierauf wurde der 6zöllige Schornstein, als der günstigste, beibehalten. Aber es folgte daraus das ungleich wichtigere Resultat, dafs jeder Schornstein der Feuermasse proportionirt sein mufs, die in dem Ofen brennt, von welchem er den Rauch ableiten soll.

§. 39.

10. Gleichzeitig mit diesen Versuchen für Küchen-Schornsteine, wurden andere über die Weite der Schornsteine für Stubenöfen, in einem Zimmer des Garnison-Lazareths angestellt. Man führte nemlich, neben einander, in demselben Körper vereinigt, eine 2zöllige, eine 2½zöllige, eine 2¾zöllige, eine 3zöllige, eine 3¼zöllige, eine 3½zöllige, eine 3¾zöllige, eine 4zöllige, eine 4½zöllige, eine 5zöllige, eine 5½zöllige, eine 6zöllige, eine 6½zöllige, eine 7zöllige, und eine 8zöllige, runde Schornsteinröhre auf. In jede dieser Röhren wurde nun der Rauch desselben Ofens geleitet, und, vermittelst mehrerer Thermometer, die in verschiedenen Höhen des

Zimmers aufgehangen waren, wurden die Temperaturen gemessen. Die 2zöllige Röhre gab kein Resultat, denn sie konnte den Rauch nicht ganz ableiten, und drängte ihn durch den Ofen ins Zimmer zurück. Die $2\frac{1}{2}$ und $2\frac{3}{4}$zölligen Röhren zogen schon besser, aber drängten von Zeit zu Zeit auch noch Rauch in das Zimmer. Selbst wenn das Feuer gut brannte, durfte man nicht die Ofenthüre öffnen, weil sonst der Rauch aus derselben strömte. Die 3zöllige Röhre war die erste brauchbare, weil sie die obigen Übelstände nicht hatte; bei den Röhren zwischen 3 und 4 Zoll nahm die Wirkung zu, und sie wurden für die Gröfse des Zimmers von 4000 Cubikfufs am geeignesten gehalten; denn die $4\frac{1}{2}$zölligen, bis 8zölligen, heizten zwar sehr gut, aber brauchten auch mehr, und zwar verhältnifsmäfsig zu viel Brennstoff, um das Zimmer auf eine Temperatur von 16° Reaumur, in seiner mittlern Höhe, zu bringen. Hiernach wurden denn alle für das Lazareth bestimmten Schornsteinröhren, welche den Rauch von Stubenöfen ableiten sollten, auf 5 Zoll im Durchmesser gebracht. In den gröfsten Sälen legte man zwei solche Röhren auf verschiedenen Enden an. Die Kochküche, Waschküche und Bade-Anstalt erhielten aber 6zöllige Schornsteine. Die Dampfabzüge wurden 12 bis 14 Zoll weit, theils mit, theils ohne Rauchmantel gemacht. Durch dieses Verfahren hat man den Rauch aus dem ganzen Gebäude weggeschafft, welcher früher so aufserordentlich stark in vielen Zimmern war, dafs daselbst weder Gesunde noch Kranke wohnen konnten. Obgleich diese Bemerkung nicht zu den Küchen gehört, so mag sie doch als Beweis dienen, wie manche Versuche noch zu machen sind, bis wir mit unsern Feuerungen und Heizungen ganz zu den vollkommensten Resultaten gelangen werden.

§. 40.

11. Bei den Angaben, wie viel Cubikfufs Holz erforderlich sind, ist jederzeit der Cubikfufs inclusive der Zwischenräume angegeben worden. Er wiegt 30 Pfd. von Buchen- oder Eichenholz. Ein voller Cubikfufs Holz, ohne Zwischenräume, wiegt viel mehr. Es wurden hier nemlich mehrere Klafter zu 180 Cubikfufs, inclusive der Zwischenräume, in dem trocknen Zustande gewogen, in welchem man das Holz verbrennt und davon das arithmetische Mittel genommen, woraus dann circa 30 Pfd. pro Cubikfufs gefunden wurden.

Auch ist zu bemerken, dafs die §. 1. angegebenen, durch Einführung der Dampfküchen, im Vergleich mit den vorigen Kochvorrichtungen jährlich ersparten 3000 Rthlr., eben so wohl durch die jetzigen neuen Küchen erspart werden.

Heitzung mit kochendem Wasser.

Bei Gelegenheit mehrerer Ofenconstructionen, zu welchen der Verfasser commandirt wurde, versuchte er es, einen Ofen aus Eisen und Kupfer zu bauen, der nicht allein schnelle, sondern auch anhaltende Wärme geben möchte. Unsere gewöhnlichen Öfen, aus Gufseisen, haben nemlich den Nachtheil, dafs sie sehr schnell abkühlen und anfänglich eine intense Hitze geben, welche wenig Personen ertragen können. Die steinernen Öfen, unter welchem Namen, und in welcher Gestalt sie auch vorkommen mögen, haben den Nachtheil, dafs sie sehr langsam warm werden, und nur dann brauchbar sind, wenn sie mit guten Röhrenklappen versehen sind, welche verhüten, dafs die Hitze nicht so schnell durch den Schornstein entweiche. Überdies kosten sie viel Holz, und sind nur da zu empfehlen, wo dasselbe nicht zu theuer oder zu selten ist. Es ist bekannt, dafs, wenn man steinere Krüge mit heifsem Wasser füllt, dieselben in den kältesten Wintertagen den Reisenden die Füfse warm erhalten. Dieses warme Wasser kann also auch dazu dienen, die Zimmer angenehm zu erwärmen, wenn es, in kupfernen Gefäfsen, durch Röhren mit dem Feuer eines Stubenofens aus Gufseisen in Verbindung gebracht und als Wärmereservoir benutzt wird.

Es ist nemlich *A*, Taf. X., die Seitenansicht eines so eingerichteten Ofens, wenn man sich den Wasserbehälter *p* nach der Linie *DE* abgeschnitten denkt. *B* ist die vordere Ansicht, mit den Kesseln *h*, *i*, *k*, den Leitungsröhren *ll*, *mm*, *nn* und den grofsen Wasserbehältern *o*, *p* an den Seiten des Ofens. *C* ist die obere Ansicht des Ofens, wenn der obere Kessel *k* weggedreht wird, und das Auge sich oberhalb befindet.

Das Feuer brennt im Kasten *a*, steigt durch den Pfosten *b* in die Höhe, zum Kasten *c*, von diesem zum Kasten *e*, durch das hohle Prisma *d*, und geht von *e*, durch das Knie *f*, in das Rohr *g*, welches den Rauch in den Schornstein leitet. Je länger die Kasten *a*, *c*, *e*, und je mehr deren vorhanden sind: desto gröfser ist die Wirkung des Ofens. Zwischen diesen Kasten *a*, *c*, *e* befinden sich die Kessel *h*, *i*, *k*, die von drei Seiten her die Hitze aufnehmen, und das kochende Wasser durch die Röhren *ll*, *mm*, *nn* in die grofsen Reservoirs *o*, *p* führen. Diese Reservoirs müssen so grofs sein, dafs das Wasser darin zwar dem Siedepuncte nahe, aber nicht bis zu selbigem gelangen kann, weil sonst die Dämpfe zu stark auf die Seitenwände der Reservoirs wirken würden. Auch würden die Dämpfe einen Theil des entwickelten Wärmestoffes latent und folglich für die Heitzung unnütz machen.

Die Kessel, *h*, *i*, *k*, die Röhren *ll*, *mm*, *nn*, und die Reservoirs *o*, *p* können aus starkem Kupfer, oder auch aus Gufseisen verfertigt werden; sie müssen aber wohl vernietet, verlöthet und verkittet sein, damit sie nicht durch das kochende Wasser zerstört werden, wie es bei einigen Reservoirs, aus Weifsblech verfertigt, geschehen ist. Um jede Explosion zu verhüten, ist aber jederzeit das Sicherheitsmittel *y* mit der Dampfröhre *x* anzubringen, welche die zu häufigen Dämpfe ableitet.

Die Gröfse der Öfen richtet sich nach der Gröfse des zu heitzenden Zimmers. Die Gestalt ist beliebig, wenn der Ofen nur Hitze genug entwickelt.

Diese Öfen, welche zwar einigermafsen theuer werden, haben den Vortheil, dafs sie gleich anfänglich eine hinreichende Menge Wärmestoff in das zu heitzende Zimmer absetzen. Die Reservoirs *o* und *p*, und die Kessel *h*, *i*, *k*, nehmen aber die Jähhitze weg. Gegen die Kachelöfen, steinernen Öfen u. s. w. haben sie den Vortheil, dafs der von dem Wasser einmal aufgenommene Wärmestoff, nicht so schnell durch die engen Röhren *ll*, *mm*, *nn*, wieder in die Kessel *h*, *i*, *k* zurückkehren und durch den kalt gewordenen Ofen in den Schornstein entweichen kann, wie es durch die steinernen Züge geschieht, wenn sie nicht verschlossen oder zugedeckt werden.

Um das Wasser, welches zwar lange in den Reservoirs vorhält, ohne zu verdampfen, weil die Dämpfe keinen grofsen Ausgang haben, wieder zu erneuern, kann man unten an den Reservoirs *o* und *p* die Röhren *zz* anbringen, welche sich in *w* vereinigen, und von da auf eine Stelle geleitet werden, wo man das Wasser vermittelst eines Krahnes abläfst. Man füllt die Wasserbehälter von oben durch das Ventil *y*, mit Hülfe eines Trichters. Wird der Ofen, worin das Feuer brennt, gut, und so construirt, dafs er eine grofse Menge Wärmestoff in die Kessel *h*, *i*, *k* absetzt, so kann man annehmen, dafs jedes Pfd. Holz 9 Pfd. oder circa $\frac{1}{7}$ Cubikfufs Wasser auf die Temperatur von 80 Grad Wärme bringen könne; also wird in einem Zimmer von 4000 bis 5000 Cubikfufs, worauf bei guten Heizvorrichtungen etwa 20 bis 25 Pfd. Holz gerechnet werden, um dasselbe in einer Temperatur von 15 bis 16°, in der mittlern Zimmerhöhe, bei groſser Kälte zu erhalten, ein Reservoir, welches mit seinen Kesseln zusammen 4 bis 5 Cubikfuſs faſst, hinreichend groſs genug sein, um die entwickelte Wärme nachhaltig im Zimmer zu machen. Je gröſser man die Reservoirs macht: je weniger wird von der entwickelten Wärme durch ausströmende Dämpfe verloren gehen. Sie müssen aber auch nicht zu groſs sein, weil sonst die Wärme dem Zimmer zu langsam mitgetheilt werden würde.

In dieser Art lassen sich die Reservoirs für jede Zimmergröſse berechnen, wobei jedoch zu erinnern bleibt, daſs mehrfache Versuche noch entscheiden müssen, wo diese Öfen am passendsten sind. Schon die angenehme, milde Wärme, welche sie verbreiten, möchte sie für Zimmer wohlhabender Personen empfehlen; und der Umstand, daſs sie zugleich für warme Bäder benutzt werden können, würde sie für Badesäle geschickt machen; überhaupt für alle Locale, wo neben der Erzeugung heiſsen Wassers auch zugleich eine gewisse Wärme gewünscht wird.

Luxemburg, den 30sten November 1833.

(Die Fortsetzung folgt im nächsten Hefte.)

8.

Über die verschiedenen Bedeckungs-Arten der Dächer von Casernen und andern Gebäuden.

(Von Herrn *Belmas*, Ingenieur-Capitain.)

Auszug aus dem *Mémorial du génie* No. II., den Abhang der Dächer und die Bedeckung derselben mit Ziegeln, Schiefer und Metall betreffend.

(Aus den *Annales des ponts et chaussées*, Januar und Februar 1833.)

Mit einigen Anmerkungen des Herausgebers.

(Fortsetzung des Aufsatzes No. 6. im vorigen Hefte.)

In der Provence bedient man sich vorzüglich der Marseiller Bedeckungs-Art; nemlich man legt die Dachziegel, statt auf eine Verschalung, auf platte Ziegel (Fliesen), von 0,24 Met. ($9\frac{1}{6}$ Z.) lang, 0,15 Met. ($5\frac{3}{4}$ Z.) breit und 0,014 Met. (etwas über $\frac{1}{2}$ Z.) dick. Die Sparren (*chevrons*), von Fichten-Holz, welche sie tragen [nemlich über die Fetten liegend, d. H.], sind 0,25 Met. ($9\frac{1}{2}$ Z.) von Mitte zu Mitte von einander entfernt. Sie sind 0,07 Met. und 0,08 Met. ($2\frac{2}{3}$ und 2 Z.) im Gevierte, und liegen 1,75 Met. (5 F. 7 Z.) über den Fetten (*pannes*) frei. Die Fliesen werden mit Gips zusammengefugt, und 0,005 Met. ($2\frac{1}{4}$ Linien) dick überzogen, auf welchen Überzug man alsdann die Dachziegel legt, und mauert. Der Quadrat-Meter einer solchen Dachdecke wiegt 136 Kilogr., die Sparren mit eingerechnet (etwa 27 Pfund der Quadrat-Fuſs). Man darf nur noch von unten die Fliesen, welche hier die Stelle der Latten vertreten, verstreichen und weiſsen, so bekommt man sehr wohnliche Dachböden.

[Dieses mag allerdings ein recht festes Dach geben; auch fällt die Feuergefährlichkeit der Verschalung weg. Allein diese doppelte Dachdecke ist auch schwer und kostbar; es ist ungefähr, als wenn man auf eine sogenannte Bieberschwanz-Decke eine zweite von Dach-Pfannen legte. In nördlichen Climaten wäre zu einer solchen verdoppelten Dachdecke eher Ursache; unter dem milden Himmelstriche von Marseille dagegen möchte wohl schon ein einfaches Bieberschwanz-Dach, wenn es es nicht etwa besonders flach sein soll, und im letztern Fall ein gewöhnliches doppeltes Dach, ohne Verschalung, völlig hinreichend sein, wenn anders die Bieberschwänze so gemacht werden, wie es zweckmäfsig ist. D. H.]

Man hat bei mehreren Gebäuden versucht, die Dachziegel auf Gewölbe aus flachen Ziegeln, welche zum Dachgerüste dienen, aufzumauern; aber im Allgemeinen hat man immer wieder vorgezogen, über die Gewölbe erst ein gewöhnliches Dach zu setzen, und zwar die Scheidewände (*murs de refends*) erhöhend, damit sie als Binder (*fermes*) dienen. Auf diese Weise sind zu Toulon und Marseille mehrere neue Dächer gebaut worden. Man kann, wenn ein besonderes Dach vorhanden ist, besser zu der Dachdecke gelangen, die Lecken finden und verdichten. Das besondere Dach ist dem gewölbten Dachgerüste, auf welchem unmittelbar die Dachziegel liegen, immer vorzuziehen, wenn mit Gips gewölbt wird, den die Nässe bald zerstört.

In der Provence macht man auch noch Verschalungen aus Sparren, die mit Gips übergossen werden. Diese Sparren sind im Querschnitte dreiseitig, 0,14 Met. (5$\frac{1}{3}$ Z.) dick, oder halbkreisförmig, und 0,1 Met. (3$\frac{4}{5}$ Z.) im Durchmesser. Man legt sie beinahe dicht an einander, füllt ihre Fugen mit feinem Schutt aus, und giefst darüber eine Schicht Gips, in welche man die Dachziegel mauert. Diese Art von Dachdecke wiegt 153 Kilogr. der Quadr.-Met. (etwa 30 Pfd. der Quadr.-F.). Sie ist, des Holzes wegen, theurer, als die Marseiller Art, und nicht so fest. Man findet sie daher nur noch in alten Gebäuden.

[Auf welche wunderliche Dinge ist man nicht überall gefallen, gleichsam aus einer gewissen Abneigung, wenigstens Nichtachtung des Einfachen und Natürlichen! D. H.]

Die Marseiller Dachdecken würden in Rücksicht der Festigkeit die besten sein, die man haben kann, wenn nur ihr gröfseres Gewicht nicht stärkere Dachgerüste erforderte. Ihrer Dauer wegen dürften sie sogar auch vielleicht die vortheilhaftesten in Rücksicht der Kosten sein; denn wenn die hölzernen Latten verfault sind, mufs man das ganze Dach umlegen, was aber, des Bruchs wegen, so viel kostet, als ein neues Dach. Fliesen, statt der Latten, dauern dagegen so lange, als die Ziegel selbst. Es wäre also zu untersuchen, ob sich nicht mehr Gebrauch von den Fliesen aus Bergmehl (*farine fossile*) machen liefse, die zu Florenz von Herrn Fabroni, und zu Paris von Herrn Faujas versucht worden sind. Diese, obgleich sehr harten und spröden Ziegel, sind sehr leicht; sie schwimmen auf dem Wasser, und würden also sehr nützlich zu Dachdecken sein. In Frankreich hat man im Departement Ardèche, und in den Steinbrüchen von Nanterre die zu diesen Ziegeln taugliche Masse gefunden. Dieser Gegenstand verdient also alle Berücksichtigung.

Man verdankt dem Herrn Bruyere die Einführung der hohlen Ziegel auf den Markt- und Schlachtgebäuden zu Paris, die dadurch noch mehr den Charakter der Ländlichkeit und Festigkeit erhalten haben. Ihre Benutzung hat sich noch nicht auf Privat-Gebäude verbreitet, der Kosten wegen, die viel gröfser sind, als die der platten Ziegel und Schiefer. Indessen sind sie nur zu Paris theurer, nicht zu Metz, Bayonne und an andern Orten, wo sie vielmehr noch wohlfeiler zu stehen kommen. Wahrscheinlich wird man indessen auch allmälig in Paris inne werden, dafs, wenn man auf die Verminderung der Fläche, die das weniger abhängige Dach gewährt, und auf die des Zimmerwerks im Dachgerüste Rücksicht nimmt, diese Ziegel dennoch wohlfeiler sind, und dafs sie meistens den Vorzug behaupten, wenn nicht etwa die römischen Ziegel (Taf. VIII. Fig. 2.) für noch besser erachtet werden möchten.

[Die Hohlziegel werden nie ein so dichtes, dauerhaftes und wohlfeiles Dach geben, als die hierlandes üblichen Bieberschwänze. D. H.]

Die platten Dachziegel sowohl, als die Hohlziegel, haben übrigens mannigfaltige Modificationen erfahren, auf welche es nicht unnütz sein wird, einen Blick zu werfen.

Die Flamländischen Ziegel, auch unter dem Namen Dachpfannen (*pannes*) bekannt, sind Hohlziegel, von der Form eines liegenden, sehr flachen *S* (Fig. 3.). Sie haben oberhalb einen starken Haken, mit welchem sie, wie die platten Ziegel, auf die Latten gehängt werden, und nun Rinn- und Dachziegel zugleich sind. Sie überdecken einander um 2 Zoll, und die Fugen werden mit Mörtel verstrichen, um das Durchdringen des Wassers zu verhindern. Diese Art Dachdecke wiegt etwa die Hälfte weniger, als flache Ziegel; aber sie ist nicht so dicht; denn die Ziegel legen sich nicht so genau auf einander, weil ihre doppelte Krümmung nie regelmäfsig genug dazu ausfällt. Die Dachpfannen erfordern ein steiles Dach, und machen Schwierigkeiten beim Anschlufs an die Schornsteine und Dachfenster. Man bemerkt zu Valenciennes, wo sie im Gebrauch sind, dafs das Dachgerüst beim geringsten Regen feucht wird, was unter Schieferdecken nicht der Fall ist. Es hat Jemand zu Paris die Dachpfannen zu fabriciren angefangen; aber sie haben durchaus keinen Absatz.

[Die Dachpfannen sind in Holland, und fast überall längs der Küste der Ostsee, bis nach Rufsland zu, sehr üblich. Man läfst sie in Ost-Preufsen aus Holland zu Schiffe kommen. Sie geben aber, ohne Verschalung, durchaus kein dichtes Dach, und die Stürme beschädigen solche Dachdecken sehr leicht und bedeutend. Deshalb fangen sie in neuerer Zeit an, auch dort aufser Gebrauch zu kommen, und man fängt an, sich, statt ihrer, der in jedem Betrachte besseren Bieberschwänze zu bedienen. D. H.]

Man hat auch platte Dachziegel gemacht, die unten wie Schuppen abgerundet sind, und oben zwei Löcher haben, um mit Stiften oder Nägeln auf die Verschalung befestigt zu werden. Diese Art von Ziegeln wurde früher insbesondere zu dem obern Theile der Mansarden gebraucht; auch die neue Kirche von Mont de Marsan ist damit bedeckt. Sie widerstehen den Stürmen besser; auch die Verschalung, welche die Stelle der Latten vertritt, ist dauerhafter: desgleichen verhindert die Abrundung das Wasser mehr, nach dem Haarröhrchen-Gesetze wieder aufzusteigen, weil es am untersten Puncte mehr sich anhäuft, also seine Adhäsion an die Ziegel besser überwindet, und besser abfliefst.

[Dieses ist wahrscheinlich eine etwas bessere Art von Bieberschwänzen, die auch sogleich bessere Erfolge gehabt haben. Wären sie noch besser gewesen, so hätte man auch die Verschalung ersparen können, und blofs der Latten bedurft. D. H.]

Am besten hindern das Wasser am Aufsteigen, und gewähren zugleich die leichteste Dachdecke, die platten Randziegel (*tuiles à rebords*), welche sich über einander haken. Besonders gut sind die Ziegel mit vier Rändern, weil sie noch für sehr flache Dächer passen. Ein Italiener führte im Jahre 1805 dergleichen Ziegel in Madrid ein, wo sie, ihrer Regelmäfsigkeit und ihres guten Aussehens wegen, vielen Beifall fanden. Diese Ziegel (Fig. 4.) sind quadratisch. Die Spitzen werden nach unten, und die Ziegel gewöhnlich auf einer Verschalung, einander überdeckend, in Mörtel gelegt. Die Madrider Dachziegel sind schieferfarben glasirt (*vernissées*). Sie sind ungefähr 1 Fufs lang und breit, und ½ Zoll dick. Ihre Lage auf dem Dache, mit der Spitze nach unten, erleichtert den Abflufs des Wassers; sie erfordern nur einen geringen Abhang des

Daches, und da sie sich nur an den Rändern überdecken, so geben sie eine sehr leichte Dachdecke. Ein Quadrat-Meter derselben wiegt nur 45 Kilogr. (der Quadrat-Fufs etwa 9 Pfd.), also beinahe nur die Hälfte so viel, als gewöhnliche flache und als hohle Ziegel. Diese Ziegel verdienten also versucht zu werden.

[Allerdings; und auch hier zu Lande, obgleich wir schon an den Bieberschwänzen ein sehr gutes Deckmaterial besitzen. Die Schwierigkeit wird immer nur sein, diese Dachziegel (die übrigens, wegen des übergreifenden Pfalzes, von den von Gilly in der Landbaukunst erwähnten Helfenzriederschen wesentlich verschieden sind) so zu brennen, dafs sie eben bleiben, sich nicht werfen, und dann zu grofse Fugen geben. Man müfste, um die Vermeidung dieses Übelstandes zu erleichtern, die Ziegel vielleicht etwas kleiner machen. Gelingt es, solche Ziegel, ohne unverhältnifsmäfsige Kosten, von gehöriger Form darzustellen, so würden sie allerdings noch besser sein, als Bieberschwänze; denn sie würden eine leichtere Dachdecke geben, und selbst noch auf ganz flachen Dächern, also fast statt der Metall-Platten gebraucht werden können. Auch würde wahrscheinlich keine Verschalung nothwendig sein, wenn die Latten recht eben, und etwas stark und breit sind. Da die Metall-Dächer so Vieles gegen sich haben, besonders die Feuergefährlichkeit, wegen der Verschalung, und zum Theil die Zweifelhaftigkeit der Dauer, so würden diese Ziegel für flache Dächer, bei welchen nur Metall-Tafeln ausreichen, ungemein nützlich sein, und ein treffliches Ersatzmittel der Metall-Tafeln abgeben. Es käme also sogar nur darauf an, sie wohlfeiler, und selbst nur eben so wohlfeil zu liefern, als die wohlfeilsten Metall-Tafeln: so würde, schon durch die Verminderung der Feuergefährlichkeit der Dachdecke, und durch gröfsere Zuverläfsigkeit der Dauer, noch bedeutend gewonnen werden. Es dürfte daher zu wünschen sein, dafs Diejenigen, welche Gelegenheit dazu haben, mit diesen Ziegeln einen Versuch anstellten. D. H.]

Herr Fiolet zu St. Omer hat auch platte Ziegel mit krummen Deckrändern (Fig. 5.) versucht, welche wie die antiken Dachziegel und sehr gut aussehen.

[Diese Ziegel sind, wie die Figur zeigt, nur eine Art Dachpfannen, aber viel schwieriger zu machen, und nicht ohne die Nachtheile derselben. D. H.]

Endlich hat man Dachziegel mit verschiedenen Combinationen von Ebenen und Rinnen, mit und ohne Ränder und Deckfugen, und mehr oder weniger sinnreich ersonnen, vorgeschlagen. Diese Formen lassen sich noch ferner ungemein vervielfältigen, nach dem Geschmacke jedes Baumeisters; aber man mufs dabei allemal Rücksicht nehmen: auf das Gewicht der Dachdecke, auf die Verminderung der sich überdeckenden Flächen, auf die Mittel, den Abflufs des Wassers zu befördern und die Haarröhrchen-Wirkung zu vermindern, auf die feste Lage der Dachziegel gegen die Stürme, auf die Erleichterung der Reparaturen, und endlich auf die möglichste Einfachheit der Fabrication der Ziegel.

[Das letzte ist dasjenige, was beinahe zuerst in Betracht kommt; denn wenn die Ziegel schlecht fabricirt sind, nemlich undauerhaft, und in der Form mehr oder weniger abweichend von derjenigen, die sie haben sollen: so gehen die Vortheile wieder verloren, die ihnen die verbesserte Form geben würde. Darum auch sind eben zugleich die Bieberschwänze so vorzüglich gut, weil sie sich am leichtesten und genauesten fabriciren lassen. D. H.]

Man hat Dachziegel von Gufseisen gemacht. Rondelet hat sich ihrer zur Bedeckung der mit Ziegeln belegten Dächer im Palast Bourbon bedient. Diese Ziegel sind platt, und haben emporstehende Ränder, mit welchen sie wechselsweise die in die Höhe gehenden Fugen bedecken. Auf der Rückseite haben sie zwei Haken, mit welchen sie, wie die gewöhnlichen platten Ziegel, auf die Dach-Latten gehängt werden. Herr Bernard Derosne, Schmiedemeister zu Grâce-de-Dieu bei Besançon, hat im Jahre 1818 solche eiserne Dachziegel gegossen. Sie sind 0,36 Met. ($13\frac{3}{4}$ Zoll) hoch, 0,20 Met. ($9\frac{1}{2}$ Zoll) breit, und 0,004 Met. ($1\frac{4}{5}$ Linien) dick, überdecken einander um 00,7 Met. ($2\frac{2}{3}$ Zoll), und sind, jeder mit zwei Nägeln, auf einer gefugten Verschalung befestigt; ihre Fugen werden mit Glaserkitt ausgestrichen, um das Rückstauen des Wassers zu verhindern. An ihre Stelle gelegt, bilden diese Dachziegel eine beinah ebene Fläche, mit runden Rippen, von oben nach unten. Um sie noch dauerhafter zu machen, taucht man sie, heifs, in ein Bad von Leinöl und Bleiglätte (*litharge*), und bestreicht sie hernach auf dem Dache mit Öl (*huile grasse*). Jeder Ziegel wiegt 3 Kilogr. (etwa 6 Pfd.), und es gehören ihrer 54 zu einer Quadrat-Toise Dach, welches ein Gewicht von ungefähr 40 Kilogr. auf den Quadrat-Meter (etwa 8 Pfd. auf den

Quadrat-Fuſs) giebt, also nur die Hälfte des Gewichts gewöhnlicher irdener Ziegel. Herr Tramoy, Besitzer der Mühle von Gray, und Herr Pardonnet, Eigenthümer der Schmieden an der Quelle der Loue, im Departement Doubs, haben sie auf sehr groſsen Gebäuden versucht.

Ähnliche eiserne Ziegel, aber gröſser (Fig. 6.), sind zu Creusot gegossen worden. Ihre Ränder liegen schräg, statt rechtwinklig, gegen die Ziegel. Man hat sich ihrer zu Paris, auf den beiden kleinen Pavillons an beiden Seiten des Gitters der Sternwarte, und auf denen des Marktgebäudes St. Germain bedient. Diese Dächer sind sehr flach, und sehen sehr gut aus.

Die eisernen Dachziegel haben aber keinen Fortgang, weil sie wahrscheinlicher Weise nicht länger dauern werden, als gebrannte thönerne, und gleichwohl viel theurer sind.

[Beides Übelstände, die ziemlich allen Metall-Dächern gemein sind, die Kupfer-Dächer allein vielleicht ausgenommen, nemlich was die Dauer betrifft. D. H.]

Der Quadrat-Meter Dachdecke mit eisernen Ziegeln kostet zu Paris, nach den bisherigen Versuchen mit den Ziegeln aus Creusot, 31,99 Franken (die Quadrat-Ruthe etwa 120 Rthlr.), und mit denen von Grâce-de-Dieu 25,5 Fr. (die Quadrat-R. etwa 95 Rthlr.), während gewöhnliche platte Dachziegel nur 5,65 Fr. der Quadrat-Met. (etwa $21\frac{1}{2}$ Rthlr. die Quadrat-R.), also nur den vierten oder fünften Theil davon kosten.

Endlich ist noch, als einer Verbesserung der thönernen Dachziegel, der Glasirung derselben zu gedenken. Zu Lyon, und in mehreren Städten von Frankreich, wo der Schiefer selten ist, bedient man sich der glasirten Ziegel, um den obern Theil der Mansarden-Dächer zu bedecken; auch wohl, wie zu Toulon und Marseille, um die Mauern der Gebäude an der Wetterseite damit zu bekleiden. Rondelet versichert, Dächer auf Pavillons mehrerer Schlösser mit glasirten Ziegeln bedeckt gesehen zu haben, die, ohne Ausbesserungen bedurft zu haben, mehrere Jahrhunderte gelegen hatten. Im Jahre 1803 schlug er vor, die Getreide-Halle zu Paris mit solchen Ziegeln, von Schieferfarbe, zu bedecken, indem er diese Dachdecke für die festeste und dauerhafteste, und für die geeignetste halte, die Gebäude gegen die Witterung und das Feuer zu schützen. Die glasirten Ziegel würden allerdings der Feuchtigkeit, dem Froste und dem Moose gut widerstehen; aber sie sind auch sehr theuer. Zu Marseille z. B. kostet das Tausend gewöhnlicher Hohlziegel 45 Fr. (12 Rthlr.), glasirt aber das Doppelte. Meistens ist auch an andern Orten der Unterschied eben so grofs. Ehe sich die Glasur nicht wohlfeiler machen läfst, was indessen vielleicht nicht unmöglich ist, darf man daher die glasirten Ziegel nicht allgemein empfehlen.

[In hiesiger Gegend sind die Kosten der Glasur nicht sehr bedeutend. Allein die glasirten Ziegel haben den Übelstand, dafs der Mörtel daran nicht haftet, und dann ist es auch noch zweifelhaft, ob ihre Dauer mit den höheren Kosten im Verhältnisse stehe. D. H.]

Schiefer. Nächst den Ziegeln ist der Schiefer einer der geeignetsten Stoffe zur Bedeckung der Dächer, weil er in sehr dünne und leichte Tafeln sich zertheilen läfst. Die Alten kannten den Gebrauch des Schiefers zu Dächern nicht; und in Frankreich sind die hohen Dächer wahrscheinlich eine Folge seiner Benutzung gewesen. Der Schiefer ist weniger dauerhaft, als Ziegel; er widersteht weniger gut den Stürmen und dem Feuer; aber seine Farbe ist angenehmer und gleichförmiger, und er giebt den Dächern ein gleichförmigeres, glänzenderes Ansehen. Daher bedient man sich seiner auch meistens zu Schlössern und den Wohnungen der Reichen. Aber bei Casernen, wo die architektonische Schönheit mehr von der Gröfse der Massen abhängt, kommt jener Vorzug weniger in Betracht.

Die bedeutendsten Schieferbrüche in Frankreich sind die von Angers und Fumay. Die ersten versorgen den mittlern Theil des Landes, bis Paris; die andern liefern Schiefer nach Flandern, Belgien, nach den Ardennen, der Loire und dem Elsafs. Auch in den Pyrenäen giebt es reiche Schieferbrüche, die aber nur von der Umgegend benutzt werden.

Zu Paris sind die au quarrée forte genannten Schiefer am gebräuchlichsten. Sie sind 11 Zoll lang, 8 Zoll breit, und $1\frac{1}{2}$ bis $1\frac{3}{4}$ Linien dick. Es giebt deren auch oft, welche nur $\frac{1}{2}$ Linie dick sind. Aber man mufs sich hüten, sie in den Angriff (*au rebut*) zu bringen, weil sie nicht stark genug sind, den Stürmen zu widerstehen. Man befestigt jetzt die Schiefer auf einem Boden von fast aneinander stofsenden Brettern aus weichem Holze, 5 bis 6 Linien dick. Dieses ist besser, als die eichenen Latten und Gegenlatten, welche sonst üblich waren.

Man macht in Schweden und in Petersburg künstliche Schiefer, die sehr leicht, unverbrennlich, und für das Wasser undurchdringlich sind, also mannigfaltige Vorzüge zu haben scheinen. Es sind Steinpappen, bestehend aus einem Theile Papierteig, zwei Theilen Leim, und drei Theilen weifser Kreide, oder Bolus-Erde, ähnlich dem von Herrn Fabroni zu seinen schwimmenden Ziegeln benutzten Bergmehle. Diese Pappen werden durch Walzen gezogen, und alsdann mit gekochtem Leinöle bestrichen, welches, damit es besser trockene, mit etwas Bleikalk gemischt ist. Man befestigt sie mit kupfernen Nägeln, und füllt die Fugen mit einem aus Leinöl, essigsauerm Bleikalke (*céruse*) und Kreide zusammengesetzten Kitte aus. Versuche, die man damit zu Petersburg und Berlin angestellt hat, sind sehr befriedigend ausgefallen. Die von Herrn Faujas in dem Departement Ardèche und in den Steinbrüchen von Nanterre entdeckte Erde ist ebenfalls zur Fabrication der Steinpappen sehr geeignet. Es ist wahrscheinlich, dafs die Steinpappe, welche Herr Hirsch auf die Ausstellung von 1819 gebracht hat, aus einer ähnlichen Masse besteht.

[Zu gedenken ist hier noch, der im 1. Heft 7ten Bandes dieses Journals, S. 73. u. s. w. von Herrn Engel, Kaiserlich Russischem Bau-Intendanten zu Helsingfors in Finnland, beschriebene Dachbedeckungs-Art auf gewöhnlicher Papierpappe. D. H.]

Seit einigen Jahren macht man zu Gisors Zink-Schiefer (*ardoises en zinc*). Aber die Benutzung dieses Metalles in grofsen Tafeln ist viel besser, um die Fugen und den Abhang der Dächer zu vermindern.

Von den Unterhaltungs-Kosten der Ziegel- und Schiefer-Dächer, und Vergleich dieser Dächer. Wir wollen die Verhältnisse zwischen den Verfertigungs- und Unterhaltungs-Kosten der Ziegel- und Schieferdecken untersuchen, um zu sehen, welche die vortheilhaftesten sind. Die Resultate werden vorzüglich von der Dauer der Ziegel und der Schiefer abhängen, welche schwer zu schätzen ist. Im Allgemeinen weifs man, dafs Dachziegel dauerhafter sind, als Dachschiefer; aber Erfahrungssätze über das gewöhnliche Maafs der Dauer sind schwer zu finden. Die Schiefer von Fumay dauern zuweilen sehr lange. Man findet Beispiele davon an einigen alten Gebäuden in der Grafschaft Namur, und im Lüttichschen, auf deren Dächern die Schieferdekker, mit grünlichen Schiefern, die Jahrzahlen 1618 und 1623 ausgelegt haben und die also über 200 Jahre gedauert haben. Die gewöhnlichen, röthlichen Schiefer dagegen, sagt man, dauern auf den steilen Dächern, die man damit bedeckt, nicht länger als 50 Jahre. Die zu Paris gebräuchlichen Schiefer von Angers, obgleich sie härter als die von Fumay sind, weniger hell klingen, mehr Wasser verschlucken, und weniger zähe sind, dauern, auf den gewöhnlichen Dächern, mit 45 Grad Abhang, kaum 20 bis 30 Jahre; einige Baumeister behaupten sogar: kaum 10 bis 15 Jahre.

Diese Angaben sind allzu schwankend, um darauf irgend eine zuverlässige Rechnung gründen zu können; eben so ungewifs sind die jährlichen Unterhaltungs-Kosten. Die Ziegeldächer machen die nemlichen Schwierigkeiten. Man mufs daher diesem Gegenstande durch andere Thatsachen näher zu kommen suchen.

Die Erhaltung der Dächer zerfällt in zwei verschiedene Theile: in blofse Ausbesserungen, und in theilweise Erneuerungen. Die ersten bestehen in Verbesserung zufälliger Beschädigungen, z. B. in Zurechtlegung vom Winde verschobener Schiefer und Ziegel, in Einziehung neuer, an lecken Stellen, im Verstreichen der Kehlen, Grade und Forste. Die Erneuerungen haben den Zweck, das Ganze beständig in gutem Zustande zu erhalten, und die Wirkungen der Zeit auf die Weise aufzuheben, dafs das Dach gleichsam für immer bestehe. Die auf neue Verschalungen oder neue Latten umgelegten Theile werden zu den erneuerten gerechnet.

Ein neues Dach erfordert eine Zeit lang gar keine Erhaltungs-Kosten. Wenn es mit platten Ziegeln bedeckt ist, kommen gewöhnlich erst nach 9 bis 10 Jahren, und wenn die Decke aus Schiefer besteht, nach 2 oder 3 Jahren, die ersten Reparaturen vor. Allmälig aber nehmen die Erhaltungs-Kosten zu, und wenn man nicht jedes Jahr einige Theile neu macht, um das Ganze in gutem Stande zu erhalten, so steigen die Koten schnell, bis zu dem Zeitpuncte, wo das Dach vor Alter zerfällt.

Aber wie soll man die Erhaltungs-Kosten für die verschiedenen Dachdecken schätzen? und der wievielte Theil mufs jährlich erneuert werden?

In Paris betragen die Preise der Erhaltung, welche die Haus-Eigenthümer den Dachdeckermeistern, nach den im Voraus abgeschlossenen Contracten, zahlen, 6, 7 bis 8 Cent. für den Quadrat-Meter Schieferdach ($6\frac{3}{4}$, 8 bis 9 Sgr. für die Quadr.-Ruthe), und 4 bis 5 Cent. für den Quadr.-Met. Ziegeldach ($4\frac{1}{2}$ bis $5\frac{2}{3}$ Sgr. für die Quadr.-R.). Die Contracte werden gewöhnlich auf 9 Jahre geschlossen. Am Anfange dieser 9 Jahre werden aber die Dächer erst in guten Stand gesetzt; denn nur unter dieser Bedingung versteht sich der Unternehmer zu dem Vereine, weil die Kosten schnell zunehmen würden, wenn die Dächer in schlechtem Zustande wären. Die während der Contracts-Zeit neu zu machenden Theile bleiben dem Haus-Eigenthümer zur Last, werden aber im Voraus nach dem Zustande des Daches geschätzt, und es wird eine bestimmte Summe ausgesetzt, welche dazu während der Contracts-Zeit verwendet werden soll. Die Eigenthümer behalten sich jedoch vor, die Ausgabe nach dem wirklichen Erfordernifs innerhalb 3 Jahren abzumessen, unter der Bedingung, dafs sie am Ende der 3 Jahre wenigstens so viel betrage, als im Voraus bestimmt worden ist. Zuweilen werden auch die gesammten Arbeiten im Voraus bedungen.

Die *Stadt* Paris zahlt bei den Dächern ihrer Hallen, Marktgebäude etc. 8 Cent. für den Quadrat-Meter Schieferdach (9 Sgr. für die Quadrat-Ruthe) und 7 Ct. für den Quadr.-Met. Ziegeldach (8 Sgr. für die Q.-R.). Bei den Barrieren steigen die Erhaltungs-Kosten auf 25 Cent. für Schiefer ($28\frac{1}{3}$ Sgr. auf die Q.-R.), und 12 Ct. für Ziegel (etwa $13\frac{1}{2}$ Sgr. für die Q.-R.), wegen der Entfernung dieser Gebäude und wegen des geringen Abhanges ihrer Dächer. Für die Erhaltung der Bleidächer werden 10 Ct. ($11\frac{1}{3}$ Sgr. für die Q.-R.) bezahlt.

Die Artillerie bezahlt, nach den durch die Ministerial-Instruction vom 25. April 1822 bestimmten Sätzen, für die blofse Erhaltung der Dächer, sie mögen mit Ziegeln oder mit Schiefer bedeckt sein, mit Einschlufs des nöthigen Bleies, 0,091 Fr. für den Quadr.-Met. ($10\frac{3}{4}$ Sgr. für die Q.-R.), und eben so viel für die jährlichen Erneuerungen. Dabei werden die neuen Schieferdecken nach 10 Jahren und die neuen Ziegeldächer nach 15 Jahren in die Classe derjenigen gerechnet, welche einer stärkeren Erhaltung, aber ohne besondere Erneuerungen, bedürfen.

Um diese Sätze zu würdigen, haben wir die alten Rechnungen über die Dächer von Militair-Gebäuden in den Festungen nachgesehen. Vermittelst Eintheilung der Ausgaben für die Dachbedeckungen in Erneuerungs- und blofse Erhaltungs-Kosten: ferner durch Annahme eines Zeitraumes von wenigstens 10 Jahren, und durch Ausdehnung der Berechnung auf eine Dachfläche von 15, 20 bis 30000 Q.-M. (2 bis 4000 Q.-R.), auf einer Menge von Gebäuden befindlich, von verschiedenem Alter und in mittlerem Zustande, haben wir gefunden, dafs zu Paris die Erhaltung der Schiefer-Dächer im Durchschnitte jährlich 4 Cent. der Quadr.-Met.

(4½ Sgr. die Q.-R.) kosten dürfte. Das neue Dach kostet 5,4 Fr. der Q. M. (etwa 20½ Rthlr. die Q.-R.), und jährlich wird der 25ste Theil erneuert, so, daſs die Dauer des neuen Daches auf 25 Jahre angeschlagen werden kann. Alte Dächer, die längst hätten erneuert werden sollen, haben öfters 55 Cent. der Q.-M. (etwa 2½ Rthlr. die Q.-R.) zu erhalten gekostet; welches zeigt, wie unvortheilhaft es sei, ein Dach so lange verfallen zu lassen, bis es groſse Erhaltungs-Kosten erfordert; denn in wenigen Jahren betragen sie so viel, als die Kosten eines neuen Daches.

Bei platten Ziegeln schwanken die Erhaltungs-Kosten zwischen 2 und 2½ Ct. (2¼ und 2¾ Sgr. für die Q.-R.), und der zu erneuernde Theil ist der 50ste, so daſs man die Zeit der Dauer auf 50 Jahre anschlagen kann. Die Erneuerung der Latten erfordert hier einen bedeutenden Theil der Kosten; denn sie dauern nur 30 bis 40 Jahre, wenn gleich die Ziegel selbst, 100, 150 bis 200 Jahre vorhalten. Das Umlegen der Ziegel, um die Latten zu erneuern, veranlaſst aber so viel Abfall, daſs die Reparaturen beinahe so viel kosten, als ein neues Dach. Man sollte viel stärkere Latten nehmen.

Die mit Blei bedeckten Theile eines Daches, wie z. B. die Forste, Grade, Kehlen, Luken und andere vorspringende Theile, erfordern jährlich 8 Ct. Erhaltungs-Kosten auf den Quadrat-Met. (9 Sgr. die Q.-R.), welches etwa 7 Millimen für den Q.-M. (etwa 9 Spf. die Q.-R.) Dachfläche ausmacht. Zu erneuern ist jährlich etwa der 270ste oder 300ste Theil der Fläche. Sobald indessen das Blei zu bersten anfängt, ist es besser, es zu erneuern, als mit Löthungen zu bedecken, weil das Loth sich anders ausdehnt, als das Blei, und dadurch Brüche entstehen.

Die zu Besançon für platte Ziegel gefundenen Resultate stimmen ungefähr mit denen zu Paris überein.

Zu Bayonne haben trocken aufgelegte Hohlziegel nur 9 Mill. auf den Quadr.-Met. (etwa 1 Sgr. auf die Q.-R.) Unterhaltungs-Kosten erfordert, ungeachtet in der beobachteten Periode heftige Stürme Statt gehabt hatten. Neu hat der Q.-M. 3,88 Fr. (die Q.-R. etwa 15 Rthlr.) gekostet.

Zu Perpignan werden die Hohlziegel von 3 zu 3 Schichten, in der Richtung des Abhanges des Daches, aufgemauert, damit sie besser gegen die Stürme aushalten, und Pfade für die Dachdecker bei Reparaturen entstehen. Die Erhaltungs-Kosten sind hier nur 7 Mill. für den Q.-M.

($9\frac{1}{2}$ Spf. für die Q.-R.). Das neue Dach kostet 3,9 Fr. der Q.-M. (15 Rthlr. die Q.-R.).

An diesen beiden Orten beträgt der jährlich zu erneuernde, oder auf neue Verschalung zu legende Theil des Daches, etwa den hunderten im Ganzen, also die Hälfte weniger, wie bei platten Ziegeln, wegen der viel längeren Dauer der Verschalung, die hier die Stelle der Latten vertritt; auch vielleicht wegen des geringeren Abhanges des Daches, welches die Zahl der herunterfallenden Steine vermindert.

Endlich betragen die Erhaltungs-Kosten Ein Drittheil, bis zur Hälfte, weniger, wenn die Ziegel alle gemauert, oder in Mörtel, statt trocken aufgelegt sind.

In Marseille, und in mehreren Orten an den Küsten des Mittelländischen Meeres, steigen die Erhaltungs-Kosten ganz in Mörtel gelegter Hohlziegel-Dächer zwar öfters bis auf 10 Ct. für den Quadr.-Met. ($5\frac{1}{2}$ Sgr. für die Quadr.-R.), und betragen selten weniger, als 2 Ct. ($2\frac{1}{4}$ Sgr.). In dieser Gegend sind indessen die Stürme so heftig und häufig, daſs fast jedes Jahr auſserordentliche Reparaturen vorkommen. Dieser Fall macht also eine Ausnahme.

Wir können nun aus den obigen Resultaten einige Bemerkungen ziehen: erstlich über den relativen Werth der Plattziegel, Hohlziegel und Schieferdächer; zweitens über die Kosten derselben, im Umfange eines gleichen Zeitraums, die Unterhaltungs- und Erneuerungs-Kosten mit eingerechnet; drittens über die jährlichen Erhaltungs-Kosten der von dem Ingenieur-Departement abhängenden Gebäude; viertens endlich über die Angemessenheit des Verdingens der Erhaltung.

Der Quadrat-Meter Schieferdach auf Latten kostet jetzt zu Paris 4,2 Fr. (16 Rthlr. die Q.-R.). Dazu kommen aber noch die Kosten der Rinnen und der Einfassung am Gesims und den Dachfenstern, welche 0,65 Fr. für den Meter (etwa $1\frac{3}{4}$ Sgr. für den laufenden Fuſs) betragen, und die Kosten der Grade und Walmen, der Kehlen und Forsten, zu 0,5 für den Meter ($1\frac{3}{4}$ Sgr. für den lauf. Fuſs). Diese Kosten sind zwar für jeden besondern Fall verschieden; man kann sie aber im Durchschnitt zu 1,2 Fr. für den Q.-M. etwas unterbrochenen Daches (4 Rthlr. 6 Sgr. für die Q.-R.) anschlagen, so, daſs also die Gesammtkosten eines Quadrat-Meters Schieferdach auf 5,4 Fr. (etwa $20\frac{1}{3}$ Rthlr. die Quadr.-R.) zu stehen kommen. Wir haben ferner gesehen, daſs ein Schieferdach mit 60 Grad Abhang, an Zimmerwerk 106 Cubik-Decimeter Holz auf den Quadr.-Met. bedeckter Gebäude-Grundfläche, und die doppelte Dachfläche erfordert. Beträgt der Abhang 45 Grad, so sind nur 80 Cub.-Decim. Holz und die 1,62fache Fläche nöthig. Hieraus lassen sich die Kosten eines neuen Schieferdaches berechnen. Die am Schlusse gegenwärtiger Abhandlung angehängte Tafel enthält das Detail dieser Berechnung für verschiedene Dach-Arten. Es ist die Berechnung der Kosten für den Zeitraum von 100 Jahren hinzugefügt worden, mit Einschlufs der Zinsen des Capitals und der Erhaltungs- und Erneuerungs-Kosten.

Als Beispiel wollen wir die Berechnung für ein Schieferdach mit 60 Grad Abhang hersetzen. Die Resultate der Tafel für andere Dächer sind durch ähnliche Rechnungen gefunden worden.

Kosten des neuen Daches (nemlich 2 Q.-M. Dach auf 1 Q.-M. Grundfläche des Gebäudes) 21,4 Fr., und mit Zins, und Zins vom Zinse durch 100 Jahre, 131,5 mal 21,4 Fr., thut	2814,00 Fr.
2 Quad.-Met. Erhaltungs-Kosten, 100 Jahre lang, zu 0,04 Fr., mit Zins vom Zinse, also 0,08 mal 2740,5, thut .	219,24 -
Erneuerung der Dachdecke nach 25 Jahren, 1,08 Fr., und mit Zinsen von Zinsen, 75 Jahre lang, 10,8 mal 38,832, thut	419,37 -
Erneuerung des Daches nach 50 Jahren, wieder mit Zinsen von Zinsen, 50 Jahre lang, 10,8 mal 11,467, thut . .	123,84 -
Erneuerung des Daches nach 75 Jahren, ebenfalls mit Zinsen von Zinsen, 25 Jahre lang, 10,8 mal 3,386, thut . .	36,67 -
Zusammen	3613 Fr. 12 Ct.

Dieses Resultat, verglichen mit dem No. 2. in der Tafel für Schieferdächer mit 45 Grad Abhang, zeigt die Vortheilhaftigkeit der letztern.

[Der Herr Verfasser rechnet die Aufhäufung der Zinsen zu 5 pr. Ct. von den verschiedenen Ausgaben bis zum Schlusse von 100 Jahren; denn wenn z. B. 100 Jahre lang die Zinsen eines Capitals mit den Zinsen von den Zinsen aufgehäuft werden, so vervielfältigt sich dasselbe 131,5 mal. Daher sind bei dem ersten Satze die 21,4 Fr. Kosten mit 131,5 multiplicirt, und so ist ähnlicher Weise bei den andern Sätzen verfahren. Gegen diese Rechnung aber möchte einzuwenden sein, dafs, wenn man einen andern Zeitraum als 100 Jahre setzt, was angeht, da die 100

Jahre willkürlich angenommen sind: dafs dann die Resultate in andere Verhältnisse zu einander treten. Auch wird bei dieser Berechnungs-Art vorausgesetzt, dafs Capital und Zinsen nach 100 Jahren verloren sind. Das nemliche aber kann man auch für andere Zeiträume voraussetzen. Sicherer dürfte es sein, wie folgt, zu rechnen. (Man sehe Band 4. S. 172. u. s. w. dieses Journals.) Gesetzt nemlich, ein Schieferdach koste 21,4 Fr. der Quadr.-Met. neu, und 0,4 Fr. jährlich zu erhalten, und müfste nach 25 Jahren erneuert werden: so wird die jährliche Ausgabe, erstlich aus 0,04 Fr. für die Erhaltung: zweitens aus derjenigen Summe bestehen, die jährlich nöthig ist, um 21,4 Fr., als die Kosten der künftigen Erneuerung, mit Zins auf Zins innerhalb 25 Jahren aufzuhäufen, und welche 0,448 Fr. ist: drittens aus den Zinsen von 21,4 Fr. Anlage-Capital, welche 1,07 Fr. sind. Mithin wird die gesammte jährliche Ausgabe für Einen Quadrat-Meter solchen Daches 1,558 Fr. betragen. Die Kosten der Wiederaufhäufung der Anlage-Kosten bis zum Verfalle des Daches, um es dann wieder erneuern, oder, wenn es nicht erneuert werden soll, das Capital zurückzahlen zu können, müssen nothwendig gerechnet werden. Denn ein in einem Bauwerke steckendes Capital unterscheidet sich von einem Geld-Capitale wesentlich dadurch, dafs es mit dem Verfalle des Bauwerkes ganz, oder doch gröfstentheils verloren geht, und dann auch keine Zinsen mehr trägt, während das Geld-Capital für immer bleibt, und ohne Aufhören Zinsen trägt. Die auf diese Weise für die verschiedene Dachbedeckungs-Art berechneten jährlichen Kosten würden die Vergleichung der Kosten in Absicht ihrer Vortheilhaftigkeit geben. Wir werden die Resultate davon der am Schlusse folgenden Tafel hinzufügen. D. H.]

Ein Plattziegel-Dach kostet in Paris der Quadrat-Meter 4,45 Fr. (etwa 17 Rthlr. die Q.-R.), wozu noch 1,2 Fr. für Gesims, Kehlen u. s. w., wie bei den Schiefer-Dächern, kommen, also zusammen 5,65 Fr. (21⅓ Rthlr. die Q.-R.). Ein auf 45 Grad abhängiges Dach erfordert unter dieser Dachdecke, wie wir bemerkt haben, 90 Cub.-Decim. Holz, und ist 1,62 mal gröfser, als die bedeckte horizontale Fläche. Die Dachdecke dauert 50 Jahre, und die jährlichen Erhaltungs-Kosten sind 0,02 Fr. für den Q.-M. (2¼ Sgr. für die R.-R.). Danach kann man wieder die Kosten in dem Zeitraume von 100 Jahren berechnen. Das Resultat findet sich in der Tafel unter No. 3. Es zeigt, dafs dieses Dach, obgleich ursprünglich theurer, als ein Schieferdach, dennoch, vermöge seiner längeren Dauer, und wegen der geringeren Erhaltungs-Kosten, wohlfeiler ist.

Die Hohlziegel, trocken gelegt, kosten zu Paris 5,85 Fr. der Quadr.-Met. (22 1/6 Rthlr. die Q.-Q.), wozu, wie bei den platten Ziegeln, 1,2 Fr. für Kehlen etc. kommen, zusammen also 7,05 Fr. der Q.-M. (26 2/3 Rthlr. die Q.-R.). Die jährlichen Erhaltungs-Kosten würden, da sie zu Bayonne und Perpignan, wo die neue Ziegel-Decke 3,88 bis 3,9 Fr. kostet, 0,007 bis 0,009 Fr. betragen, im Verhältniſs zu dem Preise von 7,05 Fr. in Paris, auf 0,02 Fr. für den Q.-M. (2 1/4 Sgr. für die Q.-R.) sich belaufen, wie bei den platten Ziegeln. Das Dach dauert ungefähr 100 Jahre. Es erfordert auf den Quadr.-Met. 64 Cub.-Decim. Bauholz zum Dachgerüst, und ist 1,06 mal so groſs, als die bedeckte Grundfläche. Das danach berechnete Resultat findet sich in der Tafel unter No. 4.

Die in Mörtel gelegten Hohlziegel kosten zu Paris 6,5 Fr. (24 3/4 Rthlr. die Q.-R.), und mit den 1,2 Fr. für Sims und Kehlen, zusammen 7,7 Fr. der Q.-M. (29 Rthlr. die Q.-R.). Die Erhaltung kostet etwa nur halb so viel, als wenn die Ziegel trocken gelegt sind, also jährlich nur etwa 0,01 Fr. der Q.-M. (1 1/8 Sgr. die Q.-R.). Das Dachgerüst erfordert 70 Cub.-Dec. Holz, und die Dachfläche ist 1,06 mal so groſs, als die bedeckte Grundfläche. Die danach berechneten Kosten auf 100 Jahre findet man in der Tafel unter No. 5. Diese Dachdecke ist theurer, als No. 4., mit trocken gelegten Ziegeln. Es wäre aber die Frage, ob sie nicht dauerhafter sein, und besser das Dachgerüst gegen die Feuchtigkeit schützen dürfte.

Die Vergleichung dieser verschiedenen Resultate zeigt, daſs die Hohlziegel- und die platten Dachziegel-Dächer, obgleich zu Paris viel theurer, als die Schiefer-Dächer, am Ende doch einen bedeutenden Vorzug vor denselben haben, wegen ihrer längeren Dauer, und wegen der geringeren Erhaltungs-Kosten; woraus also folgt, daſs man sehr Unrecht thut, sich des Schiefers bei den Militair-Gebäuden zu bedienen. Gleichwohl sind von den 157600 Q.-M. (11250 Q.-R.) Dächer dieser Gebäude mehr als die Hälfte mit Schiefer bedeckt. Und wenn nun schon zu Paris die Dachziegel, obgleich theurer, dennoch besser sind, als Schiefer: so wird ihnen da, wo sie wohlfeiler sind, was in den meisten Festungen der Fall ist, um so mehr der Vorzug gebühren. Zu Lille z. B. kostet die Quadr.-R. Schieferdach 20 2/3 Rthlr., die Q.-R. Plattziegel-Dach 12 Rthlr.; zu Strasburg kostet die Quadr.-R. Schieferdach 27½ Rthlr., die Q.-R. Plattziegeldach 13⅔ Rthlr.; zu Metz kostet die Quadr.-R. Schieferdach 22¾ Rthlr., die Q.-R. Plattziegeldach 13¼ Rthlr. und die Q.-R. Hohlziegeldach 9 Rthlr. Zu Verdun und Bayonne ist der Unterschied noch gröfser. Gleichwohl bedient man sich noch überall an diesen Orten, wenigstens neben den Ziegeln, der Schiefer, auf den Casernen, Magazinen, und zuweilen selbst auf blofsen Schuppen.

Die jährlichen Kosten der Erhaltung der Militair-Gebäude-Dächer, die dem Budget des Ingenieur-Departements zur Last fallen, sind, nach der aus den Grundrissen und Profilen der einzelnen Gebäude berechneten Fläche der Dächer, folgende:

Schiefer-Dächer	1401300 Q.-M.	(98791 Q.-R.)
Plattziegel-Dächer	805700 Q.-M.	(56801 Q.-R.)
Hohlziegel-Dächer	554300 Q.-M.	(36078 Q.-R.)
Zusammen	2761300 Q.-M.	(194670 Q.-R.)

Berechnet man nun die Erhaltungs- und Erneuerungs-Kosten dieser Dächer nach den obigen Resultaten und auf die obige Weise, so findet man.

Unterhaltungs-Kosten der Schiefer-Dächer .	54420 Fr.	
Erneuerungs-Kosten derselben	236700 -	
		291120 Fr.
Unterhaltungs-Kosten der Ziegeldächer . . .	20320 Fr.	
Erneuerungs-Kosten derselben	96150 -	
		116470 -
Zusammen . .		407580 Fr.
		(108691 Rthlr.)

Hierzu kommen noch die Erhaltungs-Kosten der mit Blei und Blech bedeckten Theile. Mehreren Ausmessungen zufolge kann man diese Theile auf 0,026 der ganzen Oberfläche anschlagen (etwa auf den 39sten Theil), was für die obigen Dächer noch eine Fläche von 71794 Q.-M. (5061 Q.-R.) giebt, deren Erhaltung also 13613 Fr. (3710 Rthlr.) kostet. Das Holzwerk in den Dachgerüsten, nach den obigen Verhältnissen berechnet, kann auf 164570 Cub.-Met. (5323148 Cub.-F.) geschätzt werden; und da man für die Dauer eines wohlgelüfteten Dachgerüstes 200 Jahre annehmen kann, welches die Erneuerungs-Kosten auf den 200sten Theil bringen würde, so betragen die Erhaltungs-Kosten der Dachgerüste

96480 Fr. (25728 Rthlr.). Die gesammten, dem Ingenieur-Departement zur Last fallenden Erhaltungs-Kosten der Dächer der Militair-Gebäude betragen also 517980 Fr. (138128 Rthlr.).

Die Verdinge (*abonnemens*) der Erhaltung der Dächer verdienen hiebei etwas weiter und näher erwogen zu werden. Man hat zu Gunsten derselben gesagt, dafs es schwierig sei, die Erhaltungs-Arbeiten bei Dächern genau auszumessen: dafs dabei leicht Betrug und nicht leicht eine hinreichende Aufsicht möglich sei; dafs der Dachdecker oft keine genauere Controlle seiner Arbeit findet, als sie selbst abgiebt, und dafs er, wenn er über das Dach hingeht, zwanzig Ziegel oder Schiefer zerbrechen könne für einen einzelnen, den er einlegt, sobald sein eigenes Interesse ihn nicht zur Vorsicht zwinge. Hierauf ist zu erwiedern, dafs, nach den Rechnungen über die Erhaltung der Militairgebäude-Dächer, welche sehr grofse Flächen und lange Zeiträume umfassen, diese Erhaltung, Trotz aller nachtheiligen Umstände für die Dauer, Trotz alles Ungeschicks und Betruges der Arbeiter, Trotz aller Unzulänglichkeit der Aufsicht, doch nur 4 Ct. für den Q.-M. Schieferdach ($4\frac{1}{2}$ Sgr. die Q.-R.) und 2 Ct. der Q.-M. Ziegeldach ($2\frac{1}{4}$ Sgr. die Q.-R.) gekostet hat, während die Forderungen aller Dachdecker-Meister etwa doppelt so hoch waren: dafs die Stadt Paris, selbst an den Barrieren, 25 Ct. für die Schieferdächer, und 12 Ct. für die Ziegeldächer, und im Innern der Stadt *resp.* 8 und 7 Ct. bezahlt: endlich dafs die Artillerie 9 Ct. für den Q.-M. Ziegel und Schiefer, die Erhaltung des Bleies mit eingeschlossen, bezahlt, was, weil das Blei nur 7 Mill. auf den Q.-M. der ganzen Fläche erfordert, für die Erhaltung der Schiefer und Ziegel allein 8 Ct. ausmacht. Hohlziegel-Dächer haben dem Ingenieur-Departement zu Bayonne und Perpignan nur 7 bis 9 Millim. der Q.-M gekostet, während dort, und zu Grenoble, im Jahre 1820 die Abonnemments-Preise 5 Ct. waren.

Es würde also für das Ingenieur-Departement sehr unvortheilhaft sein, die Erhaltung der Dächer seiner Gebäude zu verdingen. Auch bei Verdingen müfste man, wie jetzt, die jährlich zu erneuernden Theile ausmessen; man müfste die Kosten des Abnehmens der alten Dachdecke nach Tagen, oder nach der Fläche berechnen; man müfste Preissätze für die Ausbesserungen der alten Verschalung und Belattung haben; man müfste alle neu gemachten Theile ausmessen u. s. w. Der Verding würde also hier ebenfalls nicht frei von den Vorwürfen sein, die man der Erhaltung auf Rechnung macht. Die eigentlich laufende Erhaltung erfordert in beiden Fällen keine Ausmessung. Die Verdinge vermeiden zwar hier allerdings das Zählen der Tagearbeiten bei den kleinen Reparaturen und der neu eingelegten Schiefer oder Ziegel. Aber zu dieser Ausmittelung ist es auch nicht nöthig, dem Dachdecker auf das Dach zu folgen. Auch der Dachdecker meistens selbst, welcher gewöhnlich an mehreren Orten zugleich arbeiten läſst, muſs sich dabei auf seine Arbeiter verlassen. Und dann glaube man ja nicht, daſs auf die Verdinge gar keine Aufsicht nöthig sei. Im Gegentheil ist dieselbe recht streng nöthig; denn sonst legt der Unternehmer so wenig als möglich neue Ziegel und Schiefer ein, was die Folge hat, daſs das Dachgerüst immer naſs ist; und da nun die Schäden sich schnell vergröſsern, so werden die Dächer nach Ablauf der Verdingszeit immer in viel üblerem Zustande sich befinden, als am Anfange, und es wird ein gröſserer Theil, sowohl von der Dachdecke, als von dem Zimmerwerke, erneuert werden müssen, als sonst. Und da nun die Ausgaben dafür gerade die bedeutendsten sind, so folgt, daſs es sogar noch besser sein wird, die gewöhnliche Erhaltung auf Rechnung etwas mehr sich kosten zu lassen, um nur versichert zu sein, daſs gut gearbeitet wird. Endlich erfordert auch das Verdingssystem, daſs die Dächer erst durchweg in guten Stand gesetzt werden; denn sonst würden die Erhaltungs-Kosten ungemein steigen, und man würde kaum einen Unternehmer dafür finden; diese vorläufige Instandsetzung aber würde für die Militair-Gebäude eine sehr bedeutende Ausgabe verursachen. Beim Verdingen würden die neuen Theile, wie beträchtlich sie auch sein möchten, dem Entrepreneur nur als alt zugerechnet werden dürfen, obgleich daran mehrere Jahre hindurch gar nichts zu thun sein mag, während man bei der gewöhnlichen Art der Erhaltung nur die wirklich gelieferte Arbeit bezahlt.

In jedem Betrachte dürfte also das Verdings-System beim Genie-Wesen, in allen Festungen und Garnisonen, wo Offiziere oder andere Inspectoren vorhanden sind, zu verwerfen sein, und es dürfte besser sein, die Ausbesserung der Dächer, wie bisher, auf die Anmeldungen der Castellane, oder auf die Klagen der Bewohner der Gebäude, auf Rechnung machen zu lassen, und den Unternehmern nur die Arbeiten, die sie wirklich gemacht haben, nach den bestimmten Preissätzen zu bezahlen.

[Die Frage, ob es besser sei, Dächer in Verding oder auf Rechnung ausbessern zu lassen und zu erhalten, ist beinahe in dem Falle, wie diejenige: ob es besser sei, die Stein- und Kies-Chausseen durch Taglöhner, oder durch Unternehmer repariren und erhalten zu lassen. Der Herausgeber ist der Meinung, dafs sich über beide Fragen gar nicht allgemein entscheiden läfst, sondern dafs es von örtlichen Umständen und Verhältnissen abhange, welche Erhaltungs-Art die vortheilhaftere sei. Die Ersparung in der Gegenwart und nächsten Zukunft entscheidet bei den Dächern, wie bei den Chausseen, gewifs keinesweges allein: es kommt nicht blofs darauf an, ob die Erhaltung in den nächsten Jahren weniger kostet, sondern auch dafs das Bauwerk selbst an seinem guten Zustande nicht verliere. Ist eine hinreichende Aufsicht anzustellen möglich, so wird die Erhaltung auf Rechnung besser sein: im andern Falle der Verding.

Zu bemerken ist noch, wegen der theilweisen jährlichen Erneuerung der Dächer, weiter oben, dafs man nur, wenn von einer grofsen Dachfläche die Rede ist, die sich auf viele Gebäude vertheilt befindet, sagen kann, dafs, wenn das Dach 20, 30, 50 Jahre dauert, jährlich der 20ste, 30ste, 50ste Theil erneuert werden müsse. Denn, nachdem ein einzelnes Dach neu gemacht worden ist, und es ist nun z. B. nach 10 Jahren die erste Reparatur nöthig: so wird es, wenn z. B. das Dach 40 Jahre dauert, in diesem und jedem der nächstfolgenden Jahre keinesweges der 40ste Theil sein, der neu gemacht werden mufs; denn sonst würde der erste Theil nur 10 Jahre, der letzte aber 50 Jahre vorgehalten haben; und so grofs pflegt der Unterschied der Dauer nicht leicht zu sein; auch wird nicht jedes Jahr gleich viel neu zu machen nöthig sein. Alles dieses kann nur der Fall sein, wenn von einer Menge von Dächern zugleich, die theils alt, theils neu sind, die Rede ist. D. H.]

Metallene Dachdecken.

Die Alten bedienten sich zuweilen der Metalle, und besonders der Bronze, zu den Dächern ihrer Gebäude. Mehrere griechische und römische Tempel hatten solche Dächer. Das Pantheon des Agrippa zu Rom, jetzt Rotunde genannt, liefert eins der merkwürdigsten Beispiele einer solchen Construction. Dieses, 18 Jahre vor dem Anfange der Christlichen Zeitrechnung erbaute Gebäude, war der Zerstörung durch die Barbaren entgangen, und, bis auf Urban VIII., beinah unberührt geblieben, wo es alsdann seiner Bronze beraubt wurde, die man zu dem Chore und dem Baldachine der Peterskirche verwendete. Serlio, welcher das Pantheon noch unangegriffen gesehen hat, giebt davon, in seiner Abhandlung der Architektur, eine Beschreibung. Die grofse Kuppel, welche den Haupttheil des Pantheons ausmacht, war mit bronzenen Tafeln bekleidet. Die fünf Caissons, welche, innerhalb, das Gewölbe verzieren, und die Capitäler der Säulen, welche dasselbe tragen, waren ebenfalls aus diesem Material. Auch das Dachgerüst des Peristyls war von Bronze, und mit marmornen Dachziegeln bedeckt. Die einzelnen Stücke des Dachgerüstes waren hohl, und durch Bolzen verbunden. Von allen diesen Bronzen ist jetzt nichts mehr übrig, als die äufsere Plateform, rund um die Öffnung, durch welche das Tageslicht von oben in die Kuppel fällt, und welche noch mit grofsen Streifen antiker Bronze, von $5\frac{1}{2}$ Linien dick und 6 Fufs reducirter Länge, bedeckt ist. Diese Bronzetafeln liegen also nun schon achtzehnhundert Jahre. Die weggenommenen hat man durch Bleitafeln ersetzt.

Den Neueren ist es gelungen, weniger kostbar, die Metalle zu sehr dünnen Tafeln zu walzen, welche denn auch, ihrer Leichtigkeit wegen, zur Bedeckung der Dächer der Gebäude sehr passend sind. Solche Metalltafeln haben den Vortheil wenigerer Fugen, weswegen sie weniger von den Stürmen angegriffen werden, nnd auch das Durchdringen des Wassers, vermöge der Haarröhrchen-Wirkung, weniger gestatten. Beides kann man sogar durch schickliches Übereinanderbiegen der Tafeln ganz verhindern. Endlich pafst für Metalldecken jeder Abhang des Daches, und selbst der geringe Abhang der Terrassen; sie erfordern nur sehr leichte Dachgerüste, und sind im Allgemeinen so dauerhaft, dafs sie fast als unzerstörbar betrachtet werden können.

[Die letzte Eigenschaft möchte wohl, wenigstens in nördlicheren Himmelsstrichen, grofse Ausnahmen erleiden. D. H.]

Die Metalle, welche sich, in dünnen Tafeln, zu Dachdecken gebrauchen lassen, sind das Blei, das Kupfer, das Eisen, und der Zink. Wir wollen von denselben der Reihe nach sprechen.

Bleidächer. Das Blei ist, seiner Weichheit wegen, vermöge welcher es leicht jede Form annimmt, sehr häufig zu Dächern gebräuchlich. Die meisten der Kuppeln und Dome, wie z. B. Notre-Dame zu Paris, sind mit Bleitafeln bedeckt. Auch bedient man sich meistens des Bleies bei Terrassen, die man gegen die Nässe schützen will.

Die Dauer der Bleidächer ist durch eine Menge von Erfahrungen erwiesen. Man findet fast überall Bleidächer, die mehrere Jahrhunderte alt sind.

[Aber auch solche, wo das Blei, zumal in Rinnen und Kehlen, kaum 50 Jahre, ja kaum 30 Jahre dauert. Dieser geringen Dauer wegen benutzt man es in hiesigen Landen zu Dächern fast gar nicht mehr. D. H.]

Die Bleitafeln werden gewöhnlich auf eine Verschalung von dünnen Brettern gelegt, die auf die Sparren angenagelt ist. Man legt zuerst die Rinne am untern Rande des Daches, und biegt die Rückseite derselben über die Schalbretter; darauf befestigt man eine Reihe platter eiserner Haken, etwa 18 Zoll von einander entfernt, die auf die Schalung und die Sparren festgenagelt werden. In diese Haken schiebt man den unteren Rand der ersten Reihe Tafeln, und nachdem dieselben wohl ausgebreitet und geebnet worden sind, befestigt man sie am oberen Rande durch starke Nägel, die auf die Sparren zutreffen, und durch das Blei und die Verschalung, bis in die Sparren dringen. So fährt die Bleidecke bis zum Forste fort, wo die Tafeln, die den Forst bedecken, durch Haken, auf eine Weise befestigt werden, dafs sie vom Sturme nicht gehoben werden können.

Die Tafeln, deren man sich gewöhnlich bedient, sind 12 Fufs lang, 6 Fufs breit und $1\frac{1}{2}$ bis 2 Linien dick. Diese Dicke ist ihnen nöthig, damit sie die Verkalkung an der Luft ertragen, und noch Widerstand genug behalten, um nicht bei der Ausdehnung und Zusammenziehung in der Hitze und Kälte zu zerreifsen und zu brechen. In der Richtung des Abhanges des Daches müssen die Tafeln einander um 3 bis 6 Zoll überdecken. Seitwärts verbindet man die Tafeln mit einander durch Biegungen, die zusammen einen Wulst (*bourrelet*) bilden.

Bei Terrassen bleiben die eisernen Haken weg. Man befestigt die Tafeln mittelst Krammen (*agrafes*), auf die Weise, dafs sie sich frei ausdehnen können.

Der Quadrat-Meter Bleidecke von $1\frac{1}{2}$ Linien dick, wiegt 40 Kilogr., und kostet, mit der Verfertigung, 24 Fr. (100 Kilogr. 60 Fr.) (thut etwa 8 Pfd. und 18 Sgr. auf den Quadrat-Fufs), wozu noch die Kosten der Verschalung und der Haken kommen. Eben so schweres, altes Blei gilt noch 19,2 Fr. (48 Fr. 100 Kilogr.). Der Unterschied von 4,8 Fr. für den Quadrat-Meter kommt auf das Umgiefsen, auf den Verlust, der zu 4 pr.

Cent angeschlagen werden kann, und auf Transport-Kosten, die, wegen der schweren Masse, bedeutend sind, so wie endlich auf das Legen der Tafeln, wovon aber die Kosten, wegen der Weichheit des Metalles und der Leichtigkeit der Bearbeitung, nicht erheblich sind.

Diese Art Dachdecke erfordert fast gar keine Unterhaltungs-Kosten. Da aber die Kosten der Verfertigung sehr bedeutend sind, die durch die Zinsen noch auflaufen, so sind diese Dächer dennoch sehr theuer. Nimmt man z. B. ein Bleidach mit 21 Grad Abhang, ungefähr wie bei den Hohlziegeln, an, und dafs dazu, in Rücksicht seines Gewichtes, etwa 64 Cub.-Dec. Holzwerk auf den Quadrat-Meter gehören, so wird der Quadr.-Met. 35,11 Fr. kosten ($27\frac{1}{2}$ Sgr. der Q.-Fufs). (Man sehe in der Tafel No. 6.). Nach 100 Jahren: selbst angenommen, dafs gar keine Reparaturen vorkommen, würde die Auslage durch Anhäufung der Zinsen auf $35{,}11 \times 131{,}5$ oder 4616,9 Fr. steigen. Zieht man hiervon den Werth des übrig bleibenden alten Bleies ab, der $1{,}06 \times 19{,}2$ oder 20,35 Fr. beträgt, so bleiben noch 4596,51 Fr. Dieses Resultat zeigt, dafs ein Bleidach, selbst ganz flach, immer theurer ist, als ein Ziegel- oder Schiefer-Dach. Durch einen Terrassen-Abhang würde man wenig ersparen, wenn man über dem Dachgebälke noch ein besonderes Gespärre machen mufs, um einen freien Raum zwischen beiden zu gewinnen, und das Holzwerk luftiger zu erhalten, oder das Durchdringen des Wassers besser verhindern zu können. Aber, unmittelbar auf das Gebälk gelegt, wie man es meistens macht, reduciren sich die Anlage-Kosten auf die der Bedeckung allein, dafs heifst, auf 24 Fr. für den Q.-M., was nach 100 Jahren $24 \times 131{,}5$ oder 3156 Fr., und den Werth des alten Bleies mit 19,2 Fr. abgezogen, 3136,8 Fr. ausmacht; also etwas weniger, als die Kosten eines überhöhten Schieferdaches, und etwas mehr, als die Kosten eines Schieferdaches mit 45 Grad Abhang.

Kupferdächer. Das gewalzte Kupfer ist dichter, fester, und verändert sich weniger an der Luft, als das Blei. Auch sind dünnere Platten davon hinreichend, die sich dennoch länger erhalten. Zu Paris hat man die Dächer der Getraide-Halle, des Börsen-Gebäudes, des Versammlungs-Gebäudes der Deputirten-Kammer, der Bäder Vigier, des Gas-Fabrik-Gebäudes in der Vorstadt Poissonnière, mehrere Wohnhäuser und eine Menge von Terrassen, mit Kupfer bedeckt.

Wenn die Kupfertafeln sehr dünn sind, so ist es nothwendig, sie zu verzinnen, um die kleinen Risse zu verstopfen, die durch das wiederholte Walzen entstanden sein können. Wenn nemlich ein Stück Metall so sehr gestreckt wird, daſs es nur noch einige Puncte (der Punct ist der zwölfte Theil einer Linie) dick bleibt, so kann solches nicht ohne wiederholte Verschiebung seiner Theile geschehen, was zuweilen die Trennung und den Bruch derselben zur Folge haben kann. Durch die Erhitzung der Tafeln entwickeln sich ferner Lagen von Oxyd, welche an dem Metall hängen, ins Innere desselben und zuletzt hindurch dringen. Diese fehlerhaften Stellen sind Anfangs unbemerkbar; aber die Oxydation des Metalles bringt sie bald zum Vorschein, wenn die Tafeln sehr dünn sind. Die ersten Versuche, Schiffe mit Kupfer zu beschlagen, die nicht über das Jahr 1778 hinausgehen, waren dieses Umstandes wegen nicht sehr glücklich.

Man hat diesen Erfolg zuerst bei dem Dache des Portals der Kirche St. Geneviève zu Paris bemerkt, welches anfänglich mit sehr dünnen Kupfertafeln bedeckt war. Diese Tafeln waren mit einander durch doppelte Überdeckung verbunden, um dem Wasser den Durchgang durch die Fugen zu verschlieſsen; gleich wohl bemerkte man nach 5 oder 6 Jahren, daſs das Wasser unten zum Vorschein kam, ohne daſs sich entdecken lieſs, wie es hindurch komme, da die Fugen und die obere Fläche ganz dicht zu sein schienen. Erst als man die Tafeln aufhob, fand sich, daſs sie unzählige Risse hatten, welche, so lange die Tafeln an ihrem Orte gelegen hatten, nicht sichtbar gewesen waren, und die die Hitze geöffnet hatte. Um diesen Übelstand bei der Getraide-Halle zu vermeiden, hat man die Kupfertafeln, welche dort ebenfalls nur sehr dünn sind, verzinnt. Seit den 25 Jahren, die dieses Dach existirt, hat es nicht die geringste Ausbesserung erfordert.

Auf dem Dache des Börsen-Gebäudes sind die Kupfertafeln so dick, daſs es unnöthig war sie zu verzinnen. Diese im Jahre 1825 verfertigte Dachbedeckung liegt auf einem Dachgerüste von geschmiedetem Eisen, dessen Binder eiserne Rahmen tragen, die sich genau zwischen die Sparren einfugen, und auf eingebolzten Knaggen (*toquets*) ruhen. Die Fläche der Rahmen ist durch dünne Stäbe getheilt, so daſs eine Art von Rost entsteht, auf welchem die Kupfertafeln liegen. Die Figuren 7, 8, 9 und 10 stellen diese Anordnung vor. Jede Kupfertafel ist nach unten gebogen, und hat eine doppelte Verlöthung *b* (Fig. 10), welche die untere Tafel festhält, die sich um die Latte *a* legt. Die Tafeln überdecken einander in der Richtung des Abhanges des Daches um 0,12 Met. ($4\frac{1}{2}$ Zoll), seitwärts aber vermittelst aufwärts stehender Fugen. Auf diese Weise sind sie unter einander und an das Dachgerüst so stark befestigt, dafs der Wind sie nicht losreifsen kann, während sie gleich wohl sich frei ausdehnen und zusammenziehen können. Man hat beobachtet, dafs die feuchten Dünste, welche sich aus dem grofsen Saale bis zur Decke erheben, an der unteren Fläche des Metalles in solcher Menge sich verdichten, besonders im Winter, dafs das Wasser tropfenweise auf den Dachboden herabfliefst, so, dafs es auf demselben eine Zeichnung der verschiedenen Theile des Dachgerüstes macht.

Auf dem Dache des neuen Saales der Deputirten-Kammer hat man die Kupfertafeln eben so zusammengefugt, wie auf dem Dache der Börse; blofs, statt die Tafeln selbst nach unten um die Latten zu biegen, sind besondere Lappen daran angelöthet; wodurch viel an Metall erspart worden ist.

Wenn die Dachgerüste von Holz sind, so mufs man anders verfahren. Die Tafeln werden alsdann oben durch Schrauben befestigt, welche von den nächst oberen Tafeln überdeckt werden, und unten sind Lappen angelöthet, welche unter die nächst unteren Tafeln geschoben werden, damit der Wind die Dachdecke nicht heben könne, während gleich wohl die Tafeln freien Spielraum zur Ausdehnung und Zusammenziehung behalten. Die aufrecht stehenden Fugen werden entweder mit Überdeckung gemacht, wie oben beschrieben, oder mit doppelt umgebogenen, entweder vorspringenden oder zurückgeschlagenen Wülsten. Endlich löthet man auch sehr oft die Tafeln, reihenweise, von oben bis unten zusammen, und läfst nur an den Seiten derselben Spielraum zur Ausdehnung und Zusammenziehung. Um sie auf die Verschalung zu befestigen, bringt man in den Biegungen Lappen an, die unterhalb angenagelt werden, so, dafs die Nägel nicht durch die Metalltafeln gehen dürfen.

Man findet im Handel Kupfertafeln, welche bis 19 Fufs lang, und 6 Fufs breit sind. Die gewöhnlichsten Tafeln aber sind $3\frac{1}{2}$ F. breit und 4 F. 4 Z. lang, und haben also $15\frac{1}{6}$ Q.-F. Fläche. Die Zahl der Pfunde, welche eine solche Tafel wiegt, ist zugleich ihre Nummer. Die Tafeln No. 25 wiegen also 25 Pfund jede, und sind etwa 4 Puncte ($\frac{4}{12}$ oder $\frac{1}{3}$ Linie) dick. Diese Nummer hat man zum Dache der Börse genommen, und nimmt sie auch zum Beschlage der Schiffe. Die Tafeln No. 20, welche also 20 Pfd. wiegen, sind $3\frac{1}{5}$ Puncte dick. Dergleichen Tafeln haben zur Dachdecke auf dem Saale der Deputirten-Kammer gedient. Der Entrepreneur hat dafür 3,8 Fr. für den Kilogr. (etwa 15 Sgr. für das Pfund) erhalten, was für den Quadrat-Meter, weil dazu 6,11 Kilogr. gehören, 23,22 Fr. beträgt ($18\frac{1}{3}$ Sgr. für den Q.-F.). Diese Preise werden wir auch in unserer vergleichenden Berechnung annehmen.

Herr Schwickardi, Architekt zu Paris, hat in den letzten Jahren eine Menge ganz flacher Dächer, *Babyloniennes* genannt, gebaut, welche mit Kupfertafeln No. 8. oder 10 bedeckt sind, die man auf beiden Seiten verzinnt hat. Er läfst sich die Quadrat-Toise solcher Decke, die 28 Pfd. wiegt, fertig, mit 65 Fr. bezahlen, was für den Q.-Met. 3,6 Kilogr. Gewicht und 17,12 Fr. Kosten ausmacht (etwa $13\frac{1}{2}$ Sgr der Q.-F.). Aber diese Decken sind so leicht, dafs der geringste Stofs sie durchdringt. Sie scheinen daher nicht rathsam zu sein.

Das alte Kupfer gilt 2 Fr. der Kilogr. (etwa 8 Sgr. das Pfund); also etwa halb so viel, als neues. Für die obigen 6,11 Kilogr., bei Kupfertafeln No. 20., macht dieses 12,22 Fr. Der Unterschied von 11 Fr., gegen die Kosten der neuen Decke, kommt auf den Abgang, auf die Kosten des Umgusses, der Umformung, des Legens und des Transports. Dieser Unterschied ist weit gröfser, als bei dem Blei, obgleich das Kupfer weniger oxydirt, und leichter ist. Aber es ist schwerer zu bearbeiten und zu biegen; welches die Verarbeitung theurer macht.

Die Dachgerüste können unter Kupferdecken sehr leicht sein. Der Widerstand, welchen sie zu leisten haben, reducirt sich beinahe auf den gegen den Wind allein; der nöthige Überschufs ist mehr als hinreichend, auch noch dem Gewichte der Kupferdecke zu widerstehen. Um sicher zu rechnen, wollen wir für Kupferdächer mit 21 Grad Abhang eben so viel Holzwerk annehmen, als für Schieferdächer mit 45 Grad Neigung, jedoch mit Reduction der Länge nach dem Maafse des Abhanges. Das Dachgerüst wird also nach dieser Regel 45 Cub.-Decimeter Holz auf den Q.-M. bedeckte Grundfläche erfordern. Dieses ist nur wenig mehr, als man in einigen sehr leicht construirten Kupferdächern zu Paris finden wird; es ist indessen besser, auf eine feste Grenze der Sicherheit zu rechnen. Alsdann können die Kosten eines Kupferdaches mit 21 Grad Abhang so geschätzt werden, wie es die Tafel unter No. 8. angiebt.

Rechnet man nun, wie beim Blei, dafs gar keine Erhaltungs-Kosten nöthig sind, so beträgt die Ausgabe von 30,7 Fr. für den Quadr.-Meter, in 100 Jahren 30,7 mal 131,5 oder 4037,05 Fr., und den Werth des alten Kupfers, welcher 1,06 × 12,27 oder 12,95 Fr. ist, abgezogen, 4024 Fr., also etwas weniger, als für Blei, mit 21 Grad Abhang, aber immer noch mehr, als die Kosten eines Schiefer- oder Ziegeldaches.

Ist das Dach ganz flach, wie eine Terrasse, und liegt die Dachdecke unmittelbar auf dem Gebälke, so reduciren sich die Kosten auf 23,22 Fr. für den Q.-M. Dieses giebt nach 100 Jahren 23,22 mal 131,5 oder 3053,43 Fr., und den Werth des alten Metalls abgezogen, 3041,21, statt 3136 Fr. für Blei auf einer Terrasse. Man sieht also, dafs immer das Kupfer gleich nach dem Blei kommt, und dafs die Kosten eines Kupferdaches wenig von denen eines Bleidaches verschieden sind.

Eisen-Dächer. In Frankreich bedient man sich des Eisens zu Dächern nicht. Erst in neuester Zeit sind in Paris einige Versuche damit gemacht worden, die aber noch zu neu sind, um über den Erfolg urtheilen zu können.

In London hat man vor einigen Jahren einen der Schuppen in den Docks mit Eisen bedachet. Dieser Schuppen ist durch die Einfachheit und Leichtigkeit seiner Construction merkwürdig. Er ist 35 Fufs breit. Zwei Reihen hohler, eiserner Säulen, welche zugleich zu den Röhren dienen, die das Wasser vom Dach herableiten, tragen Rahmstücke von Eisen, welche zugleich Rinnen sind. Eiserne Balken verbinden mit einander die beiden Säulen-Reihen, und über denselben erhebt sich, in sehr flachem Bogen, die Dachdecke selbst, ohne andere Unterstützung, als die der Rahmstücke, auf welchen sie ruht. Alle Blechtafeln sind mit einander durch umgenietete Nägel verbunden, und bilden so, zusammen eine einzige, grofse Tafel. Sie haben breite Reifen, die durch das Walzwerk gemacht sind, und welche der Decke eine Wellenform geben, ähnlich der der Hohlziegeldächer. Diese Reifen, nach der Richtung des Abhanges des Daches, befördern den Abflufs des Wassers, und geben dem Blech eine solche Stärke, dafs es sein Gewicht selbst tragen kann.

In Deutschland, Polen und Schweden, besonders aber in Rufsland, ist das Eisenblech zu Dachdecken sehr gebräuchlich. Unsere

Soldaten erinnern sich noch der glänzenden, aber wunderlich gestalteten Dome der Kirchen von Witepsk, Smolensk, Mojaisk und Moskau, die mit grün, roth oder schieferfarben angestrichenem Eisenbleche bedeckt sind. Alle Militair-Gebäude zu Petersburg und Moskau, die großen und schönen Pavillons in der Mitte der Militair-Colonie-Dörfer, in welchen man die Wohnung des Stabes, die Magazine, die Exercier-Säle, das Lazareth, die Küche und die Militair-Schule vereinigt hat, haben sämmtlich Eisenblech-Dächer, mit ungefähr 21 Grad Abhang. Wahrscheinlich ist, auch wegen der vortrefflichen Beschaffenheit des nordischen Eisens, dieses Metall dort in so allgemeinen Gebrauch gekommen.

Die 11te Figur stellt, als Beispiel eines Eisenblech-Daches, das Profil des Exercier-Hauses für des Regiment König von Preufsen in der Militair-Colonie Volkhoff vor. Dieses Exercier-Haus ist 142 M. (452 F.) lang, und 31,3 M. (100 F.) breit. Das Dachgerüst ist durch seine Schönheit und Leichtigkeit merkwürdig. Es ist von einem französischen Ingenieur, dem General Fabre, erbaut worden, nach einem andern Systeme, als das, welches der General Betancourt bei dem grofsen Exercier-Hause zu Moskau befolgt hatte, und welches Rondelet beschrieben hat. Ähnliche Exercier-Häuser befinden sich in den andern Militair-Colonien.

Bei allen diesen Dächern liegen die Eisenblech-Tafeln unmittelbar auf dünnen Hölzern, die, wie Latten, horizontal gestreckt sind, ohne besondere Sparren, oder Latten. Jene Hölzer sind 6 bis 8 Centimeter ($2\frac{1}{4}$ bis $2\frac{3}{4}$ Zoll) im Gevierte dick, und 18 bis 20 Centim. ($6\frac{3}{4}$ bis 7 Z.) von einander entfernt. Die Blechtafeln sind 0,7 M. ($26\frac{3}{4}$ Zoll) lang, und 0,5 M. (19 Z.) breit. Sie sind mit einander auf die Weise verbunden, wie es Fig. 12. vorstellt. Gewöhnlich fängt der Arbeiter damit an, die Tafeln *a*, *b*, *c* zu legen, welche vom Forste nach dem Dachrande hinabsteigen, und zusammen einen langen Streifen bilden, von der Breite einer einzelnen Tafel. Hierauf tritt er, zur Seite dieses Streifens, auf die Streckhölzer des Dachgerüstes, und verbindet seitwärts, von unten nach oben, einzelne Tafeln, um daraus einen zweiten, dem ersten ähnlichen Streifen zusammenzusetzen. Auf das Dachgerüst werden die Blechtafeln nicht durch Nägel befestigt, welche Lücken machen würden, sondern vermittelst Blechlappen *X*, welche einerseits auf die Streckhölzer genagelt, andererseits um die Ränder der Tafeln, auf dieselbe Weise gebogen werden, wie diese um einander. Das einzige Mittel, das Blech gegen den Rost zu schützen, besteht darin, daſs man die Blechdecke alle 8 oder 10 Jahre mit Öl anstreicht. Der Ingenieur-Capitain Viard, welcher lange Zeit als Professor bei der Genie-Schule zu Odessa angestellt war, und welcher uns die obigen Details mitgetheilt hat, meint, daſs ein solches Blechdach, auf solche Weise, ungefähr 50 Jahre dauere.

[Man sehe die Beschreibung des kürzlich zu Berlin verfertigten Blechdaches einer Caserne im 4ten Heft 7ten Bandes dieses Journals S. 289 etc. Das dabei beobachtete Verfahren dürftē dem obigen vorzuziehen sein. D. H.]

Herr Krafft, Architekt zu Paris, ein Deutscher von Geburt, und sehr bekannt mit den Eisenblech-Dächern, indem er dergleichen mehrere in seinem Vaterlande hat machen lassen, schätzt die Dauer dieser Dächer auf 100 Jahre. Dieser Architekt hat, bei Gelegenheit des von ihm vorgelegten Projects zu einer Caserne auf dem Platze des Trocadero zu Chaillot, Zeichnungen eines Ofens mitgetheilt, dessen man sich in Schweden bedient, um das Blech so zu präpariren, daſs es sich weniger schnell oxydirt. Dieser Ofen hat oben einen Raum, in welchem man die Blechtafeln, zu 10 oder 12 auf einmal, bis zum Rothwerden glüht. In diesem Zustande werden sie in einen unteren Behälter gebracht, der auf Rollen steht, und von welchem etwa zwei Drittheile mit Wallfischthran gefüllt sind. Nachdem die gehörige Zahl von Tafeln in dieses Bassin gelegt ist, rollt man es in den Ofen, dessen Thür man verschlieſst, und erhitzt denselben 10 bis 12 Stunden lang. Dann zieht man die Tafeln heraus, trocknet sie, schneidet sie viereckig, macht die Ränder an den Stöſsen, und bereitet sie zum Gebrauch auf dem Dache vor. Nachdem sie gelegt sind, streicht man sie von oben noch mit Wallfischthran und Bleiglätte an, oder mit einem andern Anstriche.

In Ruſsland werden vorzüglich die öffentlichen Gebäude mit Eisenblech bedeckt, und diese Dachbedeckung giebt denselben, durch ihre Regelmäſsigkeit und lebhaften Farben, ein gutes Ansehen. Die Blechdecke ist auch bei Feuersbrünsten sehr nützlich, nicht, daſs sie das Gebäude, welches schon brennt, schützte, sondern weil die Funken, welche auf benachbarte Gebäude fallen, nicht zünden. Sie erfordert nur ein leichtes Dachgerüst, und erspart die Belegung der Kehlen, Grade und Forsten mit Blei, wovon die Kosten nicht unbedeutend sind.

[Gegen Funken, die von aufsen auf ein Dach fallen, schützt ein Blechdach allerdings; allein das thun auch eben so wohl Ziegeldächer, wenigstens doppelte Bieberschwanz-Dächer, und sogar noch besser, als Blechdächer, wenn sie steil, diese aber sehr flach sind. Sobald dagegen auch nur etwas gröfsere, glühende Kohlen auf das Blechdach fallen, und, wenn es flach ist, darauf liegen bleiben, kann schon, nachdem das Loth an den Fugen geschmolzen ist, die Verschalung und das Dachgerüst entzündet werden. Von innen heraus ist, der Verschalung wegen, ein Blechdach unbedingt entzündlicher, als ein Ziegeldach. Im Ganzen möchte ein flaches Metalldach eins der feuergefährlichsten sein, die in Städten vorzukommen pflegen, und kaum sicherer, als z. B. ein Schieferdach. D. H.]

Ob auch in Frankreich das Eisenblech dauerhaft genug zu Dachdecken sein würde, ist noch ungewifs. Wenn man blofs die 6 Frostmonate, die Rufsland gegen Frankreich mehr hat, in Betracht zieht, so vermindern sich schon die Ursachen der Wirkung der Feuchtigkeit auf die Metalle um die Hälfte. Es wird unstreitig in trocknen Climaten, denen weniger beträchtliche Veränderungen von Trockenheit und Feuchtigkeit eigen sind, länger dauern, als da, wo, wie zu Paris, die Luft beständig mit feuchten Dünsten angefüllt ist; denn im ersten Falle wird das Metall weniger Feuchtigkeit condensiren, und also weniger schnell verkalken. Das verzinnte Eisenblech, dessen man sich im nördlichen Preufsen und Polen zu Kirchthurm-Dächern bedient, behält lange seinen Metallglanz, während es in Frankreich schnell trübe wird. In der Franche-Comté kann man sich des Bleches bedienen, um die Grade und Forsten damit zu bekleiden: an andern Stellen dagegen zerstört es sich schnell. Diese Verschiedenheit der Erfolge könnte auch bei dem unverzinnten Bleche Statt finden. Die Art des Bleches selbst, und seine Zubereitung, haben ebenfalls auf die Dauer grofsen Einflufs. Das Blech aus Schweden und aus der Champagne, dessen man sich zu Paris, zu Schornsteinröhren bedient, dauert zwei- und dreimal so lange, als dasjenige aus den Ardennen, aus Berry und der Picardie.

[Die Güte des Bleches, seine Dicke, der Anstrich und die übrige Zubereitung mögen es mehr sein, was dem Blech in Rufsland eine längere Dauer gewährt, als das Clima. Denn weniger feucht möchte das Clima in nördlichen Gegenden wohl schwerlich sein, als in südlichen, den gröfseren Unterschied und den schnelleren Wechsel der Temperatur im Norden gegen den Süden ungerechnet. In hiesiger Gegend, wo man das Eisenblech zu Dächern noch wenig gebraucht, zeigt es sich in Dachrinnen, auch in denen, die fast horizontal liegen, in Strafsenlaternen, und bei Bedeckung der Mauer-Vorsprünge und dergleichen, gewöhnlich recht dauerhaft. D. H.]

Um einigen Anhalt bei der Kosten-Berechnung der Blechdächer zu haben, wollen wir Blechtafeln, wie in Rufsland, von $\frac{1}{3}$ Linie dick annehmen. Der Quadrat-Meter davon würde 6,87 Kilogr wiegen ($1\frac{1}{3}$ Pfd. der Q.-F.), und wenn man, wie bei Kesseln, Röhren u. dergl. den Kilogr. zu 2 Fr. (das Pfd. zu 8 Sgr.) rechnet, 13,74 Fr. kosten ($10\frac{2}{3}$ Sgr. der Q. F.). [Das oben erwähnte hiesige neue Blechdach hat, ohne die Verschalung, nur $6\frac{1}{2}$ Sgr. der Quadr.-F. gekostet. D. H.] Der Quadrat.-Meter altes Blech wird, zu 0,24 Fr. das Kilogr. (1 Sgr. das Pfund), nur 1,74 Fr. werth sein. Es bleiben also 12,10 Fr. für den Abgang beim Verarbeiten und Transport. Dieser Abgang ist beträchtlicher, als beim Kupfer, weil das Eisen stärker oxydirt, und noch schwerer zu verarbeiten ist. Das Dachgerüst wird das Nemliche kosten, und die Kosten eines Quadr.-Met. bedeckter Fläche, mit 21 Grad Abhang des Daches, wird auf 20,13 Fr. zu stehen kommen, wie es No. 10. der Tafel angiebt. Nimmt man, nach Herrn Krafft, die längste Dauer des Bleches an, und dafs der Anstrich alle 10 Jahre wiederholt wird, so werden die Kosten nach 100 Jahren, mit Zins von Zinsen, und nach Abzug des Werthes des alten Materials, 2865,23 Fr. sein; was viel weniger ist, als bei Blei und Kupfer, und beinahe so viel, als für ein Schieferdach, mit 45 Grad Abhang.

Für ganz flache Dächer, ohne besonderes Gebälk, reduciren sich die Kosten auf diejenigen der blofsen Dachfläche, also auf 14,75 Fr., und die Kosten betragen nach 100 Jahren 2163,73 Fr. Das Eisenblech wird also auf Terassen vortheilhafter sein, als Blei und Kupfer, und auf Dächern vortheilhafter, als Schiefer und Plattziegel, nicht aber vortheilhafter, als Hohlziegel.

(Die Fortsetzung folgt im nächsten Hefte.)

9.
Nachrichten von der Belgischen Eisenbahn.

Da die Eisenbahn, welche man in Belgien, von Lüttich und Brüssel nach dem Hafen von Antwerpen, und späterhin nach demjenigen von Ostende zu bauen beabsichtigt, und, wie bekannt, jetzt wirklich zu bauen angefangen hat, einestheils die ausgedehnteste sein wird, die bis jetzt auf dem Continent existirt: denn sie wird, schon innerhalb Belgien über 40, und, bis zum Rhein, nach Cölln, fortgesetzt, über 50 Preufsische Meilen lang sein; und da andererseits, wie aus dem was hier folgt zu ersehen, der Entwurf zu diesem Werke mit Sorgfalt und grofser practischer Umsicht verfertigt worden ist, auch zu demselben treffliche Nachrichten von den bisher bei den Eisenbahnen, besonders in England, gemachten Erfahrungen, um sie bei dem beabsichtigten Bauwerke zu benutzen, gesammelt worden sind, die auch anderswo nützlich sein können: so wird dieses Bauwerk, und der Entwurf dazu, gewifs für Jeden, der sich für Eisenbahnen, als einen so höchst wichtigen Gegenstand, interessirt, der in der That, auf eine ähnliche Weise, wie die Dampfschiffahrt, mittelbar dazu beitragen dürfte, die Civilisation wiederum um einen Schritt weiter zu rücken, ungemein bemerkenswerth sein, besonders aber für die Baumeister, die etwa mit Eisenbahnen zu thun bekommen können. Um so mehr wird das letztere der Fall sein, da es bei den Eisenbahnen gewifs nicht weniger, wenn nicht mehr, als bei vielen andern technischen Dingen, sehr nothwendig ist, recht sorgfältig alle bisherigen Erfahrungen zu berücksichtigen, und bei den Entwürfen und der Ausführung mit grofser Vorsicht und sehr geläutertem Urtheile zu Werke zu gehen, auf dafs nicht etwa Mängel der Entwürfe dem Gegenstande selbst aufgebürdet werden mögen, derselbe dann dadurch in Verruf komme und die Erreichung seines Nutzens auf eine mehr oder weniger entfernte Zukunft verschoben bleibe. Für die Leser in den Preufsischen Landen, wird gerade diese Eisenbahn, und der Entwurf dazu, noch ein besonderes Interesse haben, da sie bis an die Landesgrenze reicht, und erst durch die Fortsetzung bis Cölln, durch das Preufsische Gebiet selbst, vervollständigt werden wird. Der Entwurf der Belgischen Ingenieure rechnet auch hierauf, und giebt am Schlusse selbst Berechnungen der Kosten und des Ertrages auch von dem in das Preufsische Gebiet fallenden Theile der Strafse, bis Cölln.

Der Herausgeber dieses Journals glaubt unter diesen Umständen etwas Nützliches zu thun, wenn er, gleichsam als Fortsetzung der schon in der gegenwärtigen Schrift enthaltenen Nachrichten von Eisenbahnen, hier von den *officiellen Berichten und Verhandlungen, welche die mit der Belgischen Eisenbahn beauftragten Baumeister verfafst haben*, und welche er mitgetheilt zu erhalten Gelegenheit gehabt hat, die aber nicht in den Buchhandel gekommen sind, den Inhalt liefert. Er wird bei den hier folgenden Mittheilungen, dem vor ihm liegenden Texte der Verhandlungen, in möglichster Kürze, schrittweise folgen, um nichts, auch anderswo Interessante zu übergehen, und hat einige Anmerkungen hinzugefügt, die in eckige Klammern [ ] geschlossen und jedesmal am Schlusse mit D. H. bezeichnet sind. Das Französische Maafs, Geld und Gewicht, ist, zur Bequemlichkeit der deutschen Leser, überall auf Preufsisches reducirt worden. Der Franc ist zu 8 Silbergroschen, der Meter zu 3,1862 Preufs. Duod.-Fufs und das Kilogramm zu 2,1343 Preufs. Pfund angenommen worden. Den Original-Verhandlungen sind sehr ausführliche, auf Stein gezeichnete Carten beigefügt. Allein für Leser aufserhalb Belgien reicht, in Hinsicht dessen, wodurch sie der Inhalt der Verhandlungen interessiren kann, wie man finden wird, auch jede andere gute Carte jenes Landes hin, so, dafs es nicht nothwendig ist, eine Copie der Carten beizufügen.

I.

Abhandlung (Erläuterungs-Protocoll) über den Entwurf der Eisenbahn zwischen Antwerpen, Brüssel, Lüttich und Verviers, als erster Section der Strafse von Antwerpen nach Cölln. Von den Herrn Simons und v. Ridder, Brücken- und Wege-Ingenieurs. Geschrieben im Mai 1833.

Einleitung.

Schon bei der ersten Untersuchung hatte man gefunden, dafs, wenn blofs von Antwerpen nach Lüttich eine Eisenbahn gebaut wird, durch dieselbe beinahe die Hälfte der Transportkosten zwischen diesen beiden Städten gewonnen werden kann, obgleich der Tarif höher gestellt werden mufs, wenn man von Antwerpen blofs bis an die Maas, nicht bis an den Rhein geht.

Eine vorläufige Besichtigung des Terrains zwischen der Belgischen Grenze und Cölln ergab den Verfassern, dafs auf Preufsischem Gebiete die Terrainschwierigkeiten für die Eisenbahn nicht gröfser sein würden, als in Belgien.

Nach ihrer Meinung würde der Ertrag von dem Transporte der Kohlen aus den Gruben von Eschweiler und Stollberg allein schon die Kosten der Fortsetzung der Eisenbahn bis Cölln decken, ohne noch auf den weitern Verkehr und denjenigen der gewerbreichen Städte Eupen, Burtscheid, Düren und Aachen zu rechnen.

Im Jahre 1832 hatte man mehrere Projecte zur Verbindung von Antwerpen mit der Maas aufgestellt und dabei, zur Vergleichung, auch die Vollendung des sogenannten Nord-Canals berücksichtigt. Das Conseil der Brücken und Chausséen hat aber einstimmig der Eisenbahn den Vorzug vor dem Canale gegeben, wegen der gröfsern Beschleunigung des Transports, weil die Eisenbahn weniger Terrain wegnimmt, als der Canal, weil dieser vielen Industrie-Werkstätten das Wasser entziehen würde, und weil die Arbeiten, welche der Bau und die Unterhaltung der Eisenbahn erfordert, vortheilhafter für die arbeitende Classe sind, als beim Canale.

[Auch dafs die Eisenbahn im Winter fahrbar bleibt, ist einer ihrer Vorzüge vor einem Canale. D. H.]

Der Richtung der Eisenbahn über Löwen und Lüttich ist vor derjenigen des Nord-Canals über Venlo deshalb der Vorzug gegeben worden, weil die letztere fast nur Brüche und Haiden durchschneidet, und nur auf die unmittelbare Verbindung von Antwerpen mit dem Rheine berechnet ist, während die Richtung über Lüttich besseres und gewerbreicheres Land berührt.

In Rücksicht des Erfolgs erachtete das Conseil der Brücken und Chausséen, dafs, nach Deckung aller Kosten und 5 pr. Cent Zinsen, die Fracht noch bis auf die Hälfte des gegenwärtigen Tarifs würde herabgesetzt werden können. Über die Ausführungs-Art war die Meinung des Conseils, das der Bau am besten Privatleuten, gegen einen Strafsenzoll für immer, zu übertragen sei, was aber die Verfasser für bedenklich hielten, schon weil der Ertrag in der Folge, durch die Fortsetzung der Bahn bis Cölln, sich verändern mufste.

Um das handelnde Publicum über die Befürchtung zu beruhigen, dafs jede leichtere Verbindung von Antwerpen mit der Maas nicht etwa dadurch verhindert werde, dafs man über Venlo nicht ganz im eigenen Lande bleiben könne, decretirte das Gouvernement vorläufig den Bau einer Eisenbahn zwischen der Schelde und der Maas, als der ersten Section der Bahn zwischen der Schelde und dem Rheine, und selbst unabhängig von der Fortsetzung bis Cölln, und es wurde beschlossen, die Ausbietung zu versuchen. Dieses letztere wurde jedoch, auf die in den Kammern erhobenen Widersprüche, wieder ausgesetzt. Diese Zurückziehung der Ausbietung erregte Zweifel im Publico, ob die Eisenbahn, in so fern sie nicht bis Cölln fortgeführt werden könne, sondern sich auf das Belgische Land beschränken müsse, in Rücksicht des Verhältnisses der Kosten zum Ertrage, ausführbar sein werde, und es wurden diese Zweifel von Speculanten genährt und gefördert. Deshalb wurde dann die Verfertigung genauer, das Gegentheil beweisender Projecte gefordert. Die Verfasser machten die nöthigen Messungen, sammelten alle statistischen Notizen zur Beurtheilung des Ertrages, und besichtigten neuerdings die Eisenbahnen in England, insbesondere diejenigen, die mit der in Belgien zu bauenden in ähnlichen Verhältnissen sich befinden, um die dabei gemachten Erfahrungen zu benutzen.

Aus diesen Resultaten ging dann das Project hervor, welches sie vorlegen, und welches die frühere Behauptung der Vortheilhaftigkeit der Eisenbahn bestätigt.

Erster Abschnitt.

Von der Nothwendigkeit einer directen Strafsen-Verbindung von Antwerpen mit der Maas und dem Rheine.

Handel von Antwerpen. Der Hafen von Antwerpen ist stets von grofser Bedeutung gewesen, und kann es fernerhin werden. Die Schelde, welche ihn bildet, ist zu jeder Zeit, für jede Art von Schiffen, von Antwerpen bis in's hohe Meer, fahrbar, ohne die geringsten Hindernisse, oder Schwierigkeiten. Die gröfsten Schiffe durchlaufen, stromauf und stromab, mit vollen Segeln, in wenigen Stunden die Strecke vom Meere bis zum Hafen, und es kommt ihnen dabei eine Strömung (und zwar hin und zurück, wegen der Ebbe und Fluth) zu Hülfe, welche $\frac{2}{3}$ bis 1 Preufs. Meile in der Stunde durchläuft. Die geringste Tiefe des Wassers über den Untiefen ist bei der Ebbe überall noch über $28\frac{2}{3}$ Fufs (9 Meter), und die gewöhnliche Fluth steigt 11 bis 13 Fufs. Diese dem Hafen von der Natur verliehenen trefflichen Eigenschaften hat die Kunst noch erhöht. Sie hat ihm ausgedehnte Quais, bequeme Landungs-Plätze und Canäle in's Innere gegeben, um die Frachten sogleich in die Magazine bringen zu können, so wie jene geräumigen, prachtvollen Bassins, die zu den schönsten Denkmälern aus der Kaiserzeit gehören.

Die Beträchtlichkeit des Handels von Antwerpen in früherer Zeit ist bekannt. Im 14ten Jahrhundert zog die Freiheit, deren die Stadt genofs, Kaufleute aus allen Ländern dorthin. Antwerpen war der Stapel-Platz für die Wolle aus England, deren Verbrauch in Brabant, Artois und den beiden Flandern schnell zunahm. Die Stadt wurde bald die Haupt-Niederlage für den Baltischen und den gesammten Nordischen Handel, und die Portugiesen zogen den Antwerpner Hafen dem von Lissabon für ihren Handel mit Indischen Waaren vor. Bis in das 15te Jahrhundert war der Antwerpner Handel nur fremden Schiffen überlassen; aber dann liefsen sich mehrere Handelsgesellschaften aus Seeland, Deutschland, Brügge, aus Liefland und Spanien, mit grofsen Reichthümern, daselbst nieder, und es entstand bald eine beträchtliche Marine. Zu dieser Zeit wuchs Antwerpen an Umfang. Es hätte damals, wie man annimmt, gegen 200 Tausend Einwohner, und sein Wohlstand wuchs immer fort, bis gegen das Ende des 16ten Jahrhunderts. In dem Zeitraume seiner gröſsten Blüthe, von 1550 bis 1565, war es, nach dem Zeugnisse der Geschichtsschreiber, ganz gewöhnlich, im Hafen von Antwerpen gegen 2000 mit Waaren beladene Schiffe zu sehen, und ihrer 500, im Begriff, nach allen Theilen der Welt unter Segel zu gehen. oder aus den verschiedensten Gegenden ankommend. Der Sammel-Platz für diese Schiffe war gewöhnlich zu Armuyden, vor der Insel Walchern. Auſser den sehr zahlreichen Handels-Gesellschaften der Antwerpner und Franzosen, gab es damals noch sechs andere, von Deutschen, Dänen, Italienern, Spaniern, Engländern, Portugiesen und Kaufleuten von der südlichen Baltischen Küste. Man sendete von Antwerpen aus vorzüglich alle Arten von wollenen Zeugen, Tuch, Niederländische und Engländische Sarschen, Leinwand und Tapeten, kurze Waaren, Cochenille, Zucker und Pfeffer, nach Italien, Sicilien, dem Adriatischen Meere, nach Venedig, Rom, Ancona, Bologna, Neapel, Mailand, Florenz und Genua, und brachte dagegen von dem Mittelländischen Meere Levantische und Indische Material-Waaren, rohe Seide und Baumwolle, gesponnene und ungesponnene, gold-durchwirkte Seidenstoffe, Tapeten und Flachs aus der Türkei, nebst kostbaren Peltereien zurück. Nach Deutschland sandte man allerhand Stoffe und kurze Waaren, Tapeten und Niederländische Zeuge, Engländische Tuche, Gewürze, Safran und Zucker. Aus Deutschland erhielt man, zu Lande, Silber, Quecksilber, Kupfer, Salpeter, Krämer-Waaren, Spiegel, Geräthe, Waffen und viel Wein vom Rheine. Nach Dänemark, Norwegen, Schweden, Liefland, Polen u. s. w. sandte man Spezereien, Zucker, Salz und allerhand Stoffe; zurück von da empfing man Eisen, Kupfer, Salpeter, Krapp, Vitriol, Theer, Schwefel, Pottasche etc. Nach Frankreich wurden Kupfer, Blei, Zinn, Schwefel, Salpeter, Zeuge und Pelzwerk gesandt, und von da Wein, Salz, Bretagnische Leinwand und Zeuge von Paris und Rouen bezogen. Nach England gingen Quecksilber, Gewürze, Leinwand, Sarschen und Tapeten, Zucker, Baumwolle etc. und man erhielt von dort Zinn, Blei, Wolle, feine und grobe Tücher, Häute, Leder etc. Nach Spanien und Portugal sandte man verarbeitetes Kupfer, Zinn, Blei, Stoffe von verschiedener Feinheit, und erhielt von daher Wolle, Wein, Gold, Silber und Edelsteine, Cochenille, Eisen, Taffent etc.

Die Kriege Philipps II. drückten zuerst den so blühenden Handel von Antwerpen danieder. Die Zölle, welche die Holländer, bei der Feste Lillo, auf die Schiffe legten, hemmten die Verbindung mit dem Meere, und der Frieden von Münster bereitete den Fall von Antwerpen durch die Bestimmung vor, daſs groſse Schiffe nicht mehr bis in den Hafen kommen, sondern in Holland ausgeladen werden sollten, von wo die Ladung nur in kleinen Böten weiter gebracht werden dürfe. Dadurch wurde der Antwerpner Handel auf den bloſsen Verkehr mit den benachbarten Gegenden heruntergebracht. Indessen blieben noch einige Verbindungen mit dem mittlern Deutschland, besonders mit Cölln, durch das Innere von Belgien hindurch, übrig. Wegen der Auflagen, die die Batavischen Städte auf die bis dahin stets frei gewesene Rheinschiffahrt zu legen anfingen, wurde der Handel gezwungen, Mittel einer directen und wohlfeilern Verbindung zu suchen. Schon im Jahre 1626, unter der Regierung der Infantin Isabella Eugenia, wurde der Canal zwischen der Schelde und dem Rheine, über Demer, Venlo und Rheinberg, die sogenannte Fossa Eugeniana, begonnen. Der Krieg mit den Vereinigten-Staaten unterbrach aber die Ausführung. Dieselbe wurde erst aufgegeben, nachdem die Arbeiten durch zahlreiche Truppen, vom Prinzen von Oranien gesandt, zerstört, und die Arbeiter verjagt worden waren.

Die Abtretung von Antwerpen an Frankreich erhob seinen Hafen zu einem der ersten Militair-Häfen von Europa. Die Quais und Canäle wurden hergestellt; es wurde ein Zeughaus erbauet, nebst ungeheuren Werften, welche in wenigen Jahren 20 Linienschiffe lieferten. Prachtvolle Bassins wurden für die Kriegsschiffe gegraben und das alte Waarenhaus daneben, als ein Zeuge der ehemaligen Gröſse, erhalten. Auf dem rechten Ufer der Schelde, durch die Festungs- und Hafenwerke beschränkt, fing die Stadt an, sich auf dem andern Ufer zu erweitern. Im Jahre 1806 wurde die Vollendung des Nord-Canals angeordnet, dessen vorzüglichster Zweck war, Hölzer und anderes Schiffs-Bau-Material vom Rheine her nach Antwerpen zu transportiren. Zwischen der Maas und dem Rheine war der Canal beinahe vollendet, und bei Mastricht angefangen, als die politische Gestalt von Europa sich änderte, und Belgien und Holland vereinigt wurden.

Die nördlichen Provinzen des neuen Königreiches beeilten sich, den Canal, der, von Bois-le-Duc nach Mastricht führend, zur Speisung des Nord-Canals bestimmt war, für sich zu benutzen. Aus einem Militair-Hafen wurde im Jahre 1814 Antwerpen wiederum ein Handels-Hafen, und allmälig brachten seine natürlichen Vorzüge, die Verbesserungen durch die Kunst, der alte Ruf und die Rechtlichkeit seiner Kaufleute, die Erneuerung der Verbindungen mit andern Völkern hervor. Amsterdam und Rotterdam thaten zwar alles, um ihren Verkehr zu vermehren; aber gleichwohl hatten viele Schiffe wieder den Weg nach Antwerpen gefunden, und der dortige Verkehr war im Zunehmen. In den Jahren 1820 bis 1830 war der Verkehr von Antwerpen folgender:

Jahre.	Schiffe.	Ladung in Tonnen von etwa 20 Ctr.
1820	537	74 000
1822	530	79 000
1824	655	89 000
1826	882	115 000
1828	911	127 000
1829	971	149 000

Mittlerer jährlicher Betrag der Waaren von 1826 bis 1829 in Brutto-Gewicht.

	Tonnen.		Tonnen.
Café	23 000	Baumwolle . . .	3 300
Rohzucker . .	19 700	Blei	1 200
Rohes Salz . .	19 500	Eisen	1 200
Getraide . . .	12 300	Spezereiwaaren . .	1 100
Reis	6 100	Wein und Öl . .	8 000
Holz	5 500	Taback	800
Pottasche . . .	3 700	Kurze Waaren . .	600
Häute	3 400		

Aufser den Waaren aus Frankreich und Deutschland, die durch Belgien gingen, zog Antwerpen noch aus dem eignen Lande, und besonders aus Lüttich und Namur, viele Producte des Ackerbaues und der Fabriken, die weiter unten näher angegeben sind. Die Verbindung zwischen Antwerpen und Deutschland, besonders mit Cölln, in welcher Stadt der Handel immer zugleich mit demjenigen von Antwerpen geblüht und gewelkt hat, erneuerte sich, und im Jahre 1823 fand die Antwerpener Handels-Kammer, dafs, ungeachtet der Vervollkommnung der Rhein-Schiffahrt durch die Dampfmaschinen, ein Canal zum Ersatz jener immer mifslich bleibenden Flufsschiffahrt nützlich und nöthig sein würde. Sie erhielt aber nur die Erlaubnifs, Entwürfe zu einer solchen Canal-Verbindung vorzulegen. Die directe Verbindung von Antwerpen mit dem Rheine, die früher nur wünschenswerth war, ist jetzt, nach der Trennung Belgiens von Holland, unumgänglich nothwendig. Und die in England in neuerer Zeit schon so sehr vervollkommneten Eisenbahnen werden die Mittel dazu darbieten, um so mehr, da eine solche Strafse ganz auf Belgischem Territorio, ohne das Holländische zu berühren, und durch gewerbreiche Gegenden sich bauen läfst.

Cöllner Handel. Cölln war immer eine der vorzüglichsten deutschen Handelsstädte, und lange Zeit die erste unter den Hanseestädten. Durch ihre Lage war sie der vortheilhafteste Stapel-Platz für den Handel zwischen Deutschland und Frankreich, Italien und dem Norden, und unterhielt lange Zeit Verbindungen mit England und den Niederlanden. Die Freiheit der Schiffahrt auf dem Rheine, die immer, nach der ganzen Länge des Flusses, Statt gefunden hatte, und die erste Quelle der Wohlfahrt von Cölln gewesen war, belebte noch um das Jahr 1560 den Verkehr der Uferstaaten, so wie der Länder an der Mündung des Rheins, bis die Holländer, kaum dem Joche Philipps II. entronnen, anfingen, die Rheinschiffahrt durch Zölle zu hemmen. Erst maafsten sich einzelne Städte das Recht an, Durchgangs-Zölle zu erheben, und zuletzt dehnte sich diese Anmaafsung auf alle Häfen der Union aus. Vergebens erhoben sich dagegen Cölln, Strafsburg, Lübeck und andere freie, oder Reichsstädte. Alle Mittel blieben, bei der damaligen politischen Lähmung von Deutschland, erfolglos; bis allmälig die Kraft des Widerstandes ermüdete. Nun setzte der deutsche Handel alle seine Hoffnungen auf den neuen Canal der Infantin Eugenia: aber die nemliche Schlaffheit gegen Anmaafsungen, die so arg war, dafs die Holländer im Jahre 1575 mit armirten Schiffen den Rhein herauf bis Andernach fahren durften, um dort mit bewaffneter Hand ihre fiscalischen Anordnungen einzuführen, vermochte auch nicht, die Vollendung des Canals zu beschützen. Nur die innerlichen Kriege von Deutschland konnten der Grund davon sein.

Nachdem im Jahre 1648 die Schliefsung der Schelde und der Ruin von Antwerpen, von Holland erlangt war, scheint die stets zunehmende Hemmung der Rheinschiffahrt als ein nothwendiges Anhängsel zu jenem Monopole betrachtet worden zu sein. Die Hindernisse dieser Schiffahrt wurden bald so grofs, dafs die Sendungen von Cölln nach England ihren Weg zu Lande durch Belgien über Ostende nehmen mufsten; und zur Erleichterung des Transports auf dieser Strafse schlug man, um das Jahr 1730, eine Chaussée von Cölln über Jülich und Aachen vor, bis zu dem gepflasterten Wege, der von da weiter durch Lüttich und Tirlemont über Löwen führt.

Im Jahre 1804 erklärte die Französische Regierung den Rhein für einen allen Uferstaaten gemeinsamen Flufs, und Cölln für einen freien Stapelhafen. Zugleich wurde die Vollendung des Canals zwischen der Maas und dem Rheine angeordnet, und ein Winterhafen zu Cölln gebaut. Das Continentalsystem verminderte aber ungemein die Vortheile des freien Rhein-Verkehrs, und aufserdem erhob Holland, der Convention entgegen, von Neuem Zölle, wozu es das Recht als verjährt betrachtete. Die Zoll-Erhebung wurde zwar unterbrochen, in der Zeit, als Holland und Frankreich vereinigt waren; aber im Jahre 1813, nach der Wieder-Ablösung von Holland, wurden die Zölle und Auflagen wieder eingeführt, und die Rheinschiffahrt von Neuem gehemmt. Die verbündeten Mächte hatten in 5ten Artikel des Pariser Friedens den Grundsatz der freien Flufsschiffahrt anerkannt; allein Holland fuhr bekanntlich fort, die Rheinschiffahrt durch Zölle an der Mündung zu hemmen, behauptend, die freie Schiffahrt sei nur bis *an* das Meer, nicht bis *in* das Meer stipulirt. Nach vielen und langen Unterhandlungen wurde endlich das Rhein-Octroi-Reglement zu Mainz am 31. März 1831 unterzeichnet.

Aber jetzt, nachdem drei Jahrhunderte lang die deutsche Schiffahrt gelähmt gewesen, hat der Rhein einen Theil der Vortheile seiner Schiffahrt verloren. Die zahlreichen Schiffahrts-Hindernisse auf der Waal, dem Leck nnd der Yssel, und die Kostbarkeit der dortigen Schiffahrt, sind bekannt. Zur Zeit der Dürre und grofser Fluthen ist die Schiffahrt ganz unterbrochen. Den deutlichsten Beweis des Anerkenntnisses dieses üblen Zustandes des Schiffahrtsweges liefert das vorgelegte Project einer

Eisenbahn längs dem Rheine, die mit derjenigen zwischen Cölln und und Antwerpen zu rivalisiren bestimmt sein würde.

Die Stadt Cölln hat übrigens, als Stapelplatz, unter der väterlichen Regierung ihres Königs, seit 1814 wiederum so viel gewonnen, als nur irgend die Beschränkungen der Schiffahrt unterhalb, es gestatteten. Nach der Angabe der Handels-Kammer war der Verkehr von Cölln folgender:

	Einfuhr.		Ausfuhr.	
Jahre.	Stromauf. Tonnen.	Stromab. Tonnen.	Stromauf. Tonnen.	Stromab. Tonnen.
1823	100 000	91 700		
1824	77 500	104 000		
1825	78 100	109 400		
1826	98 700	112 400		
1827	96 300	118 300	83 900	60 800
1828	96 800	112 100	81 500	64 100
1829	98 800	116 300	88 500	61 900

Mittlerer jährlicher Betrag der verschiedenen Handels-Artikel.

In Tonnen.	Stromauf.	Stromab.
Zucker und Cassonade	10 700	
Café	7 500	
Taback	2 700	
Thran, Stockfisch	1 900	
Eisen, Zink, Kupfer	1 700	
Rohe Baumwolle	1 600	
Reis, Gewürze	1 200	
Färbeholz	1 000	
Fichtenholz		15 500
Getraide und Saamen		12 000
Wein, Öl und Branntwein	800	11 300
Tuf, Kalkstein, Schiefer		10 200
Gufseisen		2 500
Zeug, Garn und Krämerwaaren	400	2 500
Rinde		2 500
Glaswaaren		1 300
Pottasche, Rufs, Weinstein		1 000

Frachtkosten auf den gegenwärtigen Strafsen. Unter der vorigen Regierung nahm der Handel zwischen Antwerpen und Cölln seinen Weg auf dem Rheine, durch die Canäle und auf Landstrafsen. Die Fracht von Cölln, den Rhein hinunter und über Meer bis Antwerpen, ist ungefähr der Fracht von Cölln bis Rotterdam gleich. Blofs die örtlichen Kosten und die Courtage sind an dem letzten Orte höher.

Die Fracht zwischen Cölln und Rotterdam ist nach den Waaren und der Zeitdauer des Transports verschieden. Sie betrug im Jahre 1832, zufolge der in Cölln bekannt gemachten Sätze:

Auf Dampfschiffen.	Für die Tonne.				
Stromauf, in 14 Tagen Zeit, mit Vorspann	5 Rthlr.	10 Sgr.	bis	8 Rthlr.	16 Sgr.
in 8 Tagen Zeit, mit Waaren-Dampfschiffen	6 -	28 -	—	10 -	4 -
in 5 Tagen Zeit mit Passagier-Dampfschiffen	8 -	24 -	—	12 -	8 -
Stromab, in 11 Tagen Zeit . .	2 -	12 -	—	5 -	18 -
in 7 Tagen Zeit . .	3 -	6 -	—	9 -	2 -
in 4 Tagen Zeit . .	3 -	14 -	—	12 -	— -
Auf Segelschiffen.					
In 13 bis 15 Tagen Zeit, ausgenommen im Winter, wo die Dauer der Fahrt unbestimmt ist.					
Stromauf . . .	5 -	2 -	—	8 -	16 -
Stromab . . .	2 -	8 -	—	4 -	16 -

Die Schiffahrts-Steuern, die zu der Fracht hinzukommen, sind, nach der Mainzer Convention vom 31. März 1831, im Maximo folgende.

		Für die Tonne.			
		Stromauf.		Stromab.	
Holländische Steuer.	Feste Steuer (Art. 4. des Tractats)	1 Rthlr.	15 Sgr.	1 Rthlr.	— Sgr.
	Revisions-Steuer (Art. 14. B.) durchschnittlich	— -	$1\frac{1}{4}$ -	— -	$1\frac{1}{4}$ -
	Lade-Steuer (Art. 14.) im Durchschnitte	1 -	15 -	1 -	— -
Preufsische Steuer.	Revisions-Steuer (Art. 14.) im Durchschnitte	— -	$2\frac{1}{4}$ -	— -	$2\frac{1}{4}$ -
	Lade-Steuer, eben so . .	3 -	— -	2 -	— -

Die Fracht zwischen Antwerpen und Cölln, durch Belgien, entweder ganz zur Axe, oder, theils zur Axe, theils auf den Canälen von Mastricht und Löwen, beträgt im Durchschnitte 12 Rthlr. 8 Sgr. bis 17 Rthlr. 10 Sgr. für die Tonne, mit Einschlufs der Preufsischen und Belgischen Chaussée-Zölle.

Verkehr zwischen Antwerpen und den Rheinlanden. Ungeachtet der Unvollkommenheiten der Strafsen zwischen Antwerpen und Cölln, hat der Verkehr zwischen diesen beiden Städten seit dem Frieden von 1815 beständig zugenommen, während derjenige zwischen Rotterdam, Amsterdam und Cölln abnahm. Der letztere betrug im Jahre 1823 noch 10 300 und 10 400 Tonnen Waaren, im Jahre 1827 dagegen nur noch 7500 und 8800 Tonnen. Der Verkehr mit Antwerpen dagegen betrug:

Im Jahre 1823	1 968 Tonnen,
- - 1825	2 900 - -
- - 1826	4 600 - -
- - 1827	7 200 - -
- - 1830 bis zum 1sten September .	12 000 - -

Der gesammte Verkehr der Rheinlande mit Belgien war, auf das Jahr berechnet, folgender.

I. Waaren-Transporte.

A. *a*) Ausfuhr aus Antwerpen.

	Tonnen.	Tonnen.
Nach Cölln, dem obern Rheine und der Schweiz, direct		
mit Dampfschiffen	6 500	31 700
mit Segelschiffen	7 700	
Über Dortrecht und Rotterdam	15 500	
Durch Belgien, über Aachen und Jülich, Bonn etc.	2 000	
Nach Lüttich, Verviers, in's Vesdre-Thal und Limburg . .		40 700
Nach Löwen, Namur, Luxemburg		20 200
Nach Brüssel, dem Hennegau und der Französischen Grenze . .		37 100
Nach Mecheln, Lierre, Vilvorde, Alost, Diest, Tirlemont, St. Trond		5 700

A. *b*) Einfuhr in Antwerpen.

	Tonnen.	Tonnen.
Direct von Cölln, dem obern Rheine und der Schweiz her:		
Auf Dampfschiffen	1 400	9 500
Auf Segelschiffen	3 800	
Über Dortrecht und Rotterdam	3 200	
Aus Aachen und d. Umgegend, zu Lande und a. d. Canälen	1 100	
Aus Lüttich, Verviers etc.		27 100
Aus dem Namurschen, Löwen etc.		23 900
Aus Brüssel und dem Hennegau		26 300
Aus Mecheln, Lierre, Diest, Tirlemont etc.		8 750

B. *a*) Ausfuhr aus Brüssel.

Nach Cölln, Aachen, dem Innern Deutschlands und der Schweiz	950
Nach Lüttich, Verviers, Spa, Stavelot, Tongern, Mastricht	8 680
Nach dem Namurschen und dem Luxemburgschen	2 200
Nach Löwen, Tirlemont, Diest und St. Trond	8 650
Nach Vilvorde, Mecheln, Lierre und La-Campine	6 300

B. *b*) Einfuhr in Brüssel.

Aus Cölln und Deutschland	1 000
Aus dem Lüttichschen und dem Limburgschen	4 400
Aus der Gegend von Namur	8 500
Aus Löwen, Tirlemont, Diest und der Umgegend	11 900
Aus Mecheln, Vilvorde und der Umgegend	2 000
Aus Lierre und La-Campine	1 000

C. *a*) Ausfuhr aus Lüttich.

Nach Cölln, Aachen, Malmedy	2 780
Nach Verviers, dem Vesdre-Thale, Spa, Stavelot	37 830
Nach Moresnet, Aubel, Herve und der Umgegend	4 100
Nach St. Trond, Waremme und der Umgegend	23 508
Nach Tirlemont, Diest und der Umgegend	8 500
Nach Löwen, Mecheln, Lierre und der Umgegend	4 700

C. *b*) Einfuhr in Lüttich.

Aus Cölln, Aachen, Düren etc.	2 170
Aus Verviers und der Umgegend	5 980

Aus Moresnet, Aubel und der Umgegend	3 500
Aus St. Trond, Waremme und der Umgegend	7 500
Aus Tirlemont, Diest und der Umgegend	1 100
Aus Mecheln, Lierre und Löwen	6 000

2. Reisende.

	Personen.
Zwischen Antwerpen und Mecheln	74 000
- - Antwerpen und Lüttich	9 000
- - Lierre und Mecheln	3 000
- - Mecheln und Brüssel	75 000
- - Brüssel und Löwen	85 000
- - Mecheln und Löwen	19 000
- - Löwen und Diest	26 000
- - Löwen und Tirlemont	46 000
- - Tirlemont und St. Trond	35 000
- - St. Trond und Lüttich, über Oreye	17 000
über Tongern	15 000
- - Lüttich und Chaudfontaine	43 000
- - Chaudfontaine und Verviers	15 000
- - Lüttich und Battice	6 000
- - Verviers, Battice und Aachen	6 000

Man sieht hieraus, dafs dieser Verkehr sehr bedeutend ist. Die Verfasser haben die Mittel, ihn durch eine Strafse zu erleichtern, genau erwogen, und das Resultat ihrer Erwägungen ist das folgende.

Zweiter Abschnitt.

§. I. Von den verschiedenen Projecten einer Strafsen-Verbindung des Antwerpner Hafens mit der Maas und dem Rheine, durch Canäle, oder durch eine Eisenbahn.

In der Linie des Nord-Canals, die für diese Art der Verbindung von Antwerpen mit dem Rheine die vortheilhafteste ist, nemlich über Herenthals, Weert, Venlo und Neufs, nach Düsseldorf, hat das Terrain fast nicht die geringste Unebenheit. Eben dieses ist in der Linie über Heerenthals, Gheel, Stockem, Sittard und Jülich der Fall, welche für eine Eisenbahn besonders geeignet sein würde.

Vergleichung eines Canals mit der Eisenbahn. Die neue Canalstrecke von Antwerpen bis Venlo würde, nebst der Vollendung der Strecke von Venlo bis Neufs, mit Einschlufs der Capitalzinsen während des Baues, etwa 4 900 000 Rthlr. kosten (18 400 000 Fr.). Zu Zinsen, Verwaltung und Erhaltung des Canals würde jährlich eine Einnahme von etwa 293 000 Rthlr. (1 100 000 Fr.) nöthig sein, und die Waaren-Fracht von Antwerpen, auf dem Canale und dem Rheine, aufwärts bis Cölln, würde, da ungefähr 50 000 Tonnen zu transportiren sind, $7\frac{1}{2}$ bis $8\frac{1}{2}$ Rthlr. die Tonne (von etwa 20 Ctr.) kosten. Die Dauer des Transports würde 9 bis 11 Tage sein, ohne Rücksicht auf die Unterbrechungen im Winter.

Eine Eisenbahn von Antwerpen über Sittard nach Cölln würde 4 133 333 Rthlr. ($15\frac{1}{2}$ Mill. Fr.) kosten. Zu Zinsen, Verwaltung und Erhaltung der Strafse würde eine jährliche Einnahme von etwa 280 000 Rthlr. nöthig sein. Auf der Eisenbahn, die, aufser der obigen Waaren-Masse, noch etwa 10 000 Reisende jährlich zu transportiren bekommen würde, würde sich die Fracht für eine Tonne, von Antwerpen bis Cölln, mit Einschlufs aller Neben-Kosten, nur auf $6\frac{1}{2}$ bis $7\frac{1}{2}$ Rthlr. belaufen, und die Überfahrt würde zu jeder Jahreszeit in weniger als 24 Stunden zurückgelegt werden können.

Hieraus folgt, dafs eine Eisenbahn, in der benannten Linie, unwidersprechlich vortheilhafter sein würde, als der Canal. Allein schon deshalb, weil sie hier das Holländische Gebiet berühren würde, ist die Eisenbahn, wenn auch keine anderen Gründe für die Wahl einer andern Richtung vorhanden wären, in dieser Richtung nicht ausführbar. Um eine gewerbreichere Gegend zu durchschneiden, und den Kohlengruben von Eschweiler und Stolberg näher zu kommen, ist es besser, die Verbindungslinie weiter südlich zu legen. Hier aber ist ein Canal von Antwerpen nach der Maas schon sehr schwierig zu bauen: zwischen der Maas aber und dem Rheine ist er, wegen Mangels an Wasser auf den Wasserscheiden, unausführbar. Bei einer weitern Vergleichung kommt es also nur auf diejenige einer Eisenbahn von der Schelde bis zur Maas mit einem Canale in der gleichen Ausdehnung an. Der Canal würde über Diest und Jaar, die Eisenbahn nach Lüttich gehen müssen.

Die vorläufigen Entwürfe, im Jahre 1832, haben ergeben, dafs eine Eisenbahn von Antwerpen bis Lüttich, über Diest und Tongern, als erste Section der Strafse nach Cölln, etwa 2 800 000 Rthlr. Anlage- und 56 000 Rthlr. jährliche Erhaltungs-Kosten erfordert haben, und dafs die Fracht, auf die Transportmasse zwischen Antwerpen und Lüttich allein berechnet, auf 3 Rthlr. 6 Sgr. bis 3 Rthlr. 22 Sgr. für die Tonne zu stehen gekommen sein würde. Auf dem Canale würde die Fracht ungefähr eben so hoch gestiegen sein; aber auf diesem würde der Transport 4 Tage, auf der Eisenbahn nur 9 Stunden Zeit erfordert haben. Von Antwerpen bis Cölln würde die Fracht, sei es ganz auf einer Eisenbahn, oder zum Theil auf einem Canale, etwa auf 6 Rthlr. 4 Sgr. bis 7 Rthlr. 6 Sgr. haben berechnet werden müssen.

Im Allgemeinen haben Eisenbahnen vor Canälen folgende Vorzüge.

Die Fahrt auf einer Eisenbahn wird nie und zu keiner Jahreszeit unterbrochen; auch nicht durch Ausbesserungen der Strafse. Kein Zufall kann den Transport bedeutend hemmen, während die Schiffahrt, sowohl auf den Belgischen Canälen, als auf der Maas und dem Rheine, zwei Monate lang im Jahre, durch Eis oder Dürre, so wie durch Baggerungen und andere Ausbesserungen, die zuweilen gerade dann vorkommen, wenn der Verkehr der Strafsen am nothwendigsten bedarf, unterbrochen wird.

Für die Waaren sind auf der Eisenbahn keine Beschädigungen zu befürchten, und es ist also auch keine Versicherung der Waaren nöthig.

Bei der gegenwärtigen Art des Verkehrs ist die Beschleunigung der Transporte, und die sichere Vorausbestimmung der Ankunft der Waaren, eben so vortheilhaft, als nothwendig. Der Gewinn einiger Stunden Zeit ist, zumal in einem Seehafen, oft sehr bedeutend.

Auf Eisenbahnen kann die Geschwindigkeit, mit welcher Reisende fortgeschafft werden, gegen diejenige der am besten bedienten Eilwagen, mehr als verdoppelt werden, und diese Zeit-Ersparnifs ist für die Belebung des Handels und der Industrie sehr wichtig. [Wenn von den Reisenden die ersparte Zeit wirklich zu Geschäften benutzt wird, allerdings; allein die Fälle, wo solches geschieht, möchten leicht eher die Ausnahme als die Regel sein. D. H.]

Ein Canal nimmt im Allgemeinen doppelt so viel Bodenfläche ein, als eine Eisenbahn. Er trennt öfters Grundbesitzungen, die vereinigt bleiben sollten, gänzlich, und zwingt die Eigenthümer zu lästigen Umwegen. In unebenen Gegenden stört er mehr oder weniger die vorhandenen Wasserwerke, und ruinirt sie zuweilen, indem er ihnen das Wasser raubt, während im Gegentheil die Eisenbahn, statt ihnen den geringsten Schaden zuzufügen, für sie vortheilhaft ist.

In Rücksicht auf den Kriegszustand wird, wenn einerseits ein Canal zuweilen als Vertheidigungslinie benutzt werden kann, andrerseits dagegen eine Eisenbahn als Mittel, schnell und leicht Truppen und Munition fortzuschaffen, oder feste Plätze zu verproviantiren, noch vortheilhafter sein.

Der Bau eines Canals dauert immer viel länger, als der einer Eisenbahn, und gewöhnlich kann die Schiffahrt auf dem Canale nicht eher beginnen, als bis derselbe g a n z vollendet ist, wogegen eine Eisenbahn sich schon theilweise eröffnen läfst.

Die Ausführung eines Canals ist vielen Zufällen unterworfen, und die dafür im Voraus angeschlagenen Summen reichen selten dazu hin. Die Wasserverluste durch Verseigen hören erst mit der Zeit, und öfters erst nach vielen kostbaren Nachbesserungen auf, und der Bau der Schleusen und anderer Uferwerke hat öfters viele eigenthümlichen Schwierigkeiten. Die Arbeiten an einer Eisenbahn sind dagegen sehr einfach, und die Kosten lassen sich mit Gewifsheit vorher bestimmen. [Nur die Aufgabe, das beste Project zu einer Eisenbahn zu entwerfen, und besonders, die beste Richtungs-Linie zu finden, ist wenigstens nicht leichter, als die nemliche Aufgabe bei einem Canale. Dieses scheint zwar theoretisch unrichtig, aber practisch ist es sehr gewifs, und der Beweis davon **im Grofsen** liegt darin, dafs man, schon bei Chausséen, so ungemein häufig findet, dafs die Richtungslinie besser hätte gewählt werden können. D. H.]

Der Bau und die Erhaltung einer Landstrafse gewährt der Industrie, durch die, bei der Verarbeitung des Eisens, bei den Dampfmaschinen und Wagen vorkommenden Arbeiten, gröfsere Vortheile, als bei dem Canale. [Dieses möchte zu bestreiten sein. Dafs ganz gewöhnliche Hand-Arbeiter bei dem Canale mehr Beschäftigung finden, als bei einer Landstrafse, ist, so lange es mehr gewöhnliche als kunstgeübte Arbeiter giebt, eher ein Vorzug des Canals. D. H.]

Ein sehr wichtiger Vorzug einer Eisenbahn ist, dafs sich leichter Zweig-Strafsen nach Märkten und einzelnen Etablissements daran anschliefsen lassen, als bei Canälen. [Indessen kann man doch auch solche Zweig-**Eisenbahnen** nach dem **Canale** hin eben sowohl bauen, als nach der Haupt-Eisenbahn. D. H.]

Wegen der entschiedenen Vorzüge der Eisenbahnen haben die Canal-Besitzer in **England** alles Mögliche angewendet, den Transport auf ihren Wasserstrafsen zu vervollkommnen und zu beschleunigen, theils durch

Zugpferde, theils durch Dampfmaschinen; allein ohne Erfolg. Die Mittel zur Vervollkommnung der Canalschiffahrt scheinen erschöpft zu sein, während Eisenbahnen täglich neue Verbesserungen erhalten.

Im Allgemeinen lassen die Erfahrungen in England, Frankreich, und Deutschland keinen Zweifel übrig, dafs zu der Strafsen-Verbindung von Antwerpen mit dem Rheine eine Eisenbahn vor allen andern Arten von Strafsen den Vorzug habe.

§. II. Wahl der Linie für die Eisenbahn zwischen Antwerpen und dem Rheine.

Die Bedingungen bei der Wahl der Linie sind: dafs sie so kurz sei, als möglich: dafs sie möglichst unschwieriges Terrain, aber die gewerbreichsten Gegenden durchschneide und: dafs sie fremdes Gebiet vermeide. Diese Bedingungen entspringen alle aus dem einen Zwecke: den Transport so wohlfeil zu machen, als möglich.

Die gerade Linie kann bei einer Strafse nicht immer die vortheilhafteste sein. Es kann, um Unebenheiten des Terrains zu vermeiden, einiger Umweg besser sein, als die gerade Richtung. [Dieses ist eine der wichtigsten Bemerkungen für den Strafsenbau, und ein Satz, der auch, so allgemein ausgesprochen, wie hier, schwerlich von Jemand verkannt, der aber gleichwohl in der Ausübung leider häufig viel zu wenig berücksichtigt, oder auch wohl zuweilen mifsverstanden wird. Die Regel verlangt nemlich einerseits nicht etwa, dafs man jeden, auch den kleinsten, Hügel umgehen solle: andrerseits dagegen leidet sie keine Ausnahme, wenn etwa, um grofse Anhöhen zu vermeiden, grofse, und weit von der geraden Richtung abführende Umwege nothwendig sind. Die Regel heifst eigentlich: man solle so viel als möglich Steigen und Fallen vermeiden, und, was ganz besonders häufig übersehen wird, nicht etwa glauben, man habe Alles gethan und gewonnen, wenn man eine Anhöhe mit sanftem Steigen erklimme. Der nothwendige Aufwand an Kraft, um die Fracht auf eine Anhöhe zu schaffen, ist, streng genommen, immer der nemliche, man möge sie senkrecht durch Maschinen hinaufheben, oder man möge dem Wege einen so geringen Abhang geben, dafs er ohne Vorspann und fast unmerklich erstiegen werden kann. Man hat durch den sanften Abhang nichts weiter gewonnen, als dafs man die Bewegungsmittel, die in der Ebene passend sind, nicht zu verändern braucht, was aber bei weitem nicht Alles ist. Der wesentlichere Inhalt der Aufgabe ist: die Anhöhen selbst, so weit es angeht, zu vermeiden. Wie solches geschehen müsse: ob durch Umgehen, oder durch Erhöhen, Einschneiden oder unterirdisches Durchschneiden des Terrains, kommt auf örtliche Umstände an; aber niemals sollte man vergessen, daſs da, wo das Umgehen das Mittel ist, Anhöhen zu vermeiden, selbst scheinbar groſse, und weit von der geraden Linie abführende Umwege keinesweges Verluste und unrathsam, sondern vielmehr noch immer wahrer und groſser Gewinn sein können. Daſs das Zulegen eines in der That so bedeutenden Vielfachen der vermiedenen Höhe zu einer Länge noch vortheilhafter sein kann, verursacht eben leicht die Täuschung, und ist der Grund, daſs gegen die Regel, wie die Erfahrung lehrt, so häufig gefehlt wird. Bei gewöhnlichen Chausséen ist noch immer Vortheil da, wenn man das 15- bis 18fache der Höhe an Länge zugiebt: um einen Berg von 600 Fuſs hoch zu vermeiden, ist es also noch vortheilhaft, wenn man einen Umweg von einer vollen halben Meile macht, und bei Eisenbahnen steigt das Multiplum der Höhe gar über das 100fache: und statt über den 600 Fuſs hohen Berg zu klimmen, thut man besser, einen Umweg von drei Meilen zu machen, und sollte derselbe sich auch theilweise (z. B. den Krümmen eines Flusses folgend) gerade in die der Richtung nach dem Ziel-Puncte entgegengesetzte Richtung biegen müssen. Es ist ein unseliges Verfahren, auf der Land-Carte, von einem Puncte bis zum nächsten, der durchaus berührt werden muſs, und der dem vorigen wohl fast niemals eben sehr nahe liegen wird, eine gerade Linie zu ziehen, und von derselben mit der Straſse, im Ganzen, so wenig als möglich abweichen zu wollen. Bei Chausséen kann diese Methode schon sehr groſse Nachtheile bringen. Bei Eisenbahnen kann sie machen, daſs der ganze Vortheil und Nutzen der Anlage verfehlt wird. Es ist gewiſs, daſs in der Ausübung eine Menge einzelner, örtlicher Bedingungen vorkommen können, welche (selbst, wie billig, und wie sich versteht, etwaige einzelne unlautere Rücksichten ausgeschlossen) die Anwendung der Regel des möglichsten Vermeidens von Steigen und Fallen modificiren. Aber immer muſs man Gewinn und Verlust genau abwägen, und sich sehr dabei vor Täuschung hüten, die überaus leicht ist, schon weil es die Schätzungen und Berechnungen, auf welche es ankommt, nicht sind. Das eben macht den Entwurf einer neuen Straſse, und ganz vorzüglich einer Eisenbahn, so sehr schwierig, und macht, daſs dazu viel Kenntniſs, Einsicht, Umsicht, Erfahrung und unbefangenes Urtheil nothwendig sind. Die Aufgabe ist um so schwieriger, da der Gegenstand noch so neu, und so wenig allgemein durchgeübt, ja kaum auch nur einigermaafsen erschöpfend durchgesprochen ist. Gleichwohl ist er so wichtig, dafs bei einer neuen Strafse, von weiterer Ausdehnung, wie sie in der nächsten Zeit auf dem Continente, wo noch gar keine Eisenbahnen existiren, vorkommen werden, der gesammte Erfolg, also der Aufwand von Millionen an Gelde, und die Erlangung oder nicht Erlangung der Förderung des Wohlseins ganzer Länder dabei auf dem Spiele steht. D. H.]

Die Wahl der Richtung hängt auch von dem Werthe des Landes ab, welches sie durchschneidet. In einer bestimmten Gegend soll man eine neue Strafse in der Regel auf Boden von geringem Werthe legen. Aber wenn es darauf ankommt, ein ganzes Land zu durchziehen, ist zu erwägen, in welcher Richtung die Gesammtheit von der Strafse den gröfsten Vortheil haben werde: ob dann, wenn man durch Gegenden baut, die noch weniger cultivirt sind, oder durch weiter vorgeschrittene Landestheile. Hier ist zu bemerken, dafs, obgleich neue Strafsen eine Quelle der Zunahme der Wohlfahrt einer Gegend werden können, und, dafs daher Grund vorhanden sein könne, dergleichen vorzugsweise da zu bauen, wo sie noch fehlen, es doch auch gegentheils noch wichtiger sein kann, die Strafsen in schon blühenden Gegenden zu vervollkommnen. Wenn eine Strafse, durch eine arme und durch eine reiche Gegend, ungefähr nur gleiche Terrain-Schwierigkeiten findet, so verdient, nach unserer Meinung, die reiche Gegend im Allgemeinen den Vorzug, selbst wenn in derselben die Strafse theurer zu stehen käme; denn es erfordert Jahrhunderte, und grofse Capitale, dafs sich ein noch wenig angebautes und gewerbiges Land aus der Armuth empor hebe, während eine schon blühende Gegend leicht noch mehr gefördert wird, ohne den benachbarten ärmeren Landstrichen zu schaden, die vielmehr indirect davon ihrerseits Vortheil ziehen. Je mehr die Mittelpuncte des Handels eines Landes begünstigt werden: je mehr wird der Verkehr des ganzen Landes sich angeregt und belebt finden. So hat England, durch Begünstigung seiner Haupt-Handelsplätze, die ganze Erde zu seinem Markte zu machen gewufst. [Die Frage, ob es besser sei, einem noch weniger cultivirten Lande Strafsen zu geben, die es noch nicht hat, oder in den angrenzenden, weiter fortgeschrittenen Gegenden die Strafsen zu vervollkommnen, ist ihrerseits wiederum gewifs ungemein schwierig. Es mag darüber in dem gegenwärtigen Falle der dortigen Örtlichkeit richtig entschieden worden sein; aber im allgemeinen läfst sich die Frage schwerlich auf eine und dieselbe Weise beantworten. Man hat Fälle gesehen, wo neue Strafsen, durch Gegenden, die noch weniger angebaut waren, dieselben schnell wunderbar gehoben und gleichsam verwandelt haben. Auch erzeugen sich die Capitale bald durch den Anbau und Verkehr, und wenn nur Boden und Lage nicht gar zu ungünstig sind, und die Civilisation nicht intellectuell zu weit zurück ist, so bedarf es eben nicht Jahrhunderte, um ein Land zu heben. Wenn indessen irgend ein allgemeiner Ausspruch über die Frage möglich wäre, so möchte er sich wohl, wenigstens, wenn nicht insbesondere von Eisenbahnen, sondern nur von Chausséen die Rede ist, eher noch zu Gunsten der zurückgebliebenen als der schon weiter vorgeschrittenen Gegenden neigen. Denn der Handel allein erzeugt die Wohlfahrt nicht. Er dagegen gewinnt, wenn die Zahl und Wohlhabenheit der Käufer zunimmt. Allerdings gewinnen Käufer und Verkäufer, wenn letztere den ersteren ihre Waaren auf leichteren oder weniger kostbaren Wegen zuführen können; aber beide gewinnen wohl noch mehr, wenn die Zahl und das Bedürfnifs der Käufer wächst. Die Armen werden nicht leicht wohlhabend durch die Reichen; aber die Reichen werden leicht reicher und zahlreicher unter Wohlhabenden. Die Frage ist übrigens ein Gegenstand vorzugsweise für den Staatswirth, nicht für den Baumeister. In so fern nicht etwa gleich gute Einsichten in die Staatswirthschaft und in die Baukunst in einer und derselben Person sich vereinigt finden, was selten der Fall sein wird, wenigstens niemals gefordert wird, soll der Staatswirth den Baumeister bei der Entscheidung über jene Frage nur in Absicht der technischen Berücksichtigungen zuziehen, dieses aber auch nothwendig thun, weil wiederum von ihm zureichende Einsichten in die Technik nicht zu verlangen sind. Ist aber über die Richtung der Strafse im allgemeinen erst staatswirthschaftlich entschieden, so gehört alsdann die weitere Anordnung ganz dem Baumeister, nur noch, umgekehrt, mit Zuziehung des Staatswirthes bei einzelnen nicht technischen Berücksichtigungen. Diese Bemerkung, wegen nothwendiger und erspriefslicher Theilung des Gegenstandes, ist vielleicht nicht ganz unnöthig, da wiederum die Erfahrung häufig Abweichungen zeigt, zum Nachtheil der Sache selbst; indem entweder der Baumeister seinen staatswirthschaftlichen, oder der Staatswirth seinen technischen Kenntnissen zu viel vertraut. D. H.]

Die fruchtbarsten Districte von Belgien, so wie diejenigen, welche die meisten Bergwerke und Fabriken enthalten, entbehren noch leichter Communications-Mittel, um mit der Engländischen Industrie wetteifern zu können. Daher mufste auf diese Districte bei der neuen Strafse insbesondere gesehen werden. Dafs fremdes Gebiet vermieden werden mufste, versteht sich, wegen der grofsen, damit verbundenen Übelstände, von selbst.

Von diesen Principien ist man bei dem Entwurfe der Eisenbahn ausgegangen.

Die Linie über Sittard schien, als die kürzeste und schwierigkeitsloseste, die natürlichste. Sie begegnet keinen anderen Terrain-Erhöhungen als denen auf der Wasserscheide bei Peer, zwischen der Schelde und Maas, und bei Bergheim, zwischen der Maas und dem Rheine. Die Länge der Linie über Herenthals, Gheel, Stockem, Sittard und Jülich ist:

auf Belgischem Gebiete	13 Meilen und	820 Ruthen.
die kleine Strecke durch Holländisches Gebiet	1 - - —	820 - -
durch die Preufsischen Rheinlande . . .	9 - - —	1910 - -
zusammen	24 Meilen und	850 Ruthen.

Das Terrain ist in der ganzen Linie wohlfeil; die Abhänge der Strafse würden sehr sanft, und die Erd-Arbeiten sehr leicht sein; aber die Linie hat folgende Mängel. Erstlich ist das Land verhältnifsmäfsig nur wenig bewohnt. In einer Breite von 4 Lieues (etwa $2\frac{1}{2}$ Meile) finden sich, im Belgischen, nur etwa 70 000, im Holländischen 9 000, und im Preufsischen 30 000 Einwohner. Im Belgischen haben die Orte Herenthals, Gheel, Beeringen, Peer, Bree, Maseyk und Stockem, die, auf zwei Lieues rechts und links von der Strafse, die bedeutendsten sind, zusammen nur 15 000 Einwohner; Sitttard und Kerkraede, im Limburgischen, hat deren 3000, Jülich, Rolduc und Bergheim, im Preufsischen, nur 7000. Sodann würde ein grofser Theil der Strafse nur Haiden und Sümpfe durchschneiden, wo die Industrie fast Null ist. Die wenig bedeutenden Kohlengruben von Kerkraede und Rolduc sind die einzigen Bergwerke auf der ganzen Strafse. Der ganze Verkehr auf der Strafse in dieser Richtung würde sich also auf denjenigen zwischen Antwerpen und Cölln beschränken, und da dieser nicht hinreicht, um bei mäfsigem

Wegezolle die Zinsen der Kosten zu decken, obgleich der Bau wenig kostbar sein würde, so würde, selbst abgesehn von dem Übelstande, dafs die Strafse Holländisches Gebiet berühren müfste, der Nutzen der Bahn meistens verloren gehen durch die hohen Zölle, die man festsetzen müfste, um die Kosten zu verzinsen.

Neben jenem, so wenig von der Natur begünstigten, wenig gewerbigen und dabei vertheidigungslosen Lande, findet man nun ein wohlangebautes, an unterirdischen, so wie an Fabrik-Erzeugnissen sehr reiches Land, wenn man, ein wenig von der geraden Richtung abweichend, durch Brabant, durch das Lüttichsche, und über die Kohlengruben von Eschweiler geht. Man vermeidet hier zugleich das Holländische Gebiet, und durchzieht überall, im Belgischen und Preufsischen, nur ein fruchtbares und blühendes Land. In dieser Richtung lassen sich eine grofse Menge von Gewerbe-Orten berühren, und der bei weitem stärkere Verkehr gestattet dann eine Erniedrigung der Wegezölle. [Hier ist also ebenfalls, aus andern Rücksichten, wie die auf die Gestalt des Terrains, ein Fall, wo die gerade Linie zwischen den beiden Hauptziel-Puncten für die Strafse nicht die beste ist. Auch der Nutzen, welchen die Strafse der von der Natur wenig begünstigten Gegend in der geraden Richtung würde bringen können, scheint hier, in der Gesammtheit genommen, nach der obigen Darstellung, bei weitem nicht so grofs, als der Nutzen in der andern Richtung. D. H.]

Indessen lassen sich nicht alle Puncte, denen es nützlich sein möchte, mit der Strafse berühren, ohne sie unverhältmäfsig zu verlängern. Die Linie mufs daher nach dem Verhältnisse des Erfolges zu den Kosten der Anlage sich richten.

Erwägt man einstweilen, abgesehen von der Verschiedenheit der Anlage-Kosten der Strafse, die übrigens nie so grofs ist, als bei einem Canale, die commercielle und industrielle Wichtigkeit der zwischen Antwerpen, Lüttich und Cölln befindliche Orte, so ergiebt sich, den statistischen Daten zufolge, dafs jene relative Wichtigkeit durch folgende Zahlen ausgedrückt werden kann.

Mastricht	30	Moresnet	5
Maseyk, Stockem . .	5	Verviers	30
Lüttich	90	Diest, Aerchot	18
Visé, Daelhem	3	Tirlemont	15

Turnhout	8	Brüssel	65
Hasselt	15	Lierre	15
St. Trond	7	Rolduc und Kerkraede.	8
Waremme, Landes . .	5	Aachen	30
Tongern.	5	Eupen	15
Löwen.	30	Jülich	7
Namur	30	Eschweiler und Stolberg	30
Mecheln.	30	Düren	15

Aus dieser Vergleichung folgt zunächst, dafs die Maas nicht vortheilhafter passirt werden kann, als bei Lüttich, selbst wenn Mastricht hätte Belgisch bleiben können. Die zahlreiche und thätige Bevölkerung Lüttichs, von 60 000 Menschen, und eben so vielen in der nächsten Umgegend, so wie die dortigen Kohlengruben, die neuer bequemer Strafsen bedürfen, um Brabant und Antwerpen zu versorgen, und noch Kohlen nach dem Auslande zu senden, entscheiden für diesen Punct. Lüttich besitzt bedeutende Fabriken in Eisen, Zink und allen andern Metallen, Giefsereien und Fabriken von Maschinen und von Kriegs-Geräthen aller Art. Am Ausflusse der Ourthe und Vesdre in die Maas gelegen, ist es der Niederlage-Ort für alle Gewerbs-Erzeugnisse der Thäler jener Flüsse, und die Strafse aufwärts sichert die Ausfuhr der Kriegs-Geräthe. Berührt die Eisenbahn Lüttich, so fällt ihr der ganze Verkehr dieser Stadt mit dem östlichen und westlichen Belgien, sowohl mit Waaren, als mit Steinkohlen, anheim. Das Brenn-Material für die Dampfwagen findet sich dort im Uberflusse, dicht an der Strafse, und es werden also dadurch wiederum die Transport-Kosten der Waaren vermindert.

Zwischen Antwerpen und Lüttich verdient insbesondere die Stadt Mecheln Berücksichtigung, wegen ihrer Schiffahrts-Verbindung mit dem Meere, mit La-Campine und den Flandern, wegen ihrer ansehnlichen, auf 24 000 Menschen sich belaufenden Bevölkerung, und weil sich von dort ein Strafsenarm nach Brüssel führen läfst, der den Verkehr auf der Strafse sehr vermehren wird.

Sodann ist die beste und natürlichste Richtung der Strafse von Lüttich über Mecheln nach Antwerpen, welche zwischen den beiden letzten Städten durch Duffel und nahe an der gewerbreichen, von 17 000 Menschen bewohnten Gegend von Lierre vorbeigehend, sich damit leicht verbinden läfst, die, über Löwen, welche Stadt, mit 25 000 Einwohnern, jetzt der Stapel-Platz für die aus aus dem Namurschen und Luxemburgischen nach Antwerpen gehenden Producte ist, und bedeutende Fabriken und Brauereien besitzt.

Ferner ist Tirlemont, mit 8000 Einwohnern, wegen seines bedeutenden Handels mit Getreide und Wolle, und wegen seines Viehmarktes, zu berücksichtigen, und endlich die fruchtbare Gegend von Waremme und Hesbaye, welcher es bis jetzt ganz an Strafsenverbindungen fehlt.

Wollte man die Strafse von Antwerpen nach Lüttich durch Lierre führen, so könnte man zwar Diest, St. Trond und Tongern berühren; allein in dieser Richtung ist die Gegend schon weniger bevölkert, und militairisch weniger geschützt.

Zwischen Lütttich und Cölln ist unstreitig der wichtigste Punct die Stadt Aachen, zusammen mit der Vorstadt Burtscheid 40 000 Einwohner zählend, ohne die Tausende der jährlichen Bade-Gäste. Aber die Terrain-Schwierigkeiten in grader Linie zwischen Aachen und der Maas gestatten nur die Wahl zwischen der Richtung über Visé, Daelhem und Moresnet, und derjenigen durch das Vesdre-Thal, über Chené, Verviers, Dolhain und Eupen. Die erste Linie berührt eine Einwohnerschaft von etwa 12 000 Seelen, mehrere Tuch-Fabriken, und die Galmey-Gruben im neutralen Districte. Die zweite Linie durchstreicht ein durchweg gewerbreiches Land, von 40 000 Menschen bewohnt, und nähert sich den ebenfalls wichtigen Orten Spa, Stavelot und Malmedy.

Von Eupern oder Aachen kann nun die Strafse über Stolberg und Eschweiler und Düren nach Cölln gehen. Die Kohlengruben von Stollberg und Eschweiler sind die bedeutendsten in den Preufsischen Rheinlanden, und nur der Mangel an Strafsenverbindungen ist der Grund ihrer geringen Benutzung. Stollberg und Eschweiler haben 6000 und Düren hat 4000 Einwohner, und viele Fabriken. Zwischen Düren und Cölln berührt die Richtung noch die Braunkohlen-Lager von Kerpen und Frechen.

Die für den Verkehr vortheilhafteste Strafsen-Linie wird also die über Mecheln, Löwen und Tirlemont sein. Aber sie hat mehrere Hügel zu übersteigen, und breite und tiefe Thäler zu passiren. Bei Lüttich befindet sie sich etwa 319 Fufs hoch über dem Wasserspiegel der Maas. Die Linie über Diest, Tongern und Visé dagegen, welche man früher vorgeschlagen hatte, durchschneidet ein weniger schwieriges

Terrain, und ihr höchster Punct liegt um 112 Fuſs niedriger. Dagegen ist sie, von Lüttich nach Antwerpen, 17¼ Meile und von Lüttich auf Brüssel 18½ Meile lang, während die Länge in der neuen Richtung, über Löwen, nicht ganz 16 Meilen beträgt. [Da nach dem der Carte beigefügten Profile gerade nicht viel abwechselndes Steigen und Fallen in der zweiten Linie vorkommt, so möchte die Ersparung von 1 bis 1½ Meilen an Länge wohl den Verlust von 112 F. mehrerer Höhe aufwiegen. D. H.]

Die neue Linie hat auſserdem noch den Vorzug, daſs sie gerade nach dorthin abhängt, wohin diejenigen Gegenstände (z. B. Kohlen) zu schaffen sind, die, ihres geringen Preises wegen, am meisten der Erleichterung des Transports bedürfen, so, daſs also der Abhang dem Transporte noch zu Statten kommt. [Dieses ist ebenfalls eine bemerkenswerthe Berücksichtigung, die in Fällen, wo die Transport-Masse nicht hin und zurück ungefähr gleich ist, ebenfalls schon die Wahl einer Straſsenlinie ändern kann. D. H.] Die Abhängigkeit der Bahn bei Lüttich giebt keinen Einwand gegen die Linie, weil sie hier mitten zwischen den Kohlengruben liegt.

Zwischen Lüttich und Cölln ist das Terrain ebenfalls nicht schwierig. Im Vesdre-Thal läſst sich die Höhe von Aachen bequem ersteigen, und, von der dortigen Wasserscheide an, die auch die andere Linie über Moresnet passiren müſste, finden sich, bis zum Rheine, weiter keine Schwierigkeiten, als ein kleiner Hügel zwischen der Erft und Cölln, welchen man aber leicht durch einige Verstärkung der Maschinen übersteigen kann.

§. III. Nähere Beschreibung der vorgeschlagenen Linie.

Der Abgangs-Punct der Eisenbahn zu Antwerpen wird an dem neuen Lagerhause sein, und es werden sich von diesem Puncte besondere Bahnen, in das Innere dieses Gebäudes sowohl, als längs den Quais der Handelshafen-Bassins erstrecken, um die Bahn-Wagen, ohne Zwischen-Transport, unmittelbar beladen und entladen zu können.

Von hier an wird die Eisenbahn die Festungswerke in einem Einschnitte der Courtine am Lagerhause passiren, auf dem Glacis weiter gehen, und die Chaussée nach Tournhout, bei den ersten Häusern der Vorstadt Borgerhout, schneiden.

An dieser, in den Beziehungen auf den Meer-Platz, die Börse und den gewerbreichsten Theil der Stadt günstig gelegnen Stelle werden die Standpuncte der Wagen für die Reisenden sein.

Von hier an läuft die Bahn nach dem Dorfe Lentz, schneidet bei Vieux-Dieu die Chaussée von Lierre, und geht zwischen den Strafsen von Contich und den Dörfern Mortsel und Hove hindurch. Von Lentz, wo der Arm nach Lierre abgeht, richtet sich die Strafse, über Duffel, nach Mecheln, wo sie den Nethe-Flufs und die gepflasterte Strafse von Mecheln nach Lierre passirt. Die Strafse geht dicht bei Mecheln vorbei, berührt das Thor von Diest und passirt die Dyle oberhalb der Mühlen.

Zwischen der Dyle und der Chaussée von Mecheln nach Löwen theilt sich die Bahn in die beiden, nach Brüssel und nach Lüttich.

Der Arm nach Brüssel schneidet, erhöht, die Chaussée von Mecheln nach Löwen und, in gleicher Höhe, die Deiche des Löwenschen Canals, richtet sich, durch das Dorf Bleyenburg, nach Vilvorde, passirt zweimal die Senne und läfst rechts die Chaussée und die Dörfer Sempst und Eppeghem, und links die Dörfer Werdt und Houthem. Von Vilvorde zieht die Bahn weiter durch die Ebene von Montplaisir, und läfst links Machelen und Eder und rechts die Senne und den Canal von Willebroek.

Nach Laeken gelangt, ist von da an die Wahl zwischen zwei Richtungen für den Eingang in Brüssel. Die eine würde die Senne und die Chaussée bei der Brücke von Laeken schneiden und, parallel mit dem Canale, bis zum Gitter der grünen Allée fortlaufen; die andere würde, an den Fufs des Schaerbecker Hügels sich anlehend, durch ein bei dem botanischen Garten einzurichtendes neues Thor in die Stadt gelangen. Die zweite Richtung würde für die Reisenden, die erste für den Waaren-Verkehr vortheilhafter sein, weil der Strafsen-Arm, den man nothwendig nach den Canal-Bassins bauen müfste, längs eines sehr lebhaften Boulevards laufen und die grofse Strafse, beim Antwerpner Thore, gerade da schneiden würde, wo die Passage am stärksten ist. Es wird daher am besten sein, einen Seiten-Arm des Canals zu bauen: die Eisenbahn mag in die grüne Allée, oder auf die angrenzenden Wiesen gelegt werden.

Die Bahn von Mecheln nach Lüttich wird, die Biegung des Canals bei Tildonk meidend, über Muyzen, Hever, Bortmeerbeck und Wespelaer, nach dem Diester Thor von Löwen gelangen, in gleicher Höhe mit der Chaussée von Joris-Winghe.

Von hier wird sie längs dem Boulevard fort, unter der Chaussée von Tirlemont hindurch, in das Thal des Parks gehen, und dieses Thal, Corbeek-Loo links lassend, bis Lovenjont hinaufsteigen. Sie erhält einen grofsen Einschnitt bei Bautersem, und passirt das Velp-Thal zwischen den Dörfern Bautersem und Vertrich. Sie läuft ferner auf Cumptich, Bost, und passirt den Hougaerde-Flufs zwischen Overlaer und Tirlemont.

Von hier läuft sie auf Landen, passirt auf einem hohen Damme die Geete zwischen Esemael und Neer-Heylissen, läfst die Dörfer Laer und Neerwinden links, Overwinden rechts, und umgeht, oberhalb, Landen.

Sie läuft weiter auf Waremme, läfst Niel und Corswaren links, Rosoux und Beloz rechts, passirt die Jaar und die Römische Chaussée, nahe bei den Gräbern von Nouville, und gelangt, über Fexhe, Voroux und Bierset, nach dem Plateau der Kohlengruben von Lüttich.

Von den Höhen von Ans und Montagenée steigt die Bahn in das Thal der Maas, am Ende des Quais von Avroy, bei Val-Benoit, vermittelst zweier abhängigen Flächen hinab, zwischen welchen der horizontale Ruhe-Platz sich bis zur Caserne St. Laurent erstreckt, wo sich die Ablade-Stellen für die obere Stadt, bis zu den Kohlengruben von Lahaye, befinden.

Von dem Fufse der abhängigen Fläche, die über die Chaussée von Lüttich nach Namur hinwegläuft, lenkt sich die Strafse durch Angleur auf Chenée, nach dem Abgangs-Puncte der beiden Chausséen nach Spa und Verviers. Sie tritt nunmehr in das Vesdre-Thal und bleibt auf dem linken Ufer des Flusses bis zum Werke Hauster, wo sie auf das rechte übergeht und bis Chaudfontaine fortläuft. Daselbst passirt sie den Flufs und die Chaussée oberhalb der Mühlen.

Sie geht nun, unterirdisch, durch die vorspringenden Felsen von Ninane, passirt, bis Prayon, dreimal die Vesdre, ferner die Chaussée, und läuft am Fufse des Berges entlang bis Fraipont, mit einer unterirdischen Strecke an der Spitze von Foret, kreuzt wieder die Chaussée und geht, fast parallel mit derselben, bis Nassonvaux. Hier passirt sie die Vesdre zweimal, ein drittes Mal bei Gihauster, läuft nun am Fuſse des Berges entlang bis Goffontaine, passirt wieder zweimal den Fluſs und bei Soquinry, unterirdisch, die vorspringende Bergecke. Sie passirt ferner den Theux-Fluſs an seiner Einmündung in die Vesdre, die Chaussée nach Spa bei Pepinster und zweimal die Vesdre, und gelangt so nach Verviers.

Dieses ist die Richtung der Hauptstraſse. An dieselbe schlieſst sich der Haupt-Seitenarm nach Lierre. Auſserdem aber werden in die Hauptstraſse eine Menge kleiner Seiten-Arme nach einzelnen Orten, Fabriken und andern Werken gelangen.

[Da es vorzüglich auf die Gefälle bei einer Eisenbahn ankommt, so wollen wir dieselben hier, nach den der Carte beigefügten Profilen, übersichtlich angeben.

Von Antwerpen bis Mecheln sind die Gefälle, wechselnd, der Reihe nach: 1 auf 370, 550, 1000 und 3200. Bis Mortsel, etwa 1 Meile von Antwerpen, steigt die Straſse bis etwa 45 Fuſs über den Null-Punct, der der Wasserspiegel des Hafen-Bassins in Antwerpen ist, und von da fällt sie fortwährend bis Mecheln hinab, wo sie sich noch etwa 18 F. hoch über dem Null-Puncte befindet. Der Seiten-Arm nach Lierre hat zwei einander entgegenlaufende Gefälle von 1 auf 2700 und 550.

Von Mecheln nach Brüssel, beinahe stets steigend, sind die Gefälle: 1 auf 600, 1000, 4000 und 1370; auch ist eine längere Strecke ganz horizontal. In Brüssel befindet sich die Bahn 54 F. hoch über dem Null-Puncte.

Von Mecheln bis Löwen steigt die Bahn fortwährend, und befindet sich bei Löwen 80 F. hoch über dem Null-Puncte. Die Gefälle sind: 1 auf 3300, 1100 und 600.

Von Löwen bis Tirlemont steigt die Bahn, mit Gefällen von 1 auf 300, 330 und 1000, und liegt bei Tirlemont horizontal, 212 F. hoch über dem Null-Puncte.

Von Tirlemont nach Waremme läuft die Bahn erst noch horizontal, im Ganzen an eine Meile lang, fort, und steigt dann fortwährend, mit einem Gefälle von 1 auf 300, zuletzt von 1 auf 3000, bis auf 382 Fuſs hoch über den Null-Punct.

Von Waremme auf Lüttich zu ersteigt die Bahn, mit Gefällen von 1 auf 600, 300, 400, 600 und 300 den höchsten Punct bei Ans, in den Kohlengruben nahe bei Lüttich, der 564 F. hoch über dem Null-Puncte liegt. Hierauf folgt eine abhängige Fläche, mit 1 auf 36 Gefälle, die sich etwa um 191 F. hinabsenkt. Dann folgt eine horizontale Strecke von etwa 200 Ruthen lang. Darauf eine zweite abhängige Fläche, ebenfalls mit 1 auf 36 Gefälle, die sich um etwa 160 F. nach der Maas hinabsenkt, wo nun die Bahn noch etwa 213 Fufs hoch über dem Null-Puncte liegt.

Von Lüttich bis Verviers, im Vesdre-Thale, fällt erst die Bahn noch, mit einem Gefälle von 1 auf 500, eine kurze Strecke, und steigt dann fortwährend, mit Gefällen von 1 auf 320, 250, 300, 200, 250, bis zu der Höhe von 506 F. über dem Null-Puncte.

Man sieht hieraus, dafs das Terrain im Ganzen sehr günstig ist, indem nur auf kurze Strecken der Abhang 1 auf 200, meistens aber nur 1 auf 300, oder viel weniger beträgt. Auch ist es, bei der einmal bestimmten Richtung im Ganzen, günstig genug, dafs man, auf eine so bedeutende Länge der Bahn, mit zwei abhängigen Flächen, von zusammen 351 F. hoch, ausreicht.

§. IV. Principien der Anordung und Construction der Bahn.

Man hat bei den Planen weniger auf absolute Verminderung der Kosten, als auf Zweckmäfsigkeit des Werks gesehen, weil darin die wahre Ersparnng liegt. [Gewifs, allerdings. D. H.]

Ausgenommen im Vesdre-Thale, wo die Bahn an einigen Stellen kurze Krümmen von nur 80 Ruthen Halbmesser bekommen mufste, haben die Krümmen mehrere Tausend Meter [also jedenfalls über 300 Ruthen, d. H.] Halbmesser.

Da die Fahrt auf Eisenbahnen mit 1 auf 333, bis 1 auf 250 Gefälle, der Erfahrung nach, ohne merklichen Verlust an Kosten und Zeit vor sich gehen kann, und dieser Abhang sogar da, wo die abwärts gehende Transportmasse stärker ist, als die aufwärts gehende, vortheilhaft ist: so ist jenes Gefälle überall da zugelassen worden, wo eine Abkürzung des Weges oder eine Verminderung der Damm-Arbeiten dadurch erlangt werden konnte. Diese Vertheilung des unvermeidlichen Abhanges, um von Löwen auf die Höhe von Lüttich zu gelangen, wird übrigens bei Niemanden über den Erfolg der Bahn Zweifel erregen, dem die Abhänge der neueren Eisenbahnen in England, und die Wirkungen der Dampfmaschinen bekannt sind. Wo indessen die Bahn, ohne große Erhöhung der Kosten, ganz horizontal gelegt werden konnte, ist es geschehen; oder man ist dem Steigen und Fallen des Terrains gefolgt, wo es mit weniger Gefälle als 1 auf 1000 geschehen konnte, welches Gefälle fast als Null betrachtet werden darf.

Die Zahl der Geleise der Eisenbahn richtet sich nach der Frequenz. Beim ersten Anblick scheint es, daſs auf einer einzelnen Bahn die Fuhrwerke nicht gehörig einander ausweichen können, und daſs wenigstens zwei Bahnen nothwendig sind: eine für die hin-, und die andere für die zurückfahrenden Wagen. In England hat man vier, in dieser Beziehung verschiedene Arten von Bahnen. Die erste Art ist die, auf welcher sich 5 bis 10 Hundert Tausend Tonnen (10 bis 20 Millionen Centner) Fracht jährlich, halb hin, halb her, bewegen. Diese Art hat im Allgemeinen zwei Bahnen. Die Schienen, welche Wagen der gröſsten Art, von 60 bis 70 Centner Ladung tragen müssen, sind von den stärksten Dimensionen. Die zweite Art, für ein Fuhrwesen von 4 bis 6 Millionen Centner jährlich, nach Einer, oder von 8 bis 10 Mill. Centner nach zwei Richtungen, halb hin, halb zurück, hat in der Regel nur Eine Bahn, mit Ausweiche-Stellen, in gröſserer oder geringerer Entfernung, nach Bedürfniſs oder Frequenz. Die Wagen und Schienen sind gewöhnlich eben so stark, als bei der ersten Art. Die dritte Art findet sich auf kurzen Seiten-Armen der Straſsen erster und zweiter Classe, nach einer Stadt, nach einem Bergwerke, oder nach einem Canale oder Fluſs-Ladeplatze. Diese Art hat nie mehr als Eine Bahn; und obgleich die Wagen der Hauptstraſsen darauf fahren müssen, sind die Schienen schwächer. Die vierte Art endlich findet sich bei den Verbindungen einzelner Werke mit einem Flusse oder Stapelplatze. Da die Wagen der gröſsern Bahn nicht auf ihnen fahren, so sind sie schmaler, und die Schienen von der schwächsten Art. Es gehören in diese Classe auch die Bahnen im Innern der Bergwerke, und die Materialien- und Erdwege bei Ausführung groſser Bauwerke.

Auf der Straſse von Liverpool nach Manchester werden zuweilen in Einem Tage an 4000 Reisende und mehr als 20 000 Ctr. Waaren fortgeschafft. Diese Bahn, welche fünf Seiten-Arme hat, ist doppelt. Die Straſse von Darlington, die besonders zum Transporte der

Steinkohlen von Auckland nach dem Hafen von Stockport bestimmt ist, auf welcher die Transportmasse an $2\frac{1}{2}$ Millionen Ctr. jährlich beträgt, und zwar in einer und derselben Richtung (die zurückgehenden Wagen sind leer), und auf welcher aufserdem 20 000 Reisende passiren, hat 6 Jahre lang nur Eine Bahn gehabt, bis im Jahre 1831, nachdem die Frequenz immerfort gestiegen war, noch eine zweite gemacht werden mufste. Auf dieser Strafse kommen alle drei Bewegungs-Mittel: Pferde, bewegliche und stehende Maschinen vor, und zwar hat diese Zusammenwirkung nicht den geringsten Übelstand.

Es liefsen sich zahlreiche Beispiele anführen, wo in England eine einfache Bahn, bei einer Frequenz, wie sie zwischen Antwerpen und Cölln, wenigstens für den Anfang, zu erwarten ist, ausreicht. Diese Frequenz ist folgende, und zwar jährlich

	Tonnen Waaren.	Reisende.
zwischen Antwerpen und Mecheln . . .	175 000	50 000
- - Mecheln und Brüssel	30 000	70 000
- - Mecheln und Löwen	160 000	35 000
- - Löwen und Tirlemont	170 000	30 000
- - Tirlemont und Waremme . .	170 000	20 000
- - Waremme und Lüttich	180 000	10 000
- - Lüttich und Verviers	70 000	15 000

Solches macht, auf der frequentesten Stelle, im Durchschnitt täglich 11600 Ctr. Waaren, und 140 Reisende, in jeder Richtung. Um sicher zu rechnen, wollen wir annehmen, dafs innerhalb 10 Stunden des Tages doppelt so viel Waaren und dreimal so viel Reisende fortgeschafft werden müssen. Wir wollen für die Geschwindigkeit der Bewegung $1\frac{1}{2}$ bis $2\frac{1}{4}$ Meilen in der Stunde annehmen, und die Ladung eines Convois, statt der 1500 Ctr., die sie zu Darlington beträgt, nur zu 800 Ctr.: so kommen, für die frequenteste Section, auf den Tag 30 Waaren- und 6 Passagier-Züge, nach jeder Richtung. Nun gehen auf allen Eisenbahnen die Waaren-Züge ungefähr zu gleicher Zeit ab, oder folgen sich doch nahe. Es werden sich also die Züge nur höchstens von halben zu halben Stunden, oder nachdem sie $\frac{3}{4}$ bis $1\frac{1}{4}$ Meile durchlaufen haben, begegnen können; woraus folgt, dafs, wenn Ausweiche-Plätze, ungefähr 120 Ruthen (450 Meter) von einander entfernt, vorhanden sind, kein weiterer Aufenthalt als der von einigen Minuten entstehen kann, die vielleicht der eine Wagenzug warten mufs. Rechnet man nach der gegenwärtigen Frequenz der Strafse, so findet sich, dafs von Antwerpen bis Lüttich nur 6 bis 8 Wagen-Züge, und 12 bis 14 auf der ganzen Tour von Antwerpen bis Cölln, sich kreuzen würden, in so fern blofs am Tage gefahren wird, und noch weniger, wenn auch die Nächte zu Hülfe genommen werden. Nachtfahrten, die zu Darlington vom April bis in den September Statt finden, geschehen übrigens dort, wie die Erfahrung zeigt, ohne die geringste Gefahr. [Aber, wie oben bemerkt, wird diese Strafse von beladenen Wagen nur nach einer und derselben Richtung befahren. Ob die leeren Wagen auch des Nachts fortgeschafft werden, ist die Frage. D. H.] Übrigens werden die Hemmungen durch den Umstand noch seltener werden, dafs die Dampfwagen, etwa jede Stunde, 4 bis 5 Minuten anhalten müssen, um auf den Stationen Wasser und Brennstoff einzunehmen, während welcher Zeit dann die Bahn frei bleibt.

Auf den Grund aller dieser Erwägungen ist nun nur eine einfache Bahn vorgeschlagen worden, damit sie um so sicherer mit der Bahn am Rheine und den Canälen concurriren könne. Alle 120 Ruthen soll ein Ausweiche-Platz sein. Damit aber, wenn die Frequenz zunimmt, was nun gerade deshalb um so mehr zu erwarten ist, da auf der wohlfeil erbauten Bahn der Wegezoll niedrig angesetzt werden kann, in der Folge eine zweite Bahn ohne Schwierigkeit gelegt werden könne, soll das Terrain dazu sogleich angekauft werden. Denn die Kosten desselben sind nicht bedeutend, und jetzt jedenfalls geringer als später, wenn erst das Terrain an der Eisenbahn durch sie selbst einen höhern Werth erlangt haben wird.

Längere Zeit hielten die Engländischen Ingenieurs 3 Fufs $10\frac{3}{4}$ Zoll Spurweite für die gröfsten Eisenbahnen hinreichend, und noch weniger für Seiten-Arme; nach Verhältnifs der Frequenz. Die Darlingtoner Bahn hat, wegen ihrer beträchtlichen Frequenz, 4 bis $4\frac{1}{2}$ Fufs Spur-Weite bekommen. Da die gröfsere Breite für vortheilhaft befunden wurde, so glaubte man der Liverpooler Bahn 4 F. $9\frac{1}{2}$ Zoll Spur-Weite geben zu müssen. Da aber die neueste Art von Wagen so breiter Spuren nicht bedarf, und die grofse Breite aufserdem der Leichtigkeit des Zuges nicht vortheilhaft ist, so hat man dem einzelnen Beispiele von Liverpool nicht folgen zu müssen geglaubt, sondern 4 F. $5\frac{1}{2}$ Zoll Spurweite angenommen, was am meisten derjenigen der Bahn von Darlington sich nähert, die noch immer zum Muster dient: jetzt wieder bei den neuen Strafsen von Glasgow, Edinburg, Selby etc.

Bei der Wahl zwischen gegossenen und geschmiedeten Schienen kann heut zu Tage kein Zweifel mehr sein. Vielfache Erfahrungen haben gezeigt, dafs die geschmiedeten die besseren sind: man nimmt jetzt, selbst zur Ausbesserung alter Schienenwege, nur geschmiedete Schienen. Die Stärke der Schienen ist nicht nach Rechnung und Theorie, sondern nach der Erfahrung bestimmt worden. Sie mufs mit dem Gewichte der darüber hin fahrenden Wagen im Verhältnisse stehen. Am schwersten wiegen die Dampfwagen selbst, und mehr, als die Wagen, welche sie ziehen. Die schwersten Dampfwagen haben 80 Ctr. Gewicht auf Ein Paar Räder. Früher gaben die Engländischen Ingenieurs den Schienen $9\frac{2}{3}$ Pfund Gewicht auf den laufenden Fufs (28 Pf. Engl. auf den Yard). Seit 1826 machen sie sie in dem Verhältnisse schwerer, als das Eisen wohlfeiler geworden ist. Solche Schienen, auf 2 Fufs 11 Zoll von einander entfernte Unterstützungs-Puncte gelegt, vermögen, die gedachten Wagen zu tragen; aber ihre Erhaltung ist auf sehr frequenten Strafsen kostbar. Sie ist leichter, wenn man schwerere Schienen nimmt; doch bestimmen die Zinsen des gröfsern Anlage-Capitals eine Grenze. Die Schienen zu Liverpool, welche jetzt über 12 Pf. der laufende Fufs wiegen, werden bei Nachbesserungen durch Schienen von 15 Pf. der laufende Fufs ersetzt. Wir haben Schienen von 12 Pf. den laufenden Fufs angenommen, und verhältnifsmäfsig mehr oder weniger, nach der Frequenz. Die Form der Schienen ist wie die der Stephensonschen angenommen. Die Schienen mit parallel laufender Verstärkung sind zwar wohlfeiler zu machen, aber nicht so stark, wie die mit nach unten gekrümmter Verstärkung. Die Stephensonschen Schienen würden vielleicht jetzt in England und Schottland ganz allgemein im Gebrauch sein, wenn sie nicht durch die Patentirung des Erfinders theurer wären.

Da die jetzt in England übliche Construction der Dampfwagen auch ohne Zweifel auf der Eisenbahn zwischen Antwerpen und Cölln annehmbar befunden werden wird, so sollen die *Ausweiche-Stellen* eben so eingerichtet werden, wie zu Darlington und Liverpool, nemlich so, dafs, wenigstens 4 F. $5\frac{1}{2}$ Zoll aufserhalb der Bahn, ein Wagenzug von der gröfsten, nemlich von 366 F. Länge, Raum findet, ohne die Einbiegungen von 64 F. lang an jeder Seite gerechnet.

Bei Veränderungen der Richtung schlagen wir denselben Mechanismus vor, der sich zu Darlington als wohlfeil und leicht practicabel bewährt hat.

Die Beträchtlichkeit der Erd-Arbeiten, welche an einigen hügeligen Stellen zur Verminderung des Gefälles der Bahn nothwendig sind, hat man mit aller Aufmerksamkeit erwogen. Von offenen Einschnitten ist man nur dann zu unterirdischen Strecken übergegangen, wenn die Verfertigungs- und Erhaltungs-Kosten gröfser gewesen wären.

Die Bankette neben der Eisenbahn sind so breit angenommen worden, als nothwendig, um in den Einschnitten Verschüttungen und auf Erhöhungen Ausbrüche zu verhindern. Wo die Strafse mit dem natürlichen Boden in gleicher Höhe liegt, sind die Bankette $3\frac{1}{2}$ F. breit angenommen. Die Gräben längs der Strafse, zur Abtrocknung derselben, oder zur Ableitung der Wasserläufe, die Schutz-Hecken, -Mauern oder -Gräben sind nach Erfordernifs der Umstände angeordnet.

Auf einer so ausgedehnten Linie, wie die von Antwerpen nach Brüssel und Cölln, müssen natürlich zahlreiche und mannichfache Bauwerke vorkommen; aber keines von ihnen hat aufsergewöhnliche Schwierigkeiten, etwa die Brücken über die Maas, die Ourthe, Roër und Erft ausgenommen. Wir schlagen keine Kettenbrücken vor: so wohlfeil und elegant dieselben auch in dem Falle einer gewöhnlichen Strafse sein mögen, die über einen breiten Flufs gehen soll; denn diese Brücken sind für Eisenbahnen zu biegsam. [Die allgemeinen Vorzüge der Kettenbrücken vor steinernen, auch auf gewöhnlichen Strafsen, möchte sehr zu bezweifeln sein. Diese Art Brücken ist wohl nur da gut, wo steinerne Brücken, besonderer örtlicher Schwierigkeiten wegen, z. B. bei der Fundamentirung der Pfeiler, gar zu kostbar sein würden. Wo keine besonderen Schwierigkeiten vorkommen, sind die Kettenbrücken keinesweges wohlfeiler, und dagegen *bei weitem* weniger dauerhaft und sicher, als steinerne. Die Eleganz ist Geschmack-Sache. Indessen ist es doch schwerlich ein richtiger Geschmack, der das Unfeste und Luftige an einem Bauwerke schöner findet, als das Feste und Dauerhafte. D. H.]

Die Brücken über die Maas und Ourthe sind, da sie in sehr bewohnten Gegenden sich befinden, die bis jetzt keine festen Brücken über jene Flüsse hatten, so breit angenommen, dafs Pfade für Fufsgänger neben der Eisenbahn bleiben. Die übrigen Brücken sind nicht bedeutend. Ihre

Weite ist nach Erfordernifs, und ihre Breite so angenommen, dafs noch eine zweite Bahn gelegt werden kann. Wo Strafsen über die Eisenbahnen weggehen, ist gehörig auf die nöthige Höhe für die Dampfwagen gerechnet.

Die unterirdischen Strecken sind nur so breit angenommen, dafs Eine Bahn gelegt werden kann. Der Unterschied der Kosten ist hier zu bedeutend, und die Beschränkung auf eine einzelne Bahn hat hier keine Übelstände. Erfordert es ja künftig eine unerwartete Zunahme der Passage, so können die Souterrains, ohne Verlust schon aufgewendeter Kosten, breiter ausgehöhlt werden.

Die Bewegung auf den beiden abhängigen Flächen bei Lüttich ist nach den Ergebnissen der sorgfältigsten Betrachtung dieser Fälle in England, und der Rathschläge der erfahrensten dortigen Ingenieurs entworfen worden. Sie könnte vielleicht weniger kostbar angeordnet werden; aber wegen der Sicherheit der Transporte hat man einem angemessenen Gefälle den Vorzug gegeben.

Überall ist man, die möglichste Sparsamkeit mit der Schicklichkeit zu vereinigen, bemüht gewesen. Die nächsten, tauglichen Baustoffe sind vorzugsweise berücksichtigt, und ihre Beschaffenheit bestimmt die Stärke der Bauwerke. Für das äufsere Ansehn wird dadurch hinreichend gesorgt sein, dafs es Festigkeit, Einfachheit und Regelmäfsigkeit ausdrückt.

In den Anschlägen sind zugleich die Kosten der Zoll- und Wachthäuser, Brücken- und Wegewärter-Häuser, die Behälter zum Wasser für die Dampfmaschinen, die Wagebrücken und alle übrigen Anordnungen aufgenommen worden, die zur Sicherung und Erleichterung der Erhaltung der Strafse und zu der Zoll-Erhebung nothwendig sind.

§. V. Übersicht der Kosten-Berechnung.

Sie zerfällt in die Berechnung der Kosten des Baues und in diejenigen der Erhaltung der Strafse.

Erstlich. Anlage-Kosten.

Erste Section der Strafse, von Antwerpen bis Mecheln.

An Terrain sind nöthig: 27½ Morgen Gärten, 39 Morgen Wiesen und 55 Morgen Acker; zu der Strafse selbst und den Nebenwerken, ferner 19½ Morgen urbares Land und etwa 4 Morgen Aue zum Gewinn oder zum Absatze von Erde. Die Kosten dieser 145 Morgen Land betragen, mit

Inbegriff der Entschädigungen für Gebäude, Pflanzungen u. s. w.

	74 666 Rthlr.	20 Sgr.
Schätzungs-, Vermessungs-, Erwerbungs- und Einschreibungs-Kosten, Stempel u. s. w. . .	5 973 -	10 -
Zusammen	80 640 Rthlr.	— Sgr.

An Erd-Arbeiten zum Strafsendamm und Zubehör, zur Verlegung der Wege und Brücken, zu den Brücken-Anfahrten etc. sind nöthig $15049\frac{1}{2}$ Sch.-R. Abtrag, die wieder zu Aufschüttungen in der Strafse selbst verbraucht werden: ferner 20890 Sch.-R. Abtrag, die weggeschafft werden müssen. Diese gesammten $35939\frac{1}{2}$ Sch.-R. Erd-Arbeit kosten, mit den Werkzeugen, den Fahrtbrücken, Absteckungs- und Aufsichts-Kosten, ... 21 706 Rthlr. 20 Sgr.

[Also die Sch.-R. beinahe 20 Sgr. im Durchschnitte. Es wird nur der Strafse eben nicht zuträglich sein, dafs sie mehr in das Terrain eingegraben als darüber erhöht werden soll. D. H.]

Die einzelnen Bauwerke auf dieser Strecke, als: Brücken und Futtermauern an dem Durchschnitte der Festungswerke zu Antwerpen, das neue Thor in der Courtine, die Dreh-Brücke über die Nethe zu Duffel, die Brücke über den Canal zu Herenthals und über die Nieuwe-Fliet, 12 kleine Brücken, die Brücken über zwei Communal-Wege, die Werke zum Übergange über 5 gepflasterte und 38 andere Strafsen, die kleinen Wasserleitungen und Abflufsrinnen werden zusammen kosten . . . . 48 000 Rthlr. — Sgr.

Die Eisenbahn selbst ist in dieser Strecke im Ganzen $9345\frac{1}{2}$ Ruthen lang. Davon kommen $6424\frac{1}{2}$ Ruthen auf die Hauptbahn, 956 Ruthen auf die Umgehung der Hafen-Bassins, 372 Ruthen auf die Abgangs-Orte zu Antwerpen und 1593 Ruthen auf 40 Ausweichestellen. Die $9345\frac{1}{2}$ Ruthen Eisenbahn werden, mit Arbeitslohn, Setzen der Würfel und

Lager, so wie mit den Bewegungen an den Kreuz-Puncten kosten . . . . 248 720 Rthlr. — Sgr.

Die Neben-Bauwerke, nemlich ein grofses Gebäude zu dem Strafsen-Bureaux zu Antwerpen, ein Brückenhaus zu Duffel, 12 Wege-Wärterwohnungen, eine Wagebrücke, ein Wasserbehälter, die doppelten Barrieren an den Kreuzwegen, die Meilenzeiger, und 30 Dreh-Plattformen werden zusammen kosten . . . . 19 333 Rthlr. 10 Sgr.

Die Verwaltungs-, Directions-, Leitungs- und Aufsichts-Kosten, auf einen Zeitraum von 2 Jahren gerechnet, werden betragen . . . . 6 266 Rthlr. 20 Sgr.

[So wie für diese erste Section, werden im Original für alle folgenden einzeln die Arbeiten aufgezählt, und darauf folgt eine Zusammenstellung der Kosten. Um Raum zu ersparen, lassen wir die einzelnen Beschreibungen weg, geben nur die Zusammenstellung, und fügen derselben dagegen die Zahlen der andern Gegenstände aus den einzelnen Beschreibungen bei. Desgleichen fügen wir, zur Vergleichung und Übersicht, ein Verzeichnifs des Betrages der Kosten der einzelnen Arbeiten in den verschiedenen Strecken, auf die laufende Meile berechnet, hinzu.

	1. Von Antwerpen bis Mecheln.	2. Arm nach Lierre.	3. Von Mecheln bis Brüssel.	4. Von Mecheln bis Löwen.	5. Von Löwen bis Tirlemont.	6. Von Tirlemont bis Waremme.	7. Von Waremme bis zur Maas.	8. Von Lüttich bis Verviers.	Summe.
	Rthlr. Sgr.	Rthlr. Sgr.	Rthlr. Sgr.	Rthlr. Sgr.	Rthlr. Sgr.	Rthlr. Sgr.	Rthlr. Sgr.	Rthlr. Sgr.	Rthlr. Sgr.
Terrain-Kosten	80 640 —	9 216 —	70 272 —	56 592 —	82 080 —	107 136 —	112 320 —	68 728 —	587 984 —
Damm-Arbeiten	21 706 20	1 624 —	25 226 20	40 274 20	150 186 20	344 880 —	237 066 20	28 640 —	849 605 10
Brücken etc.	48 000 —	3 200 —	33 546 20	24 400 —	195 209 —	31 866 20	46 666 20	211 520 —	594 400 —
Die Eisenbahn	248 720 —	49 466 20	203 653 10	233 466 20	169 866 20	255 200 —	310 893 10	244 333 10	1 715 600 —
Die abhängigen Flächen	— —	— —	— —	— —	— —	— —	84 800 —	— —	84 800 —
Neben-Bauwerke	19 333 10	4 826 20	17 413 10	15 013 10	11 013 10	14 640 —	21 280 —	143 73 10	117 893 10
Verwaltungs- und Aufsichts-Kosten	6 266 20	1 066 20	4 933 10	6 066 20	19 200 —	20 400 —	23 200 —	49 733 10	110 866 20
Kosten des Entwurfs	1 333 10	266 20	533 10	1 333 10	2 400 —	2 400 —	2 400 —	1 333 10	12 000 —
Zinsen während der Ausführung	21 200 —	2 600 —	18 821 10	18 853 10	62 853 10	77 344 —	83 240 —	41 938 20	326 850 20
Zusammen die Kosten	447 200 —	72 266 20	374 400 —	396 000 —	692 800 —	853 866 20	921 866 20	641 600 —	4 400 000 —
Terrain zu der Strafse, Morgen	121½	23½	117½	133	192	290	223	125½	1226
Terrain zu der Erde, Morgen	23½	—	27½	8	71½	125½	125½	39	420½
Erd-Abtrag, so wieder verbraucht wird, Sch.-R.	15 049½	2 000	18 193	41 329	117 251	250 675	144 655	22 012	611 165
Erd-Abtrag, so weggeschafft wird, Sch.-R.	20 890	—	—	—	78 617	130 040	157 010	16 397	442 278
Erd-Auftrag von aufserhalb der Strafse, Sch.-R.	—	—	23 585	6 739	—				
Grofse Brücken	3	—	4	1	1	3	—	20	32
Kleine Brücken	12	5	11	11	11	12	23	17	102
Brücken über od. unter Strafsen	2	—	—	3	3	6	7	—	21
Uebergänge über Strafsen	43	7	25	45	33	50	53	38	294
Souterrains	—	—	—	—	2 von 133 u. 160 R. lang	—	—	3 v. 61, 66 u. 80 R. lang	5 zusammen 500 R. lang
Gröfsere Gebäude	1	—	1	—	—	—	1	—	3
Wegewärter-Wohnungen	12	2	12	12	9	14	13	10	84
Brückenhäuser	1	—	1	1	—	—	—	—	3
Zollhäuser	—	1	—	1	1	1	1	2	7
Wagebrücken	1	—	1	1	1	1	1	1	7
Wasserbehälter	1	1	2	2	1	2	3	2	14
Dreh-Platformen	30	3	10	—	6	5	20	8	82
Ausweichestellen	40	8	37	40	30	50	45	45	295
Länge der eigentlichen Bahn in Ruthen	6 424½	1380½	5 761½	6 346	4 779	7 408	7 009½	6 957	46 066
Länge von Nebenwegen desgl.	956	—	133	823	398	159	2 920	—	5 389
Länge der Stand-Orte desgl.	372	159	265½	—	—	—	—	424½	1 221
Länge d. Ausweichestellen dsgl.	1 593	319	1 460	1 593	1 195	1991	1779	1779	11 709
Abhängige Flächen	—	—	—	—	—	—	2	—	2
Dauer der Bauzeit, Jahre	1	1	1	1½	3	3	3	2	3
Kosten auf die Meile im Durchschnitt.	Rthlr.	Rthlr.	Rthlr.	Rthlr.	Rthlr.	Rthlr.	Rthlr.	Rthlr.	Rthlr.
Terrain	25 104	13 356	24 391	17 836	34 343	28 924	32 045	20 048	25 528
Damm-Arbeiten	6 757	2 353	8 756	12 693	62 839	93 110	67 636	8 234	36 886
Brücken etc.	14 943	4 639	11 643	7 690	81 673	8 603	13 314	60 816	25 806
Die Eisenbahn	77 429	71 692	70 688	73 579	71 074	68 898	88 700	70 252	74 484
Die abhängigen Flächen	—	—	—	—	—	—	24 194	—	3 681
Neben-Bauwerke	6 019	6 995	6 044	4 732	4 608	3 953	6 071	4 133	5 118
Verwaltung und Aufsicht	1 951	1 545	1 714	1 912	8 034	5 508	6 619	8 549	4 814
Der Entwurf	415	386	185	420	1 004	648	686	384	522
Zinsen während d. Ausführung	6 600	3 768	6 534	5 942	26 299	20 881	23 749	12 958	14 191
Zusammen	139 218	104 734	129 955	124 803	289 874	230 525	263 014	184 471	191 030

Aus der Vergleichung der auf die Meile berechneten Kosten zeigt sich, auch hier in diesem Falle, wie ungemein sehr die Kosten derjenigen Gegenstände, die ganz von der Örtlichkeit abhängen, verschieden sein können. Während nemlich die Kosten der Eisenschienen selbst, wie natürlich, auf der ganzen Strafse fast dieselben sind, nemlich etwa 70 000 Rthlr. auf die Meile (denn die stärkere Abweichung auf der 7ten Strecke, von Waremme bis zur Maas, rührt von den in dieser Strecke vorkommenden abhängigen Flächen her), wechseln die Kosten einer Meile Damm-Arbeit nicht weniger, als von 2 bis 93 Tausend Thaler, die Kosten der Brücken von 4 bis zu 81 Tausend Thaler, selbst die Terrain-Kosten von 17 bis 34 Tausend Thaler. Man sieht daraus von Neuem, und recht augenfällig, wie viel auf eine richtige und angemessene Wahl der Strafsen-Linie ankommt, die, während sie die vorzüglichste und unerläfsliche Bedingung, möglichster Vermeidung des Steigens und Fallens und dann sanfter Abhänge auf Höhen, die unvermeidlich sind, erfüllt, zugleich so wenig kostbar ist, als möglich. Beides läfst sich auch wohl in der Regel wirklich nach den Umständen in geringerem oder gröfserem Maafse erreichen, aber vielleicht hauptsächlich nur dadurch, dafs man dem Principe entsagt, nicht sehr von der geraden Linie im Ganzen abweichen zu wollen, so wie der Meinung, dafs der wesentlichste Gewinn in Abkürzung der Länge bestehe, was sich nicht so verhält, indem vielmehr bei weitem wichtiger das Vermeiden des Steigens und Fallens ist, und wenn man den Wegen, die die Natur selbst vorgezeichnet hat, nemlich dem Laufe der Flüsse und kleineren Wasserläufe, mehr folgt, die in der Regel das geringste Gefälle haben, mit welchem sich über ein Terrain hinweggelangen läfst und auch die Wasserscheiden übersteigen lassen. Hier sind in der That die Kosten der Damm-Arbeiten noch ungeheuer, und selbst der Durchschnitts-Preis von 36 886 Rthlr. für die Meile ist schon mehr, als wofür in Deutschland eine ganze Chaussée, mit Steinbahn, Brücken und allem Zubehöre, fertig pflegt gebaut werden zu können. Auch die Kosten des Terrains, von 25 528 Rthlr. für die Meile, im Durchschnitte, sind höher, als es vielleicht jemals bei einer Chaussée von gröfserer Ausdehnung in Deutschland vorgekommen sein mag. Doch ist beides örtlich. Die Kosten sind übrigens im Ganzen vergleichsweise noch mäfsig genug; denn die 191 Tausend Thaler für die Meile Strafse, im Durchschnitte, sind wenigstens nicht mehr, als die Kosten der Französischen Eisenbahn bei Lyon, und dagegen nur der dritte oder vierte Theil der Kosten der Eisenbahnen in England bei Liverpool und Birmingham, die auf 700 Tausend Thaler für die Meile steigen, obgleich in England keinesweges alle Artikel und vielleicht keiner in diesem Verhältnifs theuerer, vielmehr Einiges, z. B. das Eisen, sogar wohlfeiler ist, als auf dem Continent, auch das Terrain in England nicht eben besondere Schwierigkeiten hat, woraus also nur folgen kann, dafs die Kunst des Baues der Eisenbahnen erfreulicher Weise fortschreitet, und man sieht, mit welchem nambaften Erfolge; denn z. B. die 23 Meilen Belgische Eisenbahn würden in England, nach den dortigen Beispielen angeschlagen, 15 bis 16 Millionen Thaler, statt der hier berechneten $4\frac{1}{2}$ Millionen Thaler gekostet haben; also haben die Fortschritte der Kunst, schon an dieser Stelle, 10 Million Thaler erspart, welches zeigt, wie wichtig es sei, auch noch weiter über den Gegenstand nachzudenken, und die Kunst weiter zu vervollkommnen, was denn namentlich insbesondere dadurch gelingen dürfte, dafs man weder blofser Theorie, noch der blofs nachahmenden Empirik folgt, sondern Erfahrungen mit demjenigen Nachdenken, welches zu der Theorie nothwendig ist, und welches durch dieselbe eine gute Übung erhält, sich vereinigen und erstere von letzter benutzen läfst. Da, wie die obige Kostenberechnung zeigt, die Kosten der Eisenschienen selbst, nicht viel über den dritten Theil der gesammten Kosten betragen, so läfst sich hoffen, dafs in Deutschland noch eine weitere bedeutende Verminderung der Bau-Kosten der Eisenbahnen zu erzielen sein werde, und dafs man dieselben vielleicht, im Durchschnitte, statt für 200 Tausend Thaler, wie hier, selbst für 100 Tausend Thaler die Meile zu bauen im Stande sein werde; und wahrscheinlich erst dann, wenn dies möglich ist, dürften in Deutschland die Eisenbahnen in weiterem Umfange benutzbar werden. D. H.]

Zweitens, jährliche Erhaltungs- und Benutzungs-Kosten.

Und zwar unter der Voraussetzung eines jährlichen Verkehrs von 240 000 Tonnen (etwa $4\frac{3}{4}$ Millionen Ctr.).

Die Erhaltung des Strafsendammes, der Böschungen und Gräben wird geschätzt auf jährlich . . . . 10 666 Rthlr. 20 Sgr.

Die Erhaltung der Brücken und anderer Bauwerke auf . . . . 6 933 - 10 -

Die Erhaltung der Fahrbahn und der Eisenschienen auf	24 533 Rthlr.	10 Sgr.
Die Erhaltung der Dampf-Maschinen auf den abhängigen Flächen, der Seile und der andern Maschinen auf denselben, nebst dem Brennstoffe für die dortigen Maschinen, zu 365 Tagen und 10 Stunden täglich, auf	16 213 -	10 -
Der Wasserbedarf und dessen Herbeischaffung auf	5 226 -	20 -
Die Kosten des Verwaltungs- und Aufsichts-Personals, die Kosten der Lenkung der Maschinen auf den abhängigen Flächen, die Kosten der Stationen zum Wasser-Einnehmen, die Bedienung der beweglichen Brücken, der Barrieren, und die Straſsen-Polizei auf	20 533 -	10 -
Zusammen	84 106 Rthlr.	20 Sgr.

[Dieses würde auf die Meile etwa 3650 Rthlr. jährlich betragen. D. H.]

(Die Fortsetzung folgt im nächsten Hefte.)

Im Verlage von G. **Reimer** in Berlin sind folgende Werke erschienen:

Eytelwein, J. A., Handbuch der Statik fester Körper. Mit vorzüglicher Rücksicht auf ihre Anwendung in der Architektur. 3 Bände mit 22 Kupfertafeln. 2te Aufl. $7\frac{1}{2}$ Thlr.

Lehmus, D. C. L., Grundlehren der höhern Mathematik und der mechanischen Wissenschaften. Als Leitfaden zu seinen Vorlesungen bearbeitet. Mit einer Figurentafel. 1 Thlr. 18 Ggr. oder 1 Thlr. $22\frac{1}{2}$ Sgr.

Derselbe, Lehrbuch der reinen und angewandten Mathematik in 3 Bänden. 1ster Band: Arithmetik, Algebra, Geometrie, Trigonometrie und die Grundzüge des Feldmessens. Mit 3 Kupfern. $1\frac{7}{12}$ Thlr. 2ter Band: einige Erweiterungen zum ersten Bande und die Lehre von den Kegelschnitten. Mit 2 Kupfern. $\frac{2}{3}$ Thlr. 3ter Band: die statischen und mechanischen Wissenschaften. Mit 4 Kupfern. $1\frac{1}{3}$ Thlr.

Gilly, D., praktische Anleitung zur Anwendung des Nivellirens oder Wasserwägens in den bei der Landeskultur vorkommenden Fällen. 3te unveränderte Auflage. Mit 4 illuminirten Kupfertafeln $\frac{5}{6}$ Thlr.

Aufgaben-Systeme und Sammlungen aus der ebenen Geometrie zu einem selbstständigen Unterricht in der Analysis, geordnet und durch Gesetze vorbereitet von H. v. **Holleben** und P. **Gerwien**, Lieutenants im 21sten und 22sten Infanterie-Regiment und Lehrer im Königl. Preufs. Kadetten-Corps. Erster Theil: Geometrische Analysis. Auch unter dem Titel: Geometrische Analysis. Erster Band: Anleitungen und Gesetze. Mit 19 Steintafeln. 1 Thlr. 8 Ggr. oder 1 Thlr. 10 Sgr. Zweiter Band: Aufgaben. Mit 42 Steintafeln. 3 Thlr. 8 Gr. oder 3 Thlr. 10 Sgr.

Lacroix, S. F., Handbuch der Differential- und Integral-Rechnung. Nach der 4ten verbesserten und vermehrten Original-Ausgabe (1828) aus dem Französischen übersetzt und mit einigen Anmerkungen versehen von Dr. Fr. **Baumann**. 3 Bde. 2 Thlr. 12 Ggr. oder 2 Thlr. 15 Sgr.

Dessen Einleitung in die Differential- und Integral-Rechnung. Aus dem Franz. übersetzt und mit erklärenden Zusätzen versehen von *F. Funck*. Nach der 2ten durchgesehenen und verbesserten Original-Ausgabe. Mit 1 Kupfer. $\frac{3}{4}$ Thlr.

Wolf, F., theoretisch practische Zahlenlehre. 2te verbesserte Auflage. gr. 8. $23\frac{1}{2}$ Bogen. $1\frac{1}{6}$ Thlr.

Derselbe, Lehrbuch der Geometrie. 1ster Theil: Elementargeometrie, Trigonometrie, Theilungslehre. $1\frac{1}{6}$ Thlr.

Minding, Dr. F., Anfangsgründe der höhern Arithmetik. $\frac{5}{6}$ Thlr.

Götz, Dr. J., die Rechnenkunst. 2te vermehrte Auflage. $\frac{3}{4}$ Thlr.

Derselbe, die analytische und ebene Trigonometrie und Polygonometrie. $2\frac{1}{3}$ Thlr.

Grunert, J. A., sphäroïdische Trigonometrie. $3\frac{1}{3}$ Thlr.

Zahn, W., Ornamente aller klassischen Kunst-Epochen, nach den Originalen in ihren eigenthümlichen Farben dargestellt. 1stes und 3tes Heft. à $2\frac{1}{2}$ Thlr.

Lauber, L. M., Versuch einer rein wissenschaftlichen Darstellung der Mathematik durch strenge Begründung desselben in ihren Prinzipien und Elementen. Erster Theil. Die allgemeinen Prinzipien der Gröfsenlehre nebst den Elementen der Zahlenlehre. $\frac{2}{3}$ Rthlr.

Didron, Fr. v., die Elemente der analytischen und ebenen Trigonometrie. Zunächst für das Bedürfnifs zum Offizier-Examen in der Preufs. Armee bearbeitet und mit vielen Uebungsbeispielen versehen. Mit 2 Steindrucktafeln. 25 Sgr.

Jahn, G. A., practische Astronomie oder Beschreibung und Gebrauch der vorzüglichsten astronomischen Instrumente und Tafeln, so wie Anweisung zur Bestimmung der wichtigsten astronomischen Elemente durch Beobachtungen und Rechnungen. 1. Theil. Mit 7 Steindrucktafeln. 2 Rthlr.

Scheibert, C. G., Lehrbuch der Arithmetik und ebenen Geometrie für die mittlern Klassen der Gymnasien bearbeitet. $22\frac{1}{2}$ Sgr.

Stern, M. A., Darstellung der populären Astronomie, mit besonderer Rücksicht auf den Gebrauch bei Vorlesungen. 1 Rthlr. $2\frac{1}{2}$ Sgr.

Inhaltsverzeichnifs des dritten Hefts dreizehnten Bandes.

7. Die neuen Küchen in den Militairgebäuden zu **Luxemburg**, welche mit gröfserem Vortheile benutzt werden, als die abgeschafften Dampfküchen. Von dem Königl. Preufs. Ingenieur-Premier-Lieutenant Hrn. *Beise* zu Luxemburg. (Die Fortsetzung im nächsten Hefte.) . . . Seite 201

8. Über die verschiedenen Bedeckungs-Arten der Dächer von Casernen und andern Gebäuden. Von Herrn *Belmas*, Ingenieur-Capitain. Auszug aus dem *Mémorial du génie* No. II., den Abhang der Dächer und die Bedeckung derselben mit Ziegeln, Schiefer und Metall betreffend. (Aus den *Annales des ponts et chaussées*, Januar und Februar 1833.) Mit einigen Anmerkungen des Herausgebers. (Fortsetzung des Aufsatzes No. 6. im vorigen Hefte.) . . . . — 237

9. Nachrichten von der Belgischen Eisenbahn. (Die Fortsetzung im nächsten Hefte.) . . . . — 268

Berlin, gedruckt bei G. Reimer.

Journal

für

die Baukunst.

In zwanglosen Heften.

Herausgegeben

von

Dr. A. L. Crelle,

Königlich - Preufsischem Geheimen - Ober - Baurathe, Mitgliede der Königlichen Akademie der Wissenschaften zu Berlin, Correspondenten der Königlichen Akademieen der Wissenschaften zu Neapel und Brüssel und Ehrenmitgliede der Hamburger Gesellschaft zur Verbreitung der mathematischen Wissenschaften.

Achter Band.

Viertes Heft.

Mit zwei Kupfertafeln (Taf. XI., XII.).

Berlin,

bei G. Reimer.

1835.

10.

Fortsetzung des Aufsatzes No. 7. im vorigen Hefte.

(Von dem Königl. Preufs. Ingenieur-Premier-Lieutenant Hrn Reise zu Luxemburg.)

Die heizbaren Fufsböden, oder horizontalen Wasseröfen.

Der Verfasser dieser Abhandlung war genöthigt, zwei verschiedene lange Reisen im Winter bei strenger Kälte mit Familie zu unternehmen. Dies brachte ihn auf den Gedanken, den Boden der Kutsche mit einem wasser- und dampfdichten Gefäfse von Weifsblech zu bedecken, und dieses Gefäfs auf jeder Station mit heifsem oder siedendem Wasser anfüllen zu lassen. Das Gefäfs, dessen Höhe nur 3 Zoll im Lichten betrug, wurde verfertigt und bei der Abreise mit heifsem Wasser gefüllt. Da das Fuhrwerk einem Privatmanne gehörte, so ging die Reise nur langsam vor sich, wegen des Schnees und Eises, und es dauerte zuweilen beinahe 6 Stunden, bis eine neue Station erreicht wurde. Das Wasser blieb dabei immer so warm, dafs kein Mitglied der Familie Kälte im Wagen empfand, ungeachtet abwechselnd auf einer oder der andern Seite das Kutschenfenster geöffnet wurde, um frische Luft herein zu lassen, und keine zu hohe Temperatur im Wagen zu haben. Dies war der erste Gedanke zu den Taf. X. (vor. Heft) unter *A*, *B*, *C* vorgestellten doppelten Wasseröfen, welche eine so angenehme Wärme verbreiten. Wir wollen jetzt noch einen Schritt weiter gehen, und annehmen, unsere Wohnzimmer könnten durch eine ähnliche Vorrichtung in der erforderlichen Temperatur erhalten werden, wenn man statt der hölzernen Fufsböden, die wir jetzt in denselben haben, solche mit flachen, wohlverschlossenen Pfannen von starkem Eisenblech, Gufseisen oder Kupfer ausfüllten. Diese würden dann mit wollenen oder härenen Deken, Teppichen, Strohmatten u. s. w. belegt werden, um keine zu starke Wärme an den Füfsen zu empfinden.

Hätte man nun im obern Geschosse des Gebäudes einen grofsen Kessel, welcher stets mit siedend heifsem Wasser und Dämpfen angefüllt wäre, so könnten alle im Hause befindlichen und zu heizenden Zimmer in ihren

Fuſsböden mit heiſsem Wasser gefüllt, und so in sehr kurzer Zeit auf die nöthige Temperatur gebracht werden.

Jeder dieser metallenen Fuſsböden, die man im Sommer auch, wegen geringerer Wärme-Ableitung, mit hölzernen bedecken könnte, die man im Winter wieder wegnähme, würde inwendig nur eine lichte Höhe von 3 bis 4 Zoll erhalten, nach der Gröſse des Zimmers, damit man bei strenger Kälte das heiſse Wasser durch wohl passende Ablaſskrahnen öfter erneuern könnte, ohne zu viel Brennstoff zu bedürfen. Die etwa entstehenden Wasserdämpfe müſsten durch in den Wänden verborgene Röhren wieder in der obern Etage gesammelt, condensirt und zur Heizung aufs Neue verwendet werden. Die geheizten Fuſsböden blieben 2 Zoll von den Seitenwänden des Zimmer entfernt, damit die unter denselben befindliche freie Wärme in dasselbe eindringen könne.

Die Vortheile dieser Heizungsmethode würden folgende sein:

1) Unsere jetzigen, selbst die besten Öfen, haben den Nachtheil, daſs sie uns den obern Theil des Körpers stark erwärmen, und dabei die Füſse, welche doch immer warm zu halten sind, kalt lassen, folglich dem Blute nach dem Kopfe zu eine beschleunigte Bewegung verschaffen. Die erheizten und gut bedeckten Fuſsböden würden gerade das Gegentheil bewirken, und folglich mit Recht Gesundheits-Öfen genannt werden können. Besonders würden Studierzimmer, Arbeitszimmer, Krankenzimmer auf diese Weise mit Vortheil geheizt werden können. Denn nichts ist wohlthuender, als immer warme Füſse bei angestrengter Geistes-Arbeit zu haben.

2) Eine ganz geringe Brennstoffmenge wird erforderlich sein, um ein Zimmer auf diese Weise zu erhitzen, wenn ein Haus ganz durch heiſses Wasser erwärmt wird.

3) In groſsen Städten könnten die Hauseigenthümer eine solche Vorrichtung in einem Gemache der obern Etage anbringen, und dann jedem Einwohner, für eine gewisse billige Vergütigung, die von ihm bewohnten Zimmer so heizen, wie er es wünschte, etwa wie es in London und andern groſsen Städten mit der Gasbeleuchtung gehalten wird. Der Contract würde auf eine gewisse Anzahl Cubikfuſs heiſses Wasser täglich, oder auf die ganze Heizperiode lauten, und so wie man einen Gasometer für diesen Zweck anbringt, läſst sich auch ein Wassermesser für jede Woh-

nung fertigen, vermittelst dessen jeder Abnehmer selbst sehen kann, wieviel Cubikfuſs Heizwasser für seine Wohnung erforderlich sind.

4) Die Feuersgefahr wird dadurch besonders vermindert, weil nun das Feuer der Heizung auf einem Puncte besser beobachtet werden kann, als auf vielen.

Die Nachtheile derselben sind allein in der kostspieligen ersten Anschaffung zu suchen. Diese Nachtheile finden aber auch bei der Gasbeleuchtung statt, weshalb dieselbe nur im Groſsen möglich und nützlich geworden ist. Diese Heizungsmethode, welche sich aber für jedes Haus eignet, ist jedoch lange nicht so kostspielig, als die Gasbeleuchtung. Die Vortheile könnten noch gröſser ausfallen, wenn eine Gesellschaft sich bildete, um die Wasserheizung einzuführen. In diesem Falle würden die Kosten der ersten Anschaffung weniger in Betracht kommen.

Für die Erheizung der groſsen Schlösser, Palläste, Casernen, Hospitäler u. s. w. möchte wohl diese Methode die meisten Vortheile bringen, wenn sie so ausgeführt wird, wie sie mir vorschwebt und wie ich gerne erbötig bin, dazu die nöthigen Zeichnungen auf Verlangen, und bei gegebener Localität, fertigen zu lassen. Denn eine willkürlich angenommene Localität kann nicht die Verständlichkeit liefern, welche nöthig ist, ein solches Unternehmen durchzuführen, damit es nicht miſslinge. Die Gröſse der zu heizenden Räume ist wohl in Betracht zu ziehen, um eine verhältniſsmäſsig erhitzte Wassermenge in den Fuſsboden zu bringen.

Die Gewölbe der wirklich holzersparenden Backöfen in C. und L.

Es möchte sonderbar scheinen, daſs die Gewölbe der Backöfen hier ihren Platz finden. Der Fortgang des Aufsatzes wird aber lehren, daſs ihre Construction, besonders diejenige der neuern Art, wie sie hier beschrieben werden wird, groſse Sorgsamkeit und Mühe erfordert, um dadurch das Maximum der Hitze beim Minimum des Holzverbrauches zu erlangen, und derselben eine solche Dauer zu geben, daſs man darin wenigstens 30 bis 40 Jahre backen kann, ehe es nöthig wird, ein neues Gewölbe zu erbauen, oder bedeutende Reparaturen an alten vorzunehmen.

Im Jahre 1824 wurde der Unterzeichnete beauftragt, die beiden Backöfen in der Militair-Bäckerei zu C., welche ganz baufällig geworden waren, zu untersuchen und wieder in brauchbaren Zustand setzen zu lassen. Die angestellte Untersuchung ergab, daſs der eine ganz neu, jedoch mit Benutzung des alten Fundamentes, gebauet werden muſste. Der andere aber bedurfte, auſser einiger Gewölbereparatur, nur einer neuen Sohle, weil er zum Backen weniger bequem gelegen, auch weniger benutzt worden war. Diese Öfen stammten aus den Zeiten her, wo C. in den Besitz der Franzosen gekommen war. Sie waren in der Mitte 13 bis 15 Zoll hoch (ein Maaſs, welches von den hiesigen Technikern als Norm festgestellt sein muſs, weil man in L. und andern Städten dieselbe Höhe findet), und hatten hinten nur 2 Züge in der Mitte, in der Gegend von *b*, *b* (Fig. 44. Taf. XI.), jeder 10 Zoll im Quadr. weit, welche die ganze Rauchmasse ableiten muſsten. Diese Öfen, mit nur 2 Zügen am hintern Ende, hat der Verfasser dieses Aufsatzes im Sommer 1833 auch auf dem Übungsplatze der Genietruppen in Metz, jedoch in kleinerem Maaſsstabe, bei den dortigen aus Lehm verfertigten Feldbeiküchen, wieder gefunden. Eine Art Öfen, die wohl zuweilen sehr gute Dienste leisten können, wenn die Feldbäckereien von einem, in eine öde Gegend detachirten Truppencorps weit entfernt sind. Sind aber nur 2 Rauchabzüge hinten, beinahe in der Mitte des Ofens vorhanden, so hat dies zur Folge, daſs der Feuerzug nur nach der Mitte des Ofens gerichtet ist, und folglich die Seiten desselben bei *l* und *m* nicht ausgeheizt werden können. Heizt man die Seiten dennoch gehörig, so geschieht dies nur durch eine unnütze Brennstoffverschwendung. Denn man bedarf in solchen Öfen zur Verbackung eines Winspel Mehles von 1800 Pfd. ein Drittheil Klafter gutes Buchen- oder Eichenholz, zu 108 Cub.-Fuſs gerechnet. Die erwähnten C. Öfen, konnten also nicht in der bestehenden Weise erhalten werden, wenn noch eine bedeutende Ökonomie des Brennstoffes erreicht werden sollte. Nachdem aber alle beschriebenen Arten von Backöfen untersucht worden waren, ergab sich, daſs die meisten nicht geeignet schienen, bessere Resultate hervorzubringen, andere hingegen sehr künstlich und kostspielig waren. Einige hatten gar keine Züge am hintern Theile des Backraumes, und das Feuer erhielt die zum Brennen nöthige atmosphärische Luft durch den Mund, aus welchem auch der Rauch strömte. Dieses waren die schlechtesten, und kosteten viel Zeit und Brennstoff; auſserdem wurden sie vorne zu heiſs, und blieben hinten zu kühl, so, daſs das Brod vorn verbrannte und hinten nicht ausbackte. Andere, obgleich besser construirte, hatten zwar zwei, auch drei bis vier Züge am hintern Theile, aber ihre Gewölbe waren zu hoch, und konnten deshalb nicht alles leisten, was von der verbrannten Holzmenge zu erwarten stand, um so weniger, als die darin befindlichen Rauchzüge zu weit, und in zu weite Schornsteine geleitet waren. Die besten schienen die vom Vice-Admiral Coffin erfundenen Backöfen mit dem Drathgitter ohne Ende zu sein, welches sich langsam, vermittelst einer mechanischen Vorrichtung, durch den Ofen bewegt, und so ununterbrochen gebackenen Schiffszwieback liefert. Wenn es nun auch wohl der Mühe werth gewesen wäre, einen Versuch mit diesen Öfen, deren sich die Englische Marine mit Vortheil bedient, anzustellen, so behaupteten doch die Bäcker und Backmeister, daſs die Schiffszwiebacke, Semmel, und anderes leichtes Gebäck, auf diese Weise sehr gut, aber nicht das Brod, welches den Soldaten verabreicht wird, überhaupt kein Roggenbrod, in Öfen dieser Art ausgebacken werden könne. Dies und der Umstand, daſs zu der Herstellung dieser Backöfen nicht mehr als eine bestimmte, eben hinreichende Summe veranschlagt und kein besonderer Fonds zu den Versuchen bestimmt worden war, verhinderten den Bau eines Coffinschen Ofens, welcher auſserdem doch auch noch eine ziemliche Holzmenge verzehren möchte, wo man genöthigt ist, die Öfen mit Holz zu heizen, und wo nicht so viel Steinkohlen vorhanden sind, als in England. Die einzigen Orte, wo diese Öfen mit Vortheil in den Rheinprovinzen angewendet werden könnten, möchten wohl Saarlouis, Cölln und Düsseldorf sein, weil dort die Steinkohlen häufig sind. Auſserdem aber wird man selten so viel Brod zu backen haben, daſs ein solcher Ofen ohne Ende, Tag und Nacht, ununterbrochen, volle Beschäftigung fände, worin doch der gröſste Vortheil desselben besteht.

Eine andere Frage war diese: Ist es besser, die Öfen zur Holz- oder zur Steinkohlenfeuerung einzurichten. In den Städten, wo die Steinkohlen in der Nähe sind, hat man gefunden, daſs ein Winspel Mehl von 1800 Pfd., oder 432 Brode, zum guten Ausbacken $3\frac{1}{2}$ Scheffel Steinkohlen, und $\frac{1}{16}$ Klafter Holz, welches Buchen, Eichen oder ein anderes hartes Holz sein muſs, erfordern, oder in Geld 1 Rthlr. $27\frac{1}{2}$ Sgr. Preuſsisch. Die bisherige Holzfeuerung, mit welcher man höchstens $3\frac{1}{2}$ Winspel auf die Klafter à 108 Cub.-Fuſs verbackte, kostete dagegen nur 1 Rthlr. $21\frac{3}{7}$ Sgr., die Klafter zu 6 Rthlr. Preuſsisch; folglich war diese Feuerung schon viel wohlfeiler, als die beste Steinkohlenfeuerung, in hiesiger Gegend. Auſserdem hatte man noch den Vortheil einer besseren Aufbewahrung des Holzes zu einer künftigen Belagerung. Aus diesen Gründen entschied man sich höhern Ortes für die Heizung der neuen Backöfen mit Holz.

Zuletzt fragte es sich, aus welchem Material die neuen Backöfen erbauet werden sollten. Die aus Ziegel erbauten Backöfen in verschiedenen Städten zeigten, dafs die Heerdsohle sowohl als das Gewölbe derselben alle Jahre bedeutende Reparaturen erforderten, dafs einige Ziegel zersprangen, andere verglaseten und Löcher hinterliefsen, welche sowohl das Einschliefsen als Ausheben des Brodes erschwerten, und dem Gewölbe den Einsturz vorbereiteten. Die in der Gegend von Andernach, zu Bell und Weib befindlichen Thontufsteine, gesunder, vulcanischer Natur, geben dagegen ein vorzügliches Material, welches zwar nach und nach, bei starkem Gebrauche, bis auf einige Zoll Tiefe verbrennt, aber doch viele Jahre hindurch ohne Reparatur bestehen kann. Am meisten leiden die Heerdplatten durch das Einschieben und Ausheben des Brodes, und durch die Wirkung der glühenden Kohlen. Zufolge Erfahrung, in den am Rhein befindlichen Backöfen, hält eine solche Heerdsohle, wenn täglich 5 bis 6 Mal in dem Ofen gebacken wird, wie seit 1830 zu L. geschieht, ehe die Hälfte ihrer Platten erneuert werden mufs, etwa 7 Jahre. (Zwei Öfen wurden zu L. 1827 erbauet und die Sohlen 1833 im Herbste umgelegt. Es waren dabei nur die vordern Steine von 5 Zoll ihrer ursprünglichen Stärke bis auf $2\frac{1}{2}$ Zoll verbrannt, so dafs man sie durch neue ersetzen mufste.) Wird täglich nur 2 bis 3 Mal in jedem Ofen gebacken, wie in den meisten Städten, so kann eine solche Heerdsohle 15 Jahre dauern, während welcher Zeit dieselbe einmal umgelegt und zur Hälfte erneuert werden mufs, weil die Fugen sich nach und nach erweitern und das Ausheben des Brodtes erschweren. Wird das Ofengewölbe gut und dauerhaft construirt, so, wie es weiter unten beschrieben werden soll, so kann dasselbe 30 Jahre und länger dauern, bevor eine bedeutende Reparatur daran nöthig ist. Denn wenn die Steine 10 bis 12 Zoll stark sind, so können sie immer bis auf 2 Zoll Tiefe verbrennen, ohne der Stärke des Gewölbes zu schaden. Da aber die Höhe des Backraumes dadurch vergröfsert wird, was der schnellen Heizung nachtheilig ist, so mufs bei jedesmaligem Umlegen der Heerdsohle eine Erhöhung derselben um 1 bis 2 Zoll vorgenommen werden. Dies Material ist deshalb vorzüglich zu nennen, und es wäre wünschenswerth, dafs man solches allenthalben vorfinden möchte. Ein guter, nicht blättriger Thonschiefer, Gneis, und selbst der kalkfreie Keuper Sandstein (wie es der Fall in L. ist), können zu Backöfen dieser Art verwendet werden, wenn sie nur feuerfest und nicht zu klein sind, damit nicht zu viele Fugen entstehen. Ein guter Thontuf ist aber stets vorzuziehen. Da, wo es unmöglich ist, natürliche feuerfeste Steine zu finden, wird es gut sein, aus einer Mischung von Thon, Lehm und Sand, oder aus gutem Lehm allein. worin sich gar keine Kalktheile befinden, große Ziegel von 12 Zoll in Würfeln formen und nur schwach in einem Ziegelofen brennen zu lassen. Die Heerdsohle wird als Estrich gestampft, langsam an der Luft getrocknet, und wiederholt bearbeitet, damit sie zuletzt keine Risse mehr habe. Ist dieses geschehen, so macht man Anfangs ein schwächeres, später ein stärkeres Feuer über dieser Sohle und läfst die Kohlen darauf ausglühen. Die entstandenen Risse werden mit trockenem Lehm wieder ausgefüllt und fest eingestampft. Dies Verfahren wiederholt man, bis beim stärksten Feuer gar keine Risse mehr entstehen. Auf diese Weise ist der natürliche Tufstein einigermafsen nachgebildet worden. Jetzt kann das Gewölbe über dieser Heerdsohle ausgeführt werden, wie bei den Öfen aus natürlichen Tufsteinen, weil sich die sehr schwach gebrannten Lehmklötze durch scharfe Beile und durch Reiben an einander leicht in die gehörige Form bringen lassen. Übrigens wird es nicht schwer sein, einen natürlichen, feuerfesten, nicht zerspringenden oder verglasenden Stein für die Heerdsohle aus einer nahen Gegend herbeizuholen, besonders da, wo schiffbare Canäle oder Flüsse, und die gewifs bei uns auch bald eingeführten Eisenbahnen, vorhanden sind. So schickte man z. B. die Steine zu ganzen Backöfen von Andernach nach S., L. und J., ohne dafs solche theurer wurden, als wenn sie aus Ziegel erbauet worden wären. Alle diese Gründe hiefsen den Entschlufs fassen, die neuen Öfen aus Tufsteinen von Weib, oder besser von Bell, zu erbauen.

Der Grundrifs dieser Öfen bildete ein Rechteck, dessen Seiten 19 und 18 Preufsische Fufs Länge hatten, und der birnförmige Backraum war 15 Fufs lang und 13 Fufs breit. Das Gewölbe wurde, wie in Fig. 46. angegeben ist, hinten 7 Zoll, in der Mitte 9 Zoll und vorne 11 Zoll im Lichten hoch gemacht, und man verfertigte es aus 10 Zoll starken Gewölbsteinen von Thontuf, welche man in der Gegend von Andernach, Krotzen nennt. Die Heerdsohle bestand aus 5 Zoll starken Tufsteinplatten von zwei Fufs Breite, und $2\frac{1}{2}$ bis 3 Fufs Länge. Da man nun schon durch

Rumfords und eigene Versuche belehrt worden war, daſs eine getheilte, und auſserhalb des Ofens im Schornsteine wieder vereinigte Flamme eine gröſsere Wirkung hervorbringe, als wenn man nur einen oder zwei Rauchzüge anlegt, so erbaute man 4 Züge von 6 Zoll im Quadr., von welchen die beiden Seitenzüge cc', cc' (Fig. 49.) dieselbe Länge erhielten, als die mittleren bb', bb', indem man sie schlängelte. Denn wenn diese Seitenzüge cc' eben so weit sind, als die mittleren, und dabei kürzer als selbige, so gehet viel mehr Rauch und Hitze durch cc' zum Schornsteine, als durch bb', wodurch der Ofen an seinem hintern Ende viel weniger backreif (heiſs genug) wird, als vorne und an der Seite. Dies war die Ursache für die gekrümmten (Serpentinen-) Züge (Fig. 49.). Wie diese Züge, über das Ofengewölbe hinweg, in den am vordern Ende des Backraumes befindlichen Schornstein geleitet werden, zeigen Fig. 46. im Längendurchschnitt, Fig. 47. im Querschnitt und Fig. 48. in der vordern Ansicht.

Der eine, völlig erneuerte, und in der beschriebenen Weise construirte Ofen zu C. backt 300 bis 320 Brode zu 6 Pfd. gleichzeitig, und erfordert zum guten Ausbacken eines Winspels Roggenmehl, oder 1800 Pfd., nur $\frac{1}{6}$ Klafter Eichenholz, von 108 Cubikfuſs; und im Sommer, oder wenn das Holz recht trocken ist, backt er mit einer Klafter auch wohl 7 Wispel, oder 7 Mal 1800 Pfd. Roggenmehl. (Bei diesem Cubikmaaſse des Holzes sind die leeren Zwischenräume in der Klafter mitgerechnet, wie es landesüblich gesetzt worden ist). Der Raum unter der Heerdsohle wurde mit abwechselnden Schichten von Sand und fest gestampftem Lehme zwischen den Fundamenten ausgefüllt. Ferner bedeckte man das Gewölbe erst mit Lehmschutt und Sand, und legte oben darüber eine Decke von Strohlehm. Dieser Strohlehm darf aber nie zu naſs aufgebracht werden, weil er sonst Risse bekommt, und die Züge mit Feuchtigkeit anfüllt, die den guten Zug des Feuers hindert. Die einige Fuſs hohe Bedeckung von schlechten Wärmeleitern sollte dazu dienen, die entwickelte Wärme im Ofen zusammenzuhalten, damit bei der folgenden Heizung weniger Brennstoff erforderlich sei. Hier, bei diesen groſsen Öfen, wurde auch der erste Versuch gemacht, den unten offenen Rauchfang mit Schiebern von Eisenblech zu verschlieſsen, um das Eindringen der kalten Luft in den Schornstein zu verhüten, und dem Feuer einen bessern Zug zu verschaffen. Das Resultat hat, wie wir oben gesehen haben, den Erwartungen entsprochen, weil nunmehr der Wispel Roggenmehl durch Holzfeuerung zu verbacken circa nur 1 Rthlr. kostete.

Im Jahre 1827 sollten in C. für den Kriegsgebrauch mehrere Backöfen erbauet werden. Da nun durch 3jährige Erfahrungen die Resultate des 1824 neu errichteten Ofens in der Militairbäckerei bestätigt worden waren, so wurde dem Verfasser dieses Aufsatzes aufgetragen, in einem dazu bestimmten Raume zwei Backöfen zu erbauen, nach derselben, oder wo möglich nach einer noch bessern Methode, und später damit Versuche anzustellen, welche ihre ökonemischen Vortheile erwiesen. Würden sich diese herausstellen, so sollten die übrigen Öfen alle eben so eingerichtet werden.

Diesem zur Folge wurden zwei Öfen, von der in Fig. 50. angedeuteten Gröfse, neben einander erbauet. Jeder erhielt 5 Züge von der hier gezeichneten Gestalt, welche 4 Zoll breit und 5 Zoll hoch waren, und folglich alle gleiche Länge hatten. Mit diesen correspondirten 5 untere Züge, welche sich aber in zwei vertical aufsteigende Züge *g*, *g*, von wenigstens 6 Zoll in Quadr. Weite, vereinigten, um so den Rauch in etwas gröfserer Höhe in den Schornstein zu führen, als die 5 geschlängelten Züge, welche über dem Gewölbe weggehen, und mit aa', bb', bb', cc', cc' bezeichnet sind.

Bei der Construction des Gewölbes dieser Öfen ging man von dem Satze aus: das Ofengewölbe mufs so flach als möglich sein, weil dann nicht allein eine geringere Oberfläche zu erhitzen ist, und durch die Reibung der Flamme in einem engern Raume mehr Wärme abgesetzt wird, sondern das Brod auch mit einem niedrigern Wärmegrade ausgebacken werden kann, indem die näher am obern Theile des Brodes befindliche Gewölbfläche eine verhältnifsmäfsig gröfsere Wirkung auf das gute Ausbacken äufsert, nach dem bekannten Gesetze der Wirkung der Wärme. Die Höhe eines Brodes, wie es dem Soldaten verabreicht wird, beträgt selten über 4 Zoll; der Schieber ist etwa $\frac{1}{2}$ Zoll dick; daher braucht das Ofengewölbe, hinten an den Zügen oder am Kranze, nur 6 Zoll hoch zu sein, während es vorne doch 9 Zoll hoch bleiben mufs. Bei dieser Einrichtung kann eine hinreichende Menge, aber auch nicht mehr Brennstoff gleichzeitig eingelegt werden, als zu einer guten Heizung durchaus nöthig ist.

Das Material bestand auch hier wieder aus Tufstein, von den Steinbrüchen zu **Bell** bei **Andernach**; jedoch wurden die Fundamente aus gewöhnlichem Thonschiefer aufgeführt. So gut aber auch dies Material nächst dem Thontuf sein möge, so haben die alten Gewölbsteine, welche schon 30 bis 50 Jahre lang benutzt worden sind, die unterscheidende Eigenschaft, daſs sie sich bedeutend comprimiren, wenn sie aufs Neue in ein Ofengewölbe eingebauet werden. Deshalb muſs ein Gewölbe, welches aus der Hälfte, oder mehr als der Hälfte alter Gewölbsteine aufgeführt wird, um 1 Zoll höher gemacht werden, als ein eben so weit gespanntes aus ganz neuen Steinen. Der Grund hiervon scheint darin zu liegen, daſs sie weniger widerstandsfähig werden, wenn sie lange Zeit vom Feuer durchglüht worden sind. Die Versuche über die Widerstände dieser Steinart unter der Rondeletschen Schraubenpresse haben nemlich dargethan, daſs diejenigen, welche den geringsten Widerstand leisteten, im Augenblicke vor ihrer Zerstörung auch die gröſste Compression erlitten. Die Widerlagen des Gewölbes wurden hier 4 Fuſs dick gemacht, während sie bei den 1824 hergestellten Öfen nur 3 Fuſs stark werden konnten, weil kein Raum vorhanden war, das Fundament zu erweitern.

Damit die Maurer den geschlängelten Zügen bb', cc' (Fig. 50.) allenthalben die gehörige Weite geben möchten, und um solche in den Krümmungen ein wenig weiter zu machen, als in den gerade fortgehenden Theilen, wurden besondere Schablonen von Pappendeckeln gebildet, welche, nachdem die Ebene, in welcher die Züge über dem Gewölbe weg in den Schornstein einmünden sollten, festgelegt und gehörig festgestampft worden war, auf diese Ebene so gelegt wurden, daſs sie sich nicht mehr verschieben konnten. Die Maurer muſsten nun die ersten Schichten der Züge längs diesen Chablonen festlegen, und dann, nachdem letztere weggenommen worden waren, bis zur Höhe ihrer Decke vollenden. Während die Züge zugedeckt wurden, war die strengste Aufsicht nöthig; denn wenn diese nicht gehalten wird, werden die Maurer die Züge inwendig nicht vollkommen platt machen, oder gar Mörtel oder Schutt hineinfallen lassen, wodurch später die gute Ableitung des Rauches verhindert wird. Bei den fünf untern Zügen wurde dieselbe Vorsicht angewendet. Die Gestalt und Weite dieser Züge ermittelte man durch folgende Betrachtungen. Eine gegebene Brennstoffmenge äuſsert in einem jeden geschlossenen hohlen Raume die schnellste und vollkommenste, und für die Ökonomie vortheilhafteste Wirkung, wenn sie darin nach allen Richtungen gleich starke Flammen entwickeln kann, weil jede Oberfläche, ihrer Natur gemäſs, in einem gegebenen Zeitraum und bei gegebener Intensität des Feuers nur eine bestimmte Wärmestoffmenge aufnehmen wird. Aus diesen Gründen wurde die Flamme in 5 gleiche Volumina durch 5 gleich grofse Züge vertheilt, welche durch gleiche Länge mit derselben Intensität wirken, und dadurch die Wärme innerhalb des Backraumes gleich stark absetzen. Ohne diese Vorrichtung erreicht man den beabsichtigten Zweck nie vollkommen, weil die entwickelten Gase und Dämpfe, eben wie jede andere elastische Flüssigkeit, immer den nächsten Weg zum Schornsteine nehmen, wenn sie aus dem engen Backraume entweichen; die kürzern Züge würden daher auf Kosten der andern eine gröfsere Rauchmenge ableiten, wie schon oben gesagt wurde. Ferner ist die Art und Weise der Verbrennung keinesweges gleichgültig; denn in dem Falle, wo der Zudrang der atmosphärischen Luft zu dem Brennstoffe mit den entwickelten und entweichenden Gasen in keinem Verhältnisse steht, oder wo die Schornsteine und Rauchzüge zu weit sind, wird, wegen der grofsen Quantität unzersetzter kalter Luft, auch eine grofse Masse unzersetzter Stoffe mit zum Schornsteine hinausströmen, welche noch zur Erheizung des Backraumes mit benutzt werden könnte. Sind im Gegentheil die Züge im Verhältnifs zu der gleichzeitig brennenden Menge des Combustibles zu enge, so können die sehr verdünnten und ausgedehnten Composita, die aus den Brennstoffen in Verbindung mit der atmosphärischen Luft entwickelt werden, nicht schnell genug entweichen: sie werden daher comprimirt und treten in Gestalt eines dicken Rauches aus dem Ofenmunde in die Backstube, und die Verbrennung geschieht nur sehr unvollkommen. Es giebt hier deshalb einen Mittelweg, der für jeden Feuerbau durch die Erfahrung gezeigt und durch die Theorie bestätigt und entwickelt wird. So viel ist gewifs, dafs zu einem weiten Schornsteine weite Züge, und zu einem engen Schornsteine enge Züge erfordert werden, und dafs die letzten den weiten stets vorzuziehen sind, wenn es auf Ökonomie des Brennstoffes ankommt. Überdies haben enge, der Masse des Feuers proportionirte, Schornsteine, wenn sie von unten bis oben keine kalte Luft aufnehmen können, für Backöfen den Vortheil, dafs sich die engen, hineingeleiteten Rauchzüge nicht verstopfen, weil der in denselben heftige Luftstrom Rufs und Asche mit sich fortreifst. Ist ferner das Feuer im Ofen ausgebrannt, und der Ofen backreif, so strömt, wenn die Schieber im Rauchfange geöffnet werden, weniger Wärmestoff aus dem Ofen, als bei weiteren Zügen.

Wenn die kalte Luft das Brennmaterial umfächelt, nachdem dasselbe entzündet wurde, so wird verhältnifsmäfsig so viel davon zersetzt, als durch die Züge entweichen kann. Nun ist der Feuerzug in engen Röhren, von unten nach oben zu, schneller als in weiten, weil gröfsere Wärme darin herrscht, und die äufsere Luft auf die Ausströmung nicht so nachtheilig einwirkt, wegen der gröfsern Geschwindigkeit des Rauches. Es wird daher auch ein schnelleres Zersetzen der einströmenden Luft Statt finden, und augenblicklich mehr wärmestoff entwickelt werden, der nicht so schnell aus dem Ofen entweicht, sondern an der innern Fläche des Backraumes abgesetzt wird. Das Verhältnifs, in welchem enge Züge vortheilhafter sind als weite, scheint sich wie folgt herauszustellen.

1) Die frühern, alten Öfen hatten zwei Züge, jeder 10 Zoll im Quadr. weit; folglich hatten die Züge zusammen 200 Quadr.-Zoll Durchschnittsfläche, und die Mundöffnung ist 180 Quadr.-Zoll, wovon etwa, wenn der Brennstoff eben eingelegt worden ist, nur 45 Quadr.-Zoll wirkliche Einströmungsfläche übrig bleiben, und es ist das Verhältnifs der einströmenden Luft zu den ausströmenden Gasen wie 45 zu 200.

2) In den bessern Öfen, welche 1824 zu C. erbauet wurden, und die jetzt noch täglich 2 bis 3 Mal, und öfter, benutzt werden, haben die 4 Züge jeder 36 Quadr.-Zoll Durchschnittsfläche, zusammen also 144 Quadr.-Zoll Abzugsfläche; das Verhältnifs ist daher nur noch 45 zu 144.

3) Die 1827 erbauten, möglichst besten Öfen haben 5 Züge, jeden von 20 Quadr.-Zoll Durchschnittsfläche, also zusammen von 100 Quadr.-Zoll, und das Verhältnifs der Einströmung zum Abzuge ist 45 zu 100.

Vergleicht man diese drei Arten von Öfen mit einander, in Bezug auf die Menge Brodes, welche mit einer Preufsischen Klafter Holz verbacken werden kann, so findet man: die alten Öfen verbackten 3 bis 4 Wispel, die 1824 erbauten 6 bis 7 Wispel, und die 1827 aufgeführten 9 Wispel. Das Verhältnifs der Ökonomie scheint daher umgekehrt, dem der Abzugsflächen und der Vertheilung des Flammenzuges gerade proportional zu sein. Will man die Züge noch mehr verengen, als 4 Zoll breit und 5 Zoll hoch, so kann dies zwar geschehen, aber es darf nur an der Ausmündung des Zuges in den Schornstein geschehen, wie es Fig. 52. zeigt. Es ist sogar möglich, die Züge eines Backofens, wie der 1827 erbauete, bis auf 3 Zoll Breite und 4 Zoll Höhe an der Ausmündung in den Schornstein zu verengen; aber dann müssen sie in ihrer ganzen Länge wenigstens 5 Zoll weit sein, und da, wo sie den Backraum erreichen, wohl $5\frac{1}{2}$ bis 6 Zoll.

Die Steigung der Sohle des Backraumes nach hinten, oder gegen die Züge hin, befördert die schnelle Erheizung desselben noch bedeutend, und wenn es möglich wäre, solche bis auf 45 Grad zu bringen, würde der Zug bedeutend gewinnen; aber der Schiefser, welcher das Brod in den Ofen bringt, erhält dadurch eine sehr mühevolle Arbeit, und das Brod würde zuletzt aus dem Ofen herausfallen. Deshalb wird eine Steigung von 20 Graden, oder 3 Fufs für einen 15 bis 16 Fufs langen Ofen, hinreichend sein.

Im Herbste 1833 waren die beiden Backöfen in der Militairbäckerei zu L. in ihrer Heerdsohle so reparaturbedürftig geworden, dafs sie über die Häfte mit neuen Platten belegt werden mufsten. Ferner waren in der Nähe der Ofenmündungen mehrere Gewölbsteine heruntergefallen, weil man sie nicht gehörig befestigt hatte.

Da die geschlängelten Züge, Fig. 50., des einen Ofens sich einige Mal verstopft hatten, ungeachtet der Schornstein bis über die Höhe des anstofsenden alten Kirchendaches aufgeführt worden war, hatte man es für gut befunden, solche gerade zu machen, um sie späterhin besser reinigen zu können. Dies hatte aber den Nachtheil gehabt, dafs die vordern Züge *cc'* beinahe allen Rauch allein ableiteten, und dafs der Ofen hinten viel später backreif wurde, als vorne. Dieser Umstand kostete aber mehr Holz, als die frühere Vorrichtung, und der Backmeister mufste die vordern Züge verschliefsen, wenn er den Ofen hinten gehörig heifs haben wollte. Da nur 5 Züge über der Ofenmündung vorhanden waren, nach Fig. 51., so konnte man deren nicht 7 ohne grofse Kosten und ohne Zeitverlust anbringen; deshalb wurden die vorhandenen 5 Züge beibehalten. Man gab aber dem mittlern *aa'* eine Weite von 6 Zoll im Quadr., den beiden ihm zunächst liegenden *bb'*, *bb'* $5\frac{1}{2}$ Zoll, und den äufsersten *cc'*, *cc'* blofs 5 Zoll im Quadr. zur Zugfläche. Ferner wurden die Züge *bb'* und *cc'* auf beiden Seiten mehr nach hinten zu gelegt, weil der Ofensetzer solche zu sehr nach vorne gelegt hatte. Am Rauchfange, bei *a'*, *b'*, *c'*, wurden aber alle 5 Züge nur 4 Zoll im Quadrat weit gemacht.

Obgleich nun diese beiden guten Öfen auch keine unteren Züge und aufserdem unter der Heerdsohle noch grofse hohle Räume haben, wodurch natürlich eine Menge Wärmestoffes verloren geht, so verbacken sie dennoch jetzt, mit schlechtem Knüppelholze, wovon die Corde nur 12 Francs kostet, schon über 8 Wispel auf die Klafter zu 108 Cubikfuſs. Sie würden daher gewiſs, mit gutem Eichen- oder Buchenstammholze, wovon die Corde 14 Fr. kostet, über 9 Wispel verbacken, um so mehr, da der Kessel zum Erwärmen des Backwassers jetzt auf getheiltes Flammenfeuer gesetzt worden ist, was nur durch wenig Holz, und die schlechtern, zum Verkauf nicht geeigneten Kohlen unterhalten wird. In denjenigen Städten, wo diese Öfen schon eingeführt sind, können die beschriebenen Veränderungen leicht vorgenommen werden, ohne dadurch auf den Ofen mehr als 10 Thaler zu verwenden.

Alle andere Arten von Backöfen lassen sich durch geringe Kosten, und ohne sie abzubrechen, wesentlich verbessern, wenn ihre Gewölbe nicht über $1\frac{1}{2}$ Fuſs hoch sind, so, daſs sie wenigstens 6 Wispel Roggenmehl mit 1 Klafter oder 108 Cubikf. Holz verbacken, wenn man die Heerdsohle aus Tufstein, oder irgend einem andern feuerfesten Steine, nur nicht aus Ziegeln einbauet, und der Ofen vorne 9 Zoll, hinten 6 bis 7 Zoll hoch gemacht wird. Ist dies geschehen, so lege man 5 bis 7 Züge über dem Gewölbe an, wie Fig. 44., 45. und 51. zu sehen ist, so, daſs der mittelste am weitesten, und die äuſsersten *cc* am engsten sind. Wenn man die Züge, in Serpentinen, alle gleich lang macht, so erreicht man zwar denselben Zweck, aber es ist schwer, die Züge von der Asche zu reinigen, die sich zwar sehr langsam, aber doch gewiſs darin festsetzt; und man ist genöthigt, sie oben aufzudecken, wieder zuzudecken, nachdem sie gereinigt worden sind, und endlich gehörig wieder zu bedecken, um den Wärmestoff zusammen zu halten. Den Rauchfang mache man darauf $4\frac{1}{2}$ bis 5 Fuſs lang, führe ihn in Gestalt eines Kegels in den Schornstein, und mache diesen letztern nur 8 bis 10 Zoll im Quadr. an seiner obern Öffnung weit. In solchen Backöfen, der alten Art, wo die Heerdsohlen noch horizontal liegen, muſs man die über dem Gewölbe wegführenden Züge desto stärker gegen den Schornstein hin steigen lassen. Den Rauchfang verschlieſse man unterhalb mit starken blechernen Schiebern, die sich in Falzen von geschmiedeten Eisenstäben bewegen, wie man bei *n, n* Fig. 48. sieht, wo *cc* die Falzen und *t* die Blechschieber bedeuten.

Beschreibung des am zweckmäßsigsten eingerichteten Backofens für 432 Brodte oder 1800 Pfd. Roggenmehl.

Fig. 44. zeigt den Grundrifs des Backraumes, unmittelbar über der Heerdsoble. Die Züge aa', bb', bb', cc', cc', dd', dd', welche über das Gewölbe weggehen, sind hier punctirt worden, um eine Figur weniger zu haben. Der hintere Theil des Backraumes ist so ziemlich gleich weit von der Ofenmündung entfernt angelegt worden, damit die Züge nicht zu sehr in der Länge von einander verschieden sein möchten. Damit aber das Feuer recht schnell das hintere Ende des Backraums erreichen könne, ist der mittlere Zug aa', bei a, sechs Zoll im Quadrat, und bei a' nur 4 Zoll im Quadr. weit, wie es Fig. 52. angiebt. Die beiden Züge bb', bb' sind bei b um $\frac{1}{4}$ Zoll in beiden Dimensionen verengt worden; die Züge cc', cc' um $\frac{1}{2}$ Zoll, und endlich dd', dd' um $\frac{3}{4}$ Zoll, im Verhältnisse zu aa'. Vorne, an ihrer Ausmündung in den Schornstein, bei a', b', c', d' sind aber alle 7 gleich weit, nemlich 3 Zoll breit und 4 Zoll hoch, oder höchstens 4 Zoll im Quadrat, jedoch nur auf die Strecke, welche Fig. 52. anzeigt. Durch diese Vermittelung wird die entwickelte Hitze nach allen Richtungen gleich stark verbreitet und der Ofen um so schneller backreif.

Wenn nun, wie zu erwarten, die mechanischen Teichknete-Maschinen, welche hier mit grofsem Vortheil angewendet werden können, mit der Zeit in allen gröfsern Bäckereien eingeführt werden, so wird die schnelle Erheitzung der Öfen noch gröfsern Nutzen bringen, weil dann die Bereitung des Teiges, die jetzt meistens $1\frac{1}{2}$ Stunde dauert, in kürzerer Zeit geschehen und folglich öfter in 24 Stunden gebacken werden kann.

Der Rauchfang ist 2 Fufs weit, damit man die vor den Zügen befindlichen Thürchen leicht öffnen und schliefsen und in die Züge hinein sehen könne. Auch lassen sich dieselben so leichter reinigen. Die Länge desselben im Lichten ist 5 Fufs, welche wie folgt, berechnet werden. 6 Zoll Rohr des Wasserkessels, + 3 Zoll Zwischenraum bis zum nächsten Zuge, + 28 Zoll für 7 Züge, jeder 4 Zoll im Lichten weit, + 24 Zoll für 6 Zwischenräume jeder von 4 Zoll. Diese Rauchfänge können daher auf Tragsteine mn, mn gelegt werden, welche noch einen andern langen Stein nn tragen; und folglich ist jedes Stück Holz, was sonst zum Bau eines Rauchfanges erforderlich ist, unnöthig, und um so weniger ist nun von der hier herrschenden grofsen Hitze irgend eine Entzündung zu befürchten. Dieser Rauchfang ist unterhalb mit Schiebern verschlossen, wie schon oben erwähnt worden ist. Die Falzen, worin sich diese Schieber *t* Fig. 48. bewegen, werden an die Steinschwelle *nn* mit Steinschrauben befestigt, welche durch einen feuerfesten Kitt in derselben festgehalten werden müssen, indem das Blei hier schmelzen würde. Diese Schieber dienen dazu, der kalten Luft den Zutritt zu dem untern Theile des Schornsteins zu verwehren, so lange das Feuer heftig brennen mufs, um den Ofen backreif zu machen. Im Gegentheil werden sie geöffnet, sobald derselbe gehörig durchheizt ist, damit die Hitze durch den schnellen Luftstrom, welcher durch den Ofen geht, wenn die Schieber geschlossen sind, nicht aus dem Backraum entweiche.

Die Gröfse des Backraums ist 16 Fufs in der Länge, und 14 Fufs in der Breite. Dieser Raum kann 432 Brodte fassen. Denn jedes Brod ist im Ofen $\frac{1}{2}$ Quadr.-Fufs grofs in seiner Grundfläche, und wegen des nöthigen Zwischenraumes kann man $\frac{5}{8}$ Quadr.-Fufs dafür rechnen. Die Grundfläche des Backraumes, so weit derselbe mit Brod besetzt werden kann, beträgt 276,80 Quadr.-Fufs, folglich würden 440 Brodte eingeschoben werden können.

Wir setzen voraus, dafs diese Figur des Backraumes, wegen ihrer bewährten Vortheile, für künftige neue Backöfen gewählt, und dafs man folglich auch die Heerdsohlen kleinerer Backöfen dieser Figur ähnlich construiren werde; wenigstens so lange, bis keine bessere gefunden worden ist. Gesetzt nun, es sei für einen ganz kleinen Backraum, der 50 Brodte fassen kann, die Heerdsohle, in ihren verschiedenen Dimensionen und in ihrer Gestalt, zu ermitteln, so erhält man für die Heerdsohle 50 Mal $\frac{5}{8}$ oder $31\frac{1}{4}$ Quadr.-Fufs, wofür 32 gesetzt werden können. Aus dem Flächenraume der Heerdsohle, Fig. 44. und 45. und deren Dimensionen, lassen sich nun alle Dimensionen ähnlicher Backräume ermitteln, wenn die Anzahl der gleichzeitig darin zu backenden Brodte und folglich der Flächeninhalt der Heerdsohle bekannt ist, weil sich die Flächenräume ähnlicher Figuren zu einander verhalten, wie die Quadrate gleichliegender Linien. Um daher den Breiten-Durchmesser eines ähnlichen Ofens für 50 Brodte zu finden, schliefse man: $276{,}80 : 32 = 14^2 : x^2$, welches $x = \sqrt{\left(\frac{32.196}{276{,}80}\right)} = \sqrt{(22{,}68)} = 4{,}76$ giebt. Für den Längen-Durchmesser erhält man 276,80:32 = $16^2:y^2$ und $y = \sqrt{\left(\frac{32.16^2}{276,80}\right)} = \sqrt{(29,59} = 5,44$ Fuſs. Hat man nun auf diese Weise die gröſste Länge und Breite berechnet, so zieht man innerhalb des Backraumes Fig. 44. parallele Linien mit dessen innern Umfangslinien, und erhält so die demselben ähnliche Figur. Der Ofenmund wird bei den kleinsten Figuren nicht kleiner als 16 Zoll breit und 7 Zoll hoch; bei den gröſsten Öfen dagegen nicht gröſser als 21 Zoll breit und 9 Zoll hoch. Machte man diese Öffnungen kleiner, oder gröſser, so würde im ersten Fall nicht Brennstoff genug, im letzten aber zu viel gleichzeitig eingelegt werden. Diese Mundöffnung wird mit einem doppelten Schieber von starkem Eisenbleche, welcher inwendig mit Holzasche fest ausgestampft ist, verschlossen. Er paſst in einen Rahm von geschmiedetem zweizölligen Eisen, so genau, daſs keine Hitze aus dem Ofen entweichen kann, und bewegt sich in demselben vermittels Frictionsrollen. Der Rahm selbst ist in die Ofenbank *oo* und die Einfassung der Mundöffnung durch lange Mutterschrauben befestigt, damit er durch die Hitze nicht verbogen wird. Man sieht den befestigten Rahm v, mit seinem Schieber u, neben der Leuchtöffnung w, Fig. 48. Diese Leuchtöffnung ist ebenfalls mit einer Thür von starkem, verdoppelten Eisenblech, die mit Holzasche gefüllt ist, verschlossen, damit keine Hitze entweichen könne. Die Züge $f' d' b' a' b' c' g'$ sind mit eben solchen verdoppelten und ausgefüllten Thürchen zu verschlieſsen. Wegen dieses dichten Verschlusses sammelt sich eine Menge Alcoholdünste im Ofen, welchen man, wie jetzt gewöhnlich geschieht, einen Ausweg durch Öffnen eines Zugthürchens verschafft, oder die man zu Branntwein benutzt; worüber jedoch noch hinreichende Erfahrungen fehlen. Im allgemeinen sei der Flächeninhalt eines Brodes $= a$, die Anzahl der auf ein Mal im Ofen zu verbackenden Brodte $= b$, x seine gröſste Breite, und y seine gröſste Länge: so ist ab der Flächenraum der dazu gehörigen Heerdsohle in Quadr.-Fuſsen, und man kann schlieſsen: $276,8 : ab = 14^2 : x^2$, folglich $x = \sqrt{\left(\frac{ab.14^2}{276,8}\right)}$; ferner $276,8 : ab = 16^2 : y^2$, daher $y^2 = \sqrt{\left(\frac{ab.16^2}{276,8}\right)}$. Eben so wird die Anzahl der in einen schon bestehenden Ofen einzuschieſsenden Brodte gefunden, wenn man den Flächenraum von dessen Heerdsohle durch a dividirt. Diese Rechnung dient jedoch nur dazu, den Backmeister zu controlliren; denn man kann die Anzahl der Brodte durch wirkliches Einschiefsen desselben in den Ofen am sichersten ermitteln.

Die Stärke der Umfassungsmauern mufs auch bei den kleinsten Öfen nicht unter 3 Fufs sein, weil sonst die Wärme im Backraume nicht genug zusammengehalten wird. Kann man sie stärker, selbst bis zu 6 Fufs Dicke haben: desto besser. Denn die einmal im Ofen entwickelte Wärme trägt, wenn sie nicht entweichen kann, zur schnellen Heizung für das nächste Backen wesentlich bei. Als die lezten Öfen in L. reparirt wurden, liefs man sie drei Tage lang stehen. Die Hitze war aber noch so grofs, dafs man die Heerdsohle durch Eingiefsen von Wasser in die Züge abkühlen mufste, während mehrerer Stunden, ehe man die Steinplatten derselben herausnehmen konnte, um der neuen Sohle Platz zu machen. Diese Öfen sind aber auch mehrere Fufs hoch bedeckt. Die Erhaltung der Wärme ist auch der Zweck der in Fig. 46. und 47. gezeichneten Lagen von Lehm, Holzasche und Kohlenstaub, über dem Gewölbe und unter der Heerdsohle, die so fest als möglich gestampft worden sind. In Paris legt man sogar noch Lagen von Salpeter zwischen diese Schichten. Die Schichten über dem Gewölbe dürfen dasselbe jedoch nicht zu sehr belasten, damit es nicht zu früh durch Druck und Hitze zugleich zerstört werde. Über 5 bis 6 Fufs Höhe wird man nie aufschütten dürfen, weil die Widerstandsfähigkeit der Tufsteine verhältnifsmäfsig nur geringe ist, und eine gröfsere Last schon einige Compression im Gewölbe verursachen möchte. Aufserdem würde es, wenn die Züge irgend einer Reparatur bedürften, viele Umstände verursachen, die verschiedenen festen Lagen von Lehm u. s. w. abzuräumen.

Folgende Tabelle zeigt die Gröfse verschiedener Backöfen, und deren Züge u. s. w, woraus sich jeder Backofen zu irgend einem bestimmten Zwecke leicht zusammensetzen läfst. Eine detaillirte Beschreibung des Baues dieser Öfen wird weiter unten folgen.

Anzahl der Brodte à 6 Pfd, in deren Stelle auch Brodte von jeglicher Gröſse gebacken werden können.	Gröſse der Heerdsohle in Quadr.-Fuſsen, wenn a die Fläche eines Brodes und b deren Anzahl bedeutet.	Gröſste Breite des Ofens in Preuſs. Fuſsen, x	Gröſste Länge des Ofens in Preuſs. Fuſsen, y	Gröſse des Ofenmundes in Preuſs. Zollen, breit	hoch	Höhe des Backraumes im Lichten, in Preuſs. Zollen, vorne	hinten	Anzahl der Züge über dem Ofengewölbe.	Dimensionen der Züge. Der mittelste, in Preuſs. Zollen, breit	hoch	Die beiden dem mittelsten am nächsten liegenden Züge, breit	hoch	Die beiden entfernteren Züge, breit	hoch	Die beiden äuſsersten Züge, breit	hoch	An der Ausmündung in den Schornstein. Breite Pr. Zoll.	Höhe Pr. Zoll.	Bemerkungen.
50	ab oder $50a$	$\sqrt{\left(\frac{ab.14^2}{276,8}\right)}$	$\sqrt{\left(\frac{ab.16^2}{276,8}\right)}$	16	7	7—8	6	3, 4 oder 5	5	5	$4\frac{3}{4}$	$4\frac{3}{4}$	$4\frac{1}{2}$	$4\frac{1}{2}$	4	4	3	4	Obgleich diese Tabelle nur hauptsächlich auf groſse und kleine Militair-Backöfen berechnet ist, so kann sie doch auch für die Construction von Privat-Backöfen mit Vortheil angewendet werden.
100	ab	desgl.	desgl.	17	$7\frac{1}{4}$	8	6	3, 4 bis 5	$5\frac{1}{4}$	$5\frac{1}{4}$	5	5	$4\frac{3}{4}$	$4\frac{3}{4}$	$4\frac{1}{2}$	$4\frac{1}{2}$	3	4	
150	ab	decgl.	desgl.	18	$7\frac{3}{4}$	8	6	3, 4 bis 5	$5\frac{1}{2}$	$5\frac{1}{2}$	$5\frac{1}{4}$	$5\frac{1}{4}$	5	5	$4\frac{3}{4}$	$4\frac{3}{4}$	$3\frac{1}{4}$	4	
200	ab	desgl.	desgl.	19	8	$8\frac{1}{2}$	6	5 bis 7	$5\frac{3}{4}$	$5\frac{3}{4}$	$5\frac{1}{2}$	$5\frac{1}{2}$	$5\frac{1}{4}$	$5\frac{1}{4}$	5	5	$3\frac{1}{2}$	4	
250	ab	desgl.	desgl.	20	8	9	6	5 bis 7	$5\frac{3}{4}$	$5\frac{3}{4}$	$5\frac{1}{2}$	$5\frac{1}{2}$	$5\frac{1}{4}$	$5\frac{1}{4}$	5	5	$3\frac{1}{2}$	4	
300	ab	desgl.	desgl.	21	$8\frac{1}{2}$	9	6	7	6	6	$5\frac{3}{4}$	$5\frac{3}{4}$	$5\frac{1}{2}$	$5\frac{1}{2}$	$5\frac{1}{4}$	$5\frac{1}{4}$	$3\frac{3}{4}$	4	
350	ab	desgl.	desgl.	21	$8\frac{1}{2}$	9	6	7	6	6	$5\frac{3}{4}$	$5\frac{3}{4}$	$5\frac{1}{2}$	$5\frac{1}{2}$	$5\frac{1}{4}$	$5\frac{1}{4}$	$3\frac{3}{4}$	4	
400	ab	desgl.	desgl.	21	9	9	6	7	6	6	$5\frac{3}{4}$	$5\frac{3}{4}$	$5\frac{1}{2}$	$5\frac{1}{2}$	$5\frac{1}{4}$	$5\frac{1}{4}$	4	4	
450	ab	desgl.	desgl.	21	9	9	6	7	6	6	$5\frac{3}{4}$	$5\frac{3}{4}$	$5\frac{1}{2}$	$5\frac{1}{2}$	$5\frac{1}{4}$	$5\frac{1}{4}$	4	4	

Die zu diesen Öfen erforderlichen Schornsteine werden wie folgt, bestimmt:

Der Schornstein des 1824 erbauten Ofens zu C. ist oben 10 Zoll im Quadrat, und hat folglich 100 Quadr.-Zoll horizontale Durchschnittsfläche; jeder der 4 Züge hat 36 Quadr.-Zoll, alle zusammen also 144 Quadr.-Zoll. Der Rauch strömt hier mit einer großsen Geschwindigkeit aus, und ist nur kurze Zeit sichtbar, wenn das Feuer angemacht wird; später ist er ganz durchsichtig. Ein Beweis, daſs alle Dämpfe im Ofen verbrannt werden, wenn die Hitze völlig entwickelt ist. Oben auf der Schornsteinöffnung findet man innerhalb 30 Minuten in einem eisernen Gefäſse 20 Quart Wasser. Der heiſse Rauch- und Dampfstrom innerhalb des Rauchfanges ist daher noch hinreichend, das Backwasser zu erwärmen. Die Öfen in L., welche 5 Züge haben, die über dem Backraume weglaufen, erhielten Schornsteine von 10 Zoll im Lichten weit, oder 100 Quadr.-Zoll Abzugsfläche. Die Züge sind an ihrer Einmündung in den Rauchfang nur 4 Zoll im Quadrat weit, oder haben 16 Quadr.-Zoll Abzugsfläche, alle 5 folglich 80 Quadr.-Zoll. Ein Ofen mit 7 Zügen, jeder 12 bis 16 Quadr.-Zoll haltend, erfordert daher auch nur Einen Schornstein, dessen obere Ausfluſsöffnung 84 bis 100 Quadr.-Zoll im horizontalen Durchschnitte enthält. Das Verhältniſs der obern Schornsteinweite zur Summe der Abzugsflächen aller Züge muſs daher so beschaffen sein, daſs der Schornstein daselbst eben so viel Abzugsfläche hat, als alle Züge zusammen, oder darf nur wenig darunter oder darüber sein ,wenn die gute und vollkommene Verbrennung im Ofen statt finden soll.

Der Kessel zum Erwärmen des Backwassers steht auf Kreuzfeuer, und die Einrichtung der Züge u. s. w desselben ist ganz die in den neuen Küchen zu L. eingeführte. Man sieht den Grundriſs und das Profil dieses Kessels, im Kleinen, in Fig. 45. und 48. mit dem Buchstaben *i* bezeichnet, und die Seitenansicht desselben in Fig. 46.

Bau des Ofens.

Zuerst werden die Fundamente desselben nach dem Grundrisse Fig. 44. ausgehoben, und es wird dabei sorgfältig untersucht, ob der Boden allenthalben fest genug sei, den Ofen zu tragen, und das Gewölbe frei von Senkungen und Rissen zu erhalten. Am besten geschieht dies mit einem Erdbohrer, an verschiedenen Stellen, bis auf eine Tiefe von wenigstens 6 Fuſs.

Hierauf führt man die Fundamente und die Umfassungsmauern bis zur Höhe der ersten Lage Kohlenstaub auf, welches man Fig. 46. und 47. sieht, stampft alles mit Lehmerde bis zu dieser Höhe gehörig aus, und mauert die Fundamente bis zu der Heerdsohle in die Höhe. Ist dies geschehen, so wird zuerst die Lage Kohlenstaub, 6 Zoll dick, sehr fest gestampft, und in der gezeichneten geneigten Ebene ausgeglichen. Auf diese kommt eine 6 Zoll hohe Schicht feiner Holzasche zu liegen, die ebenfalls gehörig festgestampft werden mufs. Diese Schicht wird mit einer Lage vorher geschlemmten, getrockneten und in Staub verwandelten Lehms, 6 Zoll dick überdeckt. Endlich folgt eine 6 bis 8 Zoll dicke Sandlage, von feinem Sande, welche man deshalb unter die Heerdsohle legt, damit bei künftigen Reparaturen die Maurer sie leichter herausheben können, als festen Lehm; denn sie müssen in den Ofen hineinkriechen können, um die alte Heerdsohle aus demselben herauszuholen und die neue wieder einzulegen, was bei der geringen Höhe des Gewölbes unmöglich ist, wenn man nicht die 6 bis 8 Zoll dicke Lage Sand herausnimmt. Ist der Sand, nach der Neigungsebene der Heerdsohle, recht fest eingestampft, so legt man die Heerdsohle, nach deren Umrifs Fig. 44., also nach *oldcbabcdmo* zugerichtet, so, dafs das Gewölbe des Backraumes nicht auf die Heerdplatten, sondern auf festes Mauerwerk zu stehen kommt. Da aber die gewöhnlichen Bruchsteine den Wärmestoff schneller leiten, als die Tufsteine, so wird rund um den Backraum, auf das gemeine Mauerwerk, ein Kranz von Tufsteinen, 20 Zoll breit und 8 bis 9 Zoll dick gelegt, wie man es bei *a*, Fig. 46., und bei *l* und *m*, Fig. 47., sieht. Auf diesen Kranz, welcher ganz in das Fundament eingemauert wird, legt man nun die unterste Gewölbschicht *oldcbabcdmo*, rund um die Heerdsohle an, nachdem solche, gehörig gekrümmt, zugehauen worden ist, wie man Fig. 46. bei *a* und Fig. 47. bei *l* und *m* sehen kann. Sobald diese unterste Schicht, der Gewölbkranz genannt, in welcher sogleich die 7 Zuglöcher *dcbabcd* gelassen werden, festgestellt worden ist, wird derselbe zunächst mit Tufsteinen *oo*, Fig. 47., und dann ganz mit gewöhnlichen Bruchsteinen, besser aber mit einer Masse von Ziegelsteinen, 2 Fufs stark, ummauert, damit das sehr flach eingespannte Gewölbe mehr Standhaftigkeit bekomme. Ist dieser erste Kranz des Gewölbes geschlossen, so legt man auf denselben die zweite Schicht Gewölbsteine, welche noch ziemlich gekrümmt ist, und dann die dritte. Jeder Stein dieser dritten Schicht, in welche auch der Sturz *x* der Ofenmündung, Fig. 46., eingepafst wird, mufs so lange, bis die ganze Schicht rund herum geschlossen ist, mit einem Stöckchen unterstützt werden, welches genau so lang ist, als die Höhe des Backraumes über dem Gewölbe, damit die Steine nicht abgleiten. Jetzt werden die Umfassungsmauern des Ofens bis unter das Dach *r* aufgeführt, und das Schiefer- und Ziegeldach (nur im Nothfalle Stroh-, Rohr- oder Schindeldach) wird aufgelegt, damit es während des Gewölbebaues nicht auf das Mauerwerk regnen und solches erweichen könne.

Zwischen jede Schicht Gewölbsteine wird ein sehr fein geschlemmter und gereinigter Mörtel von gelöschtem Kalke, gesiebtem Lehme, Eisenfeile und Essig, oder Gerberlohe, jedoch nur in sehr dünnen Lagen, eingebracht, um die Fugen des Gewölbes desto sicherer zu schliefsen. Der Theil der Umfassungsmauer, wo der Schornstein *nopq*, Fig. 46. und 48., eingebauet werden mufs, bleibt jedoch offen, und es werden durch denselben die Materialien zum Ofengewölbe hineingereicht. Nun wird jede Schicht des Gewölbes nach der Figur der Ofensohle rings umher eingewölbt, und am vordern Theile gegen den Sturz *x* gelehnt. Da dieser aber der schwächste Theil des ganzen Gewölbes ist, so wird hinter den Sturz *x* eine eiserne Schiene *v* gelegt, welche, wie die punctirten Linien *yy*, Fig. 48., zeigen, auf beiden Seiten mit in die Umfassungsmauer eingreift. Eben so werden die vier ersten Schichten, in der Nähe des Sturzes *x*, durch eiserne Dolben *w*, *w*, *w* mit einander verbunden. Ohne diese Vorsicht fallen, nach langem, starkem Gebrauche des Ofens, die vordern Gewölbsteine mit dem Sturze heraus, und das Gewölbe wird fehlerhaft. Dies geschah nach 7jährigem Gebrauche mit den beiden L. Öfen. Ein auf diese Weise verfertigtes Gewölbe wird weit dauerhafter sein, als ein anderes, welches man auf eine Schaalung legt; weil sich jede fertige, und bis dahin unterstützte Steinschicht sogleich setzt, wie die Stempel weggenommen werden, und so zur festern Setzung der schon früher gelegten Schichten durch ihr Gewicht mit beiträgt. Um so weniger kann das Gewölbe einstürzen, wenn der Schlufsstein *u*, Fig. 47., eingesetzt worden ist, was doch leicht bei der Herausnahme der Schaalung geschehen kann, weil dadurch alle Theile desselben gleichzeitig in Bewegung gerathen und einen Stofs verursachen, wie man dies bei gröfsern Gewölben deutlich sieht. Der Bau eines solchen Ofengewölbes dauert überdies wenigstens 8 Tage, wenn es mit Sorgfalt gemacht wird, und es würde, wenn das Gewölbe einstürzen wollte, gewifs vor dem Einpassen des Schlufssteines geschehen, weil es mehr Raum findet, sich zu bewegen.

Über das Gewölbe wird erst eine Schicht Holzasche, dann eine Lage Kohlenstaub und zuletzt eine Schicht fein gesiebten Lehmes festgestampft, wie Fig. 46. zeigt. Darauf gleicht man alles nach der Ebene aus, in welcher die Züge, über dem Gewölbe hinweg, nach dem Schornsteine ansteigen sollen, und legt die Sohle der Züge, so, wie es Fig. 45. angiebt, an. Sie werden nun, nach der in dieser Figur beigeschriebenen Weite, in die Höhe geführt, und unter stetiger Aufsicht zugedeckt, damit keine Unebenheiten, oder Mörtel u. s. w., darin bleiben. Am hintern Ende eines jeden Zuges wird ein genau passender Stöpsel in einen senkrechten Zug gesetzt, um im Falle des Reinigens der Züge (welches mit einem langen, starken Eisendrath, an welchem eine scharfe Bürste oder eine Lunte befestigt ist, geschieht), wenn Asche oder Rufs in der Krümmung stecken geblieben wäre, solche von oben her in den Backraum zu stofsen. Über diesen Stöpseln werden Zeichen gemacht, damit man jeden Zug, bei etwaiger Reparatur, leicht auffinden könne. Vorne, bei $a'b'c'd'$, werden die Ausmündungen der Züge in eigens dazu gehauene Tufsteine (Schaller genannt) so eingearbeitet, wie bei a, Fig. 52., zu sehen ist. Die Kloben und Schliefskloben werden vermittels Bolzen und Splinten in den Schallern befestigt. Denn Gips und Schwefel halten hier nicht, und Blei schmilzt ebenfalls; daher ist dies das einzige sichere und dauerhafte Befestigungsmittel. Sind die Züge sorgfältig zugedeckt, so werden sie erst mit einer 8 bis 9 Zoll starken Lehmlage überlegt, die nach und nach fester gestampft wird, je weiter man sich von der Zugdecke entfernt; hernach überschüttet man diese Decke mit 6 Zoll Kohlenstaub, dann mit einer eben so starken Lage Holzasche, und endlich mit einer gut gekneteten Lage Strohlehm (Ofenpflaster genannt), in welcher alle Risse, so wie sie sich zeigen, sogleich zugerieben werden.

Ein so bedeckter Ofen, hält alle Wärme, die darin einmal entwickelt ist, zusammen, weil sie die schlechten Wärmeleiter, als Lehm, Holzasche und Kohlenstaub nur sehr langsam durchdringen kann, ehe sie zu den bessern gelangt. Der einzige Wärmeverlust ist bei l und m, Fig. 47., und an der Mundöffnung, so wie durch die Rauchzüge. Um diesen Verlust so viel als möglich zu beschränken, ist es gut, die Züge so zu verschliefsen, wie es weiter oben beschrieben worden ist.

Sobald das Gewölbe vollendet ist, wird der Schornstein $nopq$ aufgeführt, wo möglich höher als die Dächer der nebenliegenden Gebäude, weil dies den guten Zug und durch diesen die Ökonomie des Brennstoffes wesentlich fördert.

Über dem zugedeckten Gewölbe des Ofens muſs eine Thür bleiben, die in Fig. 47. angedeutet ist, welche den Zutritt zu dieser Decke gestattet. Denn sobald sich Risse in derselben zeigen, müssen sie wieder weggeschafft werden, was am besten durch feinen Sand, Lehm oder Holzasche geschieht. Auch ist in dem Schornsteine, bei o, eine eiserne, wohlverschlossene Reinigungsthüre anzubringen, damit der obere Theil desselben durch ein Seil, welches über eine oben an der Mündung desselben befestigte eiserne Rolle geht, gut gereinigt werden könne.

Kosten der Backöfen dieser Art.

Die Kosten dieser Art Backöfen sind in den Rheinprovinzen folgende:

Ein Backofen für	50 bis 60	Brodte kostet circa	100	Rthl. oder pro Brod	2	Rthl.
- - - -	100	- - -	140	- - - -	1,4	-
- - - -	150 - 160	- - -	180	- - - -	$1\frac{1}{5}$	-
- - - -	200 - 220	- - -	220	- - - -	1,1	-
- - - -	250 - 260	- - -	260	- - - -	1	-
- - - -	300 - 320	- - -	300	- - - -	1	-
- - - -	350 - 360	- - -	340	- - - -	$\frac{34}{35}$	-
- - - -	400	- - -	380	- - - -	$\frac{19}{20}$	-
- - - -	432 - 450	- - -	400	- - - -	$\frac{25}{27}$	-

woraus folgt, daſs es, schon hinsichtlich der Baukosten, weit vortheilhafter ist, gröſsere Öfen zu erbauen, wenn die Ausgedehntheit des Backbetriebes es erlaubt.

Behandlung der Backöfen.

Zuerst ist es gut, recht trockenes Holz zum Brennen zu haben, wenn es nur irgend möglich ist. Dieser Zweck wird am besten dadurch erreicht, daſs man Holzschuppen erbauet, welche von allen Seiten Luftzug haben. Sie können aus einfachen Ständern bestehen, welche oben ein Schieferdach oder irgend ein anderes Dach tragen, und dürfen nur gegen die Wetterseite mit einer einfachen Wand gegen Regenschlag geschützt sein. Nachdem man sich recht gutes Holz verschafft hat, kommt es darauf an, das Feuer im Ofen so zu legen, daſs er allenthalben gehörig heiſs werde. Zu diesem

Ende, wird des Morgens, für das erste Gebäck, nicht allein vorne, sondern auch hinten Feuer gemacht, auch eine Charge auf jeder Seite bei *l* und *m* Fig. 44. aufgesetzt, so daſs die Heerdsohle die erforderliche Hitze erhält. Alle diese Haufen Holz werden gleichzeitig angezündet. Daſs sie nicht groſs sein können, geht aus der geringen Höhe des Gewölbes hervor. Sind sie zu Kohlen niedergebrannt, so zieht man die Kohlen vorne in die Ofenmündung, und legt auf dieselben nochmals so viel Holz, daſs die Mündung voll wird. Ist auch diese Charge abgebrannt, so ist der Ofen backreif, und die Schieber im Rauchfange werden nun geöffnet, damit die Hitze nicht aus dem Ofen entweiche. Haben die Bäcker ihre Schuldigkeit gethan, und ist das Mehl gut gewesen, so kann der Teig aufgewirkt, das Feuer aus dem Ofen geholt werden, und das Brod wird eingeschossen. Nur in seltenen Fällen wird man nöthig haben, noch einige Stücke Holz aufzulegen, um die Hitze im Ofen zu unterhalten.

Ist ein neuer Ofen 4 Wochen lang im Gebrauch gewesen, so werden Versuche angestellt, um die erforderliche Holzmenge zur Heizung desselben genau zu ermitteln. Hat man sie ermittelt, so läſst man ein Maaſs von Holz verfertigen, welches genau die Menge des zu einer Heizung erforderlichen Holzes angiebt, damit man immer gleich viel verbrenne. Für 9 Wispel Mehl mit einer Klafter zu verbacken, verbraucht man durchschnittlich zu jedem Gebäck 12 Cubikfuſs u. s. w. Es ist ferner ein groſser Unterschied, ob man die Klafter Holz in Scheiten miſst, wie sie aus dem Walde kommt, oder erst nachdem sie gespalten worden ist; denn in L. geben 71 Cubikfuſs gut gesetztes Eichenholz 100 Cubikfuſs bis auf $1\frac{1}{2}$ Zoll im Durchmesser gespaltenes Holz, wonach 108 Cubikfuſs wenigstens 150 Cubikfuſs gespaltenes Holz geben müssen. Aber selten wird das Holz bei der Ablieferung so gesetzt, wie es im Forstreglement vorgeschrieben ist. In L. macht man es wenigstens sehr arg damit, indem die Lieferanten alles Holz auf die Rinde legen und die Zwischenräume nicht ausfüllen wollen. Auch ist es nicht immer von gleicher Güte. Die Backmeister messen selbiges daher (und aus vielen andern richtigen Gründen, die ich hier nicht erwähne) immer nur dann erst, wenn es gespalten worden ist, um mit dem ihnen übergebenen Quantum anszureichen, um so mehr, als jährlich auch einige Klafter Holz auf das Erwärmen des Backwassers gerechnet werden müssen, wofür nichts besonderes verabreicht wird. Dieses Holz kann aber noch erspart werden, wenn man, wie in Fig. 48. angegeben ist, das Backwasser in einem in dem Rauchfange befindlichen Reservoir erwärmt. Es ist nemlich *z* ein Kessel von starkem Eisenbleche, welcher im Rauchfange so aufgestellt ist, daſs dadurch der gute Zug des Feuers im Ofen nicht gehindert wird. *tz* ist ein Rohr von starkem Eisenbleche, durch welches das Wasser, wie es jetzt in L. geschieht, in den Kessel *z* gepumpt wird. *aa* ist eine mit einem Krahne versehene Röhre von Blei oder Eisenblech, durch welche das heiſse Wasser in einen Behälter *i* gelassen werden kann, welcher da steht, wo sonst der Kessel zum Erwärmen des Wassers stand. Es muſs jedoch auſserhalb des Schornsteines ein Glasrohr angebracht sein, mit dem Kessel *z* in Verbindung, damit man sieht, wenn es Zeit ist, wieder frisches Wasser hineinzupumpen.

Die Zeit, welche wenigstens für jedes Gebäck erforderlich ist, wird wie folgt, berechnet. Bereitung des Teiges, 1 Stunde 20 Minuten. Der Teig steht, bis er in Gährung kommt, 30 Minuten. Abwägen und Aufwirken des Teiges 40 Minuten. Einschieſsen des Brodtes 20 Minuten. Ausbacken des Brodtes 2 Stunden: zusammen 4 Stunden 50 Minuten, so, daſs man in 24 Stunden nur 5 Mal backen kann, wenn man gutes Brod haben will. Man backt gegenwärtig in L. 5 Mal in 24 Stunden, und das Brod kann nicht länger als 2 Stunden im Ofen stehen bleiben; dabei verbraucht man für das 1ste Gebäck 260 Pfd., für das 2te 190 Pfd., für das 3te 200 Pfd., für das 4te 190 Pfd., für das 5te 200 Pfd.; könnte das Brod aber $2\frac{1}{2}$ Stunde stehen bleiben, wie es möglich ist, wenn täglich nur 3 oder 4 Mal gebacken wird, so würde man, selbst mit dem schlechten Knüppelholze, welches nur die Dicke eines Daumens oder höchstens $1\frac{1}{2}$ Zoll im Durchmesser hat, mit der Klafter mehr als 9 Wispel verbacken, weil dann der Ofen jedes Mal mit weniger Holz backreif werden würde, indem das längere Stehen, bei einem geringern Wärmegrade, dasselbe Resultat im Ausbacken liefert, als eine kürzere Zeit und intensere Hitze. Die jetzigen L. Backöfen sind nur auf 320 bis 330 Brodte eingerichtet; wären sie von der Gröſse erbauet worden, wie die hier beschriebenen, für 432 bis 440 Brodte eingerichteten, so würde man mit derselben Holzmenge, wie jetzt, den ganzen Wispel auf ein Mal verbacken, oder doch wenig mehr dazu bedürfen, so, daſs natürlich mehr als 10 Wispel mit der Klafter verbacken werden müſsten.

Welche Vortheile hieraus bei einer Belagerung erwachsen müssen, ist sehr einleuchtend, und deshalb sind Öfen dieser Art in allen Festungen zu empfehlen. Ein anderer Übelstand bei dem jetzigen Backbetriebe, ist der, daſs man viele Kohlen gewinnen und verkaufen will. Ein Ofen, der viele Kohlen liefern soll, muſs auch viel Holz verbrennen. Es ist damit etwa so, als wenn ein Holzhändler sein Holz verbrennen und die Asche verkaufen wollte.

Das Reinigen der Züge geschieht sehr selten; gewöhnlich nur, wenn lange Zeit hinter einander Regen und Sturm in der Atmosphäre herschten, weil sich dann der Zug des Feuers etwas vermindert, und Asche in den Zügen abgesetzt wird. Zuweilen dauert es über ein Jahr, bis man genöthigt ist, die Züge mit dem Reinigungsdrathe zu durchfahren.

11.
Über die verschiedenen Bedeckungs-Arten der Dächer von Casernen und andern Gebäuden.

(Von Herrn *Belmas*, Ingenieur-Capitain.)

Auszug aus dem *Mémorial du génie* No. II., den Abhang der Dächer und die Bedeckung derselben mit Ziegeln, Schiefer und Metall betreffend.

(Aus den *Annales des ponts et chaussées*, Januar und Februar 1833.)

Mit einigen Anmerkungen des Herausgebers.

(Schlufs des Aufsatzes No. 6. im zweiten und No. 8. im vorigen Hefte dieses Bandes.)

Zinkdächer. Der Zink ist, in Absicht der ersten Kosten, von allen Metallen das wohlfeilste zu Dachdecken. Deshalb verbreitet sich auch seine Benutzung dazu immer mehr. Noch nicht seit einem vollen Jahrhunderte kann man dieses Matall rein und hämmerbar darstellen, obgleich es schon früher, seit undenklichen Zeiten, zu Messing, Bronze und andern Mischungen benutzt worden ist. Im Jahre 1743 gelang es dem Berliner Chimisten Markgraf, den Zink durch Destillation aus dem Galmey oder dem Zinkoxyde darzustellen. Er erhielt ihn rein genug, um ihn, unter dem Hammer, in dünne Tafeln zu verwandeln. Die Engländer, immer die ersten in nützlichen Anwendungen, bedienten sich des Zinks zu mannigfaltigem Gebrauche. Sie bezogen ihn aus Indien und aus den Kupfergruben in Schottland, insbesondere aber aus den Galmeygruben der Vieillemontagne bei Lüttich, welche den meisten und dehnbarsten Zink geben. Sie führten das Erz, über Holland, in Fässern ein, und bearbeiteten es in drei Werkstätten, bei Bristol und Swancey. Der Verkehr mit diesem Artikel belief sich jährlich auf 1500 Quintals. Theils bearbeiteten sie die reinen Lütticher Erze, und zogen daraus guten Zink, den sie mit grofsem Vortheile zu allerhand Gegenständen benutzten, besonders zu Dächern, Forstbekleidungen, Rinnen, Schornsteinen etc.; theils mengten sie sie mit inländischen Erzen.

Auf dem Continente liefert auch der Rammelsberg, bei Goslar, im Braunschweigschen, der seit beinahe 1000 Jahren durch seine Kupferminen bekannt ist, Zink. Aber das Erz ist hier mit vielen andern Substanzen, nemlich Blei, Kupfer, Silber und Zinn, die man noch nicht ganz davon scheiden konnte, gemischt. In Preufsen und Deutschland scheidet man Zink aus Galmey: zu Tarnowitz in Schlesien, und in den Gruben des Bleiberges und des Raibel in Kärnthen. Man benutzte ihn zu allerhand Versetzungen, aber erst spät den reinen Zink.

In Frankreich hatte man lange nur Indischen Zink, und etwas weniges von Goslar. Der Indische Zink wurde für ein sprödes, trockenes und brüchiges Halbmetall gehalten, und wurde nur geschmolzen und mit andern Metallen gemischt, nicht aber rein verbraucht, weil man ihn nicht hämmern konnte, ohne Brüche. Der Zink von Goslar war nicht viel besser. Indessen stiefs man im Handel zuweilen auf hämmerbaren Zink, und Guyton-Morveau erzählt in einem Bericht an die *Société d'encouragement*, dafs er im Jahre 1789 zu Nantes Zinktafeln zur Bekleidung von Schiffen anwenden gesehen habe. Nachdem im Jahre 1793 die Verbindung des Continents mit England aufgehört hatte, versuchte Herr Dony, Besitzer der Galmey-Gruben des Vieille montagne bei Lüttich, die nunmehr auf Französischem Boden sich befand, aus seinem Erze reinen Zink darzustellen, wie ihn die Engländer erhielten. Aber erst im Jahre 1809, nach 10 Jahre lang fortgesetzten, ununterbrochenen und beharrlichen Bemühungen, gelang es ihm, einen guten Scheidungs-Procefs zu entdecken. Er sandte damals dem Minister des Innern zwei Tafeln des neuen Metalls: die ersten, welche in Frankreich verfertigt worden waren. Die eine Tafel wurde auf dem Dache eines der Gebäude des Conservatoriums der Künste und Gewerbe drei Jahre lang der Luft ausgesetzt; die andere wurde in dem Ausstellungs-Saale des Conservatoriums niedergelegt, wo sie sich, mit einem Zeugnifs ihres Ursprunges, noch befindet. Um dieselbe Zeit liefs Herr Dony mit solchen Tafeln einen Theil der Gebäude seiner Giefserei bedecken, desgleichen die Kehlen und Ecken der anderen Dächer. Die Ausbeutung des Zinks hat seitdem immerfort zugenommen. Im Jahre 1812 gewann man schon 600 Kilogr. auf den Tag (4250 Ctr. jährlich), theils rohen, theils gewalzten Zink. Damals aber war der Zink immer noch bei weitem weniger dehnbar, als das Eisen und Kupfer, und er konnte an einer und derselben Stelle nicht öfter als Einmal gebogen werden, ohne zu brechen; dem Stofse widerstand er weniger und war sehr theuer. Auch verbreitete er sich anfangs nicht so schnell, als man es hoffte. Im Jahre 1813 gab Herr Mosselman, damaliger Eigenthümer der Galmey-Gruben bei Lüttich, dessen Ausbreitung einen neuen Schwung. Er vervollkommnete das Verfahren des Herrn Dony und es gelang ihm, den Zink so rein darzustellen, dafs er nunmehr, in Rücksicht der Dehnbarkeit und Zähigkeit, mit andern, schon zu Dächern gebräuchlichen Metallen den Vergleich aushalten konnte. Die Ersparung, zu welcher Herr Mosselman bei seiner Fabrication gelangte, war nicht weniger merkwürdig. Denn den Zink, welcher im Jahre 1812, in Tafeln, 260 Fr. für 100 Kilogr. kostete, kauft man jetzt für 60 Fr. (das Pfd. etwa $2\frac{1}{4}$ Sgr.). Nach der Trennung Belgiens führte Herr Mosselman diese Industrie Frankreich zu, indem er zu Valcanville, im Departement der Manche, grofse und schöne Werstätten zur Bearbeitung des Zinks anlegte. Diese Werkstätten sind die ältesten, ausschliefslich zu diesem Zweck errichteten. Seitdem sind andere zu Gisors entstanden, und, in Folge der allmäligen Zunahme des Verbrauches des Zinks, beschäftigen sich auch die Werke von Fromelennes, Romilly und Imphy, die ursprünglich nur ausschliefslich zur Fabrication des Kupfers bestimmt waren, auch mit dem Walzen von Zink. Die jetzige Ausbeute der Lütticher Gruben beläuft sich auf $1\frac{1}{2}$ Millionen Kilogrammen (gegen 30 000 Ctr.) und die der Schlesischen Gruben auf 9 Mill. Kilogr. (gegen 180 000 Ctr.) jährlich. Der Lütticher Zink ist der reinste und dehnbarste; der Schlesische enthält noch, nach den neuesten Analysen, einige Bleitheile, die ihn brüchiger machen. Die Engländer beziehen den Zink aus Schlesien, über Hamburg, und senden ihn nach Indien. Diese Ausfuhr, welche im Jahre 1823, für den einzigen Hafen von Calcutta, 1 800 000 Kilogr. (36000 Ctr.) betrug, ist allmälig, bis 1828, immerfort gestiegen, wo sie schon 7 390 000 Kilogr. (150 000 Ctr.) betrug, und der Preis des Zinks, der dort bei der ersten Einfuhr 240 Fr. für 100 Kilogr. betrug, ist jetzt bis auf 36 Fr. gefallen (gegen 5 Rthlr. der Ctr.). Wahrscheinlich werden, in Folge dieser Concurrenz, die Indischen Gruben nicht mehr bearbeitet werden. In Indien dient der Zink gleichsam als Sinnbild alles Wohlstandes. Man verbrennt ihn bei religiösen Feierlichkeiten in grofser Menge. Auch macht man daraus eine Menge Hausrath, und zur Zeit der religiösen Reinigungen wird aller dieser Hausrath in die Flüsse geworfen.

Endlich wird viel davon nach China verfahren; auch fängt man an, ihn zu Dächern zu gebrauchen. Das Gebäude der Douane zu Manilla, einer Spanischen Factorei, Canton gegenüber, ist im Jahre 1825 mit Zink bedeckt worden.

In Frankreich findet man an mehreren Stellen Galmey, z. B. zu St. Sauveur in der Normandie, zu Sauxais bei Poitiers, zu Vicdessos in den Pyrenäen u. s. w.; aber die Gruben werden noch nicht bearbeitet. Den rohen Zink bekommen wir aus Lüttich und Schlesien; man reinigt und walzt ihn in Frankreich. Je reiner: je hämmerbarer ist er. Der Einfuhr-Tarif begünstigt diesen Verkehr sehr. Der Einfuhrzoll beträgt für 100 Kilogr. nur 10 Cent. (etwa 5 Pfennige für den Ctr.) als Wagezoll, für in Stangen gegossenen Zink: für gewalzten Zink dagegen 55 Fr. (beinahe 7 Rthlr. für den Ctr.); und verarbeiteter Zink wird gar nicht zugelassen.

[Die Wirkung dieser Erschwerung oder Hemmung der Einfuhr ist ohne Zweifel auch bei diesem Artikel eben so nachtheilig, als bei allen andern. Kann man in Frankreich den Zink wohlfeiler walzen und verarbeiten, als in andern Ländern, so wird das, was ihm andere Länder davon bringen, keinen Absatz finden: kann man es nicht, so kommt der Zoll nur den Fabrikanten, nicht den Verbrauchenden zu Gute; diese müssen gezwungener Weise die Waare theurer bezahlen: es wird theurer producirt, und das Land hat also Schaden, nicht Nutzen. D. H.]

Der gewalzte Zink wird zu einer Menge von Gegenständen gebraucht. Er ersetzt fast in Allem das Kupfer, das Blei und das schwarze und verzinnte Eisenblech. Man bedient sich des Zinks zur Bedeckung von Dächern und Terrassen, zu Wetterdächern, zu Gesimsen, Schornsteinen, Fallröhren, und Bekleidung der Grade, Forsten und Kehlen. Man macht allerhand Gefäfse daraus, als: Badewannen, Eimer, Wassergefässe, Crystallisations-Gefäfse etc. Es läfst sich getriebene Arbeit daraus machen, wie aus dem Kupfer, und man kann dem Metalle jede Form geben. Man macht Globen, Kronleuchter, Candelaber und allerhand Verzierungen daraus. Der Zink läfst sich auch leicht prägen, um Theebretter, Plateaux, und verschiedene Theile an Lampen und andern Hausgeräthen daraus zu bereiten. Bei allen diesen Anwendungen ist, um den Zink leicht verarbeiten zu können, und ihn so dehnbar wie das Blei zu machen, nichts weiter nöthig, als die Theile, welche man biegen will, entweder unmittelbar, oder mittels eines glühenden Eisens, leicht zu erwärmen.

Die Dauer des Zinks ist durch den Gebrauch desselben zu ausgedehnten Bauwerken, die seit 15 bis 20 Jahren nicht die geringste Reparatur erfordert haben, erwiesen. Unter andern wollen wir nennen: mehrere grofse Schuppen in den Docks zu London und Liverpool; die Schuppen für Schiffe zu Amsterdam, Rotterdam und Vliessingen; das Schauspielhaus zu Brüssel; mehrere Pulver-Magazine und Militair-Gebäude in Mons und in andern Belgischen Festungen; eine grofse, im Jahre 1806 erbaute Reitbahn zu Berlin; die Gefängnisse zu St. Lo und Cherbourg; das Präfectur-Gebäude zu Rouen; die beiden Seiten-Capellen zu Bourbon-Vendée; die Kirche in der Vorstadt Bethune zu Lille; zu Paris die östliche Capelle auf dem Kirchhofe des Pater Lachaise, welche im Jahre 1820 gebaut ist; das Theater *des nouveautés;* das Panorama von Navarin; das Zelt des Gymnase; dasjenige des Hotels des Kriegsministeriums, und eine grofse Menge Privathäuser, theils mit gewöhnlichen, theils mit flachen Dächern. Die ältesten Zinkdächer auf den Giefsereien der Vieille montagne bei Lüttich existiren noch, und in gutem Zustande; endlich versichert man, dafs es in England einzelne, 50 Jahr alte Zinkdächer giebt.

[Dieses Letztere wäre wichtiger, als alles Übrige. D. H.]

Eine der vorzüglichsten Bedingungen für die Dauer des Zinks ist, dafs er mit Eisen, der Feuchtigkeit ausgesetzt, nicht in Berührung komme; denn sonst zerstört sich der Zink ungemein schnell. Die kleine Beimischung von Eisen, welche er meistens enthält, und die man lange nicht im Stande gewesen ist, abzuscheiden, war oft die Ursache der schnellsten Zerstörung. Diese Erscheinung und die grofse Dauer des Zinks an der Luft, ungeachtet er fast unter allen Metallen am leichtesten verkalkt, verdienen einige nähere Betrachtung.

Wenn zwei Metalle in Berührung kommen, so bilden sie, wie bekannt, eine galvanische Säule, deren Wirkungen, nach der Natur der Metalle und nach den Umständen, mehr oder weniger bemerkbar sind. Das Wasser und die jener Wirkung ausgesetzten Substanzen werden zerlegt. Der Sauerstoff wird von dem am meisten oxydirbaren Metalle angezogen, welches sich positiv electrisirt, und die Basen von dem andern Metalle, welches negativ electrisirt wird. Auf diese Eigenschaft gründete sich das von Davy vorgeschlagene Mittel, den Kupferbeschlag der Schiffe gegen die Verkalkung zu schützen. Legt man nemlich auf den Beschlag einige Streifen Eisen oder Zink, welche ihrerseits den positiven Pol bestimmen, und den Sauerstoff des Wassers und des darin enthaltenen Salzes anziehen, so wird dadurch das Kupfer geschützt. Da aber nun die negativ electrisirten Kupfertafeln mit dem aus der Zersetzung des Salzes hervorgehenden Kalk und Magnesium sich bedeckten, so fanden darin eine Menge Weichthiere assimilirbare Stoffe, und sie hängten sich in so großen Massen an die Schiffe, daſs deren Bewegung dadurch verzögert wurde und man das Verfahren wieder aufgeben muſste. Eine ähnliche Wirkung auf einander haben nun auf den Dächern Zink und Eisen, wenn sie mit einander in Berührung kommen. Es häuft sich auf dem Zinke, dem oxydirbarsten Metalle, der Sauerstoff des zersetzten Wassers an, und zerstört das Metall mit einer erstaunlichen Schnelligkeit.

Eine ähnliche Zersetzung erfolgt zuweilen zwischen einem Metall und seinem Oxyde. Bedeckt das Eisen sich an der Luft mit einer Lage Oxyd, welche pulvericht ist, und nicht mit dem Metalle zusammenhängt, so tritt dieses Oxyd in electrische Wechselwirkung mit dem Metalle, und die Zerstörung desselben wird befördert. Entfernt man dagegen das Oxyd, so wie es sich bildet, und hält die Oberfläche des Metalls beständig glatt und polirt, so ist seine Dauer fast unbegrenzt. Eben so verhält es sich mit dem verzinnten Eisenbleche. So lange die Verzinnung widersteht, und das Eisen durchaus in keine Berührung mit der Luft kommt, bleibt es in unverändertem Zustande: sobald aber die Verzinnung Löcher bekommt, und einige Theile des Eisens entblöſst werden, wird die Oxydation in dem Maaſse beschleunigt, daſs das Blech in wenigen Tagen durchlöchert sein kann. Hängt dagegen das Oxyd mit dem Metalle fest zusammen, so schützt es dasselbe gegen die Berührung der Luft und die Feuchtigkeit, und folglich gegen jede Zerstörung. Dieses ist der Fall mit der Bronze. Die Lage Oxyd, welche sich auf ihrer Oberfläche bildet, und welche man Patina genannt hat, hängt so fest an dem Metalle und schützt dasselbe so vollkommen, daſs man Medaillen und andere Bronzen findet, die nach mehr als zwei Tausend Jahren noch so wohl erhalten sind, als wären sie neu, während die Kupfermünzen der letzten Jahrhunderte schon halb vom Roste verzehrt sind. Das Kupfer-Oxyd, fast wie das Eisen-Oxyd, ist pulvericht, und hängt nicht mit der Oberfläche zusammen.

[Darauf hatte die Erfahrung die Alten aufmerksam gemacht, und deshalb bedeckten sie das Dach des Pantheons mit Bronze. D. H.]

Der Zink befindet sich in demselben Falle, wie die Bronze. Sein Oxyd hängt mit der Oberfläche zusammen, und bildet in kurzer Zeit eine wahre Patina, die farblos, durchscheinend, schwer abzukratzen, im Wasser und an der Luft unveränderlich ist, und die unteren Lagen des Metalles beschützt. Berzelius, in seinem neuesten Werke über Chemie, Bd. 3. S. 281 bezeichnet diese Art von Patina als ein Halb-Oxyd (*sous-oxyde*) des Zinks. „Es bildet sich," sagt er, „auf der Oberfläche des der „Luft länger ausgesetzt gewesenen Zinks ein Halb-Oxyd, von schwarz-„grauer Farbe, wenn es feucht ist, und hellgrau nach der Abtrocknung. „Gewöhnlich bildet es eine dünne Rinde, welche nicht weiter zunimmt, „an der Luft sich nicht verändert, sehr hart ist, und besser, als das Me-„tall selbst, der mechanischen und chemischen Einwirkung anderer Kör-„per widersteht. Ein an der Oberfläche hinreichend oxydirtes Stück „Zink löset sich in Säuren nur überaus langsam auf, und erst bei der „Siedehitze. Dieses Oxyd macht, daſs bei der galvanischen Säule die ge-„brauchten Tafeln so schwer sich reinigen lassen." In England hat man die Bildung eines natürlichen Firnisses auf dem Zinke seit lange bemerkt. C. Silvester, in einem Briefe an Nicholson, der 1808 im Gehlerschen Journal und 1811 im 29sten Bande der *Annales des mines* gedruckt sich findet, sagt davon Folgendes: „Wegen der groſsen Affi-„nität des Zinkes und Sauerstoffs sollte man fürchten, daſs der Zink „sehr leicht verkalke, und daſs deshalb kein Gebrauch davon zu ma-„chen sei; aber zur groſsen Verwunderung der Theoretiker erfolgt ge-„rade das Gegentheil. Mehrere Stücke Zink, theils in Tafeln, theils als „Drath, an feuchten Orten der Luft ausgesetzt, veränderten sich in nichts „weiter, als in der Farbe. Ein Stück polirten Zinks, welches sich einige „Wochen in einem feuchten Zimmer befindet, ohne gegen den Zutritt der „Luft verwahrt zu sein, verliert seinen Glanz, und nimmt eine matte, „bläulich grüne Farbe an. Die Dicke der Oxydlage ist fast unmerkbar, „und zugleich ist die Hülle so hart und unauflöslich, daſs sie das Metall „gegen alle äuſsere Einwirkung der Luft und der Feuchtigkeit schützt. „In vielem Betracht ist der Zink dem Blei und dem Kupfer bei der Be-„deckung der Dächer vorzuziehen; denn er ist eben so dauerhaft, als diese, „ohne ihre schädlichen Eigenschaften zu haben." Diese Notiz lehrt noch, dafs die Herren Stobson und Silvester seit lange zu Sheffield Zink in Tafeln fabricirten und Lager davon zu London und Bristol hielten, wo man sich dieser Tafeln zur Bedeckung der Dächer und zu andern Dingen bediente.

Man sieht also, dafs sich, obgleich die Erfahrungen mit dem Zinke noch neu und nicht über 20, 25 bis 30 Jahre alt sind, doch annehmen läfst, dieses Metall könne, wie Blei, Kupfer und Eisen, wenigstens 100 Jahre dauern. Denn da der Zink, der eine Reihe von Jahren der Feuchtigkeit und der Luft ausgesetzt war, nicht von dem neuerdings gelegten verschieden sich zeigt; da die Tafeln ihre Dicke uud ihr Gewicht behalten, und die Oberfläche durch ihren Firnifsglanz zeigt, dafs sich vollständig eine Patina gebildet hat: so ist es beinahe gewifs, dafs die folgenden Jahre beinahe keine bemerkbaren Veränderungen hervorbringen werden, und dafs der Zink in dem Falle der Bronze ist, die, unter ihrer unveränderlichen Patina, Jahrhunderte dauert.

Man numerirt den Zink im Handel nach der Dicke der Tafeln. Tafeln No. 16. sind 6 Puncte dick. Jede niedrigere Nummer ist um einen halben Punct dünner, und jede höhere Nummer um einen ganzen Punct dicker. Tafeln No. 14. und 15., 5 und $5\frac{1}{2}$ Puncte dick, sind jetzt zu Dächern am gebräuchlichsten. Von dieser Dicke wiegt der Quadrat-Meter 7 und $7\frac{3}{4}$ Kilogr. ($1\frac{2}{5}$ und $1\frac{3}{5}$ Pfd. der Quadrat-Fufs). Die nemliche Fläche Schiefer wiegt 17 bis 20 Kilogr. ($3\frac{3}{4}$ Pfd. der Q.-F.) und Ziegel 80 bis 90 Kilogr. (17 Pfd. der Q.-F.). Eine Dachdecke von Zink wiegt also nur den $2\frac{1}{2}$ten Theil von einer Schieferdecke, und den 12ten Theil von einer Ziegeldecke. Die Zinktafeln sind gewöhnlich 6 Fufs lang und 2 bis 3 F. breit. Von No. 16. macht man Tafeln, die 18 Fufs lang sind.

Der Zink ist zäher und leichter, als Blei. Seine Zähigkeit ist 109,8, die des Bleies nur 27,7. Die Dichtigkeit des Zinkes ist 7,190, die des Bleies 11,352: das heifst, eine Zinktafel ist, bei gleicher Dicke, nur $\frac{2}{3}$ so schwer, als Blei, aber 4 mal so zähe, oder sie hat, mit dem 4ten Theile des Gewichtes, die nemliche Festigkeit. Von gleicher Festigkeit also wiegt sie nur den 6ten Theil des Bleies, und kostet nur den 5ten Theil. (Man sehe Thomson System der Chemie, Bd. 1. S. 591.)

Der Zink kostet jetzt, in Tafeln, 60 Fr. auf 100 Kilogr. (der Centner 8 Rthlr. 7 Sgr.), was für den Quadrat-Meter Tafeln No. 14. 4,2 Fr. (der Q.-F. $3\frac{2}{5}$ Sgr.) beträgt. Die Dachbedeckungskosten sind gering, besonders wenn die Dachflächen wenige Unterbrechungen haben, und wenig Einschnitte nothwendig sind. Die Unternehmer fordern gewöhnlich für den Quadrat-Meter, mit allem Zubehör, 7 bis $7\frac{1}{2}$ Fr., Einige auch nur $6\frac{1}{2}$ und 6 Fr. ($4\frac{4}{5}$ bis 6 Sgr.). Da aber die Dicke der Zinktafeln grofsen Einflufs auf ihre Dauer hat, und der Unterschied von einer Nummer zur andern dem Auge kaum bemerkbar ist, so mufs man darauf genau sehen.

Nimmt man den Preis von $7\frac{1}{2}$ Fr. an, so findet man die unter No. 12. und 13. in der Tafel angegebenen Kosten. Diese Resultate, mit denen für die übrigen Arten von Dachbedeckungen verglichen, ergeben, dafs zu Paris der Zink, auf Dächern mit 21 Grad Abhang, die wohlfeilste Decke giebt, mit Ausnahme der Hohlziegel, welche ungefähr eben so theuer sind. Aber auf Terrassen ist der Zink auch noch viel wohlfeiler, als diese. Zu Paris sind indessen die Hohlziegel sehr theuer; denn sie kosten auf den Quadr.-Met. 7,05 Fr.; zu Metz und an andern Orten dagegen kaum mehr als 3 Fr. Hier würde der Zink freilich theurer sein; jedoch ebenfalls noch nicht auf Terrassen.

Der Zink, mit dem Erdpech (*bitume*) verglichen, zeigt sich ebenfalls wohlfeiler, selbst wenn dieses eben so lange dauerte und keine Erhaltung erforderte, was bei weitem nicht erwiesen ist. Denn das Erdpech verliert an der Luft und im Wasser seine fetten Theile, und es bleibt nur der kalkige Theil übrig, welcher ohne Zusammenhang niederfällt. Zu Paris kostet der Quadr.-Met. Erdpech-Kitt (*mastic bitumineux*), auf Terrassen, über Leinwand 4 Linien dick gegossen, worauf man dann nicht viel gehen darf, gegenwärtig $11\frac{1}{2}$ Fr. (9 Sgr. der Q.-F.), und 14 Fr. (11 Sgr. der Q.-F.) auf einem Fliesen-Pflaster, welches besser ist; während der Zink nur $7\frac{1}{2}$ Fr. kostet. Überall ist zwar das Erdpech nicht so theuer; z. B. in dem Fort l'Ecluse, in der Nähe der Gruben von Seyssel, welche diese Substanz liefern, haben im Jahre 1822 Terrassen nur 5,9 Fr. der Q.-M. ($4\frac{3}{4}$ Sgr. der Q.-F.) gekostet; dagegen zu Grenoble, ebenfalls in der Nähe von Erdpech-Gruben, ist für den Q.-M. Erdpech-Dach auf der Caserne Bastille im Jahre 1828, $8\frac{1}{2}$ Fr. ($6\frac{3}{4}$ Sgr. für den Q.-F.) bezahlt worden; also mehr wie für Zink. Dabei wird der Zink durch Vervollkommnung seiner Darstellung und durch Ausbreitung des Verkehrs damit, noch immerfort wohlfeiler. Auch ist noch zu bemerken, dafs der Erdpechkitt nur auf Terrassen anwendbar ist, und einen Boden erfordert, der so stark ist, dafs der Kitt durch die Elasticität des Holzes keine Risse bekommt. Der Zink dagegen paſst eben sowohl zu Dächern, als zu Terrassen, und erfordert für letztere nur einen sehr leichten Boden, weil dessen Elasticität ohne Einfluſs auf die Metall-Tafeln ist, die zähe sind, und so gelegt werden müssen, daſs sie sich ungehindert ausdehnen und zusammenziehen können. Die Erdpech-Terrassen im Fort l'Ecluse enthalten 225 Cubik-Decimeter Bauholz auf den Quadr.-Met. bedeckte Grundfläche, während eine gewöhnliche Verschalung von dünnen Latten (*madriers de champ*), einen Fuſs aus einander gelegt, wie man sie zu Paris macht, und die zu einer mit Zink bedeckten Terrasse vollkommen hinreichend ist, nur 50 bis 60 Cub.-Decimet. Holz erfordert. Aus allen diesen Gründen ist der Zink dem Erdpech wesentlich vorzuziehen.

Der groſse Vortheil der Zink-Terrassen veranlaſst uns, auf diese Construction näher einzugehen.

Alle Terrassen, behaupten mehrere Baumeister, sind verwerflich, weil das Holz unter den Steintafeln (*dalles*), unter dem Blei, dem Kupfer, dem Zinke, dem Erdpechgusse, verfault, während ein wohl gelüftetes Dachgerüst mehrere Jahrhunderte dauert. Diese aus der Erfahrung gezogene Bemerkung kann nicht bestritten werden; aber man kann daraus auch die Folgerung ziehen, daſs, wenn das Holzwerk in einer Terrasse eben so gut gelüftet würde, als in einem Dachgerüste, es dann eben so lange dauern würde, weil dann der eigenthümliche Grund der Zerstörung wegfällt. Man würde dieses nun offenbar erreichen, wenn man unter der Terrasse ein besonderes Dachgebälk legte, wie bei den gewöhnlichen Dachgerüsten, so, daſs die Luft zwischen beide streichen, und man die Dachdecke von Zeit zu Zeit nachsehen könnte. Da indessen eine auf diese Weise gebaute Terrasse beinahe eben so theuer als ein gewöhnliches Dach zu stehen kommen würde, so muſs man die Construction zu vereinfachen suchen. Dieses kann dadurch geschehen, daſs man das Dachgebälk wegläſst, und bloſs von auſsen einen Luftzug zwischen den Trägern der Terrasse, unter dem Boden derselben, anbringt, sollte man auch diesen Boden um einige Zolle vermittelst Unterlagen oder Drempel (*lambourdes*), erhöhen müssen. Dieser Luftzug würde, wie bei einem gewöhnlichen Dache, den Niederschlag der feuchten Dünste aus dem Innern der Gebäude auf die innere Fläche des Terrassen-Bodens verhindern, auf eine ähnliche Weise, wie es bei dem Kupferdache auf der Pariser Börse beobachtet worden ist, weil, wegen der Lüftung, die Luft über und unter den Metalltafeln alsdann gleich kalt, und folglich kein Anlafs zum Niederschlage mehr vorhanden ist. Desgleichen wird der Luftzug sogleich die Feuchtigkeit, welche von der Durchsickerung des Regenwassers herrühren möchte, austrocknen. Man hat vor einigen Jahren zu Lüttich, in Belgien, folgende Erfahrung gemacht. Auf neuen Gewölben, die bestimmt waren, bombenfest mit Erde bedeckt zu werden, hatte man zuerst einige Zoll hoch Thon, und auf diesen Zinktafeln gelegt, die die Feuchtigkeit der in der Folge aufzuschüttenden Erde von den Gewölben abhalten sollten; aber es vergingen 5 oder 6 Monate, ehe die Erde herbeigebracht wurde. Am Ende dieser Zeit, und da man sich über die Feuchtigkeit der Gewölbe beklagte, untersuchte man die Zinkdecke, und fand, dafs die inwendige Fläche der Tafeln, die mit dem Thone in Berührung gestanden hatte, mit Wassertröpfchen bedeckt war, ohne dafs gleichwohl die Tafeln durchlöchert gewesen wären. Diese Feuchtigkeit verschwand, wenn die Sonne die Decke beschien, und zog sich in die Thonlage und das Mauerwerk zurück; aber sobald das Metall wieder kalt wurde, bedeckte es sich von Neuem auf seiner inwendigen Seite mit Wassertröpfchen. Diese Erscheinung hatte also offenbar den Niederschlag der Dünste von unterhalb der Gewölbe zur Ursache. Sie hörte auch völlig auf, sobald man die Zinktafeln mit Erde bedeckt hatte; denn nun konnte das Metall, welches jetzt eine gleichförmige, der der Masse, in welcher es sich befand, gleiche Temperatur behielt, keinen Niederschlag mehr erzeugen. Der Zug der äufsern Luft unter der innern Seite der Metalltafeln würde bei einer Terrasse offenbar die nemliche Wirkung hervorbringen.

Ein anderer Übelstand der mit Metall bedeckten Terrassen ohne besondern Dachverband ist, dafs sie zu leicht die Wärme entweichen lassen, und dafs also die unmittelbar unter denselben befindlichen Räume im Winter sehr kalt und im Sommer sehr heifs sind. Aber auch diesem Übelstande ist leicht abzuhelfen, wenn man den Raum zwischen dem Plafond und der Verschalung zur Hälfte mit einer Lage Lohe (gebrauchter Gerber-Rinde) (*vieux tan*) ausfüllt, welches eine leichte und zugleich sehr wenig wärmeleitende Substanz ist.

Diese Ausfüllung der freien Räume darüber würde also allen Übelständen abhelfen, die man den Terrassen vorwerfen kann. Die beiden Mittel sind schon in Paris bei mehreren Gebäuden versucht worden, und haben den besten Erfolg gehabt. Es läfst sich vorhersehen, dafs mit ihrer Hülfe die Zinkterrassen sehr in Gebrauch kommen und dafs sie, wegen ihrer Wohlfeilheit, Annehmlichkeit und Nützlichkeit, einst insbesondere zur Bedeckung der öffentlichen und Privat-Gebäude werden üblich werden.

[Dachstuben unter solchen Terrassen würden Decken bekommen, die nicht horizontal, sondern abhängig sind; was allenfalls auch wohl angeht. Wollte man horizontale Decken haben, so müfste man sie durch Auffütterung mit hochkantig gestellten Bohlen und durch Verschalung derselben hervorbringen. D. H.]

Man hat dem Zinke auf Dächern vorgeworfen, dafs er sich bei Bränden sprühend entzünde. Dieser Vorwurf ist unbegründet. Zink, in einen Schmelztiegel oder in einen Reverberir-Ofen gethan, brennt, unter Zutritt der Luft, noch nicht in derjenigen Hitze, in welcher er schmilzt. Er brennt selbst in der Rothglühhitze noch nicht; erst beim Übergange vom Rothglühen zum Weifsglühen entzündet er sich, mit einem ungemein lebhaften Lichte, und verflüchtigt sich in der Luft in der Gestalt von Flocken, so weifs und leicht, wie Baumwolle. Aber er ist längst geschmolzen, ehe er roth glüht, und es folgt also, dafs, sobald beim Brande eines Gebäudes die Hitze auf 360 hunderttheilige Grade gestiegen ist, in welcher Hitze der Zink schmilzt, das Metall flüssig werden, wie Blei herunterströmen und in der Asche oder auf dem Erdboden gerinnen werde. Dieses hat man bei Versuchen im Hofe der Giefsereien zu Lüttich gesehen, die vor einigen Jahren auch zu Paris, in Gegenwart des Seine-Präfecten und des Commandanten der Pompiers, wiederholt worden sind. Man verbrannte hier einen Haufen mit Zinktafeln bedeckten Reisigs, und es erfolgte, was beschrieben ist. Übrigens hat der Zink die Eigenschaft, sich zu entzünden, nicht allein. Auch das Kupfer entzündet sich in sehr grofser Hitze, und brennt mit einer schön grünen und so überaus glänzenden Farbe, dafs das Auge sie kaum erträgt. Das Blei schmilzt in einer Hitze von 322 hunderttheiligen Graden, und brennt und verflüchtigt sich in stärkerer Hitze. Aber alles dieses kann auf einem Dache nicht vorkommen.

Man hat auch gesagt, der Zink habe die üble Eigenschaft, sich sehr in der Hitze und Kälte zu werfen, beulig zu werden und zu zerreifsen. Dieses ist aber bei allen festgenagelten Metalldecken der Fall; und selbst das Blei, obgleich sehr dehnbar, zerreifst in solchen Fällen, wie alle anderen Metalle, ja selbst noch leichter, weil es, viel weicher, nicht immer die Kraft hat, auf dem Boden, auf welchem es ruht, zu gleiten; besonders wenn die Tafeln sehr groſs sind. Seine Ausdehnung giebt sich an den spitzen Falten zu erkennen, ähnlich den Falten nasser Wäsche, und jede Veränderung der Temperatur verursacht eine Charnierbewegung in diesen Falten, und dadurch bald den Bruch des Metalles. Man kann die Risse zwar löthen; aber aus gleichen Ursachen entstehen bald wieder neue Risse daneben. Der Zink dagegen, elastischer und härter, dehnt sich an den Rändern aus, oder schlägt nur flache Wellen, welche wenig auf die Oberfläche wirken. Um diesem Übelstande zuvor zu kommen, muſs man nothwendiger Weise die Metalltafeln so zusammenfügen, daſs sie sich frei ausdehnen und zusammenziehen können. Von dieser Vorsicht hängt ganz insbesondere die Dauer und der Erfolg der Metalldächer ab. Es beträgt für den Temperatur-Unterschied von 0 bis 100 Grad (hunderttheilig) die Ausdehnung

des Zinks . . . . 0,00294 (etwa 1 auf 3401),
des Bleies . . . . 0,00286 (etwa 1 auf 3496),
des Kupfers . . . 0,00170 (etwa 1 auf 5880),
des Eisens . . . . 0,00126 (etwa 1 auf 7936).

Im Allgemeinen muſs man so viel als möglich windschiefe Dachflächen und zusammenstoſsende Dächer vermeiden, wo die Decken einander in der Ausdehnung hindern könnten. Die obige Vorsicht ist indessen nur bei gröſseren Flächen nöthig. In Kehlen, auf den Graden und Forsten, und selbst auf kleinen Terrassen können die Zinktafeln zusammengelöthet und auf die Verschalung aufgenagelt werden; denn die Nägel, welche nicht ganz ihre Löcher ausfüllen, lassen dem Metalle hinreichenden Spielraum zur Ausdehnung und Zusammenziehung.

Die Figuren 8., 9., 10., 11. und 12., obgleich insbesondere auf Kupfer und Eisen sich beziehend, stellen auch verschiedene Arten frei beweglicher Zinkdecken vor. Besonders ist die Zusammenfügung Fig. 14. gebräuchlich. Bei derselben bedient man sich, auf Dächern und Terrassen, Tafeln von 24 bis 10 Zoll breit. Die Ränder dieser Tafeln rollt man, an den langen Seiten, nach entgegengesetzten Richtungen auf. Zu dem Ende erhitzt man den Rand der Tafel, indem man ihn über ein offenes Feuer hinführt, oder auch auf einen dazu eingerichteten Ofenheerd bringt; hierauf legt man die Tafel auf einen Tisch, schlägt, mittelst eines Schlägels mit Stiel, den zu der Rolle nöthigen Theil des Zinkes nach unten, kehrt schnell die Tafel um, legt eine eiserne runde Stange auf, von 6 bis 9 Zoll Linien dick, je nachdem die Zinktafeln dünner oder dicker sind, und hämmert den Zink um diese Stange herum, bis die Rolle fertig ist; darauf zieht man die Stange wieder heraus. Eine der beiden Rollen mufs in die Höhe gebogen sein (*cambré*), damit die Tafel sich fest auf die Verschalung lege. Die Aufbiegung wird dadurch gemacht, dafs man, während die eiserne Stange sich noch in der Rolle befindet, eine hölzerne Kante (*mandrin*) auf die Tafel legt und niederschlägt. Da die aufgebogene Rolle die andere, nicht aufgebogene umspannen soll, so mufs sie auf einer etwas dickern Stange geformt werden, als diese. (Man sehe das Profil zu Fig. 14.) Aufserdem mufs an jede Tafel, auf der Seite die auf der Verschalung liegen soll, ein Lappen *a b*, Fig. 13., von 4 Zoll bis 5 Zoll lang, 4 Zoll vom untern Rande der Tafel entfernt, angelöthet werden,

Wenn die Decke gelegt werden soll, so nagelt man zuerst auf den untern Rand des Daches eine Rinne, oder einen über das Gesims, zur Ableitung des Regenwassers, vorspringenden Rand von Zink. Ein solcher Rand darf aber nur wenig vortreten, damit der Wind ihn nicht heben könne. Hierauf legt man die nächste Reihe Zinktafeln, indem man unter den Rand und zwischen die Nägel die an die Tafeln gelötheten Lappen steckt, die sie gegen den Angriff des Windes festhalten sollen. Oben nagelt man jede Tafel mit 6 Nägeln fest, welche aber eine Stelle frei lassen müssen, durch welche die Lappen der folgenden Tafeln gesteckt werden können. Diese folgenden Tafeln müssen die ersten um 4 Zoll überdecken, damit sie die Nagelköpfe der untern Tafeln verbergen, und das Wasser zurückzutreten hinderen. So führt man bis zum Forste des Daches fort. Es ist ganz nothwendig, dafs die Nägel, welche hierbei gebraucht werden, von Zink sind.

Die Forsten und Grade werden mit Zinktafeln bedeckt, die 6 Zoll auf jede Dachfläche überreichen. Die Rollen oder Wülste der nächsten Dachtafeln werden darin eingeschnitten und mit einem an die Forst- oder Gradtafeln angelötheten Hute bedeckt. Die Forst- oder Gradtafeln löthet man stellenweise auf die nächsten Dachtafeln fest. Die Kehlentafeln werden auf dem Dache durch die darin ausmündenden Dachtafeln, die sich frei ausdehnen können, eben so festgehalten, wie diese unter einander. Es ist gut, Tafeln von ungleicher Länge zu dem Dache zu nehmen, um die doppelten Fugen und das Zusammentreffen von vier Tafeln in Einem Puncte zu vermeiden. Längs Mauern und Schornsteinen biegt man die Dachdecke etwa 3 Zoll hoch auf und bedeckt die Fugen mit kleinen Zinkstreifen, die vermauert werden und die, wie Schirmdächer, das Wasser abweisen.

Auf ganz flachen Terrassen müssen die Tafeln, ehe sie in einander geschoben werden, an den Enden zusammengelöthet werden. Um die Fugen zu vermindern, kann man drei Tafeln, jede von 2 Fufs breit, zu einer einzigen von 6 Fufs breit vereinigen. Die Fugen sind dann 6 Fufs von einander entfernt, auf welche Länge aber die Tafeln immer noch Spielraum zur Ausdehnung behalten. Das Zusammenlöthen geschieht auf dieselbe Weise, wie beim verzinnten Bleche. Man mufs blofs Acht haben, dafs die Oberfläche des Metalls mit einem stählernen Schabemesser abgekratzt und ein wenig mit Ammoniak-Salz befeuchtet werde. Auch kann man das Abkratzen vermeiden, wenn man die zu löthenden Stellen mit einer Mischung von einem Theile Ammoniak-Salz und einem Theile Hydrochlorit-Säure bestreicht, und sie löthet, so lange die Stellen noch feucht sind.

[Man vergleiche mit dieser Beschreibung die im 2ten Hefte 2ten Bandes dieses Journals, S. 196 etc. befindliche Beschreibung des Verfahrens, welches bei der Bedeckung einer Reitbahn zu Berlin, mit Zinktafeln, befolgt worden ist. D. H.]

Terrassen, die nicht betreten werden, so wie auch Dächer, bedeckt man noch sehr oft auf die Weise, die Fig. 13. vorstellt. Ein Streifen, oder gespaltene Röhre, hält hier die zurückgebogenen Ränder der Tafeln fest und bedeckt die Seiten-Fugen. (Man sehe das Profil zu Fig. 13.) Zieht man die Streifen, vom Rande des Daches her, weg, so kann man jede beliebige Tafel erneuern; welchen Vortheil andere Zusammenfügungen, wo alle Tafeln fest sind, nicht haben. Die Deckstreifen bilden sehr gerade Linien, und verbergen die Knie und die Biegungen, welche zuweilen die Fugen durch das Überdecken und durch das Anlöthen der Heftlappen bekommen. Die Tafeln werden bei dieser Art zu decken nur oben angenagelt, unten aber wie vorhin beschrieben befestigt. An den Seiten bleiben sie ganz frei. Die aufgebogenen Ränder (*avissures*) gestatten die Ausdehnung der Breite nach, und es ändert sich dadurch blofs ihre Form.

Bei der Methode Fig. 14. werden die Tafeln nach der Richtung des Abhanges des Daches zusammengelöthet und behalten noch Spielraum nach allen Seiten. Sie werden auf die Belattung mittels Nägel mit groſsen Köpfen befestigt, welche in den Einschnitten Spielraum haben, über welche man dann am Rande eine kleine Tafel nagelt, um die Durchsickerung zu verhindern. Die nemliche Befestigung könnte auch unter den Tafeln Statt finden, damit dieselben nicht durchlöchert werden, und die Befestigung von Auſsen nicht sichtbar sei. Verfährt man nach Fig. 12., 15. und 15 *a.*, so werden Heftlappen *x* und *a* in die Fugen geschoben und auf die Lattung festgenagelt. Man nimmt zu denselben etwas stärkeren Zink, oder auch Kupfer, weil solches hämmerbarer und leichter zu verarbeiten ist. Diese Heftlappen sind besonders dann rathsam, wenn das Dach sehr dem Winde ausgesetzt ist. Man befestigt sie 2 bis 3 Fuſs von einander entfernt, nach den Umständen, wie es die nöthige Sicherheit erfordert.

Fig. 16. stellt vor, wie die Tafeln auf der Oberfläche der Decke selbst befestigt werden können, um die Fugen untersuchen und leichte Reparaturen ausführen zu können, wenn der Wind Tafeln abreiſsen sollte.

[Diese Figur ist wenig deutlich, und die nähere Beschreibung fehlt. D. H.]

Endlich macht man noch Zinkdecken auf die Weise, daſs man, nach der Richtung des Daches, Hölzer von 1 Zoll im Gevierte, so weit von einander, als die Zinktafeln breit sind, auf dem Dachgerüste befestigt, die Ränder der Metalltafeln an jenen Hölzern, 10 Linien hoch, senkrecht aufbiegt, und sie dann mit einer Kappe von Zink bedeckt, die auf die Hölzer mit Nägeln befestigt wird, deren Köpfe man verlöthet, um die Durchsickerung zu verhindern.

Auf Gips- oder Mörtel-Böden befestigt man die Zinktafeln ebenfalls auf verschiedene Weise. Eine Art ist, sie, wie Bleidecken, mit platten Haken von verzinntem Eisen oder von Zink, die in dem Mauerwerk, ungefähr 18 Zoll von einander entfernt, verkittet werden, festzuheften; die obern Tafeln werden unter die Haken gesteckt, während die unteren unter die oberen treten und einige Zoll breit von denselben bedeckt werden. Diese Art ist besonders dann passend, wenn die Dächer steil sind. Eine andere Art ist, Arme oder Lappen in den Falten der Tafeln anzuheften, deren Ausdehnung sie nachgeben können, und die in das Mauerwerk durch einen eingekitteten Nagel befestigt werden. Bald werden diese Lappen an die Zinktafeln gelöthet, und sind um einen eingekitteten Nagel beweglich, dessen Kopf grofs genug ist, dafs er nicht durch das Loch des Lappens gleite; bald werden die Tafeln unmittelbar vermittels einer Art von eingekittetem Bolzen befestigt, dessen Kopf eine Haube von Zink bedeckt, die so aufgelöthet ist, dafs das Wetter nicht durchdringen kann. Diese Bolzen stehen einige Zoll vom Rande der Tafeln entfernt; man kittet sie zuvörderst fest, durchschlägt dann die Tafeln, spaltet sie, um die Bolzen hindurch zu bringen, bis an das Loch, und löthet die Spalten wieder, um die Tafeln an die Bolzen festzuhalten. Sind endlich die Tafeln mit einander durch Streifen zusammengelöthet, wie es, besonders in dem Falle einer Terrasse, geschieht, so darf man nur noch die Decke auf den Rand des Gesimses befestigen, damit der Wind sie nicht hebe.

Ehe man einen Boden von Gips oder Mörtel mit Zink bedeckt, mufs man ihn vollkommen trocknen lassen; denn legte man die Metalltafeln auf den nassen Boden, so würde der Kalk, der im Allgemeinen eine grofse Affinität für metallische Oxyde hat, mit dem Oxyde, mit welchem der Zink sich überzieht, sich verbinden: das Metall würde immer von Neuem des natürlichen Firnisses, der es schützen soll, beraubt und auf diese Weise bald verzehrt werden. Mufs man die Decke auf einen nassen Boden legen, so mufs man dieselbe von dem Mauerwerke durch irgend einen Überzug absondern; entweder von Holz, oder von Steinkohlentheer, oder Erdpech; oder von Lehm, oder Sand; oder sie auf hölzerne, ein Paar Zoll über den Boden vortretende, Latten befestigen, damit die Luft dazwischen circuliren könne, wie es weiter oben beschrieben ist.

Eiserne Dächer und Terrassen. Die Dächer und Terrassen von Eisen und gebranntem Thone (*poteries*) sind ebenfalls noch eine Bedeckungs-Art, welche mit den andern zu vergleichen ist. Die Terrassen, wie die eisernen Böden, werden aus ungefähr 2 Meter ($6\frac{1}{3}$ Fufs) von einander entfernten Bindern zusammengesetzt, die jeder aus vier Balken und einem sehr flachen Bogen bestehen, und durch Querstücke mit einander verbunden werden. Die Höhe der Binder beträgt, je nach der Spannung, 9 bis 14 Zoll. Man klammert über dieselben horizontal liegende eiserne Streifen, $\frac{1}{2}$ Met. (1 F. 7 Z.) von einander entfernt, und auf dieser Art von Gitterwerk macht man, mit 9 Zoll hohen Töpfen (*pots*), ein grobes Gemäuer in Gips (*hourdés en plâtre*). Auf Dächern sind die Töpfe nur

4 Zoll hoch nöthig. Diese Constructions-Art ist jetzt zu Paris sehr gebräuchlich; sie kostet viel Eisen, und ist überhaupt sehr theuer. Auf dem Börsen-Gebäude und im Palais royal z. B., wo die Böden auf diese Weise construirt sind, hat man, über Sälen von 9 Meter (28⅔ F.) lang, 9½ Met. (30¼ F.) breit, 40 Kilogr. Eisen auf den Quadr.-Met. bedeckten Raumes (8 Pfd. auf den Quadr.-F.), und selbst bis 60 Kilogr. gebraucht, da, wo die Dicke des Bodens bis auf 6 Zoll vermindert worden ist. No. 17. in der Tafel giebt die Kosten eines Quadrat-Meters dieser Bedeckung an. Diese Kosten sind dreimal so hoch, als die in No. 18. für einen ähnlichen hölzernen Boden aus armirten Balken, die den 18ten Theil ihrer Spannung zur Höhe haben und leichte Querbalken und eine Verschalung tragen. Wahrscheinlich würde sich, wenn man genauere Versuche über den Widerstand eiserner Balken in Böden machte, finden, daſs die Dicke der einzelnen Stücke sehr vermindert werden darf. In dem neuen Gebäude der Deputirten-Kammer macht man einen eisernen Boden, mit Töpfen, 4 Met. (12¾ F.) spannend, in welchem jeder Balken nur aus Einem Stück Eisen von 0,08 Met. (3 Zoll) hoch und 0,03 Met. (1⅛ Zoll) breit besteht. Diese Eisen sind horizontal gelegt, 2 Met. (6⅓ F.) von einander entfernt, und bloſs durch 3 Querstücke mit einander verbunden. Der Boden enthält nur 13 Kilogr. Eisen auf den Quadr.-Met. (2⅔ Pfd. auf den Q.-F.); aber er hat eine schwache Krümmung von 0,15 bis 0,2 Met. (6 bis 7⅔ Z.). Er ist, in Gips, mit Töpfen ausgemauert, von 0,24 Met. (9 Z.) hoch, und 0,07 Met. (2⅔ Z.) im Durchmesser, die wie Gewölbsteine gestellt sind. Die Dächer aus Eisen und gebranntem Thone haben den Vorzug, daſs sie bewohnbare Dachböden geben. Der Schiefer wird unmittelbar auf den Estrich genagelt, der das Mauerwerk bedeckt. Die Dächer der neuen Gebäude des Palais royal, die beim Théâtre français, diejenigen des neuen Theaters Montansier und der Opéra comique etc. sind auf diese Weise construirt, und da auch die Böden der Etagen dieser Gebäude eben so gemacht sind, so sind sie völlig feuersicher. In der Tafel sind unter No. 19. die Kosten eines Daches von Eisen und gebranntem Thone, mit Schiefer, auf 26 Grad Abhang bedeckt, angegeben, auf die Weise, wie man es im neuen Theater Montansier gemacht hat. Dieses Dach ist 6 mal so theuer, als ein hölzernes Dach mit 45 Grad Abhang.

[Es ist schade, daſs eine Zeichnung dieser Dach- und Böden-Construction fehlt, ohne welche sich die Beschreibung nicht deutlich verstehen läſst. Wahrscheinlich sind unter den Töpfen (*pots*) Gewölbsteine aus gebranntem Thone zu verstehen, die, um leicht zu sein, hohl sind, und mit diesen Gewölbsteinen werden wahrscheinlich die Räume zwischen den eisernen Balken und Querstücken ausgewölbt. Übrigens kostet ein ganz einfach von Eisen construirtes Dach viel weniger, als das Sechsfache der Kosten eines hölzernen, wie man aus der Abhandlung No. 1. Bd. 8. Heft 1. sehen kann. D. H.]

Zuweilen bedeckt man auch ein Dachgerüst mit einem einfachen Gitter von Eisendrath, welches einen Estrich von Gips trägt, auf welchen dann die Dachdecke gelegt wird. Auf diese Weise werden die Dächer der neuen Königlichen Bibliothek gemacht werden. Das Spitzbogen-Dachwerk (*comble en ogive*) dieser Gebäude, dessen Spannung 9 Met. ($25\frac{1}{2}$ F.) ist, wird, dem Entwurfe zu Folge, 29 Kilogr. Eisen auf den Quadr-Met. ($5\frac{3}{4}$ Pfd. auf den Q.-F.) bedeckte Grundfläche haben. No. 20. der Tafel giebt die Kosten eines solchen Daches an.

Wenn endlich das eiserne Dachgerüst nicht übermauert ist, sondern nur eine leichte gläserne oder kupferne Decke zu tragen hat, so sind, mehrern Beispielen solcher Verbindungen zufolge, 14 Kilogr. Eisen auf den Q.-Met. ($2\frac{3}{4}$ Pfd. auf den Q.-F.) hinreichend. Man sehe No. 21. in der Tafel.

Wenn man die Kosten der eisernen Dächer mit denen von No. 1. 2., 3. und 4. vergleicht, so findet sich, daſs die hölzernen Dächer nur den 4ten, 5ten, oder 6ten Theil so viel kosten, als die eisernen; und da nun der in der längern Dauer der eisernen Dächer liegende Vortheil erst nach einer langen Zeit bemerkbar wird, so haben die eisernen Dachgerüste eigentlich keinen andern Vorzug, als den der Feuersicherheit. In Gegenden jedoch, wo das Holz sehr theuer ist, wie z. B. im mittäglichen Frankreich und an den Küsten des Oceans, wo der Cubik-Meter Eichenholz 180 bis 200 Fr. gilt (über $1\frac{1}{2}$ Rthl. der Cub.-Fuſs), während er zu Metz nur 72 Fr., zu Verdun und Besançon nur 66 Fr. kostet, können, unter gewissen übrigen Umständen, eiserne Dächer und Böden auch sogar wohlfeiler sein, als hölzerne.

Die Resultate der Tafel zeigen noch, daſs diejenige Dachbedeckung, die gleich Anfangs am theuersten ist, auch immer, nach einer langen Reihe von Jahren, durch die schnelle Anhäufung von Zinsen, die theuerste bleibt; selbst, obgleich die Erhaltungskosten beinahe Null sind. So

z. B. ist eine Schieferdecke, auf einem hölzernen Dachgerüste, ungeachtet ihrer geringen Dauer, und ungeachtet der beständigen Ausbesserungen, die sie erfordert, schliefslich doch viel wohlfeiler, als gewisse Metalldecken, die man als unvergänglich betrachten könnte, die keine Unterhaltung erfordern, deren erste Anlage aber zweimal so kostbar ist. Diese Bemerkung ist zugleich auf alle andere Arten von Bauwerken anwendbar. Man mufs keinesweges immer die festesten und dauerhaftesten Constructionen als die wohlfeilsten betrachten, unter dem Vorwande, dafs sie keine Reparatur- und Unterhaltungs-Kosten erfordern; denn erkauft man die Ersparung der Erhaltungskosten durch eine zu grofse Erhöhung der Baukosten, so werden die Zinsen des Anlage-Capitals sehr bald den Gewinn übersteigen, welchen man erzielen wollte, so, dafs eine wohlfeilere Anordnung, selbst wenn sie oft erneuert werden müfste, und beträchtliche Erhaltungskosten erforderte, dennoch am Ende weniger theuer sein kann, indem die theilweise und allmälig gemachten Ausgaben viel weniger Zinsen tragen. Die Rechnung mufs in jedem besondern Falle ergeben, was das Beste ist. Alte Baurechnungen, die zugleich die Dauer, unter den verschiedenen Umständen, und die angewendeten Materialien angeben, können dabei sehr nützlich sein.

[Wie der Herr Verfasser, gewifs sehr richtig, bemerkt, mufs eine vergleichende *Berechnung* der Kosten ergeben, welche unter mehreren Constructionen wirklich die wohlfeilste sei. Aber es kommt darauf an, wie man diese Berechnung anstellt. Der Betrag des, eine bestimmte Reihe von Jahren hindurch, durch die Zinsen anwachsenden Capitals kann, wie weiter oben bemerkt, aus den dort angeführten Gründen, nicht füglich das richtige Resultat geben. Die Resultate kommen anders zu stehen, wenn man so rechnet, wie es oben gesagt wurde, und wie es der Natur des Gegenstandes und der Wirklichkeit angemessen zu sein scheint. Allerdings ist eine, bei der ersten Anlage allzu theure Construction, wäre sie auch noch so dauerhaft, weniger wohlfeil, als eine leichtere; allein die mit wahrem Nutzen aufzuwendenden Mehrkosten, um einem Bauwerke mehrere Festigkeit und Dauer zu verschaffen, sind *bei weitem* gröfser, als man gewöhnlich anzunehmen geneigt ist. Die Meinung, dafs es im Ganzen besser sei, leicht und wohlfeil zu bauen, als theuer und fest, ist in der neueren Zeit, auf grofse Autoritäten gestützt, ziemlich allgemein geworden. Allein diese Meinung ist, in demjenigen Maafse des Theuer und Wohlfeil, welches die **gewöhnlichen** Rechnungen ergeben, gewifs **unrichtig**, und, würde sie allgemein befolgt, wie es nur zu möglich ist, da die Ersparung einer ersten Ausgabe gar zu lockend und verführerisch ist, so würde für das gesammte Bauwesen, also für einen sehr beträchtlichen Theil der gesammten Ausgaben eines Staates, ein **ungeheurer** Schaden und Verlust entstehen. Der Herausgeber hat hiervon die vollkommenste und klarste Überzeugung, und da der Gegenstand, wie so eben bemerkt, ungemein wichtig ist, so behält er sich vor, die eben ausgesprochene Behauptung, obgleich sie zum Theil schon hier oben, und durch die dort citirte frühere Abhandlung, im Allgemeinen gerechtfertigt worden, noch in einem besondern Aufsatze näher zu **beweisen**. D. H.]

Berechnung der Kosten verschiedener Arten von Dächern.

[Es sind in der hier folgenden Tafel des Originals überall die Kosten des Daches über **Einen Quadrat-Meter** bedeckter horizontaler Grundfläche, wie es der Vergleichung wegen sein mufste (nicht Eines Quadrat-Meters schräger Dachfläche), berechnet; und aus den Anlage-Kosten, zusammen mit den oben im Text angegebenen Unterhaltungs-Kosten, sind, wie es weiter oben, S. 250, gelehrt worden ist, die Summen berechnet, die aus diesen verschiedenen Ausgaben, durch die Anhäufung der Zinsen von 5 pro C. zu den Zinsen und dem Capitale, in 100 Jahren auflaufen würden. Wir haben die Berechnung auf **Eine Quadrat-Ruthe** bedeckter horizontaler Grundfläche und das Französische Geld und Gewicht auf Preufsiches reducirt. D. H.]

1. Hölzernes Dach, mit 60 Graden Abhang, und mit Schiefer bedeckt.

	Rthl.	Sgr.	
$48\frac{2}{3}$ Cubik-Fufs Bauholz, zu $24\frac{3}{4}$ Sgr., ...	40 Rthl.	4 Sgr.	
2 Quadr.-R. Schieferdecke, zu 20 Rthl. 12 Sgr., .	40 -	24 -	
Zusammen	80 Rthl.	28 Sgr.,	und auf 100 Jahre: 13 866 Rthl. 22 Sgr.

2. Hölzernes Dach, mit 45 Grad Abhang, und mit Schiefer bedeckt.

	Rthl.	Sgr.	
$36\frac{3}{4}$ Cubik-Fufs Bauholz, zu $24\frac{3}{4}$ Sgr., ...	30 Rthl.	9 Sgr.	
1,62 Q.-R. Schieferdecke, zu 20 Rthl. 12 Sgr., .	33 -	14 -	
Zusammen	63 Rthl.	23 Sgr.,	und auf 100 Jahre: 10 795 Rthl. 15 Sgr.

3. Hölzernes Dach mit 45 Grad Abhang, und mit platten Ziegeln bedeckt.

$41\frac{1}{2}$ Cubik-Fuſs Bauholz, zu $24\frac{3}{4}$ Sgr., ...	34 Rthl.	7 Sgr.
1,62 Q.-R. Plattziegeldecke, zu 21 Rthl. 11 Sgr., . .	34 -	18 -
Zusammen	68 Rthl.	25 Sgr., und auf 100 Jahre: 9 760 Rthl. 6 Sgr.

4. Hölzernes Dach, mit 21 Grad Abhang, und mit unverstrichenen Hohlziegeln bedeckt.

$29\frac{1}{3}$ Cubik-Fuſs Bauholz, zu $24\frac{3}{4}$ Sgr., ...	24 Rthl.	6 Sgr.
1,06 Q.-R. Hohlziegeldach, zu 26 Rthl. 20 Sgr., . .	28 -	8 -
Zusammen	52 Rthl.	14 Sgr., und auf 100 Jahre: 7118 Rthl. 11 Sgr.

Wenn die Kosten Einer Quadrat-Ruthe Hohlziegeldach, wie zu Metz, Verdun, sich nur auf 11 Rthl. 10 Sgr. beliefen, so würden die Gesammtkosten nur 36 Rthl. 7 Sgr. sein, und in 100 Jahren betragen . . . . 4645 Rthl. 10 Sgr.

5. Hölzernes Dach, mit 21 Grad Abhang und mit in Mörtel gelegten Hohlziegeln bedeckt.

$32\frac{1}{9}$ Cubik-Fuſs Bauholz, zu $24\frac{3}{4}$ Sgr., ...	26 Rthl.	15 Sgr.
1,06 Q.-R. Hohlziegeldach, 29 Rthl. 4 Sgr., . . .	30 -	26 -
Zusammen	57 Rthl.	11 Sgr., und auf 100 Jahre: 7760 Rthl. 1 Sgr.

6. Hölzernes Dach, mit 21 Grad Abhang, und mit $1\frac{1}{2}$ Linien dicken Bleitafeln bedeckt.

$29\frac{1}{3}$ Cubik-Fuſs Bauholz, zu $24\frac{3}{4}$ Sgr., ...	24 Rthl.	6 Sgr.
1,06 Q.-R. Verschalung von Fichtenholz, zu 5 Rthl. 20 Sgr., ...	6 -	— -
1,06 Q.-R. Bleidecke, zu 90 Rthl. 23 Sgr., . . .	96 -	6 -
$36\frac{1}{3}$ Pfd. eiserne Haken, zu $4\frac{1}{2}$ Sgr., ...	5 -	13 -
Zusammen	131 Rthl.	25 Sgr., und auf 100 Jahre: 17 052 Rthl. 14 Sgr.

7. Ganz flache Terrasse, ohne Dachboden, mit $1\frac{1}{2}$ Linien dicken Bleitafeln bedeckt.

1 Q.-R. Bleidecke . . . 90 Rthl. 23 Sgr., und auf 100 Jahre: 11 864 Rthl. 18 Sgr.

8. Hölzernes Dach, mit 21 Grad Abhang und mit Kupfertafeln No. 20., $3\frac{1}{5}$ Puncte dick, bedeckt.

$20\frac{2}{3}$ Cubik-Fufs Bauholz, zu $24\frac{3}{4}$ Sgr.	27 Rthl.	1 Sgr.
1,06 Q.-R. Verschalung von Fichtenholz, zu 5 Rthl. 20 Sgr., ...	6 -	— -
1,06 Q.-R. Kupferdecke, zu 87 Rthl. 25 Sgr., . . .	90 -	9 -
Zusammen	113 Rthl.	10 Sgr., und auf 100 Jahre: 15 220 Rthl. 21 Sgr.

9. Ganz flache Terrasse, ohne Dachboden, mit gleichen Kupfertafeln bedeckt.

1 Q.-R. Kupferdecke . . 87 Rthl. 25 Sgr., und auf 100 Jahre: 11 503 Rthl. 1 Sgr.

10. Hölzernes Dach, mit 21 Grad Abhang und mit eisernen Tafeln von $\frac{1}{3}$ Linie dick bedeckt, die alle 10 Jahre neu angestrichen werden.

$20\frac{2}{3}$ Cubik-Fufs Bauholz, zu $24\frac{3}{4}$ Sgr., ...	17 Rthl.	1 Sgr.
1,06 Q.-R. Blechdecke, zu 52 Rthl., ...	55 -	4 -
2,12 Q.-R. Anstrich, zu 1 Rthl. 26 Sgr. . . .	4 -	— -
Zusammen	76 Rthl.	5 Sgr., und auf 100 Jahre: 10 833 Rthl. 18 Sgr.

11. Ganz flache Terrasse, ohne Dachboden, eben so bedeckt.

1 Q.-R. Blechdecke . .	52 Rthl.	— Sgr.
2 Q.-R. Anstrich, zu 1 Rthl. 26 Sgr.	3 -	22 -
Zusammen	55 Rthl.	22 Sgr., und auf 100 Jahre: 8 184 Rthl. 1 Sgr.

12. Hölzernes Dach, von 21 Grad Abhang, mit Zinktafeln von 5 Puncten dick bedeckt, und in der Voraussetzung, dafs es 100 Jahre daure.

$20\frac{2}{3}$ Cubik-Fufs Bauholz, zu $24\frac{3}{4}$ Sgr., ...	17 Rthl.	1 Sgr.
1,06 Q.-R. Verschalung von Fichtenholz, zu 5 Rthl. 20 Sgr., ...	6 -	— -
1,06 Q.-R. Zinkdecke, zu 27 Rthl. 11 Sgr., . . .	30 -	2 -
Zusammen	53 Rthl.	3 Sgr., und auf 100 Jahre: 6 974 Rthl. 2 Sgr.

13. Ganz flache Terrasse, ohne Dachboden und eben so mit Zink bedeckt.

1 Q.-R. Zinkdecke . . . 28 Rthl. 11 Sgr., und auf 100 Jahre: 3 721 Rthl. 28 Sgr.

14. Hölzernes Dach, mit 21 Grad Abhang, wie No. 12. mit Zinktafeln bedeckt, und in der Voraussetzung, dafs es 50 Jahre daure.

$20\frac{2}{3}$ Cubik-Fufs Bauholz, zu $24\frac{3}{4}$ Sgr., ...	17 Rthl.	1 Sgr.
1,06 Q.-R. Verschalung von Fichtenholz, zu 5 Rthl. 20 Sgr., ...	6 -	— -
1,06 Q.-R. Zinkdecke, zu 28 Rthl. 11 Sgr., . . .	30 -	2 -
Zusammen	53 Rthl.	3 Sgr., und auf 100 Jahre: 7 378 Rthl. 25 Sgr.

15. Ganz flache Terrasse, ohne Dachboden, eben so mit Zink bedeckt.

1 Q.-R. Zinkdecke . . 28 Rthl. 11 Sgr., und auf 100 Jahre: 4 038 Rthl. 18 Sgr.

16. Ganz flache Terrasse, mit einem 4 Linien dicken Erdpech-Estriche bedeckt, in der Voraussetzung einer 100jährigen Dauer.

1 Q.-R. Erdpech-Estrich . 43 Rthl. 15 Sgr., und auf 100 Jahre: 5 719 Rthl. 27 Sgr.

Zu No. 6. bis 16. ist zu bemerken, dafs die Decke der ganz flachen Terrasse unmittelbar auf dem Gebälke der zunächst untern Etage ruhend angenommen wird. Will man einen Dachboden unter der Terrasse haben, so mufs man überall für die Kosten eines zweiten Bodens noch 30 Rthl. 7 Sgr. für die Quadr.-Ruthe hinzufügen, welches auf 100 Jahre ausmacht . . . . 3 978 Rthl. 20 Sgr.

17. Eisernes Dachgerüst, mit gebranntem Thone bedeckt, von 28⅔ bis 32 F. Spannung, ohne den Überzug von unten, und ohne die Knaggen und den untern Boden.

1211 Pfd. Eisen, zu 4½ Sgr.,	181 Rthl.	18 Sgr.
1 Q.-R. Decke von gebranntem Thone, 11 Zoll hoch,	94 -	16 -

Zusammen 276 Rthl. 4 Sgr., und auf 100 Jahre: 36 309 Rthl. 3 Sgr.

18. Eisernes Dachgerüst, von 28⅔ bis 32 F. Spannung, mit armirten Balken und Verkleidung zum Platfond.

59⅔ Cubik-Fuſs Bauholz, zu 24¾ Sgr., ...	49 Rthl.	7 Sgr.
181⅔ Pfd. Eisen, zu 4½ Sgr.,	27 -	17 -
1 Q.-R. eichener Boden .	20 -	18 -

Zusammen 97 Rthl. 12 Sgr., und auf 100 Jahre: 12 757 Rthl. 24 Sgr.

Man sieht (sagt der Verfasser), daſs die eisernen Dachgerüste, mit gleicher Bedeckung, 4, 5 bis 6 mal so theuer sind, als hölzerne.

19. Eisernes Dachgerüst, mit 26 Grad Abhang, zum Schieferdach, und mit Ausfüllung von gebranntem Thone.

1967 Pfd. Eisen, zu 4½ Sgr., ...	294 Rthl.	1 Sgr.
1,62 Q.-R. Ausfüllung mit gebranntem Thone, 4 Zoll hoch, zu 70 Rthl. 25 Sgr., ...	113 -	14 -
Zusammen	408 Rthl.	15 Sgr.

20. Eisernes Dachgerüst, mit 45 Grad Abhang, bestimmt, einen Gips-Estrich auf einem eisernen Gitterwerke zu tragen, worauf eine Kupferdecke oder eine andere leichte Decke gelegt wird.

878 Pfd. Eisen, zu 4½ Sgr., ... 131 Rthl. 21 Sgr.

21. Eisernes Dachgerüst, mit 21 bis 26 Grad Abhang, zu einer Kupferdecke.

424 Pfund Eisen, zu 4½ Sgr., ... 63 Rthl. 18 Sgr.

[Wir haben weiter oben die Gründe angezeigt, warum es zweifelhaft sein dürfte, daſs die Berechnung der Kosten der Dächer bis auf 100

Jahre, nach dem Verfahren im Texte, der Wirklichkeit angemessene Verhältnifszahlen gebe, und erinnert, dafs diese Verhältnifszahlen, der Wirklichkeit angemessener, aus den gesammten jährlichen Kosten der Dächer entnommen werden dürften, welche Kosten aus folgenden Theilen bestehen.

1) Aus dem, was jährlich unmittelbar zur Erhaltung der Dächer angewendet werden mufs.

2) Aus den Zinsen (hier 5 pro Cent) des Anlage-Capitals, also der Kosten des neuen Daches.

3) Aus dem, was jährlich zurückgelegt werden mufs, um während des Zeitraumes zwischen zwei Erneuerungen des Daches, mit Zinsen von Zinsen, das, was die zweite Erneuerung kostet, also wieder das Anlage-Capital, nach Abzug des Werthes der alten Materialien, aufzuhäufen. Ist von Zeit zu Zeit eine Reparatur, die nicht alljährlich vorkommt, nöthig, z. B. ein neuer Anstrich der Metalltafeln, und dergleichen, so kommt noch das hinzu, was jährlich zurückgelegt werden mufs, um, mit Zinsen von Zinsen, in dem Zeitraume von einer Haupt-Reparatur zur andern, die Kosten derselben aufzuhäufen.

Die Resultate der Berechnung der jährlichen Kosten der Dächer nach diesen Sätzen, wie im Text, auf Eine Quadratruthe bedeckter horizontaler Grundfläche bezogen, die dann den sicherern Vergleich der gegenseitigen Vortheilhaftigkeit geben wird, wollen wir nun noch folgen lassen, und zwar für die 18 verschiedenen Bedeckungs-Arten, für welche die Rechnung des Originals vollständig ausgeführt ist. Die Anlage-Kosten, welche der Text berechnet, wollen wir zum Grunde legen, so wie auch den Betrag der jährlichen Erhaltungs-Kosten, der Kosten von Haupt-Reparaturen, und den der Dauer, nach den Angaben des Textes. Ferner ist zu bemerken, dafs, wie man auf die bekannte Weise, durch eine leichte Rechnung mit Hülfe von Logarithmen, findet, um ein Capital 1 mit Hülfe der Zinsen und Zinsen von Zinsen (zu 5 pro Cent) aufzuhäufen,

10 Jahre lang jährlich 0,0795,
25 Jahre lang jährlich 0,0209,
50 Jahre lang jährlich 0,00478,
100 Jahre lang jährlich 0,000309

zurück und zu dem Ertrage der Zinsen zugelegt werden mufs. Da die jährliche Zahlung schon auf 100 Jahre, im Verhältnisse zum Ertrage, sehr klein ist, so ist es nicht nöthig, auf einen noch längeren Zeitraum hinauszugehen; man kann vielmehr, ohne dafs die Resultate der Rechnung von der Wirklichkeit merklich abweichen werden, annehmen, dafs die längste Dauer eines Daches 100 Jahre sei; denn dies wird beinahe genau das Nemliche geben, als wenn man, vielleicht der Wahrheit angemessener, eine noch längere Dauer in Rechnung brächte. Um die Übersicht zu erleichtern, wollen wir ferner auch noch die Verhältnifszahlen, und zwar sowohl die des Herrn Verfassers, als die aus der gegenwärtigen Rechnung hervorgehenden, unmittelbar angeben, und zu diesem Ende die Kosten irgend eines Daches, und zwar bei beiden Rechnungsarten eines und desselben Daches, der Einheit gleich setzen, und die Kosten der andern durch Brüche ausdrücken. Da es gleichgültig ist, von welcher Bedeckungs-Art die Kosten zur Einheit angenommen werden, so wollen wir diejenige No. 1. dazu wählen. Dieses giebt dann Folgendes.

Für Eine Quadrat-Ruthe bedeckter horizontaler Grundfläche.	1. Anlage-Capital. Thl. Sgr.	2. Dauer. Jahre.	3. Jahres-Zinsen des Anlage-Capitals. Thl. Sgr. Pf.	4. Jährliche Erhaltungs-Kosten. Sgr. Pf.	5. Jährlich zu Aufsammlung der Erneuerungs- und Reparatur-Kosten. Thl. Sgr. Pf.	6. Summe der jährlichen Kosten Thl. Sgr. Pf.	7. Verhältnifszahl nach dieser Rechnung.	8. Verhältnifszahl nach der Rechnung im Texte.
1. Hölzernes Dach mit 6 Grad Abhang und Schiefer bedeckt .	80 28	25	4 1 6	9 —	1 20 6	6 1 —	1	1
2. Hölzernes Dach mit 45 Gr. Abhang und mit Schiefer bedeckt .	63 23	25	3 5 6	7 4	1 10 2	4 23 —	0,790	0,789
3. Hölzernes Dach mit 45 Gr. Abhang und mit platten Ziegeln bedeckt	68 25	50	3 13 6	3 8	— 9 10	3 27 —	0,646	0,714
4. Hölzernes Dach mit 21 Gr. Abhang und unverstrichenen Hohlziegeln bedeckt . .	52 14	100	2 18 8	3 6	— — 6	2 22 8	0,457	0,521
5. Hölzernes Dach mit 21 Gr. Abhang und mit in Mörtel gelegten Hohlziegeln bedeckt . .	57 11	100	2 26 —	1 9	— — 6	2 28 3	0,488	0,567
6. Hölzernes Dach mit 21 Gr. Abhang und mit $1\frac{1}{2}$ Linien dicken Bleitafeln bedeckt . .	131 25	100	6 7 6	—	— 1 3	6 8 9	1,043	1,248
7. Terrasse ohne Dachboden, mit $1\frac{1}{2}$ L. dicken Bleitafeln bedeckt .	90 23	100	4 16 2	—	— — 10	4 17 —	0,757	0,868

Für Eine Quadrat-Ruthe bedeckter horizontaler Grundfläche.	1. Anlage-Kosten. Thl. Sgr.	2. Dauer. Jahre.	3. Jahres-Zinsen des Anlage-Capitals. Thl. Sgr. Pf.	4. Jährliche Erhaltungs-Kosten. Sgr. Pf.	5. Jährlich zu Aufsammlung der Erneuerungs- und Reparatur-Kosten. Thl. Sgr. Pf.	6. Summe der jährlichen Kosten. Thl. Sgr. Pf.	7. Verhältnifszahl nach dieser Rechnung.	8. Verhältnifszahl nach der Rechnung im Texte.
8. Hölzernes Dach mit 21 Gr. Abhang und mit Kupfertafeln $3\frac{1}{5}$ Puncte dick bedeckt . .	113 10	100	5 20 —	—	— 1 —	5 21 —	0,944	1,114
9. Terrasse ohne Dachboden, mit gleichem Kupfer bedeckt . .	87 25	100	4 11 9	—	— — 9	4 12 6	0,732	0,851
10. Hölzernes Dach mit 21 Gr. Abhang und mit eisernen Tafeln $\frac{1}{8}$ Linien dick bedeckt, die alle 10 Jahre neu angestrichen werden .	76 5	50	3 24 3	—	— 20 6	4 14 6	0,743	0,792
11. Flache Terrasse, ohne Dachboden, eben so bedeckt	55 22	50	2 23 8	—	— 17 2	3 10 10	0,557	0,599
12. Hölzernes Dach von 21 Grad Abhang, mit Zinktafeln 5 Puncte dick bedeckt . . .	53 2	100	2 19 8	—	— — 6	2 20 2	0,443	0,510
13. Terrasse, eben so	28 11	100	1 12 7	—	— — 3	1 12 10	0,237	0,272
14. Zinkdach, wie No. 12.	53 2	50	2 19 8	—	— 7 6	2 27 2	0,481	0,539
15. Terrasse, wie No. 13.	28 11	50	1 12 7	—	— 4 1	1 16 8	0,258	0,295
16. Terrasse mit 4 Linien dickem Erdpech-Estrich	43 15	100	2 5 3	—	— — 5	2 5 8	0,363	0,418
17. Eisernes Dachgerüst, mit gebranntem Thone bedeckt	276 4	100	13 24 1	—	— 2 7	13 26 8	2,302	2,657
18. Eisernes Dachgerüst, mit armirten Balken	97 12	100	4 26 2	—	— — 10	4 27 —	0,812	0,933

Aus dieser Zusammenstellung, und insbesondere aus der Vergleichung der Rubriken 7. und 8., sieht man die Abweichung der Resultate des Textes von dem, was der Wirklichkeit näher zu kommen scheint. Besonders die bei der ersten Anlage theuern Dächer, die gewöhnlich auch die dauerhafteren sind, giebt die Rechnung des Textes weniger vortheilhaft an, als sie es wohl sein dürften. Am deutlichsten zeigt sich solches bei den mit Blei und Kupfer bedeckten hölzernen Dächern No. 6. und 8. Dem Texte zufolge soll das Bleidach um beinahe 25 pro Cent theurer sein, als das Schieferdach, während es nach der gegenwärtigen Berechnung nur $4\frac{1}{3}$ pro Cent theurer ist. Das Kupferdach soll um etwa 11 pro Cent theurer sein, als das Schieferdach: es ist aber um $5\frac{1}{2}$ pro Cent wohlfeiler. Die Rechnung des Textes scheint also, in Absicht der Kosten, den vergänglicheren Dächern eine gröfsere Vortheilhaftigkeit zuzuerkennen, als ihnen zukommen dürfte. Es ist aber aufserdem noch zu bemerken, dafs die eher vergänglichen Dachbedeckungen, weil sie öfter ausgebessert und erneuert werden müssen, auch, abgesehen von ihren eigenen Kosten, mehr Nachtheile für das Gebäude selbst haben. Denn da die öfteren Reparaturen gewöhnlich nur zu oft verschoben und unterlassen werden, so leiden die Gebäude selbst, unter hinfälligeren Dächern, nur zu leicht mehr, als unter dauerhafteren. Der Vorzug eines Daches kann also nicht nach seinen Kosten allein entschieden werden, uneingedenk der Feuersicherheit, oder Unsicherheit. Übrigens ändern sich die Verhältnisse, für jeden Ort, und für jede andere örtliche Umstände, mit den Preisen der Baustoffe und des Arbeitslohns. Für Berlin z. B. würden die Verhältnisse ganz anders zu stehen kommen, und es würde sich zeigen, dafs die doppelten Bieberschwanz-Dächer, auch in Absicht der Kosten, in allen Fällen, wo das Dach nicht etwa ganz flach sein soll, oder mufs, so, dafs es nicht mit Metall gedeckt werden mufs, die vortheilhaftesten sind, was, nebst dem, was von den andern Bedeckungs-Arten, in Rücksicht der verschiedenen andern Umstände, die dabei in Betracht kommen, z. B. der Feuersicherheit und Benutzbarkeit der Dachräume, zu bemerken ist, eine besondere und ausführlichere Auseinandersetzung erfordert. Die eisernen Dachrüstungen zeigen sich, nach beiden Berechnungen, immer noch als viel theurer, wie die hölzernen; allein sie sind demungeachtet von allen bei weitem die besten, auch selbst in Absicht der Kosten; denn die Vergleichung kommt ganz anders zu stehen, wenn man nicht blofs das Dach für sich, sondern das ganze Gebäude in Betracht zieht, und bei dem Vergleiche des theuer und dauerhaft Bauens mit dem Leicht- und Wohlfeil-Bauen Alles erwägt, was dabei in Erwägung kommt. Dieses, so wie, was auch die unmittelbare Vergleichung der Kosten der Dächer betrifft, mufs einer besondern Abhandlung vorbehalten bleiben. Hier, bei der gegenwärtigen Mittheilung, kam es insbesondere auf die schätzbaren technischen Bemerkungen an, die die Arbeit des Herrn Verfassers auszeichnen.

12.

Nachrichten von der Belgischen Eisenbahn.

(Fortsetzung des Aufsatzes No. 9. im vorigen Hefte.)

---

§. VI. Von den Transport-Mitteln.

Von den Wagen. Ihre Form wird von der Art der Waaren und der Collis, die zu transportiren sind, so wie von der Ausdehnung der Fahrt bestimmt. Das Maximum der Ladung auf zwei Räder steht fest, und man muſs nur die Länge der Wagen so weit zu beschränken suchen, als durch Vergröſserung der Breite und Höhe möglich ist, weil dadurch die Züge verkürzt, das Ab- und Aufladen und auch der Zug selbst, besonders in den Ausweiche-Stellen und Krümmungen, erleichtert wird.

Die Kasten der Wagen in England haben öfters ein Gerippe von Holz, welches mit Brettern oder Blech ausgeschlagen ist; bei andern ist das Gerippe von Eisen. Der Kasten ruht in der Regel auf 4 Rädern von gegossenem Eisen. Der Kasten eines Wagens fasset, auf den Straſsen erster Classe, gewöhnlich ein Newcastler Chaldron Kohlen, welches 55 bis 60 Ctr. wiegt und etwa $116\frac{1}{2}$ Cub.-F. Raum einnimmt. Das Gewicht des Wagens selbst beträgt gewöhnlich die Hälfte bis ein Drittheil der Ladung, also 18 bis 30 Ctr.

An dem Train, den Rädern und Axen, sind seit einigen Jahren groſse Verbesserungen gemacht worden. Die Wagen haben jetzt auch Federn erhalten, welche das Stoſsen verhindern, und wodurch die Erhaltung der Wagenschienen erleichtert wird; die Räder werden jetzt, besser, mit hohlen Speichen gegossen, und sie können auf diese Weise von gröſserem Durchmesser gemacht werden; die Axen haben Vervollkommnungen erhalten, vermöge welcher, während sie stark genug bleiben, die Federn auſserhalb der Räder gesetzt, die Buchsen von kleinerem Durchmesser gemacht werden können, und so die Reibung vermindert werden kann.

Auf den älteren Eisenbahnen, bei Newcastle und Sunderland, fand man, daſs zur Überwindung der Reibung an Zugkraft der 180ste

Theil der Last nöthig war. Auf der Darlingtoner Strafse verminderte sich die Zugkraft schon bis auf den 200ten Theil, und durch die vorhin erwähnten Vervollkommnungen ist sie auf den 280sten Theil herabgebracht worden. Da indessen die Versuche, welche das letzte Verhältnifs ergeben haben, mit neuen Wagen angestellt worden sind, so ist man hier von dem jetzt in England allgemein angenommenen Satz ausgegangen, dafs die Zugkraft der 240ste Theil der Last sei.

Unter den verschiedenen Arten der Wagen, zum Transport der Waaren sowohl, als der Reisenden, mufs dem Verkehre möglichst freie Wahl gelassen werden; jedoch mufs die Einrichtung aller Wagen einem durch die Construction der Strafse selbst gebotenen Reglement unterworfen sein.

Die auf jedes Rad der Lastwagen zu gestattende Ladung mufs wenigstens um den vierten Theil geringer sein, als bei den Dampfwagen selbst, und zur Schonung der Wegeschienen sind die Federn auf den Axen sehr zu empfehlen.

Von den Pferden. Die Wirkung der Pferde auf den Engländischen Eisenbahnen zeigt sich, nach der Art der Wagen, nach dem Zustande der Strafsen und dem Gefälle, und auch nach der Kraft der Pferde selbst, ungemein verschieden. Ein Zugpferd, welches 863 Ruthen in der Stunde mit seiner Last zurücklegt, kann 10 Stunden täglich arbeiten. Gewöhnlich aber läfst man die Pferde nur 9 Stunden arbeiten, und sie stündlich 973 Ruthen zurücklegen. In beiden Fällen rechnen die Engländischen Ingenieurs, dafs Ein Pferd, wenn die Wagen, nach der neuern, besseren Einrichtung, statt des 180sten nur den 240sten Theil der Last an Zugkraft erfordern, 240 Ctr. (12 Tonnen) täglich 8496 Ruth. (20 Engl. Meilen oder 32 Kilom.) weit in der Ebene (*en plaine*) [also doch wohl auf horizontaler Bahn] fortschafft. [Das wäre dann mehr als zehn mal so viel, wie in Deutschland auf den besten Chausséen, indem man auf diesen schwerlich 24 Ctr. täglich $4\frac{1}{4}$ Meile weit durch ein Pferd fortzuschaffen rechnen darf. D. H.]

Auf den Schienenstrafsen von Newcastle, Darlington und Sunderland ziehen sehr mittelmäfsige Pferde, auf den horizontalen Stellen der Strafsen, 4 und zuweilen 6 Wagen, jeden von 60 Ctr., und noch einen angehängten offenen Wagen, in welchen das Pferd einsteigt, sobald man an Stellen gelangt, wo die Last durch ihr eigenes Gewicht hinabrollt.

Folgendes ist eine Übersicht der Gesammt-Last von Wagen und Ladung, die, zahlreichen Beobachtungen in England zufolge, ein Pferd von mittlerer Kraft, wenn es von 5 Tagen einen Tag ruht, auf Eisenbahnen, täglich, 8496 Ruthen weit, und zwar die Hälfte davon hin, die Hälfte zurück, fortschaffen kann.

Abhang der Eisenbahn.	Gesammt-Last (Wagen und Fracht) hin und zurück beladen.	bergauf beladen, bergab leer.	bergab beladen, bergauf leer.
Horizontal . . .	*)	. 360 Ctr.	. 360 Ctr.
1 auf 1000 . . .	. 240 Ctr.	. 400 -	. 300 -
1 auf 500 . . .	. 240 -	. 460 -	. 250 -
1 auf 400 . . .	. 230 -	. 500 -	. 230 -
1 auf 333 . . .	. 210 -	. 540 -	. 210 -
1 auf 250 . . .	. 190 -	. 560 -	. 190 -
1 auf 200 . . .	. 170 -	. 510 -	. 170 -
1 auf 100 . . .	. 110 -	. 330 -	. 110 -

Vor den Personen-Wagen bewegen sich die Pferde auf Eisenbahnen mit der Geschwindigkeit von 3450 bis 4982 Ruthen ($1\frac{3}{4}$ bis $2\frac{1}{2}$ Meile) in der Stunde. Sie sind aber täglich nur 2 Stunden im Dienst, und schaffen nur eine Ladung von 70 Ctr. (ohne Wagen) 6372 Ruthen ($3\frac{1}{4}$ Meilen) weit fort.

Die Eisenbahnen-Compagnie von Darlington bezahlt gewöhnlich den Transport-Unternehmern 1 Sgr. $10\frac{2}{7}$ Spf. für die Tonne (20 Ctr.) transportirter Fracht auf die Meile ($\frac{1}{2}$ Penny für die Engl. Meile, oder $3\frac{1}{10}$ Ctr. für den Kilom.). Für die Zurückschaffung der leeren Wagen und für das Schmieren der Axen wird nichts weiter vergütigt. Man kann annehmen, dafs sich, wenn die Wagen mit Fracht zurückfahren können, die Kosten auf $1\frac{1}{2}$ Sgr. für die Tonne auf die Meile reduciren werden. [Auf gewöhnlichen Chausséen kann man wenigstens 20 Sgr. für die Tonne auf die Meile rechnen. D. H.]

Von den Dampfwagen. Vor 1825 waren noch keine 30 dergleichen Wagen in England in Thätigkeit, und sie waren weit von ihren spätern Vervollkommnungen entfernt. Seit man sie leichter und stärker gebauet hat, sind sie fast allgemein geworden.

---

*) Hier steht im Original 1 Tonne, was aber offenbar ein Druckfehler ist. Es soll wahrscheinlich heifsen: 12 Tonnen (240 Ctr.).

Schon bei der Eröffnung der Straſse von Darlington hatte man mehrere Vervollkommnungs-Versuche gemacht, und es waren bedeutende Verbesserungen gelungen. Anfangs bauete man Maschinen von 8 bis 10 Pferden Kraft, welche 166 bis 200 Ctr. wogen. Sie hatten 4 Räder, und durchliefen etwa 1 Meile in der Stunde. Darauf bauete man Dampfwagen auf 6 Rädern, von 12 Pferden Kraft, die 240 Ctr. wogen und eine gleiche Geschwindigkeit hatten. Aber alle diese Maschinen wurden im Verhältniſs zu ihrem Gewichte zu schwach befunden.

Im Jahre 1829 gab die Eröffnung der Liverpooler Straſse Anlaſs zu einem Concurs in der Verbesserung der Dampfwagen, und man erinnert sich der bewundernswürdigen Erfolge, zu welchen mehrere Maschinenmeister, besonders Herr R. Stephenson, gelangten. Seine hauptsächlichste Verbesserung bestand darin, daſs er in gleich groſsen Dampfkesseln in gleicher Zeit mehr Dampf entwickelte.

Unmittelbar nach diesen Concurs bauete man, sowohl für die Liverpooler Straſse, als für diejenige von Bolton und Warrington, Maschinen von 8 Pferden Kraft und $3\frac{1}{2}$ bis $4\frac{1}{4}$ Meile Geschwindigkeit in der Stunde; darauf allmälig Dampfwagen von 10, 12, 14, 16, 18, 20 bis 22 Pferden Kraft und der nemlichen Geschwindigkeit. Alle diese Wagen hatten 4 Räder. Bei den Maschinen von weniger als 16 Pferden Kraft wirkte die Dampfkraft in der Regel nur auf 2 Räder, bei stärkeren Maschinen auf alle 4 Räder.

Die Compagnie der Straſse von Glasgow nach Garnkirk lieſs mehrere Wagen, bloſs von 10 Pferden Kraft und 3 bis $3\frac{1}{2}$ Meile Geschwindigkeit in der Stunde, bauen. Man versuchte auf der Straſse von Darlington nach Stockton Stephensonsche Maschinen von 10 Pferden Kraft und $3\frac{1}{2}$ bis $4\frac{1}{4}$ Meile Geschwindigkeit; aber sie wurden hier nicht vortheilhaft befunden.

Im Jahre 1827 besaſs die Darlingtoner Compagnie erst 6 Dampfwagen von 10 Pferden Kraft und 1 Meile Geschwindigkeit in der Stunde. Diese Maschinen zogen gewöhnlich im Sommer 20 Lastwagen, mit 1060 bis 1200 Ctr., und im Winter 16 Lastwagen, mit 860 bis 960 Ctr. Steinkohlen beladen, im Mittel also 1020 Ctr. Steinkohlen. Jede Maschine schaffte ihren Wagenzug $4\frac{1}{4}$ Meile weit fort und brachte die leeren Wagen zurück, zusammen in 9 bis 11 Stunden Zeit. Im Sommer machte man zuweilen innerhalb 24 Stunden zwei Fahrten hin und zurück.

Die beladenen Wagen gehen auf diesen Strafsen bergab. Einige Gefälle sind 1 auf 105, andere, auf längeren Strecken, 1 auf 1400, 1500 und 2000. Die Geschwindigkeit der Bewegung war, nach der Stärke des Gefälles, nach bergab und bergauf, und nach der Ladung, verschieden, im Durchschnitt aber wenig über 1 Meile in der Stunde. Die Compagnie bezahlte um diese Zeit etwa 11 Silberpfennige für die Tonne Steinkohlen 1 Meile weit zu transportiren. Darunter waren die Bezahlung des Maschinenmeisters und seines Gehülfen, die Kosten des Brenn-Materials auf dem Wege und zur Erzeugung des Dampfes, so wie die Schmiere für die Dampf- und Lastwagen, mit begriffen. Für Capital-Zinsen und Erhaltungs-Kosten der Dampfwagen mufs man die Hälfte des Obigen hinzurechnen, so, dafs der Transport einer Tonne Kohlen auf die Meile auf 1 Sgr. $3\frac{1}{2}$ Spf. zu stehen kommt. Hierunter sind die Erhaltungs-Kosten der Lastwagen nicht mitbegriffen. Da aber die Wagen leer zurückgebracht werden, so kann man annehmen, dafs, wenn die Rückfahrt benutzt werden kann, die Fracht nur auf etwa 11 Silberpfennige für die Tonne und die Meile zu stehen kommen werde.

Auf der Liverpooler Strafse, wo der Haupt-Verkehr in Passagieren besteht, finden es die Unternehmer vortheilhaft, den Wagen eine Geschwindigkeit von 4 bis $4\frac{1}{4}$ Meile in der Stunde zu geben, und auch die wenigen Waaren, welche man bis jetzt transportirt, werden mit dieser Geschwindigkeit fortgeschafft. Nach den eingesammelten Nachrichten wurden zwischen Liverpool und Manchester 256 321 Passagiere auf 2944 Fahrten durch die Dampfwagen fortgeschafft, also 87 Personen, oder etwa, mit dem Gepäck, 180 Ctr. Fracht, auf eine Fahrt. Die Dampfwagen hatten in der Regel 10 bis 14 Pferde Kraft. Die Transport-Kosten, nemlich die Zinsen und Erhaltung der Dampfwagen, Personal nnd Brennstoff, ohne die Zinsen von dem in den Personenwagen steckenden Capitale, haben nach den Rechnungen der Compagnie, in der zweiten Hälfte des Jahres 1831, für die Person, auf die Fahrt von $6\frac{1}{2}$ Meile, 5 Sgr. $2\frac{1}{2}$ Pf., also auf die Meile $9\frac{2}{3}$ Pf. betragen, und zwar auf die Weise, dafs die Maschine mit gleicher Ladung zurückfährt. An Waaren wurden, in 2298 Fahrten, 52 224 Tonnen transportirt. [Diese Angabe der Zahl der Tonnen und der Passagiere stimmt genau mit derjenigen, die in diesem Journale B. 8. Heft 2. S. 130. mitgetheilt worden ist, d. H.] Im Durchschnitt also auf jeder Fahrt 23 Tonnen. Die Maschinen hatten 18 bis 20 Pferde Kraft.

die Frachtkosten waren, mit Ausschlufs der Kosten der Wagen, $19\frac{1}{3}$ Sgr. für die Tonne auf die ganze Fahrt, oder etwa 3 Sgr. auf die Meile.

Daraus folgt, dafs die Frachtkosten auf der Liverpooler Strafse dreimal so hoch sind, als auf der älteren von Darlington, im Jahre 1827. Dieser auffallende Umstand erfordert eine nähere Erwägung, besonders auch der Geschwindigkeit der Bewegung.

Von der Geschwindigkeit der Dampfwagen.

Für jede Dampfmaschine entspricht nur eine gewisse Geschwindigkeit des Kolbens dem Maximo des Nutz-Effects. Also bestimmt die Construction der Maschine selbst, diejenige Geschwindigkeit, welche nicht überschritten werden darf.

So wird eine Maschine, welche 70 Tonnen in einer Stnnde 2390 Ruthen weit fortzuziehen eingerichtet ist, 8496 Ruthen weit nur sich selbst, ohne Nutzlast fortzuschaffen vermögen, statt dafs, wenn man annehmen wollte, die Nutzlast stehe im umgekehrten Verhältnifs zu der Geschwindigkeit, sie wenigstens noch $12\frac{1}{2}$ Tonne fortbringen müfste. Umgekehrt würde eine Maschine, die eingerichtet ist, $12\frac{1}{2}$ Tonne in einer Stunde 8496 Ruthen weit fortzuschaffen, keinesweges 70 Tonnen 2390 Ruthen weit fortbringen können. Die Erfahrung zeigt also, dafs es für jede Dampfmaschine eine gewisse Geschwindigkeit giebt, mit welcher sie nur noch ihr eigenes Gewicht fortzuziehen vermag. Es mufs daher, wenn die Geschwindigkeit veränderlich sein soll, diese Veränderlichkeit in gewissen Grenzen eingeschlossen bleiben, die die Erfahrung und die Einrichtung der Maschine bestimmen. Nach Wood zieht, auf den besten Eisenbahnen von England und Schottland, ein Dampfwagen, der 40 Tonnen in einer Stunde 6405 Ruthen (15 Engl. Meilen) weit fortzuziehen vermag:

in einer Stunde, auf die Entfernung von:

4697 R.	5124 R.	5551 R.	5978 R.	6405 R.	6832 R.	7259 R.	7686 R.	8113 R.	8540 R.
69 T.	60 T.	$53\frac{1}{3}$ T.	$45\frac{1}{3}$ T.	40 T.	35 T.	$30\frac{1}{2}$ T.	$26\frac{2}{3}$ T.	23 T.	20 T.

Die Verfasser dieses haben sich bei ihrer letzten Reise in England und Schottland sorgfältig bemüht, die vortheilhafteste Geschwindigkeit der Fracht-Transporte auszumitteln. Sie bemerkten bald, dafs die auf der Liverpooler Strafse angenommene Geschwindigkeit nicht die vortheilhafteste sei, was auch der Ingenieur der Strafse, Herr Stephenson, selbst zugab. Und man sieht leicht, dafs bei einer so grofsen Geschwindigkeit verhältnifsmäfsig die Unterhaltungs-Kosten der Maschinen und Wagen sich erhöhen und die Dauer derselben vermindern müssen. Während auf der Liverpooler Strafse Maschinen von 18 bis 20 Pferde Kraft nur ungefähr 23 Tonnen Waaren fortziehen, schaffen auf der Darlingtoner Strafse die älteren Maschinen, von 10 Pferden Kraft, die zu 2135 R. Geschwindigkeit eingerichtet sind, fast die dreifache Fracht fort.

Im Allgemeinen mufs zunächst die für eine bestimmte Strafse vortheilhafteste Geschwindigkeit nach der Art und dem Erfordernisse des Verkehrs selbst bestimmt werden; sodann nach den Abhängen, die die Gestalt des Terrains nothwendig macht. Auf der Strafse von Antwerpen nach Cölln, deren Gefälle sehr vortheilhaft sind, und auf welcher die meiste Fracht in schweren Gegenständen, von verhältnifsmäfsig geringem innern Werth bestehen wird, als in Steinkohlen, Metallen, Baustoffen, Kalk zum Düngen u. s. w., scheint es, dafs für die im Verhältnifs zu ihrem Gewichte theuern Gegenstände, die Colonial-Waaren z. B. und anden theure Artikel, die ebenfalls, aber in weit geringerer Masse, die Strafse passiren werden, auf einer Länge von 12 bis 24 Meilen ein Verzug von 5 bis 6 Stunden Zeit wenig in Betracht kommen könne, um so weniger, da gleich wohl auch diese Waaren immer noch schnell fortgeschafft und zu einer bestimmten Zeit an Ort und Stelle werden gebracht werden, während gegenseits selbst die geringste Verminderung der Frachtkosten wichtig ist. Es scheint sogar, dafs selbst der Transport der Reisenden, obgleich er allerdings einen namhaften Theil der Unternehmung ausmachen wird, der Hauptmasse des Transports gegenüber, billigerweise einen geringen Theil der grofsen Geschwindigkeit, die er verlangen möchte, wird einbüfsen dürfen.

Erinnert man sich nun, dafs der Transport mit den älteren Dampfwagen, bei einer Geschwindigkeit von 2135 Ruthen in der Stunde, auf beinahe horizontalen Eisenbahnen, nur etwa 1 Silbergroschen, ja sogar, in dem Falle von Rückfracht, nur $9\frac{1}{2}$ Silber-Pfennige die Tonne kostete, wogegen die Frachtkosten, nach Vervollkommnung der Dampfmaschinen, bei 7686 bis 8540 Ruthen Geschwindigkeit, auf mehr als 3 Silbergroschen für die Tonne stiegen: so frägt es sich, wie hoch die Frachtkosten mi vervollkommneten Maschinen, bei einer gemäfsigten und angemessenen Geschwindigkeit, sein werden.

Auf der Bahn von Darlington sind die Maschinen vom Jahre 1827 allmälig durch neue ersetzt worden, die der Ingenieur Storey nach dem Princip der Stephensonschen, aber nur für eine Geschwindigkeit von 4270 Ruthen in der Stunde, erbauet hat. Diese Maschinen haben 18 bis 22 Pferde Kraft, und ziehen auf den horizontalen, so wie auf den abhängigen Stellen der Bahn, 24 Wagen, mit 72 Tonnen Steinkohlen beladen. Die Fracht kostet bei diesen neuen Maschinen eben so viel, wie bei den alten; aber die Geschwindigkeit ist jetzt verdoppelt. Es läfst sich daraus schliefsen, dafs man das Minimum der Frachtkosten erlangen würde, wenn man Stephensonschen Maschinen weniger als 4270 Ruthen Geschwindigkeit in der Stunde gäbe.

Bei der Antwerpener Strafse ist das Maafs der Geschwindigkeit noch einer gebieterischeren Bedingung unterworfen. Der ganze Erfolg hängt nemlich davon ab, dafs der Weg von Antwerpen bis Cölln mit den Frachten in einem und demselben Tage zurückgelegt werden könne, weil sich sonst mit dem Holländischen Verkehre nicht concurriren läfst. Der Weg von Antwerpen bis Cölln beträgt 65 847 Ruthen (nahe an 33 Meilen). Mit einer Geschwindigkeit von 2135 Ruthen in der Stunde sind also 31 Stunden Zeit nöthig, ihn zurückzulegen, mit der doppelten Geschwindigkeit von 4270 Ruthen dagegen nur etwa 15 Stunden Zeit. Von Antwerpen bis Lüttich würde man mit dieser letzten Geschwindigkeit in 7 bis 8 Stunden und bis Verviers in 9 Stunden gelangen.

Für Reisende könnte man die Geschwindigkeit etwa um Ein Drittheil vergröfsern, ohne dafs Hemmnisse bei den Biegungen der Wege zu fürchten wären; denn da die Stunden der Abfahrt der Personenwagen festgesetzt sind, und also der Augenblick ihrer Passage über jede Stelle der Strafse im voraus bekannt ist, so können die Führer der Lastwagen danach den Lauf derselben ordnen. Während also die gröfste Geschwindigkeit der Lastwagen nicht über 4270 R. (etwa $2\frac{1}{8}$ Meile) in der Stunde sein würde, könnte man für die Personenwagen 5310 Ruth. (etwa $2\frac{5}{8}$ Meile) in der Stunde annehmen; und mit dieser Geschwindigkeit würden die Reisenden von Antwerpen bis Cölln in 12 Stunden und bis Lüttich in 5 bis 6 Stunden Zeit gelangen, was ohne Zweifel allen Bedürfnissen des Verkehrs genügen würde.

[Die Bemerkungen in diesem Artikel über die Vortheile der Mäfsigkeit in Beschleunigung der Transporte und Reisen sind gewifs sehr wichtig und nützlich, um ihrerseits vielleicht etwas dazu beizutragen, das gleichsam mit Leidenschaftlichkeit in neuester Zeit überhand nehmende Bestreben, alle seine Wege recht schnell zurückzulegen, zu mäfsigen. Es ist warlich nicht einzusehen, was damit gewonnen werde, dafs eine Ladung Steinkohlen oder Getraide, Holz, und selbst Colonial-Waaren, einige Stunden eher an den Ort ihrer Bestimmung gelange, als gewöhnlich, und wie es richtig speculirt heifsen könne, wenn man grofse Summen anwendet, um so einen Zweck von blofs eingebildetem Nutzen zu erreichen. Um einiger wenigen Gegenstände willen (meist Luxus-Artikel), die eine grofse Eil des Transports erfordern, weil sie leicht verderben, oder wenigstens an Güte verlieren, den Vortheil für die grofse Masse nützlicher Gegenstände aufzuopfern, kann unmöglich angemessen sein; und am Ende werden sich Mittel finden, solche einzelne Dinge gleichwohl schnell fortzuschaffen. Es ist sogar im Allgemeinen auch gewifs unrichtig, wenn selbst die Reisenden alle eilen wollen. Allerdings ist solches einigen Reisenden durchaus nothwendig; als Courieren, Geschäftsleuten u. s. w. Aber bei weitem der grofsen Mehrzahl der Reisenden ist übergrofse Eile durchaus nicht nothwendig. Denn die wenige Zeit, die an einer Reise erspart werden kann, läfst sich, bei weitem in der Mehrzahl der Fälle, recht gut zu Hause wieder einbringen und der Mufse, dem Vergnügen u. s. w., ohne grade bis zu Entbehrungen zu gehen, entziehen. Es kann auch sogar nicht einmal angenehm sein, ein cultivirtes und schönes Land zu durchfliegen: ja dem Zwecke einer grofsen Menge von Reisenden, z. B. derer, die zur Erholung, zur Herstellung ihrer Gesundheit, zu wissenschaftlichen Beobachtungen, selbst in mancherlei öffentlichen und Privat-Geschäften reisen, ist die übergrofse Eile gerade zu entgegen. Die unmäfsige Eile der Transporte und Reisen ist daher im Allgemeinen, und mit einer geringen Zahl der Ausnahmen, in der That als nicht viel anders denn eine Modesucht zu betrachten, die am wenigsten bei einem Unternehmen berücksichtigt werden darf, wo es auf Gewinn und Nutzen für das Publicum ankommt. D. H.]

Von der Reibung der Räder der Dampfwagen auf den Eisenschienen. Die Dampfwagen von 10 Pferden Kraft wogen sonst 160 bis 200 Ctr. Von Stephenson vervollkommnet, wiegen jetzt Dampfwagen von 20 Pferden Kraft nur 170 Ctr. Aber, während sonst die Maschinen zu viel eigene Reibung auf den Schienen hatten, haben sie jetzt deren fast zu wenig, um die ihrer Kraft angemessenen Lasten fortzuziehen, ohne zu gleiten. Besonders wird dies bemerkbar, wenn man die Geschwindigkeit ermäfsigt, so, dafs die Fracht vergröfsert werden kann. Dieses erklärt sich daraus, dafs den Erfahrungen zufolge das Maximum der Ladung, welche ein Dampfwagen fortschaffen kann, im allgemeinen, auf horizontaler Bahn, nur der 22ste Theil des auf den arbeitenden Rädern ruhenden Gewichtes ist. Auf der Strafse von Darlington, wo die Wagen leer zurückfahren, und wo der Handel mit Kohlen jetzt einer der beträchtlichsten in England ist, mufste man, der Ersparnifs wegen, die Wagenzüge so grofs als möglich machen. Die Maschinen vom Jahre 1827, obgleich schwer genug, hatten zu wenig Kraft und Geschwindigkeit, um den Widerstand so grofser Wagenzüge zu überwinden. Man ersetzte sie daher durch Liverpooler Maschinen. Aber da diese wieder zu leicht befunden wurden, mufste man sie schwerer machen, damit sie, besonders bei ungünstiger Witterung, und auf den weniger im guten Stande befindlichen Stellen der Bahn, stark genug in die Schienen eingriffen.

Die meisten vom Ingenieur Storey erbauten Maschinen wiegen, mit 18 bis 22 Pferden Kraft, 220 bis 240 Ctr., und haben 6 Räder, die gleichzeitig durch den Dampf in Bewegung gesetzt werden. Sie sind für eine Geschwindigkeit von 4270 Ruthen in der Stunde eingerichtet, und ziehen mit dieser Geschwindigkeit in der Regel 24, zuweilen auch 28 Wagen, mit 1440 bis 1680 Ctr. Steinkohlen beladen, fort. Da die Geschwindigkeit doppelt so grofs ist, als früher, so können jetzt von Brüsselton bis Stockton, welche Orte $4\frac{1}{4}$ Meile von einander entfernt sind, täglich 2 Fahrten gemacht werden, was im Ganzen 17 Meilen Weges ausmacht. So sieht man jetzt auf der Darlingtoner Bahn Dampfwagen mit 6 Rädern, die nicht stärker sind, als die Liverpooler, gleichwohl weit beträchtlichere Lasten ziehen. Haben gleich die Liverpooler Wagen in einigen ungewöhnlichen Fällen 151 Tonnen fortgezogen, so können dagegen unter gleichen Umständen die Darlingtoner Wagen wenigstens 250 Tonnen fortbringen.

Noch ist zu bemerken, dafs es für längere Strafsen vortheilhafter ist, die Dampfwagen stärker zu bauen, als ihre Zahl zu vergröfsern, weil im letzten Falle die Führung der Wagen mehr kostet.

Die Reibung der Dampfwagen auf den Schienen giebt vorzüglich die Bedingungen für ihre Construction an, und man kann annehmen, dafs

Wagen mit 6 Rädern besser sind, als vierrädrige, weil sich bei jenen die bewegende Kraft um ein Drittheil verstärken läfst, ohne die Schienen mehr anzugreifen. Indessen bleiben die vierrädrigen Dampfwagen dem Zuge der Personen-Kutschen vorbehalten, welche selten mehr als 3- bis 400 Ctr. wiegen.

Von den Einflüssen des Abhanges der Bahn auf den Widerstand der Räder, den Nutz-Effect und die Geschwindigkeit. Die Reibung der Räder der Dampfwagen beträgt auf horizontaler Bahn, wie oben bemerkt, den 22sten Theil der auf den arbeitenden Rädern ruhenden Last; bei einem Gefälle von 1 auf 200 beträgt sie bergauf nur den 24sten, und bei einem Abhange von 1 auf 100 nur den 27sten Theil der Last. Ein Dampfwagen, der auf horizontaler Bahn eine Last fortzieht, kann, wenn die Bahn anfängt zu steigen, an der Geschwindigkeit der Bewegung, oder an Kraft, nur verlieren. Eine Reihe in England angestellter Versuche hat Folgendes ergeben.

Wenn ein Dampfwagen auf horizontaler Bahn 45 Tonnen Gesammt-Last (Wagen und Ladung), mit 4044 Ruthen Geschwindigkeit in der Stunde fortschafft, so zieht er

mit einer Geschwindigkeit von	2390 R.	3186 R.	4248 R.	4044 R.	5841 R.	6637 R.	7434 R.	8496 R.
auf horizontaler Bahn, an Tonnen:	76	67	53	45	34	26	20	15
einen Abhang hinauf von 1 auf 1000:	66	50	43	37	28	21	16	12
- - - - - - 1 - 500:	60	45	37	31	24	18	14	10
- - - - - - 1 - 333:	51	39	31	26	20	15	11	8
- - - - - - 1 - 200:	42	30	25	21	16	12	9	7
- - - - - - 1 - 100:	29	22	17	15	11	9	6	5

Zu bemerken ist, dafs, um das Maximum der Wirkung zu erlangen, die Maschinen allemal für die beste Geschwindigkeit eingerichtet sein müssen, desgleichen, dafs die obigen Zahlen Durchschnitte sind für mehr oder weniger gut gebaute Maschinen, und dafs einige Maschinen viel mehr leisten.

Daraus folgt denn nachstehendes Resultat für die Frachtkosten, welche hier speciell berechnet mitgetheilt werden, um den Betheiligten darüber eine ausführliche und genaue Auskunft zu geben.

A. Kosten eines Tagewerkes eines Wagens.

Ein Wagen, welcher 60 Ctr. Waaren laden kann, wird, mit Rädern von Gufseisen, und mit Federn, im Durchschnitte 400 Rthlr. kosten. Man nehme an, dafs eine gänzliche Erneuerung des Wagens nicht vorkomme, sondern dafs er durch allmälige Erneuerungen immerfort erhalten werde. Dann sind die jährlichen Kosten folgende, und zwar für eine Geschwindigkeit der Bewegung von 3717 Ruthen und 5310 Ruthen in der Stunde.

	3717 Ruthen		und	5310 Ruthen in der Stunde.	
Für ein Assortiment von Rädern, nach Abzug des Werthes des alten Materials, .	26 Rthlr.	20 Sgr.	-	37 Rthlr.	10 Sgr.
Für Axen und Buchsen . .	12 -	— -	-	14 -	20 -
Erhaltung der Federn . .	6 -	20 -	-	8 -	— -
Gestell, Beschlag u. Anstrich	10 -	20 -	-	13 -	10 -
Schmiere	10 -	20 -	-	13 -	10 -
	66 Rthlr.	20 Sgr.	-	86 Rthlr.	20 Sgr.
Hiezu Zinsen der Kosten des neuen Wagens	10 -	20 -	-	10 -	20 -
Thut an jährl. Erhaltungskosten	77 Rthlr.	10 Sgr.	-	97 Rthlr.	10 Sgr.
und auf Einen Tag, das Jahr zu 300 Arbeits-Tagen gerechnet, ...	7 Sgr.	$8\frac{1}{2}$ Pf.	-	9 Sgr.	$8\frac{1}{2}$ Pf.

Eine Tonne Waaren mit diesem Wagen zu transportiren wird also, wenn man 10 Stunden tägliche Arbeitszeit rechnet, auf eine Meile kosten:

wenn der Wagen stets beladen fährt . . . . $1\frac{1}{2}$ Silber-Pf.
wenn er leer zurückgehen mufs . . . . 3 Silber-Pf.

B. Kosten Eines Tagewerks der Dampfwagen.

Und zwar eines Wagens von 20 Pferden Kraft, für 3186 bis 4248 R. Geschwindigkeit in der Stunde eingerichtet, der 60 bis 70 Tonnen Waaren horizontal fortbringt, und eines zweiten, von 10 Pferden Kraft, für 4779 bis 5841 Ruthen Geschwindigkeit eingerichtet, der 18 bis 22 Tonnen horizontal fortzubewegen vermag.

	Der 1ste Wagen. Von 20 Pf. Kraft.		Der 2te Wagen. Von 10 Pf. Kraft.	
Dergleichen Wagen, nach dem vortheilhaftesten Systeme erbaut, kosten jetzt in England 5800 und 4666 Rthlr. Da aber in Belgien der Bau der Wagen noch neu ist, so kann man setzen:	6666 Rthlr.	20 Sgr.	5333 Rthlr.	10 Sgr.
Für die Anordnungen zur Versorgung mit Wasser und Kohlen .	426 -	20 -	400 -	— -
Zusammen an Anlage-Capital	7093 Rthlr.	10 Sgr.	5732 Rthlr.	10 Sgr.
Die jährlichen Kosten sind:				
Einfache Zinsen, zu 5 vom Hundert,	354 Rthlr.	28 Sgr.	286 Rthlr.	20 Sgr.
Vermittelst der im Folgenden specificirten Erhaltung können die Wagen 6 bis 8 Jahre dauern, und zwar im umgekehrten Verhältnisse der Geschwindigkeit ihrer Bewegung. Es sind also zur Aufsammlung des Anlage-Capitals jährlich nothwendig	744 -	24 -	917 -	10 -
Thut zusammen	1099 Rthlr.	22 Sgr.	1204 Rthlr.	— Sgr.
Auf 6 Dampfwagen im Dienst mufs Einer zur Reserve vorhanden sein. Dieser Reservewagen ist anzuschlagen zu dem 5ten Theile der vorigen Summe, also zu . .	220 -	— -	240 -	24 -
Die Erhaltung des Kessels, des Heerdes, der Maschine selbst, der Federn etc., mit Inbegriff der Versorgungs-Einrichtung, wird, nach Abzug des Werthes der alten Stücke, kosten	746 -	20 -	800 -	— -
Besoldung des Maschinisten und seines Gehülfen	600 -	— -	680 -	— -

	Der 1ste Wagen. Von 20 Pf. Kraft.	Der 2te Wagen. Von 10 Pf. Kraft.
Brennstoff auf 300 Arbeitstage, zu 10 Stunden, nach dem Verhältnisse von 3 Rthlr. 6 Sgr. für die Tonne, ...	3456 Rthlr. — Sgr.	1920 Rthlr. — Sgr.
Schmiere, Öl, Hanf etc. . . .	133 - 10 -	106 - 20 -
Für Wasser, für Schuppen-Miethe etc.	266 - 20 -	320 - — -
Unvorhergesehene Ausgaben . .	440 - 28 -	595 - 6 -
Jährliche Kosten	6933 Rthlr. 10 Sgr.	5866 Rthlr. 20 Sgr.
Gewinn des Entrepreneurs der Transporte	1066 - 20 -	1066 - 20 -
Zusammen	8000 Rthlr. — Sgr.	6933 Rthlr. 10 Sgr.
Thut auf den Tag von 10 Arbeits-Stunden, das Jahr zu 300 Arbeits-Tagen gerechnet,	26 Rthlr. 20 Sgr.	23 Rthlr. 3 Sgr.

Dieses giebt an Frachtkosten für die Tonne, auf die Meile, im Durchschnitt, und die Lastwagen mit einbegriffen:

bei 3186 bis 4248 Ruthen Geschwindigkeit in der Stunde:

stets beladen . . . . $10\frac{4}{5}$ Silber-Pf.,
bei leeren Rückfahrten . . . . $17\frac{1}{5}$ Silber-Pf.,

bei 4779 bis 5841 Ruthen Geschwindigkeit in der Stunde:

stets beladen . . . . $17\frac{1}{5}$ Silber-Pf.,
bei leeren Rückfahrten . . . . $32\frac{2}{5}$ Silber-Pf.

Das Passagier-Fuhrwerk muſs nothwendig theurer sein, weil die Wagen zu bestimmten Stunden, selbst wenn es sich trifft ohne vollständige Ladung, abgehen müssen. Man kann indessen annehmen, daſs die Passagier-Fracht nicht über $10\frac{4}{5}$ Silberpfennige für die Person auf die Meile kosten wird.

Wir geben nicht die Details der Kosten durch Pferde. Der bestimmte Preis dieses Transports und die Data, welche wir über die Wirkung dieser Zugkraft auf Eisenbahnen gesammelt haben, reichen hin, zu beweisen, daſs die Pferde-Kraft mit der Dampfkraft auf der entworfenen Straſse nicht würde concurriren können. Es dürfte sogar nothwendig sein, die Benutzung der Pferde-Kraft nur unter strengen Beschränkungen auf der neuen Strafse zu gestatten, und nur zu Gunsten des Feldbaues und derjenigen einzelnen gewerblichen Anlagen, welche die Bahn nur auf eine kurze Strecke zu befahren haben.

Für die verschiedenen Stationen auf der neuen Strafse werden die Frachtkosten nach den obigen Sätzen folgende sein:

Strecke.	Länge in Meilen.	Waaren-Fracht. Stets beladen. Dauer der Fahrt.	Kosten einer Tonne.		Waaren-Fracht. Halb beladen und halb leer. Dauer der Fahrt.	Kosten einer Tonne.			Personen-Fracht. Mittlere Frequenz. Dauer der Fahrt.	Kosten für die Person.	
		Stunden.	Sgr.	Pf.	Stunden.	Thl.	Sgr.	Pf.	Stunden.	Sgr.	Pf.
Zwischen Antwerpen und Cölln . . .	33	16	29	7	15	1	19	7	12	29	7
Zwischen Antwerpen und Verviers .	$19\frac{3}{8}$	10	17	7	9	-	29	7	7	17	7
Zwischen Antwerpen und Lüttich . .	16	8	14	5	7	-	24	-	6	14	5
Zwischen Brüssel und Lüttich. . . .	$15\frac{2}{3}$	8	13	7	7	-	23	2	6	13	7
Zwischen Antwerpen und Brüssel . .	$6\frac{1}{9}$	3	5	7	3	-	8	9	2	5	7

Die vorgeschlagenen Mittel, um die Höhe bei Lüttich zu übersteigen, sind folgende.

Abhängige Flächen (nemlich diejenige Stellen der Bahn, welche zu steil sind, um von den Dampfwagen ohne äufsere Hülfe erklimmt werden zu können) wurden lange Zeit als der Haupt-Stein des Anstofses bei Eisenbahnen betrachtet; jetzt sind sie es, in Folge der Vervollkommnungen der mechanischen Kunst, nicht mehr, sondern gegentheils einer der Vorzüge der Landstrafsen vor andern. Stehende Dampfmaschinen, um die Lasten auf Höhen hinaufzuziehen, sind jetzt in England allgemein eingeführt, und gewähren, als wenig kostbar, schnell und sicher wirkend, öfters zugleich das Mittel, kostbaren Strafsendamm-Arbeiten, oder unterirdischen Arbeiten zu entgehen. Sie müssen indessen nothwendig ganz der Frequenz der Strafse und den örtlichen Umständen gemäfs eingerichtet werden.

Die zahlreichen abhängigen Flächen in England und Schottland, auf welche hinauf feststehende Dampfmaschinen die Lasten ziehen, und welche von den Verfassern mit aller nur möglichen Sorgfalt und Genauigkeit besichtigt worden sind, haben sehr verschiedene Anordnung. Man findet Abhänge von 1 auf 9 an, bis zu 1 auf 150; aber das am häufigsten vorkommende Gefälle ist 1 auf 30, bis 1 auf 50; die gröfste Länge abhängiger Flächen ist 690 Ruthen. Wir haben Höhen von 160 bis 212 Fufs mit Einem Hube von einer oben stehenden Dampfmaschine bedienen gesehen. An andern Orten findet man gröfsere oder geringere Höhen in Absätze getheilt, auf welchen die Maschinen stehen. Hier werden die Lasten ganz von den Maschinen gehoben: dort kommen den Maschinen hinabgehende Lasten als Gegenwichte zu Hülfe, entweder so, dafs die hinabgehenden Lasten seitwärts weg, oder auf den entgegengesetzten Abhang sich bewegen. Die Kraft, welche die Trommeln in Bewegung setzt, auf welche das Zugseil sich aufwickelt, ist entweder in Eine Maschine vereinigt, oder auf mehrere vertheilt, welche dann gewöhnlich zugleich wirken. Die Maschinen findet man theils von hohem, theils von niedrigem Drucke. An einigen Orten heben sie die Wagenzüge auf einmal, an andern nur halbe oder viertel Züge.

Nachdem die Verfasser an Ort und Stelle die Vorzüge und Nachtheile dieser verschiedenen Einrichtungen erwogen und die erfahrensten Ingenieurs und Maschinenmeister zu Rathe gezogen haben, schlagen sie für die abhängigen Flächen bei Lüttich folgende Anordnung vor.

Die gesammte hier zu ersteigende Höhe beträgt 292 Fufs. Diese Höhe ist in zwei Theile getheilt, und der Absatz zwischen beiden liegt mit dem Pflaster von St. Laurent, zwischen den Casernen und den Kohlengruben von La Haye, in gleicher Höhe. Das Gefälle auf beiden Abhängen ist 1 auf 36. Dieses Gefälle ist deshalb das vortheilhafteste, weil das Heben auf demselben die wenigsten Kosten verursacht und beim Herabfahren keine andere als die gewöhnliche Hemmung nothwendig ist.

Jede der beiden abhängigen Flächen wird von einer Dampfmaschine von 80 Pferden Kraft, mit hohem Drucke von 25 Pfund auf den Quadrat-Zoll, bedient, die einen Zug von 12 Wagen in weniger als 7 Minuten hinaufzuziehen vermag. Da nun nach der obigen Berechnung der Verkehr in der ersten Zeit höchstens 150 000 Tonnen bergauf und 90 000 bergab jährlich, im Durchschnitt also täglich höchstens 500 Tonnen bergauf und 300 bergab betragen wird, so werden nur 5 Stunden Arbeitszeit täglich nothwendig sein, und also die Maschine mit 10 Stunden täglicher

Arbeitszeit, noch für die gröfste wahrscheinliche Zunahme des Verkehrs mehr als hinlänglich sein.

Auch in dem Maasthale, und auf der Fortsetzung der Strafse nach Cölln, können ähnliche Anordnungen gemacht werden, überall, wo nach der Gestalt des Terrains starke Gefälle nothwendig sind, namentlich oberhalb Verviers, bei Dolhain und Stollberg. Auf dem Hügel zwischen der Erft und Cölln aber werden Vorspann-Dampfwagen besser sein, weil sich das Gefälle hier bis auf 1 auf 100 vermindern läfst.

[Es wäre zu wünschen gewesen, dafs die Herren Verfasser die Berechnung der Kosten der Fracht mit Pferden gegeben hätten; denn ohne ausführlichen Beweis bleiben Zweifel übrig, dafs die Dampfkraft hier auf dieser Strafse zu dem Transporte vortheilhafter sei, als Pferde-Kraft. Wir werden auf diese Bemerkung weiter unten zurückkommen. D. H.]

Dritter Abschnitt.

Im ersten Abschnitt ist abgehandelt worden, weshalb überhaupt eine Eisenbahn zwischen Antwerpen und Cölln wünschenswerth sei; im zweiten Abschnitt der technische Theil des Entwurfs einer solchen Bahn: der gegenwärtige dritte Abschnitt soll den finanziellen Theil des Entwurfs untersuchen.

Die Angabe des Umfanges des bisherigen Verkehrs auf dieser Strafse beruhet auf den officiellen Angaben der Handelskammern, der Douanen und Octrois, auf den Registern der Wagebrücken und der Thore der vorzüglichsten Städte. Dieser Umfang des Verkehrs ist schon bedeutend; allein er wird ohne Zweifel zunehmen, wenn erst die Frachtkosten durch die Eisenbahn geringer geworden sind.

Aber, damit die Strafse allen Verkehr in dieser Richtung an sich ziehe, ist es durchaus nothwendig, dafs diejenigen Fracht-Kosten auf derselben, die nöthig sind, um die Auslage und die Erhaltung zu decken, geringer sind, als sie es jetzt durch die allerwohlfeilsten Mittel sein können, ohne erst die gröfsere Schnelligkeit und Sicherheit des Transports auf der neuen Strafse in Anschlag zu bringen.

Wir wollen annehmen, dafs man Capitalien zu 5 p. C. Zinsen erhalten könne, was, wie weiter hin gezeigt werden wird, der Fall ist. Dann werden sich die Ausgaben, nach welchen die Einnahme abgemessen werden mufs, wie folgt ergeben.

Ausgaben. Die jährlichen Ausgaben sind:

1. Zinsen des Anlage-Capitals von 4 400 000 Rthlr., nach (S. 307.) zu 5 pro C., thut	220 000 Rthlr.	— Sgr.
2. Erhaltungs- und Administrations-Kosten, nach (S. 310.)	84 106 -	20 -
3. Allgemeine Verwaltungs-, so wie Erhebungs-Kosten, reichlich gerechnet	15 893 -	10 -
Zusammen jährlich	320 000 Rthlr.	— Sgr.

Der Verkehr auf der Strafse läfst sich nicht anders mit Sicherheit schätzen, als wenn man die einzelnen Fracht-Artikel durchgeht, und erwägt, welche Vortheile dem Transporte derselben die neue Strafse gewähren dürfte.

Wir wollen mit den Artikeln anfangen, deren Frachtkosten auf das äufserste herabgesetzt werden müssen, theils weil sie geringen Werth haben im Verhältnifs zu ihrem Gewicht, theils weil ihr Absatz befördert werden soll. Darauf werden wir das Einkommen vom Transporte der Reisenden berechnen, für welche eine Eisenbahn durch die Schnelligkeit der Fahrten und die Zeit-Ersparnifs besonders vortheilhaft ist, so, dafs die etwa gröfsere Höhe der Transportkosten weniger in Betracht kommt. Sodann sollen die Handels-Verhältnisse erwogen werden, um zu sehen, welche Gefälle von den verschiedenen Artikeln erhoben werden dürfen, ohne dafs die Concurrenz anderer Transportmittel dem Einkommen schade.

Muthmafslicher Verkehr, und Bestimmung der Wegezölle. Ein Haupt-Artikel, welcher die möglichste Erniedrigung der Wegezölle erfordert, sind die Kohlen. Viele Kohlengruben im Preufsichen, wie im Belgischen, haben noch gar keine Abfuhrwege. Die Lütticher Kohlen bedürfen der Abfuhr nach der Schelde, um nach Märkten zu gelangen, die jetzt mit Engländischen Kohlen versorgt werden. Die Wichtigkeit dieses Gegenstandes verdient eine besondere Erwägung.

Vor dem Frieden von 1815 war die Kohlenförderung in Belgien unbedeutend; sie geschah fast nur durch Pferde. Nach Wieder-Eröffnung der Verbindung mit England wurden vervollkommnete Dampfmaschinen auf dem Continent eingeführt, deren Zahl immer zunahm. Die Förderung der Kohlen wurde dadurch lebhafter, und um so mehr, da auch die Einführung der Dampfmaschinen in den Fabriken den Verbrauch vergröſserte. Jetzt verbreitet sich der Verbrauch der Kohlen immer weiter, und der Wunsch, daſs die Transportkosten dieses Hauptbedürfnisses fast aller Fabriken möchten erniedrigt werden können, ist allgemein und dringend. Die neue Straſse wird die Erfüllung dieses Wunsches befördern und ihrerseits gegenseitig davon Ertrag erzielen, sowohl durch die Ausfuhr nach dem Innern des Landes selbst, als nach dem Meere. Der Gebrauch der Belgischen Kohlen ist allgemein, sowohl für den häuslichen Bedarf, als in Fabriken. Wegen der Güte der Belgischen Kohlen, und der Verschiedenheit ihrer Arten, werden sie zu den mannigfaltigsten Zwecken verlangt, und man hat schon, in Concurrenz mit den Engländischen Kohlen, versucht, sie nach dem Mittelländischen Meere und nach Amerika zu verschiffen. Man kann die ganze jährlich geförderte Masse auf 2 370 000 Tonnen anschlagen, die in den letzten Jahren sich wie folgt vertheilten.

	Es lieferten die Kohlengruben von				
	Mons,	Charleroy,	Marimont und Hondeng,	Lüttich.	Zusammen.
	Tonnen.	Tonnen.	Tonnen.	Tonnen.	Tonnen.
Für den inländischen Verbrauch . . .	500 000	400 000	330 000	290 000	1 520 000
Zur Ausfuhr nach Frankreich .	450 000	100 000	10 000	- -	530 000
Zur Ausfuhr nach Holland . . .	150 000	30 000	36 000	80 000	290 000
Zusammen	1 100 000	530 000	370 000	370 000	2 370 000

Die Kohlen von Mons gehen nach Frankreich, Flandern und Holland zu Wasser. Die Straſsen sind ununterbrochen und bequem, nach verschiedenen Richtungen. Die Kohlen von Charleroy gehen auf der Sambre und auf Canälen längs denselben, so wie auf der Maas, nach Frankreich. Nach Holland gingen sie sonst nur kostbarerweise zur Axe bis Brüssel. Künftig wird der Canal von Charleroy diesen Transport erleichtern. Auch wird dieser Canal den Transport der Kohlen von Marimont und Hondeng, die zu Brüssel, Gent und Antwerpen sehr gesucht werden, und die sonst nach der schiffbaren Dender und nach dem Canale von Brüssel erst nach einem Transport von 5 bis 6 Meilen zur Axe gelangten, sehr erleichtern. Die Lütticher Kohlen haben bis jetzt, außer der Maas und dem Canale von Mastricht, gar keinen erleichternden Abfuhrweg. Gleichwohl gelangen sie, ungeachtet der sehr hohen Landfracht, bis Löwen, und selbst bis Antwerpen. In den letzten Jahren war der Verkehr mit denselben folgender.

1. Verbrauch im Lande.	
A. Zu Wasser transportirt.	
Nach Mastricht, Maseyk, Ruremonde, Venlo und den Ufern der Maas	50 000 Tonnen.
Nach Huy und Andenne	10 000 - -
Nach der Ourthe und dem Luxemburgischen	30 000 - -
B. Zu Lande transportirt.	
Nach Chenée, Verviers und dem Vesdre-Thal	24 000 - -
Nach Hasselt, Diest und La Campine . .	30 000 - -
Nach Tirlemont, Löwen und in dessen Umgegend	25 000 - -
Nach Hesbaye.	10 009 - -
Nach Aerschot, Mecheln und Antwerpen	10 000 - -
C. Im Lüttichschen.	
Nach Lüttich selbst	60 000 - -
Nach den Fabriken, Manufacturen und Schmieden	20 000 - -
Nach den Kohlen-Meilern und Landhäusern . .	20 000 - -
2. Ausfuhr.	
Nach Holland, Seeland und dem Holländischen Brabant	80 000 - -
Nach Givet, Mézières, Sédan	1 000 - -
Zusammen	370 000 Tonnen.

Um genauer den Erfolg der Verbesserung der Abfuhrwege zu übersehen, dient folgende Zusammenstellung der Preise der Kohlen in den Gruben, und der Fracht.

Es kostet 1 Tonne Kohlen von etwa 20 Ctr. (1000 Kilogr.):

In den Gruben von	Grofse Kohlen, erster Güte.		Kleine Kohlen (Guilettes).		Ganz kleine Stücken.		Kohlen-Grufs.			Der Transport zu Wasser koset bis Brüssel,		Gent,		Antwerpen,		Rotterdam.	
	Thl.	Sgr.	Thl.	Sgr.	Thl.	Sgr.	Thl.	Sgr.	Pf.	Thl.	Sgr.	Thl.	Sgr.	Thl.	Sgr.	Thl.	Sgr.
Mons . .	5	10	3	14	2	20	1	20	—	1	26	1	10	1	18	2	4
Charleroy	4	6	2	28	1	18	-	20	10	1	14	-	—	1	22	2	8
Hondeng	4	8	3	6	1	6	-	—	—	1	14	2	4	1	22	2	8
Lüttich .	4	16	2	28	1	22	-	28	—	-	—	-	—	-	—	2 bis 2	4

Von **Charleroy** und **Hondeng** werden die Kohlen nach **Brüssel**, **Antwerpen** und **Rotterdam** auf dem Canale von **Charleroy** verschifft.

Diese Zusammenstellung zeigt, dafs für **Holland** die Kohlen der verschiedenen Gruben ungefähr gleich theuer sind und dafs für den inländischen Verbrauch die **Lütticher** Kohlen, sobald die Abfuhrstrafsen für dieselben verbessert sein werden, mit den **Hennegauer** Kohlen concurriren können.

Seit der Belgischen Revolution werden die **Holländischen** Märkte mit **Engländischen** Steinkohlen versorgt. Die Notizen, welche die Verfasser in **England** gesammelt haben, beweisen aber, dafs, wenn die Strafsen verbessert sein werden, die **Belgischen** Kohlen mit den **Engländischen** sogar auf dem **Rotterdammer** Markte concurriren können. Denn, obgleich die Kohlen in **England** in den Gruben ungemein wohlfeil sind, so werden sie doch sehr theuer durch die sehr kostbare Fracht. Die Kohlen sind eine der Quellen des Reichthums und der Macht von **England**. Man schätzt den Kohlenverbrauch im Lande auf 15 Millionen Tonnen jährlich. Drei Viertheile davon kommen aus den Gruben im Innern, ein Viertheil aus denen an den Küsten, von welchen letztern die bedeutendsten die zu **Tyne**, **Wear** und **Tees** sind, die 1830 nach dem Europäischen Continent, nach den Engländischen Colonien und nach den Vereinigten-Staaten von **Nord-Amerika** 200 000 Tonnen Kohlen versendeten. Diese Gruben an den Küsten versorgen jetzt auch **Holland**, und ihre Kohlen sind fast eben so verschieden, wie die **Belgischen**. Der Preis derselben an den Gruben ändert sich wenig. Es kostet, bis zu den Einschiffungsplätzen gebracht, die **Tonne**:

Grofse Kohlen, 1ste Qualität, ...	4 Rthlr.	16 Sgr.	— Pf.
Kleine Stücke, 2te Qualität, ...	2 -	20 -	— -
Noch kleinere, 3te Qualität, ...	1 -	14 -	— -
Grufs, 4te Qualität, ...	— -	22 -	4 -

Auf den Märkten aber sind sie, ungeachtet der Leichtigkeit des Transports, zur See sowohl, als auf den Canälen, sehr theuer. So z. B. kosteten im Jahre 1832 die Kohlen von den beiden ersten Qualitäten, die in Sunderland und Newcastle um 2 Rthlr. 20 Sgr. bis 4 Rthlr. 16 Sgr. die Tonne verkauft wurden, in London, wo jährlich 1 Million und 300 Tausend Tonnen davon verbraucht werden, 5 Rthlr. 26 Sgr. bis 6 Rthlr. 28 Sgr. Die gewöhnlichen Preise einer Tonne Kohlen in England waren um jene Zeit folgende:

Zu London, Kohlen von Heaton	7 Rthlr.	—	Sgr.
- - - Wollsend . . .	7 -	20	-
- - - Northumberland	6 -	5	-
- - - Windsor	5 -	15	-
Zu Liverpool, Cannel-Kohlen	5 -	15	-
King-Kohlen	5 -	5	-
Kleine Kohlen	3 -	27½	-
Zu Edinburg, Kohlen von Edmonston . .	4 -	10	-
- - - Craighhall . .	3 -	25	-
- - - Arniston . . .	3 -	20	-
- - - Newcastle . .	3 -	10	-

Die Kohlen, welche jetzt zu Rotterdam die Hennegauer und Lütticher Kohlen ersetzen, kommen von Newcastle und Sunderland und kosten die Tonne:

	Grofse Kohlen.		Kleine Kohlen.	
bis zum Einschiffungsplatz . .	2 Rthlr.	28⅓ Sgr.	1 Rthlr.	7½ Sgr.
Die Frachtkosten hängen von den Umständen und der Jahreszeit ab. Im Durchschnitte sind sie	4 -	— -	4 -	— -
Ausfuhrzoll jetzt, auf Englischen Schiffen, ...	1 -	15 -	— -	22½ -
Thut zusammen bis Rotterdam	8 Rthlr.	13½ Sgr.	6 Rthlr.	— Sgr.

Auf fremden Schiffen verfahren, ist der Ausfuhr-Zoll für die grofsen Kohlen um 1 Rthlr. 5 Sgr. und für die kleinen um 17½ Sgr. höher. Daraus folgt nun, dafs die Engländischen Steinkohlen, selbst wenn der Ausfuhrzoll ganz aufgehoben würde, zu Rotterdam theurer sind, als die Belgischen, selbst auf den alten Strafsen verfahren. Die Ursache davon liegt in dem ungeheuern Unterschiede der Transportkosten von Sunderland her, und von Antwerpen. Die grofsen Küstenschiffe, von 250 bis 290 Tonnen, zur Seefahrt gerüstet, haben 10 bis 11 Mann Besatzung nöthig, so, dafs auf 26 Tonnen 1 Mann kommt, während Schiffe zur Binnenfahrt, die 100 bis 110 Tonnen fassen, nur 3 Mann, also nur auf 33 bis 36 Tonnen 1 Mann bedürfen. Aufserdem müssen die Kohlenschiffe Ballast nehmen, um nach Sunderland zurückzukehren, und die Ausrüstungs- und Versicherungs-Kosten, so wie die Zölle an den Engländischen Küsten, sind sehr bedeutend. Dagegen ist die Schiffahrt auf der Schelde und den Seeländischen Gewässern in jedem Betracht sehr leicht, und die Handels-Verhältnisse mit Holland verschaffen in der Regel den Schiffern Rückfracht. Deshalb kostete denn auch in den letzten Jahren die Tonne Kohlen von Antwerpen nach Rotterdam nur 16 Sgr. und nach Seeland 14 Sgr. Fracht. Bleibt nun diese Fracht, und diejenige auf der Eisenbahn von Lüttich bis Antwerpen reducirt sich mit Inbegriff der Zölle und Einschiffungs-Kosten, wie sich sogleich zeigen wird, auf 1 Rthlr. 11 Sgr. 7½ Pf. für die Tonne, so werden die Kohlen nach Holland auf der Eisenbahn und der Schelde wohlfeiler geliefert werden können, als auf der Maas und dem Canale von Bois le Duc. Es ist übrigens nicht wahrscheinlich, dafs Holland nach dem Frieden, (der doch wahrscheinlich vor der Beendigung der Eisenbahn geschlossen sein wird), zu Gunsten der Engländischen Steinkohlen, die allein mit ihnen concurrirenden Belgischen Kohlen durch Verbote ausschliefsen wird, da dieser Artikel seiner Gewerbthätigkeit so unentbehrlich geworden ist.

Von den 1 Rthlr. 11 Sgr. 7½ Pf., auf welche, wie vorhin bemerkt, die Transportkosten der Kohlen von Lüttich bis Antwerpen zu stehen kommen können, sind zu rechnen:

1. Für die Fracht bis **Antwerpen**, bei dem günstigen Abhange der Bahn in dieser Richtung die ganze Strecke entlang, 14 Silberpfennige für die Tonne und Meile, thut		18 Sgr.	$4\frac{4}{5}$ Pf.
2. Die Einschiffungskosten vermittelst besonderer Ladebrücken, wie in England, können für die Tonne nur kosten		2 -	$4\frac{4}{5}$ -
Thut zusammen . . .		20 Sgr.	$9\frac{3}{5}$ Pf.
Es bleiben also von	1 Rthlr.	11 Sgr.	$3\frac{1}{5}$ Pf.
übrig . . .		20 Sgr.	$9\frac{3}{5}$ Pf.

für die **Lüttich**er Kohlen bis **Antwerpen**; die nun auf den eigentlichen Wegezoll und auf die abhängigen Flächen zu rechnen sind.

Für den Bedarf von **Antwerpen** und dessen Umgegend, wohin die **Hennegauer** Kohlen jetzt für 1 Rthlr. 18 bis 1 Rthlr. 21 Sgr. transportirt werden, können die Zölle auf $29\frac{3}{5}$ Sgr. gerechnet werden, ohne dafs die Concurrenz der **Lüttich**er Kohlen aufhört. Indessen scheint es billig, dafs diesen dieselben Vergünstigungen zu Theil werden, wie den **Hennegauer** Kohlen. Daher werden, wie oben, für die Kohlen **zur Ausfuhr** nur 20 Sgr. $9\frac{3}{5}$ Pf. angesetzt werden dürfen.

Die Gegend zwischen **Lüttich** und **Antwerpen**, welcher jetzt die **Lüttich**er Kohlen durch die Fracht sehr theuer zu stehen kommen, wird dieselben ebenfalls fortan wohlfeiler erhalten.

Folgendes ist eine Übersicht des wahrscheinlichen Verkehrs mit den **Lüttich**er Kohlen auf der Eisenbahn und des Vertriebes der übrigen **Belgischen** Kohlen.

Verbrauchs-Orte.	Jährlicher Verbrauch in Tonnen an Kohlen aus den Gruben von					Künftige Vertheilung in Tonnen zwischen den Gruben	
	Mons,	Charleroy,	Marimont,	Lüttich.	Zusammen.	des Hennegaus,	von Lüttich.
Ausfuhr nach Holland, und zwar nach **Rotterdam, Schiedam, Haag, Dord, Zierickzee, Berg-op-Zoom, Middelburg, Hulst** etc.	15000	30000	30000	50000	260000	200000	60000

Verbrauchs-Orte.	Jährlicher Verbrauch in Tonnen an Kohlen aus den Gruben von					Künftige Vertheilung in Tonnen zwischen den Gruben	
	Mons,	Charleroy,	Marimont,	Lüttich.	Zusammen.	des Hennegaus,	von Lüttich.
Inländischer Verbrauch.							
In Antwerpen und dessen Weichbilde	2000	7000	26000	5000	40000	16000	24000
In der Umgegend, zu Braeschot etc.	1000	3000	8000	—	12000	2000	10000
In Mecheln . . .	1000	2100	5500	2000	10600	4600	6000
In der Umgegend, als Lierre etc. . .	—	2000	4000	1000	7000	4000	3000
In Löwen . . .	—	6600	4500	3700	14800	3800	11000
In der Umgegend, als Aerschot etc. .	—	5000	3000	2000	10000	200	8000
In Tirlemont . .	—	—	—	5700	5700	—	5700
In der Umgegend, als Diest etc.	—	3000	3000	4000	10000	2000	8000
In Landen, Hanut, St. Trond etc. .	—	—	—	17000	17000	—	17000
In Waremme und der Umgegend	—	—	—	1000	1000	—	1000
In Verviers, Chénée, Chaudfontaine etc. . .	—	—	—	—	32500	12500	20000

Anmerk. Unter den 50000 Tonnen Kohlen, Ausfuhr von Lüttich nach Holland, sind nicht die 30000 Tonnen Verbrauch im Hollländischen Brabant und in Geldern mitbegriffen.

Wenn man nun 14 Silberpfennige für die Tonne auf die Meile, und $2\frac{2}{5}$ Silbergr. für die Passage über jede abhängige Fläche rechnet, so ist der Ertrag auf der Eisenbahn wie folgt anzunehmen:

Verbrauchs-Orte.	Tonnen.	Entfernung in Meilen.	Zoll.	Ertrag		
Antwerpen zur Ausfuhr .	60 000	15¼	20⅘ Sgr.	41 600 Rthl.	— Sgr.
zum Verbrauch	24 000	15¼	20⅘ -	16 640 -	— -
In der Umgegend . .	10 000	14½	20 -	6 666 -	20 -
Mecheln	6 000	12	16⅘ -	3 360 -	— -
In der Umgegend . .	3 000	11¼	16 -	1 600 -	— -
Löwen	11 000	8¾	13 -	4 752 -	— -
In der Umgegend . .	8 000	8¾	13 -	3 456 -	— -
Tirlemont.	5 700	6⅜	10 -	1 915 -	6 -
In der Umgegend . .	8 000	6⅜	10 -	2 688 -	— -
Waremme	1 000	2⅔	5⅗ -	186 -	20 -
In der Umgegend . .	7 000	1⅓	4 -	933 -	10 -
Verviers und Hodemont	20 000	3⅓	4 -	2 666 -	20 -
Zusammen	163 700	. . . .		80 464 Rthl.	16 Sgr.

Im Durchschnitt ist die Passage Einer abhängigen Fläche gerechnet.

Der Verkehr von Reisenden auf der Eisenbahn dürfte, der Schnelligkeit und Sicherheit der Fahrt wegen, bedeutend sein. Obgleich es fast gewifs ist, dafs die schon jetzt bedeutende Frequenz der Strafse innerhalb der ersten 10 Jahre nach Vollendung der Eisenbahn verdreifacht sein werde, so soll hier dennoch nur auf die gegenwärtige Circulation gerechnet werden, mit Zulage des dritten oder fünften Theils, nach Verschiedenheit der Verbindungen der Städte auf der Strafse mit einander; welcher Zuwachs gar nicht zweifelhaft ist, schon in Erwägung desjenigen, den die verbesserte Einrichtung der Schnell-Posten hervorgebracht hat.

Fast Ein Jahr lang sind in allen Octroi-Bureaux die Zahl der Reisenden verzeichnet worden; was die oben im 1sten Abschnitte mitgetheilte Tabelle gegeben hat. Jetzt sind gewöhnlich die Preise der Plätze in den Eilwagen:

Zwischen Antwerpen und Brüssel (4 bis 5 Stunden Fahrt) .	1 Rthlr.	2 Sgr. bis	1 Rthlr.	10 Sgr.
Zwischen Antwerpen und Lüttich (12 bis 13 Stunden Fahrt)	3 -	14 - -	4 -	— -

Zwischen Brüssel und Lüttich (10 bis 11 Stunden Fahrt)	2 Rthlr.	28 Sgr.	bis	3 Rthlr.	14 Sgr.
Zwischen Lüttich und Verviers (3 Stunden Fahrt) .	— -	24 -	-	— -	— -
Zwischen Brüssel und Löwen ($2\frac{1}{2}$ Stunde Fahrt) .	— -	14 -	-	— -	16 -

Im Durchschnitt zahlt also die Person 5 bis $7\frac{1}{2}$ Sgr. für die Meile, und die gröfste Geschwindigkeit ist nicht über $1\frac{1}{2}$ Meilen in der Stunde.

Auf der Eisenbahn wird, um dieselbe für das Publicum recht nützlich zu machen und ihr gegenseitig eine gute Einnahme zu verschaffen, das Passagier-Geld nicht über $3\frac{3}{4}$ Sgr. für die Meile angesetzt werden dürfen. Zu diesen Preisen, und einer Geschwindigkeit von nahe an 3 Meilen in der Stunde, wird eine Person zu zahlen haben:

Zwischen Antwerpen und Brüssel (2 Stunden Überfahrtszeit)	— Rthlr.	22 Sgr.
Zwischen Antwerpen und Lüttich (6 Stunden Überfahrtszeit)	1 -	$27\frac{1}{2}$ -
Zwischen Brüssel und Lüttich (6 Stunden Überfahrtszeit)	1 -	$26\frac{2}{3}$ -

und so im Verhältnifs für die zwischenliegenden Städte.

Oben zeigte es sich, dafs die Transportkosten selbst, für die Person auf die Meile, nicht über $10\frac{4}{5}$ Silber-Pf. betragen. Es bleiben also von den $3\frac{3}{4}$ Sgr. Passagiergeld etwa 2 Sgr. 8 Pf. als Ertrag übrig. Es mögen aber nur 2 Sgr. 5 Pf. angenommen werden. Alsdann wird der Ertrag von den Reisenden jährlich folgender sein:

Fahrten.	Jetzige Zahl der Reisenden.	Wahrscheinliche künftige Zahl.	Entfernung in Meilen.	Ertrag für die Fahrt.	Wahrscheinlicher Gesammt-Ertrag.	
				Sgr.	Rthlr.	Sgr.
Zwischen Antwerpen und Mecheln . .	74 000	98 000	$3\frac{1}{4}$	$7\frac{2}{3}$	25 088	—
Zwischen Antwerpen und Lierre . . .	9 000	12 000	$\frac{2}{3}$	$1\frac{3}{5}$	640	—
Zwischen Lierre und Mecheln	3 000	4 000	$\frac{2}{3}$	$1\frac{3}{5}$	213	10
Zwischen Mecheln und Brüssel	75 000	100 000	$2\frac{5}{6}$	7	23 466	20

Fahrten.	Jetzige Zahl der Reisenden.	Wahrscheinliche künftige Zahl.	Entfernung in Meilen.	Ertrag für die Fahrt. Sgr.	Wahrscheinlicher Gesammt-Ertrag. Rthlr.	Sgr.
Zwischen Brüssel und Löwen	85 000	10 000	$6\frac{1}{9}$	$14\frac{3}{4}$	4 906	20
Zwischen Mecheln und Löwen	19 000	25 000	$3\frac{1}{4}$	$7\frac{2}{3}$	6 400	—
Zwischen Löwen und Tirlemont . . .	46 000	55 000	$2\frac{1}{3}$	$5\frac{3}{4}$	10 560	—
Zwischen Tirlemont und Waremme .	35 000	30 000	$3\frac{1}{2}$	$8\frac{1}{3}$	8 320	—
Zwischen Waremme und Lüttich . .		30 000	$3\frac{1}{2}$	$8\frac{1}{3}$	8 320	—
Zwischen Lüttich und Chaudfontaine . .	43 000	57 000	1	$2\frac{1}{4}$	4 256	—
Zwischen Chaudfontaine und Verviers	15 000	19 000	$2\frac{1}{2}$	6	3 850	20
Zwischen Lüttich, Verviers und Aix . .	6 000	5 000	$3\frac{1}{2}$	$8\frac{1}{3}$	1 386	20
				Zusammen	97 408	—

Der Waaren-Transport darf nun, wie man sieht, nur noch ungefähr 136 000 Rthlr. jährlich abwerfen, um die 320 000 Rthlr. voll zu machen, die nach der Berechnung im zweiten Abschnitte zur Deckung der Zinsen des Anlage-Capitals und der Unterhaltungs- und Verwaltungs-Kosten erforderlich sind. Es wird sich zeigen lassen, daſs eine Zahlung von nur $2\frac{2}{5}$ Sgr. für die Tonne und Meile, nebst eben so viel für die Passage jeder abhängigen Fläche, mehr als hinreichend ist, die fehlende Summe aufzubringen. Im Durchschnitt werden also die Wegegefälle

zwischen Antwerpen und Verviers . . . 2 Rthlr. 12 Sgr.
und zwischen Antwerpen und Brüssel 22

für die Tonne Waaren betragen.

Erwägt man, daſs, nachdem für diesen Preis die Waaren von Antwerpen in Einem Tage bis Verviers geschafft worden sind, dieselben durch gewöhnliches Fuhrwerk auf der Straſse über Jülich in 2 bis 3 Tagen für 6 Rthlr. 20 Sgr. bis 10 Rthlr. die Tonne, und auf der neuen Chaussée über Düren für 5 Rthlr. 26 Sgr. bis 6 Rthlr. 28 Sgr. die Tonne, bis **Cölln** gebracht werden können: so folgt, dafs **Antwerpen** vermittelst der Eisenbahn zum Theil schon seinen Verkehr mit **Cölln**, den es Anfangs 1830 hatte, herstellen kann, weil dann dort seine Waaren eben so schnell, als durch die Dampfschiffe auf dem Rhein, ankommen werden, und fast eben so wohlfeil, als durch Segelschiffe. Für einen Theil des Verkehrs könnte die Eisenbahn sogar mit den Dampfschiffen von **Rotterdam** concurriren, selbst wenn **Holland** zu Gunsten seines Handels auf die Octroi-Gefälle verzichtete, die es von der Rheinschiffahrt zu erheben berechtigt ist.

So wahrscheinlich es aber auch ist, dafs der gröfste Theil des Verkehrs, welcher unter der Niederländischen Regierung zwischen **Antwerpen** und **Cölln** Statt fand, die neue Eisenbahn ergreifen wird: so werde hier doch nur auf diejenigen Waaren gerechnet, die jetzt für 12 Rthlr. 8 Sgr. bis 17 Rthlr. 10 Sgr. die Tonne, zur Axe, oder für 8 Rthlr. 24 Sgr. bis 12 Rthlr. 8 Sgr. die Tonne, durch Dampfschiffe transportirt werden. Dann ergiebt sich, mit Beziehung auf die Zahlen-Angaben im ersten Abschnitte, folgende Übersicht.

Wahrscheinlicher Umfang des Waaren-Verkehrs auf der neuen Eisenbahn, und Ertrag desselben, wenn $2\frac{2}{5}$ Sgr. für die Tonne und Meile und eben so viel auf jeder abhängigen Fläche bezahlt werden.

	Jetziger Verkehr, ohne den mit Kohlen.	Wahrscheinlicher Verkehr auf der Eisenbahn.	Entfernung in Meilen.	Wege-Gefälle.		Wahrscheinlicher Ertrag.	
Ausfuhr aus Antwerpen.				Thl.	Sgr.	Thl.	Sgr.
Nach **Cölln**, den Rheinlanden, dem obern Rhein und der **Schweiz**	31 700	8 500	$18\frac{2}{3}$	1	$19\frac{3}{5}$	14 053	10
Nach **Lüttich**, **Verviers**, dem **Vesdre-Thal**, **Stavelot** und **Limburg**	40 700	34 000	16	1	$14\frac{1}{5}$	48 960	—
Nach **Löwen**, dem Namürschen und Luxemburgischen, nach **Jodoigne**, **Wavre** etc. .	20 200	18 000	$6\frac{3}{8}$	-	$15\frac{1}{5}$	9 216	—
Nach **Brüssel**, dem **Hennegau** und der Französischen Grenze	37 100	30 000	$6\frac{1}{8}$	-	$14\frac{3}{4}$	14 720	—

	Jetziger Verkehr, ohne den mit Kohlen.	Wahrschein-licher Verkehr auf der Eisenbahn.	Entfernung in Meilen.	Wege-Gefälle. Thl.	Wege-Gefälle. Sgr.	Wahrschein-licher Ertrag. Thl.	Wahrschein-licher Ertrag. Sgr.
Nach Mecheln, Lierre, Vilvorde, Alost, Diest, Tirlemont, St. Trond. . . .	5 700	3 000	4	-	$9\frac{3}{5}$	1 120	—
Einfuhr in Antwerpen.							
Von Cölln, den Rheinlanden, dem obern Rhein und der Schweiz	9 500	2 500	$18\frac{2}{3}$	1	$19\frac{3}{5}$	4 133	10
Von Lüttich, Verviers etc.	19 100	19 000	16	1	$14\frac{1}{5}$	27 360	—
Aus dem Namürschen und der Gegend von Löwen .	23 900	23 000	$6\frac{2}{3}$	-	$15\frac{1}{3}$	11 766	—
Von Brüssel, aus dem Hennegau etc.	21 300	20 000	$6\frac{1}{8}$	-	$14\frac{3}{4}$	9 813	10
Von Mecheln, Lierre, Diest, Tirlemont etc.	8 750	8 000	4	-	$9\frac{3}{5}$	2 560	—
Ausfuhr aus Brüssel.							
Nach Cölln, Aachen, dem Innern von Deutschland und nach der Schweiz . .	950	1 200	$18\frac{1}{3}$	1	19	1 958	12
Nach Lüttich, Verviers, Spaa, Stavelot, Tongern und Mastricht	8 680	8 000	$15\frac{2}{3}$	1	$12\frac{1}{2}$	11 349	10
Nach Löwen, Tirlemont, Diest und St. Trond . .	8 650	7 000	8	-	$19\frac{1}{5}$	4 480	—
Nach Vilvorde, Mecheln, Lierre und Campine . .	6 300	6 000	4	-	$9\frac{3}{5}$	1 920	—
Einfuhr in Brüssel.							
Aus Cölln und Deutschland	1 000	1 200	$18\frac{1}{3}$	1	19	1 958	12
Aus dem Lüttichschen und Limburgischen . . .	4 400	4 000	$15\frac{2}{3}$	1	$12\frac{1}{2}$	5 674	20
Aus Löwen, Tirlemont, Diest etc.	11 900	9 000	8	-	$19\frac{3}{5}$	5 760	—

	Jetziger Verkehr, ohne den mit Kohlen.	Wahrscheinlicher Verkehr auf der Eisenbahn.	Entfernung in Meilen.	Wege-Gefälle. Thl.	Sgr.	Wahrscheinlicher Ertrag. Thl.	Sgr.
Aus Mecheln, Vilvorde und der Umgegend	2 000	1 000	$2\frac{2}{3}$	-	$6\frac{2}{5}$	213	10
Aus Lierre und la Campine	1 000	1 000	4	-	$9\frac{2}{5}$	320	—
Ausfuhr aus Lüttich.							
Nach Cölln, Aachen, Malmedy etc.	2 780	3 000	$3\frac{1}{2}$	-	$8\frac{1}{3}$	832	—
Nach Verviers, dem Vesdre-Thal, Spaa etc.	17 830	10 000	$2\frac{2}{3}$	-	$6\frac{2}{5}$	2 133	10
Nach St. Trond, Waremme etc.	4 300	2 000	4	-	$14\frac{2}{5}$	960	—
Einfuhr in Lüttich.							
Aus Cölln, Aachen, Düren etc.	2 170	2 200	$3\frac{1}{2}$	-	$8\frac{1}{3}$	610	4
Aus Verviers und der Umgegend	5 980	6 000	$2\frac{2}{3}$	-	$6\frac{2}{5}$	1 280	—
Aus St. Trond, Waremme etc.	7 500	6 000	4	-	$14\frac{2}{5}$	2 880	—
Aus Tirlemont, Diest und der Umgegend	11 000	1 000	$6\frac{3}{8}$	-	$20\frac{1}{6}$	672	—
Aus Mecheln, Lierre und Löwen	6 000	4 000	$10\frac{5}{8}$	1	$8\frac{2}{5}$	5 120	—
					Zusammen	191 833	18

Zu diesem Verkehr mit Gegenständen, die schon jetzt in der Richtung der Eisenbahn transportirt werden, darf man nun noch auf den Verkehr mit andern Gegenständen rechnen, die sonst wegen der Kostbarkeit des Transports hier nicht vorkamen, wie z. B. Steine, Kalk und Holz zum Bauen, welches letztere an den Ufern der Maas sich reichlich findet; Mergel, Dünger, Erze, Brennholz, Thon, Mauer- und Dachziegel u. s. w. Der Verkehr mit solchen Artikeln dürfte wenigstens noch einen Ertrag abwerfen von . . . . 6 933 Rthlr. 10 Sgr.

Ferner würde von dem Transporte des Schlachtviehes, der auf der Eisenbahn mit Vortheil und Ersparniſs zur Axe geschehen kann, wenn man nur auf den vierten Theil des Verbrauchs der Städte rechnet, an Ertrag zu erwarten sein . . . . . . 4 000 - — -

Auch dürfte der Transport frischer Fische, der nach dem Lüttichschen und Limburgischen jetzt wegen der ihm nothwendigen Schnelligkeit sehr kostbar ist, und der jährlich auf 4000 Tonnen sich belaufen kann, abwerfen . . . . 5 333 - 10 -

Thut 16 266 Rthlr. 20 Sgr.

Endlich dürften die Brücken über die Maas und die Ourthe an Brücken-Zoll, zu 2 Silber-Pf. die Person gerechnet, wenigstens eintragen . . . . 1360 Rthlr. 16 Sgr.

Der gesammte Ertrag dürfte also sein:

Vom Transporte der Reisenden	97 408 Rthlr.	— Sgr.
- - - - Kohlen	86 464	- 16 -
- - - verschiedener Waaren . . .	191 833	- 18 -
- - - von Steinen, Holz u. s. w., Schlachtvieh, Fischen	16 266	- 20 -
An Zoll auf den Brücken über die Maas und die Ourthe	1 360	- 16 -
Zusammen	393 333 Rthlr.	10 Sgr.

[Die gesammten Ausgaben für die Zinsen des Anlage-Capitals, für Erhaltung der Strafse und Verwaltung waren im dritten Abschnitt auf 320 000 Rthlr. berechnet. D. H.] Die Einnahme deckt also nach dieser Übersicht nicht allein die Zinsen des Anlage-Capitals, nebst den Erhaltungs-Kosten; sondern es bleibt auch noch, ungeachtet des niedrigen Zoll-Satzes, ein Überschufs, der, wie sich weiter unten zeigen wird, am vortheilhaftesten zur weitern Vervollkommnung der Strafse und fernern Erleichterung der Transporte, um sie noch wohlfeiler zu machen, angewendet werden kann.

Übrigens ist in der obigen Rechnung nur der Handels-Verkehr auf der Linie zwischen Antwerpen, Brüssel und Verviers in Anschlag gebracht. Man sieht also, dafs diejenige Vermehrung des Verkehrs, die aus der Verlängerung der Strafse nach Flandern und nach Namur, und aus der durch letztere entstehenden directen Verbindung des Antwerpener Hafens mit der Champagne und Lothringen, so wie endlich aus der Verlängerung der Strafse bis Cölln hervorgehen dürfte, der neuen Eisenbahn noch ferner zu Gute kommt.

[Sowohl unter den oben im 3ten Abschnitt S. 384 auf 320 000 Rthlr. jährlich berechneten Ausgaben, als unter der hier so eben auf 393 333 Rthlr. jährlich angeschlagenen Einnahme, sind die Kosten des *Transports selbst* der Waaren, Lasten und Reisenden durch die Dampfwagen, so wie die Erhebungen dafür, nicht mitbegriffen. Als Ausgaben sind blofs angesetzt: die Zinsen des Anlage-Capitals zu 5 pro Cent: die baulichen Unterhaltungs-Kosten der Strafse, mit Einschlufs derjenigen der Dampfmaschinen auf den abhängigen Flächen, und die Verwaltungs-Kosten. Als Einnahme ist dagegen blofs derjenige Theil der zu erhebenden Zölle angesetzt, welcher bleibt, nachdem zuvor die Transportkosten abgezogen worden sind. Es sind namentlich bei den Kohlen und andern Waaren die eigentlichen Transportkosten von 14 Silber-Pf. für die Tonne auf die Meile, und bei den Reisenden die eigentlichen Transportkosten von 10$\frac{4}{5}$ Silber-Pf. für die Person auf die Meile von der Berechnung der Einnahme ausgeschlossen.

Wollte man die *Transportkosten* wissen, so würden sich dieselben überschläglich wie folgt finden lassen.

1. Bei den Kohlen sind die reinen Strafsen-Gefälle gerade eben so hoch angesetzt, als die eigentlichen Transportkosten, nemlich zu 14$\frac{2}{5}$ Silber-Pf. für die Tonne und Meile, und 2$\frac{2}{5}$ Silber-Pf. für die Passage jeder abhängigen Fläche (2 Ct. für die Tonne auf den Kilom., und 30 Ct. für die Passage jeder abhängigen Fläche); und eben so hoch belaufen sich auch die Transportkosten. Die letzten sind also den ersten gleich, und folglich anzunehmen zu . . . . . 86 464 Rthlr. 16 Sgr.

2. Bei den Reisenden sind als reine Strafsen-Gefälle angenommen 4 Ct. für die Person auf den Kilom., und die wirklichen Transportkosten betragen 1$\frac{1}{2}$ Ct. Also sind die Transportkosten der Reisenden anzuschlagen auf $\frac{1\frac{1}{2}}{4} = \frac{3}{8}$ von 97 408 Rthlr., thut . . . . 36 528 - 16 -

3. Als reine Gefälle für die Waaren sind angenommen 4 Ct. für die Tonne auf den Kilom. und 30 Ct. für jede der beiden abhängigen Flächen. Da nun die Transportkosten 2 Ct. für die Tonne auf den Kilom. betragen, so kann man für dieselben

die **Hälfte** des Ertrages von den Waaren rechnen; also die Hälfte von 191 833 Rthlr. 18 Sgr., thut 95 916 Rthlr. 24 Sgr.

4. Eben so wird man die Hälfte des Ertrages von 16 266 Rthl. 20 Sgr. für andere zu transportirende Artikel als Transportkosten rechnen können, thut 8 133 - 18 -

Zusammen also würden die **Transportkosten** jährlich betragen . . . . 227 042 Rthlr. 20 Sgr.

Die gesammten Transportkosten beim Gebrauch der Strafse sind also nur ungefähr den Zinsen des Anlage-Capitals gleich.

Um noch hier die oben gedachte Vergleichung der Kosten der Pferde-Kraft mit der Dampfkraft anzustellen, ist es nur nöthig, die Kosten der **Pferde-Kraft** zu berechnen, da sich die Kosten der **Dampfkraft** schon oben im Text ausgemittelt finden.

So viel der Herausgeber bei einer Durchreise durch die Gegend, in welcher die Belgische Eisenbahn gebaut werden soll, hat beobachten können, ist die dortige Örtlichkeit, auch in Absicht auf die Transportkosten, nicht wesentlich von den angrenzenden Stellen der Preufsischen Rheinlande, etwa denen der Gegend von **Aachen** und **Cölln**, verschieden. Es wird also nicht viel gefehlt sein, wenn man die Kosten der Pferde-Kraft nach der Örtlichkeit **dieser** Gegenden anschlägt. Wir wollen, Alles reichlich angesetzt, für die Kosten eines starken Pferdes und seines Geschirres 200 Rthlr. annehmen, und setzen, dafs das Pferd 6 Jahre diene; so sind zu rechnen: zu Zinsen und Aufsammlung des Capitals, jährlich . . . . 40 Rthlr.

An Futter, 6 Metzen Hafer täglich, thut jährlich 137 Scheffel, zu 1 Rthlr., ... 137 -

Jährlich für Heu . . . . 60 -

Jährlich für Stroh . . . . 24 -

Für den Beschlag jährlich . . . . 36 -

Für die Stallung jährlich . . . . 20 -

Dem Führer des Pferdes jährlich, nemlich auf jedes Pferd Einen Führer gerechnet, ... 120 -

Gewinn dem Unternehmer des Fuhrwerks, auf das Pferd 30 -

Thut zusammen jährlich 467 Rthlr.

und täglich 1 Rthlr. 8 Sgr. 4½ Spf.

Nun zieht, nach den oben (S. 368) angegebenen Beobachtungen, in England ein Pferd auf horizontaler Eisenbahn 12 Tonnen Last (ohne den Wagen gerechnet). Wir wollen, im Durchschnitt der verschiedenen Gefälle der Bahn, in Folge der (S. 369) angegebenen, auf die Gefälle Bezug habenden Beobachtungen, 10 Tonnen annehmen. Diese 10 Tonnen schafft das Pferd täglich $4\frac{1}{4}$ Meile (8496 Ruthen, S. 368) weit fort, also in 5 Tagen, von welchen es Einen ruht (S. 369), 10 Tonnen 17 Meilen weit, was so viel ist, als 170 Tonnen 1 Meile weit. In 5 Tagen kostet das Pferd 192 Sgr., also kostet die Pferde-Kraft für die Tonne auf die Meile $\frac{192}{170}$ Sgr. oder $13\frac{3}{4}$ Silber-Pf. Dazu kommen $1\frac{1}{2}$ Silber-Pf. für die täglichen Kosten der Lastwagen (S. 378). Es betragen also im Ganzen die Transport-Kosten von Waaren durch Pferde-Kraft für die Tonne auf die Meile $15\frac{1}{4}$ Silber-Pf. und die Geschwindigkeit ist etwa 900 Ruth. in der Stunde (S. 368). Die Transportkosten von Waaren durch Dampf-Kraft waren oben (S. 380), bei einer Geschwindigkeit von 3186 bis 4248 Ruthen in der Stunde, auf $10\frac{4}{5}$ Silber-Pf. berechnet, wenn die Wagen stets beladen fahren, und auf $17\frac{1}{3}$ Silber-Pf., wenn sie leer zurückgehen müssen. Bei den Pferden ist hier zwar ebenfalls darauf gerechnet, dafs dieselben stets volle Ladungen zu ziehen haben: gleichwohl aber dürften nicht die beiden Resultate $15\frac{1}{4}$ und $10\frac{4}{5}$ Silber-Pf. unbedingt zu vergleichen sein; indem sich nemlich der Gebrauch der Pferde, eher als bei den Dampfmaschinen, so einrichten läfst, dafs der Verlust durch das leere Zurückgehen der Wagen geringer ist; denn bei den Dampfwagen mufs immer die ganze Maschine mit den leeren Wagen zurückgehen: von den Pferden dagegen dürfen nur einzelne zurückgehen; die übrigen können Rückfracht nehmen. Vielmehr dürfte das Resultat sein, dafs die Transportkosten von Waaren, durch Pferde, denen durch Dampfwagen, wenn nicht gleich, so doch nur sehr wenig höher sind. Findet aber wirklich ein kleiner Überschufs der Kosten der Pferdekraft Statt, so wird er durch die Ersparung an den Bau- und Erhaltungs-Kosten der Eisenbahn gehoben werden, indem die Schienen schwächer sein können und weniger leiden, wenn nicht die schweren Dampfwagen darüber hinfahren.

Vor Eilwagen schaffen Pferde, nach den oben (S. 369) mitgetheilten Beobachtungen, auf der Eisenbahn 70 Ctr. Ladung, ohne den Wagen, mit einer Geschwindigkeit von $1\frac{3}{4}$ bis $2\frac{1}{2}$ Meile in der Stunde, täglich $3\frac{1}{4}$ Meile weit fort. Es kosten also, wenn man auf Einen Reisenden, mit seinem

Gepäck, $2\frac{1}{3}$ Ctr. rechnet, 30 Reisende $3\frac{1}{4}$ Meile weit fortzuschaffen, 1 Rthlr. 8 Sgr. $4\frac{1}{2}$ Silber-Pf. Dies giebt für die Transportkosten Eines Reisenden auf die Meile $4\frac{2}{3}$ Spf., und, mit Einschlufs der Erhaltungs-Kosten des Wagens, etwa $6\frac{1}{2}$ Spf., was bedeutend weniger ist, als die oben (S. 380) angenommenen $10\frac{4}{5}$ Spf. Transportkosten Einer Person auf die Meile, durch Dampf. Der Unterschied ist blofs, dafs die Passagiere mit den Dampfwagen etwa 3 Meilen weit, mit Pferden dagegen nur $1\frac{1}{2}$ bis 2 Meilen in der Stunde fortkommen.

Die Entfernung zwischen Cölln und Antwerpen, dieselbe zu 35 Meilen angenommen, würden die Frachten, mit Pferderelais, mit welchen sie, wenn Eile nöthig ist, unbedenklich Tag und Nacht fort transportirt werden können, in etwa 78 Stunden zurücklegen: durch Dampfwagen gezogen, in etwa 18 Stunden; Reisende würden die Fahrt, mit Pferden, in 18 bis 20 Stunden machen können: durch Dampfwagen gezogen, in 10 bis 12 Stunden. Diese gröfsere Beschleunigung ist aber auch, wie es scheint, der einzige Gewinn, den die Dampfkraft gewährt. Für die Reisenden ist sie, wie man sieht, nicht bedeutend; denn auch mit Pferden gelangen die Passagiere, wie mit Dampf, in Einem Tage, etwa von 4 Uhr Morgens bis 10 oder 12 Uhr Nachts, von Antwerpen nach Cölln und umgekehrt; und die 8 Stunden Zeit, welche sie durch die Dampfkraft ersparen, werden nur für einen sehr kleinen Theil der Reisenden wesentliche Wichtigkeit haben. Bei den Waaren ist der Unterschied der Zeit zum Transport allerdings bedeutend; allein auch nur in wenigen Fällen wird es auf eine ungewöhnliche Beschleunigung des Transports wesentlich ankommen. Es kann unmöglich etwas daran liegen, ob die Steinkohlen von Lüttich 2 Tage eher oder später nach Antwerpen gelangen, oder die Colonial-Waaren 2 bis 3 Tage eher oder später von Antwerpen nach Cölln. Nicht darauf, sondern nur allein auf der Wohlfeilheit des Transports kann der Erfolg der Eisenbahn beruhen. Auch ist die gröfsere Sicherheit des Transports mit Pferden gegen zufällige Unterbrechungen ein Vorzug desselben gegen den Transport durch Dampfkraft, der den Verlust an Zeit zum Theil wieder vergütigt. Ein anderer Vorzug der Dampfkraft vor der Pferde-Kraft: dafs nemlich das Land, welches zur Ernährung der Pferde nöthig ist, für die Ernährung von Menschen gewonnen wird, ist einstweilen wohl nur mehr theoretisch, als practisch. Er wird dereinst allerdings in Betracht kommen, wenn alles Land erst so cultivirt und benutzt sein wird, als es nur irgend möglich ist. So lange aber noch großse Theile der Landfläche mit Wäldern bedeckt sind, oder gar wüst liegen, oder der gröfste Theil der benutzten Landfläche noch Getreide-Acker statt Garten ist, kommt es auf den Gewinn der hier zur Ernährung von 5 bis 600 Pferden nöthigen Landfläche für eine andere Benutzung nicht an. Auch ist nicht zu übersehen, dafs man dagegen die Kohlen, welche die Dampfmaschinen verzehren, zum unmittelbaren Gebrauche für Menschen erspart.

Gegentheils aber wird nun der Gebrauch von Pferden, statt der Dampfkraft, folgende wesentliche und näher liegende Vortheile gewähren:

1. Die Fahrt mit den Pferden ist sicherer gegen Unterbrechungen und aufhaltenden Ereignissen, die bei so künstlichen Maschinen, wie Dampfwagen, nur zu leicht vorkommen können.

2. Die Fahrt kann unbedenklich, wenn es die Eile erfordert, Tag und Nacht fortgesetzt werden, ohne alle Gefahr des Zusammenstofsens der Wagen im Finstern, oder auch, was wohl geschehen kann, selbst am Tage.

3. Auch alle anderen Gefahren beim Zerspringen der Dampfkessel, oder sonst durch die Maschinen, wird gänzlich entfernt.

4. Die Pferde kann man, je nachdem der Verkehr epochenweise ab- oder zunimmt, leichter ab- und anschaffen, als Dampfwagen

5. Dafs statt zweier Bahnen nur Eine mit Ausweiche-Plätzen gebauet wird, hat, wenn mit Pferden gefahren wird, nicht das geringste Bedenken, während es für die Fahrt mit Dampfwagen immer mifslich bleibt.

6. Die Strafsenschienen können, wie schon oben bemerkt, schwächer sein, und werden weniger leiden, weil sie nicht die schweren Dampfwagen zu tragen haben, die noch obendrein mit ungewöhnlicher Geschwindigkeit darauf hinrollen sollen. Man erlangt auch den wichtigen Vortheil, dafs die Schienen fast nach Belieben leichter gemacht werden können, wenn man das Gewicht der Lastwagen geringer bestimmt, und, statt die Wagen stark beladen zu lassen, die Fracht auf mehrere Wagen vertheilt. Wenn Dampfwagen gebraucht werden, so wäre die Vertheilung ohne Nutzen, weil der Dampfwagen selbst sein bestimmtes Gewicht hat, welches gröfser ist, als das Gewicht der Lastwagen. Durch die schwächeren Schienen lassen sich dann aber die Anlage-Kosten sehr vermindern.

7. Die Krümmungen der Strafsen, die bei den Dampfwagen immer grofse Schwierigkeiten machen, weil ihre Halbmesser nothwendig sehr grofs sein müssen, verursachen, wenn mit Pferden gefahren wird, weni-

ger Schwierigkeiten, und die Halbmesser können füglich, wo es nach der Beschaffenheit des Terrains vortheilhaft ist, kleiner sein; was öfters sehr grofse Ersparungen an den Anlage-Kosten zur Folge haben kann.

8. Die Dampfmaschinen an den sogenannten abhängigen Flächen, und das künstliche Maschinenwerk, um die Lasten auf diese Flächen hinaufzuziehen, fallen gänzlich weg; denn auf den angenommenen Abhang von 1 auf 36 können die Pferde die Lasten unbedenklich ohne alle weiteren künstlichen Mittel hinaufziehen, auf die Weise, dafs man entweder vor einen Wagenzug, sobald er an die abhängige Fläche gelangt, mehr Pferde spannt, oder den Pferden weniger Wagen zu ziehen giebt; denn der Abhang von 1 auf 36 (4 Zoll auf die Ruthe) ist so geringe, dafs von der Kraft des Pferdes selbst, durch den Abhang nur wenig verloren geht.

9. Aus dem so eben gedachten Grunde ist es auch, wenn für die Benutzung von Pferde-Kräften gebaut wird, nicht nöthig, eben so sorgfältig etwas stärkere Gefälle der Bahn zu vermeiden, wie es für Dampfwagen geschehen mufs, um möglichst den sogenannten abhängigen Flächen zu entgehen. Man kann stellenweise das Gefälle stärker machen, um dann die Bahn wieder desto länger horizontal, oder mit geringerm Gefälle, fortlaufen zu lassen; und dieses kann an der Damm-Arbeit die Ersparung von sehr grofsen Summen zur Folge haben, um so mehr, da auch eher Krümmungen zur Ersteigung von Anhöhen zuläfslich sind, so, dafs oft ungeheure Einschnitte und Aufschüttungen von Dämmen mehr oder weniger wegfallen können.

10. Auch alle anderen Fuhrwerke, z. B. die Kutschen von Reisenden, die mit eigenen Wagen an der Eisenbahn anlangen, können (natürlich auf Bahn-Karren gesetzt) sich der Eisenbahn bedienen, und die Eigenthümer der Wagen können vor die Bahnkarren selbst die eigenen Pferde spannen lassen, wenn sie deren mitgebracht haben, was zwischen den Dampfwagen hindurch nicht gut angeht.

Unter allen diesen Umständen scheint es denn mindestens bedenklich und fraglich, ob es wirklich hier gut gethan sein werde, den Dampf statt der Pferde zur Zugkraft zu nehmen, und es scheint, dafs die Frage noch eine abermalige Erwägung wohl verdiene, die freilich nur an Ort und Stelle mit derjenigen vollkommnern Sicherheit möglich ist, die gegenwärtiger

Erwägung, hier in dieser Schrift, nothwendig abgehen mufs, wo das eben Gesagte auch keinesweges auf irgend eine Weise sich irgend eine Entscheidung anmaafst, sondern nur ausgesprochen ist, um zu jener nähern Erwägung zu ermuntern. Im allgemeinen hat es dem Herausgeber immer geschienen, dafs man, wenn man etwa die Benutzung von Dampfwagen gleichsam als nothwendig mit Eisenbahnen zusammengehörig betrachten wollte, ein wenig das Wesentliche mit dem Unwesentlichen vermengen und sich durch die erstaunlichen Erfolge einer allerdings so wunderbaren, und dem menschlichen Forschungsgeiste in so hohem Grade Ehre machenden, Erfindung, wie die der Dampfwagen ist, ein wenig täuschen und blenden lassen würde. Auf Strafsen, wo z. B. entweder nur Kohlen oder andere Waaren transportirt werden, oder auch, wo nur Reisende verkehren, und wo zugleich der Brennstoff sehr wohlfeil ist, mögen Dampfwagen wesentliche und entschiedene Vortheile vor der Pferde-Kraft haben: da aber, wo der Verkehr verschiedener Art ist, scheint der Vorzug der Dampfwagen sehr zweifelhaft zu sein; und allgemein, in allen Fällen, ohne Ausnahme, selbst auch noch, wenn der Brennstoff in der Nähe zu haben ist, findet er wohl nicht Statt. D. H.]

Vierter Abschnitt.

§. I. Von der Art der Ausführung.

Es ist die Frage, ob es besser sein werde, dafs der Staat den Bau und die Erhaltung der Eisenbahn übernehme, oder dafs man Beides Privatleuten überlasse.

Die ganze Strafse von Antwerpen über Verviers bis Cölln, durch das Gebiet zweier Länder, in eine und dieselbe Entreprise zu vereinigen, scheint unthunlich, und selbst nicht einmal vortheilhaft. Die Übereinstimmung der beiden Regierungen rücksichtlich der Grundsätze der Unternehmung mufs zwar vorausgesetzt werden, weil das Interesse beider Länder dabei das nemliche ist. Aber bei der Aufbringung der Kosten und der Bestimmung der Zölle behält offenbar jede Regierung, auch für die Folge, freie Hand. Dafs in dem einen Lande die Wegezölle erhöhet werden sollten, dürfte, weil die möglichste Erniedrigung derselben dem gemeinschaftlichen Interesse gemäfs ist, nicht zu fürchten sein, auch weil eine gegenseitige Erhöhung der Zölle in dem andern Lande die gehofften Vortheile bald wieder vernichten könnte. Die Bestimmung wegen das Transito, in dem abzuschliefsenden Vertrage, ist von der Anlage der Strafse in jedem einzelnen Lande unabhängig. Die Gemeinsamkeit des Interesses aber wird ohne Zweifel den Vertrag erleichtern, da die Beförderung des Verkehrs zwischen Antwerpen und Cölln von beiden Theilen gleich sehr zu wünschen ist.

Dafs die Seiten-Arme des Belgischen Theils der Eisenbahn, selbst einzeln, Privat-Unternehmern überlassen bleiben können, scheint unbedenklich zu sein. Anders aber ist es schon rücksichtlich der Strafse nach Brüssel, auf welcher die Strecke von Antwerpen bis Mecheln einen Theil der Hauptlinie ausmacht, weil die Transporte nach Brüssel zur Erniedrigung der Zölle auf der ganzen Linie beitragen können, während jenes, zur Verbindung der Hauptstadt mit Antwerpen und Lüttich bestimmte, Strafsenstück die Richtung und die Abmessungen der Hauptlinie, von welcher es ein integrirender Theil ist, mit bestimmt und mit der Hauptlinie zugleich gebaut werden mufs.

Es wird also vorgeschlagen, die Strafse von Antwerpen nach Brüssel, und nach der Maas und dem Rheine, in eine und dieselbe Unternehmung zu vereinigen, und ihre Ausführung gleichzeitig zu decretiren. Es kommt aber darauf an, welche Art der Ausführung dann die förderlichste und die vortheilhafteste für das Land sein dürfte.

Man hört nicht auf, rücksichtlich der Ausführung öffentlicher Arbeiten, England als Muster aufzustellen, welches so ungemein viel nützliche öffentliche Anlagen besitze, und wo täglich neue Strafsen, Häfen, Canäle und Eisenbahnen entstehen, ohne dafs die Staats-Casse mit den Kosten derselben belastet werde. Man vergifst aber dabei, die physischen und moralischen Eigenthümlichkeiten jenes Landes, welche so sehr das System der Concessionen begünstigen, in Betracht zu ziehen: die insularische Lage des Landes, die geringe Entfernung seiner Handels- und Fabrik-Städte von einander, den ungeheuren Umfang des Grund-Eigenthums, die Concentration der Capitale, die weisen Anordnungen der Gesetzgebung rücksichtlich öffentlicher Anlagen u. s. w. Das System Englands ist aufserdem keinesweges, wie Viele meinen: alle Communications-Mittel dem Privat-Interesse zu überlassen: die Anwendung des Systems ist speciellen Regeln unterworfen, die wesentlich zur Sicherung seines Erfolges beitragen. Zunächst wird kein Wegezoll ohne Zustimmung der Abgeordneten des Volks gestattet, und der Staat behält sich von Anlagen von allgemeinem politischen Interesse das Eigenthum vor, wie z. B. von dem Caledonischen Canal, von der Heerstrafse zwischen London und Irland, von den Schottischen Militair-Strafsen, von der Bangor-Brücke, dem Break-water zu Plymouth u. s. w. Die Erhaltung der Werke von öffentlichem Nutzen, wie die gewöhnlichen Landstrafsen, die grofsen Brücken in den Städten, die Handelshäfen, die Austrocknung der Sümpfe, stellt der Staat unter die Aufsicht der Municipalitäten; und nur Unternehmungen von localem Interesse, oder zur Beförderung des innern Verkehrs, wie Canäle und Eisenbahnen von geringerm Umfange, Wasserleitungen nach Städten u. s. w. überläfst er, die Unternehmungs-Gesellschaften der Aufsicht von Commissarien der Regierung unterwerfend, dem Privat-Interesse.

Seit 1815 hat man angefangen, in Frankreich und Belgien die Ausführungs-Art öffentlicher Anlagen im Wege der Concession zu naturalisiren. Man erinnere sich aber des Erfolges. In Frankreich, nahe an der Belgischen Grenze, ist eine Unternehmung, die kaum 80 000 Rthlr. gekostet hat, ungeachtet der Ertrag im Voraus ganz gut bekannt war, nur unter Bedingungen unternommen worden, die den Concessionarien einen Gewinn von etwa 400 000 Rthlr. gebracht haben. Bei einer Eisenbahn, die, nach öffentlicher Ausbietung und vorheriger Untersuchung, gegen einen auf 10 Millionen Fr. Anlage-Kosten berechneten Zoll zugeschlagen wurde, erklärte, unmittelbar nach Empfang der Concession, der theilnehmende Urheber des Projects, dafs das Werk nur 4 Millionen und 160 000 Fr. kosten, und dafs es also statt der 10 pro Cent, auf welche man gerechnet hatte, 20 pro Cent eintragen werde.

In Belgien sind Concessionen zu gröfsern Unternehmungen nicht glücklicher gewesen. Meistens hat die Regierung die Fonds vorschiefsen, das Risico übernehmen und den Gewinn den Concessionarien überlassen müssen.

Bei solchen Verträgen verliert gewöhnlich die Regierung die möglichen Ersparnisse, während man, der Contracte ungeachtet, für unvorhergesehene Ausgaben und Ungehörigkeiten, für welche sie nicht verantwortlich ist, Entschädigungen von ihr verlangt; und so kommt dem Lande die Herabsetzung der Zölle, die möglich gewesen wäre, nicht zu Gute.

Selbst in England, auf dem classischen Boden der Associationen, hat nur zu oft das Volk, ungeachtet der Umsicht der Regierung, über Concessionen zu seufzen, die zu voreilig gegeben wurden. Ein Beispiel dazu liefert die Differenz des Preises der Kohlen an den Gruben und auf den verschiedenen Märkten, nach welchen sie durch jene von der Association geschaffenen vervollkommneten Mittel gelangen. Die Preis-Auftreibung dieses für die Industrie so wesentlichen Artikels, durch den Transport, zeigt sich an der ungeheuern Steigerung des Preises der Actien des Anlage-Capitals. Und wenn nun eine Actie von 100 Pfd. St. schnell auf 200, 600 bis 1000 steigt, ohne verhältnifsmäfsige Erniedrigung der Zölle, so trägt das Publicum den Schaden. Deshalb macht denn jetzt auch die Regierung, in Erwägung der Nachtheile unbedingter Concessionen, die Bedingung, dafs bei neuen Anlagen die Unternehmer den Zoll im Verhältnifs des Wachsthums ihrer Einnahme erniedrigen. Aber unglücklicherweise wird diese Vorsicht leicht unwirksam gemacht, durch Übertreibung der Angabe des Anlage-Capitals, der Erhaltungs- und Vervollkommnungs-Kosten u. s. w., und den Unternehmern, welche ein Recht auf 10 pro Cent Zinsen ihrer Capitalien erhalten haben, gelingt es leicht, die Regierung zu täuschen. Ohne Zweifel ist es erfreulich, das Privat-Interesse in demjenigen der Gesammtheit sich regen zu sehn; aber es bleibt immer die Frage, ob der Zweck nicht wohlfeiler erlangt werden könne.

In Belgien ist die Schiffahrt auf gewissen Canälen, die gegen die Bewilligung ungewöhnlich hoher Zölle ausgethan wurden, um in möglichst kurzer Zeit das Capital zu amortisiren, im allgemeinen immer noch wohlfeiler, als auf den engländischen Canälen, die gegen immerwährenden Zoll gebaut wurden.

Um die vielgerühmte Ersparnifs bei den durch Privat-Unternehmungen entstandenen Werken zu würdigen, darf man nur ihre Zoll-Tarife mit demjenigen vergleichen, der hier oben für die neue Eisenbahn zwischen Antwerpen, Brüssel und Lüttich als zureichend erwiesen worden ist. Die Liverpooler Eisenbahn-Compagnie nimmt für die Tonne Kohlen auf die Meile 6 Sgr., für die Tonne Waaren $9\frac{3}{5}$ bis 12 Sgr., und verlangt für den Transport selbst, noch $3\frac{3}{5}$ bis 5 Sgr. obendrein. Die Compagnie der Strafse von Darlington nach Stockton läfst sich für die Tonne, zur innern Consumtion bestimmter Kohlen, 6 Sgr. auf die Meile bezahlen: also 3 bis 4 mal so viel, als oben für die Lütticher Kohlen auf der neuen Eisenbahn berechnet worden ist.

Nach solchen Thatsachen, die allgemein bekannt sind, könnte es unnütz scheinen, noch neue Beweise der Übelstände aufzusuchen, die es haben würde, wenn man eine so ausgedehnte Strafse, bei welcher jede Ersparnifs für den Handel und Verkehr des Landes so wichtig ist, dem Privat-Interesse überlassen wollte. Es ist indessen noch insbesondere des Nachtheils zu gedenken, der entstehen würde, wenn man gerade in diesem Augenblicke die Unternehmung ganz oder theilweise concessioniren wollte. Erst nach den ersten 5 oder 6 Jahren nemlich, wo sich die Zunahme des Verkehrs zeigen wird, ist es überhaupt möglich, den Ertrag näher zu schätzen. Es reicht nicht hin, dafs der zunächst nach dem gegenwärtigen Verkehr abgemessene Wegezoll mäfsig und vortheilhaft sei; er würde immer noch lästig bleiben, wenn sich späterhin zeigen sollte, dafs er niedriger sein könnte. So z. B. ergab sich 1823 beim Canale von Pommeroeul nach Antoing, der eine blofse Verlegung einer vorhandenen Schiffahrtslinie war, zum Transporte der Kohlen von Mons nach Flandern und Holland bestimmt, obgleich man den damaligen Verkehr genau kannte, und bei der Berechnung nach officiellen Angaben, nach welchen zur Amortisation des Anlage-Capitals eine Concession auf 50 Jahre nothwendig sein sollte, alle mögliche Vorsicht beobachtet worden war, sogleich schon ein Gebot auf blofs 21 Jahre; ungeachtet dieses ungeheuren Unterschiedes aber fand es die Regierung, drei Jahre später, vortheilhafter, die Concession für die 2 300 000 Gulden, die der Canal gekostet hatte, zurück zu kaufen, und noch 1 000 000 Gulden obenein zu bezahlen. So war durch die Zunahme des Verkehrs die Höhe des Zolls über alles Verhältnifs hinaus gestiegen.

Die neue Eisenbahn sollte also untheilbares Eigenthum des Staates bleiben; nicht blofs während des Baues, sondern auch noch eine hinreichende Zahl von Jahren nachher, bis sich der wahre Ertrag näher gezeigt hat. Erst dann könnte eine Concession, nach billigen und angemessenen Sätzen, gegeben werden.

§. II. Mittel zur Ausführung.

Nach sorgfältiger Überlegung scheint es den Verfassern, dafs das Anlage-Capital am besten durch eine Anleihe aufzubringen sein würde, die entweder für immer bleibt, oder theilweise, ohne Amortisation, rückzahlbar ist, und die öffentlich, zur theilweisen Einzahlung nach dem Maafsstabe des Bedarfs, ausgeboten werden könnte. Die Kammern müfsten ein Anlehen von 4 400 000 Rthlr. auf Concurrenz authorisiren, und es wird dasselbe zu billigen Zinsen zu haben sein, wenn man die Strafsenzölle zur Hypothek giebt, jedoch mit dem Vorbehalte, sie zu erniedrigen, sobald sie mehr als 5 pro Cent Zinsen des Anlage-Capitals abwerfen. Die Rückzahlung des Capitals, so wie die Zinsen, müfste der Staat garantiren. Die Opfer, welche die gegenwärtigen Umstände und die Neuheit der Unternehmung erheischen könnten, um die erste Ausgabe von Actien zu erleichtern, würde nur einen günstigen Einflufs auf die ferneren Actien-Auslieferungen haben können, da sich nach wenigen Monaten schon ein Theil der Strafse eröffnen läfst, der, als Probe, die Vortheile des gesammten Werkes dem Publico vor Augen stellen würde. Sollte zu diesem Opfer ja eine Erhöhung des Zolles nothwendig sein, so könnte sie, wegen der Mäfsigkeit des angeschlagenen Tarifs, Statt finden, ohne an den Transportkosten bemerkbar zu werden.

Nach der Meinung der Verfasser ist von der General-Administration des Bauwesens die detaillirte Aufsicht auf die Ausführung des Werkes, die, wegen der Einzelnheiten, wenn nicht schwierig, so doch verwickelt sein würde, nicht zu verlangen; sondern es müfste eine Special-Commission, administrativ bevollmächtigt, mit der Aufsicht auf die Arbeiten, die Negociation der Anleihen und die Verwendung der Fonds beauftragt werden. Diese Commission müfste die Details der Richtung der Strafse, zwischen den im Voraus festgesetzten Puncten, bestimmen, im Namen der Regierung und nach den Gesetzen den Ankauf des Grundes und Bodens besorgen, die Contracte abschliefsen, die Einnahmen erheben und die Zinsen der Anleihen auszahlen lassen. Zur Zeit der jährlichen Versammlung der Kammern müfste die Commission der Regierung von ihrer Verwaltung Rechnung ablegen, und die etwa nöthigen Modificationen des Zoll-Tarifs nach den Umständen vorschlagen.

Um das Werk, gleich von Vollendung der ersten Section an, für das Publicum nützlich zu machen, und zu verhindern, dafs nicht, ehe hinlängliche Concurrenz eintreten kann, Privat-Interessen die ersten Transporte mit irgend einem Monopole belasten, was den Aufschwung des Verkehrs lähmen, und den Ertrag schmälern würde, müfste die Commission ermächtigt sein, diejenigen Transportmittel, welche den Verkehr sicher zu stellen, und die Fracht auf ein billiges Maafs herabzubringen vermögen, in Thätigkeit zu erhalten. Die Supplementar-Anleihe müſste insbesondere zur Deckung der Kosten dieser Transportmittel bestimmt sein.

Nach 5 oder 6 Jahren, wo der Verkehr auf der Straſse einen gewissen festen Umfang erreicht haben wird, oder wo sich die fernere Zunahme desselben schätzen lassen wird, und wo das Werk gezeigt haben wird, daſs sein Ertrag verbürgt ist, müſste die Regierung den Kammern vorschlagen, den Staat von der Garantie der Anleihe zu entlasten, oder eine neue vortheilhaftere Anleihe zur Abzahlung der früheren zu machen, hypothecirt auf den Ertrag der Straſse; oder auch, die Zölle definitiv zu verpachten.

13.

Vorschlag zur Construction der Oberhäupter von Schiffschleusen mit Drehschützen.

(Von Herrn Bau-Conducteur *C. A. Vogel* zu Potsdam.)

Die in neuerer Zeit zur Füllung der Schleusenkammern statt der Schützen in den Thoren gebräuchlichen Umlaufscanäle haben den Zweck, das Wasser ruhiger in die Schleusenkammer zu leiten, so, dafs es daselbst möglichst wenig Wirbel bildet und die in der Schleusenkammer liegenden Schiffe möglichst wenig in Bewegung setzt, damit sie mit ihrer geringeren Bewegung die Kammerwände weniger beschädigen, als es hinter Ziehschützen in den Schleusenthoren geschieht. Die bis jetzt übliche Construction der Umlaufscanäle scheint aber nur theilweise diese Vortheile zu gewähren, und noch folgende Mängel zu haben.

Erstlich. Wegen der ungleichen Ausmündung der Canäle in die Kammer, treffen die beiderseitigen Wasserstrahlen einander nicht in der Mittellinie der Schleusenkammer, sondern jeder einzelne Wasserstrahl nimmt seine Richtung auf die gegenüberstehende Kammerwand zu, wovon die nächste Wirkung sich als Wirbel in der Nähe des Oberthores äufsert.

Zweitens entsteht für die Umlaufscanäle, wenn sie aus verschiedenen Mitttelpuncten gezogen und theils horizontal, theils vertical gekrümmt sind, der Nachtheil, dafs sie schwierig zu bauen sind, und viel Steine dabei verhauen werden müssen.

Drittens können kleine Reparaturen an den Umlaufscanälen nicht anders gemacht werden, als dafs man das Mauerwerk des Hauptes von oben an aufbricht.

Diesen Nachtheilen habe ich zu begegnen gesucht, und erlaube mir, mit Bezug auf die Figuren Taf. XII., Fig. 1., 2. und 3., folgende Beschreibung meines Vorschlages.

Das Wasser tritt aus der Vorkammer *a* (Fig. 1.) in die 3 F. breiten und 4 F. bis zum Scheitel hohen Canäle *b*, fällt, wenn die Schützen geöffnet sind, in die 5 F. 7 Z. im Durchmesser weiten Brunnen *c*, und fliefst dann durch die, in der Sole horizontalen, 3 F. breiten und 5 F. bis zum Scheitel hohen Canäle *dd* in die Schleusenkammer *e*. Die Krümmung der Canäle *dd* ist mit einem Radius gezogen, dessen Mittelpunct im Scheitel des Drempels liegt, wodurch die Ausmündung in die Kammer gleichförmig wird, so, dafs die Wasserstrahlen einander in der Mittellinie der Schleusenkammer treffen und sich gegenseitig abweisen. Die Ausführung dieser Canäle wird im Vergleich zu der der jetzt üblichen weniger beschwerlich sein, und es wird mehr Material geschont werden können. Durch die Brunnen *c* können die Arbeiter bei Reparaturen in die Canäle steigen, sobald die Drehschützen fest zugedreht, die Mündungen der Canäle verstopft sind, und das Wasser ausgepumpt ist, so, dafs also die sonst nöthigen Fangedämme erspart werden.

Den Verschlufs der Vorkammer schlage ich wie folgt vor. Das Drehschütz (Fig. 2. und 3.) hat die Gestalt eines aus der senkrechten Axe des Brunnens beschriebenen Cylindermantelsegments, und wird von 3zölligen eichenen Bohlen gemacht und an zwei Krümmlingen befestigt. Die Krümmlinge sind durch eiserne Arme an angegossene Laschen der Drehspindel befestigt und mit der Spindel verbolzt und verschraubt. Die hohle Spindel hat 8 Zoll im Durchmesser, ist 8 Zoll im Eisen stark, dreht sich auf einem stählernen Zapfen, der in ein gufseisernes Tragekreuz eingeschraubt ist, und wird, der unverrückbaren Stellung wegen, oben von einem vierarmigen Kreuz umfafst. Die Drehaxe der Spindel mufs genau lothrecht, der Drehpunct derselben aber so stehen, dafs er 1 Zoll von dem Mittelpuncte des Brunnens nach dem Unterwasser zu sich befindet. Durch diese excentrische Stellung der Drehaxe wird es möglich sein, den Mantel des Schützes so fest man will an einen mit dem Mittelpuncte des Brunnens concentrischen Rahmen, welcher vor der Mündung der Vorkammer eingemauert ist, und $\frac{1}{2}$ Zoll vor der inneren Peripherie des Brunnens vorsteht, anzudrehen. Beim Aufdrehen des Schützes entfernt sich der Mantel wiederum, der Excentricität wegen, immer mehr von der innern Brunnen-Peripherie, ohne sich daran zu reiben. Die Handhabung des Schützes geschieht mittelst eines Rucks mit dem hölzernen Hebel an dem eisernen Schlüssel. Der Brunnen wird, oben bündig mit der Mauerfläche, mit Bohlen bedeckt.

Berlin, den 28sten Januar 1835.

Druckfehler im 2ten Hefte dieses Bandes.

Seite 137 Zeile 2 v. u. statt Phaneroganisch lies Phanerogamisch
— 138 — 18 v. o. st. einfach l. vielfach
— 139 — 7 v. o. st. Wasser-Schwerdt-Linie l. Wasser-Schwerdt-Lilie
— 147 — 5 v. o. st. 22 Jahr l. 12 Jahr
— 147 — 8 v. u. st. der Baum l. das Holz desselben
— 148 — 13 v. o. st. *Ermeandria* l. *Enneandria*
— 149 — 13 v. o. st. und welche l. welche
— 149 — 2 v. u. st. es l. er
— 151 — 2 v. u. st. lebt l. liebt
— 151 — 10 v. o. st. *Robina pseudo-Acacia* l. *Robinia pseud-Acacia*
— 154 — 16 v. o. st. *Ronoecia* l. *Monoecia*
— 158 — 9 v. u. st. da l. wenn
— 160 — 12 v. o. st. Wasserkegel l. Wasserpegel
— 160 — 9 v. u. ist „eichenes Holz" ganz wegzulassen.
— 162 — 2 v. o. ist „man noch" ganz wegzulassen.
— 163 — 13 v. u. st. 22 l. 24
— 164 — 21 v. o. st. wenn l. weil
— 165 — 16 v. o. st. Miltscher l. Militscher
— 165 — 10 v. u. st. Miltel-Holz l. Mittel-Bauholz
— 169 — 3 v. u. st. Seite 28 l. Seite 166
— 174 — 15 v. o. st. ein Bürden Schoben l. ein Schock Bürden Schoben
— 174 — 21 v. o. st. *Juglans alba* l. *Juglans regia*
— 177 — 5 v. o. st. *Purpurea* l. *Purpureae*

Inhaltsverzeichnifs des vierten Hefts achten Bandes.

10. Fortsetzung des Aufsatzes No. 7. im vorigen Hefte. Von dem Königl Preufs. Ingenieur-Premier-Lieutenant Hrn. *Beise* zu Luxemburg. . . Seite 311

11. Über die verschiedenen Bedeckungs-Arten der Dächer von Casernen und andern Gebäuden. Von Herrn *Belmas*, Ingenieur-Capitain. (Schlufs des Aufsatzes No. 6. im zweiten und No. 8. im vorigen Hefte dieses Bandes.) — 338

12. Nachrichten von der Belgischen Eisenbahn. (Fortsetzung des Aufsatzes No. 9. im vorigen Hefte.) . . . . — 367

13. Vorschlag zur Construction der Oberhäupter von Schiffschleusen mit Drehschützen. Vom Herrn Bau-Conducteur *C. A. Vogel* aus Potsdam. — 412

Berlin, gedruckt bei G. Reimer

1.

Keller Geschoss.

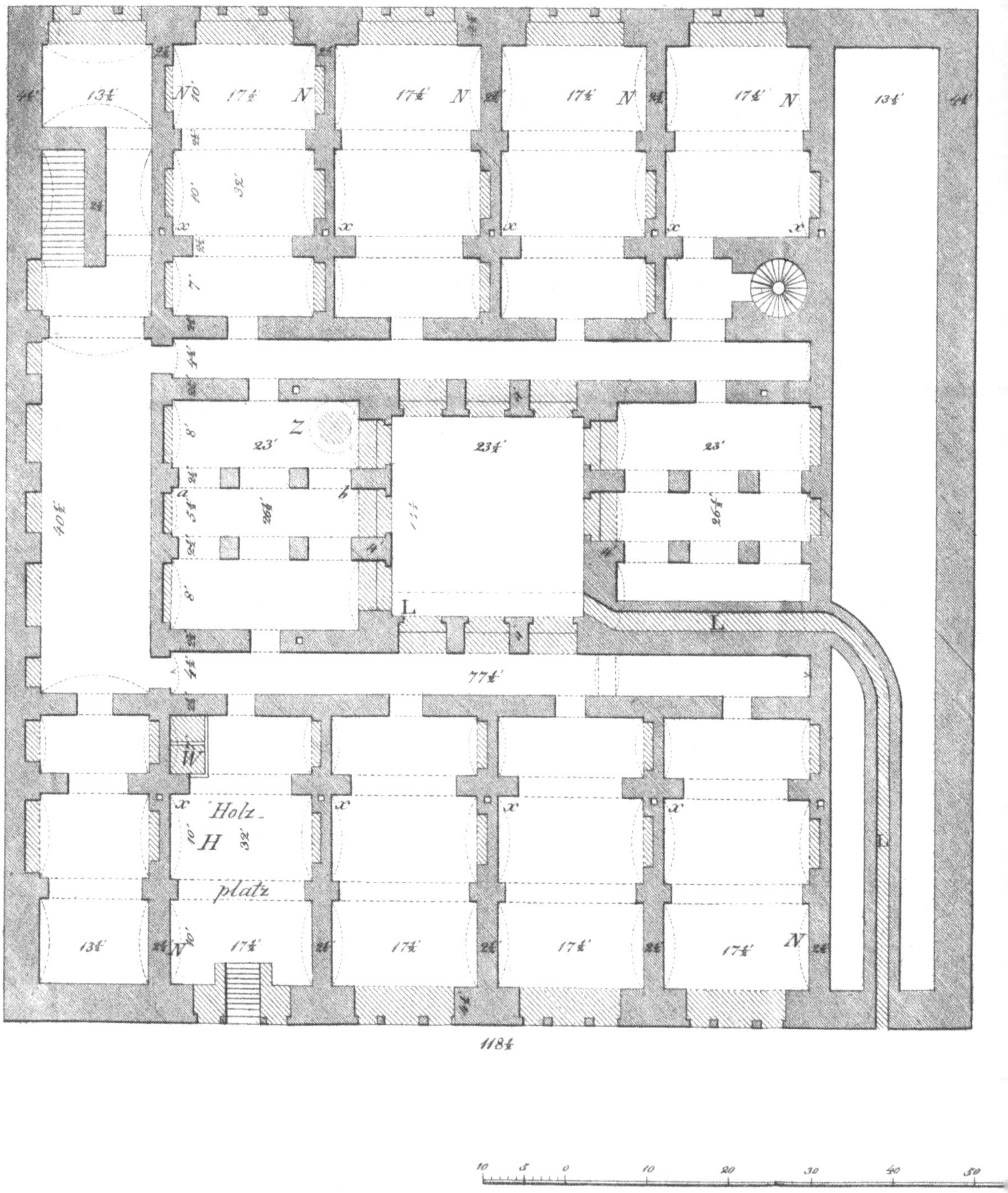

2.

Erstes Stockwerk.

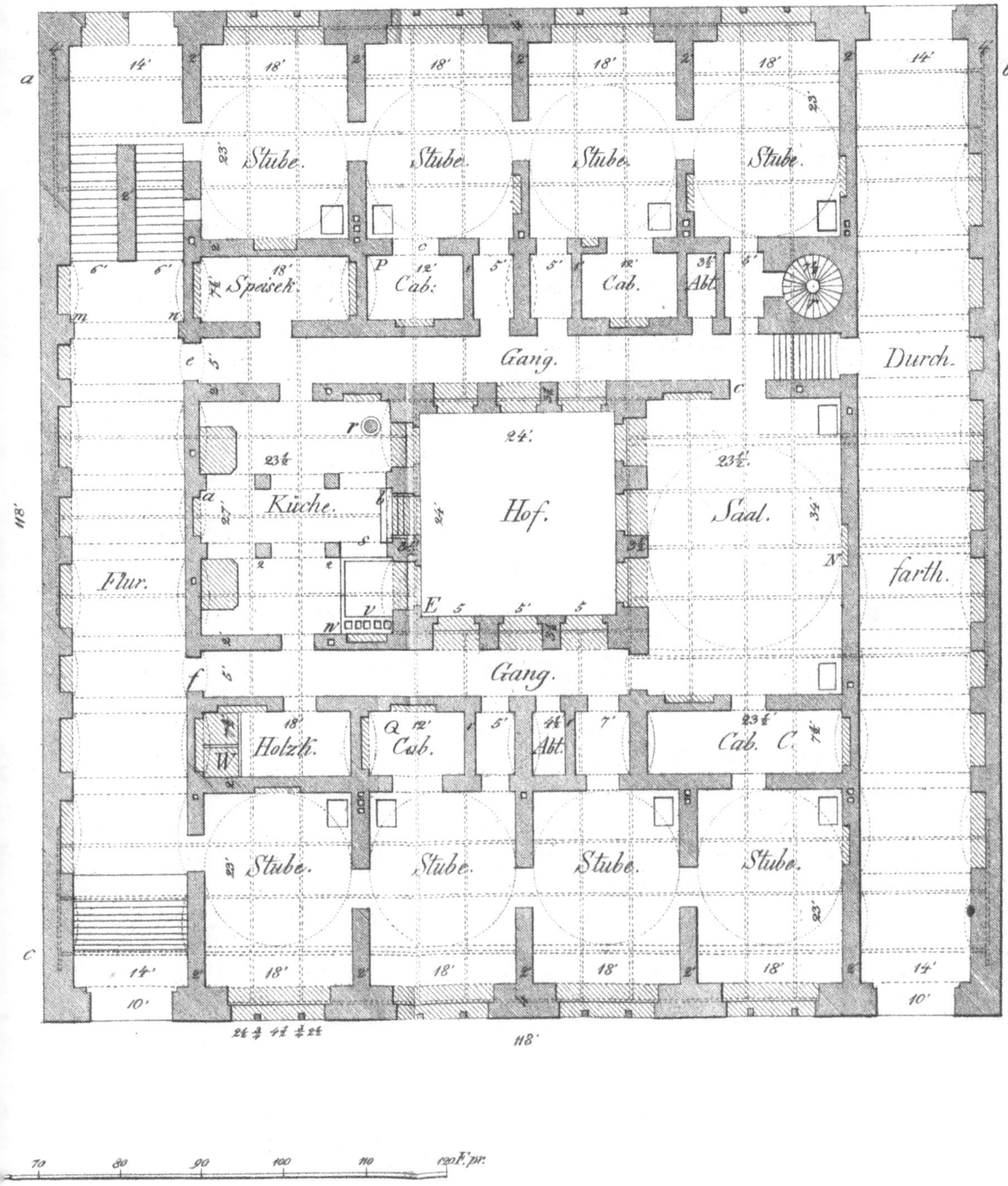

3.

Zweites Stockwerk.

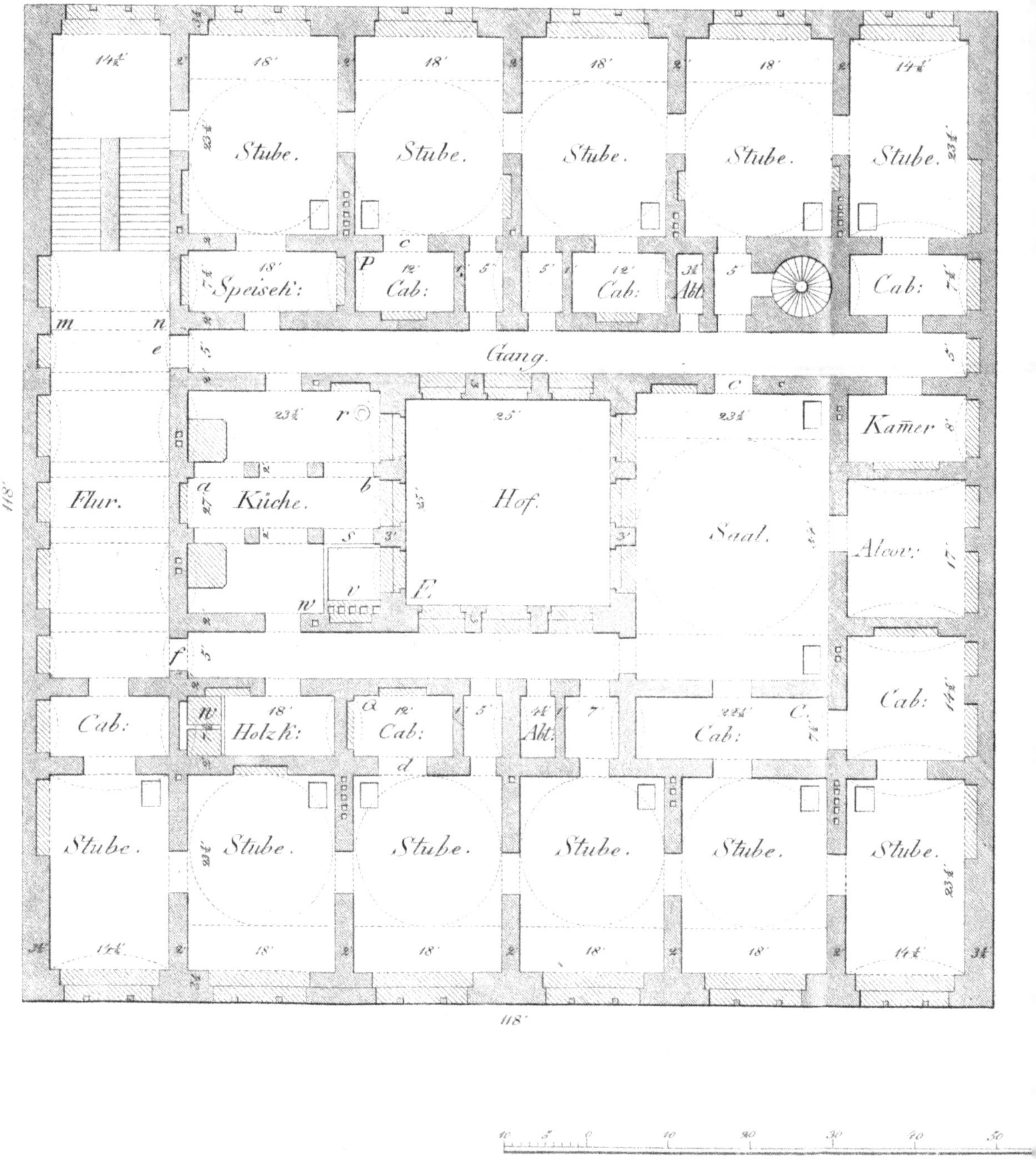

4.

Dach-Etage.

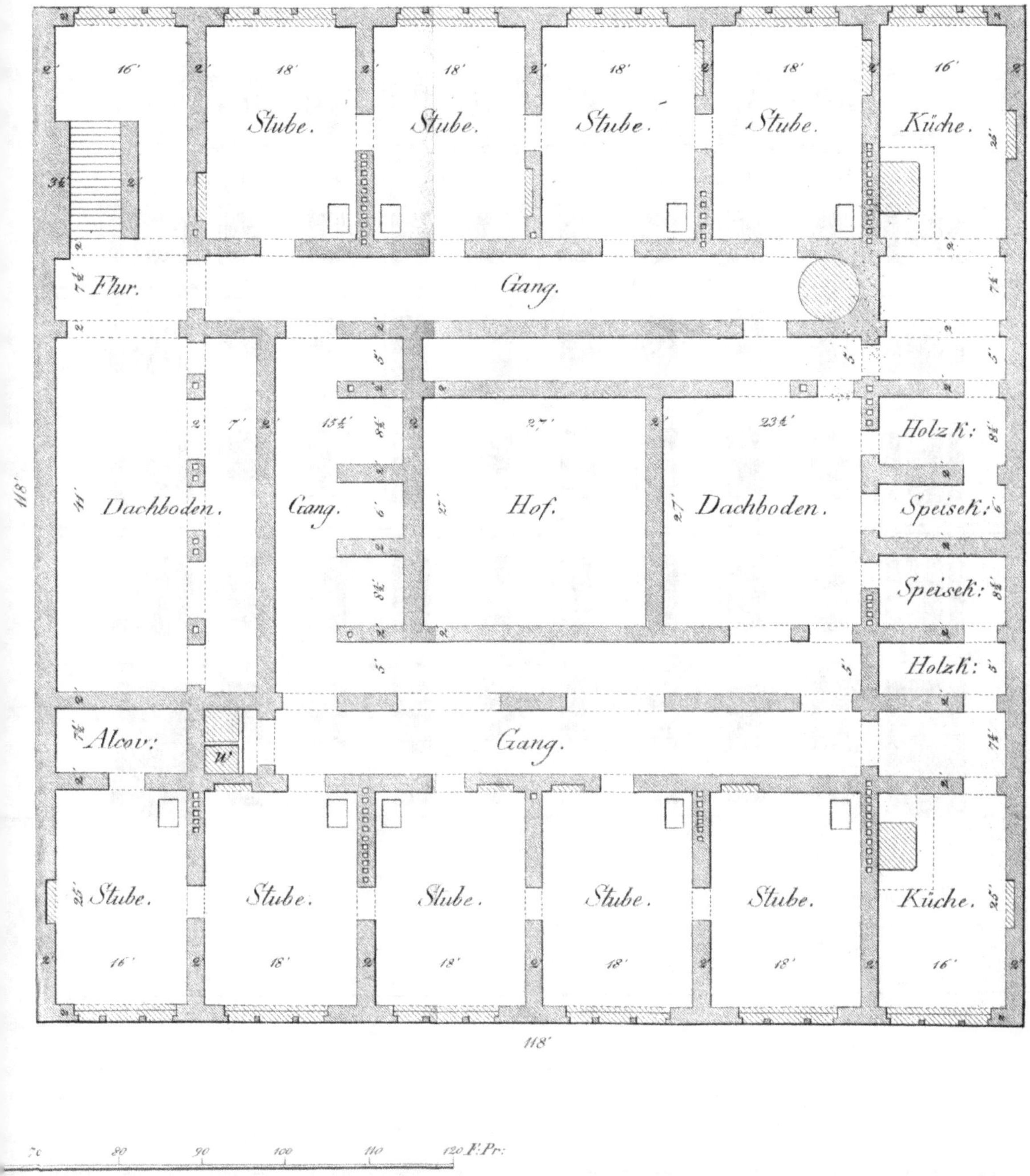
Stube.
Stube.
Stube.
Stube.
Küche.
Flur.
Gang.
Dachboden.
Gang.
Hof.
Dachboden.
Holz K:
Speisek:
Speisek:
Holzk:
Alcov:
Gang.
Stube.
Stube.
Stube.
Stube.
Stube.
Küche.
118'
118'
70
80
90
100
110
120 F. Pr:

6.

7.

H. Pletsch sc.

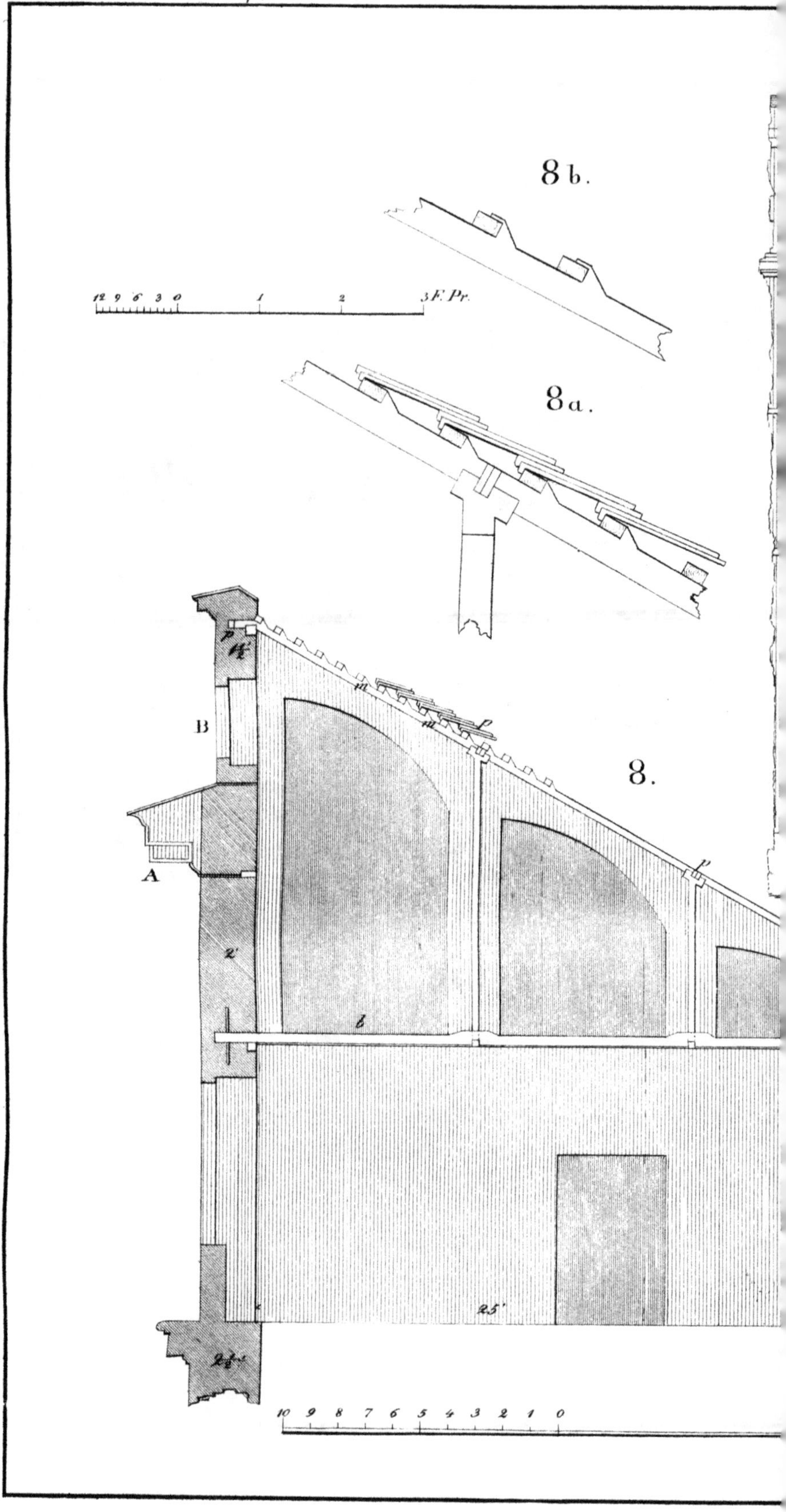
8 b.
12 9 6 3 0 1 2 3 F. Pr.
8 a.
8.
B
A
b
25'
10 9 8 7 6 5 4 3 2 1 0

9.

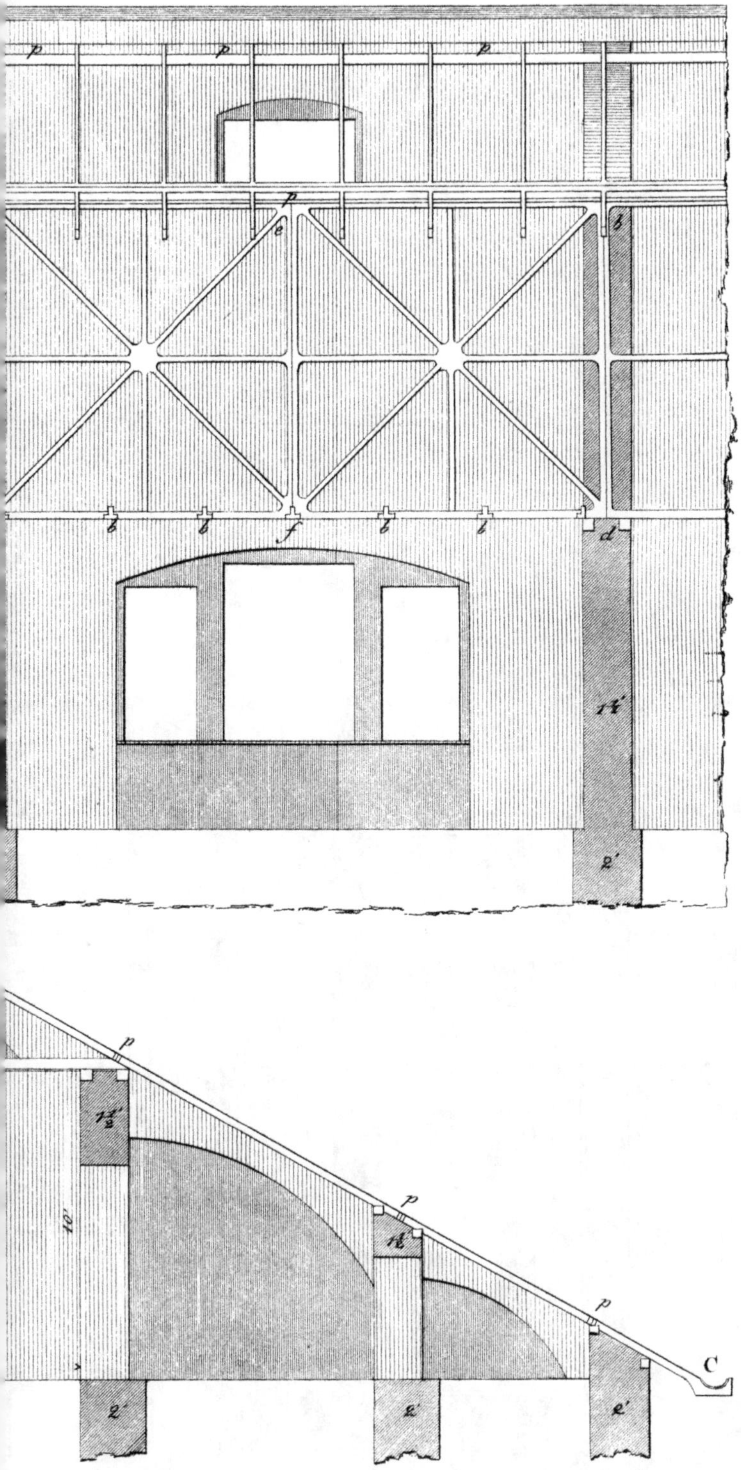

H.

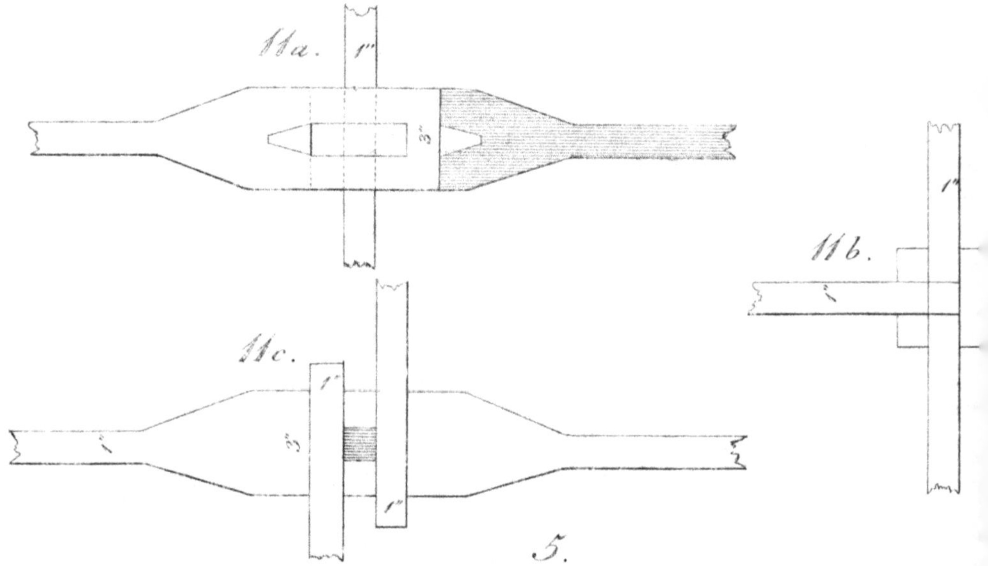

5.

Tab. V.

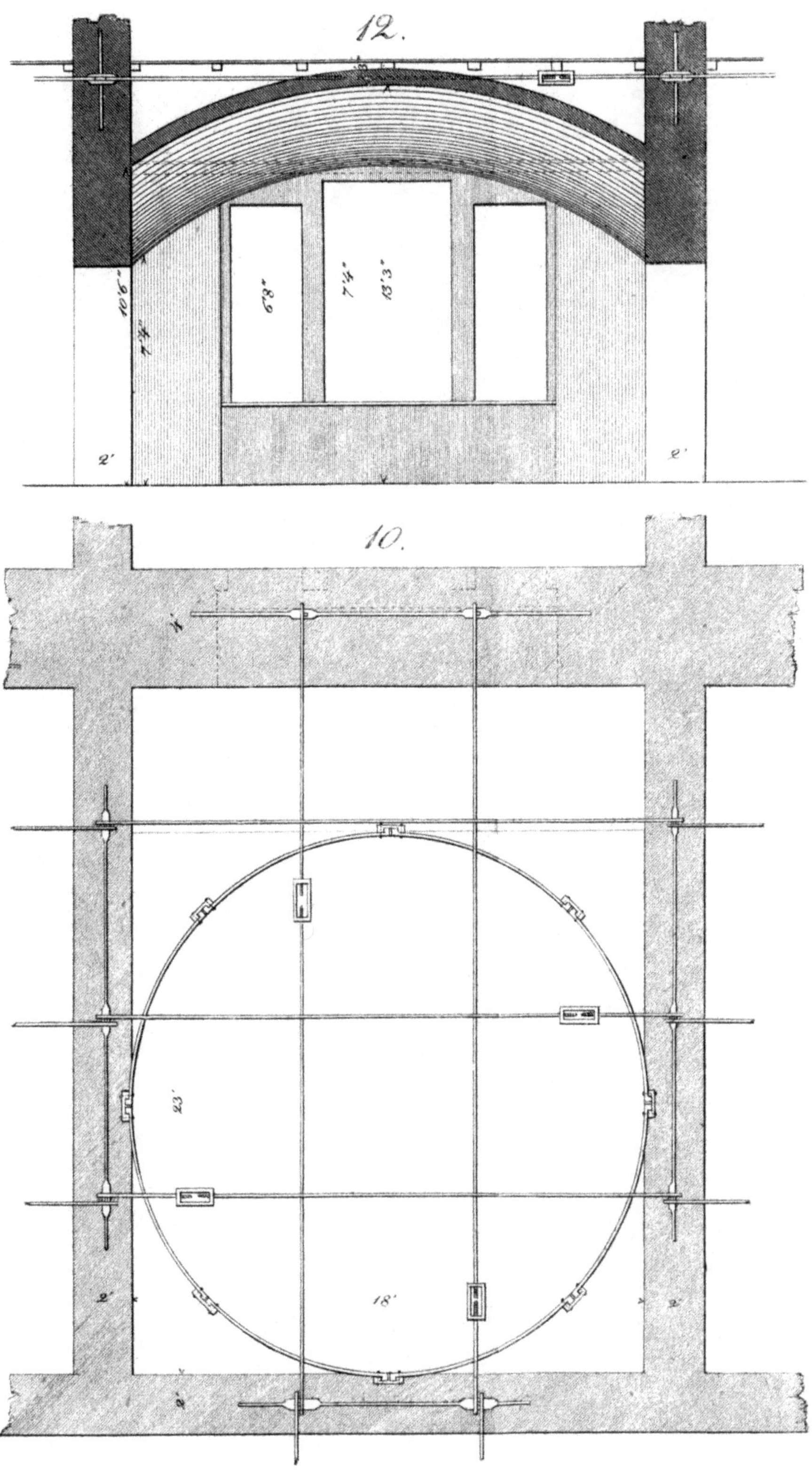

FP.